**Mikrobiologische Untersuchung
von Lebensmitteln**

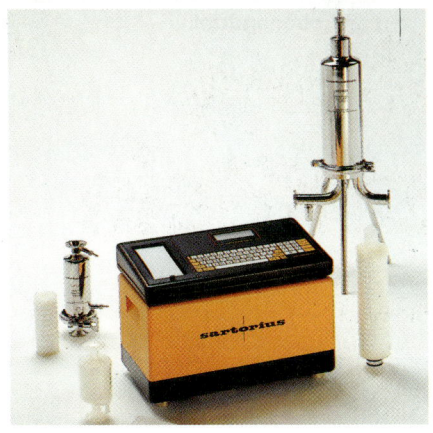
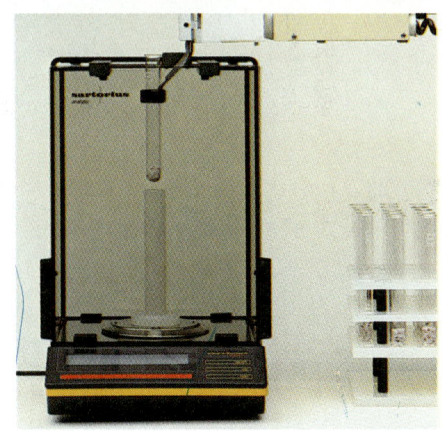
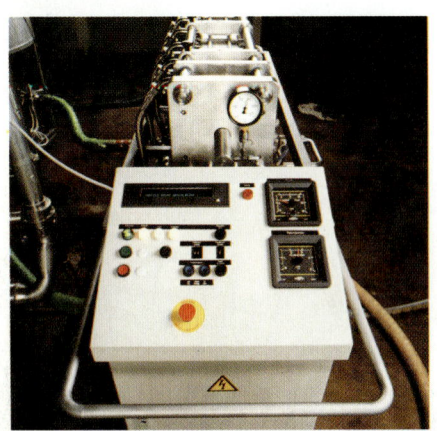

Mikrobiologische Untersuchung von Lebensmitteln

Jürgen Baumgart

unter Mitarbeit von

**Jürgen Firnhaber, Gottfried Spicher,
Fritz Timm, Regina Zschaler**

BEHR'S...VERLAG

CIP-Kurztitelaufnahme der Deutschen Bibliothek

Baumgart, Jürgen:
Mikrobiologische Untersuchung von Lebensmitteln / Jürgen Baumgart. Unter Mitarb. von Jürgen Firnhaber, Gottfried Spicher, Fritz Timm, Regina Zschaler. – Hamburg: Behr, 1990
ISBN 3–925673–73–7

Verlag: BEHR'S . . . Verlag
© B. Behr's Verlag GmbH & Co., Averhoffstraße 10, 2000 Hamburg 76

2. überarbeitete und erweiterte Auflage 1990
Satz und Druck: Roco-Druck, 3340 Wolfenbüttel

ISBN 3–925673–73–7

Vorwort

In den vier Jahren seit dem Erscheinen der ersten Auflage hat sich der Kenntnisstand auf allen Gebieten der Lebensmittel-Mikrobiologie einschließlich der mikrobiologischen Methodik erheblich erweitert. Eine grundlegende Überarbeitung und Erweiterung wurde deshalb bei der 2. Auflage notwendig. Neu erkannte mikrobiologische Risiken, wie z. B. die Listeriose, waren neu aufzunehmen. Alle Nachweis- und Untersuchungsverfahren galt es zu aktualisieren. Zwei neue Mitarbeiter wurden gewonnen: Die Kapitel „Probenahme, Stichprobenpläne, Probenbehandlung" sowie „Speiseeis und tiefgefrorene Lebensmittel" bearbeitete *Herr Fritz Timm*, die erweiterten Kapitel „Kosmetika und flüssige Waschmittel", „Verpackungsmaterial" und „Methoden zur Kontrolle der Betriebshygiene" *Frau Regina Zschaler*.

Obwohl das Konzept der ersten Auflage beibehalten wurde, ergab die Neubearbeitung und Aktualisierung eine Erweiterung des Textes. Viele Kollegen haben zu den Ergänzungen und Änderungen wertvolle Anregungen gegeben, für die ich dankbar bin. Besonders danken möchte ich

Frau Priv. Doz. Dr. S. Aleksic, Hygienisches Institut der Freien und Hansestadt Hamburg, für die wertvollen Ratschläge bei der Erstellung des Kapitels über „Yersinia enterocolitica und Yersinia pseudotuberculosis",

Herrn Dr. H. Becker, am Lehrstuhl für Hygiene und Technologie der Milch der Ludwig-Maximilians-Universität München, für die Hinweise bei der Abfassung des Kapitels über „Staphylococcus aureus",

Herrn Prof. Dr. J. Bockemühl, Leiter der Abteilung Enterobacteriaceae am Hygienischen Institut der Freien und Hansestadt Hamburg, für die kritische Durchsicht der Ausführungen über „Enteropathogene Escherichia coli",

Herrn Dr. G. Hahn, Herrn Prof. Dr. W. Heeschen, Institut für Hygiene der Bundesanstalt für Milchforschung Kiel, für die Beratung bei der Abfassung des Kapitels „Milch und Milcherzeugnisse",

Herrn Prof. Dr. W. Holzapfel, Institut für Hygiene und Toxikologie der Bundesforschungsanstalt für Ernährung in Karlsruhe, für die kritische Durchsicht der Ausführungen über Laktobazillen und Carnobakterien,

Herr Prof. Dr. O. Pietzsch, Institut für Veterinärmedizin des Bundesgesundheitsamtes Berlin, für wertvolle und anregende Bemerkungen zum Kapitel „Salmonellen",

Herrn Prof. Dr. G. Reuter, Institut für Fleischhygiene der Freien Universität Berlin, für seine Mithilfe bei der Abfassung des Kapitels „Fleisch und Fleischerzeugnisse",

Herrn Prof. Dr. H.-J. Sinell, Institut für Lebensmittelhygiene, Fleischhygiene und -technologie der Freien Universität Berlin, für die Durchsicht des Kapitels „Nachweis pathogener und toxinogener Mikroorganismen",

Frau Dr. S. Steinmeyer, am Lehrstuhl für Hygiene und Technologie der Milch der Ludwig-

Maximilians-Universität München, für Hinweise zum Kapitel „Listerien",

Frau Dr. R. Strauß, Südzucker AG Mannheim, für Ratschläge zum Kapitel „Kristall- und Flüssigzucker",

Herrn Prof. Dr. G. Terplan, Lehrstuhl für Hygiene und Technologie der Milch der Ludwig-Maximilians-Universität München, für Beratung zu den Kapiteln „Listerien" und „Staphylococcus aureus",

Herrn Prof. Dr. P. Teufel, Institut für Veterinärmedizin des Bundesgesundheitsamtes Berlin, für wertvolle Hilfen bei der Abfassung der Kapitel zum Nachweis von „Listerien" und Campylobacter jejuni".

Detmold, im Frühjahr 1990   Jürgen Baumgart

Die Autoren

Professor Dr. Jürgen Baumgart, Laboratorium Lebensmittelmikrobiologie im Fachbereich Lebensmitteltechnologie der Fachhochschule Lippe, Lemgo

Professor Dr. Jürgen Firnhaber, Laboratorium Getränketechnologie im Fachbereich Lebensmitteltechnologie der Fachhochschule Lippe, Lemgo

Dr. Gottfried Spicher, ehem. Leiter des Fachgebietes Mikrobiologie an der Bundesforschungsanstalt für Getreide- und Kartoffelverarbeitung in Detmold. Lehrbeauftragter für Mikrobiologie des Getreides und der Getreideverarbeitung an der Fachhochschule Lippe in Lemgo.

Dr. Fritz Timm, ehem. Leiter der Zentralen Qualitätssicherung der Langnese-Iglo GmbH, Hamburg

Dipl.-Biol. Regina Zschaler, Leiterin der Abteilung Mikrobiologie, NATEC – Institut für naturwissenschaftlich-technische Dienste GmbH, Hamburg

Listerien-Diagnostik

Inhaltsverzeichnis

II Bestimmung der Keimzahl

J. Baumgart, F. Timm

IV   Identifizierung von Bakterien

J. Baumgart

V Identifizierung von Hefen

J. Firnhaber

VI Identifizierung von Schimmelpilzen

G. Spicher

VII   Untersuchung von Lebensmitteln
J. Baumgart

E   Bier

J. Firnhaber

F   Getreide, Getreideerzeugnisse, Backwaren

G. Spicher

VIII Bedarfsgegenstände

R. Zschaler

IX Methoden zur Kontrolle der Betriebshygiene

R. Zschaler

I Die Kultur von Mikroorganismen und Untersuchungen der Morphologie

J. Baumgart

1 Sicherheit im mikrobiologischen Laboratorium

Die Beachtung bestimmter Sicherheitsvorschriften ist auch im Routinelabor unerläßlich. Besonders das Laborpersonal, das keine mikrobiologische Grundausbildung hat, muß eingewiesen und trainiert werden.

Die Hauptinfektion erfolgt durch Inhalation und Abschlucken von Mikroorganismen sowie über die Schleimhäute und über Wunden. Auch wenn nicht mit Krankheitserregern gearbeitet wird, sollten alle Gegenstände so behandelt werden, als ob sie pathogene Mikroorganismen oder deren Stoffwechselprodukte enthielten.

Folgende Hinweise sind zu beachten:
– Tragen von Schutzkleidung. Beim Verlassen des Labortraktes sollten die Kittel ausgezogen werden.

– Essen, Trinken und Rauchen sind im Labor verboten.

– Die Beschriftung von Behältnissen und Gläsern sollte mit einem wasserfesten Farbstift oder mit selbstklebenden Etiketten erfolgen.

– Infizierte Gegenstände sind zu desinfizieren.

– Verschüttete Kulturen sind mit einer wirksamen Desinfektionslösung zu überschütten. Erst nach einer Einwirkzeit von ca. 15 Minuten ist die Flüssigkeit mit einem Papiertuch aufzusaugen. Das Papiertuch muß autoklaviert werden.

– Beim Umgang mit Schimmelpilzkulturen ist besondere Sorgfalt notwendig. Luftbewegungen und Erschütterungen oder plötzliche Bewegungen sind zu vermeiden (Gefahr einer Inhalation: Lungeninfektionen oder Allergien). Mit pathogenen Schimmelpilzen sollte nur in einer Werkbank (Laminar Air Flow) mit Personenschutz gearbeitet werden (Sicherheitsstufe II).

– Impfösen und -nadeln sind vor und nach der Verwendung in voller Länge bis zur Rotglut auszuglühen. Anhaftendes Material oder Flüssigkeit muß erst in der Sparflamme ausgeglüht werden (Verhinderung eines Verspritzens).

– Benutzte Pipetten, Objektträger und Deckgläser sind in ein Gefäß mit Desinfektionslösung zu verbringen. Bei Objektträgern ist das Deckglas vorher vom Objektträger abzutrennen.

– Die Entstehung von Aerosolen ist zu vermeiden. Zentrifugen und Homogenisiergefäße sind erst nach einer Standzeit von 5 min zu öffnen. Ein Homogenisieren im offenen Gefäß muß unter dem Abzug oder in einer Impfkabine erfolgen.

– Mikroorganismenkulturen sind nur mit einer Pipettierhilfe oder gestopften Pipetten zu pipettieren.

– Die Hände müssen desinfiziert werden, bevor das Labor verlassen wird.

– Der Standort und die Anwendung von neutralisierenden Mitteln (z. B. bei Augenreizung), von Feuerlöschern und Verbandskästen müssen allen Labormitarbeitern bekannt sein.

– Eine Liste der vorhandenen toxischen Stoffe und der gefährlichen Mikroorganismen sollte aufgestellt werden.

LITERATUR
1. HEILMANN, J., Gefahrstoffe am Arbeitsplatz, Basis-Kommentar Gefahrstoffverordnung, Bund-Verlag, Köln, 1989
2. MILLER, B. M., GRÖSCHEL, D. H. M., RICHARDSON, J. H., VESLEY, D., SONGER, J. R., HOUSEWRIGHT, R. D., BARKLEY, W. E., Laboratory safety: Principles and practices, American Society for Microbiology, Washington, D. C., 1986
3. SHAPTON, D. A., BOARD, R. G., Safety in microbiology, Academic Press London, New York, 1972
4. Unfallverhütungsvorschrift „Gesundheitsdienst" VBG 103, Oktober 1982, Carl Heymanns Verlag, Köln
5. Laboratoriumssicherheit: Vorläufige Empfehlungen für den Umgang mit pathogenen Mikroorganismen und für die Klassifikation von Mikroorganismen und Krankheitserregern nach den im Umgang mit ihnen auftretenden Gefahren. Bundesgesundhbl. 24, Nr. 22, 347–358, 1981
6. Verordnung über gefährliche Stoffe (Gefahrstoffverordnung-Gef-StoffV) vom 26. 8. 1986, Bundesgesetzblatt Teil I, Nr. 47, 5. 9. 1986

2 Voraussetzungen für das Arbeiten mit Mikroorganismen

2.1 Reinigung und Sterilisation im Laboratorium

2.1.1 Reinigung von Glaswaren

Neue Glaswaren, wie Petrischalen, Pipetten und Gefäße werden vor der Sterilisation mit Leitungswasser gespült. Glaswaren, die Medien und Mikroorganismen enthalten, werden bei 121 °C 20 min im Autoklaven sterilisiert, geleert und mit Leitungswasser gespült. Anschließend werden die Glaswaren in warmem, mit einem Detergens versehenen Wasser, mit der Bürste gewaschen.

Das Detergens soll Eiweiße und Fette lösen, sich leicht durch Spülen entfernen lassen, nicht zu Verfärbungen des Materials führen und hautfreundlich sein.

Glaswaren, die Vaseline oder Paraffin enthalten, sollten gesondert gewaschen werden.

Das Nachspülen der gewaschenen Glaswaren erfolgt in warmem Wasser und anschließend in destilliertem oder entmineralisiertem Wasser. Das destillierte oder entmineralisierte Wasser ist mindestens zweimal zu wechseln. Die gewaschenen und gespülten Glaswaren werden im Trockenschrank getrocknet.

2.1.2 Sterilisation

Das mikrobiologische Arbeiten erfordert sterile Medien und sterile Instrumente.

Sterilisation durch trockene Hitze

Ösen und Nadeln werden in der Bunsenbrennerflamme bis zur Rotglut behandelt.

Spatel, Skalpelle, Löffel usw. werden in Spiritus getaucht und abgeflammt. Sporen werden dadurch jedoch nicht in jedem Fall abgetötet. Sicherer ist aus diesem Grunde eine Sterilisation im Heißluftsterilisator bei 160°–180 °C für 2 h.

Glaswaren, wie Pipetten, Petrischalen, Kolben werden im Heißluftsterilisator bei 160°–180 °C für 2 h sterilisiert. Die Sterilisation der Pipetten erfolgt in Metallgefäßen. Kolben sind mit Stopfen oder mit Aluminiumfolie zu verschließen. Bei 160°–180 °C dürfen Zellstoff, Watte und Papier nicht mitsterilisiert werden.

Wasserfreie, hochsiedende Flüssigkeiten, wie Paraffinöl und Glycerin, werden 2 h bei 180 °C sterilisiert.

Sterilisation durch feuchte Hitze

Dampftopf:

Kulturmedien, deren Inhaltsstoffe durch Temperaturen über 100 °C geschädigt werden, sind im Dampftopf bei 100 °C zu erhitzen. Es kann eine einmalige Erhitzung sein oder eine wiederholte (Tyndallisation) für 30 min bei 100 °C an 3 aufeinanderfolgenden Tagen mit dazwischenliegender Bebrütung bei derjenigen Temperatur, bei der das Medium verwendet werden soll. Durch die einmalige Erhitzung werden nur die vegetativen Zellen abgetötet. Durch die Bebrütung zwischen den einzelnen Erhitzungen sollen die Sporen der Bakterien auskeimen.

Autoklav:

Kulturmedien, soweit sie durch die Temperatur nicht geschädigt werden, Instrumente und vor der Reinigung zu sterilisierende Kulturen werden bei 121 °C für 15 min autoklaviert. Die Sterilisationszeit hängt von der Art und Menge der Kulturflüssigkeit, dem Vorhandensein von Sporen, der Behältergröße und der Konsistenz des Sterilisiergutes ab. Der Autoklav darf erst geöffnet werden, wenn das Sterilisiergut auf ca. 80 °C abgekühlt ist. Die Sterilisationswirkung von Autoklaven kann mit Ampullen oder Papierstreifen, die Endosporen von

Bacillus stearothermophilus enthalten, überprüft werden (z. B. Sterikon-Bioindikator, Merck).

Sterilisation durch Filtration
Die Sterilfiltration wird bei Lösungen und Flüssigkeiten eingesetzt, die durch Hitze geschädigt werden (z. B. Antibiotica, Vitamine, Zucker).

Membranfilter:
Membranfilter sind poröse, etwa 0,1 mm dicke Schichten. Die Porengröße variiert von einigen Mikrometern bis zur Größenordnung von Molekülen. Zur Sterilisation von Flüssigkeiten wird eine Porengröße von 0,22 μm verwendet.
Die Filtration erfolgt in der Regel mit Unterdruck (Wasserstrahlpumpe, Vakuumpumpe) oder durch Überdruckfiltration. Medien, Zuckerlösungen und Seren werden am besten durch Überdruckfiltration sterilisiert. Sind kleine Mengen (1–10 ml) zu sterilisieren, wird eine Injektionsspritze mit Filteransatz verwendet oder eine DynaGard-Filterspitze (hydrophile Hohlfasermembran mit einer Porengröße von 0,20–0,45 μm, Fa. Tecnomara).

2.2 Desinfektion im Laboratorium

Desinfektionsmittel werden eingesetzt zur Händedesinfektion, zur Desinfektion des Arbeitsplatzes und von Artikeln, die andersartig nicht entkeimt werden können. Pipetten, Objektträger und Deckgläser, die Mikroorganismen enthalten, werden in ein geeignetes Desinfektionsmittel eingelegt oder eingestellt.

2.3 Überprüfung der Sterilität von Medien und Laborgeräten

Eine Überprüfung der Sterilität von Medien und Gerätschaften ist bei aseptischen Untersuchungen oder bei häufiger auftretenden Verunreinigungen unerläßlich.

Medien:
Die sterilisierten Medien werden bei 30 °C (bei Untersuchungen auf thermophile Mikroorganismen bei 55 °C) für 48 h bebrütet und danach noch 48 h bei Zimmertemperatur stehengelassen.

Pipetten:
Zwei Pipetten werden mit Nährbouillon ausgespült. Die Bouillon wird bei 30 °C für 48 h bebrütet.

Verdünnungsflüssigkeit:
2 ml Verdünnungsflüssigkeit werden mit ca. 15 ml auf 48 °C abgekühltem Nähragar in eine sterile Petrischale ausgegossen und bei 30 °C für 48 h bebrütet.

Reagenzgläser und Gefäße:

Ausspülen mit steriler Nährbouillon, bebrüten bei 30 °C für 48 h.

Die Überprüfung mit Nährbouillon und Nähragar erfaßt nur Mikroorganismen, die sich auch in bzw. auf diesen Medien vermehren. Gegebenenfalls sind spezielle Medien oder anaerobe Züchtungsverfahren notwendig.

3 Das Mikroskop und seine Anwendung

3.1 Aufbau des Mikroskops

So verschieden die einzelnen Mikroskope auch hinsichtlich ihrer Anwendung sind, ihre wesentlichen Bestandteile sind immer:

Stativ und Objekttisch; Mikroskoptubus; Objektivwechsler; Optik, bestehend aus Objektiven, Okularen und Kondensor; Beleuchtung.

Die Auflagefläche des **Objekttisches** ist senkrecht zur optischen Achse justiert. Zum Fokussieren des mikroskopischen Bildes kann der Tisch mittels Grob- und Feinverstellung vertikal verstellt werden. Der Tubus bleibt dadurch stets in gleicher Höhenlage. Je nach Ausführung unterscheidet man folgende Objekttische: Einfache viereckige Objekttische, Kreuztische, Gleittische und Drehtische.

Der **Mikroskoptubus** ist ein monokularer oder ein binokularer Schrägtubus.

Bei der **Optik** des Mikroskops unterscheidet man die beleuchtende und die abbildende Optik. Zur Beleuchtungsoptik zählen der Kondensor und die Beleuchtungsführung, wie Kollektor oder Spiegel. Zur Abbildungsoptik rechnen die Objektive, Okulare und Tubuslinsensysteme. Hinzu kommen Filter und Deckgläser. Bezüglich der Korrektion des Farbfehlers unterscheidet man Achromate, Fluoritsysteme und Apochromate, bezüglich der Korrektion der Bildfeldwölbung normale Objektive und Planobjektive. Der Korrektionszustand, soweit es sich nicht um Achromate handelt, ist den Objektiven aufgraviert, desgleichen die Bezeichnung „PL" oder „NPL" für Planobjektive. Sie sind besonders für die Mikrophotographie geeignet. Weiterhin stehen auf den Objektivfassungen folgende Gravierungen: Maßstabszahl, Numerische Apertur, Tubuslänge und Deckglasdicke. Immersionssysteme sind zusätzlich durch einen schwarzen Ring gekennzeichnet. Beispiel für eine Gravur: Apo Öl 100/1,25, 170/0, 17 PL. Dabei bedeuten Apo Apochromat, Öl Ölimmersion, 100 Abbildungsmaßstab, 1,25 numerische Apertur, 170 die Tubuslänge und 0,17 die maximale Deckglasdicke in mm und PL Planobjektiv.

Das **Okular** wirkt als Lupe. Zur Bezeichnung der Vergrößerung wird das x-Zeichen graviert, z. B. 10 x.

Für **Objektträger** benutzt man farblose Plangläser, etwa 1,1 mm stark; gebräuchlichstes Format = 76 mm × 26 mm.

Das **Deckglas** ist Bestandteil des abbildenden Systems, das meist für 0,17 mm Deckglasdicke korrigiert ist. Die Dicke ist bei Trockensystemen ab einer numerischen Apertur von 0,40 aufwärts um so genauer einzuhalten, je größer die Ansprüche an die Abbildungsqualität sind.

Zur **Beleuchtungseinrichtung** zählen der Kondensor, die Leuchte und die Beleuchtungsführung im Stativ.

Der **Kondensor** hat die Aufgabe, das Objektfeld auszuleuchten. Außerdem soll durch ihn die Leuchtfeldblende in die Objektebene abgebildet werden. Für jede Beleuchtungsart wird ein besonderer Kondensor benutzt, so daß man im Durchlicht Kondensorsysteme für Hellfeld, Dunkelfeld, Phasenkontrast, Differential-Interferenzkontrast und Fluoreszenz unterscheidet. Bei den **Leuchten** unterscheidet man Ansatz- und Einbaubeleuchtungen.

3.2 Praktische Hinweise für das Mikroskopieren

3.2.1 Allgemeine Hinweise

- Der Raum soll hell sein und möglichst kein direktes Sonnenlicht erhalten.
- Das Mikroskop ist nach dem Gebrauch abzudecken, um es vor Staub zu schützen.
- Die Linsen sind nicht mit den Händen zu berühren.
- Zum Mikroskopieren wähle man einen festen, nicht zu hohen Arbeitstisch.
- Mikroskopieren sollte man nur im Sitzen. Es empfiehlt sich, einen in der Höhe verstellbaren Stuhl zu verwenden.
- Mit dem Grobtrieb vorsichtig Präparat und Objektiv einander nähern. Von der Seite Abstand betrachten.
- Die genaue Scharfeinstellung erfolgt mit dem Feintrieb. Bei kontrastarmen Präparaten (Nativpräparaten) ist das Finden der Schärfenebene gelegentlich erschwert; es wird erleichtert, wenn man das Präparat zunächst mit dem Grobtrieb absucht, weil bewegte Strukturen leichter gesehen werden. Hilfreich ist auch die Einstellung des Tropfenrandes in der Mitte des Blickfeldes. Auch das Schließen der Kondensorblende kann helfen. Wenn die zu suchende Stelle in der Mitte des Blickfeldes liegt, kann das nächststärkere Objektiv durch Drehen des Revolvers eingestellt werden. Zur Scharfeinstellung benötigt man dann nur noch den Feintrieb.
- Wichtig ist das Mikroskopieren mit entspanntem Auge (bei einem monokularen Mikroskop beide Augen offen lassen).
- Beim Mikroskopieren mit dem Ölimmersionsobjektiv wird auf den Objektträger oder das Deckglas ein Tropfen Immersionsöl (Brechzahl 1,515) gebracht. Unter seitlicher Sichtkontrolle mit dem Grobtrieb solange vorsichtig drehen, bis die Frontlinse den Tropfen berührt. Erst dann in das Okular schauen und mit dem Feintrieb scharf einstellen.

3.2.2 Hinweise für das Einstellen einer optimalen Beleuchtung

Voraussetzung für eine gute mikroskopische Abbildung, besonders bei hohen Vergrößerungen, ist eine korrekte Einstellung des Beleuchtungsstrahlenganges und damit eine optimale Beleuchtung des Objektivs. Vorteile bietet die Beleuchtungsanordnung nach Köhler:

– Präparat auf den Mikroskoptisch legen und Lampe einschalten.
– Leuchtfeldblende ganz öffnen.
– Kondensor ganz nach oben stellen (Frontlinse und Hilfslinse einklappen).
– Schwaches Objektiv einschalten und Präparat scharf einstellen.
– Leuchtfeldblende im Mikroskopfuß schließen und Kondensor langsam absenken, bis das Bild der Leuchtfeldblende im Sehfeld des Okulars scharf erscheint.
– Mit den beiden Kondensorzentrierschrauben das Bild der Leuchtfeldblende in die Mitte des Sehfeldes rücken.
– Leuchtfeldblende öffnen, bis das ganze Sehfeld ausgeleuchtet ist.
– Bildkontrast mit der Aperturblende des Kondensors regeln. (Kontrolle: Ohne Okular in den Tubus blicken; die sichtbare Objektivöffnung sollte zu etwa $^2/_3$ bis $^3/_4$ ausgeleuchtet sein).
– Bildhelligkeit mit Lampenspannung oder Filter regeln, niemals mit der Kondensor-Aperturblende.
– Bei Objektivwechsel die Leuchtfeldblende dem Sehfeld anpassen, und wenn notwendig, den Kondensor nachzentrieren und die Kondensor-Aperturblende nachregeln.

3.2.3 Pflege und Reinigung des Mikroskops

Staub ist von den Linsen mit einem fettfreien Pinsel zu entfernen. Ölreste sind mit einem feinen Linsenpapier oder mit einem weichen Tuch und Alkohol zu beseitigen.

LITERATUR

1. BEYER, H., Theorie und Praxis des Phasenkontrastverfahrens, Akademische Verlagsgesellschaft Geest u. Portig, Leipzig, 1965.
2. BEYER, H., RIESENBERG, H., Handbuch der Mikroskopie, VEB Verlag Technik, Berlin, 1988.
3. BURKHARDT, F., Standardisierung medizinisch-mikrobiologischer Untersuchungen, Notwendigkeit – Möglichkeiten – Grenzen, Forum Mikrobiologie **6**, 146–152, 1983.
4. DICKSCHEIT, R., JANKE, A., Handbuch der mikrobiologischen Laboratoriumstechnik, Verlag Theodor Steinkopf, Dresden, 1969.
5. GERLACH, D., Das Lichtmikroskop, Eine Einführung in Funktion und Anwendung in Biologie und Medizin, 2. überarb. Aufl., Georg Thieme Verlag, Stuttgart, 1985.
6. GÖKE, G., Moderne Methoden der Lichtmikroskopie. Vom Durchlicht – Hellfeld – bis zum Lasermikroskop, Franck'sche Verlagsbuchhandlung W. Keller & Co., Stuttgart, 1988.
7. MICHEL, K., Die Grundzüge der Theorie des Mikroskops in elementarer Darstellung, Wissenschaftliche Verlagsgesellschaft, Stuttgart, 1964.
8. TRAPP, L., Das Mikroskop, Verlag B. G. Teubner, Stuttgart, 1967.

4 Untersuchung der Morphologie von Mikroorganismen

Die morphologische Untersuchung erfolgt mikroskopisch, entweder an lebenden Zellen mit dem Hellfeld-, dem Phasenkontrast- oder Interferenzkontrastverfahren oder bei gefärbten Mikroorganismen mit Ölimmersion im Hellfeld.

4.1 Phasenkontrast- und Interferenzkontrastverfahren

Mit diesen Verfahren werden ungefärbte transparente Objekte kontrastreich dargestellt. Zur Lebendbetrachtung wird mit der Öse ein Tropfen Bouillonkultur auf einen Objektträger vorsichtig suspendiert. Auf den Tropfen wird ein Deckglas gelegt. Auf das Deckglas kommt bei Verwendung eines Ölimmersionsobjektivs ein Tropfen Öl. Zur Beurteilung der Zellform und zum Nachweis von Sporen eignet sich besonders das Phasenkontrastverfahren.

4.2 Untersuchung gefärbter Mikroorganismen

Die Färbung ist erforderlich, wenn keine Phasenkontrast- oder Interferenzkontrast-einrichtungen vorhanden sind. Am häufigsten werden verwendet die Methylenblaufärbung, die Gramfärbung, die Ziehl-Neelsen-Färbung, die Sporenfärbung. Gefärbte Präparate können ohne Deckglas direkt mit Öl mikroskopiert werden.

4.2.1 Herstellung des Ausstrichpräparates

Ausstriche von Kulturen, die sich auf festen Medien befinden, werden auf sauberen, fettfreien Objektträgern wie folgt durchgeführt:
– Der Objektträger wird in einzelne Sektionen mit einem Fettstift oder Diamantstift geteilt. Auf jedem Teil erfolgt ein Ausstrich.
– Ein Tropfen steriler physiologischer Kochsalzlösung (0,85 %) wird auf den entsprechenden Teil des Objektträgers gesetzt.
– Mit der abgeflammten und abgekühlten Öse oder Nadel wird ein sehr geringer Teil der Kolonie entnommen.
– Die Kultur wird mit der Flüssigkeit vorsichtig unter kreisenden Bewegungen verrieben. Der Ausstrich soll sehr dünn sein. Getrocknete Ausstriche dürfen nicht grau aussehen.
– Die Öse oder Nadel wird abgeflammt. Der Objektträger ist an der Luft zu trocknen und in der Hitze zu fixieren, indem er dreimal mit dem Ausstrich nach oben durch den heißen Teil

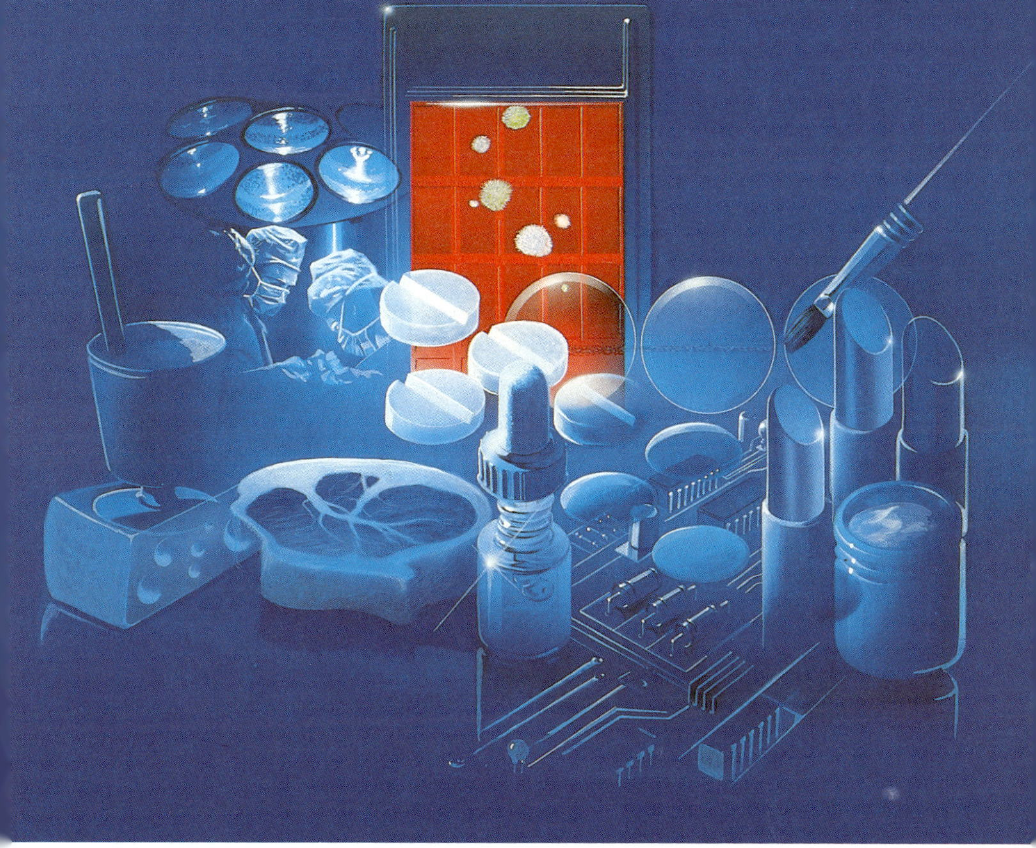

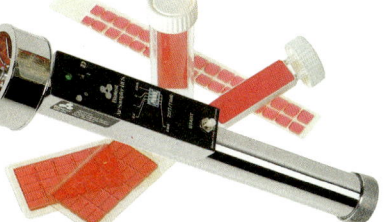

der Flamme des Bunsenbrenners gezogen wird. Dadurch koaguliert das Eiweiß, die Mikroorganismen werden abgetötet und haften an dem Glas. Ausstriche von flüssigen Kulturen werden in gleicher Weise angefertigt. Eine Verdünnung bzw. ein Verreiben mit Kochsalzlösung ist jedoch nicht erforderlich.

4.2.2 Übersichtsfärbung mit Methylenblau

Dieses Verfahren wird dann eingesetzt, wenn nachgewiesen werden soll, ob überhaupt Mikroorganismen vorhanden sind. Die auf dem Objektträger fixierten Mikroorganismen werden mit Löffler's Methylenblaulösung überdeckt. Nach einer Einwirkungszeit von 3 min wird die Farblösung mit Leitungswasser abgespült. Der Objektträger wird vorsichtig mit Filterpapier getrocknet.

4.2.3 Gramfärbung

Die Gramfärbung ergibt nur mit jungen Zellen (logarithmische Vermehrungsphase) bei genauer Einhaltung der Färbevorschriften reproduzierbare Ergebnisse. So muß z. B. der Ausstrich völlig lufttrocken sein, da sonst die noch feuchten Bakterien bei der Hitzefixation quellen, wodurch chemische Veränderungen eintreten; grampositive Zellen werden gramnegativ. Auch bei der Alterung der Zellen kann sich das Färbeverhalten ändern. Alte grampositive Zellen können gramnegativ werden. Für die Gramfärbung sollten 24 h alte Kulturen verwendet werden.

Verfahren
– Ausstrich lufttrocknen, hitzefixieren und mit Kristallviolettlösung bedecken. Nach 1 min abkippen und Objektträger vorsichtig mit Leitungswasser abspülen (Wasser nur auftropfen lassen), Wasser abkippen.
– Objektträger mit Lugolscher Lösung bedecken, 1 min einwirken lassen, abkippen und abtropfen lassen.
– Objektträger kurz in Küvette 1 mit Alkohol (96 % Ethanol) tauchen oder besser mit Alkohol bedecken, 1–2 s danach in eine Küvette II tauchen oder abspülen bis Farbwolken verschwinden.
– Objektträger gut mit Wasser abspülen.
– Gegenfärbung mit Karbolfuchsinlösung, 10–15 s
– Abspülen mit Leitungswasser und trocknen des Objektträgers mit Fließpapier. Restwasser über der Sparflamme des Bunsenbrenners verdunsten lassen.
Ergebnis:
Grampositive Bakterien = blauviolett
Gramnegative Bakterien = rot

Alternative Verfahren
– Gramfärbung nach HUCKER, z. B. mit Färbeset Gram-color (Fa. Merck).
– Gramfärbung (Originalmethode) mit Karbolgentianaviolett, Lugolscher Lösung, Ziehl-Neelsen's Karbolfuchsin (Nährboden Handbuch Merck, 1987).
– Gramfärbung mit Stain Set der Fa. Difco.
Bei der Untersuchung unbekannter Bakterien ist es empfehlenswert, auf dem Objektträger neben dem Ausstrich des unbekannten Bakteriums Ausstriche von einem bekannten gramnegativen und einem grampositiven Bakterium gleichzeitig mitzufärben. Vergleichend zur Gramfärbung können der KOH-Test und der Aminopeptidase-Test durchgeführt werden (siehe S. 204 und 205)

4.2.4 Färbung säurefester Bakterien nach ZIEHL-NEELSEN

Bakterien, z. B. der Genera *Mycobacterium* und *Nocardia*, können durch diese Färbung von anderen Genera getrennt werden. Bei diesem Verfahren werden die Organismen mit einer heißen konzentrierten Farblösung behandelt. Die Zellen, die sich bei einer nachfolgenden Säurebehandlung nicht entfärben, werden als „säurefest" bezeichnet; sie sind rot im Gegensatz zu den nicht säurefesten Zellen.

Verfahren
– Luftgetrockneter, hitzefixierter Ausstrich wird mit Ziehl-Neelsen's Karbolfuchsinlösung bedeckt und von der Unterseite aus mit der Sparflamme des Bunsenbrenners bis zum Dampfen 5 min erhitzt. Die Lösung darf nicht kochen. Verdampfte Farblösung ist durch neue zu ersetzen.
– Farblösung mit Leitungswasser abwaschen.
– Entfärben in Salzsäurealkohol 10–30 s
– Abwaschen mit Leitungswasser
– Gegenfärbung mit Löffler's Methylenblau 30–45 s
– Abwaschen mit Leitungswasser.
– Farbe sorgfältig von der Rückseite des Objektträgers mit Papier entfernen. Objektträger trocknen lassen.

4.2.5 Sporenfärbung nach BARTHOLOMEW und MITTWER

Bakterien der Genera *Bacillus, Clostridium, Desulfotomaculum, Sporolactobacillus* und *Sporosarcina* bilden Sporen, die bei der Methylenblau- und Gramfärbung nur als helle ovale oder runde Zellen zu erkennen sind. Vielfach ist bei isoliert vorliegenden Sporen nur die Sporenhülle schwach angefärbt. Bei der Sporenfärbung sind die Sporen grün und die vegetativen Zellen rot.

Verfahren

– Lufttrockener Objektträgerausstrich wird intensiv hitzefixiert, ca. 20 × durch die Bunsenbrennerflamme ziehen.
– Objektträger mit gesättigter Malachitgrünlösung bedecken und 10 min einwirken lassen.
– Abwaschen mit Leitungswasser.
– Gegenfärbung mit einer 0,25 %igen Safraninlösung für 10 s.
– Vorsichtig abwaschen mit Leitungswasser und trocknen.

Alternatives Verfahren

– Kultur dünn ausstreichen, sehr gut lufttrocknen und hitzefixieren.
– Ausstrich mit Malachitgrünlösung (5 %ige wässrige Lösung) bedecken und vorsichtig mit kleiner Flamme bis zum Dampfen erhitzen (nicht verkochen lassen, eventuell Farbe nachgießen). Farblösung 3 min einwirken lassen.
– Farbe sehr gut mit Wasser abspülen.
– Objektträger mit 0,5 %iger wässriger Safraninlösung bedecken.
– Nach 30 s gut mit Wasser abspülen, trocknen und mikroskopieren.

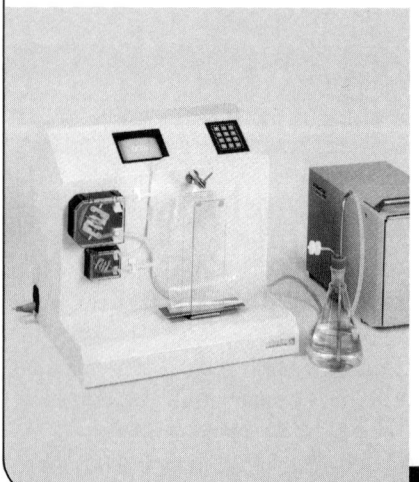

5 Nachweis der Beweglichkeit von Bakterien

5.1 Beweglichkeitsnachweis auf dem Objektträger und im hängenden Tropfen

Die Lebendbeobachtung beweglicher Bakterien erfolgt an einer 18–24 h alten Kultur. Wird von der Agrarkultur ausgegangen, so ist wenig Kultur mit einem Tropfen physiologischer Kochsalzlösung zu vermischen. Die Beobachtung erfolgt mit dem Phasenkonstrastmikroskop, im Dunkelfeld oder im stark abgeblendeten Hellfeld. Die echte Beweglichkeit unterscheidet sich von Strömungserscheinungen zu Luftblasen oder anderen Unebenheiten dadurch, daß die Bakterien gegeneinander schwimmen können. Die Brown'sche Molekularbewegung, die auch bei unbeweglichen Mikroorganismen zu sehen ist, läßt keine Richtung erkennen.

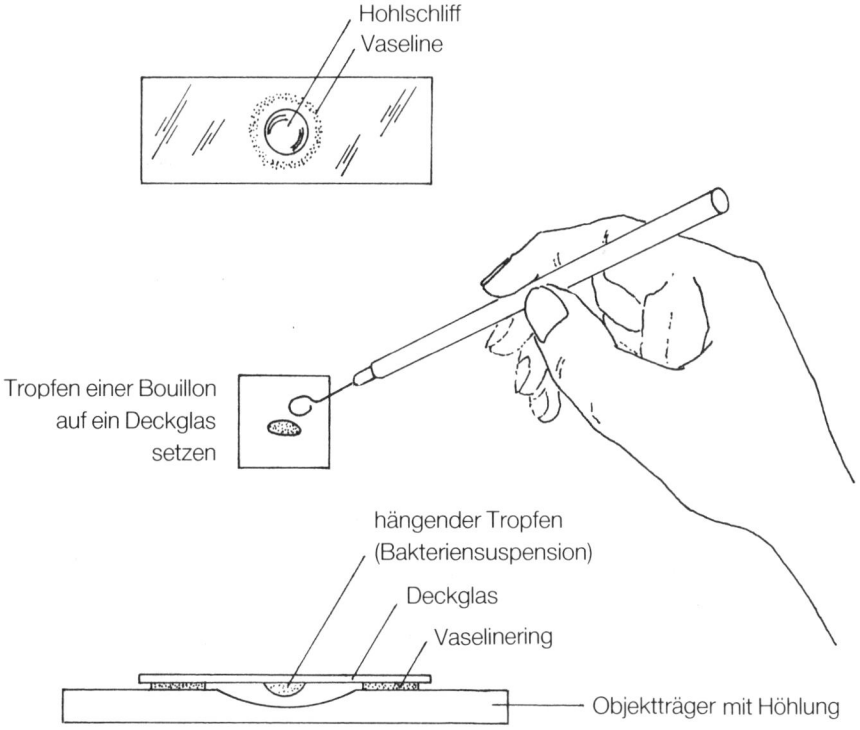

Abb. 1   Nachweis der Beweglichkeit im hängenden Tropfen

Verfahren „hängender Tropfen" (Abb. 1)
– Äußeren Rand des Hohlschliffobjektträgers mit Vaseline einfetten.
– Einen Tropfen der Bouillonkultur auf das Deckglas bringen.
– Hohlschliffobjektträger auf das Deckglas legen und Objektträger umdrehen.
– Mit dem kleinsten Trockenobjektiv Tropfenrand in die Mitte des Blickfeldes einstellen und abblenden.
– Nach Scharfeinstellung mit dem größten Trockenobjektiv Tropfenrand betrachten (wegen des höheren Sauerstoffanteils häufig bessere Beweglichkeit)

Alternatives Verfahren
– Einen Tropfen Öl auf einen Objektträger in der Größe eines Deckglases ausstreichen.
– Einen Tropfen der Kultur auf ein Deckglas geben, Objektträger auf das Deckglas legen, sanft andrücken, Objektträger umdrehen.
– Beweglichkeit unter Ölimmersion betrachten.

5.2 Nachweis der Beweglichkeit im Agar

Nährboden:
SIM Nährboden oder andere optimale Medien für entsprechende Mikroorganismen mit 0,3–0,4 % Agaranteil.

Verfahren
– Das Röhrchen mit dem festweichen Medium wird mit der Nadel im Stich beimpft.
– Die Bebrütung erfolgt bei den für die entsprechenden Kulturen optimalen Bedingungen hinsichtlich Zeit und Temperatur.

Ergebnis:
Bei beweglichen Kulturen ist der ganze Nährboden getrübt, bei unbeweglichen Kulturen nur der Stichkanal.

5.3 Geißelfärbung nach MAYFIELD und INNISS (1977)

Eine 24 h alte Schrägagarkultur (Nähragar) wird mit physiologischer Kochsalzlösung abgeschwemmt. Mit der Öse wird ein Tropfen der Abschwemmung auf einen Objektträger gegeben und mit einem Deckglas bedeckt. Nach 10 min werden 2 Tropfen Farblösung mit der Pasteurpipette an den Rand des Deckglases gesetzt. Mikroskopiert wird mit dem Phasenkontrastmikroskop bei 1000facher Vergrößerung. Die Farblösung muß vor der Färbung gemischt und durch ein 0,22-μm-Membranfilter filtriert werden. Die Tanninlösung sollte immer frisch angesetzt werden, da bereits bei einer 4 Tage alten Lösung die Ergebnisse unbefriedigend sind. (Zusammensetzung und Herstellung der Farblösung und der Tanninlösung siehe S. 457)

6   Prinzipien des sterilen Arbeitens

Das Arbeiten mit Mikroorganismen sollte in einem keimarmen Labor oder in einer Impfkabine erfolgen.

Im Labor ist Zugluft zu vermeiden, Türen und Fenster sind zu schließen. Der Gehalt der Raumluft an Mikroorganismen kann durch regelmäßige und gründliche Desinfektion der Arbeitsflächen und Fußböden sowie durch UV-Bestrahlung der Luft vermindert werden.

Die Sedimentation von Mikroorganismen aus der Luft auf oder in Medien wird verringert, wenn am Arbeitsplatz durch die Flamme eines Bunsenbrenners stetig Heißluft aufsteigt.

Alle sterilen Gegenstände, wie z.B. Verschlußkappen, Stopfen, Pipetten und Impfösen, dürfen nicht auf den Tisch gelegt werden. Die entnommene Pipette ist in der Hand zu halten und vor dem Gebrauch kurz durch die Gasflamme zu ziehen. Nach der Benutzung wird die Pipette in Desinfektionslösung eingestellt. Impföse und Impfnadel werden nach dem Übertragen von Mikroorganismen zunächst im unteren, kälteren Teil der Gasflamme oder in der Sparflamme getrocknet, um ein Verspritzen des infektiösen Materials zu verhindern. Danach wird die Öse oder Nadel in ihrer ganzen Länge bis zur Rotglut ausgeglüht.

Beim Ausgießen steriler Medien ist auch der Glasrand abzuflammen. Desgleichen werden Verschluß und Glasrand von Reagenzröhrchen beim Öffnen und Verschließen abgeflammt. Sprechen, Husten und Niesen vermeiden. Es können dadurch winzige Tröpfchen mit Mikroorganismen übertragen werden (in besonderen Fällen, z.B., bei Erkältung, Mund- u. Nasenschutz verwenden).

Gefäße nur solange öffnen, wie es unbedingt erforderlich ist. Dabei Gefäße möglichst schräg halten. Auch Petrischalen nur kurz öffnen.

7   Nährmedien

7.1   Allgemeines

Für die Kultivierung von Mikroorganismen sind erforderlich:
– Wasser
– Stickstoffhaltige Verbindungen, wie Proteine, Aminosäuren, N-haltige anorganische Salze
– Kohlenstoff als Energiequelle, wie Kohlenhydrate und Proteine
– Wuchsstoffe, wie Vitamine und Mineralstoffe
Als Wasser wird für die Herstellung von Nährmedien Aqua dest. oder demineralisiertes Wasser verwendet. Stickstoff, Kohlenstoff und Wuchsstoffe werden in Form komplexer Verbindungen angeboten, als Fleischextrakt, Hefeextrakt, Malzextrakt und Pepton. Als Verfestigungsmittel dient Agar.

Fleischextrakt erhält man durch wäßrige Extraktion des Fleisches und anschließende Einengung zu einer Paste oder durch Trocknung zu einem Pulver. Er ist reich an Stickstoffverbindungen.

Hefeextrakt ist eine durch Extraktion und Einengung bzw. Trocknung gewonnene Paste oder ein Pulver, das anstelle von Fleischextrakt, aber auch zusätzlich eingesetzt werden kann, da er reich an Wuchsstoffen ist.

Peptone werden aus eiweißhaltigen Rohstoffen mittels enzymatischer Hydrolyse hergestellt. Die Hydrolysate enthalten Polypeptide, Dipeptide und Aminosäuren. Sie bieten eine leicht assimilierbare, in Wasser lösliche Stickstoffquelle, die nicht bei Erhitzung koaguliert und die sich deshalb besonders für mikrobiologische Nährmedien eignet. Bevorzugt wird das tryptische Pepton, da es auf die Bakterienentwicklung günstiger wirkt als das peptische Pepton. Peptone (tryptisch) werden durch proteolytischen Abbau von Eiweißen mit Trypsin gewonnen, Peptone (peptisch) durch Abbau von Eiweißen mit Pepsin.

Agar (auch Agar-Agar, malaiisch) ist ein polymeres Kohlenhydrat, das aus Rotalgen gewonnen wird. Man setzt ihn zu 1–3 % den Nährlösungen als Verfestigungsmittel zu. Die Qualität des Agars, d. h. seine Gelierfähigkeit, hängt vom Polymerisationsgrad ab. Häufige Temperaturbehandlung führt zur teilweisen Hydrolyse und damit zur Verminderung der Gelierfähigkeit. Agar schmilzt je nach Herkunft und Qualität bei 95-97 °C, er erstarrt bei Temperaturen unter 45 °C. Nur wenige Mikroorganismen sind in der Lage, Agar, bzw. seine hydrolytischen Spaltprodukte (D- bzw. L-Galaktose) zu nutzen.

Die Nährstoffanforderungen variieren bei den einzelnen Mikroorganismen so stark, daß es unmöglich ist, mit einem Medium alle Mikroorganismen züchten zu wollen.

Die Nährbouillon und der Nähragar sind Medien, in denen oder auf denen die meisten Mikroorganismen gut wachsen, so daß diese Medien als Basalmedien gelten können. Das Nährmedium kann durch den Zusatz bestimmter Stoffe zum Selektivmedium und durch die Zugabe von Indikatorsubstanzen zur biochemischen Identifizierung von Mikroorganismen genutzt werden.

7.2 Trockenmedien

Die Verwendung von trockenen, standardisierten Medien wird bevorzugt. Das Trockenprodukt wird in frisch destilliertem Wasser aufgelöst und sterilisiert. Dabei sind die Vorschriften der Lieferfirmen zu beachten. Der pH-Wert der Medien ist zu überprüfen und eventuell zu korrigieren.

7.3   Bestimmung des pH-Wertes der Medien

Indikatorpapier
Einen Tropfen des Mediums auf das Papier tropfen oder das Papier in das Medium eintauchen. Diese Methode ist nicht sehr genau. Zu bevorzugen ist die elektrometrische Messung.

Elektrometrische Messung
Vor der Messung des pH-Wertes muß das pH-Meter mit einem Puffer (pH 4,0 und 7,0) geeicht werden. Die Elektrode wird mit Aqua dest. abgespült und in das Kulturmedium getaucht. Die Temperatur des Mediums ist zu messen und das pH-Meter entsprechend einzustellen. Das Kulturmedium sollte bei der Messung in einem geeigneten Gefäß gründlich bewegt werden. Die Korrektur des pH-Wertes erfolgt durch tropfenweise Zugabe von 1n NaOH oder 1n HCl. Bei einzelnen Medien wird der pH-Wert auch mit Essig-, Milch- oder Weinsäure korrigiert. Das Hinzufügen der Säuren oder der Laugen muß an der von der Elektrode entferntesten Stelle erfolgen.

7.4   Beispiel für die Herstellung eines Nähragars aus einem Trockenprodukt

Zusammensetzung:

Fleischextrakt	3,0 g/l
Pepton aus Fleisch	5,0 g/l
Agar	12,0 g/l

Bereitung:
20 g werden in 1 l frisch destilliertem Wasser oder vollentsalztem Wasser suspendiert, 15 min eingeweicht und bis zum vollständigen Auflösen im Wasserbad gekocht. Danach wird der pH-Wert bei ca. 60 °C kontrolliert und, wenn notwendig, korrigiert. Anschließend erfolgt die Sterilisation bei 121 °C für 15 min. Wird der Nähragar in Petrischalen ausgegossen, so sollte dies bei ca. 50 °C erfolgen, um eine zu starke Kondenswasserbildung zu verhindern oder eine längere Vortrocknung der Platten für die Oberflächenkultivierung zu vermeiden. Soll der Nähragar in Röhrchen verwendet werden, so erfolgt nach dem Aufkochen und vor der Sterilisation die Abfüllung in Reagenzröhrchen.
Vor der Verwendung der Medien sollte immer eine Sterilkontrolle durch Vorbebrüten erfolgen (48 h bei 30 °C).

Hinweise zur Sterilisation von Medien im Autoklav
– Gefäße maximal zu 3/4 füllen, da sonst die Gefahr des Überkochens besteht;
– Medium mit Agaranteil vor dem Sterilisieren aufkochen. Eine gleichmäßige Verteilung muß erreicht werden;
– Verschlüsse von Kulturmedienflaschen lose auflegen, um eine Luftverdrängung durch Wasserdampf zu ermöglichen. Bei einer Sterilisation in mehreren Ebenen sollte die untere

mit Aluminiumfolie abgedeckt werden, um einen Schutz vor Tropfwasser zu erreichen;
- Beschriftung in „autoklavfester" Form durchführen;
- Um sicherzustellen, daß auch das Innere des Sterilisiergutes während der gesamten Sterilisationszeit eine Temperatur von 121 °C erreicht hat, muß zu der eigentlichen Sterilisationszeit (15 min, 121 °C) eine Aufheizzeit hinzugerechnet werden. Man rechnet für Einzelvolumina mit folgenden Aufheizzeiten:

      bis   50 ml   5 min
   50 bis   100 ml   8 min
  100 bis   500 ml 12 min
  500 bis 1000 ml 20 min
- Möglichst nur Volumina gleicher Größenordnung in den Autoklav stellen. Die Dauer der Erhitzung richtet sich nach dem größten Volumen, dadurch werden kleinere Volumina einer unnötigen Temperaturbelastung ausgesetzt;
- Nach Ablauf der Sterilisationszeit Druck langsam ablassen und für ausreichende Abkühlung sorgen, sonst beginnt die Flüssigkeit zu sieden, wobei die Verschlüsse naß oder sogar vom Gefäß geschleudert werden, besonders durch plötzlich einsetzenden Siedeverzug. Der Autoklav sollte erst dann geöffnet werden, wenn das Sterilisiergut auf etwa 80 °C abgekühlt ist.

Gießen von Agarplatten

Das sterilisierte, auf 50 °C abgekühlte Agarmedium oder das im Wasserbad oder im Mikrowellengerät verflüssigte Agarmedium wird in Petrischalen ausgegossen. Für Schalen mit einem Durchmesser von 90 mm rechnet man 12-15 ml Agarmedium.

Beim Gießen müssen Fenster und Türen geschlossen und Bewegungen von Personal in der näheren Umgebung vermieden werden. Die sterilen Petrischalen werden an den Rand des Tisches gestellt. Der Gefäßrand wird abgeflammt, der Deckel der Petrischale angehoben und soviel Agar eingegossen, bis der Boden bedeckt ist. Während des Gießens den Deckel der Schale über dem Unterteil halten und ihn nicht auf den Tisch legen. Eventuelle im Agar entstandene Luftblasen durch kurzes Beflammen mit der Bunsenbrennerflamme entfernen (Vosicht bei Kunststoffschalen). Nach dem Eingießen des Agars Deckel auflegen und Agar in waagerechter Lage erstarren lassen.

Boden

Deckel

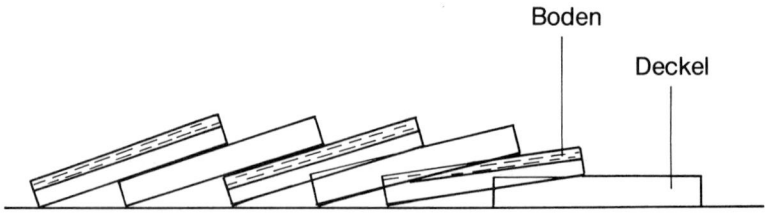

Abb. 2   Trocknen von Agarplatten (Lagerung der Petrischalen im Brutschrank)

Trocknen von Agarplatten

Auf feuchten Oberflächen wird die Bildung von Kolonien verhindert, da die Mikroorganismen im Flüssigkeitsfilm aktiv schwimmen oder fortgeschwemmt werden. Deshalb müssen feuchte Platten vor dem Beimpfen vorgetrocknet werden. Dieses geschieht in einem Brutschrank bei 30-50 °C für 15-120 min, je nach Feuchtigkeitsgehalt. Besonders dann, wenn Bazillen erwartet werden, ist ein gutes Vortrocknen der Platten für längere Zeit erforderlich. Unter- und Oberteile der Petrischalen werden getrennt mit der Innenseite nach unten schräg aufgestellt (Abb. 2).

Schrägagar-Röhrchen

In einem Reagenzglas mit Kappe werden etwa 7 ml Medium in schräger Lage zur Erstarrung gebracht. Hierzu wird das Röhrchen, solange der Agar noch flüssig ist, schräg auf eine Unterlage (z. B. Holz o. Schlauch) gelegt. Bei einem Röhrchen von 16 x 160 mm soll sich das Kulturmedium etwa 50 mm unterhalb der Oberkante des Röhrchens befinden (Abb. 3).

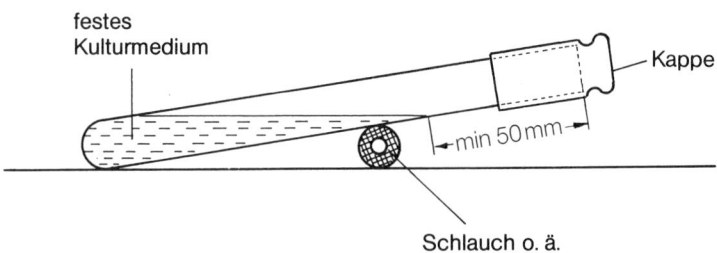

Abb. 3 Schrägagar-Röhrchen

7.5 Aufbewahrung von Kulturmedien

Ein längerfristiges Aufbewahren von Medien ist nur in Flaschen möglich. Petrischalen trocknen schnell aus, sie sollten nicht länger als 7 Tage im Kühlschrank aufbewahrt werden. Die Aufbewahrung sollte immer im Dunkeln erfolgen. Ein mehrmaliges Erhitzen von Medien ist zu vermeiden.

Ein festes Medium im Kolben kann jedoch nach einer Vorratshaltung im Kühlschrank im Mikrowellengerät ohne Qualitätsverlust verflüssigt werden (LIANG und FUNG, 1988).

Flaschen mit Medien sind zu beschriften unter Angabe von: Inhalt, Zeitpunkt der Herstellung, Name desjenigen der das Medium hergestellt hat.

8   Kulturgefäße und Hilfsgeräte

Für mikrobiologische Arbeiten gibt es für spezielle Zwecke zahlreiche Kulturgefäße und
Hilfsgeräte. Hier sollen nur die für den Routinebetrieb wichtigsten aufgeführt werden.

8.1   Kulturgefäße

Kulturröhrchen oder Reagenzröhrchen:
Verwendet werden zweckmäßigerweise Gläser mit geradem Rand ohne oder mit Schraubverschluß von 160 mm Länge und 16 mm Durchmesser.

Gärröhrchen oder Durhamröhrchen:
Es sind kleine Reagenzröhrchen, die zum Nachweis der Gasbildung in einer flüssigen Kultur
verwendet werden.

Erlenmeyerkolben:
Sie werden in verschiedener Größe, insbesondere zur Herstellung von Medien und für
Stand- und Schüttelkulturen eingesetzt.

Steilbrustflaschen:
Sie dienen zur Herstellung von Medien. Gegenüber den Erlenmeyerkolben sind sie jedoch
ökonomischer, da sie bei gleichem Nutzinhalt eine geringere Bodenfläche aufweisen.

Petrischalen:
Es sind Doppelschalen mit einem übergreifenden Deckel. Der Durchmesser beträgt meist
ca. 90 mm. Petrischalen werden als Glasschalen oder als sterile Einwegschalen aus Kunststoff angeboten. Für die Züchtung von Anaerobiern sind Kunststoffschalen mit Nocken
empfehlenswert.

8.2   Verschlüsse

Wattepfropfenverschluß:
Entfettete Baumwolle ist der nicht entfetteten vorzuziehen. Anstelle von Watte wird auch
Zellstoff benutzt. Die Verschlüsse können selbst gefertigt oder als Fertigprodukt in ''en
Größen im Laborhandel bezogen werden.

Aluminiumfolie:
Sie wird zunehmend zum Verschluß von Kulturgefäßen eingesetzt. Werden die Gefäße jedoch mehrmals geöffnet, reißt die Folie leicht ein.

Kapsenberg- und Cap-O-Test-Kappen:
Beide Metallkappen sind als Gefäßverschlüsse gut geeignet. Die Kapsenbergkappen sitzen
durch einen Federkranz den Gefäßen fester an als die Cap-O-Test-Kappen. Sollen Gefäße

oder Reagenzröhrchen längere Zeit aufbewahrt werden und ist eine Wasserverdunstung auszuschließen, muß auf Schraubverschlüsse, Gummistopfen oder zu paraffinierende Zellstoffstopfen zurückgegriffen werden.

Kappenverschlüsse aus Glas:
Glaskappenverschlüsse eignen sich besonders für den Verschluß von Steilbrustflaschen bei der Herstellung von Nährmedien.

Gummistopfen:
Sie sind besonders für die längere Aufbewahrung von Kulturen in Reagenzglasröhrchen zu verwenden.

Schraubkappenverschlüsse:
Sterilisierbare Schraubkappenverschlüsse für Reagenzröhrchen und andere Kulturgefäße finden einen immer größeren Einsatz.

8.3   Hilfsgeräte

Pipetten:
Es werden Meßpipetten (1 ml und 10 ml) verwendet oder Einweghalme mit einstellbaren Spritzen. Die Glaspipetten müssen auf Auslauf geeicht sein. Zum Sterilisieren werden die Glaspipetten nach Volumen sortiert in Pipettenhülsen im Trockensterilisator bei 180 °C 2 h sterilisiert. Um eine Infektion beim Pipettieren zu vermeiden, werden Pipetten am oberen Ende mit einem etwa 2 cm langen Wattepfropf gestopft oder es werden Pipettierhilfen benutzt.

Drigalskispatel:
Es ist ein Glas- oder Metallstab, dessen unteres Ende zu einem Dreieck oder rechten Winkel gebogen wurde. Der Drigalskispatel dient zum Verteilen von Verdünnungen auf der Oberfläche fester Medien.

Impfnadel und Impföse:
Nadel oder Öse (Durchmesser ca. 3–4 mm) befinden sich in einem Halter (Kollehalter) aus Metall oder Glas.

Cornett-Pinzette:
Sie wird zum Festhalten von Objektträgern bei der Färbung von Mikroorganismen oder der Hitzefixierung benutzt.

Färbeschalen und Färbebänke:
Diese Geräte werden zum Färben von Mikroorganismen benötigt. Als Färbeschalen können alle größeren Glasgefäße benutzt werden. Als Färbebänke oder Färbebrücke dienen Metallgestelle, die speziell gebogen den Färbeschalen aufliegen. Färbetische mit Wasser- und Gasanschluß sind im Handel erhältlich.

9   Züchtung von Mikroorganismen

Identifizierungsmerkmale von Mikroorganismen werden durch Züchtung von Reinkulturen gewonnen.

9.1   Art der Kultur

Bouillonkultur
Züchtung im flüssigen Medium ohne Zugabe weiterer Nährstoffe während der Bebrütung.

Agarschrägkultur
Die Schrägfläche wird mit der Öse beimpft, oder mit der Nadel erfolgt zunächst eine Beimpfung des unteren Nährbodenteils im Stich und dann eine Beimpfung der Schrägfläche

Stichkultur
Beimpfung eines festen oder halbfesten Mediums im Reagenzglas mit der Impfnadel.

Schüttelkultur
Beimpfung eines flüssigen Mediums, Bebrütung im Schüttelapparat.

Plattenkultur
Plattenausstrich:
Auf dem festen Agar-Medium wird mit einer Öse die Kultur nach einer bestimmten Technik ausgestrichen (s. S. 49).

Gußkultur:
Die Kultur wird mit flüssigem Agar-Medium (48 °C) im Röhrchen vermischt und in eine sterile Petrischale ausgegossen.

9.2   Bebrütung der Kulturen

Die Bebrütung erfolgt bei den für die entsprechenden Mikroorganismen optimalen Temperaturen. Bei der Bebrütung von Petrischalen muß der Deckel unten liegen, damit kein Kondenswasser auf die Kultur tropft.
Sollte es bei einem bestimmten Nachweisverfahren notwendig sein, daß die Petrischale mit dem Deckel nach oben bebrütet werden muß, so kann ein Auftropfen des Kondenswassers auf das Medium durch Einlegen eines Filterpapierblattes in den Deckel vermieden werden.
Nur in Ausnahmefällen werden Kulturen im Licht bebrütet (z. B. um Pigmentbildung zu erreichen). In der Regel wird die Bebrütung im Dunkeln vorgenommen und zwar in Brutschränken, Brut räumen oder Wasserbädern.

9.2.1 Kultur unter aeroben Bedingungen

Eine aerobe Kultivierung ist im Gegensatz zur anaeroben Kultur einfach. Eine ausreichende Versorgung mit Sauerstoff wird erreicht durch:
– Züchtung auf der Oberfläche oder in geringer Tiefe von festen Medien.
– In flüssigen Medien, wobei die Schichthöhe im Verhältnis zur Oberfläche nicht so groß sein darf.
Eine gute Sauerstoffversorgung in größeren Volumina wird erreicht durch Rühren, Schütteln oder Einleiten filtrierter Luft.

9.2.2 Kultur unter anaeroben Bedingungen

Für die Züchtung von Anaerobiern muß das Redoxpotential niedrig gehalten werden (Eh-Wert unter - 100 mV, abhängig von der Species). Ein niedriges Redoxpotential wird durch verschiedene Verfahren erzielt.

Kultur in hoher Schicht
Durch Kochen wird ein agarhaltiges Medium (0,1 % Agar) in einem Reagenzröhrchen vom Sauerstoff frei gemacht. Bei ausreichend großer Schichthöhe herrschen in der Tiefe anaerobe Verhältnisse. Das Medium ist unmittelbar nach der Erhitzung und Abkühlung zu beimpfen.

Kultur unter Luftabschluß
Flüssige oder halbfeste Medien werden nach der Sauerstoffentfernung (5–10 min Kochen) abgekühlt, beimpft und mit sterilem Paraffinöl oder einer Mischung aus Hartparaffin und Vaseline (1:4) oder einem Paraffin-Paraffin-Gemisch (z. B. zwei Gewichtsteile Paraffin schüttfähig, Merck 7164, und ein Gewichtsteil Paraffin flüssig, Merck 7162) überschichtet, so daß eine Schicht von circa 1 cm erhalten wird. Die Paraffin-Mischung ist in Portionen z. B. von 50 ml bei 160 °C im Heißluftsterilisator 3 h zu erhitzen.

Zusatz von reduzierenden Verbindungen zum Medium
Der Zusatz reduzierender Verbindungen bewirkt eine Erniedrigung des Redoxpotentials (Tab. 1). Nur solche Verbindungen sollten Medien zugesetzt werden, die einen Eh-Wert von – 300 mV ergeben (Costilow, 1981), wenn obligate Anaerobier isoliert werden sollen. Die zugesetzte Menge darf nicht toxisch wirken.

Tab. 1 Reduzierende Verbindungen als Zusätze zu Kulturmedien (Costilow, 1981)

Verbindungen	Eh in mV	Konzentration im Medium
Na-thioglycolat	$< - 100$	0,05 %
Cystein HCl	$- 210$	0,025 %
Dithiothreitol	$- 330$	0,05 %

Reduzierende Verbindungen sind auch in tierischen Geweben enthalten (Leber, Blut, Hirn, Herz). Die reduzierenden Verbindungen werden meist den flüssigen und halbfesten Medien zugesetzt. Verwendung finden z. B. Cooked Meat Medium, Leberbrühe, DRCM-Bouillon u. a.

Kultur im sauerstofffreien Raum

a) Physikalische Verfahren der Sauerstoffentfernung:

Durch Evakuierung und anschließendes Begasen mit einer Mischung aus 90 % Stickstoff und 10 % Kohlendioxid erfolgt eine Erniedrigung des Sauerstoffpartialdrucks. Verwendung finden vakuumdichte Glas-, Metall- oder Kunststoffgefäße, in die die zu bebrütenden Platten eingestellt werden.

Petrischalen müssen mit dem Deckel nach oben in den Topf gelegt werden, weil sonst das Medium beim Evakuieren in den Deckel fällt. Kunststoffschalen müssen Nocken tragen, sonst kann es durch Kondenswasserbildung zwischen den Rändern der Schalen zu einem luftdichten Verschluß kommen. Beim Öffnen der Gefäße wird dann ein Druckausgleich verhindert, und die Schalen zerspringen.

Nach dem Evakuieren wird mindestens zweimal mit dem Gasgemisch aus Stickstoff und Kohlendioxid gewaschen. Zur Kontrolle des anaeroben Milieus wird ein Redoxindikator in den Topf eingelegt. Die Bebrütung der Töpfe erfolgt mit dem Gasgemisch im Brutschrank. Evakuierbare Spezialbrutschränke eignen sich nur für größere Plattenserien.

b) Chemische Verfahren der Sauerstoffbindung:

Hierbei werden die beimpften Nährmedien in einen Anaerobentopf gestellt. Neben die Platten mit Nocken wird ein Gasentwickler gestellt (z. B. GasPak, Fa. Becton Dickinson, GasKit, Fa. Oxoid, Anaerocult-System, Fa. Merck, Gasgenerating Box System, bioMerieux). Nach Zugabe einer definierten Menge Wasser (bei den einzelnen Systemen unterschiedlich) entwickelt sich Wasserstoff aus Natriumborhydrid (GasPak und GasKit), und unter dem Einfluß eines Katalysators wird Sauerstoff zu Wasser gebunden. Außerdem entsteht aus einer organischen Säure und Natriumbicarbonat 7–10 % Kohlendioxid.

Bei dem Anaerocult-System wird der Sauerstoff an Eisenpulver gebunden, wobei die Reaktion ohne Katalysator abläuft. Das Anaerocult-System kann auch für einzelne Petrischalen Anwendung finden. Zur Kontrolle des anaeroben Milieus ist ein Redoxindikator in den Topf zu legen, z. B. Methylenblaustreifen (Merck) oder Resazurinpapier (Oxoid). Methylenblau ist reduziert farblos (bei einem Eh-Wert von – 49 mV) und oxidiert blau (bei einem Eh-Wert von + 71 mV), wobei eine Abhängigkeit vom pH-Wert besteht. Resazurin ist bei pH 7,0 und einem Eh-Wert von – 110 mV farblos und im oxidierten Zustand rosafarben.

9.3 Aseptische Beimpfung der Medien

Zur Identifizierung von Mikroorganismen sind immer Reinkulturen erforderlich. Jede Verunreinigung muß vermieden werden. Das Übertragen der Kultur geschieht in der Regel mit einer Impföse oder einer Impfnadel. Vor jeder Benutzung werden Öse oder Nadel vertikal im heißen Teil der Bunsenbrennerflamme ausgeglüht. Nach einigen Sekunden der Abkühlung kann Öse oder Nadel verwendet werden. Die Reagenzglaskappen werden vor und nach der Beimpfung abgeflammt, wie auch das obere Reagenzglasende. Niemals die Reagenzglaskappen auf den Arbeitstisch legen. Die Beimpfung hat grundsätzlich dicht an der Bunsenbrennerflamme zu erfolgen. Bei der Beimpfung der Petrischalen den Deckel nur kurzfristig abnehmen und nicht sprechen.

9.4 Konservierung von Reinkulturen im Laboratorium

Vielfach werden Stammkulturen über einen längeren Zeitraum aufbewahrt. Je nach Mikroorganismus sind verschiedene Aufbewahrungsmethoden brauchbar.

Agarschägkultur
Wegen der Gefahr der Austrocknung durch Wasserverdunstung sollten Röhrchen mit Schraubverschluß oder dichtsitzende Gummistopfen verwendet werden.

Agarstichkultur
Anzüchtung im Agarmedium, Aufbewahrung unter Paraffinöl.

Bouillonkultur
Milchsäurebakterien können gut in flüssigen Medien aufbewahrt werden, z. B. Cooked Meat Medium.
Clostridien werden anaerob in Cooked Meat Medium kultiviert und aufbewahrt. Überschichtung des Mediums mit Vaseline-Paraffin (50:50) oder unter sterilem Paraffinöl (1–2 h bei 160 °C im Trockensterilisator sterilisiert).

Gefriertrocknung von Kulturen
Gefriergetrocknete Kulturen (z. B. in Ampullen oder Penicillinfläschchen) können über viele Jahre bei Zimmertemperatur oder im Kühlschrank aufbewahrt werden.

Einfrieren der Kulturen unter Zusatz eines Schutzmittels bei – 80 °C bis – 150 °C oder in flüssigem Stickstoff bei – 196 °C
Das Einfrieren der Kulturen bei – 80 °C ist eine geeignete Methode zur Langzeitaufbewahrung von Kulturen. Die Kultur wird in einer optimalen Bouillon gezüchtet und zentrifugiert (späte logarithmische Phase). Das Zentrifugat wird mit einer frischen sterilen Bouillon, die 10 % (V/V) Glycerin enthält, vermischt (Zusatz von 20 % Glycerin zur gleichen Menge Bouillon). Das Glycerin wird bei 121 °C 15 min sterilisiert. Schrägarkulturen werden mit der entsprechenden Bouillon abgeschwemmt.

Einfrieren von Bakterien mit Glasperlen bei – 80 °C nach JONES, PELL und SNEATH (1984)
– Glasperlen (z. B. Stickperlen, ca. 2–4 mm) werden in Leitungswasser mit einem Detergens gewaschen. Der pH-Wert des Wassers wird mit verdünnter Salzsäure neutralisiert. Danach sind die Perlen mehrmals mit Leitungswasser zu waschen, bis der pH-Wert des Waschwassers dem des Leitungswassers entspricht. Nach Spülen der Perlen mit dest. Wasser werden diese bei 45 °C getrocknet.
– Etwa 10 Perlen werden in 2-ml-Glasröhrchen mit Schraubverschluß bei 121 °C 15 min autoklaviert.
– Bei aeroben Bakterien werden Portionen zu 10 ml Nährbouillon hergestellt, die 15 % (V/V) Glycerin enthalten. Die Bouillon ist bei 121 °C 12 min zu autoklavieren. Für anaerobe Bakterien dient eine Bouillon folgender Zusammensetzung (g/l):

Trypton	10,0
Kochsalz	5,0
Fleischextrakt	3,0
Hefeextrakt	5,0
Cysteinhydrochlorid	0,4
Glucose	1,0
Na_2HPO_4	4,0
Glycerin	150 ml
A. dest.	1000 ml

Abfüllung zu 10 ml und autoklavieren bei 121 °C für 15 min
– Die zu konservierenden Bakterien werden auf einem optimalen festen Nährboden kultiviert und mit etwa 1 ml der Glycerin enthaltenden Bouillon abgeschwemmt.
– Die Bakteriensuspension wird in die Glasröhrchen mit Perlen gefüllt und so verteilt, daß keine Luftblasen im Perlenloch verbleiben. Nach Durchfeuchtung der Perlen wird die überschüssige Mikroorganismen-Suspension vom Boden des Röhrchens abpipettiert und die Perlen bei ca. – 80 °C eingefroren.
– Für die Anzüchtung der Kultur wird eine Perle steril entnommen und auf einem festen Medium ausgerollt.

Einfrieren von Hefen und Schimmelpilzen
Das Einfrieren von Hefen und Schimmelpilzen ist nach der Methode von SMITH (1984) und KIRSOP (1984) durchzuführen.

10 Beschreibung der morphologischen und kulturellen Eigenschaften von Mikroorganismen

Für die Identifizierung von Mikroorganismen (Bakterien) sind bestimmte Eigenschaften nachzuweisen.

Morphologische Eigenschaften
Dazu gehören Gramverhalten, Form, Größe und Zellanordnung, Beweglichkeit, Anordnung der Geißeln, Vorhandensein einer Kapsel oder von Sporen.

Kulturelle Merkmale
Die Oberfläche der Kolonie, ihre Form und Größe sind Merkmale, die der Identifizierung dienen. Die Größe wird in mm oder im Vergleich zu bekannten Größen angegeben, wie erbsengroß, reiskorn- oder stecknadelkopfgroß. Kolonien unter 1 mm werden als „pin-points" bezeichnet.
Weiterhin werden beurteilt die Pigmentbildung, das Profil der Kolonie (Erhebung über dem Nährboden), die Oberfläche der Kolonie, die Randbildung, die Konsistenz, der Geruch. Bei Bouillonkulturen werden Stärke der Vermehrung, Ring- oder Hautbildung, Trübung, Flokkung und Bodensatzbildung für die Identifizierung herangezogen (Abb. 4).

11 Gewinnung von Reinkulturen

Eine Reinkultur, die Voraussetzung für eine Identifizierung ist, besteht aus einer einzigen Species; sie ging aus einer Mikroorganismenzelle hervor. Häufig ist eine Vereinzelung der makroskopisch einheitlich aussehenden Kolonien durch einen Verdünnungsausstrich notwendig.

11.1 Vorbereitung der Medien für den Verdünnungsausstrich

Die Petrischalen müssen trocken sein. Frisch gegossene Platten werden bei 30 ° bis 50 °C für 15–120 min, je nach Feuchtigkeitsgehalt, im Brutschrank getrocknet.

A = Kolonieformen

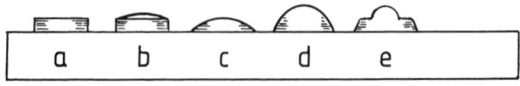

a = flach   b = erhaben   c = konvex
d= halbkugelig   e = knopfförmig

B = Randbildungen

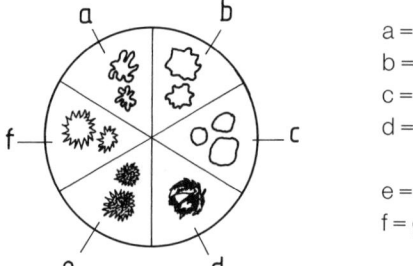

a = unregelmäßig
b = wellig
c = glatt
d = wurzelförmig
   (rhizoid)
e = filamentös
f = gezahnt

C = Wachstum in einer Bouillon

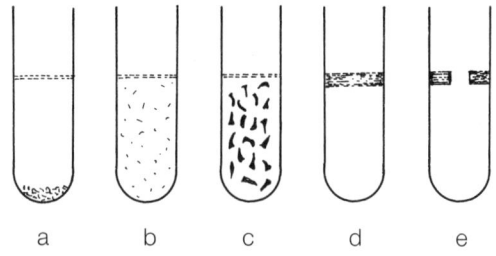

a = Bodensatz   b = Trübung   c = Flockenbildung
d = Hautbildung   e = Ringbildung

Abb. 4   Kolonieformen und Wachstumsarten

11.2 Verdünnung im Impfstrich auf dem festen Medium

Mit der Öse wird aus der gewählten Kolonie oder der Keimmischung wenig Material entnommen und auf dem festen und vorgetrockneten Medium ausgestrichen. Verschiedene Verdünnungsausstriche sind möglich (Abb. 5).

Methode A
Nach jedem Impfstrich (1, 2, 3, 4) sollte die Öse abgeflammt werden. Die Impföse muß flach geführt werden, damit der Agar nicht „aufgepflügt" wird.

Methode B
Auch beim Dreierausstrich erfolgt nach jedem Schritt (1, 2, 3) ein Ausglühen der Öse.

Methode C
Mit einer nicht zu scharfen Nadel oder Öse wird eine Kolonie ausgestrichen. Die Nadel oder Öse wird zwischen den Ausstrichen 1 und 2, 2 und 3, 3 und 4 sowie 4 und 5 abgeflammt. Es wird nach dem Abflammen kein neues Material entnommen.

Methode A

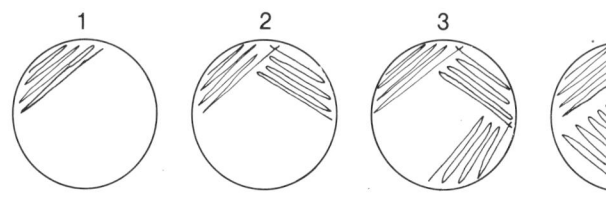

Methode B (Dreierausstrich)

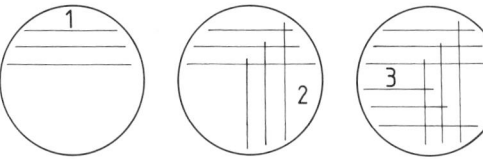

Methode C

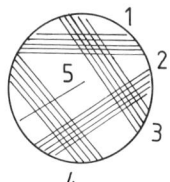

Abb. 5 Herstellung eines Verdünnungsausstriches

11.3 Reinzüchtung von Hefen

Tröpfchenverfahren nach Lindner

Mit dem Tröpfchenverfahren nach Lindner ist eine Reinzüchtung von Hefezellen möglich, wenn keine Verunreinigungen mit Bakterien vorhanden sind. Die zu untersuchende Zellsuspension wird soweit verdünnt, daß ein kleiner Tropfen im Durchschnitt nur eine Zelle enthält. Von dieser Suspension werden mit einer sterilen Pasteurpipette oder einer abgeflammten Zeichenfeder oder einer sterilen Blutzuckerpipette mehrere kleine Tropfen auf ein steriles Deckglas gegeben und dieses rasch mit den Tropfen nach unten auf einen Hohlschliffobjektträger gesetzt. Der Rand des Hohlschliffobjektträgers ist ganz leicht mit Vaseline eingefettet (Abb. 6).

Mit dem Mikroskop wird bei schwacher Vergrößerung jeder Tropfen durchmustert. Ein Tropfen, der nur eine Zelle enthält, wird mit sterilem Filterpapier, das mit einer abgeflammten Pinzette gehalten wird, aufgesaugt und in Malzextraktbouillon gegeben. Die Bouillon wird bei 25–30 °C für 24 bis 48 h bebrütet.

Die bewachsene Bouillon wird mikroskopisch untersucht (Nativpräparat, Methylenblaufärbung).

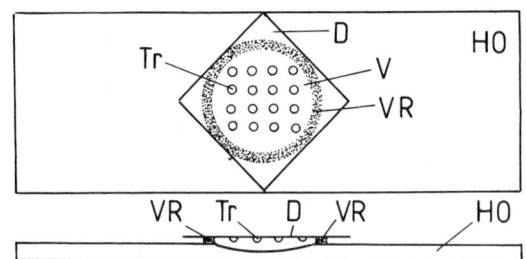

HO = hohler Objektträger
V = Vertiefung
VR = Vaselinering
D = Deckglas
Tr = Tröpfchen

Abb. 6 Lindnersches Tröpfchenverfahren

Isolierung von Einzelkolonien nach Emeis (1966)

Von der zu identifizierenden Kolonie wird eine Verdünnungsreihe hergestellt und diese auf Hefeextrakt-Glucose-Chloramphenicol-Agar ausgespatelt.

Die Bebrütung erfolgt bei 25 °C für 3–5 Tage. Von der Petrischale, auf der etwa 50 gut voneinander getrennte Kolonien (Abstand größer als 1–2 mm) vorhanden sind, wird eine Kolonie zur Identifizierung zufällig ausgewählt. Die Wahrscheinlichkeit, daß es sich dann um eine Einzelkolonie handelt, beträgt 98,5 %.

LITERATUR
  1. Anderson, K. L., Fung, D. Y. C., Anaerobic methods, techniques and principles for food bacteriology: A review, J. Food Protection **46**, 811–822, 1983

2. Burkhardt, F., Standardisierung medizinisch-mikrobiologischer Untersuchungen. Notwendigkeit – Möglichkeiten – Grenzen, Forum Mikrobiologie **6**, 146–152, 1983

3. Clark, G., Staining procedures, 4th ed., The Williams & Wilkens Co., Baltimore, 1983

4. Costilow, R. N., Biophysical factors in growth. In: Manual of Methods für General Bacteriology, American Society for Microbiology, Washington D. C. 20006, S. 66–78, 1981

5. Costin, J. D., Fischer, W., Kappner, M., Schmidt, W., Schuchmann, H., Kultivierung von anaeroben Mikroorganismen: Eine neue Methode zur Erzeugung eines anaeroben Milieus, Forum Mikrobiologie **5**,246–248, 1982

6. Emeis, C. C., Isolierung von Einzelkulturen mit Hilfe der Plattenkultur, Mschr. Brauerei **19**, 156–158, 1966

7. Jacob, H. E., Redox potential. In: Methods in Microbiology, ed. by Norris, J. R. and Ribbons, D. W., Vol 2, S. 92–123, Academic Press London, New York, 1970

8. Jones, D., Pell, P. A., Sneath, P. H. A., Maintenance of bacteria on glass beads at – 60 °C to – 76 °C. In: Maintenance of microorganisms, ed. by Kirsop, B. E., Snell, J. J. S., S. 35–45, Academic Press, London, 1984

9. Kirsop, B. E., Maintenance of yeasts. In: Maintenance of microorganisms, ed. by Kirsop, B. E., Snell, J. J. S., S. 109–130, Academic Press, London, 1984

10. Kirsop, B. E., Snell, J. J. S., Maintenance of microorganisms. A manual of laboratory methods, Academic Press, London, New York, 1984

11. Liang, C., Fung, D. Y. C., Performance of some heat-sensitive differential agars prepared and melted by microwave energy, J. Food Protection **51**, 577–578, 1988

12. Mayfield, C. I., Inniss, W. E., A rapid, simple method for staining bacterial flagella, Canadian Journal of Microbiology **23**, 1311–1313, 1977

13. Shapton, D. A., Board, R. G., Isolation of anaerobes, Academic Press London, New York, 1971

14. Smith, D., Maintenance of fungi. In: Maintenance of microorganisms, ed. by Kirsop, B. B., Snell, J. J. S., S. 83–107, Academic Press, London, 1984

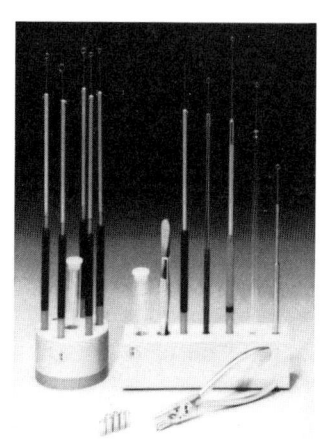

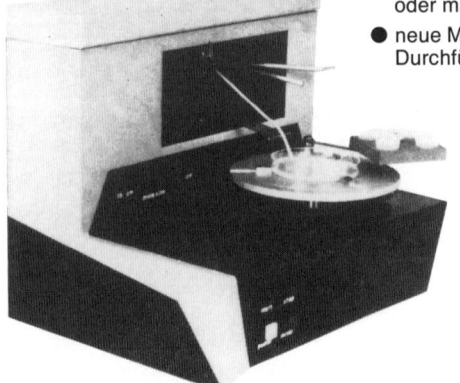
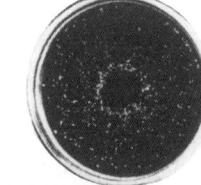

II   Bestimmung der Keimzahl

J. Baumgart, F. Timm

1   Allgemeines

F. Timm

Mikroorganismen in Lebensmitteln werden allgemein mittels Kulturverfahren bestimmt. Hierbei erfaßt man die Organismen, die sich unter den Bedingungen der angewandten Methode vermehren. Ein vermehrungsfähiger Mikroorganismus wird hierbei als „Keim" bezeichnet. Das Prinzip der Bestimmung der Keimzahl, d. h. der Anzahl vermehrungsfähiger Keime in einer bestimmten Menge des Lebensmittels, besteht darin, daß die Mikroorganismen zunächst vereinzelt und danach zu einer sichtbaren Menge vermehrt werden. Man unterscheidet zwei Arten von Kulturverfahren:

– das auf Robert Koch zurückgehende Verfahren („Plattenverfahren"), bei dem die einzelnen Mikroorganismen in oder auf einem festen Nährboden lokalisiert werden und dort zu makroskopisch sichtbaren Kolonien heranwachsen, und

– das Verfahren der Anreicherung in flüssigen Nährmedien, bei dem eine Vermehrung der Mikroorganismen durch Trübung, Farbänderung oder ähnliches festgestellt wird.

Während die erstgenannte Methode direkt zu einer Keimzahl führt, wobei die jeweilige Verdünnung und Impfmenge zu berücksichtigen ist, kann bei der zweitgenannten Methode nur mittels statistischer Verfahren auf die wahrscheinliche Anzahl geschlossen werden. Mit der Keimzahl wird die Anzahl koloniebildender Einheiten erfaßt, nicht dagegen die Anzahl aller einzelnen vermehrungsfähigen Mikroorganismen. Beispielsweise können Bakterienagglomerate wie Streptokokken-Ketten oder Staphylokokken-Haufen, die beim Homogenisieren der zu untersuchenden Probe nicht zerschlagen wurden, einen einzelnen Keim darstellen. Für die praktische Bewertung der Keimzahl ist dies jedoch ohne Belang.

Eine Zeitlang wurden auf peptonhaltigen Nährböden im mesophilen Bebrütungsbereich gefundene Keimzahlen als „Gesamtkeimzahl" (total bacterial count, total count) bezeichnet. Da dieser Begriff irreführend ist, spricht man heute exakter von der „mesophilen aeroben Keimzahl" oder meist ganz kurz von der „Keimzahl" (plate count).

Für die mikrobiologische Untersuchung von Lebensmitteln, Kosmetika und Bedarfsgegenständen sind folgende Faktoren wichtig und beeinflussen das Ergebnis und die Sicherheit der Aussage (nach MOSSEL, 1975):

1. Anzahl der Proben
2. Probenahme (Zufallsauswahl)
3. Verunreinigung bei der Probenahme
4. Transport der Proben zum Laboratorium

5. Vorbereitung der Probe (Trennung der Mikroorganismen vom Lebensmittel)
6. Impfgröße
7. Nährboden
8. Bebrütung (Temperatur, Sauerstoffspannung)
9. Bebrütungszeit
10. Bestätigung und Auswertung

Die verschiedenen Abschnitte der mikrobiologischen Untersuchung – Probenahme, Probenvorbereitung, Untersuchung, Auswertung und ggf. Bestätigung – tragen in gleicher Weise zum Gesamtergebnis bei. Die beste Untersuchungsmethode und das genaueste Arbeiten im Laboratorium nützen nichts, wenn die Probenahme nicht mit entsprechender Sorgfalt vorgenommen wurde.

Bei allen Untersuchungen ist immer wieder festzustellen, daß die Ergebnisse von Parallelansätzen oder Wiederholungsversuchen in mehr oder weniger starkem Maß voneinander abweichen, d. h. die Ergebnisse „streuen". Waren Probenahme und Untersuchung frei von systematischen (methodischen) Fehlern, so können bei Anwendung des Guß- oder Spatelverfahrens Keimzahlen von flüssigen, breiartigen oder pulverförmigen Produkten um ± 20–30 % schwanken, Keimzahlen von festen Lebensmitteln sogar zwischen 30 und 60 % (CSABA, 1959). Nach COWELL und MORISETTI (1969) weichen die wahren Koloniezahlen bei Keimzahlbestimmungen auf Petrischalen mit Koloniezahlen zwischen 80 und 320 pro Platte um 22–11 % von den gefundenen Koloniezahlen ab, bei einer Koloniezahl um 30 pro Platte um 37 %. Verfahren mit flüssigen Nährmedien, bei denen die Anzahl bewachsener Röhrchen zur Schätzung der Keimzahl dient, weisen noch größere Schwankungen auf. Nach Berechnungen von WOODWARD (1957) liegt die wahre Keimzahl mit einer Wahrscheinlichkeit von 95 % zwischen 6,5 und 955 % des errechneten Wertes, wenn je Verdünnung lediglich ein Röhrchen verfügbar war, bei drei Parallelröhrchen je Verdünnung zwischen 15 und 511 % des aus Tabellen ablesbaren MPN-Wertes. In diesem Zusammenhang sei besonders auf die Vertrauensgrenzen in der MPN-Tabelle (siehe S. 77) hingewiesen.

2 Probenahme
F. Timm

Im Zusammenhang mit der Probenahme wird vielfach der Begriff „Repräsentanz" gebraucht: Die Probe soll ein möglichst genaues Abbild der Gesamtheit an Erzeugnissen, aus der sie stammt, darstellen. Bei Flüssigkeiten, wie z. B. Milch, ist es in vielen Fällen verhältnismäßig leicht, eine für das Ganze repräsentative Probe zu ziehen – vorausgesetzt, daß vor der Probenahme ausreichend durchmischt wurde. Bei der Untersuchung von hochviskosen Produkten, von rieselfähigen und besonders von stückigen Gütern ist es jedoch schwierig, mit einer Stichprobe von vielleicht nur 10 g die mikrobiologische Beschaffenheit der Gesamtmenge des Gutes (z. B. einer Warenladung) hinreichend sicher zu beurteilen. Daß eine inhomogene Verteilung der Mikroorganismen beispielsweise durch Keimnester die Aussage der Untersuchung an der Stichprobe völlig in Frage stellen kann, sei hier nur erwähnt.

Eine Stichprobe stammt aus einer bestimmten Menge an Produkten, die für den Hersteller, Lieferanten oder Abnehmer abgrenzbar und identifizierbar sein soll und möglichst aus einer einheitlichen Fertigung herrührt. Diese als Partie (Los, Charge, Lieferung usw.) bezeichnete Gesamtheit an Produkten kann eine Tagesproduktion sein, ebenso eine kleinere oder größere Produktionsmenge, bei der die Rohware und die Verarbeitung ein einheitliches Produkt erwarten läßt.

2.1   Probenanzahl

Die Frage nach der erforderlichen Anzahl an Proben zur Untersuchung einer Lebensmittelpartie läßt sich nicht einfach beantworten. Wegen des verhältnismäßig hohen Aufwandes für mikrobiologische Untersuchungen, bei denen meist auf mehrere Keimgruppen hin untersucht wird, wird die Anzahl an Proben in einer Stichprobe immer begrenzt sein. Für die Kontrolle einer eigenen Produktion ist die Eingangskontrolle der verwendeten Rohwaren und insbesondere die Prozeßkontrolle (z. B. Temperaturkontrolle bei Erhitzungs- oder Kühlprozessen) erfahrungsgemäß wesentlich wirksamer als eine umfangreiche und aufwendige Untersuchung von Endprodukten. Für die Untersuchung der fertigen Erzeugnisse eigener Produktion genügen bei gleichmäßigen Produktionsbedingungen ganz wenige Proben. Diese sollten jedoch nach einem Zufallsverfahren, das nachstehend näher beschrieben wird, gezogen werden.

Für die Kontrolle eingehender Rohwaren und Halbfabrikate hängt die Anzahl der zu untersuchenden Proben je Lieferung von der Art der Ware ab, insbesondere dem mikrobiologischen Risiko entsprechend der Zusammensetzung (z. B. hoher Eiweißanteil), und den Verarbeitungsbedingungen im eigenen Betrieb. Bei Lieferanten, mit denen über längere Zeit gute Erfahrungen hinsichtlich der Qualität der gelieferten Waren bestehen, genügen im allgemeinen wenige Einzelproben je Lieferung. Bei neu aufgenommenen Lieferanten ist eine Stichprobe von mindestens 5 Einzelproben je Lieferung, bei mikrobiologisch anfälligeren Produkten eventuell 10 Proben, empfehlenswert. Im übrigen sollte die Probenahme und Untersuchung einschließlich der Bewertung der Ergebnisse mit dem Lieferanten schriftlich vereinbart sein. Als Hilfe im grenzüberschreitenden Handelsverkehr wie auch im nationalen Geschäft stehen Probenahmepläne für die meisten Lebensmittelgruppen zur Verfügung (siehe 2.3).

2.2   Probenahme nach einem Zufallsverfahren

Bei der Probenahme nach einem Zufallsverfahren geht es darum, die Wahl des Platzes oder des Zeitpunktes der Probenahme möglichst unabhängig von der Willkür des Probeneh-mers zu gestalten. Jeder Platz bzw. jeder Zeitpunkt soll die gleiche Chance haben, in die Stichprobe zu gelangen. Als Beispiel sei angenommen, daß aus einer Lieferung von 50 Ein-heiten 3 Proben entnommen werden sollen. Zunächst werden die Einheiten (oder Plätze, an denen sie stehen) von 1 bis 50 durchnumeriert. In der Tabelle mit Zufallszahlen (Tab. 2), die die Zahlen von 1 bis 100 in zufälliger Anordnung enthält, wird der Ausgangspunkt bestimmt, indem man mit der Bleistiftspitze eine beliebige Zahl antippt. Angenommen, die angetippte Zahl sei 43 (etwa in der Mitte der Tabelle). Die erste Ziffer, die 4, bestimmt die Spalte in der Tabelle, von links an gezählt; die zweite Ziffer, die 3, gibt die entsprechende Reihe an. Als erste Zufallszahl für die Auswahl der drei Proben ergibt sich somit **47**, womit die erste Probe feststeht. Von dieser Zahl aus geht man dann diagonal nach rechts unten weiter – die Rich-tung ist vorher festzulegen, im übrigen aber variabel. Als nächste Zahlen erhält man 69 und 93, die beide unberücksichtigt bleiben, da sie größer als 50 sind. Es folgt **24**, womit die zweite Probe ermittelt ist. Danach kommen 62 und 83 und schließlich **13**, mit der die dritte Probe bestimmt ist.

Für die zeitliche Festlegung der Probenahme aus der eigenen Herstellung eines Lebensmit-tels werden die Produktionsstunden von montags früh bis zum Wochenschluß durchnume-riert. Sollen z. B. täglich zwei Proben entnommen werden, legt man die Zeiträume für die Probenahme mittels Zufallszahlen in ähnlicher Weise fest wie eben beschrieben. Liegen für einen Tag die beiden Probenahmezeiten fest, bleiben weitere Zeiten, die für diesen Tag ent-sprechend von Zufallszahlen gefunden werden, unberücksichtigt. Innerhalb des festgeleg-ten Zeitraumes von einer Produktionsstunde kann der Probennehmer die Stichprobe belie-big entnehmen, also beispielsweise im ersten Drittel oder in der Mitte der Stunde, gegebe-nenfalls mit der Auflage, nach Pausen und Schichtwechsel frühestens 5 min nach Wieder-anlauf der Produktion die Probe zu ziehen.

2.3   Stichprobenpläne

Für die Kontrolle von Lieferungen an Roh-, Halbfertig- und Fertigwaren sind Stichproben-pläne unerläßlich. Je risikoreicher das zu untersuchende Erzeugnis ist, desto umfangrei-cher sollte die Stichprobe sein und desto strenger die Anforderungen an die mikrobiologi-sche Beschaffenheit. Eine Kommission der Internationalen Vereinigung mikrobiologischer Gesellschaften (International commission on microbiological specifications for foods) hat Probenahmepläne und Beurteilungskriterien für die meisten Lebensmittelgruppen ausge-arbeitet (ICMSF, 1986), die ein brauchbares Verfahren für die Prüfung und Beurteilung der mikrobiologischen Qualität von Fertigwaren im internationalen Handelsverkehr darstellen. Je nach Lebensmittelgruppe und zu testenden Mikroorganismen werden 2-Klassen- oder

Tab. 2   Zufallszahlen

Zufallszahlen									
81	14	95	49	22	57	12	26	33	73
74	35	42	41	88	6	77	94	79	82
34	63	59	47	90	65	86	32	78	2
38	97	39	96	69	56	31	8	54	80
17	61	5	76	43	93	68	20	72	19
52	3	18	37	92	28	24	40	85	23
70	50	91	99	64	48	4	62	10	16
7	67	9	27	1	21	15	60	83	66
100	29	75	71	51	36	87	84	55	13
98	89	46	44	30	45	58	53	11	25

3-Klassen-Stichprobenpläne vorgeschlagen. Als Beispiel seien hier die Anforderungen für blanchiertes tiefgefrorenes Gemüse wiedergegeben:

Keimzahl	$n = 5$	$c = 3$	$m = 10^4$	$M = 10^6$
Coliforme	$n = 5$	$c = 3$	$m = 10^1$	$M = 10^3$

Hierbei bedeuten: n = Anzahl der zu untersuchenden Proben; c = höchste Anzahl an Proben, die den Grenzwert m (Limit pro g) überschreiten darf; M = maximal zulässiger Grenzwert, der von keiner Probe überschritten werden darf.

Für eine Reihe von Produktgruppen wird neben anderem die Untersuchung auf Salmonellen vorgeschlagen, meist auf folgende Weise:

Salmonellen $n = 10$ $c = 0$ $m = 0$

Die ICMSF-Vorschläge zur Probenahme und Beurteilung von Lebensmitteln lassen sich auch im nationalen Handelsverkehr anwenden. Bei der Endkontrolle eigener Produktionen bringen diese Pläne jedoch keine Vorteile, sondern belasten die Kapazität eines mikrobiologischen Laboratoriums nur in unangemessener Weise. Bei der Herstellung von Lebensmitteln im eigenen Betrieb dient die mikrobiologische Prüfung des fertigen Produktes im allgemeinen lediglich dazu, den guten Hygienezustand des Betriebes zu bestätigen.

Die ICMSF-Probenahmepläne sind nicht ohne Kritik geblieben. Diese gilt unter anderem dem Grenzwert M für die Keimzahl oder die Zahl an Coliformen, Keimgruppen also, die lediglich Hygieneindikatoren sind. Überschreitet eine von fünf Proben den Grenzwert M, ist die Lieferung automatisch abzulehnen, auch wenn die Werte für die anderen vier Proben weit unter dem niedrigeren Grenzwert m liegen.

3   Probenbehandlung

J. Baumgart

3.1   Entnahme der Proben außerhalb des Laboratoriums

Wenn möglich, sollte eine ungeöffnete Originalprobe zur Untersuchung eingesandt werden. Ist dies nicht möglich, muß eine ausreichend große Teilprobe (100–200 g oder ml) steril entnommen werden. Die dafür notwendigen Geräte sind vorher zu sterilisieren und in geeigneten Behältern steril aufzubewahren. Wenn eine Sterilisation der Geräte in Betrieben notwendig ist und ein Autoklav oder Heißluftsterilisator fehlen, so kann eine Entkeimung erfolgen durch Abflammen, durch Eintauchen in Spiritus und Abflammen oder durch Eintauchen in ein Desinfektionsmittel, das z. B. 100 ppm verfügbares Chlor enthält oder durch 2 %ige Peressigsäure. Das Desinfektionsmittel muß mit sterilem Wasser abgespült und die Geräte mit einem sterilen Tuch getrocknet werden.

Den bruchsicher und wasserdicht verpackten Proben ist ein Bericht beizufügen, der folgende Angaben enthalten soll:

a)   Ort, Datum und Zeit der Probeentnahme
b)   Name des Probenehmers
c)   Beschreibung der bei der Probenahme angewandten Methode
d)   Art der Probe und Zahl der Einheiten, aus denen die Ware besteht
e)   Identifizierungsnummer und Code-Zeichen der Charge, aus der die Probe entnommen wurde
f)   Zusatz von Konservierungsmitteln (z. B. bei Milch), Lagerungsart, Lagerungstemperatur.

Die entnommene Probe muß unter Vermeidung einer Verunreinigung und unter Erhaltung des mikrobiologischen Ist-Zustandes in das Labor zur Untersuchung transportiert werden. Bis zur Untersuchung ist die Probe kühl zu lagern (0–5 °C). Tiefgefrorene Proben (z. B. Speiseseis, Gefriergerichte) müssen bei – 18 °C oder darunter aufbewahrt werden, getrocknete Produkte bei Raumtemperatur (max. 25 °C). Frische und nicht gefrorene Lebensmittel dürfen nicht eingefroren werden.

Besonders wichtig ist dies auch, wenn auf *Clostridium perfringens* untersucht werden soll. Sollte nach der Probenahme innerhalb von 24 h keine Untersuchung möglich sein, so kann das Lebensmittel, das auf *Clostridium perfringens* zu untersuchen ist, im Verhältnis 1:1 (G/V) mit 20 %igem Glycerin vermischt und unter Trockeneis gelagert werden (HAUSCHILD und HILSHEIMER, 1974).

3.2 Probenbehandlung im Laboratorium und Vorbereitung der Probe

Die folgenden Anleitungen sind allgemeiner Art. Bei einzelnen Lebensmitteln sind spezielle Vorschriften, die „Amtlichen Untersuchungsverfahren nach § 35 des Lebensmittel- und Bedarfsgegenständegesetzes" sowie die DIN-Methoden (Deutsches Institut für Normung) zu beachten.

Im Laboratorium wird mit sterilen Geräten (z. B. Löffel, Spatel, Messer, Pinzette, Schere, Pipette) die Untersuchungsprobe entnommen. Gefrorene Lebensmittel werden bei einer Temperatur unter + 5 °C nicht länger als 12 h aufgetaut. Bei großstückigen, gefrorenen Lebensmitteln erfolgt die Entnahme mit einem sterilen Bohrer.

Die entnommene Probe (ca. 200 g) wird vorzerkleinert, um eine homogene Durchmischung zu erzielen. Eine Vorzerkleinerung kann mit dem sterilen Fleischwolf (Lochscheibe max. 4 mm), mit dem Stomacher (dickere Beutel verwenden) oder anderen mechanischen Zerkleinerungsgeräten erfolgen. Bei flüssigen Lebensmitteln oder bereits vorzerkleinerten bzw. homogen durchmischten Proben entfällt die Vorzerkleinerung. Flüssige Lebensmittel sind jedoch sorgfältig zu durchmischen. Die vorzerkleinerte Probe darf nicht länger als 1 h bei einer Temperatur zwischen ± 0 ° und + 5 °C aufbewahrt werden.

4   Herstellung der Verdünnungen
J. Baumgart

4.1 Herstellung der Erstverdünnung

Nicht flüssige Lebensmittel

Mindestens 10 g (± 0,1 g) der vorbereiteten Probe werden in ein steriles, weithalsiges Glasgefäß (z. B. Babyflasche, Glas mit Schraubverschluß oder Twist-Off-Verschluß) oder in einem Stomacher-Beutel auf der oberschaligen Waage eingewogen.

Nach Zugabe von 90 ml Verdünnungsflüssigkeit (Peptonwasser oder Ringerlösung) wird die Probe homogenisiert. Einsetzbar sind auch Dibuster-Dispenser-Systeme.

Zusammensetzung der Verdünnungsflüssigkeit: 0,1 % Caseinpepton trypt. verdaut, 0,85 % Kochsalz, pH-Wert nach dem Sterilisieren 7,0 ± 0,1. Beim Tropfverfahren werden außerdem noch 0,08 % Agar zugesetzt. Die Verdünnungsflüssigkeit sollte eine Temperatur zwischen 10 °C und 20 °C aufweisen.

Das Homogenisieren wird mit einem mechanischen Schneidmischgerät z. B. Ultra Turrax oder Waring Blender) bzw. mit einem Beutel-Walk-Gerät (Stomacher 400) durchgeführt. Bei Verwendung des Ultra Turrax sollen 15000–20000 Umdrehungen pro min erreicht werden. Bei höchster Drehzahl sollte die Homogenisierungszeit nicht länger als 1 min betragen. Auch für den Stomacher 400 wird eine Homogenisierungszeit von 1 min empfohlen, sie sollte 2 min nicht überschreiten (PURVIS et al., 1987).

Die Sterilisation des Ultra Turrax-Stabes erfolgt im Heißluftsterilisator bei 130 °C für 1 h. Dafür sind die Stäbe mit Alu-Folie zu umwickeln.

Die Unterschiede zwischen den Keimzahlen bei Verwendung von Schneidmischgeräten (z. B. Waring Blender) und dem Stomacher 400 sind gering (PURVIS et al., 1987), so daß wegen der einfacheren Handhabung der Stomacher 400 den Schneidmischgeräten vorzuziehen ist. Auch in den DIN-Methoden und den „Amtlichen Untersuchungsvorschriften nach § 35 des Lebensmittel- und Bedarfsgegenständegesetzes" werden der Stomacher 400 und mechanische Schneidmischgeräte als alternative Verfahren aufgeführt.

Flüssige Lebensmittel

Bei flüssigen Lebensmitteln werden 1 ml zu 9 ml oder 10 ml zu 90 ml Verdünnungsflüssigkeit pipettiert. Die Pipette darf dabei nicht in die Verdünnungsflüssigkeit eintauchen. Die Durchmischung erfolgt auf einem Reagenzglasmischer oder bei der Verdünnung 10 ml zu 90 ml durch kräftiges Schütteln (10 s, 25mal, Schüttelweg 30 cm).

4.2 Anlegen der Dezimalverdünnungen

Aus der Erstverdünnung, die zum Sedimentieren grober Partikel nicht länger als 15 min stehen darf, werden aus der wäßrigen Phase ohne vorheriges Durchmischen 1 ml entnommen und zu jeweils 9 bzw. 99 ml Verdünnungsflüssigkeit pipettiert oder 10 ml zu 90 ml. Nach Durchmischen auf dem Reagenzglasschüttler (3–5 s, Flüssigkeit 2–3 cm unterhalb des Glasrandes) oder durch kräftiges Schütteln (bei Flaschen) werden weitere Dezimalverdünnungen angelegt. Die Verdünnung richtet sich nach der zu erwartenden Keimzahl.

Für jede Verdünnungsstufe wird eine frische Pipette verwendet. Die Pipetten dürfen nicht in die Flüssigkeit der Verdünnungsstufen getaucht werden, sondern nur die Gefäßwand berühren. Benutzte Pipetten werden in Desinfektionslösung eingestellt.

4.3 Vorbereiten und Beschriften der Petrischalen

Für die Spatel- und Tropfkultur sind die Medien je nach Frischegrad vor der Verwendung 30 min bis 2 h vorzutrocknen. Die Beschriftung der Platten erfolgt auf der Unterseite mit einem wasserfesten Farbstift, z. B. „1" für die Verdünnung 10^{-1}, „2" für die Verdünnung 10^{-2} usw. Bei allen Keimzählungen werden Doppelbestimmungen durchgeführt. Bei der Tropfkultur werden die Platten auf der Unterseite mit dem Farbstift in 3–6 Teile unterteilt.

5 Bestimmung der Keimzahl
J. Baumgart

5.1 Gußkultur

Prinzip und Anwendung

Das flüssige Lebensmittel und/oder Verdünnungen des Lebensmittels werden mit einem geschmolzenen Nährboden (ca. 47 °C) vermischt. Das Verfahren ist bei der Untersuchung aller Lebensmittel anwendbar.

Durchführung

Die Verdünnungsstufen werden so ausgewählt, daß Petrischalen mit Koloniezahlen zwischen 10 und 200, höchstens 300 zu erwarten sind. 1 ml der Verdünnungsstufe 10^{-1} entspricht 0,1 g oder 0,1 ml der Probe. Mit einer sterilen Pipette werden in je 2 Petrischalen jeweils 1 ml der Probe (bei verdünnten, flüssigen Proben) oder 1 ml der entsprechenden Verdünnungen pipettiert. Mit der höchsten Verdünnung ist zu beginnen, so daß mit einer Pipette gearbeitet werden kann. (Abb. 7 und 8). Beispiel: Bei einer Verdünnung von 10^{-2} bis 10^{-5} wird mit der Verdünnung 10^{-5} begonnen.

Anschließend werden 12–15 ml des geschmolzenen und im Wasserbad auf etwa 47 °C abgekühlten Nährbodens in die Petrischalen gegossen und mit der Probe bzw. den Verdün-

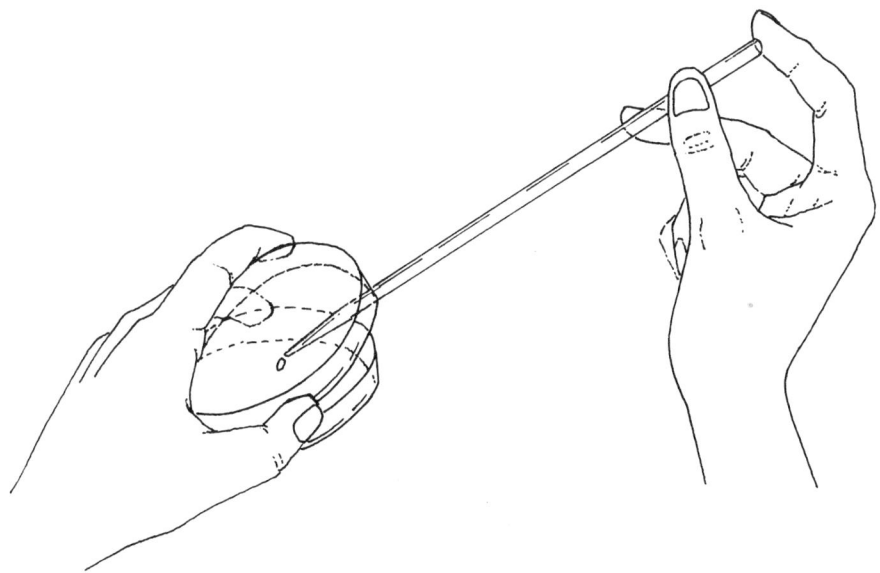

Abb. 7 Einpipettieren der Probe

nungen gleichmäßig vermischt. Eine gleichmäßige Durchmischung kann erzielt werden, wenn die Schale 5mal hin und her bewegt wird, dann im Uhrzeigersinn 5mal bewegt wird, gefolgt von einer 5maligen Hin- und Herbewegung im rechten Winkel zur ersten Bewegung und einem 5maligen Bewegen entgegen dem Uhrzeigersinn (Abb. 9). Die Zeit von der Herstellung der Erstverdünnung bis zur Beimpfung darf 30 min nicht überschreiten. Es muß darauf geachtet werden, daß das Medium nicht an den Petrischalendeckel spritzt. Bebrütungstemperatur und -zeit sind abhängig von den Ansprüchen der nachzuweisenden Mikroorganismen. Die Petrischalen sollten nicht auf den Boden oder an die Wand der Brutschränke gestellt werden (Heizschlangen).

Besonders bei stückigen Produkten, wie Fleisch und Fleischerzeugnissen, Feinkost-Salaten, Getränken mit Fruchtanteilen, Marzipan, Gewürzen und zahlreichen anderen Lebensmitteln sind in den Verdünnungen 10^{-1} und 10^{-2} vielfach noch Partikel enthalten, die das Pipettieren mit der 1 ml-Glaspipette erschweren. Für den Routinebetrieb sind deshalb 2 ml-„Dreiringspritzen" und weitlumige sterile Halme aus Kunststoff (Fa. Bionic, Niebüll, Fa. Barkey, Bielefeld) zu empfehlen (Abb. 9). Auch durch den Vorsatz steriler Filternetze an die Glaspipette oder die Halme kann das Pipettieren in den ersten Verdünnungsstufen verbessert werden. In Anlehnung an die von PETERKIN und SHARPE (1981) empfohlenen Pipettenvorfilter wurden sog. „slip-tips" (Abb. 10) entwickelt, die sich bei der Untersuchung zahlreicher Lebensmittel bewährt haben. Das Kunststoffsieb hat eine Porengröße von 105 μm und besteht aus einem sterilisierbaren Kunststoff (121 °C, 10 min). Jeder „slip-tip", der auf die Glaspipette oder den Einweghalm aufgesteckt wird, kann wiederholt verwendet werden (Bezugsquelle Fa. Barkey, Bielefeld). Bewährt haben sich auch Stomacherbeutel mit einliegendem sterilem Gazebeutel (Stomacher 400 Filter Bags).

Legende zu S. 63:

Abb. 8   Schematische Darstellung der Gußkultur
   A = Verdünnung jeweils 1:10; B = Verdünnung jeweils 1:100;
   C = Verdünnung jeweils 1:100 und Verwendung von Demeterpipetten

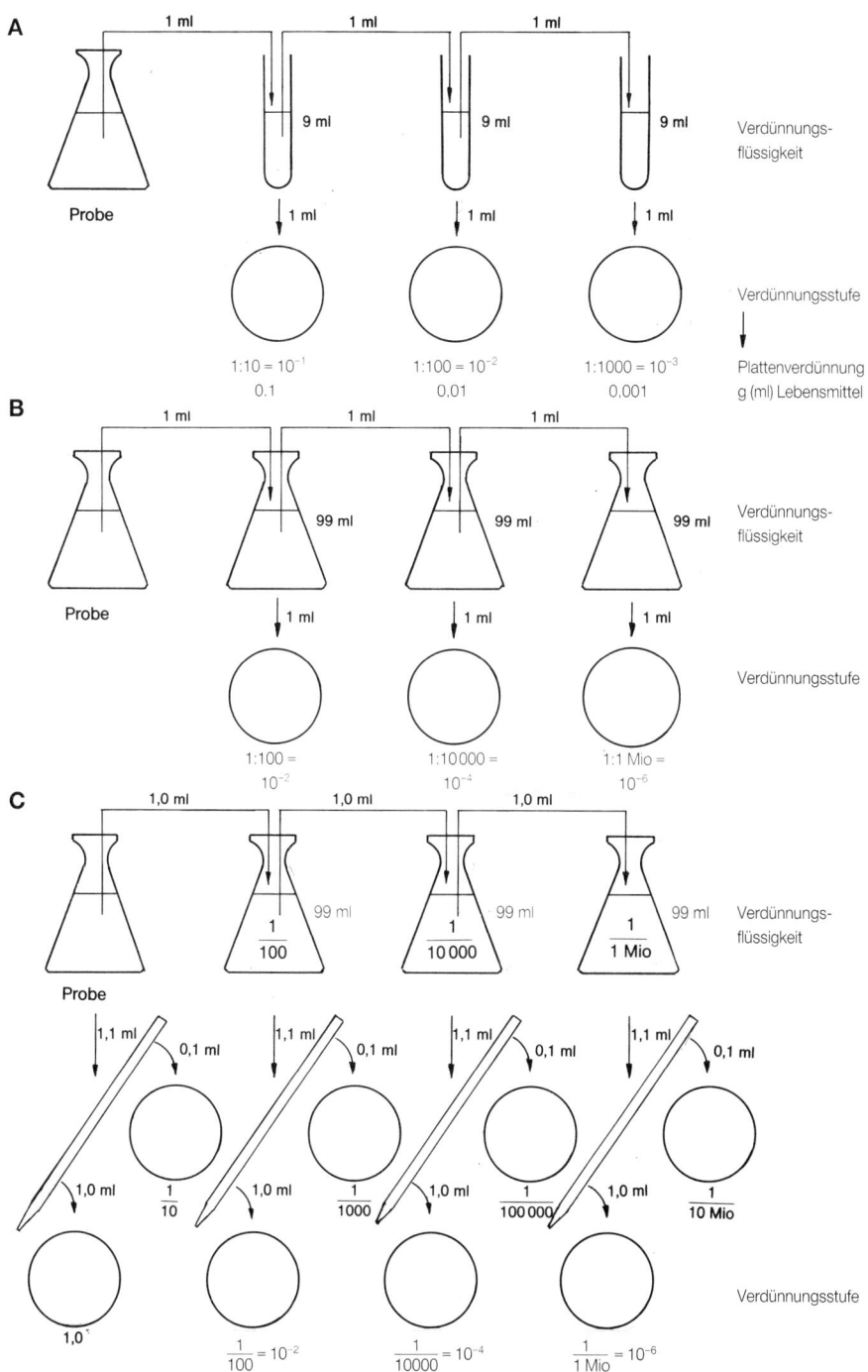

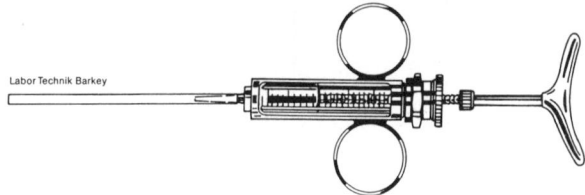

Abb. 9   Dreiringspritze

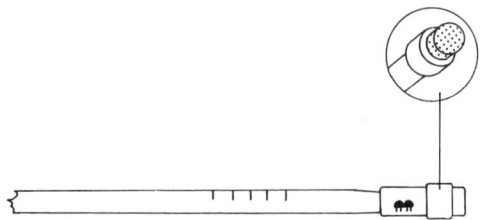

Abb. 10   „Slip-tip", Aufsteckfilter für Pipetten

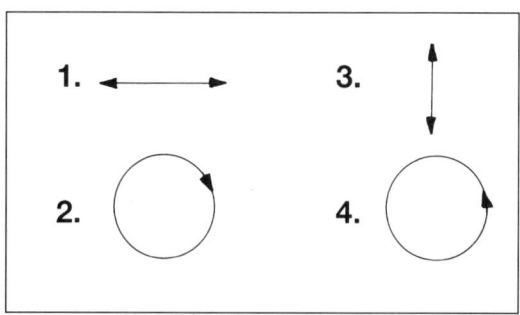

Abb. 11   Gleichmäßige Durchmischung bei der Gußkultur

5.2   Spatelverfahren

Prinzip und Anwendung (Abb. 12)
Von der Probe bzw. den Verdünnungen werden 0,1 ml auf der Oberfläche eines festen Nährbodens ausgespatelt. Das Verfahren ist anwendbar bei der Untersuchung aller Lebensmittel.

Durchführung
Teilmengen von etwa 15 ml des geschmolzenen Nährbodens werden in sterile Petrischalen überführt und zum Verfestigen stehengelassen. Platten, die vorher hergestellt wurden, sollten nicht länger als 4 h bei Raumtemperatur oder einen Tag bei 5 °C aufbewahrt werden. Wenn die Platten gegen Austrocknung geschützt sind, können sie bei einer Aufbewahrung bei 5 °C bis zu 7 Tagen verwendet werden. Unmittelbar vor der Verwendung werden die Platten mit der Agaroberfläche nach unten, schräg auf dem abgenommenen Deckel liegend, in einem Brutschrank ca. 30 min bei 50 °C getrocknet.
Beginnend bei der höchsten Verdünnung werden je 0,1 ml auf je 2 Agarplatten gegeben (1 ml-Glaspipette ohne oder mit „slip-tip" bzw. „Dreiringspritze" und weitlumige Halme, Abb. 9 und 10).
Mit einem sterilen Drigalski-Spatel wird die Menge gleichmäßig unter kreisenden Bewegungen verteilt. Für jede Platte ist ein steriler Spatel zu verwenden. Die Platten werden mit dem Boden nach oben bei der für die nachzuweisenden Mikroorganismen erforderlichen Temperatur und Zeit bebrütet.

5.3   Tropfplattenverfahren

Prinzip und Anwendung
Von der Probe bzw. den Verdünnungen werden je 0,05 ml oder 0,1 ml auf die Oberfläche von je 2 vorgetrockneten Nährböden pipettiert. Das Verfahren ist bei der Untersuchung aller Lebensmittel anwendbar, soweit nicht sich stark ausbreitende Mikroorganismen, schleimbildende Zellen und Schimmelpilze vorhanden sind, die die einzelnen Sektoren überwuchern können. Empfehlenswert ist das Verfahren besonders für den Einsatz von Selektivmedien.

Durchführung
Von der Probe bzw. den Verdünnungen werden je 0,05 ml oder 0,1 ml (1 ml-Glaspipette ohne oder mit „slip-tip" bzw. „Dreiringspritze" und weitlumige Halme, s. Abb. 9 und 10) jeweils im Doppelansatz (gleiche Verdünnungsstufe auf verschiedene Platten) auf die auf der Unterseite der Petrischalen markierten Sektoren (z. B. 4 bis 6) aufgetropft. Die Pipettenspitze berührt dabei die Nährbodenoberfläche, damit das Auslaufen der Pipette gewährleistet ist. Der Tropfen sollte mit der Pipettenspitze kreisförmig ca. 18–20 mm im Durchmesser ausgezogen werden. Die Platten bleiben nach der Beimpfung so lange stehen, bis die verteilte Impfmenge angetrocknet ist. Erst danach werden die Schalen mit dem Boden nach oben bebrütet (Abb. 13).

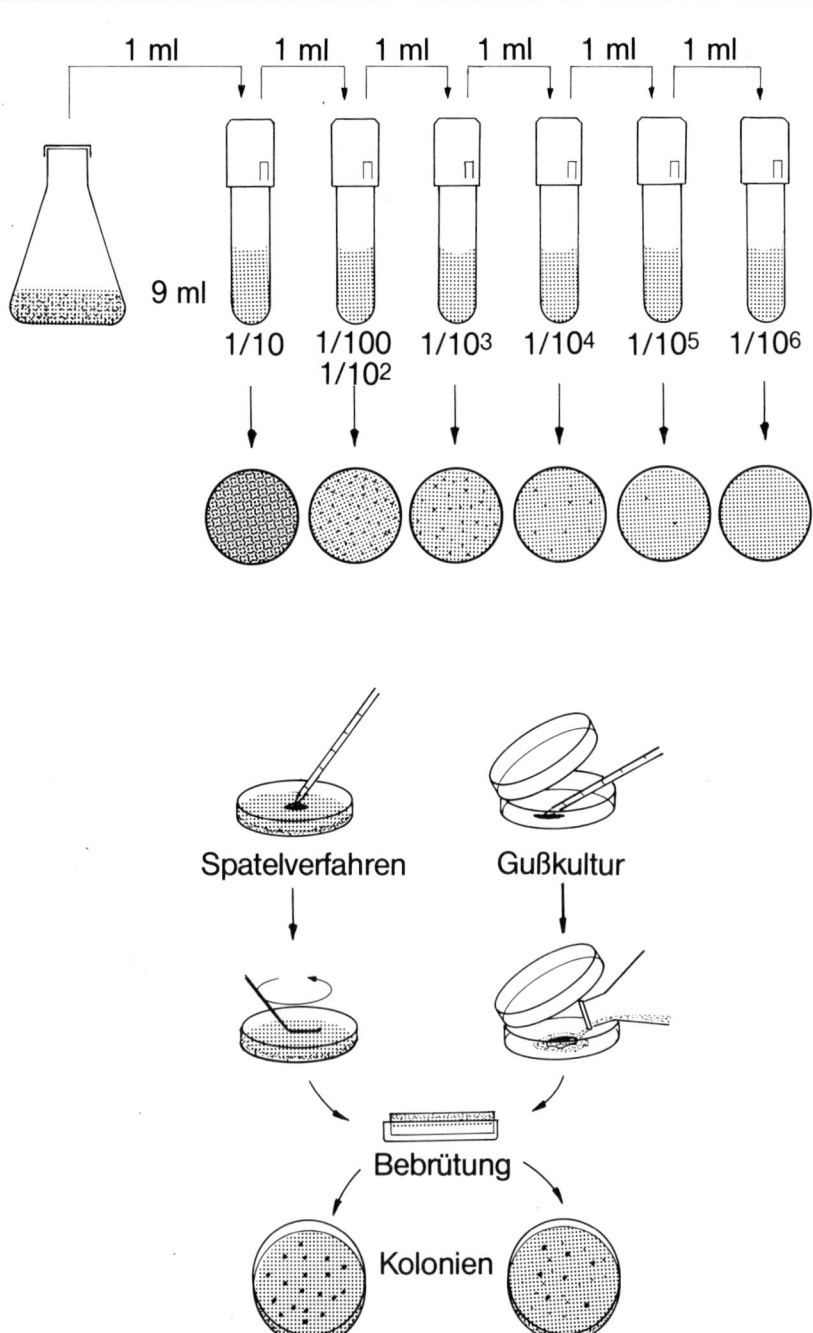

1 ml 1 ml 1 ml 1 ml 1 ml 1 ml

9 ml

1/10 1/100 1/10³ 1/10⁴ 1/10⁵ 1/10⁶
1/10²

Spatelverfahren Gußkultur

Bebrütung

Kolonien

Abb. 12 Schematische Darstellung des Spatelverfahrens und der Gußkultur

5.4 Auswertung und Berechnung der Koloniezahl

5.4.1 Gußkultur und Spatelverfahren

Nach Ende der Bebrütungszeit werden die Kolonien auf den zur Berechnung der Keimzahl heranzuziehenden Petrischalen gezählt, wobei jede Kolonie mit einem Farbstift zu markieren ist. Empfehlenswert ist die Verwendung von Koloniezählgeräten. Laufkolonien werden als eine Kolonie gewertet. Petrischalen, bei denen mehr als ¼ von Laufkolonien eingenommen wird, können nicht ausgezählt werden. Sonst wird jede Kolonie gezählt, die mit 6- bis 8facher Lupenvergrößerung erkennbar ist.

Aus der Kolonialzahl der auswertbaren Verdünnungsstufen wird das gewogene arithmetische Mittel errechnet.

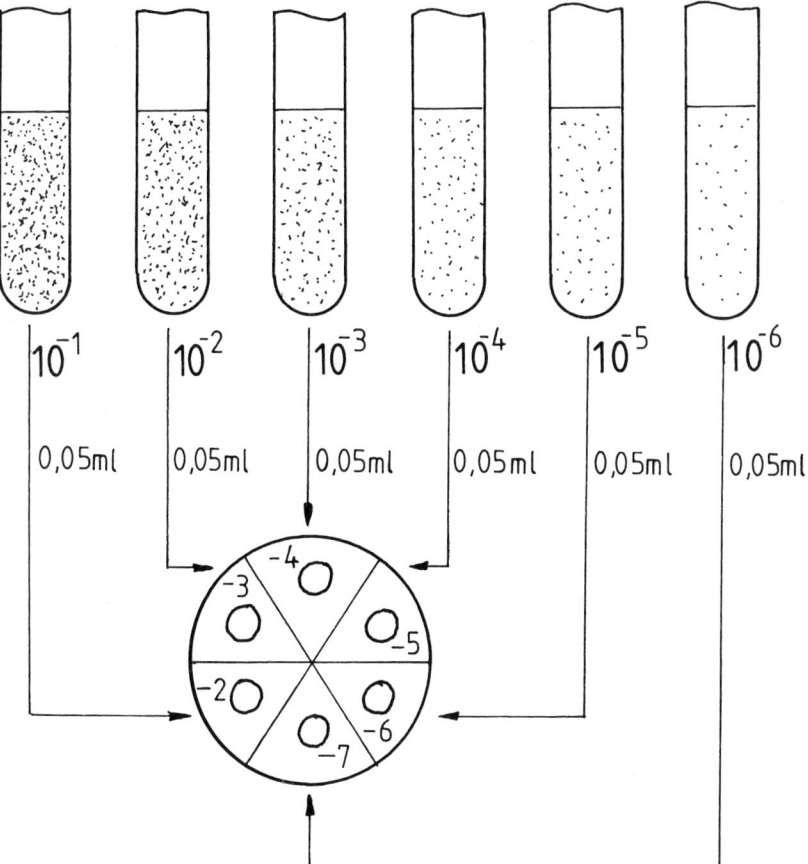

Abb. 13 Schematische Darstellung des Tropfplattenverfahrens

Gewogenes arithmetisches Mittel

Die Anzahl der Kolonien wird durch das gewogene arithmetische Mittel bestimmt. Dabei wird die Summe aller ausgezählten Kolonien dividiert durch die Summe der untersuchten Substratmengen. Die Anzahl der Mikroorganismen pro g oder ml wird nach folgender Zahlenwertgleichung berechnet:

$$\bar{c} = \frac{\Sigma\, c}{n_1 \cdot 1 + n_2 \cdot 0,1} \cdot d$$

Es bedeuten:

$\bar{c}$ gewogenes arithmetisches Mittel der Koloniezahlen

Σc Summe der Kolonien aller Petrischalen, die zur Berechnung herangezogen werden (niedrigste und nächst höhere auswertbare Verdünnungsstufe)

n_1 Anzahl der Petrischalen der niedrigsten auswertbaren Verdünnungsstufe

n_2 Anzahl der Petrischalen der nächst höheren Verdünnungsstufe

d Faktor der niedrigsten ausgewerteten Verdünnungsstufe; hierbei handelt es sich um die auf n_1 bezogene Verdünnungsstufe

(Berechnungsbeispiele siehe Seite 69)

Koloniezahlen werden nur mit einer Stelle nach dem Komma angegeben. Die Auf- und Abrundung erfolgt nach den mathematischen Rundungsregeln.

Sind auf den mit der größten Probemenge beimpften Platten (10^{-1}) weniger als 10 Kolonien vorhanden, so lautet das Ergebnis:

Bei der Gußkultur „Weniger als $1,0 \times 10^2$/g oder ml",

beim Spatelverfahren „Weniger als $1,0 \times 10^3$/g oder ml" (0,1 ml auf Verdünnung 10^{-1} = 10^{-2}).

Wurde das homogenisierte oder durchmischte Material direkt untersucht (z. B. Saucen, Getränke), so lautet das Ergebnis:

Beim Gußverfahren „Weniger als $1,0 \times 10^1$/ml",

beim Spatelverfahren „Weniger als $1,0 \times 10^2$/ml".

Sind auf den mit der größten Probemenge beimpften Platten keine Kolonien vorhanden, so lautet das Ergebnis:

Bei unverdünnten, homogenisierten Proben (Gußverfahren) „Weniger als 1/ml",

bei verdünnten, homogenisierten Proben „Weniger als $1,0 \times 10^1$/g" beim Gußverfahren oder „Weniger als $1,0 \times 10^2$/g" beim Oberflächenverfahren.

Falls nur eine Petrischale auswertbar ist, wird der Wert als $\bar{c}$ betrachtet. Dieser Sachverhalt ist im Befund anzugeben.

Berechnungsbeispiele

Beispiel 1

Verdünnungsstufe

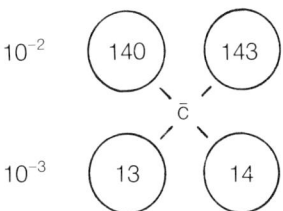

10^{-2} (140) (143)

$\bar{c}$

10^{-3} (13) (14)

$$\bar{c} = \frac{140+143+13+14}{2\cdot1 + 2\cdot0,1} = \frac{310}{2,2} = 140,9$$

Ergebnis: $140,90 \cdot 10^{2} = \underline{\underline{1,4 \cdot 10^{4}}}$

Beispiel 2

Verdünnungsstufe

10^{-2} (245) ((310))

$\bar{c}$

10^{-3} (21) (18)

$$\bar{c} = \frac{245+21+18}{1\cdot1 + 2\cdot0,1} = \frac{284}{1,2} = 236,66$$

Ergebnis: $236,66 \cdot 10^{2} = \underline{\underline{2,4 \cdot 10^{4}}}$

Beispiel 3

Verdünnungsstufe

10^{-3} ((310)) ((320))

$\bar{c}$

10^{-4} (17) (15)

$$\bar{c} = \frac{17+15}{2\cdot1 + 0\cdot0,1} = \frac{32}{2} = 16$$

Ergebnis: $16 \cdot 10^{4} = \underline{\underline{1,6 \cdot 10^{5}}}$

Beispiel 4

Verdünnungsstufe

10^{-3} (145) ((320))

$\bar{c}$

10^{-4} (na) (16)

$$\bar{c} = \frac{145+16}{1\cdot1 + 1\cdot0,1} = \frac{161}{1,1} = 146,36$$

Ergebnis: $146,36 \cdot 10^{3} = \underline{\underline{1,5 \cdot 10^{5}}}$

na = nicht auswertbar

Berechnungsbeispiele

Beispiel 1

Verdünnungsstufe

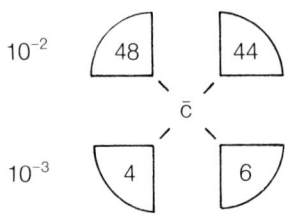

10^{-2} | 48 | 44

$\bar{c}$

10^{-3} | 4 | 6

$$\bar{c} = \frac{48+44+4+6}{2 \cdot 1 + 2 \cdot 0,1} = 46,36$$

Ergebnis: $46,36 \cdot 10^2 = 4,6 \cdot 10^3$

Beispiel 2

Verdünnungsstufe

10^{-2} | 47 | (118)

$\bar{c}$

10^{-3} | 5 | 7

$$\bar{c} = \frac{45+5+7}{1 \cdot 1 + 2 \cdot 0,1} = 49,16$$

Ergebnis: $49,16 \cdot 10^2 = 4,9 \cdot 10^3$

Beispiel 3

Verdünnungsstufe

10^{-2} | 6 | 10

$\bar{c}$

10^{-3} | 0 | 0

$$\bar{c} = \frac{6+10}{2 \cdot 1} = 8,0$$

Ergebnis: $8,0 \cdot 10^2$

Beispiel 4

Verdünnungsstufe

10^{-2} | 25 | nicht auswertbar

$\bar{c}$

10^{-3} | 0 | 1

$$\bar{c} = \frac{25+1}{1 \cdot 1 + 1 \cdot 0,1} = \frac{26}{1,1} = 23,64$$

Ergebnis: $23,64 \cdot 10^2 = 2,4 \cdot 10^3$

5.4.2 Tropfplattenverfahren (Tropfkultur)

Die Auswertung und Berechnung der Koloniezahl erfolgt im Prinzip wie beim Gußverfahren oder dem Spatelverfahren.

Gewogenes arithmetisches Mittel
Aufgetropft werden nach DIN 0,05 ml, möglich sind auch 0,1 ml. Nur diejenigen Sektoren der Platten werden herangezogen, die 1–50 klar voneinander trennbare Kolonien aufweisen. Dabei muß mindestens eine Verdünnungsstufe vorhanden sein, auf der zwischen 5 und 50 Kolonien vorliegen. Sind die Kolonien klein und gut auszählbar, so können auch Sektoren mit bis zu 100 Kolonien berücksichtigt werden.
Die Berechnung erfolgt nach der gleichen Formel wie bei dem Guß- und Spatelverfahren.
Berechnungsbeispiele siehe Seite 70.

Der Mittelwert $\bar{c}$ ist mit 20 zu multiplizieren, wenn von der Verdünnung 10^{-1} 0,05 ml auf die Platte getropft werden und auf der Platte die Verdünnungsstufe 10^{-1} vermerkt wird. Wird beim Auftropfen von 0,05 ml aus der Verdünnung 10^{-1} auf der Platte 10^{-2} (oder 2) vermerkt, so ist die Zahl mit 2 zu multiplizieren.

Beispiel

Verdünnungsstufe

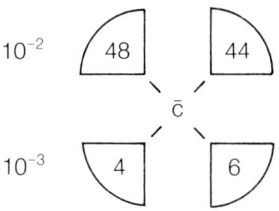

$$\bar{c} = \frac{48+44+4+6}{2\cdot 1 + 2\cdot 0,1} = 46,36$$

Ergebnis: $46,36 \cdot 10^2 \cdot 20 = \underline{\underline{9,3 \cdot 10^4}}$

Falls nur ein Sektor auswertbar ist, wird der Wert als $\bar{c}$ betrachtet. Im Untersuchungsbefund ist dies zu vermerken.

Haben sich auf den mit der größten Probemenge beimpften Doppel-Sektoren jeweils weniger als 5 Kolonien gebildet, lautet das Ergebnis beim Auftropfen von 0,05 ml:
Bei unverdünnter, homogenisierter Probe „Weniger als $1,0 \times 10^2$/ml",
beim Auftropfen von 0,1 ml „Weniger als $5,0 \times 10^1$/ml",

bei verdünnter, homogenisierter Probe „Weniger als $1,0 \times 10^3/g$",
beim Auftropfen von 0,1 ml „Weniger als $5,0 \times 10^2/g$".

Sind keine Kolonien vorhanden, so lautet das Ergebnis beim Auftropfen von 0,05 ml:
Bei unverdünnter, homogenisierter Probe „Weniger als $2,0 \times 10^1/ml$",
beim Auftropfen von 0,1 ml „Weniger als $1,0 \times 10^1/ml$",
bei verdünnter, homogenisierter Probe „Weniger als $2,0 \times 10^2/g$",
beim Auftropfen von 0,1 ml „Weniger als $1,0 \times 10^2/g$".

5.5 Untersuchungsbericht

Der Untersuchungsbericht muß mindestens enthalten:
- Art, Herkunft und Bezeichnung der Probe
- Art und Datum der Probenahme
- Eingangs- und Untersuchungsdatum
- Temperatur, bei der die Probe bis zur Untersuchung gelagert wurde
- Sensorischer Befund
- pH-Wert
- Zerkleinerungsverfahren
- Untersuchungsverfahren
- Art der Medien, Bebrütungszeit und -temperatur,
  Verdünnungsflüssigkeit
- Anzahl der Kolonien bei den entsprechenden Verdünnungen
- Keimzahl pro g oder ml (Art der Berechnung)
- Gegebenenfalls Abweichungen von festgelegten Verfahren

Beispiel für Angaben im Laborbuch und Bericht:

Datum	Lebensmittel	Art der Untersuchung	Untersuchungs-menge
19. 4. 1989	Kochschinken	Bestimmung der KBE/g	10 g

Verdünnungsflüssigkeit	Zerkleinerungsverfahren	Verfahren
Peptonwasser 0,1 % Kochsalz 0,85 %	Stomacher 400	Gußkultur

Medium	Bebrütungszeit und -temperatur
Standard-I-Nähragar	72 h bei 30 °C

Verdünnungen			Ergebnis
10^{-2}	10^{-3}	10^{-4}	KBE/g $1,6 \times 10^5$
über 300	150	12	
über 300	162	17	

5.6   Membranfiltration

5.6.1 Prinzip und Anwendung

Eine flüssige Probe passiert eine Membran bekannter physikalischer Eigenschaften (Zusammensetzung, Porengröße). Die Mikroorganismen, deren Durchmesser größer ist als der Durchmesser der Poren, werden zurückgehalten und auf einem Medium nach Bebrütung als Kolonien nachgewiesen. Das Verfahren ist anwendbar bei allen filtrierbaren Lebensmitteln. Durch den Zusatz von Enzymen können zahlreiche Lebensmittel filtriert werden (ENTIS et al., 1982). Als besonders vorteilhaft haben sich hydrophobe Gittermembranen erwiesen (JARVIS, 1982, ENTIS, 1983). Das HGMF-Verfahren (Hydrophobic-Grid-Membran-Filter) vereinigt die Vorteile der Membranfiltration mit dem eines Most-Probable-Number (MPN-)Systems. Hinzu kommt, daß die automatische Auswertung erleichtert wird, da die Kolonien nicht zusammenwachsen und die Filterfläche größer ist als bei den üblichen Membranfiltern.
Für den Nachweis von Mikroorganismen werden Porengrößen von 0,22 bis 0,45 μm verwendet.

5.6.2 Methodik der Membranfiltration

Membranfilter
Die Membranfilter sollten als Sterilfilter bezogen werden.

Sterilisation des Filtrationsgerätes
Es können Filtrationsgeräte aus Stahl oder Kunststoff verwendet werden. Das Filtrationsgerät kann zum Zwecke der Sterilisation mit eingelegtem Membranfilter bei 121 °C im Autoklaven 30 min erhitzt werden. Für Routineuntersuchungen ist dieser Weg allerdings zu umständlich. Zweckmäßig wird bei Routineuntersuchungen und der Verwendung eines Gerätes aus Stahl wie folgt verfahren: Das Unterteil des Gerätes wird mit Hilfe eines Stopfens auf die Saugflasche oder Mehrfachsaugvorrichtung gesetzt. Diese wird durch einen Vakuumschlauch und eine Woulffsche Flasche mit der Laborpumpe verbunden (bei Benutzung einer Wasserstrahlpumpe erübrigt sich eine Woulffsche Flasche). Der Hahn im Unterteil des Gerätes wird geöffnet und die Pumpe in Betrieb gesetzt. Mit dem Bunsenbrenner werden Filtriertisch und Metallfritte (vorher mit Spiritus abreiben) in der Weise abgeflammt, daß die Flamme auch in die Fritte gesaugt wird. Nach Verschwinden von Kondenswasser wird der Hahn geschlossen. Nun wird der Aufsatz mit der Hand gefaßt, am Unterteil abgeflammt und auf den Filtriertisch gesetzt. Der Aufsatz wird mit einem Hebelverschluß am Unterteil befestigt. Abschließend wird der Aufsatz mit Spiritus ausgewischt und ausgeflammt. Durch Eingießen von sterilem destilliertem Wasser kann das Gerät gegebenenfalls ausgekühlt werden. Nach Absaugen des Wassers wird sofort der Deckel aufgesetzt. Bei mikrobiologischen Routineuntersuchungen geht der oben beschriebenen Sterilisationsmethode immer

ein sorgfältiges Ausspülen des Aufsatzes und der Fritte mit Wasser voraus, um ein Anbrennen z. B. von Zuckerresten zu verhindern.

Filtration

Zur Vermeidung einer Verunreinigung mit Luftkeimen ist in einem Raum ohne Luftzug neben einer brennenden Bunsenbrennerflamme zu arbeiten. Vor der Filtration kohlensäurehaltiger Getränke, insbes. Bier, sollten einige Tropfen Antischaummittel (z. B. Silikonöl) in die Saugflasche gegeben werden, um heftiges Aufschäumen des Filtrates zu vermeiden. Mit einer sterilen Pinzette wird ein steriler Membranfilter nach Abnehmen des Aufsatzes auf den Filtertisch des Geräteunterteils gelegt. Der Aufsatz wird sofort wieder aufgesetzt. Die zu untersuchende Probe wird nach Abnehmen des Deckels in den Aufsatz gegossen, der Deckel wieder aufgesetzt. Der Luftstutzen des Deckels ist bei Geräten aus Edelstahl mit Watte, bei solchen aus Polycarbonat mit einem aufsetzbaren Sterilfilter zu verschließen. Die Membranfiltration beginnt mit dem Öffnen des Hahnes an der Unterseite des Gerätes. Die Beschreibung der Sterilisation des Filtrationsgerätes und der Filtration trifft zu für das Gerät aus Edelstahl für Unterdruckfiltration der Fa. Sartorius, Göttingen. Im Prinzip ist die Handhabung bei den Geräten anderer Hersteller jedoch ähnlich.

Die Untersuchungsmenge ist abhängig von der darin befindlichen Keimzahl. Um reproduzierbare Ergebnisse zu erreichen, ist es notwendig, immer bestimmte Probemengen zu filtrieren. Die Kolonienzahl sollte zwischen 30 und 200 pro 12,5 cm^2 wirksamer Filtrationsfläche liegen. Die maximale Belegungsdichte sollte 200 Kolonien nicht überschreiten. Dies gilt für Filter von 47 und 50 mm Durchmesser.

Bei höherer Keimzahl muß man die Probe verdünnen.

5.6.3 Kultivierung der Membranfilter

Nährkartonscheiben (NKS)

Vor Beginn der Filtration wird die Nährkartonscheibe mit einer sterilen Pinzette in eine Petrischale gelegt. In Petrischalen mit 90 mm Durchmesser wird vorher etwa 3,5 ml steriles destilliertes Wasser pipettiert. Nach der Filtration wird das Membranfilter mit einer sterilen Pinzette (Filter nur vorsichtig am Rand anfassen) dem Filtrationsgerät entnommen und auf die feuchte Nährkartonscheibe gelegt. Durch Abrollen des Membranfilters beim Auflegen erreicht man vollkommenen Kontakt zwischen Membranfilter und Nährkartonscheibe und vermeidet so einen Lufteinschluß.

Verwendung von Agar-Nährböden

Beim Auflegen der Membranfilter auf feste Nährböden verfährt man in der gleichen Weise wie beim Auflegen auf Nährkartonscheiben. Während man zur Bebrütung die Petrischalen mit Agarnährböden auf den Kopf stellt, um zu verhindern, daß Kondenswasser auf das Membranfilter tropft, werden die Petrischalen mit Nährkartonscheiben nicht umgedreht. Für die Verwendung von Agarnährböden im Rahmen der Membranfiltermethode sollten diese nur 1,0–1,5 % Agar enthalten, um günstige Diffusionsbedingungen zu schaffen.

Bebrütung der Membranfilter

Die Dauer der Bebrütung und die Bebrütungstemperatur hängen von der Art der nachzu-weisenden Mikroorganismen ab.

5.6.4 Membranfiltration mit dem Milliflex™-100 System

Der Zeit- und Arbeitsaufwand für die Membranfiltration können durch Verwendung des Mil-liflex™-100 Systems entscheidend verringert werden. Die gebrauchsfertigen Milliflex-Ein-heiten bestehen aus einem 100 ml-Trichter und einer 0,45 μm Membran mit Gitterauf-druck. Ein steriles Stützsieb sorgt für eine aseptische Trennung zwischen der Milliflex-Ein-heit und dem Aufnahmeflansch der Vakuumpumpe. Ist der Filtrationsschritt abgeschlos-sen, kann die Einheit über eine Medienkassette mit Nährboden zur Bebrütung versorgt wer-den.

5.7 Spiralplattenmethode

Bei der Spiralplattenmethode (Gerät der Firma Meintrup-Labortechnik) werden Flüssigkei-ten direkt und bei festen Lebensmitteln die Erstverdünnung verwendet. Eine definierte Pro-bemenge wird in Form einer Archimedesspirale auf eine sich drehende Petrischale entlas-sen. Die Keimzahl wird mit einer Schablone oder einem Laser-Counter ausgewertet. (Zipkes et al., 1981). Das Verfahren ist geeignet für die Untersuchung von partikelfreien Flüssigkei-ten. Bei festen Lebensmitteln muß die zu untersuchende Erstverdünnung von störenden Lebensmittelbestandteilen befreit werden.

5.8 Titerverfahren

Der sogenannte „Keimtiter" gibt das kleinste Volumen der Probe an, in dem gerade noch ein Mikroorganismus durch seine Vermehrung nachweisbar ist (Dimension: ml).

Hierbei werden flüssige Nährmedien oder Selektivmedien mit jeweils abgewogenen oder abgemessenen Mengen des Lebensmittels oder des Homogenisates beschickt. Nach der Bebrütung wird überprüft, ob sich Mikroorganismen vermehrt haben. Theoretisch kann z. B. die Anreicherung nach Vermehrung aus einem einzigen Keim in 100 bis 1 000 g Sub-strat erfolgen. Die Vermehrung kann visuell aufgrund der Trübung oder Gasbildung oder auch mikroskopisch erkannt werden.

Es werden z. B. von einem Lebensmittel 100 g, 10 g, 1 g und 0,1 g in entsprechende Nähr-medien eingebracht und bebrütet. Dann wird festgestellt, bei welcher Menge Lebensmittel die zu prüfenden Mikroorganismen noch nachgewiesen werden können. Danach lassen sich dann folgende Aussagen machen:

Mikroorganismen abwesend in	100	g = weniger als	1 Keim /100 g
Mikroorganismen abwesend in	10	g = weniger als	1 Keim / 10 g
Mikroorganismen abwesend in	1	g = weniger als	1 Keim / 1 g
Mikroorganismen abwesend in	0,1	g = weniger als	10 Keime/ 1 g
Mikroorganismen abwesend in	0,01	g = weniger als	100 Keime/ 1 g
Mikroorganismen abwesend in	0,001	g = weniger als	1000 Keime/ 1 g

Diese Titerzahlen werden in der Regel nur im Zusammenhang mit pathogenen oder toxinogenen Mikroorganismen oder Indikatororganismen wie *Escherichia coli*, coliforme Bakterien oder Enterobacteriaceen mit Hilfe von Selektivmedien ermittelt.

5.9 Wahrscheinlichste Keimzahl, MPN-Verfahren

Prinzip und Anwendung

Das MPN-Verfahren (MPN = Most Probable Number) versucht durch mehrfachen Ansatz der Einwaagen auf statistischem Wege die „wahrscheinlichste Keimzahl" zutreffend zu bestimmen. Dabei werden von jeder Einwaage mehrere Röhrchen oder Kölbchen parallel nebeneinander beschickt. Das Verfahren wird eingesetzt, wenn Keimzahlen unter 100/g erfaßt werden sollen. Je nach der vorhandenen Keimzahl ergibt sich in den unteren Verdünnungen eine bestimmte Verteilung positiver und negativer Röhrchen. Aufgrund statistischer Überlegungen läßt sich jeder der möglichen Verteilungen an bewachsenen und unbewachsenen Röhrchen innerhalb der Verdünnungsreihen eine wahrscheinliche Keimzahl zuordnen.

Es stehen Tabellen zur Auswertung von MPN-Zählungen mit jeweils 3 Parallelen (s. Tab. 3), 5 und 10 Parallelen zur Verfügung. Mit steigender Zahl der Parallelen nimmt die Genauigkeit zu. Entscheidend ist immer, daß genügend weit verdünnt worden ist und eindeutig negative Ergebnisse vorliegen. Jedes positiv angesprochene Röhrchen oder Kölbchen muß kulturell bestätigt werden. Dies ist besonders wichtig bei der Verwendung von Selektivmedien. Mit der MPN-Methode kann auch in großen Lebensmittelmengen, z. B. 100 g, bei Verwendung entsprechend großer Gefäße eine niedrige Keimzahl erfaßt werden.

Erklärungen zu Tab. 3:

Kategorie 1: Am wahrscheinlichsten vorkommende Röhrchenkombinationen. Andere Kombinationen ergeben sich mit einer Wahrscheinlichkeit von höchstens 5 %.

Kategorie 2: Weniger wahrscheinlich als in Kategorie 1 vorkommende Röhrchenkombinationen. Andere Kombinationen als in Kategorie 1 und 2 ergeben sich mit einer Wahrscheinlichkeit von höchstens 1 %.

Kategorie 3: Noch weniger wahrscheinlich als in Kategorie 2 vorkommende Röhrchenkombinationen. Andere Kombinationen als in Kategorie 1 bis 3 ergeben sich mit einer Wahrscheinlichkeit von höchstens 0,1 %.

Röhrchenkombinationen, die nach der Wahrscheinlichkeit ihres Vorkommens noch unterhalb der Grenze der Kategorie 3 liegen, sind in der Tabelle nicht angegeben. So weisen Röhrchenkombinationen wie 002, 003, 011, aber auch 303 und 123 auf eine fehlerhafte Methode oder einen ungeeigneten Einsatzbereich des MPN-Verfahrens hin. (Amtl. Sammlung § 35 LMBG, L 01.00 – 25. Juni 1987)

Bestimmung der Keimzahl

Tab. 3   MPN-Tabelle für Verdünnungsreihen mit dreifachem Ansatz

Anzahl der Verdünnungsstufen:	3				
Verdünnungen:	1	0,1	0,01		
Anzahl der Röhrchen:	3	3	3		

3 × 1,0	3 × 0,1	3 × 0,01 g (ml)	MPN	Kategorie	Vertrauensbereich ≥ 95 %	
	Anzahl positive Ergebnisse					
0	0	0	< 0,30		0,00	1,10
0	0	1	0,30	3	0,00	1,10
0	1	0	0,30	2	0,00	1,20
0	2	0	0,62	3	0,08	2,00
1	0	0	0,36	1	0,01	2,00
1	0	1	0,72	2	0,08	2,00
1	1	0	0,74	1	0,09	2,20
1	1	1	1,10	3	0,30	3,60
1	2	0	1,10	2	0,30	3,60
1	2	1	1,50	3	0,30	4,30
1	3	0	1,60	3	0,30	4,30
2	0	0	0,92	1	0,10	3,60
2	0	1	1,40	2	0,30	3,60
2	1	0	1,50	1	0,30	4,30
2	1	1	2,00	2	0,30	4,40
2	2	0	2,10	1	0,30	4,60
2	2	1	2,80	3	0,70	11,10
2	3	0	2,90	3	0,70	11,10
3	0	0	2,30	1	0,30	11,10
3	0	1	3,80	1	0,70	12,10
3	0	2	6,40	3	1,30	20,00
3	1	0	4,30	1	0,70	20,00
3	1	1	7,50	1	1,40	23,00
3	1	2	12,00	3	3,00	37,00
3	2	0	9,30	1	1,60	36,00
3	2	1	15,00	1	3,00	44,00
3	2	2	21,00	2	3,00	47,00
3	2	3	29,00	3	7,00	122,00
3	3	0	24,00	1	4,00	122,00
3	3	1	46,00	1	7,00	235,00
3	3	2	110,00	1	20,00	480,00
3	3	3	> 110,00			

Erklärungen s. Seite 76

3-3-3 Methode

Für Routineuntersuchungen werden im allgemeinen 3 Verdünnungsreihen mit 3 Reagenzgläsern pro Ansatz empfohlen. Die erzielte Exaktheit läßt sich jedoch aus der MPN-Zahl allein nicht ablesen. Zur besseren Information sollte deshalb das Vertrauensintervall für den „wahren Keimgehalt" zusätzlich angegeben werden. Beim Anlegen der Verdünnungen muß soweit gegangen werden, daß die höchstgewählte Verdünnung steril ist. Nach der Bebrütung wird die Verdünnung ausgewertet, bei der alle 3 Röhrchen positiv sind sowie die Röhrchen der nächst höheren 2 Verdünnungen. Die Ergebnisse werden registriert, indem man die Anzahl der positiven Parallelröhrchen bei jedem Verdünnungsansatz feststellt. Auf die Stichzahl (significant number) gründet sich die Bestimmung der wahrscheinlichsten Keimzahl.

Beispiele:

a)

Verdünnungen	10^{-2}	10^{-3}	10^{-4}
positive Röhrchen	3	1	0
Stichzahl	310		
MPN/g	430		

Stichzahl: Anzahl der bewachsenen Röhrchen, in der Reihenfolge fortschreitender Verdünnung geschrieben.

Die wahrscheinlichste Keimzahl bei der Stichzahl 310 (Tab. 3) beträgt 4,3. Nach Multiplikatoren mit dem Verdünnungsfaktor 10^2 ergibt sich die wahrscheinlichste Keimzahl von 430/g.

b)

Verdünnungen	10^{-1}	10^{-2}	10^{-3}	10^{-4}
positive Röhrchen	2	2	1	1
Stichzahl	211			
MPN/g	200			

c)

Verdünnungen	10^{-2}	10^{-3}	10^{-4}
positive Röhrchen	3	3	3
Stichzahl	333		
MPN/g	> 11.000		

Die MPN-Technik kann auch mit der Plattenmethode (Tropfplattenverfahren) kombiniert werden (TAN et al., 1983).

5.10 Direkte Bestimmung der Zellzahl (Gesamtkeimzahl)

5.10.1 Nachweis von Hefen mit der Thoma-Kammer

Die Zählkammer nach THOMA ist ein dicker, plangeschliffener Objektträger, in den in der Mitte ein von zwei Rinnen begrenzter Steg eingeschliffen ist. In den Steg ist ein Netzquadrat eingeätzt. Das Netzquadrat enthält bei der Thomakammer 400 Kleinquadrate mit je 0,05 mm Kantenlänge. 16 Kleinquadrate machen ein Großquadrat aus.
Fläche eines Kleinquadrates = 0,0025 mm^2
Fläche eines Großquadrates = 0,04 mm^2
Die Oberfläche des Steges liegt 0,1 mm unter der Objektträgeroberfläche, so daß bei Auflage eines plangeschliffenen Deckglases (Dicke etwa 0,2 mm) ein Hohlraum entsteht. Über jedem Kleinquadrat sind 0,00025 mm^3, über jedem Großquadrat sind 0,004 mm^3. Das Deckglas wird auf den Objektträger gelegt. Die Füllung der Kammer erfolgt mit einer Kapillarpipette vom Rande her. Nur der Raum über dem Steg sollte gerade gefüllt sein.

Die Auszählung erfolgt unter dem Mikroskop (etwa 400fach). Die Zahl der Zellen pro Großquadrat sollte zwischen 50 und 80 liegen, anderenfalls muß weiter verdünnt werden. Während des Zählens verändert man ständig mit einer Hand den Feintrieb der Höheneinstellung, weil die Tiefenschärfe nicht ausreicht, um alle Hefen über dem Zählnetz zu erfassen. Man zählt 4 Großquadrate in einer Diagonale und berechnet daraus die Zahl der Mikroorganismen pro ml = N.

$$N = \frac{\text{Zahl der Mikroorganismen pro Großquadrat} \times 10^6}{4}$$

Die Zählung muß mindestens einmal mit neu gefüllter Kammer wiederholt werden.

5.10.2 Nachweis von Bakterien

Zur Zählung von Bakterien sollten Zählkammern mit einer Tiefe von 0,02 mm verwendet werden, wie Zählkammer nach HELBER, PETROFF HAUSER oder BÜRKER-TÜRK. Bei beweglichen Bakterien kann der Probensuspension 0,1 % HgCl$_2$ oder Formalin zugesetzt werden. Das Auszählen sollte unter dem Phasenkontrastmikroskop erfolgen.

5.11 Bestimmung der Mikroorganismen- konzentration durch Trübungsmessung

Die Mikroorganismenkonzentration kann durch Lichtstreuungsmessung oder Trübungs- messung bestimmt werden.

Mikroorganismen, die in Wasser suspendiert sind und sich in ihrem Brechungsindex von dem umgebenden Medium unterscheiden, verursachen eine Trübung. Zur Trübung kommt es durch eine Streuung der durchfallenden Lichtstrahlen an der Grenzfläche Wasser/Parti- kel. Die Intensität des gestreuten Lichtes der Probe wird verringert. Gemessen werden kann entweder die Intensität des gestreuten Lichtes oder die Intensitätsschwächung des eingestrahlten Lichtes. Die Messungen können mit einem Trübungsmeßgerät oder einem Photometer erfolgen (DREWS, 1983).

Die Trübung ist abhängig von der Teilchenkonzentration, der Größe und Form der Teilchen, dem Unterschied ihres Brechungsindex zu dem des Suspensionsmediums, von der Wel- lenlänge des Lichts und auch von der Länge des Lichtweges durch die Suspension (NÄVEKE und TEPPER, 1979, MÜRI, 1987).

Die Trübungsmessung ist eine einfach zu handhabende Methode zur Bestimmung einer notwendigen Zelldichte für Identifizierungen, Resistenzprüfungen, Vitaminbestimmungen und Desinfektionsmittelprüfungen (Methodische Einzelheiten siehe bei NÄVEKE und TEPPER, 1979).

Auch in Lebensmitteln können Mikroorganismen durch Trübungsmessungen bestimmt werden. **Automatische Trübungsmeßgeräte-Einheiten** (Flow Laboratories), bei denen die Lebensmittel automatisch in Tüpfelschalen dosiert, verdünnt, bebrütet, geschüttelt und gemessen werden (alle 10 min bei 620 nm), haben sich für die Untersuchung von Fleisch und Fleischerzeugnissen (Rohwurst, Hamburger) und Milch bewährt (MATTILA und ALIVEH- MAS, 1987, MATTILA, 1987). Die Nachweiszeit bei Fleischerzeugnissen betrug bei 10^2 Mi- kroorganismen pro Gramm 24 h, bei 10^4/g etwa 8 h. Um die Eigentrübung der Lebensmit- telbestandteile auszuschließen, muß die Probe ausreichend verdünnt werden (Milch z. B. 1:100 bis 1:1 000).

5.12 Petrifilmverfahren

Als Alternative zu agarhaltigen Medien in Petrischalen wurde in den USA (Fa. 3M, St. Paul, Minnesota) eine Methode entwickelt, bei der Agar durch kaltquellendes, wasserlösliches Guar ersetzt wird. Die „Petrifilm-Plates" bestehen aus einer Deck- und Unterfolie, die das getrocknete Medium (VRB oder Standard Medium SM) und Guar enthalten. Von dem Le- bensmittel bzw. den Verdünnungen wird 1 ml mit einem Stempel auf der Folie gleichmäßig verteilt. Bebrütung und Auszählung der Kolonien erfolgen wie bei Petrischalen. Gute Über- einstimmungen zwischen der konventionell ermittelten Keimzahl bzw. den mit den „Petrifilm-Plates" ermittelten Keimzahlen wurden erzielt bei Milch (GINN et al., 1986, SENYK et al., 1987), Geflügel (BAILEY und COX, 1987) und bei Frischfleisch (SMITH et al., 1985, RESTAINO und LYON, 1987). Bewährt haben sich die „Petrifilm-Plates" (VRB und SM) auch bei vergleichenden Untersuchungen (Gußkultur und Tropfplattenverfahren, VRBD-Agar und Standard-I-Nähragar) von Müsli-Riegeln, Pizza-Kräckern, Gewürzen, Kräutern, Mehl, Gemüse, Fischstäbchen und Kuchenmischungen (GÖTZE, 1986).

Vorteile der Methode:
– Einfache Handhabung.
– Keine Herstellung von Medien erforderlich.
– Lange Vorratshaltung (unangebrochene Packung bei +4 °C bis 2 Jahre).

Nachteile des Verfahrens:
Die „Petrifilm-Plates" mit Standard-Medium (SM) zur Bestimmung der aeroben Koloniezahl sind dann nicht anwendbar, wenn bestimmte Bazillen (z. B. Bacillus subtilis) oder Schimmelpilze (z. B. Aspergillus (A.) niger, A. oryzae) vorhanden sind, die das Galaktomannan (Guar) durch Hemicellulasen abbauen und verflüssigen. In diesen Fällen waren Kolonien auf den „SM-Plates" nicht auszählbar (GÖTZE, 1986).

5.13 Tauchverfahren

Bei dem Verfahren sind Kunststoffträger auf einer Seite oder auf beiden Seiten mit Medien beschichtet. Der beschichtete Träger wird in das Lebensmittel oder in Verdünnungen kurz getaucht. Den Überschuß läßt man ablaufen oder tupft ihn ab, indem man die Platte kurz auf ein Filterpapier setzt. Zur Bebrütung wird der beschichtete Träger im Röhrchen bebrütet. Die Koloniedichte wird durch Vergleich mit Standardvorlagen der verschiedenen Herstellerfirmen verglichen. Die Methode ist für Koloniezahlen ab etwa 10^3/ml geeignet (BÜLTE und REUTER, 1982). In Abwandlung des üblichen Einsatzes der Dip-Slides (Abklatschverfahren, Eintauchen in Verdünnungen homogenisierter Lebensmittel oder in Abschwemmungen von Oberflächen) wurden von SCHMIDT-LORENZ und Mitarb. (1982) die festen Lebensmittel direkt in einer Flasche einfach durch Schütteln „homogenisiert" und anschließend die mit dem Deckel verbundenen Dip-Slides geflutet (Food Culture Bottle, FCB, Hoffman La Roche). Die Methode ist einfach in der Handhabung, sie ist semiquantitativ und erlaubt eine Untersuchung unabhängig vom Laboratorium direkt an Ort und Stelle der Produktherstellung oder Lagerung.

5.14 Schnellnachweis von Mikroorganismen

Die Schnellmethoden zur Keimzahlbestimmung können in 3 Gruppen unterteilt werden:
Gruppe 1: Methoden, die in kürzerer Zeit als die entsprechenden konventionellen Methoden zum Ergebnis führen.

Gruppe 2: Methoden, die innerhalb von 6–12 h zum Ergebnis führen.
Gruppe 3: Methoden, die innerhalb 1–3 h zum Ergebnis führen.

Gruppe 1

Zur 1. Gruppe kann die **Membranfilter-Mikrokolonie-Fluoreszenz-Methode** (MMCF-Methode) gerechnet werden (BAUMGART und Mitarb., 1981, 1982, 1984, BAUMGART, 1985)

Prinzip der Methode:
Die Probe oder Verdünnungen der Probe werden filtriert (Membranfilter, 0,45 μm) oder auf einem Membranfilter mit dem Spatel verteilt, wobei der Membranfilter auf einer saugfähigen Kartonscheibe liegt (Incubating Pads IP 50, Fa. Oxoid). Bei Quark und Marzipan wird die Probe vor der Filtration mit Trypsin (1:250, Serva) behandelt. Dabei enthalten die einzelnen Verdünnungsstufen 0,5 % Trypsin (Verdünnungsflüssigkeit mit 0,5 % Trypsin) und werden bei 35 °C 20 min inkubiert. Der Membranfilter wird auf ein agarhaltiges Medium gelegt bzw. die Kartonscheibe wird mit 2 ml einer doppelt konzentrierten Bouillon getränkt. Zum Nachweis der aeroben Koloniezahl wird Plate Count Agar bzw. Nährbouillon oder CASO-Bouillon verwendet, der selektive Nachweis von Hefen und Schimmelpilzen erfolgt auf Malzextrakt-Agar unter Zusatz von 100 ppm Chloramphenicol bzw. unter Verwendung von Malzextraktbouillon (doppelkonzentriert) mit 100 ppm Chloramphenicol. Osmotolerante Hefen im Marzipan werden auf einer Kartonscheibe nachgewiesen, die mit einer 50 %igen Glucosebouillon (G/G) getränkt ist. Nach der Bebrütung werden die Filter auf eine Kartonscheibe gelegt, die mit einer 0,1 %igen (G/V) ANS-Lösung befeuchtet ist (Magnesiumsalz der 8-Anilinonaphthalinsulfonsäure, Fa. Fluka). Nach einer Einwirkungszeit von 10 min wird die Membran halbiert und auf einem Objektträger bei 80 °C 5–10 min oder im Mikrowellengerät 1 min getrocknet. Die Zählung der türkisblauen Kolonien erfolgt unter dem Auflichtfluoreszenz-Mikroskop (Wellenlänge 340–380 nm) bei 100-facher Vergrößerung.

Nachweiszeiten:
– Selektiver Nachweis von Hefen in Feinkosterzeugnissen und Getränken 15–24 h;
– Selektiver Nachweis von Hefen im Quark 24 h;
– Selektiver Nachweis von Hefen in Fruchtzubereitungen 16–35 h;
– Selektiver Nachweis osmotoleranter Hefen in Rohmassen und Marzipan 48 h (Hefen über 10/g) oder 72 h (Hefen unter 10/g);
– Nachweis der aeroben Koloniezahl auf Frischfleisch 8 h;
– Selektiver Nachweis von Milchsäurebakterien in Feinkosterzeugnissen 24–36 h.

Gruppe 2

Zur Gruppe 2 gehören die Radiometrie und die Impedanzmessung. Bei der **Radiometrie** wird eine Kohlenstoffquelle radioaktiv markiert und das durch Fermentation gebildete radioaktive Kohlendioxid gemessen. Bei Keimzahlen unter 1 000/ml sind etwa 7 h für den Nachweis erforderlich. Mit dem **Impedanzmeßverfahren** (= Erfassung mikrobiell bedingter Widerstands- oder Leitfähigkeitsänderungen) soll der mikrobielle Verunreinigungsgrad von Lebensmitteln innerhalb eines Arbeitstages erfaßt werden (FIRSTENBERG-EDEN und ZINDULIS, 1987).

Tab. 4 Schnellnachweis von Mikroorganismen mit der Impedanz-Methode

Produkt	Gerät	Nachweis	Zeit	Untersucher
Tierische und pflanzliche Rohstoffe für Katzen- u. Hundenahrung	8-Channel-Malthus-Meter	Aerobe Koloniezahl	$6 h (10^6/g)$ $10 h (10^5/g$	KOLBUS, 1986
Flüssigei für Teigwaren	8-Channel-Malthus-Meter	Enterobacteriaceen	$2 h (10^6/g)$ $13 h (10^2/g)$ $r = 0.86{-}0{,}95$	ROCHUS, 1986
Gewürze	8-Channel-Malthus-Meter	Bazillensporen	in 24 h nicht sicher nachweisbar	KÜTENBRINK, 1986
Feinkost-Salate	8-Channel-Malthus-Meter	Milchsäurebakterien	$20{-}26 h (10^3/g)$ $15{-}20 h (10^4/g)$ $r = 0{,}84{-}0{,}92$	SANDHAUS, 1987
Frucht- und Gemüsesäfte, Konzentrate	Bactometer, Modell 120 SC	Hefen	$9{-}14{,}5 h (10^4/ml)$ (Candida saké, Candida tropicalis, Sacch. cerevisiae) $r = 0.94{-}0{,}98$ $15{,}3{-}31{,}2 h$ $(10^4/ml)$ Zygosaccharomyces (Z.) rouxii, Z. bailii, Pichia membranaefaciens	KNISPEL, 1987
Gemüsesäfte	Bactometer, Modell 120 SC	Vegetative Bazillen	$18 h (10^2/ml)$ $9{,}7 h (10^4/ml)$	

Prinzip des Verfahrens:
Die bei der Vermehrung sich anreichernden Stoffwechselprodukte führen in einem flüssigen Medium zu einer Änderung des elektrischen Widerstandes. Die Leitfähigkeit des Mediums nimmt zu bzw. der Widerstand ab. Diese Änderungen werden allerdings erst dann registriert, wenn die sich vermehrenden Mikroorganismen eine Zellzahl von ca. 10^6–10^7/ml erreicht haben. Eine nachweisbare Änderung des Widerstandes wird so um so eher feststellbar sein, je höher der Anfangskeimgehalt ist. Derjenige Zeitpunkt, an dem diese Widerstands- oder Leitfähigkeitsänderung nachweisbar ist, wird als Detektionszeit (= „detection time") bezeichnet. Auf der Oberfläche von Frischfleisch konnten 10^7 Zellen pro cm^2 (vorwiegend Enterobacteriaceen) in 2 h nachgewiesen werden (BÜLTE und REUTER, 1984). Bei einem Keimgehalt in der Milch von etwa 10^5/ml betrug die Nachweiszeit 7–8 h (GNAN und LUEDECKE, 1982). Das Impedanzmeßverfahren erscheint für den Gesamtbereich der Lebensmitteluntersuchung einsetzbar. Dabei ist allerdings zu berücksichtigen, daß es aufgrund der unterschiedlichen Zusammensetzung der Lebensmittelmikroflora in Abhängigkeit vom Produkttyp und auch von mikrobiellen Biovaren einer Species gesonderter und gezielter Untersuchungen bedarf. Die zu erwartende Mikroflora sollte als bekannt vorausgesetzt werden können und das Nährmedium muß darauf abgestimmt sein. Stoffwechselinaktive Mikroorganismen, wie z. B. Mikrokokken ließen sich in der Milch nicht erfassen (SUHREN und HEESCHEN, 1987).

Neben dem Nachweis der aeroben Mikroorganismenzahl, dem selektiven Nachweis apathogener und pathogener Mikroorganismen (z. B. Salmonellen) in Lebensmitteln ergeben sich weitere beschriebene Anwendungsgebiete, wie z. B.:
– Antibiotica-Resistenzbestimmung
– Desinfektionsmittelprüfung
– Vitaminbestimmung
– Kontrolle und Optimierung von Nährmedien
– Mikroorganismennachweis in pharmazeutischen und kosmetischen Produkten
– Nachweis biogener Amine.

Gruppe 3
Zur Gruppe 3 zählen: Nachweis von Pyruvat, Limulus (LAL)-Test, Nachweis von ATP, Direkte Epifluoreszenz-Filtertechnik (DEFT), Bestimmung des Sauerstoffverbrauchs und der Kohlendioxidfreisetzung, sowie die photometrische Bestimmung der Aminopeptidase-Aktivität.
Der **Nachweis von Pyruvat** erfolgt in der Milch und rekonstituierter Milch (Amtliche Sammlung von Untersuchungsverfahren nach § 35 LMBG, 01.00 19, 1984).
Beim **Limulus-Test** wird das Lipopolysaccharid gramnegativer Bakterien bestimmt. Durch diesen Test können innerhalb von 30 min bis 1 h quantitativ die Zellwandbestandteile der in einem Lebensmittel vorhandenen toten und lebenden gramnegativen Bakterien bestimmt werden (JAKSCH und TERPLAN, 1987).
Der Nachweis erfolgt mit Lysaten der Amoebocyten der Pfeilschwanzkrabbe (Limulus polyphemus).

Prinzip des Nachweises:
Das Blut der Pfeilschwanzkrabbe gerinnt bei einer Infektion mit gramnegativen Bakterien. Es kommt zu einer Gelbildung zwischen Zellwandbestandteilen (Lipopolysacchariden) dieser Bakterien und den Amoebocyten, den einzigen Blutkörperchen des Limulus-Blutes. Die Amoebocyten enthalten Proenzyme und Agglutinationsenzyme. Bei Anwesenheit von Lipopolysacchariden werden die Proenzyme aktiviert. Diese reagieren weiter mit den Agglutinationsenzymen unter Gelbildung. Der Nachweis von Endotoxinen erfolgt aufgrund der Gelbildung. Da zwischen der Endotoxinkonzentration und dem Keimgehalt an gramnegativen Bakterien eine lineare Korrelation besteht, kann aufgrund des ermittelten Endotoxingehaltes die Stärke der Verunreinigung mit gramnegativen Bakterien bestimmt werden. Dies ist insbesondere bei allen frischen und leicht verderblichen Lebensmitteln, bei denen die Bakterienflora überwiegend aus gramnegativen Bakterien besteht, wie Milch, Fleisch, Fisch und Ei möglich (Methodik siehe § 35 LMBG, 01.02 1 und 2, Dez. 1988).

Anwendungsbereiche:
– Schnellnachweis von Endotoxinen in Lebensmitteln.
– Bei verarbeiteten Lebensmitteln Beurteilung der Belastung der Ausgangsmaterialien mit gramnegativen Bakterien, da ein Endotoxinnachweis auch bei toten Bakterien möglich ist.
– Beurteilung der hygienisch-bakteriologischen Qualität von Eiprodukten (JAKSCH und TERPLAN, 1987, STEFFENS und MAIER, 1989).
– Beurteilung der bakteriologischen Qualität von Hackfleisch (OZARI et al., 1987).
– Im medizinischen Bereich Überprüfung von Injektionslösungen und medizinischen Geräten auf Pyrogenfreiheit.

Ausführung:
Einsatz handelsüblicher LAL Kits (bioMerieux, Mallinckrodt Diagnostica, Concept GmbH, Deutsche KabiVitrum, München oder Labortechnik Peter Schulz/LPS).

Für die Bestimmung des **Adenosintriphosphates** (ATP) wird das Biolumineszensverfahren eingesetzt. Verwendet wird ein Luciferin-Luciferase-Präparat. In der Reaktion wird ATP, das in den lebenden Zellen in nahezu konstanter Menge vorhanden ist, in Adenosinmonophosphat und Licht umgewandelt. Die Intensität des entstehenden Lichts ist der Zellkonzentration an ATP direkt proportional. Eine Einsatzmöglichkeit des Verfahrens besteht bei zahlreichen Produkten, wie z. B.:
– Frischfleisch (BAUMGART, FRICKE und HUY, 1980; BÜLTE und REUTER, 1985;
– Frischfisch (WARD et al., 1986);
– Milch (BOSSUYT, 1981);
– Mineralwasser (BAUMGART, FRICKE und HUY, 1980);
– Bier (Brewing Workshop, 1988);
– Nachweis von Hefen in Lebensmitteln (PATEL und WILLIAMS, 1985);
– Nachweis der Sterilität pharmazeutischer Produkte (BUSSEY und TSUJI, 1986).

Die **„Direkte Epifluoreszenz-Filtertechnik"** (DEFT) wurde von PETTIPHER et al., 1980, entwickelt und vor allem für den Nachweis von Mikroorganismen in der Milch eingesetzt.

(Methodik siehe bei SUHREN und HEESCHEN, 1984, PETTIPHER, 1983, RODRIGUES und KROLL, 1986).

Prinzip der Methode:
Mikroskopische Zählung der im Produkt vorhandenen Mikroorganismen nach Filtration von filtrierbar gemachten Lebensmittel-Homogenisaten (Tensid- und/oder Enzym-Vorbehandlung) durch Siebfilter vom Nucleopore-Typ. Anfärbung der auf dem Filter vorhandenen Mikroorganismen mit Fluoreszenzfarbstoffen und Auszählung im Fluoreszenz-Mikroskop. Nachweiszeit: 20–30 min.

Anwendungsgebiete:
Untersuchung von
- Milch und Milchprodukten (SUHREN und HEESCHEN, 1984, PETTIPHER, 1982);
- Fleisch und Geflügel (SHAW et al., 1987);
- Süßwaren (PETTIPHER, 1987);
- Alkoholfreie Erfrischungsgetränke (KOCH et al., 1986).

Ausführung:
Vorbehandlung: Ohne Vorbehandlung sind nur filtrierbare Flüssigkeiten, wie Wasser, Bier, Wein, Fruchtsäfte u. a. zu untersuchen. Alle anderen partikelreichen, pastösen und festen Lebensmittel müssen zerkleinert und soweit geklärt werden, daß sie filtrierbar sind. Folgende Verfahren und ihre Kombinationen sind dafür geeignet: Einfache Verdünnung, Homogenisation, Sedimentation, Zentrifugation, Vorfiltration, enzymatischer Abbau, Zusatz von Oberflächenentspannungsmitteln und Temperaturerhöhungen (ENTIS, 1982).

Filtration: Für die Membranfiltration (Unterdruckfiltration) werden Nucleopore-Polycarbonat-Filter eingesetzt. Bei Celluloseacetatfiltern verschwinden bis zu 30 % der Mikroorganismen im Filtergewebe. Zur Unterdrückung der Untergrundfluoreszenz der Filter können diese vorher während 24 h mit Irgalanschwarz gefärbt werden (HOBBIE et al., 1977).

Färbung: Als Fluoreszenzfarbstoff wird Acridinorange verwendet, das sich an die DNS und an die Hydrogenionen der Zellwand bindet. Durch Nachwaschen mit Isopropanol wird Acridinorange entfernt, das mikroskopische Bild wird dadurch klarer. Zweckmäßig ist außerdem noch der Zusatz von Tinopal, einem Aufheller, der auch diejenigen Bakterien sichtbar macht, die durch Acridinorange schlecht angefärbt werden. Die angefärbten Mikroorganismen fluoreszieren von grün über gelborange bis rot. Die Theorie, daß dadurch eine Vitalfärbung bei Mischkulturen möglich sei, wird heute allgemein abgelehnt (JONES und SIMON, 1975, MEIDELL, 1987).
Hefezellen, die z. B. unter dem Einfluß von Sorbinsäure stehen, nehmen eine Farbe von gelb über orange bis grün an, so daß eine Unterscheidung zwischen toten und lebenden Zellen unmöglich ist (MEIDELL, 1987).

Mikroskopische Zellzählung: Zur Verhinderung der Eigenfluoreszenz wird der trockengesaugte Filter in PCB-(Polychlorierte Biphenyle)freies Immersionsöl eingebettet. Die Berechnung der Gesamtkeimzahl erfolgt nach der Formel:

$$GKZ/ml = \frac{\text{Fläche des Filters} \times \text{arithmetisches Mittel der ausgezählten Keime}}{\text{Fläche des Gesichtsfeldes} \times \text{Probevolumen}}$$

Die untere Nachweisgrenze wird also durch den Vergrößerungsfaktor des Mikroskops und durch die Menge des filtrierten Lebensmittels bestimmt. Sie beträgt z. B. für 2 ml Milch 5 × 10^4/ml (JÄGGI, 1984). Um einen Standardfehler unter 20 % zu erreichen, müssen auf 2 Membranfiltern je 15 Gesichtsfelder mit 15–100 Keimen ausgezählt werden. Normalerweise wird die sog. Klumpen- oder Haufenzahl (Gruppenzahl, clump count) bestimmt. Als Klumpen sind Zellen oder Zellhaufen definiert, deren Abstand zu den nächsten Zellen oder Zellhaufen mindestens den doppelten kleinsten Durchmesser einer Zelle beträgt. Im Falle der Vermehrungsfähigkeit würden diese Klumpen eine Kolonie bilden. Bei zahlreichen Hefen auf dem Filter dauert die Auswertung nur wenige Minuten, bei sehr geringen Zellzahlen u. U. bis 5 h (MEINDELL, 1987).

Das Verfahren ist relativ aufwendig, erfordert eine sorgfältige Präparation, eingearbeitetes Personal und führt zur raschen Ermüdung beim Mikroskopieren. Diese Nachteile entfallen bei dem **Bactoscan-Verfahren**, bei dem alle Arbeitsschritte automatisch ablaufen und Fluoreszenzimpulse elektronisch erfaßt werden. Das Bactoscan-Verfahren wird für die Untersuchung von Milch eingesetzt (SUHREN und HEESCHEN, 1984, NIEUWENHOF und HOOLWERF, 1988, REICHMUTH et al., 1989, SPINELL, 1989).

Das Prinzip der **Sauerstoffverbrauchsmessung** basiert auf einer kontinuierlichen polarographischen Sauerstoffmessung im geschlossenen System. Der in flüssigem Probe-Nährmedium gelöste Sauerstoff wird um so rascher veratmet, je höher die Anzahl stoffwechselaktiver Mikroorganismen ist. In der Probe dürfen jedoch keine sauerstoffzehrenden abiotischen Prozesse ablaufen. Bei Keimzahlgehalten zwischen 10^4 und 10^7/ml lagen die mit einer auf 25 °C temperierten Sauerstoffmeßzellen erzielten Ergebnisse in Milch und Flüssigei in 1 h vor (HENNLICH et al., 1983).

Für Lebensmittel, die aufgrund ihrer stofflichen Zusammensetzung einer polarographischen Sauerstoffzehrungsmessung nicht zugänglich sind (Fettoxidationen, Sauerstoffübertragungsvorgänge am Myoglobin), wurde die Messung der **Kohlendioxidfreisetzung** mittels einer selektiven Elektrode entwickelt (HENNLICH, 1985). Positive Korrelationen zwischen der CO_2-Freisetzung und der aeroben Koloniezahl bei Hackfleisch und Gewürzen im Bereich von 10^5–10^8/ml zeigten sich nach 2 h.

Der Nachweis der **Aminopeptidaseaktivität** dient der Bestimmung der gramnegativen Bakterien. Durch die photometrische Bestimmung ist die Anzahl der gramnegativen Bakterien z. B. auf Frischfleisch in circa 3 h möglich, wenn der Keimgehalt 10^6/cm^2 beträgt (DE CASTRO et al., 1988).

LITERATUR

1. BAILEY, J. S., COX, N. A., Evaluation of the Petrifilm SM and VRB dry media culture plates for determining micobial quality of poultry, J. Food Protection **50**, 643–644, 1987

2. BAUMGART, J., Membranfilter-Mikrokolonie-Fluoreszenz-Methode (MMCF-Methode) zum Schnellnachweis des Oberflächenkeimgehaltes von Frischfleisch, Fleischw. **61**, 727–730, 1981

3. BAUMGART, J., Schnellnachweis von Mikroorganismen, Deutsche Milchwirtschaft **36**, 285–288, 1985

4. BAUMGART, J., HOBEL, A., ROTTENSTEINER, B., Selektiver Schnellnachweis von Hefen und Milchsäurebakterien in Feinkosterzeugnissen mit der Membranfilter-Mikrokolonie-Fluoreszenz-Methode (MMCF-Methode), ZFL **32**, 251–252, 1981

5. BAUMGART, J., WEBER, B., HUY, CHR., Schnellnachweis von Hefen in Feinkosterzeugnissen: MMCF-Methode für das Betriebslabor, ZFL **33**, 460–461, 1982

6. BAUMGART, J., VIEREGGE, B., Schnellnachweis osmophiler Hefen im Marzipan, Süßwaren **28**, 190–193, 1984

7. BAUMGART, J., FRICKE, K., HUY, CHR., Schnellnachweis des Oberflächenkeimgehaltes von Frischfleisch durch Bestimmung von Adenosintriphosphat (ATP) mit einem Biolumineszenz-Verfahren, Fleischw. **60**, 266–270, 1980

8. BAUMGART, J., FRICKE, K., HUY, CHR., Schnellnachweis von Mikroorganismen in natürlichen Mineralwässern durch Bestimmung von Adenosintriphosphat mit einem Biolumineszenz-Verfahren, Alimenta **19**, 37–40, 1980

9. BOSSUYT, R., Determination of bacteriological quality of raw milk by ATP assay technique, Milchwiss. **36**, 257–260, 1981

10. BUSSEY, D., TSUJI, M. K., Bioluminescence for USP sterility testing of pharmaceutical suspension products, Appl. Environ. Microbiol. **51**, 349–355, 1986

11. BÜLTE, M., REUTER, G., Die Einsatzfähigkeit von Eintauchobjektträgern („Dip-Slides") zur Ermittlung des Oberflächenkeimgehaltes auf Schlachttierkörpern, Arch. Lebensmittelhyg. **33**, 11–17, 1982

12. BÜLTE, M., REUTER, G., The bioluminescence technique as a rapid method for the determination of the microflora of meat, Int. J. Food Microbiol. **2**, 371–381, 1985

13. BÜLTE, M., REUTER, G., Impedance measurement as a rapid method for the determination of the microbial contamination of meat surfaces, testing two different instruments, Int. J. Food Microbiology **1**, 113–125, 1984

14. CLARK, D. S., International perspectives for microbiological sampling and testing of food, J. Food Protection **45**, 667–671, 1982

15. COWELL, N. D., MORISETTI, M. D., Microbiological techniques – some statistical aspects, J. Sci. Food Agric. **20**, 573–579, 1969

16. CSABA, K., Über die Fehlermöglichkeiten der quantitativen Untersuchungsverfahren in der Lebensmittelmikrobiologie, Arch. Lebensmittelhyg. **10**, 273–276, 1959

17. DE CASTRO, B. P., ASENIO, M. A., SANZ, B., ORDONEZ, J. A., A method to assess the bacterial content of refrigerated meat, Appl. Environ. Microbiol. **54**, 1462–1465, 1988

18. DE MAN, J. C., MPN-tables, corrected, Eur. J. appl. Microbiol. Biotechnol. **17**, 301–305, 1983

19. DREWS, G., Mikrobiologisches Praktikum, 4. Auflage, Springer Verlag, Berlin, Heidelberg, 1983

20. ENTIS, P., Enumeration of coliforms in nonfat dry milk and custard by hydrophobic grid membrane filter method: Collaborative study, J. Assoc. Off. Anal. Chem. **66**, 897–904, 1983

21. ENTIS, P., Effect of pre-filtration and enzyme treatment on membran filtration of foods, J. Food Protection **45**, 8–11, 1982

22. FIRSTENBERG-EDEN, R. EDEN, G., Impedance microbiology, John Wiley & Sons, New York, 1984

23. FIRSTENBERG-EDEN, R., ZINDULIS, J., Rapid automated methods. In: Food Microbiology, Vol. II, New and emerging technologies, ed. by Th. J. Monteville, CRC Press Inc., 1987

24. GINN, R. E., FOX, T. L., Enumeration of total bacteria and coliforms in milk by dry rehydratable film methods: Collaborative study, J. Assoc. Off. Anal. Chem. **69**, 527–530, 1986

25. GNAN, S., LUEDECKE, L. O., Impedance measurements in raw milk as an alternative to the standard plate count, J. Food Protection **45**, 4–7, 1982

26. GÖTZE, H., Eignung von „Petrifilm-Plates" zur Keimzahlbestimmung im Betriebslabor, Diplomarbeit FH Lippe, Lemgo 1986

27. HAUSCHILD, A. H. W., HILSHEIMER, R., Evaluation and modification of media for enumeration of Clostridium perfringens, Appl. Microbiol. **27**, 78–82, 1974

28. HENNLICH, W., BECKER, K., CERNY, G., Schnellmethode zur indirekten Keimzahlbestimmung in leicht verderblichen Lebensmitteln, Z. Lebensm.-Unters.Forsch. **177**, 11–14, 1983

29. HENNLICH, W., Schnellmethode zur indirekten Keimzahlbestimmung in Hackfleisch und Gewürzen durch Messung der Kohlendioxidfreisetzung, Z. Lebensm.-Unters.Forsch. **181**, 289–292, 1985

30. HOBBIE, J., DALEY, R. J., JASPER, S., Use of nucleopore filters for counting bacteria by fluorescence microscopy, Appl. Environ. Microbiol. **33**, 1225–1228, 1977

31. ICMSF, Microorganisms in foods. Vol. 2, Sampling for microbiological analysis: Principles and specific applications, 2. ed., Blackwell Scientific Publications, Oxford – London – Edinburgh – Boston – Palo Alto – Melbourne, 1986

32. JAKSCH, P., TERPLAN, G., Der Limulus-Test zur Untersuchung von Ei und Eiprodukten: Grundlagen, Untersuchung von Handelsprodukten und produktionsbegleitende Untersuchungen, Arch. Lebensmittelhyg. **38**, 47–55, 1987

33. JARVIS, B., Rapid methods in food microbiology. A practical approach, Food Technology in Australia **34**, 518–523, 1982

34. JARVIS, B., EASTER, M. C., Rapid methods in the assessment of microbiological quality; experiences and needs, J. appl. Bact. Symposium Supplement 1987, 115S–126S

35. JÄGGI, N., Mikrobiologische Gesamtkeimzahl-Bestimmung in Lebensmitteln nach Filtration und Anfärbung mit Fluoreszenzfarbstoffen, SGLH-Demonstrations-Tagung an der ETH-Zürich, 1984

36. JONES, J. G., SIMON, B. M., An investigation of errors in direct counts of aquatic bacteria by epifluorescence microscopy, with reference to a new method for dyeing membrane filters, J. appl. Bact. **39**, 317–329, 1975

37. JØRGENSEN, H. L., SCHULZ, E., Turbidometric measurement as a rapid method for the determination of the bacteriological quality of minced meat, Int. J. Food Microbiol. **2**, 177–183, 1985

38. KLAUSEN, N. K., HUSS, H. H., A rapid method for detection of histamine-producing bacteria, Int. J. Food Microbiol. **5**, 137–146, 1987

39. KNISPEL, M., Schnellnachweis von Verderbsorganismen in Frucht- und Gemüsesäften sowie Konzentraten mit dem Impedanzverfahren, Diplomarbeit FH Lippe, Lempo 1987

40. KOCH, H. A., BANDLER, R., GIBSON, R. B., Fluorescence microscopy procedure for quantitation of yeasts in beverages, Appl. Environ. Microbiol. **52**, 599–601, 1986

41. KOLBUS, St., Schnellnachweis von Mikroorganismen in Rohstoffen für Hunde- und Katzennahrung mit der Impedanzmethode, Diplomarbeit, FH Lippe, Lemgo 1986

42. KÜTENBRINK, A., Schnellnachweis von Bazillen in Gewürzen mit der Impedanzmethode. Diplomarbeit FH Lippe, Lemgo 1986

43. LIPPERT, S., Schnellnachweis von Hefen in Fruchtzubereitungen mit der MMCF-Methode unter Verwendung von Filtertips, Diplomarbeit FH Lippe, Lemgo 1987

44. MARSHALL, R. T., CASE, R. A., GINN, R. E., MESSER, J. W., PEELER, T., RICHARDSON, G. H., WEHR, H. M., Update on standard methods for the examination of dairy products, 15th edition, J. Food Protection **50**, 711–714, 1987

45. MATTILA, T., ALIVEHMAS, T., Automated turbidometry for predicting colony forming units in raw milk, Int. J. Food Microbiol. **4**, 157–160, 1987

46. MATTILA, T., Automated turbidometry – a method for enumeration of bacteria in food samples, J. Food Protection **50**, 640–642, 1987

47. MEIDELL, J., Unsuitability of fluorescence microscopy for the rapid detection of small numbers of yeast cells on a membrane filter, American J. Enology and Viticulture **38**, 159–160, 1987

48. MOSSEL, D. A. A., Zur Untersuchung von Lebensmitteln auf pathogene Mikroorganismen, Arch. Lebensmittelhyg. **26**, 1–3, 1975

49. MÜRI, F., Trübungsmessung in Flüssigkeiten, Labo März 1987, S. 42–45

50. NÄVEKE, R., TEPPER, K. P., Einführung in die mikrobiologischen Arbeitsmethoden mit Praktikumsaufgaben, Gustav Fischer Verlag, Stuttgart, 1979

51. NIEUWENHOF, F. F. J., HOOLWERF, J. D., Suitability of Bactoscan for the estimation of the bacteriological quality of raw milk, Milchwiss. **43**, 577–586, 1988

52. O'TOOLE, D. K., Methods for the direct and indirect assessment of the bacterial content of milk, J., appl. Bact. **55**, 187–201, 1983

53. OZARI, R., DITTRICH, H.-G., KOTTER, L., Zur Eignung des Limulus-Tests im Mikrotiterplatten-System für die Untersuchung von Schweinehackfleisch, Arch. Lebensmittelhyg. **38**, 166–172, 1987

54. PATEL, P. D., WILLIAMS, A. P., A note on estamination of food spoilage yeasts by measurement of adenosine triphosphate (ATP) after growth at various temperatures, J. appl. Bact. **59**, 133–136, 1985

55. PETERKIN, P. I., SHARPE, A. N., Filtering out of debris before microbiological analysis, Appl. Environ. Microbiol. **42**, 63–65, 1981

56. PETTIPHER, G. L., The direct epifluorescent filter technique for the rapid enumeration of micro-organisms, John Willey & Sons, New York, 1984

57. PETTIPHER, G. L., MANSELL, R., MCKINNON, C. H., COUSINS, C. M., Rapid membrane filtration-epifluorescent microscopy technique for direct and enumeration of bacteria in raw milk, Appl. Environ. Microbiol. **39**, 423–429, 1980

58. PETTIPHER, G. L., RODRIGUES, U. M., Rapid enumeration of bacteria in heat-treated milk and milk products using a membrane Filtration – Epifluorescent Microscopy Technique, J. appl. Bact. **50**, 157–166, 1981

59. Pettipher, G. L., Use of membrane filtration for assessing the hygienic quality of milk and milk products, J. of the Society of Dairy Technology **35**, 59–63, 1982

60. Pettipher, G. L., Detection of low numbers of osmophilic yeasts in creme fondant within 25 h using a pre-incubated DEFT count, Letters in Applied Microbiol. **4**, 95–98, 1987

61. Purvis, U., Sharpe, A. N., Bergener, D. M., Lachapelle, G., Milling, M., Spiring, F., Comparison of bacterial counts obtained from naturally contaminated foods by means of Stomacher and blender, Canadian J. Microbiol. **33**, 52–56, 1987

62. Reichsmuth, J., Suhren, G., Ubben, E.-H., Heeschen, W., Bewertung einer Routinemethode: Eignung als Maßverfahren und Bezug zum Referenzverfahren am Beispiel der fluoreszenzmikroskopischen Zählung von Einzelkeimen und der Makrokoloniezählung in Rohmilch, Kieler Milchwirtschaftliche Forschungsberichte **41**, 15–34, 1989

63. Restaino, L., Lyon, R. H., Efficacy of Petrifilm™ VRB for enumerating coliforms and Escherichia coli from frozen raw beef, J. Food Protection **50**, 1017–1022, 1987

64. Rinck, M., Wackerbauer, K., Mikrobiologische Endproduktkontrolle mit direkten Schnellverfahren, Mschr. Brauwiss. **40**, 164–169, 1987

65. Rochus, R., Schnellnachweis von Enterobacteriacee in Eiprodukten mit der Impedanz-Methode und dem Limulus-Test, Diplomarbeit FH Lippe, Lemgo 1986

66. Rodrigues, U. M., Kroll, R. G., The direct epifluorescent filter technique (DEFT): increased selectivity, sensitivity and rapidity, J. appl. Bact. **59**, 493–499, 1985

67. Sandhaus, V., Schnellnachweis von Hefen und Milchsäurebakterien in Feinkostsalaten mit der Impedanzmethode, Diplomarbeit FH Lippe, Lemgo 1987

68. Schmidt-Lorenz, W., Gukelberger, D., Hotz, F., Ein vereinfachtes Koloniezahl-Bestimmungsverfahren für mikrobiologische Stufenuntersuchungen bei der Herstellung von verzehrsfertigen Speisen, Alimenta **21**, 145–163, 1982

69. Senyk, G. F., Kozlowski, S. M., Noar, P. S., Shipe, W. F., Bandler, D. K., Comparison of dry culture medium and conventional plating techniques for enumeration of bacteria in pasteurized fluid milk, J. Dairy Sci. **70**, 1152–1158, 1987

70. Shaw, B. G., Harding, C. D., Hudson, W. H., Farr, L., Rapid estamination of microbial numbers on meat and poultry by the Direct Epifluorescent Filter Technique, J. Food Protection **50**, 652–657, 1987

71. Smith, L. B., Fox, T. L., Busta, F. F., Comparison of dry medium culture plate (Petrifilm SM plates) method to the aerobic plate count method for enumeration of mesophilic aerobic colony – forming units in fresh ground beef, J. Food Protection **48**, 1044–1045, 1985

72. Spinell, M., Bakterienzählung mit dem Bactoscan-Gerät, Dtsch. Milchwirtsch. **33**, 648–651, 1982

73. Steffens, K., Maier, Th., Bestimmung des Endofoxin-Gehalts in Eiprodukten mit Hilfe des miniaturisierten, chromogenen, Limulus-Tests, Z. Lebensm. Unters. Forsch. **188**, 351–354, 1989

74. Südi, J., Heeschen, W., Untersuchungen zur quantiativen Aussage des Limulus-Tests über die mikrobiologische Beschaffenheit von Milch und Milchprodukten. Arch. Lebensmittelhyg. **35**, 32–35, 1982

75. Suhren, G., Heeschen, W., Untersuchungen zur Keimzahlbestimmung in Rohmilch mit der direkten Epifluoreszenz-Filter-Technik (DEFT), Kieler Milchwirtschaftliche Forschungsberichte **36**, 87–136, 1984

76. Suhren, G., Heeschen W., Impedance assays and the bacteriological testing of milk and milk products, Milchwiss. **42**, 619–627, 1987

77. Tan, S.-T., Maxcy, R. B., Stroup, W. W., Colony-forming unit enumeration by a plate-MPN-method, J. Food Protection **46**, 836–841, 1983

78. Untermann, F., Varianzanalytische Untersuchungen über die Fehlergröße der „drop-plating"-Technik bei kulturellen Keimzahlbestimmungen an Lebensmitteln, Zbl. Bakt. I. Orig. **215**, 563–571, 1970

79. Van Spreekens, K. J. A., Stekelenburg, F. K., Rapid estimation of the bacteriological quality of fresh fish by impedance measurements, Appl. Microbiol. Biotechnol. **24**, 95–96, 1986

80. Woodward, R. L., How probable is the most probable number? J. Amer. Water Works Assoc. **49**, 1060–1068, 1957

81. Zipkes, M. R., Gilchrist, J. E., Peeler, J. T., Comparision of yeast and mold counts by spiral, pour, and streak plate methods, J. Assoc. Off. Anal. Chem. **64**, 1465–1469, 1981

82. Amtliche Sammlung von Untersuchungsverfahren nach § 35 LMBG. Verfahren zur Probeentnahme und Unter-

suchung von Lebensmitteln, Tabakerzeugnissen, kosmetischen Mitteln und Bedarfsgegenständen, Beuth Verlag, Berlin, Köln, 1980–1988.

83. Bestimmung von Lipopolysacchariden gramnegativer Bakterien in ultrahocherhitzter Milch und sterilisierter Milch, Limulus-Mikrotiter-Test, Amtliche Sammlung von Untersuchungsverfahren nach § 35 LMBG 01.02 1, Dez. 1988

84. Applications of the Lumac rapid microbiological testing techniques within the brewing industry, Brewing Workshop 25. 5. 1988, Lumac,B. V., P. O. Box 31101, 6370AC Landgraaf

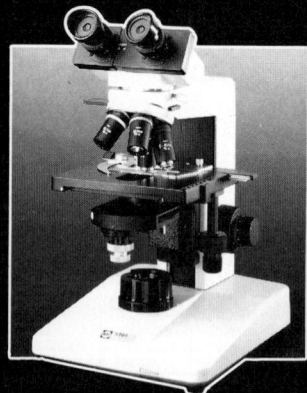

III Nachweis von Mikroorganismen

J. Baumgart

Bei dem Nachweis von Mikroorganismen sind sowohl die vitalen als auch die geschädigten Zellen zu erfassen. Durch physikalische und chemische Einflußfaktoren (z. B. Gefrieren, Trocknen, Erhitzen, Konservierungsmittel, Desinfektionsmittel, Strahlen) kommt es zu Schädigungen der Zellwand, der Zellmembran, zur Hemmung der DNA-Synthese, zur Schädigung der RNA und zur Störung der Proteinsynthese. Die geschädigten oder „gestressten" Zellen müssen durch optimale Medien und Kulturverfahren aktiviert werden, bevor sie auf selektiven Medien nachweisbar sind (ANDREW und RUSSELL, 1984).

1 Verderbsorganismen und technologisch erwünschte Mikroorganismen

1.1 Psychrotrophe Mikroorganismen

Definition für **psychrotrophe** Mikroorganismen (JAY, 1987):
Alle Mikroorganismen, die bei +7 °C ± 1 °C innerhalb von 10 Tagen auf festen Medien sichtbare Kolonien bilden oder in Flüssigkeiten zur Trübung führen (Optimum 20 °–30 °C werden als psychrotroph bezeichnet.
Psychrotrophe Mikroorganismen sind mesophile Organismen, die auch bei Kühltemperaturen eine kurze Generationszeit haben. Zu ihnen zählen:

Bakterien: Species der Genera *Pseudomonas, Vibrio, Alteromonas, Yersinia, Alcaligenes, Flavobacterium, Acinetobacter, Psychrobacter, Chromobacterium, Aeromonas, Brochothrix, Bacillus, Lactobacillus, Clostridium* u. a.

Hefen: Species der Genera *Candida, Hansenula, Kloeckera, Kluyveromyces, Saccharomyces* u. a.

Schimmelpilze: Species der Genera *Geotrichum, Botrytis, Sporotrichum, Cladosporium, Thamnidium* u. a.

Bedeutung
Psychrotrophe Mikroorganismen führen zum Verderb zahlreicher eiweißreicher Lebensmittel, wie z. B. Fisch, Geflügel, Milch, Fleisch.
Jene Mikroorganismen, die sich bei 7 °C, nicht aber bei 40 °C vermehren, werden als **ste-**

nopsychrotroph (gr. stenos = eng) und solche, die sich bei 7 °C und bei 40 °C vermehren als **eurypsychrotroph** (gr. eurys = weit) bezeichnet.

Definition für **psychrophile** Mikroorganismen (JAY und BUE, 1987):

Alle Mikroorganismen, die ihre maximale Vermehrungstemperatur bei etwa 15 °C besitzen, werden als psychrophil bezeichnet. Psychrophile Mikroorganismen sind als Verderbsorganismen bedeutungslos (Ausnahme bei Meerestieren).

Nachweis

Oberflächenkultur (Spatelverfahren) oder Tropfkultur auf Caseinpepton-Sojamehlpepton-Agar (CASO-Agar).

Bebrütung: 7 °C ± 1 °C für 10 Tage.

Das Verfahren mit einer 25stündigen Inkubation bei 21 °C nach OLIVERIA und PARMELEE (1976) führt bei der Untersuchung von Milch am schnellsten zum Ergebnis. Es kann jedoch nicht ausgeschlossen werden, daß einige mesophile Bakterien Kolonien bilden (SUHREN, HEESCHEN und TOLLE, 1982).

LITERATUR

1. ANDREW, M. H. E., RUSSELL, A. D.: The revival of injured microbes, Academic Press, London, 1984
2. COX, J. M., Mac Rae, J. C., A numerical taxonomic study of proteolytic and lipolytic psychrotrophs isolated from caprine milk, J. appl. Bact. **66**, 137–152, 1989
3. JAY, J. M., The tentative recognition of psychrotrophic Gram-negative bacteria in 48 h by their surface growth at 10 °C, Int. J. Food Microbiol. **4**, 25–32, 1987
4. JAY, J. M., BUE, M. E., Ineffectiveness of crystal violet tetrazolium agar for determining psychrotrophic Gram-negative bacteria, J. Food Protection **50**, 147–149, 1987
5. JUNI, E., HEYM, G. A., Psychrobacter immobilis gen. nov., sp. nov.: Genospecies composed of gram-negative, aerobic, oxidase-positive Coccobacilli, Int. J. System. Bact. **36**, 388–391, 1986
6. OLIVERIA, J. S., PARMELEE, C. E., Rapid enumeration of psychrotrophic bacteria in raw and pasteurized milk, J. Milk Food Technol. **39**, 269–272, 1976
7. ROBERTS, T. A., HOBBS, G., CHRISTIAN, J. H. B., Skovgard, N., Psychrotrophic microorganisms in spoilage und pathogenicity, Academic Press, London, 1981
8. SUHREN, G., HEESCHEN, W., TOLLE, A., Quantitative Bestimmung psychrotropher Mikroorganismen in Roh- und pasteurisierter Milch, ein Methodenvergleich, Milchwiss. **37**, 594–596, 1982

1.2 Lipolytische Mikroorganismen

Lipolyten sind Mikroorganismen, die zur Fettveränderung durch das Enzym *Lipase* führen. Da zwischen der *Tributyrinase* und der *Lipase* eine enge Beziehung besteht (MOUREY u. KILBERTUS, 1976), dient i. d. R. Tributyrin als Substrat für den Nachweis der Lipaseaktivität. Dabei ist allerdings zu berücksichtigen, daß Tributyrin auch durch *Esterasen* hydrolysiert wird (KOUKER und JAEGER, 1987).

Lipolytische Mikroorganismen

Bakterien: Species der Genera *Pseudomonas, Serratia, Micrococcus, Staphylococcus, Alcaligenes, Brevibacterium, Brochothrix thermosphacta, Lactobacillus curvatus.*

Hefen: Species der Genera *Candida, Rhodotorula, Hansenula, Saccharomycopsis* u. a.

Schimmelpilze: Species der Genera *Aspergillus, Penicillium, Rhizopus, Cladosporium, Fusarium, Alternaria* u. a.

Bedeutung

Lipolyten führen zum Verderb von Butter, Margarine, Milch und fetthaltigen anderen Lebensmitteln.

Nachweis

Verschiedene Nachweismedien wurden empfohlen:

– Tributyrin-Agar
– Medien unter Zusatz von Tween 20–80 (SAMAD et. al., 1989)
– Fleischextrakt-Hefeextrakt-Pepton-Tributyrin-Agar (BYPTA) nach MOUREY und KILBERTUS (1976)
– Butterfett-Agar nach SHELLEY und Mitarb. (1987)
– Triolein-Rhodamin-B-Agar nach KOUKER und JAEGER (1987).

Bewährt hat sich auch in eigenen Untersuchungen der Triolein-Rhodamin-B-Agar, wobei das Grundmedium den Nährstoffansprüchen der nachzuweisenden Mikroorganismen angepaßt wurde. Für gramnegative Mikroorganismen kann der Nähragar, für Hefen, Schimmelpilze und Milchsäurebakterien der MRS-Agar eingesetzt werden.

Verfahren:

– Spatelverfahren, Bebrütung bei gramnegativen Bakterien 30 °C, 48–72 h, bei Milchsäurebakterien 30 °C, bei Hefen und Schimmelpilzen 25 °C, 3–5 Tage.
– Nachweis der Lipolyse unter dem UV-Licht (350 nm)

Positive Reaktion: orangefarbene, fluoreszierende Höfe.

LITERATUR

1. MOUREY, A., KILBERTUS, G., Simple media containing stabilized tributyrin for demonstrating lipolytic bacteria in food and soils, J. appl. Bact. **40**, 47–51, 1976

2. INTERNATIONALER MILCHWIRTSCHAFTSVERBAND: Standardmethode für die Zählung lipolytischer Organismen. Internationaler Standard FIL-IDF 41: 1966. Milchwiss. **33**, 298–299, 1968

3. KOUKER, G., JAEGER, K.-E., Specific and sensitive plate assay for bacterial lipases, Appl. Environ. Microbiol. **53**, 211–213, 1987

4. PAPON, M., TALON, R., Cell location and partial characterization of Brochothrix thermosphacta and Lactobacillus curvatus lipases, J. appl. Bact. **66**, 235–242, 1989

5. SAMAD, M. Y. A., RAZAK, C. N. A., SALLEH, A. B., YUNUS, W. M. Z. W., AMPON, K., BASRI, M., A plate assay for primary screening of lipase activity, J. Microbiol. Methods **9**, 51–56, 1989

6. SHELLEY, A. W., DEETH, H. C., MAC RAE, I. C., A numerical taxonomic study of psychrotrophic bacteria associated with lipolytic spoilage of raw milk, J. appl. Bact. **62**, 197–207, 1987

1.3 Proteolytische Mikroorganismen

Die traditionellen mikrobiologischen Nachweisverfahren für proteolytische Mikroorganismen in Lebensmitteln beruhen überwiegend auf dem Abbau von Casein oder Gelatine. Durch den Einsatz dieser Substanzen bei der Untersuchung der proteolytischen Aktivität von Mikroorganismen in Fleisch-, Ei- oder Fischprodukten wird es fraglich, ob ein Zusammenhang besteht zwischen der proteolytischen Aktivität beim Einsatz von Casein oder Gelatine und derjenigen im Fleisch- oder Fischeiweiß. Nach Untersuchungen von KARNOP (1982) zeigte sich, daß Fäulnisbakterien vom Seefisch ein unterschiedliches Verhalten gegenüber einzelnen Proteinen haben und daß der Abbau von Casein oder Gelatine in zahlreichen Fällen nichts mit dem Abbau von Fischeiweiß zu tun hat.

Proteolytische Mikroorganismen

Species der Genera *Shewanella, Aeromonas, Acinetobacter, Moraxella, Corynebacterium, Lactobacillus, Streptococcus, Micrococcus, Bacillus, Clostridium* u. a.

Bedeutung

Durch Hydrolyse Proteinabbau und somit Geruchs- und Geschmacksabweichungen bei eiweißreichen Lebensmitteln wie Fisch, Fleisch, Geflügel, Milch. Proteolyten können aber auch zur gewünschten Reifung und Aromabildung, z. B. bei der Käseherstellung und Rohwurstreifung beitragen.

Nachweis

– Milch und Milchprodukte
  Medium: Calcium-Caseinat-Agar nach Frazier und Rupp, modifiziert
  Verfahren: Gußkultur oder Oberflächenverfahren
  Bebrütung: 30 °C für 48–72 h
  Auswertung: Auszählung der Kolonien mit Aufhellungshof
– Fleisch, Fisch und Eiprodukte
  Verwendung entsprechender Proteine in Anlehnung an KARNOP (1982).

LITERATUR
1. KARNOP, G., Die Rolle der Proteolyten beim Fischverderb. I. Optimierung der Methodik des Proteolytennachweises, Arch. Lebensmittelhyg. **33**, 57–61, 1982
2. SINGH, J., SHARMA, D. K., Proteolytic breakdown of casein and its fractions by lactic acid bacteria, Milchwiss. **38**, 148–149, 1983

1.4 Halophile Mikroorganismen

Halophile Mikroorganismen benötigen für die Vermehrung Kochsalz, einige darüber hinaus geringe Anteile an Kalium- und Magnesiumionen sowie andere Kationen und Anionen. Aufgrund der Vermehrung in bestimmten Kochsalzkonzentrationen lassen sich **halophile Mikroorganismen** einteilen in

schwach Halophile:
Vermehrung bei 2–5 % Kochsalz. Hierzu gehören z. B. Species der Genera *Pseudomonas, Moraxella, Acinetobacter, Flavobacterium;*
mäßig Halophile:
Vermehrung bei 5–20 % Kochsalz. Hierzu gehören z. B. Species der Genera *Bacillus* und *Micrococcus;*
stark Halophile:
Vermehrung bei 20–30 % Kochsalz. Hierzu gehören Species der Genera *Halococcus* und *Halobacterium.*

Darüber hinaus gibt es zahlreiche Halotolerante, die sich in Medien und Lebensmitteln ohne Kochsalz und in solchen mit bis zu 5 % Kochsalz vermehren.

Bedeutung
Verderb von gesalzenen Lebensmitteln, Farbstoffbildung durch *Halococcus* und *Halobacterium* (rote Farbstoffe) auf Salzfischen, gesalzenen Därmen.

Nachweis
Caseinpepton-Sojamehlpepton-Bouillon oder Caseinpepton-Sojamehlpepton-Agar mit Zusatz von 3 % Kochsalz.
Bebrütung bei 7 °C für 10 Tage oder 25 °C für 4 Tage.
Bei stark Halophilen Zusatz von 25 % Kochsalz zur Verdünnungsflüssigkeit und zum Medium. Bebrütung bei 30 °C für 10 Tage in einer feuchten Kammer.

LITERATUR
1. GARDNER, G. A., KITCHELL, A. G., The microbiological examination of cured meats. In: Board, R. G., Lovelock, D. W.: Sampling-Microbiological Monitoring of Environments, Academic Press, London, 1973
2. GIBBONS, N. E., Isolation, growth and requirements of halophilic bacteria, in: Norris, J. R., Ribbons, D. W.: Methods in Microbiology, Academic Press, London, Vol. 3B, 169–183, 1969

1.5   Osmotolerante Hefen

Hefen, die sich bei geringen a_w-Werten oder hohen Zuckerkonzentrationen vermehren, werden als osmophil (CHRISTIAN, 1963), osmotolerant (ANAND und BROWN, 1968), osmotroph (SAND, 1973), xerophil (PITT, 1975) oder xerotolerant (BROWN, 1976) bezeichnet. Da diese Hefen einen niedrigen a_w-Wert oder einen hohen osmotischen Druck besser tolerieren als nicht osmotolerante Hefen, sollte nach TILBURY (1980) nur die Bezeichnung xerotolerant verwendet werden. Osmophile Hefen, die hohe Zuckerkonzentrationen bevorzugen, sind bisher nicht nachgewiesen worden. Deshalb sollte die Bezeichnung **osmotolerant** verwendet werden. Verschiedene Definitionen wurden für osmotolerante (osmophile) Hefen vorgeschlagen (Tab. 5).
Als osmotolerant werden im Folgenden solche Hefen angesehen, die sich bei einer Glucosekonzentration von 50 % (G/G) vermehren (JERMINI, 1984).

Tab. 5   Definitionen für osmotolerante (osmophile) Hefen

Vermehrung	Autor
a_w unter 0,85	CHRISTIAN (1963)
Glucose 60 % (G/G), entspricht a_w von etwa 0,85	VAN DER WALT (1970)
Fructose 75 % (G/V), entspricht etwa 58,8 % (G/G) Glucose	WINDISCH (1973)
a_w unter 0,85	PITT (1975)
gesättigte Saccharoselösung, entspricht a_w unter 0,85	TILBURY (1980)
Glucose 50 % (G/G), entspricht a_w 0,909	JERMINI, M. F. G., GEIGES, O., SCHMIDT-LORENZ, W. (1987)

Osmotolerante Hefen

Die Osmotoleranz ist kein konstantes Artmerkmal. Osmotolerant sind besonders *Zygosaccharomyces rouxii, Zygosaccharomyces bailii, Zygosaccharomyces bisporus*, Stämme von *Hansenula anomala, Saccharomyces cerevisiae, Debaryomyces hansenii, Torulaspora delbrueckii* (TOKUOKA et al., 1985, JERMINI et al. 1987). Die in zuckerreichen Lebensmitteln am häufigsten vorkommende Hefe ist jedoch *Zygosaccharomyces rouxii* (JERMINI et al., 1987 a + b), TOKUOKA et al., 1985).

Bedeutung

Osmotolerante Hefen bewirken den Verderb von Honig, Marzipan, Schokoladenerzeugnissen mit Füllung, Konfitüren, Pulpe, Feinkosterzeugnissen, Kondensmilch, Trockenfrüchten u. a.

Nachweis geringer Zellzahlen

Bei sehr geringer Zellzahl im Lebensmittel Presence-Absence-Test, MPN-Verfahren oder Membranfiltration (MMCF-Methode) bei Fruchtzubereitungen und Zucker.

a) Presence-Absence-Test:

– 20 g oder 40 g bzw. ml werden mit 180 ml bzw. 360 ml Glucose-Bouillon 50 % (G/G), (GB 50) im Stomacher 1 min homogenisiert;

– Homogenisat in 1 000 ml Erlenmeyer-Kolben bei 30 °C 2–10 Tage unter Schütteln (ca. 100 U/min) bebrüten;

– Vom 2. Tag an tägliche Untersuchung mikroskopisch (Phasenkontrast) und durch Ausstrich von 0,03 ml auf Glucose-Agar 50 % (G/G), (GA 50), der bei 30 °C 5–7 Tage bebrütet wird.

Beurteilung:

Wenn nach 10-tägiger Bebrütung der Anreicherung keine Hefen nachweisbar sind, wird die Probe als „frei von osmotoleranten Hefen" bezeichnet. Meist sind bei Zellzahlen unter 10/g oder ml die osmotoleranten Hefen bereits nach 3–4 Tagen nachweisbar (JERMINI et al., 1987).

Anmerkung:
Die optimale Vermehrungstemperatur osmotoleranter Hefen erhöht sich mit Verminderung der Wasseraktivität. Aus diesem Grunde sollte der Nachweis osmotoleranter Hefen nicht bei 25 °C, sondern bei 30–32 °C erfolgen (JERMINI und SCHMIDT-LORENZ, 1987). Bei a_w-Werten über 0,99 betrug die optimale Vermehrungstemperatur für *Zygosaccharomyces (Z.) rouxii* und *Z. bisporus* 24–28,5 °C, bei a_w-Werten zwischen 0,922 und 0,868 lag sie zwischen 31 °C und 33 °C (JERMINI und SCHMIDT-LORENZ, 1987).

b) MPN-Verfahren:
– 10 g Material werden mit 90 ml einer sterilen Glucose-Bouillon (GB 50) homogenisiert. Vom Homogenisat werden in 3 leere Röhrchen je 10 ml, in 3 Röhrchen mit 9 ml Glucose-Bouillon (GB 50) je 1 ml und in 3 Röhrchen mit 9,9 ml Glucose-Bouillon (GB 50) je 0,1 ml übertragen;
– Die Röhrchen werden mit Paraffin/Vaseline (1:4) überschichtet und bei 30 °C 2–10 Tage bebrütet. Deutliche Gasbildung zeigt Gärung und Vermehrung an. Die Berechnung der Keimzahl erfolgt nach der MPN-Tabelle unter Berücksichtigung der Verdünnungsfaktoren.

Anmerkung:
Verfahren, die auf dem Nachweis der Gasbildung beruhen, sind unsicher, da die Gasbildung erst bei einer Zellzahl von etwa 10^5/ml deutlich sichtbar ist (JERMINI, 1984). Bei dem Presence-Absence-Test sind sehr geringe Hefezahlen nachweisbar: 100 Zellen/ml Anreicherungskultur nach 3–4 Tagen, 10 Zellen nach ca. 8–10 Tagen und 1 Zelle/ml Anreicherung nach ca. 15 Tagen (JERMINI, 1984).

c) Membranfiltration:
Für den Nachweis osmotoleranter Hefen in Kristall- und Flüssigzucker und in Fruchtzubereitungen hat sich die MMCF-Methode (BAUMGART und VIEREGGE, 1984) bewährt.

Nachweis hoher Zellzahlen (über 10^2/g oder ml)
Methode: Spatelverfahren.
Homogenisation und dezimale Verdünnung in 30 %iger Glucoselösung (G/G).
Medium: 50 %iger Glucose-Agar (GA 50) oder Potato-Dextrose-Agar + 60 % Saccharose (G/V), pH 5,2 (RESTAINO et al., 1985).
Bebrütung der Platten bei 30 °C für 3–5 Tage.

LITERATUR
1. ANAND, J. C., BROWN, A. D., Growth rate patterns of the so-called osmophilic and nonosmophilic yeasts in solutions of polyethylene glycol, J. gen. Microbiol. **52**, 205–212, 1968
2. BAUMGART, J., VIEREGGE, B., Schnellnachweis osmophiler Hefen im Marzipan, Süßwaren **28**, 190–193, 1984
3. BROWN, A. D., Microbial water stress, Bacteriological Reviews **40**, 803–846, 1976
4. CHRISTIAN, J. H. B., Water activity and the growth of microorganisms, in: Recent Advances in Food Science, ed. by Leitch, J. M., Rhodes, D. N., Vol 3, S. 248–255, 1963
5. JERMINI, M. F. G., Osmotolerante Hefen, SGLH-Demonstrations-Tagung: Neuere Untersuchungsmethoden in der Lebensmittel-Hygiene und -Mikrobiologie, ETH-Zürich, Laboratorium für Lebensmittel-Mikrobiologie, 12. 9. bis 14. 9. 1984

6. JERMINI, M. F. G., GEIGES, O., SCHMIDT-LORENZ, W., Detection, isolation and identification of osmotolerant yeasts from high-sugar products, J. Food Protection **50**, 468–472, 1987 **a**

7. JERMINI, M. F. G., SCHMIDT-LORENZ, W., Cardinal temperatures for growth of osmotolerant yeasts in broths at different water acivity values, J. Food Protection **50**, 473–478, 1987 **b**

8. PITT, J. I., Xerophilic fungi and the spoilage of food of plant origin, in: Water Relations of Food, ed. by Duckworth, R., S. 273–307, Academic Press, London, 1975

9. RESTAINO, L., BILLS, S., LENOVICH, L. M., Growth response of an osmotolerant, sorbate-resistant Saccharomyces rouxii strain: Evaluation of plating media, J. Food Protection **48**, 207–209, 1985

10. SAND, F. E. M. J., Recent investigations on the microbiology of fruit juice concentrates, in: Technology of Fruit Juice Concentrates-Chemical Composition of Fruit Juices, Vol 13, S. 185–216. Vienna: International Federation of Fruit Juice Producers, Scientific Technical Commission, 1973

11. SCARR, M. P., Selective media used in the microbiological examination of sugar products, Journal of the Science of Food and Agriculture **10**, 678–681, 1959

12. TILBURY, R. H., Xerotolerant (osmophilic) yeasts, in: Biology and Activities of Yeasts, ed. by SKINNER, F. A., PASSMORE, SUSAN M., DAVENPORT, A. R., S. 153–179, Academic Press, London, 1980

13. TOKUOKA, K., ISHITANI, T., GOTO, S., KOMAGATA, K., Identification of yeasts isolated from high-sugar foods, J. gen. appl. Microbiol. **31**, 411–427, 1985

14. VAN DER WALT, J. P., Criteria and methods used in classification, in: The Yeasts-A Taxonomic Study, 2 nd edition, ed. by Lodder, J., S. 34–113, Amsterdam North Holland, 1970

15. WINDISCH, S., NEUMANN-DUSCHA, I., Hefe als Verderbniserreger von Süßwaren, unter Berücksichtigung osmophiler Hefen, Schriftenreihe Schweizerische Gesellschaft für Lebensmittelhygiene (SGLH) Heft 1, S. 18–20, 1973

16. ZIMMERLI, A., Osmotolerante Hefen in Lebensmitteln, Chemische Rundschau **30**, 15–23, 1977

1.6 Milchsäurebakterien

Zu den Milchsäurebakterien zählen die Genera *Lactobacillus, Leuconostoc, Pediococcus, Streptococcus, Lactococcus, Enterococcus* und *Carnobacterium*. Zum Genus *Carnobacterium* gehören u. a. die bisher im Genus *Lactobacillus* geführten Species *Carnobacterium (C.) divergens* und *C. piscicola* (COLLINS et. al., 1987).

Vorkommen
Pflanzen, Darmkanal Mensch und Tier

Bedeutung
– Verderb zahlreicher Lebensmittel, wie Fleisch, Fleischerzeugnisse, Fisch und Fischerzeugnisse, Milch und Milchprodukte, Frucht- und Gemüseerzeugnisse, Bier, Feinkost u. a.
– Starterkulturen: Sauerteig, Rohwurst, Schinken, Käse, Oliven, Joghurt, Sauerkraut u. a.

Nachweis
Zahlreiche Medien sind zum Nachweis von Milchsäurebakterien beschrieben worden (WAKKERBAUER et al., 1981, REUTER, 1985, VANOS und COX, 1986, PELADAN et al., 1986). Bewährt haben sich der MRS-Agar, pH-Wert 5,7 mit 1 m HCl eingestellt (PELADAN et al. 1986, SPRUNGMANN, 1987), und das MRS-S Medium (REUTER, 1985). Wird der pH-Wert von 5,7 beim MRS-Agar mit Milchsäure eingestellt, vermehrt sich auch unter anaeroben Bedingungen *Carnobacterium divergens* nicht (BÜKER, 1986, SPRUNGMANN, 1987). *Carnobacterium divergens* kommt auf Frischfleisch (HOLZAPFEL und GERBER, 1983, SCHILLINGER und LÜCKE,

1987) vor und führt auch beim Räucherfisch (Vakuumverpackter Räucherlachs und Bückling) zum Verderb (BETTMER, 1987).
Vergleichende Untersuchungen zum Nachweis von Milchsäurebakterien der Genera *Lactobacillus, Leuconostoc* und *Pediococcus* mit dem MRS-Agar (pH 5,7, HCl), MRS-S Medium mit 0,14 % Sorbinsäure (REUTER, 1986) oder mit 0,2 % K-Sorbat (pH 5.6), Orangenserum-Agar und dem modifizierten Chalmers-Medium (VANOS und COX, 1986) zeigten eindeutige Vorteile für den MRS-Agar (pH 5,7, HCl) und das MRS-S Medium (SPRUNGMANN, 1987). Die schlechteren Ergebnisse beim Einsatz des Orangenserum-Agars und des modifizierten Chalmers Mediums lassen sich auf den fehlenden Zusatz von Mangan bei diesen Medien zurückführen. Mangan ist besonders für die Vermehrung von Milchsäurebakterien der Genera *Lactobacillus, Leuconostoc* und *Pediococcus* erforderlich (RACCACH, 1985).

Ein einziges Medium ist zum Nachweis aller Milchsäurebakterien allerdings nicht geeignet. Bei Fleisch und Fleischerzeugnissen ist zu berücksichtigen, daß sich einige Stämme von *Brochothrix thermosphacta* auf dem MRS-Agar vermehren und Katalase-negativ sind, wodurch es zur Verwechslung mit Laktobazillen kommt. Eine Subkultivierung auf APT-Agar und eine erneute Katalaseprüfung sind notwendig (EGAN, 1983). Bei Getränken, Frucht- und Gemüseprodukten wird auf dem MRS-Agar auch *Lactobacillus fructivorans* nicht erfaßt. Hier ist ein Zusatz von Fructose oder Tomatensaft (15 %, V/V) zum MRS-Agar notwendig. *Lactobacillus sanfrancisco* (Vorkommen im Sauerteig) benötigt für die Vermehrung frischen Hefeextrakt und Maltose (BERG et al., 1981). D-Mevalonsäure ist erforderlich für den Nachweis von Milchsäurebakterien, die zum Verderb von Reiswein führen (TAMURA, 1956).

Bewährte Nachweisverfahren:
a) Milchsäurebakterien:
– MRS-Bouillon pH 5,7 (eingestellt mit 1n HCl), Bebrütung bei 25 °C für 2–4 Tage;
– MRS-Agar (pH 5,7 eingestellt mit 1n HCl, End-pH der gegossenen Platten bei 30 °C kontrollieren), Guß- oder Oberflächenkultur, Bebrütung bei 25 °C (90–95 % Stickstoff, 5–10 % Kohlendioxid) für 2–4 Tage. Handelsprodukte für die Züchtung mikroaerophiler Mikroorganismen sind einsetzbar (z. B. GasPak Fa. BBL, Anaerocult, Fa. Merck, Gasgenerating box „H₂ + CO₂", Fa. bioMerieux). Eine Identifizierung der Kolonien ist notwendig, wenn eine Unterscheidung der einzelnen Genera getroffen werden soll. Sie ist auch erforderlich, weil sich auf dem MRS-Agar (pH 5,7) und dem MRS-S Medium (MRS-Sorbinsäuremedium) nicht nur Milchsäurebakterien vermehren.

b) Obligat heterofermentativer Milchsäurebakterien
Eine MRS-Bouillon mit Durham-Röhrchen (MRS-Bouillon ohne Fleischextrakt und mit Zusatz von 2 % Glucose, pH 5,7) wird mit der Prüfkultur beimpft (oder MPN-Verfahren bei Produkten) und bei 25 °C 2–4 Tage bebrütet.

Anmerkung:
Zwischen einer Bebrütung bei 25 °C und 30 °C bestehen keine Unterschiede (PELADAN et al., 1986). Notwendig ist jedoch eine mikroaerophile oder anaerobe Bebrütung.

c) Peroxidbildende Milchsäurebakterien

Besonders bei Frischfleisch und Brühwurstaufschnitt spielt die Vergrünung der Produkte durch Wasserstoffperoxid bildende Milchsäurebakterien eine Rolle (LEE und SIMARD, 1984, LÜCKE et al., 1986). Zur Vergrünung führen: *Lactobacillus (L.) viridescens, L. fructivorans, L. helveticus, L. jensenii* (LEE und SIMARD, 1984), *L. curvatus, L. saké, Leuconostoc spp.* (LÜCKE et al., 1986).

Nachweis:

– MRS-Mangandioxid-Agar (LÜCKE et. al., 1986)

Nach 3-tägiger aerober Bebrütung sind Kolonien peroxidbildender Milchsäurebakterien auf diesem Nährboden von Aufhellungszonen umgeben.

– ABTS-Peroxidase-Agar

Kolonien peroxidbildender Milchsäurebakterien sind nach 2-tägiger anaerober und anschließender etwa sechsstündiger aerober Bebrütung von einem purpurfarbenem Hof umgeben.

LITERATUR

1. BACK, W., Schädliche Mikroorganismen in AfG-Betrieben. Nachweis- und Kultivierungsmethoden, Brauwelt **121**, 314–318, 1981
2. BAIRD, K. J., PATTERSON, J. T., An evaluation of media for the cultivation or selective enumeration of lactic acid bacteria from vacuum-packaged beef, Record of Agricultural Research **28**, 55–61, 1980
3. BERG, R. W., SANDINE, W. E., ANDERSON, A. W., Identification of growth stimulant for Lactobacillus sanfrancisco, Appl. Environ. Microbiol. **42**, 786–788, 1981
4. BETTMER, H., Vorkommen und Bedeutung von Lactobacillus divergens bei vakuumverpacktem Bückling, Diplomarbeit FH Lippe, Lemgo, 1987
5. CARR, J. G., CUTTING, C. V., WHITING, G. C., Lactic acid bacteria in beverages and food, Academic Press, London, 1975
6. COLLINS, M. D., FARROW, J. A., PHILLIPS, B. A., FERUSA, S., JONES, D., Classification of Lactobacillus divergens, Lactobacillus piscicola, and some catalase-negative, asporogenous, rod-shaped bacteria from poultry in a new genus, Carnobacterium, Int. J. Syst. Bacteriol. **37**, 310–316, 1987
7. DE BRUYN, I. N., LOUW, A. I., VISSER, L., HOLZAPFEL, W. H., Lactobacillus divergens is a homofermentative organism, System. Appl. Microbiol. **9**, 173–175, 1987
8. DE BRUYN, I. N., HOLZAPFEL, W. H., VISSER, L., LOUW, A. I., Glucose metabolism by Lactobacillus divergens, J. gen. Microbiol. **134**, 2103–2109, 1988
9. EGAN, A. F., Lactic acid bacteria of meat and meat products, Antonie van Leeuwenhoek **49**, 327–336, 1983
10. LEE, B. H., SIMARD, R. E., Evaluation of methods for detecting the production of H_2S, volatile sulfides, and greening by lactobacilli J. Food Sci. **49**, 981–983, 1984
11. LÜCKE, F.-K., POPP, J., KREUTZER, R., Bildung von Wasserstoffperoxid durch Laktobazillen aus Rohwurst und Brühwurstaufschnitt, Chem. Mikrobiol. Technol. Lebensm. **10**, 78–81, 1986
12. McDONALD, L. C., McFEETERS, R. F., DAESCHEL, M. A., FLEMING, H. P., A differential medium for the enumeration of homofermentative and heterofermentative lactic acid bacteria, Appl. Environ. Microbiol. **53**, 1382–1384, 1987
13. MÜLLER, H. E., Detection of hydrogen peroxide produced by microorganisms on an ABTS peroxidase medium, Zbl. Bakt. Hyg. A **259**, 151–154, 1985
14. PELADAN, F., ERBS, D., MOLL, M., Practical aspects of the detection of lactic acid bacteria in beer, Food Microbiol. **3**, 281–288, 1986
15. RACCACH, M., Manganese and lactic acid bacteria, J. Food Protection **48**, 895–898, 1985
16. REUTER, G., Elective and selective media for lactic acid bacteria, Int. J. Food Microbiol. **2**, 55–68, 1985
17. REUTER, G., Mikrobiologische Untersuchung von Fleisch und Fleischerzeugnissen: Bestimmung von Milchsäurebakterien, DIN-Entwurf, Juni 1986

18. SCHILLINGER, U., LÜCKE, F.-K., Lactic acid bacteria on vacuum-packed meat and their influence on shelf life, Fleischw. **67**, 1244–1248, 1987

19. SPRUNGMANN, U., Vergleich verschiedener Selektiv- bzw. Elektivmedien zum Nachweis von Milchsäurebakterien, Diplomarbeit FH Lippe, Lemgo, 1987

20. TAMURA, G., Hiochic acid, a new growth factor for Lactobacillus homohiochii and Lactobacillus heterohiochii, J. gen. appl. Microbiol. **2**, 431–434, 1956

21. VANOS, V., COX, L., Rapid routine method for the detection of lactic acid bacteria among competitive flora, Food Microbiol. **3**, 223–234, 1986

22. WACKERBAUER, K., KIRCHNER, G., MATSUZAWA, K., GREIF, H., Comparison of several culture media and some growth factors for detection of lactic acid bacteria, Mschr. Brauerei **34**, 132–147, 1981

1.7 Pediokokken

Pediokokken werden als Starterkulturen bei der Rohwurstherstellung eingesetzt, sie führen zur Fermentation zahlreicher Sauergemüsearten, aber auch zum Verderb von Lebensmitteln, wie z. B. von Feinkostsalaten, Brühwurstaufschnitt und Getränken. Da die Pediokokken sich auf den gleichen Medien vermehren wie die Laktobazillen und aufgrund ihrer Kolonieform nicht von diesen unterschieden werden können, sind Informationen über die Entwicklung und das Vorkommen von Pediokokken in Lebensmitteln bei Vorhandensein einer Mischkultur aus Milchsäurebakterien lückenhaft.

Das von MCDONALD et al. (1987) entwickelte Selektivmedium (HHD-Agar), das auf einer unterschiedlichen Fermentation von Fructose basiert, hat sich nicht bewährt.

Geeigneter ist das Medium nach HOLLEY und MILLARD (1988), ein modifizierter MRS-Agar (MRSD-Medium), auf dem die Argininhydrolyse als Erkennungskriterium für Pediococcus acidilactici und P. pentosaceus verwendet wird. Während nach HOLLEY und MILLARD (1988) die Untersuchungsproben unter Verwendung der „Hydrophoben Grid Membran Filter" (QA Labs. Ltd., Toronto, Ontario, Canada) filtriert werden, ist nach eigenen Untersuchungen die Membranfilter-Methode nach ANDERSON und BAIRD-PARKER ebenso geeignet und praktikabler.

Nachweis von P. acidilactici und P. pentosaceus

– Eine Cellulose-Acetat-Membran (z. B. Nu Flow N 85/45, O,45 μm) oder ein Hydrophober Grid Membran Filter (HGMF) wird auf das gut vorgetrocknete Selektivmedium (MRSD-Medium) gelegt;

– 1,0 ml der Probe oder der Verdünnungen wird vorsichtig auf der Membran ausgespatelt;

– Die Bebrütung des Mediums erfolgt unter anaeroben Bedingungen bei 25 °C für 48 h;

– Nach der Bebrütung wird die Membran bzw. der Filter (HGMF) auf ein Filterpapier (z. B. Whatman Nr. 3) gelegt, das mit einer 0,4 %igen (G/V) Lösung von Bromkresolpurpur getränkt ist;

– Nach einer Kontaktzeit von 60 s wird die Membran wieder auf das Selektivmedium gelegt und die Koloniefarbe wird innerhalb einer Stunde beurteilt. Die Farbe bleibt bei 4 °C 48 h stabil.

Auswertung

Die Kolonien der Pediokokken (P. acidilactici und P. pentosaceus) sind blau, die der Lakto-bazillen grün. Nach HOLLEY und MILLARD (1988) bildete *Pediococcus parvulus* sehr kleine grüne Kolonien und *Streptococcus lactis* blaue, so daß besonders bei Produkten, in denen mit diesen Bakterien zu rechnen ist, eine mikroskopische Kontrolle (Nativpräparat) empfoh-len wird.

Anmerkungen:
Bei der Untersuchung von Feinkosterzeugnissen mit pH-Werten unterhalb von 4,8 wird anstelle von Polymyxin-B-sulfat, das der Hemmung von gramnegativen Bakterien dient, 0,2 % Kaliumsorbat zur Hemmung von Hefen zugesetzt.

LITERATUR
1. ENTIS, P., BOLESZCZUK, P., Use of fast green FCF with tryptic soy agar for aerobic plate count by the hydrophobic grid membrane filter, J. Food Protection **49**, 278–279, 1986
2. McDONALD, L. C., McFEETERS, R. F., DAESCHEL, M. A., FLEMING, H. P., A differential medium for the enumeration of homofermentative and heterofermentative lactic acid bacteria, Appl. Environ. Microbiol. **53**, 1382–1384, 1987
3. HOLLEY, R. A., MILLARD, G. E., Use of MRSD medium and the hydrophobic grid membrane filter technique to differ-entiate between pediococci and lactobacilli in fermented meat and starter cultures, Int. J. Food Microbiol. **7**, 87–102, 1988

1.8 Propionsäurebakterien

Vorkommen

Pansen und Darmtrakt von Wiederkäuern, Milch und Milchprodukte, Mundhöhle, mensch-liche Haut.

Bedeutung

Propionibacterium shermanii als Starterkultur bei der Käseherstellung (Schweizer, Emmen-taler). *Propionibacterium acnes, P. avidum* und. *P. granulosum* sind bedeutende Hautorga-nismen.

Nachweis

– Lebensmittel

Natrium-Lactat-Agar (HAMMER und BABEL, 1957) im Röhrchen zu 10 ml verflüssigen und nach Abkühlung auf ca. 48 °C mit 1 ml der entsprechenden Verdünnungen beimpfen, vermischen und mit 3 %igem Wasseragar überschichten. Bebrütung bei 30 °C für 8–9 Tage.

Propionibakterien bilden 4–5 mm (Durchmesser) große, scheibenförmige Kolonien. Bei hoher Zelldichte ist die Koloniegröße kleiner; eine Unterscheidung von den ebenfalls wachsenden Streptokokken (1–2 mm) ist nicht möglich. Eine Identifizierung der Kolonien ist notwendig.

– Hautuntersuchung (COVE und EADY, 1982)

RCM-Agar + 1 % Agar + 6 μg/ml Furoxon (1-N-(5-nitro-2-furfuryliden)-3-amino-2-oxa-zolidon). Das Furoxon wird als Stammlösung hergestellt (500 μg/ml, gelöst in Aceton).

Oberflächenkultur und anaerobe Bebrütung (90% N_2, 10% CO_2) für 7 Tage bei 37 °C. Bakterien der Familie *Micrococcaceae* werden gehemmt. Eine Identifizierung der Kolonien ist notwendig.

LITERATUR
1. Cove, J. H., Eady, E. A., A note on a selective medium for the isolation of cutaneous propionibacteria, J. appl. Bact. **53**, 289–292, 1982
2. Grillenberger, G., Busse, M., Untersuchungen zur Mikroflora von Emmentaler Käse während der Reifung, Z. Lebensmittel Unters.-Forsch. **168**, 1–3, 1979
3. Hammer, B. W., Babel, F. J., Dairy Bacteriology, John Wiley and Sons, Inc., New York, 1957
4. Hettinga, D. H., Vedamuthu, E. R., Reinbold, G. W., Pouch method for isolation and enumerating propionibacteria, J. Dairy Sci. **51**, 1707–1709, 1968
5. Hollywood, N. W., Giles, J. E., Doelle, H. W., The enumeration of propionibacterium shermanii in swiss type cheese, The Australien Journal of Dairy Technology **38**, 7–9, 1983

1.9   Essigsäurebakterien

Vorkommen

Essigsäurebakterien der Genera *Gluconobacter* und *Acetobacter* kommen auf Pflanzen vor, häufig in Gemeinschaft mit Hefen.

Bedeutung

Verderb von Fruchtsäften, Wein, Bier, Ketchup, Senf, (Essigsäurestich, Oxidation der Glucose zu Gluconsäure, Gasbildung durch *Acetobacter*).
Herstellung von Essig, Oxidation von D-Sorbit zu L-Sorbose bei der Herstellung von L-Ascorbinsäure, Fermentation von Kakaobohnen.

Nachweis

– Anreicherung in Malzextrakt-Bouillon, Zusatz von 5 % Ethanol (96 %ig). Zu 10 ml Bouillon (Röhrchen mit Schraubverschluß) werden 0,5 ml Ethanol (96 %ig) gegeben und durch Schütteln gut verteilt. Nach Beimpfung mit 1 ml oder 1 g wird das Medium bis 25 °C 10 Tage bebrütet.
– Oberflächenkultur und Bebrütung der Medien bei 25 °C bis zu 14 Tagen (ACM-Agar) oder 3–5 Tage (DSM-Agar).

Folgende Medien haben sich bewährt:
– ACM Agar (Sand, 1976)
   Essigsäurebakterien führen zu Aufhellungshöfen, teilweise zu Pigmentbildung (rotbraun, dunkelbraun) und zur Kristallbildung (Calciumsalze der 5-Ketogluconsäure).
– Dextrose-Sorbit-Mannit-Agar (DSM-Agar) nach Cirigliano (1982)
   Auf diesem Medium führt *Acetobacter spp.* zur Farbveränderung von grün (bei Zusatz von Brillantgrün als Hemmstoff gegenüber grampositiven Bakterien) über gelb nach purpur und bildet weiße Praecipitate aus Calciumcarbonat (häufig erst nach 6 Tagen erkennbar). *Gluconobacter* vermag Lactat nicht zu oxidieren, ein purpurfarbener Umschlag tritt nicht auf. Durch Essigsäurebildung sinkt der pH-Wert, das Medium wird gelb oder bleibt

in der Farbe grünlich (bei Zusatz von Brillantgrün). Brillantgrün oder Desoxycholat und Cyloheximid werden dem Medium nur zugesetzt, wenn es als Selektivmedium eingesetzt wird. Zur Identifizierung *Acetobacter/Gluconobacter* wird ein Medium ohne Hemmstoffe verwendet. Als Hemmstoff gegenüber grampositiven Bakterien ist Brillantgrün dem Desoxycholat vorzuziehen, weil es Essigsäurebakterien weniger beeinflußt. Wird das Medium als Identifizierungsmedium zur Unterscheidung von *Gluconobacter* und *Acetobacter* verwendet, so wird der pH-Wert auf 4,8–5,0 eingestellt, dient das Medium als Selektivmedium, wird der pH-Wert auf 4,5 eingestellt.

LITERATUR
1. ASAI, T., Acetic acid bacteria, classification and biochemical activities, University of Tokio Press, Baltimore, 1968
2. CARR, J. G., Methods for identifying acetic acid bacteria. In: Identification methods for microbiologists, Part B, ed. by Gibbs, B. M., Shapton, A. A., Academic Press, London, 1968
3. CIRIGLIANO, M. C., A selective medium for the isolation and differentiation of Gluconobacter and Acetobacter, J. Food Sci. **47**, 1038–1039, 1982
4. PASSMORE, S. M., CARR, J. G., The ecology of the acetic acid bacteria with particular reference to cider manufacture, J. appl. Bact. **38**, 151–158, 1975
5. SAND, F. E. M. J., Gluconobacter, kohlensäurefreies Getränk und Kunststoffverpackung, Das Erfrischungsgetränk **29**, 476–484, 1976

1.10 Hefen und Schimmelpilze

Vorkommen
Erdboden, Pflanzen, Tiere, Lebensmittel, Haut.

Bedeutung
Herstellung von Lebensmitteln, Verderb von Lebensmitteln, einige Hefen sind pathogen, zahlreiche Schimmelpilze bilden Mykotoxine.

Vorbemerkungen
Während der quantitative Nachweis von Hefen keine Schwierigkeiten bietet, ist die Bestimmung der KBE bei Schimmelpilzen problematisch. Die Pilzsporen und Konidien, die aneinander haften und die Hyphen werden bei der Homogenisation in keimfähige Teile zerschlagen. Der Homogenisationsgrad beeinflußt somit die Koloniezahl. Je besser die Sporenhaufen und die Pilzhyphen zerschlagen werden, desto mehr Einzelkolonien bilden sich. Bei makroskopisch sichtbaren Schimmelpilzen ist eine Homogenisation wenig sinnvoll. Bei unsichtbarer Verschimmelung erfolgt der Nachweis der Schimmelpilze mit den Hefen, eine getrennte Erfassung ist nicht sicher möglich. Eine Unterscheidung zwischen Hefen und Schimmelpilzen ist aufgrund der Koloniebildung leicht durchführbar. Da Mykotoxine von den Hyphen gebildet werden, sollte eine getrennte Erfassung der Sporen und Hyphen erfolgen. Dies ist beim kulturellen Verfahren nicht möglich. Bei Koloniezahlen über 1000/g sollte deshalb eine mikroskopische Beurteilung vorgenommen werden, um den Hyphenanteil einer Verschimmelung abschätzen zu können (BLASER, 1977, 1978).

Als Indikator der Belastung eines Produktes mit Schimmelpilzhyphen kann auch der Anteil an Ergosterin (KRAUS, 1988, KING et al. 1986) oder Glucosamin (LIN und COUSIN, 1985, KING et al., 1986) dienen. Ergosterin ist in der Zelle der Schimmelpilze in Konzentrationen von 0,1–3 % (G/G) vorhanden, während Chitin (ein Spaltprodukt des Chitins ist das Glucosamin) in einer Konzentration von 0,5–40 % (G/G) enthalten ist (KING et al., 1986). Auch das Verfahren der Immunofluoreszenz ist zum Nachweis von Hyphen geeignet (ROBERTSON et al., 1988).

Nachweis (PITT und HOCKING, 1985, KING et al., 1986)
Empfehlenswert ist der Zusatz von 100 ppm Chloramphenicol sowie von Bengalrot und Dichloran. Durch den Gehalt an Bengalrot und Dichloran wird die Ausbreitung der Pilzhyphen gehemmt, ohne daß die Koloniezahl beeinflußt wird. Die Art des Selektivmediums richtet sich nach der Mikroflora des Produktes, so daß ein Medium nicht für alle Produkte verwendet werden kann. Der Anteil an nachzuweisenden Schimmelpilzen und Hefen kann durch einen Zusatz von 0,5 % Pyruvat zum Medium erhöht werden (KOBURGER, 1986). Dies ist besonders bei geschädigten Zellen der Fall.
Zahlreiche Medien sind für den Nachweis von Hefen und Schimmelpilzen empfohlen worden. Besonders geeignet sind: Malzextrakt-Agar (pH 5,5), Kartoffel-Glucose-Agar, Sabouraud-Nährmedien und Czapek-Dox-Agar. Zur Unterdrückung der bakteriellen Begleitflora sind Medien mit Antibiotica den sauren Medien (pH 3,5) vorzuziehen. Auf den sauren Medien werden Milchsäurebakterien nicht vollständig gehemmt, und gewisse Schimmelpilze zeigen kein Wachstum (BEUCHAT und NAIL, 1985).
– Verdünnungsflüssigkeit: Peptonwasser (0,85 % Kochsalz, 0,1 % Caseinpepton trypt.)
– Kulturverfahren: Spatelverfahren.
   Die Oberflächenkultur ist der Gußkultur vorzuziehen, weil eine einfachere Identifizierung möglich ist und höhere Hefezahlen beim Spatelverfahren gegenüber der Gußkultur nachgewiesen wurden (FERGUSON, R. B., in: KING et al., 1986, S. 49–55). Bei geringen Keimzahlen kann anstatt 0,1 ml 1 ml auf einer großen Schale (z. B. 14 cm Durchmesser) oder auf 3 Petrischalen (9 cm Durchmesser) ausgespatelt werden.
Empfohlen werden folgende Medien für die aufgeführten Produkte:
– Milch- und Milchprodukte: Hefeextrakt-Glucose-Chloramphenicol-Agar (YGC, § 35 LMBG)
– Produkte mit nicht überwiegender Bakterienflora: Dichloran-Bengalrot-Chloramphenicol-Agar
– Feinkosterzeugnisse: Hefeextrakt-Glucose-Chloramphenicol-Agar (YGC) oder Malzextrakt-Agar + 100 ppm Chloramphenicol
– Fleisch, Fisch, Gemüse: Plate Count Agar + 100 ppm Chloramphenicol und 100 ppm Chlortetracyclin (sterilfiltriert Zusatz, bei 46 °C) (KOBURGER, 1986).
Bebrütung der Medien: 25 °C bis 5 Tage.
Schimmelpilze der Genera Penicillium und Aspergillus sind auch mit Hilfe des Latex-Agglutinationstests nachweisbar (KAMPHUIS et al., 1989).

LITERATUR
1. BEUCHAT, L. R., Food and beverage mycology, 2nd. ed., AVI Publ. (Westport, 1987)
2. BEUCHAT, L. R., NAIL, B. V., Evaluation of media for enumerating yeasts and molds in fresh and frozen purees, J. Food Protection **48**, 312–315, 1985
3. BLASER, P., Nachweis von Schimmelpilzen und Hefen in Lebensmitteln, Arbeitsunterlagen zum 5. ETH-Fortbildungskurs „Lebensmittel-Mikrobiologie" vom 14.–19. 3. 1977 in Zürich
4. BLASER, P., Vergleichende Untersuchungen zur quantitativen Erfassung des Schimmelpilzbefalls bei Lebensmitteln.
   I. Mitteilung: Selektive Pilzfärbungen für den direktmikroskopischen Schimmelpilznachweis. Zbl. Bakt. Hyg., I. Abt. Orig. B **166**, 45–62, 1978
5. HARLANDER, S. K., LABUZA, Th. P., Biotechnology in food processing, Noyes Publications, Park Ridge, New Yersey, 1986
6. KAMPHUIS, H. J., NOTERMANNS, S., VEENEMANN, G. H., VAN BOOM, J. H., ROMBOUTS, F. M., A rapid and reliable method for the detection of molds in foods: Using the latex agglutination assay, J. Food Protection **52**, 244–247, 1989
7. KING, A. D., Jr., PITT, J. I., BEUCHAT, L. R., CORRY, J. E. L., Methods for mycological examination of food, Plenum Press, New York, 1986
8. KOBURGER, J. A., CHANG, F. C., WEI, C. I., Evaluation of dichloran-rose bengal agar for enumeration of fungi in foods, J. Food Protection **48**, 562–563, 1985
9. KOBURGER, J. A., Effect of pyruvate on recovery of fungi from foods, J. Food Protection **49**, 231–232, 1986
10. KRAUSS, B., Anwendung schimmelpilzlysierender Enzyme zur Konservierung von Getreide, Diplomarbeit FH Lippe, 1988
11. LIN, H. H., COUSIN, M. A., Detection of mold in processed foods by high performance liquid chromatography, J. Food Protection **48**, 671–678, 1985
12. PITT, J. I., Hocking A. D., Fungi and food spoilage, Academic Press, London, 1985
13. REISS, J., Schimmelpilze, Springerverlag Berlin, 1986
14. ROBERTSON, A., PATEL, N., SARGEANT, J. G., Immunofluorescence detection of mould – An aid to the Howard mould counting technique, Food Mikrobiol. **5**, 33–42, 1988
15. VENKATASUBBAIAH, P., DWARAKANATH, C. T., Evaluation of a new medium for rapid enumeration of yeasts and molds in food, J. Food Sci. Technol. **25**, 4–6, 1988
16. Bestimmung der Anzahl von Hefen und Schimmelpilzen in Milchprodukten, Referenzverfahren, Amtliche Sammlung von Untersuchungsverfahren nach § 35 LMBG, 02.00.10, Mai 1984

1.11 Aspergillus flavus und Aspergillus parasiticus

Beide Schimmelpilze bilden Aflatoxine und kommen auf zahlreichen Lebensmitteln vor. Toxische und nicht toxische Stämme können kulturell nicht unterschieden werden.

Nachweis (BOTHAST und FENNELL, 1974)

– Homogenisation von 10 g des Lebensmittels mit 90 ml Verdünnungsflüssigkeit im Stomacher 400 für 1 min;

– Anlegen einer Verdünnungsreihe und Spatelkultur auf Aspergillus Differential Medium (ADM) oder AFP-Agar;

– Bebrütung bei 30 °C für 42–48 h (PITT und HOCKING, 1985);

– Auswertung: *Aspergillus flavus* und *Aspergillus parasiticus* bilden ein gelb-orangefarbenes Pigment, das auf der Bodenseite der Petrischale erkennbar ist.

LITERATUR
1. Beuchat, L. R., Comparison of Aspergillus differential medium and Aspergillus flavus/parasiticus agar for enumerating total yeasts and molds and potentially aflatoxigenic aspergilli in peanuts, corn meal and cowpeas, J. Food Protection **47**, 512–519, 1984
2. Beuchat, L. R., Evaluation of media for simultaneously enumerating total fungi and Aspergillus flavus and A. parasiticus in peanuts, corn meal and cowpeas, in: Methods for the mycological examination of food, ed. by King, A. D. Jr., Pitt, J. I., Beuchat, L. R. and Corry Janet, E. L., Plenum Press New York, 1986, S. 129–132
3. Bothast, R. J., Fennell, D. I., A medium for rapid identification and enumeration of Aspergillus flavus and related organisms, Mycologia **66**, 365–369, 1974
4. Jesenka, Z., Polakova, O., Zur Effektivität eines Aspergillus-Differentialmediums bei mykologischen Lebensmitteluntersuchungen, Z. Lebensm. Unters. Forsch. **167**, 152–155, 1978
5. Pitt, J. I., Hocking, A. D., Fungi and food spoilage, Academic Press, London, 1985

1.12 Penicillium roqueforti

Penicillium roqueforti wird als Starterkultur für Blauschimmelkäse verwendet. Eine Überprüfung der Reinheit ist im Betrieb gelegentlich angebracht.

Nachweis
– Czapek-Dox-Agar + 0,5 % Essigsäure. Nur *Penicillium roqueforti* wächst als einzige Art des Genus *Penicillium* (Engel und Teuber, 1978). Dem Czapek Dox Agar wird nach dem Autoklavieren bei ca. 45 °C 0,5 % konz. Essigsäure zugegeben (pH 3,0–3,5);
– Die Beimpfung erfolgt mit einem Tropfen einer Sporensuspension der zu prüfenden Kultur;
– Das Medium wird bei 25 °C 3 Tage bebrütet. *Penicillium roqueforti* bildet weiße oder grüne Kolonien. Bei negativem Ergebnis erfolgt eine Nachkontrolle nach 7 Tagen, im Zweifelsfall wird mikroskopisch untersucht.

LITERATUR
1. Engel, G., Teuber, M., Simple aid for the identification of Penicillium roqueforti Thom: Growth in acetic acid, European J. appl. Microbiol. Biotechnol. **6**, 107–111, 1978

1.13 Xerophile Schimmelpilze

Schimmelpilze, die sich bei einer Wasseraktivität unterhalb von 0,85 vermehren, werden als xerophil (Pitt und Hocking, 1985) oder xerotolerant (Beuchat, 1987) bezeichnet.

Bedeutung
Verderb trockener Lebensmittel, wie Getreide, Getreidemahlerzeugnisse, Gewürze, Trockenfrüchte, Süßwaren.

Nachweis (Pitt und Hocking, 1985)

a) Xerophile Schimmelpilze, wenig anspruchsvoll:
– Dichloran-Glycerol-(DG 18)–Agar, a_w-Wert des Mediums 0,955, Bebrütung 25 °C, 3–5 Tage;

b) Xerophile Schimmelpilze, anspruchsvoll:
- Malzextrakt-Hefeextrakt-Glucose-Agar (MY 50 G), a_w-Wert des Mediums 0,89, Bebrütung 25 °C, 1–3 Wochen;
- Malzextrakt-Hefeextrakt-Glucose-Fructose-Agar (MY 70 GF), a_w-Wert des Mediums 0,76, Bebrütung 25 °C bis 4 Wochen.

Schimmelpilze, die sich nur bei sehr niedriger Wasseraktivität vermehren, wie *Xeromyces bisporus, Chrysosporium sp.* und *Eremascus sp.*, sind empfindlich, wenn sie bei der Zerkleinerung des Lebensmittels in normaler Verdünnungsflüssigkeit verdünnt werden. Deshalb sollte außerdem ein Stück Lebensmittel direkt auf ein Medium gelegt werden (MY 50 G), das bei 25 °C 1–3 Wochen zu bebrüten ist.

LITERATUR
1. BEUCHAT, L. R., Food and beverage mycology, 2nd. ed., AVI Publ., Westport, 1987
2. PITT, J. I., HOCKING, A. D., Fungi and food spoilage, Academic Press, 1985
3. KING, A. D., Jr. PITT, J. I., BEUCHAT, L. R., CORRY, Janet, E. L., Methods for the mycological examination of food, Plenum Press, New York, 1986

1.14 Hitzeresistente Schimmelpilze

Ascosporen der Genera *Byssochlamys, Talaromyces* und *Neosartorya* sind hitzeresistent, so daß ein Verderb pasteurisierter Fruchtsäfte, Pulpen und Konzentrate durch diese Mikroorganismen möglich ist.

Hitzeresistenz: *Byssochlamys fulva* $D_{90 \,°C}$ = 12 min, z = 7,8 °C, Medium Fruchtsaft (CARTWRIGHT und HOCKING, 1984)

Talaromyces flavus $D_{90,6 \,°C}$ = 2,2 min, z = 5,2 °C, Medium Fruchtsaft (SCOTT und BERNARD, 1987)

Neosartorya fischeri $D_{87,8 \,°C}$ = 1,4 min, z = 5,6 °C, Medium Fruchtsaft (SCOTT und BERNARD, 1987)

Nachweis
- Einwaage von 50 g und Zugabe von 50 ml einer 0,1 %igen Peptonlösung bei Proben über 35° Brix, homogenisieren im Stomacher 400 für ca. 2–5 min. Bei Proben mit geringeren Brix-Graden wird das Material ohne Verdünnung untersucht;
- Erhitzen der Probe bei 80 °C für 30 min im Wasserbad;
- Nach schneller Abkühlung Portionen zu 10 ml in Petrischalen pipettieren und mit 10 ml doppelt konzentriertem Kartoffel-Glucose-Agar vermischen;
- Bebrütung bei 30 °C für 3–5 Tage. Liegt die Sporenzahl unter 10/g, sollte bis 30 Tage bebrütet werden (Bebrütung in feuchter Kammer oder im Plastikbeutel). 10 ml des Homogenisates außerdem direkt ohne Vermischung mit dem Medium bis 30 Tage bebrüten und alle 10 Tage kontrollieren.

LITERATUR

1. BAUMGART, J., STOCKSMEYER, G.: Hitzeresistenz von Ascosporen des Genus Byssochlamys. Alimenta **15**, 67–70, 1976
2. CARTWRIGHT, P., HOCKING, A. D., Byssochlamys in fruit juices, Food Technology in Australia **36**, 210–211, 1984
3. CONNER, D. E., BEUCHAT, L. R., Heat resistance of ascospores of Neosartorya fischeri as affected by sporulation and heating medium, Int. J. Food Microbiol. **4**, 303–312, 1987
4. GOMEZ, M. M., BUSTA, F. F., PFLUG, I. J., Effect of the past-dry heat treatment temperature on the recovery of asco-spores of Neosartorya fischeri, Letters in Appl. Microbiol. **8**, 59–62, 1989
5. MURDOCK, D. I., HATCHER, W. S., Jr., A simple method to screen fruit juices and concentrates for heat-resistant mold. J. Food Protection **41**, 254–256, 1978
6. PITT, J. I., HOCKING, A. D., Fungi and food spoilage, Academic Press, 1985
7. SCOTT, V. N., BERNARD, D. T., Heat resistance of Talaromyces flavus and Neosartorya fischeri isolated from com-mercial fruit juices, J. Food Protection **50**, 18–20, 1987
8. SPLITTSTOESSER, D. F., KUSS, F. R., HARRISON, W., Enumeration of Byssochlamys and other heat-resistant molds, Appl. Microbiol. **20**, 393–397, 1970

1.15 Bazillen

Bazillen sind aerobe, z. T. fakultativ anaerobe, grampositive bis gramvariable Sporenbild-ner. Die Sporenbildung erfolgt unter aeroben Bedingungen und wird durch einen Zusatz von Mangansulfat (10 mg $MnSO_4$/l) gefördert. Die in Lebensmitteln vorkommenden meso-philen Bazillen sind Katalase-positiv, bei dem thermophilen *Bacillus (B.) stearothermophilus* können Katalase-negative Stämme vorkommen. Der optimale pH-Bereich liegt bei den meisten Bazillen zwischen pH 6,0 und 8,0. *B. polymyxa, B. macerans* und *B. coagulans* vermehren sich auch bei pH-Werten zwischen 4,0 und 4,5, *B. licheniformis, B. subtilis* und *B. stearothermophilus* oberhalb von pH 4,5, *B. acidocaldarius* sogar bei pH-Werten zwi-schen 2,0 und 5,0.

1.15.1 Mesophile Bazillen

Bedeutung

– Verderb durch verschiedene Enzyme *(Proteasen, Pectinasen, Lipasen, Amylasen)*
  Fleischerzeugnisse: Erweichung bei Brüh- und Kochwürsten, z. T. Bombage
  Milch (pasteurisiert, UHT): süße Gerinnung, bitterer Geschmack
  Gemüse: Weichfäule durch *B. polymyxa*
– Lebensmittelvergiftungen u. a. durch *B. cereus*
– Herstellung von Antibiotica und verschiedenen Enzymen

Nachweis

Anreicherung:
Standard-I-Nährbouillon oder Caseinpepton-Sojamehlpepton-Bouillon oder ähnlich zu-sammengesetzte Medien. Nach der Beimpfung mit dem Lebensmittel wird eine Bouillon bei 70 °C 10 min im Wasserbad erhitzt und danach schnell abgekühlt, eine zweite Bouillon bleibt unerhitzt. Eine Abtötung vegetativer Bakterien ist auch möglich durch eine einstün-

dige Einwirkung von 37,5 bis 50 %igem Ethanol (Hotz, 1984). Das Lebensmittel wird dabei im Verhältnis 1:1 mit 75 oder 95 %igem Ethanol versetzt und bleibt 1 h stehen. Bebrütung bei 30 °C 48–72 h.

Keimzahlbestimmung:
Verfahren: Zunächst erfolgt die Untersuchung der unerhitzten Verdünnungen mit dem Spatelverfahren. Danach werden die gleichen Verdünnungen bei 70 °C 10 min im Wasserbad erhitzt, abgekühlt und in gleicher Weise untersucht.
Medium: Standard-I-Nähragar, Caseinpepton-Sojamehlpepton-Agar oder ähnlich zusammengesetzte Medien + 10 mg MnSO$_4$/l
Bebrütung: 30 °C für 48–72 h
Auswertung: Eine Bestätigung der Bazillen ist notwendig. Bazillen sind gramvariabel, bilden Sporen und sind Katalase-positiv.

1.15.2 Thermophile Bazillen

Zu den thermophilen Bazillen gehören *Bacillus stearothermophilus, B. coagulans* und *B. acidocaldarius*. Die minimale Vermehrungstemperatur liegt bei *B. stearothermophilus* zwischen 30 °C und 45 °C und die maximale zwischen 65 °C und 76 °C. *B coagulans* vermehrt sich bei 20 °C und 55 °C, einige Stämme haben ihr Maximum bei 60 °C. Die thermophilen Bazillen sind grampositiv bis gramvariabel und Katalase-positiv. Einige Stämme von *B. stearothermophilus* sind Katalase-negativ, spalten Nitrat und Nitrit und zeigen kein anaerobes Wachstum in Glucosebouillon.

Vorkommen

B. stearothermophilus und *B. coagulans:* Erdboden, Stärke, Zucker, Käse u. a. Lebensmittel,
B. acidocaldarius in heißen Quellen, gelegentlich in Getränken.

Bedeutung

B. coagulans und *B. stearothermophilus* führen zum „flat sour" Verderb (Säuerung ohne Gasbildung) insbesondere bei Gemüseprodukten, Ketchup, Saucen auf Ketchupgrundlage, Fruchtkonserven.
Durch *B. stearothermophilus* kann bei Vorhandensein von Nitrat und Nitrit auch Gas gebildet werden, so daß leichte Bombagen entstehen. Durch diese Katalase-negativen Stämme kam es zum Verderb von Rotkohl und Bohnen in Gläsern (Baumgart et al., 1983).

Nachweis

Anreicherung:
Die Untersuchung erfolgt wie bei den mesophilen Bazillen.
Bebrütung bei 55 °C für 3 Tage.

Keimzahlbestimmung:
Die Untersuchung erfolgt aus der unerhitzten und aus der erhitzten (100 °C, 10 min) Verdünnungsreihe. Nach der Erhitzung ist eine schnelle Abkühlung notwendig.

Medium:
Dextrose-Caseinpepton-Agar oder Hefeextrakt-Pepton-Dextrose-Stärke-Agar (YPTD-S-Agar nach MALLIDIS und SCHOLEFIELD, 1986).
Bebrütung: 55 °C 3 Tage in feuchter Kammer. Die Bebrütung in einer feuchten Kammer ist unbedingt erforderlich, da bei 55 °C der Wasserverlust sonst bereits nach 24 h bei 25 % liegt (Alexander und Marshall, 1982).
B. coagulans kann auch selektiv auf Thermoacidurans-Agar nachgewiesen werden. Auf diesem Medium vermehrt sich *B. stearothermophilus* nicht.

1.15.3 Psychrotrophe Bazillen

Psychrotrophe Bazillen haben ihr Temperaturoptimum bei 20–25 °C und vermehren sich auch bei 5 °C. Psychrotrophe Bazillen gibt es unter den Species *B. circulans, B. megaterium, B. badius, B. polymyxa, B. pumilus, B. laterosporus, B. subtilis, B. macerans, B. cereus* (BONDE, 1981).

Vorkommen
Erdboden, Lebensmittel

Bedeutung
Verderb von Milch (süße Gerinnung), Verderb von Fleischerzeugnissen

Nachweis
Medien und Verfahren wie mesophile Bazillen
Bebrütung: 10 Tage bei 7 °C

LITERATUR

1. ALEXANDER, R. N., MARSHALL, R. T., Moisture loss from agar plates during incubation, J. Food Protection **45**, 162–163, 1982
2. BAUMGART, J., HINRICHS, M., WEBER, B., KÜPPER, A., Bombagen von Bohnenkonserven durch Bacillus stearothermophilus, Chem. Mikrobiol. Technol. Lebensm. **8**, 7–10, 1983
3. BERKELEY, R. C. W., Goodfellow, M., The aerobic endospore-forming bacteria: Classification and identification, Academic Press, London, 1981
4. BONDE, G. J., Phenetic affiliation of psychrotrophic Bacillus.
   In: Psychrotrophic Microorganisms in Spoilage und Pathogenicity, ed. by ROBERTS, T. A., HOBBS, G., CHRISTIAN, J. H. B., SKOVGARD, N., Academic Press, London, 1981
5. CERNY, G., HENNLICH, W., PORALLA, K., Fruchtsaftverderb durch Bazillen: Isolierung und Charakterisierung des Verderbserregers, Z. Lebens. Unters. Forsch. **179**, 224–227, 1984
6. CLAUS, D., Anreicherungen und Direktisolierungen aerober Sporenbildner, Zbl. Bakt. Parasitenkd., Infektionskrankheiten und Hygiene, Supplementheft **1**, 337–361, 1965
7. EL-MABSOUT, Y. E., STEVENSON, K. E., Activation of Bacillus stearothermophilus spores at low pH, J. Food Sci. **44**, 705–709, 1979
8. FIELDS, M. L., The flat sour bacteria, Advances in Food Research **18**, 164–208, 1970
9. HOTZ, Franziska, Bestimmung der Bakterien-Sporenzahl nach Ethanol-Vorbehandlung, SGLH-Demonstrations-Tagung, ETH Zürich, Laboratorium Lebensmittel-Mikrobiologie, 12.–14. 9. 1984
10. ITO, K. A., Thermophilic organisms in food spoilage: flat sour aerobes, J. Food Protection **44**, 157–163, 1981

11. MALLIDIS, C. G., SCHOLEFIELD, J., Evaluation of recovery media for heated spores of Bacillus stearothermophilus, J. appl. Bact. **61**, 517–523, 1986

12. MICHELS, M. J. M., VISSER, F. M. W., Occurence and thermoresistance of spores of psychrophilic and psychrotrophic aerobic sporeformers in soil and food, J. appl. Bact. **41**, 1–11, 1976

13. WESTHOFF, D. C., DAUGHERTY, SANDRA, L., Characterization of Bacillus species isolated from spoiled ultrahigh temperature processed milk, J. Dairy Sci. **64**, 572–580, 1981

1.16 Clostridien

Clostridien sind anaerobe grampositive bis gramvariable Katalase-negative Stäbchen, die unter anaeroben Bedingungen Sporen bilden. Clostridien vermehren sich bei pH-Werten oberhalb von 4,5. *Clostridium (C.) butyricum, C. tyrobutyricum, C. pasteurianum* und *C. botulinum* Typ E auch unterhalb von pH 4,5.

Vorkommen
Erdboden, Darmkanal von Mensch und Tier, zahlreiche Lebensmittel

Bedeutung
– Verderb von Lebensmitteln:
Fleischerzeugnisse: Bombagen z. B. durch *C. sporogenes* u. a.
Käse: Spättrieb durch *C. butyricum, C. tyrobutyricum* und *C. sporogenes*
Pasteurisierte Feinkosterzeugnisse: Bombagen durch *C. sporogenes, C. butyricum, C. scatalogenes, C. felsineum*
Frucht- und Gemüsekonserven: Verderb durch *C. pasteurianum, C. butyricum, C. tyrobutyrium, C. felsineum*
– Lebensmittelvergiftungen:
C. botulinum A, B, E, F, G und *C. perfringens*

1.16.1 Nachweis mesophiler Clostridien

Anreicherung
– Beimpfung einer Hirn-Herz-Bouillon oder eines Cooked Meat Mediums mit 1 g oder 1 ml Produkt (Bouillon vor der Beimpfung 10 min kochen und abkühlen ohne zu schütteln). Ein Röhrchen (ca. 6 ml) wird bei 70 °C 10 min erhitzt, ein weiteres bleibt unerhitzt. Beide Röhrchen werden mit Paraffin/Vaseline (1:4) oder Paraffin-Paraffin-Gemisch überschichtet (2 Gewichtsteile Paraffin, schüttfähig, Erstarrungspunkt 56–58 °C; Merck 7164, und ein Gewichtsteil Paraffin flüssig, Merck 7162; Sterilisation des Gemisches im Heißluftsterilisator bei 180 °C, 2 h).
Eine Abtötung vegetativer Bakterien ist auch durch eine einstündige Einwirkung von 50 %igem Ethanol unter leichtem Rühren bei Zimmertemperatur möglich (HOTZ, 1984, LAKE et al., 1985).
– Bebrütung: 30 °C, 72 h
– Bestätigung: Bei Gasbildung und/oder Trübung Ösenausstrich auf BHI-Agar mit aerober

und anaerober Bebrütung. Clostridien = Grampositive bis gramvariable Stäbchen mit oder ohne Sporen, anaerobe Vermehrung, *Katalase*-negativ.

Keimzahlbestimmung

Verfahren:
Gußkultur

Medium:
Sulfit-Cycloserin-Azid-Agar (SCA-Agar) nach EISGRUBER (1986);

Bebrütung:
30 °C, 2–3 Tage, anaerob (GasPak, Fa. BBL, Anareocult, Fa. Merck, Gas generating box „$H_2 + CO_2$", Fa. bio Merieux);

Bestätigung:
Die schwarzen Kolonien sind verdächtige Clostridien, sie sind jedoch zu bestätigen. Eine Bestätigung ist auch bei den nicht schwarzen Kolonien notwendig, bei denen es sich auch um Clostridien handeln kann. Zur Bestätigung sind von der höchsten auswertbaren Verdünnung 5 schwarze und 5 helle Kolonien zu isolieren.

Bestätigung der schwarzen Kolonien:
Gramfärbung, Katalase (Clostridien sind grampositive bis gramvariable Stäbchen mit negativer Katalasereaktion).

Bestätigung der hellen Kolonien: Ösenausstrich auf BHI-Agar mit aerober und anaerober Bebrütung (Clostridien sind grampositive bis gramvariable Stäbchen mit negativer Katalasereaktion).

Anmerkungen:
Bei einer Säurebildung (zuckerhaltiges Lebensmittel) kann eine Schwärzung fehlen, da Eisensulfid im sauren Bereich nicht ausfällt. Befinden sich die Petrischalen nach der Bebrütung längere Zeit an der Luft, so verschwindet die Schwärzung durch Oxidation des Eisensulfids.

Auf dem Medium kann gleichzeitig auf das Vorhandensein von *Clostridium perfringens* geprüft werden. Die Bestätigung der Kolonien als *C. perfringens* erfolgt mit dem Reverse-CAMP-Test (BENTLER, 1981). Dazu wird ein Referenzstamm (*Streptococcus agalactiae*, ß-hämolysierend, DSM 2134 = ATCC 13813) mit der Öse durch die Mitte eines D. S. T-Agars (Diagnostic Sensitive Agar mit 7 % defibriniertem Schafblut) gestrichen. Im Abstand von 1 mm zu diesem Impfstrich werden beidseitig im rechten Winkel die Prüfkulturen aufgetragen. Die Parallelausstriche sollten nicht näher als 2 cm beieinanderliegen. Die Bebrütung der Platten erfolgt anaerob bei 37 °C für 18–24 h. Als *C. perfringens* gelten die geprüften Kolonien mit einer pfeilspitzenförmigen Aufhellung (ß-Hämolyse).

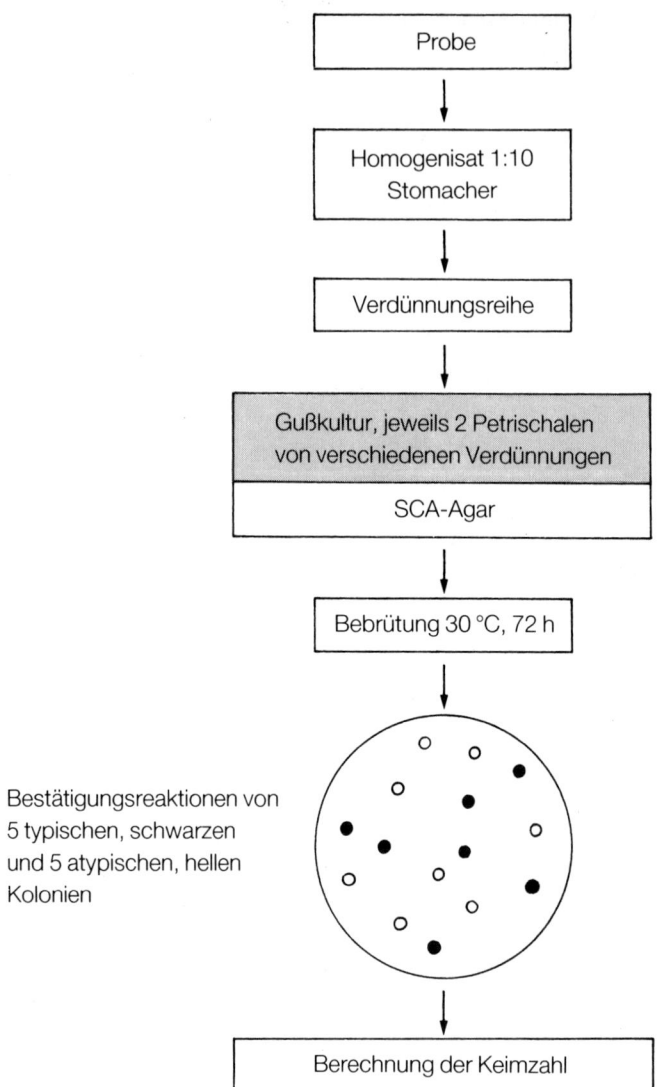

Abb. 14 Nachweis von Clostridien

1.16.2 Nachweis thermophiler Clostridien

Thermophile Clostridien sind *C. thermosaccharolyticum* (Bildung von H_2 und CO_2) und *Desulfotomaculum nigrificans* (Bildung von H_2S).

Vorkommen:
Gemüse

Bedeutung:
Verderb

Nachweis:
Zum Nachweis von *C. thermosaccharolyticum* kann Cooked-Meat-Medium, zum Nachweis von *Desulfotomaculum nigrificans* Sulfit-Eisen-Agar benutzt werden. Die Röhrchen werden bei 100 °C zur Sporenaktivierung 10 min erhitzt, schnell abgekühlt, mit Paraffin/Vaseline (1:4) überschichtet und bei 55 °C 3 Tage bebrütet.

LITERATUR

1. BEERENS, H., SUGAMA, S., TAHON-CASTEL, M., Psychrothropic clostridia, J. appl. Bact. **28**, 36–48, 1965

2. BENTLER, W., Schnellmethode zur Identifizierung von Clostridium perfringens, Fleischw. **61**, 1686–1688, 1981

3. DONNELLY, L. S., BUSTA, F. F., Alternative procedures for enumeration of Desulfotomaculum nigrificans spores in raw ingredients of soy protein-based products, J. Food Sci. **46**, 1527–1531, 1981

4. DONNELLY, L. S., BUSTA, F. F., Anaerobic spore-forming microorganisms in dairy products, J. Dairy Sci. **64**, 161–166, 1981

5. EISGRUBER, H., Prüfung von Verfahren zur Kultivierung und Schnellidentifizierung von Clostridien aus frischem Fleisch sowie aus anderen Lebensmitteln. Vet. Med. Diss. FU Berlin, 1986

6. EISGRUBER, H., REUTER, G., Einsatzmöglichkeiten einfacher und zeitsparender Verfahren zur orientierenden Identifizierung wichtiger Clostridien-Spezies aus Lebensmitteln, Arch. Lebensmittelhyg. **38**, 141–146, 1987

7. EISGRUBER, H., REUTER, G., Anaerobe Sporenbildner in handelsüblichen Gewürzen und Ausgangsmaterialien für tischfertige Lebensmittel, Z. Lebensm. Unters. Forsch. **185**, 281–287, 1987

8. HOTZ, FRANZISKA, Bestimmung der Bakterien-Sporenzahl nach Ethanol-Vorbehandlung. SGLH-Demonstrations-Tagung, ETH-Zürich, Laboratorium Lebensmittel-Mikrobiologie, 12.–14. 9. 1984

9. KOKUBO, Y., MATSUMOTO, M., TERADA, A., SAITO, M., SHINAGAWA, K., KONUMA, H., KURATA, H., Incidence of clostridia in cooked meat products in Japan, J. Food Protection **49**, 864–867, 1986

10. KUTZNER, H.-J., Prinzipien der Anreicherung und Isolierung von Clostridien, Zbl. Bakt. Parasitenkunde, Infektions-krankheiten und Hygiene, Supplementheft **1**, 363–394, 1965

11. LAKE, D. E., GRAVES, R. R., LESNIEWSKI, R. S., ANDERSON, J. E., Post processing spoilage of low-acid canned foods by mesophilic anaerobic sporeformers, J. Food Protection **48**, 221–226, 1985

12. LAKE, D. E., LESNIEWSKI, R. S., ANDERSON, J. E., GRAVES, R. R., BREMSER, J. F., Enumeration and isolation of mesophilic anaerobic sporeformers from cannery post-processing equipment, J. Food Protection **48**, 794–798, 1985

13. MICHELS, M. J. M., KAGEI, R. F., Egg-yolk trypticase soy agar for the enumeration of heat-damaged spores of Clostridium sporogenes, J. appl. Bact. **55**, 203–208, 1983

14. PFLUG, I. J., SCHEYER, M., SMITH, G. M., KOPELMAN, M., Evaluation of recovery media for heated Clostridium spores, J. Food Protection **42**, 946–947, 1979

15. POLVINO, D. A., BERNARD, D. T., Media comparison for the enumeration and recovery of Clostridium sporogenes P. A. 3679 spores, J. Food Sci. **47**, 579–581, 1982

16. ROBERTS, T. A., HOBBS, G., Low temperature growth characteristics of Clostridia, J. appl. Bact. **31**, 75–88, 1968

2 Markerorganismen

Mikrobielle Verunreinigungen von Lebensmitteln sind unerwünscht. Um die Bedeutung einer Verunreinigung für den Konsumenten beurteilen zu können, werden **Markerorganismen**, wie *E. coli*, coliforme Bakterien, Enterobacteriaceen oder Enterokokken bestimmt. Diese Markerorganismen sind entweder **Index-Organismen**, die eine potentielle Gesundheitsgefährdung anzeigen oder **Indikator-Organismen**, die für eine unzureichende Verarbeitungs-, Betriebs- oder Distributions-Hygiene sprechen (SCHMIDT-LORENZ und SPILLMANN, 1988).

Bei Lebensmitteln ist *E. coli* der geeignetste Markerorganismus für eine potentielle Gesundheitsgefährdung. Eine relativ unsichere Anzeige einer Gesundheitsgefährdung ergeben dagegen die Coliformen und Enterobacteriaceen (SCHMIDT-LORENZ und SPILLMANN, 1988). Da heute einfache und schnelle Nachweisverfahren für *E. coli* zur Verfügung stehen, ist auch die Bestimmung der thermotrophen bzw. faekalen Coliformen überflüssig geworden (SCHMIDT-LORENZ und SPILLMANN, 1988). Der praktische Wert des Nachweises der coliformen Bakterien liegt in der Indikatorfunktion für Rekontaminationen und unzureichende Betriebshygiene bei der Weiterverarbeitung pasteurisierter Produkte. Dies gilt jedoch nur für Verarbeitungsstufen, in denen keine Mikroorganismenvermehrung stattfinden kann.

Aus der Vielzahl der veröffentlichten Nachweisverfahren wird nur auf einige Methoden eingegangen. Auch ist zu beachten, daß für bestimmte Lebensmittel vorgeschriebene Methoden existieren (z. B. Trinkwasser, Eiprodukte) und für andere Lebensmittel Untersuchungsverfahren nach § 35 LMBG (Lebensmittel- und Bedarfsgegenständegesetz) festgelegt sind, wie für Säuglings- und Kleinkindernahrung auf Milchbasis, für Lactose, Speiseeis, Milch, Milchprodukte, Butter und Käse (Beuth Verlag, Berlin und Köln, 1988).

2.1 Escherichia coli und coliforme Bakterien

Für den Nachweis von *E. coli* haben sich Selektivmedien mit einem Zusatz von 4-Methylumbelliferyl-ß-D-glucuronid (MUG) bewährt (HAHN, 1987, PETERSON et al. 1987). In der Familie Enterobacteriaceae ist die ß-D-Glucuronidaseaktivität ein spezifisches Charakteristikum von *E. coli.*, 96–97 % aller *E. coli* Stämme besitzen dieses Enzym (ROBINSON, 1984). Das flurogene Substrat MUG wird durch das Enzym ß-D-Glucuronidase gespalten. Das Spaltprodukt Methylumbelliferon ist im langwelligen UV-Licht bei 360–366 nm nachweisbar. Eine positive ß-D-Glucuronidaseaktivität wurde allerdings auch bei einzelnen Stämmen bzw. Serovaren anderer Mikroorganismen festgestellt, z. B. bei folgenden Genera und Species:

– *Salmonella, Shigella, Yersinia* (MOBERG, 1985)
– *Enterobacter (E.) cloacae, E. aerogenes, Citrobacter sp.* (PEREZ et al., 1985)
– *Hafnia alvei, Enterobacter agglomerans* (DAMARÉ et al., 1985)
– *Pseudomonas (P.) paucimobilis, P. testosteroni* (PETZEL und HARTMAN, 1985)

- *Flavobacterium multivorum* (Petzel und Hartman, 1985)
- *Staphylococcus (St.) xylosus, St. simulans, St. haemolyticus, St. cohnii, St. warneri* (Moberg, 1985)
- Streptokokken (Robinson, 1984)

Escherichia coli ist jedoch das einzige gramnegative Stäbchen unter den Enterobacteriaceen, das auch eine positive Indolreaktion zeigt. Der Indoltest ist deshalb zur Bestätigung von *E. coli* empfehlenswert. Er kann direkt in der Bouillon (z. B. BRILA-Bouillon mit MUG*) oder auf dem Medium (z. B. ECD – Agar + MUG) nachgewiesen werden. Beim MacConkey-Agar oder dem VRB-Agar ist eine isolierte Prüfung von mindestens 5 Kolonien vorzunehmen, z. B. mit dem Indol-Kapillar-Test.

Auf folgende Fehlermöglichkeiten des „MUG-Testes" ist hinzuweisen:
- Autofluoreszenz bestimmter Glassorten. Die Reagenzgläser sind vorher zu prüfen oder müssen bei vorhandener Fluoreszenz in einer 5 %igen Nitratlösung gekocht werden (Andrews et al., 1987)
- Endogene Glucuronidasen bei bestimmten Lebensmitteln, wie Schalentieren (z. B. Austern, Muscheln, Krabben)
- Der pH-Wert in den Medien mit MUG darf nicht unter 5,0 liegen. Darauf ist besonders bei Bouillonkulturen (BRILA-, Laurylsulfat-Bouillon) zu achten, die bei einer Säurebildung zu alkalisieren sind.

Abgesehen von einzelnen Fehlermöglichkeiten ist der „MUG-Test" empfindlicher als die MPN-Methode; die Ergebnisse liegen schneller vor (Singh und Ng, 1986) und *Escherichia coli* und die coliformen Bakterien können gleichzeitig erfaßt werden (Hahn, 1987).

Nachweisverfahren
- Titermethode
- MPN-Verfahren
- Plattenmethode, Spatel- oder Tropfplatten-Verfahren
- Membranfiltration
- Methode nach Anderson und Baird-Parker, modifiziert.

Medien
- BRILA-Bouillon + MUG, z. B. Fluorocult® BRILA-Bouillon, Merck
- Laurylsulfat-Bouillon + MUG, z. B. Fluorocult®-Laurylsulfat-Bouillon, Merck
- VRB-Agar + MUG, z. B.: Fluorocult® VRB-Agar, Merck
- Plate-Count-Monensin-KCl-Agar + MUG (PMK-Agar)
- Glutaminat-Agar
- Tryptic Soy Agar
- ECD-Agar + MUG
- ECD-Agar ohne MUG

* Erklärung: MUG = 4– Methylumbelliferyl-ß-D-Glucuronid

2.1.1 Nachweis von E. coli und coliformen Bakterien mit der Titer-Methode, dem MPN-Verfahren und der Plattenmethode

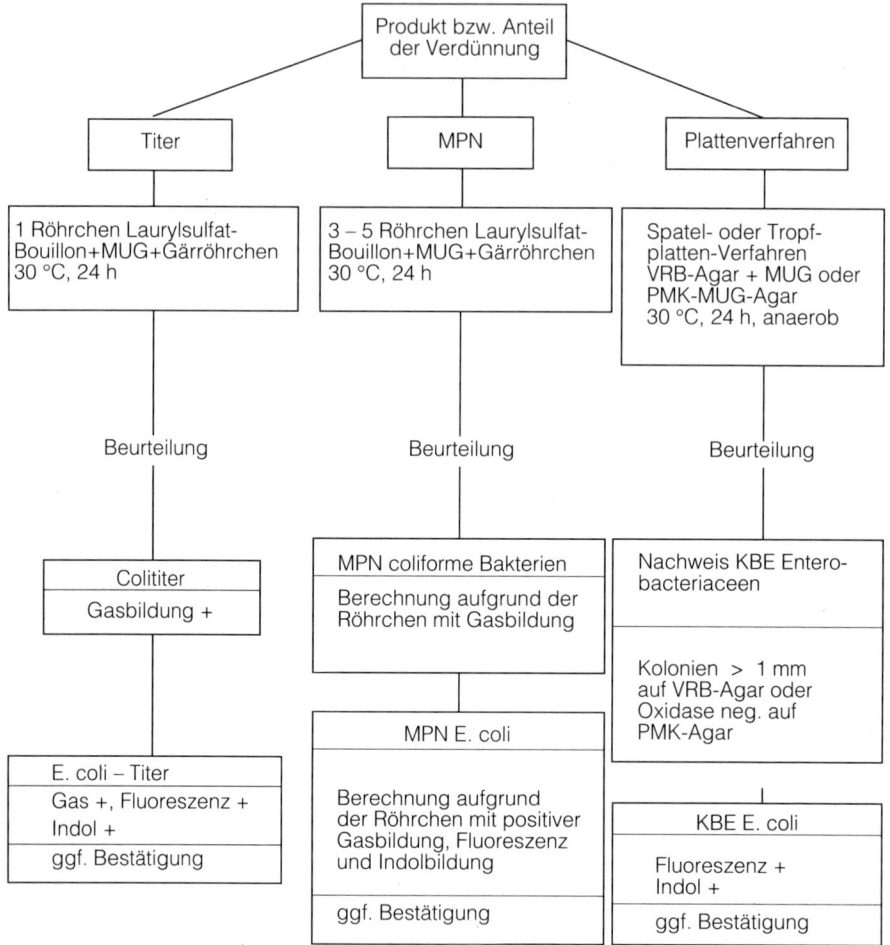

Abb 15 Nachweis von E. coli und coliformen Bakterien

Bestätigung der Coliformen:
Subkultur von positiven Röhrchen entsprechend der Stichzahl für MPN auf VRB- oder DHL Agar, Bebrütung bei 37 °C für 24 h. Aus der Anzahl der Röhrchen, die typische coliforme Kolonien zeigen, ergibt sich der Anteil an coliformen Bakterien.

Bestätigung von E. coli:
Von den positiven Röhrchen (Lauryl-Sulfat-Bouillon) erfolgt ein Ösenausstrich auf VRB- oder Endo-Agar. Die Platten werden bei 37 °C 24 h bebrütet. Eine typische Kolonie (auf

VRB- oder DHL-Agar rot mit Praecipitathof, auf Endo-Agar Fuchsinglanz) wird ausgewählt, in Lactose-Bouillon und auf Standard-I-Nähragar überimpft.die Lactose-Bouillon + Gärröhrchen wird im Wasserbad bei 44 °C 24 h bebrütet. Röhrchen ohne Gasbildung werden nochmals 24 h inkubiert, der Nähragar wird bei 37 °C 18–24 h bebrütet.

Von der Kultur auf Nährragar erfolgen biochemische Bestätigungen: IMViC (= Indol, Methylrot, Voges Proskauer und Citrat, Bebrütung bei 37 °C) und der Nachweis der *Cytochromoxidase*.

E. coli weist folgende Reaktionen auf:

Cytochromoxidase	–
Gas aus Lactose bei 44 °C–45,5 °C	+
Indol	+
Methylrot	+
Acetoin	–
Citrat	–

Bestätigung von *E. coli* (VRB- oder PMK-Agar):
Mindestens 5 fluoreszierende Kolonien sind auf Indolbildung zu überprüfen. Diese Prüfung kann mit dem **Indol-Kapillartest** durchgeführt werden. Hierzu werden etwa 5 ml Tryptophanbouillon in eine sterile Petrischale pipettiert. In diese Bouillon wird ein Haematokrit-Röhrchen (75 mm × 1,5 mm) mit der unteren Öffnung kurz eingetaucht, so daß eine Bouillonsäule von ca. 1–1,5 cm durch Adhaesion aufgesaugt wird. Mit einem sterilen Platindraht wird ein wenig Material der fluoreszierenden Kolonie entnommen und damit das Kapillarröhrchen flüssigkeitsseitig durch mehrmaliges Herauf- und Herunterführen des Drahtes beimpft. Das Röhrchen wird in eine Petrischale gelegt (bis zu 25 Stück/Schale), mit dem Deckel versehen und für 4 h bei 37 °C bebrütet. Zur Prüfung der Indolbildung werden 5 ml Kovacs's-Reagenz in eine Petrischale pipettiert. In dieses Reagenz wird wiederum flüssigkeitsseitig kurz das Kapillarröhrchen eingetaucht. Dazu ist es erforderlich, die durch die horizontale Lagerung in der Mitte des Kapillarröhrchens befindliche Bouillon durch vorsichtiges Schütteln an die Kapillaröffnung zurückzuführen. Eine positive Indolreaktion wird durch Rosa- bzw. Rotfärbung innerhalb weniger Sekunden angezeigt.

2.1.2 Direkter Nachweis von E. coli mit dem Membranfilter-Verfahren

Das von ANDERSON und BAIRD-PARKER (1975) entwickelte Membranfilter-Verfahren für den direkten Nachweis von *E. coli* aufgrund der Indolbildung wurde von der Arbeitsgruppe „Mikrobiologie der Lebensmittelkontrolle Nordwestschweiz" modifiziert und in das Schweizerische Lebensmittelbuch aufgenommen (ILLI und ENGBERG, 1987). In der modifizierten Form wird der Membranfilter auf einen ECD-Agar + MUG aufgelegt und die ß-Glucuronidaseaktivität geprüft. Da bei Milchprodukten vereinzelt falsch positive Ergebnisse durch indolpositive *Klebsiella oxytoca* und *Citrobacter spp.* vorgetäuscht werden, können durch einen Zusatz von 2 % Harnstoff zum Medium die Mikroorganismen an der Vermehrung gehindert werden, ohne daß es zu einer Beeinflussung durch *E. coli* kommt (ILLI und ENGBERG, 1987).

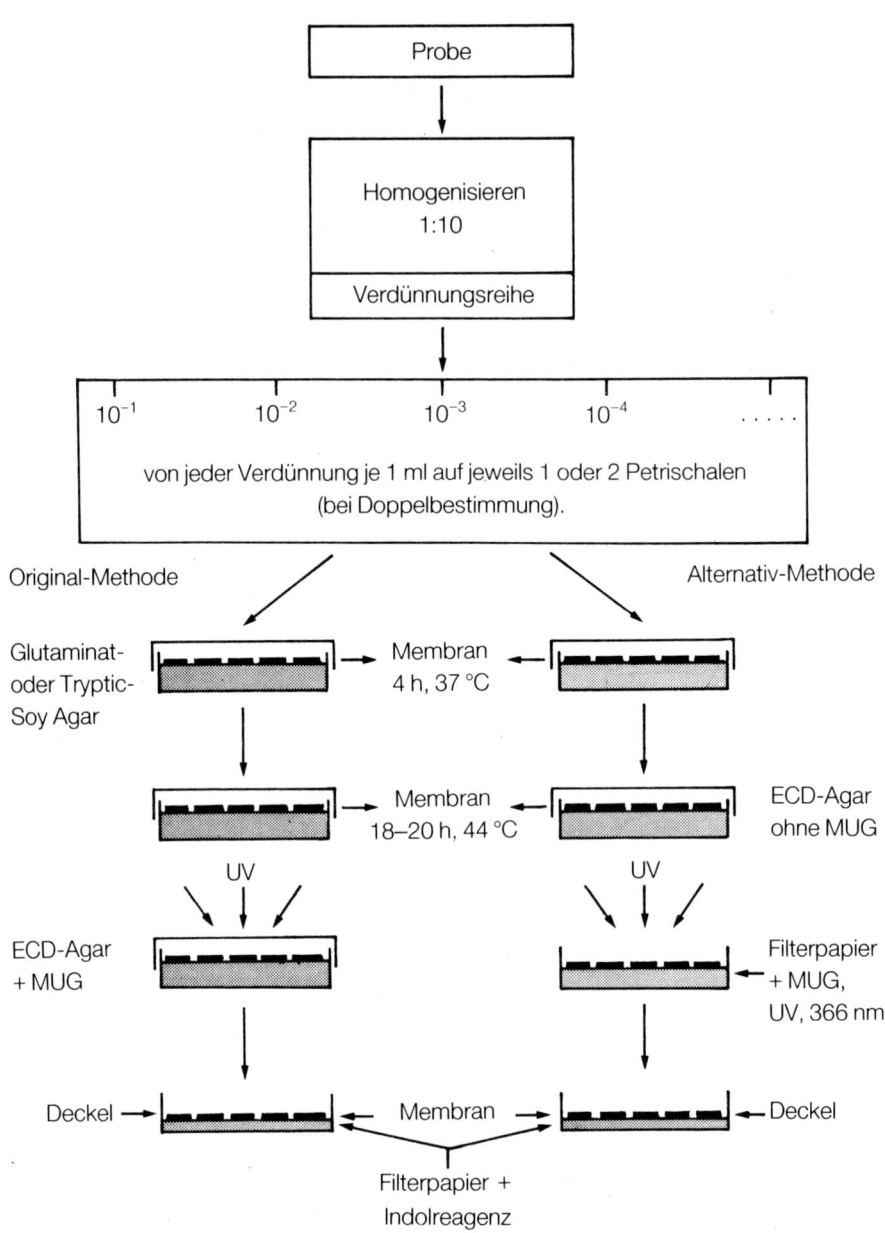

Abb. 16 Direkter Nachweis von E. coli mit dem Membranfilter-Verfahren

Während bei dem in das Schweizerische Lebensmittelbuch aufgenommenen Verfahren die Lebensmittel membranfiltriert werden, wird nach FARBER (1986), wie von BAIRD-PARKER (1975) und HOLBROOK et al. (1980) angegeben, die Membran direkt auf das Medium +MUG gelegt und das Produkt bzw. Verdünnungen vom Lebensmittel auf der Membran ausgespatelt. Diese Technik hat sich unter Verwendung des ECD-Mediums bewährt.

Verfahren
– 1 ml des Lebensmittels oder der Verdünnungen wird auf einer Membran (Oxoid Nu Flow N85/45 Uni 0,45 μm oder Nucleopore Membra-Fil-Membran), die auf einem gut vorgetrockneten Glutaminat-Agar oder Tryptic Soy Agar liegt, mit dem Spatel gleichmäßig verteilt (Membran mit der sterilen Pinzette so auflegen, daß keine Luftblasen entstehen). Ein schmaler Rand von etwa 0,5 cm sollte beim Spateln ausgelassen werden.
– Nach Aufnahme der Flüssigkeit (etwa 15 min bei Zimmertemperatur) werden die Platten bei 37 °C 4 h mit dem Deckel nach oben bebrütet.
– Nach der 4-stündigen Bebrütung wird die Membran mit der sterilen Pinzette auf ECD-Agar+MUG (Fluorocult-ECD-Agar) übertragen. Dabei ist darauf zu achten, daß zwischen Nährbodenfläche und Filter keine Luftblasen entstehen.
– Die ECD-Platten werden bei 44 °C für 18–20 h bebrütet.
– Unter der UV-Lampe wird die Fluoreszenz bei einer Wellenlänge von 360 nm geprüft. Fluoreszierende Kolonien werden auf dem Deckel mit einem Farbstift markiert.
– Nach dem Auszählen der Kolonien wird auf jede fluoreszierende Kolonie ein Tropfen Indolreagenz nach VRACKO und SHERRIS (1963) aufgetropft. Bei diesem Verfahren können die Kolonien jedoch abschwemmen, so daß es besser ist, die Membran auf eine mit Indolreagenz getränkte Kartonscheibe oder ein Filterpapier zu legen. Indolbildung wird spätestens nach 5 min durch Rosafärbung der Kolonie angezeigt. Zur Stabilisierung der Färbung können die Filter noch 30 min unter einer UV-Lampe (360 nm) bestrahlt werden. Zu empfehlen ist auch eine Überprüfung fluoreszierender Kolonien (mindestens 5) mit dem Indol-Kapillartest (siehe S. 121).

Alternativ-Verfahren (ILLI und ENGBERG, 1987):
Der Zusatz von MUG zu den Medien verteuert den Nachweis, wobei die Kosten unabhängig davon anfallen, ob die Probe verdächtige *E. coli* enthält oder nicht. Das von ILLI und ENGBERG (1987) empfohlene Verfahren erfordert geringere MUG-Konzentrationen und hat darüber hinaus den Vorteil, daß nur diejenigen Proben geprüft werden müssen, die verdächtiges Wachstum zeigen.

Methode   -
– Die Aufbereitung und Untersuchung enspricht dem Verfahren beim direkten Nachweis (siehe Pkt. 2.1.2);
– Der Membranfilter wird auf Glutaminat-Agar oder Tryptic Soy Agar 4 h bebrütet, auf ECD-Agar ohne MUG übertragen und nach der Bebrütung bei 44 °C für 18–20 h auf einen Papierfilter gelegt, der mit MUG-Lösung getränkt ist. ß-D-glucuronidasepositive Kolonien zeigen, je nach MUG-Konzentrationen, nach 2–10 min eine deutlich blaue Fluoreszenz unter der UV-Lampe. Weder die MUG-Lösung noch die Rundfilter aus Filterpapier müssen steril sein;

– Herstellung der MUG-Lösung;

0,3–0,6 mg/ml MUG (SIGMA) in Kochsalz-Pepton-Wasser lösen und in Portionen tiefgefroren aufbewahren;

– Indolnachweis.

Der Nachweis der Indolbildung kann im Anschluß an den ß-Glucuronidasetest erfolgen.

LITERATUR

1. ANDERSON, J. M., BAIRD-PARKER, A. C., A rapid direct plate method for enumerating Escherichia coli Biotyp I in food, J. appl. Bac. **39**, 111–117, 1975

2. ANDREWS, W. H., WILSON, C. R., POELMA, P. L., Glucuronidase assay in a rapid MPN determination for recovery of Escherichia coli from selected foods, J. Assoc. Off. Anal. Chem. **70**, 31–34, 1987

3. DAMARÉ, J. M., CAMPBELL, D. F., JOHNSTON, R. W., Simplified direct plating method for enhanced recovery of Escherichia coli in food, J. Food Sci. **50**, 1736–1737 und 1746, 1985

4. FARBER, J. M., Potential use of membrane filters and a fluoregenic reagent-based solid medium for the enumeration of Escherichia coli in foods, Can. Inst. Food Sci. Technol. J. **19**, 34–35, 1986

5. FENG, P. C. S., HARTMAN, P. A., Fluorogenic assays for immediate confirmation of Escherichia coli, Appl. Environ. Microbiol. **43**, 1320–1329, 1982

6. HAHN, G., Fluoreszenzoptischer Nachweis von Escherichia coli aus Weichkäse, Milchwiss. **42**, 434–438, 1987

7. HOFSTRA, H., HUIS IN'T VELD, J. H. J., Methods for the detection and isolation of Escherichia coli including pathogenic strains, J. appl. Bacteriol. Symposium Supplement 1988, 197S–212S. Supplement to J. appl. Bact. Vol. **65**

8. HOLBROOK, R., ANDERSON, JUDITH M., BAIRD-PARKER, A. C., Modified direct plate method for counting Escherichia coli in food, Food Technology in Australia **32**, 78–83, 1980

9. ILLI, H. ENGBERG, B., Verbesserte Identifizierung von Escherichia coli auf dem ECD-Medium: Bestimmung der ß-Glucuronidaseaktivität, Mitt. Gebiete Lebensm. Hyg. **78**, 397–400, 1987

10. KOBURGER, J. A., MILLER, M. L., Evaluation of a fluorogenic MPN procedure for determining Escherichia coli in oysters, J. Food Protection **48**, 244–245, 1985

11. MOBERG, L. J., Fluorogenic assay for rapid detection of Escherichia coli in food, Appl. Environ. Microbiol. **50**, 1383–1387, 1985

12. MOBERG, L. J., WAGNER, M. K., KELLEN, L. A., Fluorgenic assay for rapid detection of Escherichia coli in chilled and frozen foods: Collaborative study, J. Assoc. Off. Anal. Chem. **71**, 589–602, 1988

13. MOSSEL, D. A. A., Microbiology of foods. The ecological essentials of assurance and assessment of safety and quality. The University of Utrecht, Faculty of Veterinary Medicine, 1982

14. NEWTON, K. G., Value of coliform tests for assessing meat quality, J. appl.-Bact. **47**, 303–307, 1979

15. PÉREZ, J. L., BERROCAL, C. I., BERROCAL, L., Evaluation of a commercial ß-glucuronidase test for the rapid and economical identification of Escherichia coli, J. appl. Bact. **61**, 541–545, 1986

16. PETERSON, E. H., NIERMAN, M. L., RUDE, R. A., PEELER, J. T., Comparison of AOAC method and fluorogenic (MUG) assay for enumerating Escherichia coli in foods, J. Food Sci. **52**, 409–410, 1987

17. PETZEL, J. P., HARTMAN, P. A., Monensin-based medium for determination of total gram-negative bacteria and Escherichia coli, Appl. Environ. Microbiol. **49**, 925–933, 1985

18. RIPPEY, S. R., CHANDLER, L. A., WATKINS, W. D., Fluorometric method for enumeration of Escherichia coli in molluscan shellfish, J. Food Protection **50**, 685–690, 1987

19. ROBINSON, B. J., Evaluation of fluorogenic assay for detection of Escherichia coli in foods, Appl. Environ. Microbiol. **48**, 285–287, 1984

20. SAKAZAKI, R., TAMURA, K., SAITO, M., Enteropathogenic Escherichia coli associated with diarrhoea in children and adults, Jap. J. Med. Sci. Biol. **20**, 387–399, 1967

21. SCHMIDT-LORENZ, W., SPILLMANN, H., Kritische Überlegungen zum Aussagewert von E. coli, Coliformen und Enterobacteriaceen in Lebensmitteln, Arch. Lebensmittelhyg. **39**, 3–15, 1988

22. SINGH, D., NG, H. H., Evaluation of rapid detection method for Escherichia coli in foods using fluorgenic assay, Food Microbiol. **3**, 373–377, 1986

23. VRACKO, R., SHERRIS, J. C., Indol spot test in bacteriology, Am. J. Clin. Pathol. **39**, 429–432, 1963

2.2 Enterobacteriaceen

Die Species der Familie *Enterobacteriaceae* sind gramnegative Oxidase-negative Stäbchen; sie fermentieren Glucose und reduzieren Nitrat zu Nitrit. Die Familie *Enterobacteriaceae* schließt die coliformen Bakterien, die pathogenen Genera *Salmonella* und *Shigella* genauso ein wie das phytopathogene Genus *Erwinia*. Diese wenigen Beispiele zeigen, daß eine diverse Gruppe von Organismen mit unterschiedlichem Vorkommen und verschiedener Bedeutung zu den Enterobacteriaceen gehört.

Der Nachweis der Enterobacteriaceen hat insbesondere dadurch Bedeutung erlangt, als durch ihn auch Stämme von *E. coli* nachgewiesen werden, die zur Lebensmittelvergiftung führen, aber sehr langsam Lactose fermentieren. Beim Nachweis der Enterobacteriaceen können sie durch die schnelle Fermentation der Glucose erkannt werden. Weiterhin werden beim Nachweis der Enterobacteriaceen auch Genera erfaßt, die keine Lactose spalten, wie Salmonellen und Shigellen. Da *E. coli* weniger resistent ist gegenüber Behandlungsverfahren als einige pathogene Enterobacteriaceen (Bestrahlung, milde Erhitzung, Gefrieren, Trocknen), ist der Nachweis der Enterobacteriaceen auch aus diesem Grunde wichtig und ein Indikator für eine unzureichende Behandlung. Der Nachweis der Gesamt-Enterobacteriaceen ist für sehr viele Lebensmittel besonders im Hinblick auf ihre Indikatorfunktion weit besser geeignet als der Coliformen-Nachweis (SCHMIDT-LORENZ und SPILLMANN, 1988).

Keimzahlbestimmung

Unter den nachzuweisenden Enterobacteriaceen sind Mikroorganismen zu verstehen, die Glucose fermentieren und eine negative Oxidase-Reaktion zeigen.

Medium:
Kristallviolett-Neutralrot-Galle-Dextrose-Agar (VRBD-Agar);
Methode:
Gußkultur, Spatel- oder Tropfplatten-Verfahren.

Gußkultur:

Je 1 ml der Probe oder der entsprechenden dezimalen Verdünnungen in Petrischalen geben und mit 15 ml auf 45 °C abgekühltem VRBD-Agar gut vermischen. Nach dem Erstarren des Agars die Platten mit 10 ml auf 45 °C abgekühltem VRBD-Agar überschichten (Overlay).
Bebrütung: 24–30 h bei 37 °C .
Zur Erfassung der psychrothrophen Enterobacteriaceen, insbesondere in Fleisch- und Fleischerzeugnissen, Geflügel, Fisch und Milch, ist eine Bebrütungstemperatur von 30 °C und eine anaerobe Bebrütungszeit von 48 h zu bevorzugen.

Auswertung:
Enterobacteriaceen bilden dunkelrote bis rotviolette oder rosafarbene Kolonien. Kolonien von weniger als 0,5 mm (Bebrütungszeit 24–30 h) oder unter 1 mm (Bebrütungszeit 48 h) sowie Pinpoint-Kolonien werden nicht berücksichtigt. Zur Abgrenzung gegen andere Organismen, besonders Pseudomonas- und Aeromonas-Arten, kann eine repräsentative Anzahl der ausgezählten Kolonien bestätigt werden (Oxidase-Test). Diese Bestätigung ist in

jedem Fall dann vorzunehmen, wenn die ermittelte Koloniezahl zu einer Beanstandung der betreffenden Probe führen würde.

Bestätigung:

Mindestens 10 verdächtige Kolonien (verschiedene Erscheinungsformen sind anteilmäßig zu berücksichtigen) werden auf Nähragar oder Tryptic-Soy-Agar ausgestrichen und 24 h bei 30 °C bebrütet. Von der reinen Kolonie erfolgt der Oxidase-Test und der Nachweis der Glucosefermentation (OF-Test).

Der Oxidase-Test ist unzuverlässig, wenn er direkt auf den VRBD-Platten oder direkt mit Material von Kolonien, die auf VRBD-Agar gewachsen sind, ausgeführt wird.

Spatel- oder Tropfplattenverfahren (L O6.00.24 und L O6.00.25 § 35 LMBG):

Medium:

VRBD-Agar

Bebrütung:

30 °C für 48 h, anaerob;

Auswertung:

Nach Ablauf der Bebrütung wird die Anzahl der roten Kolonien mit Präzipitationshöfen bestimmt. Es können auch Enterobacteriaceen-Kolonien vorkommen, die rosa sind und/oder keine Präzipitationshöfe aufweisen, auch diese sind mitzuzählen. Bei anaerober Bebrütung vermehren sich fast ausschließlich Enterobacteriaceen. Sollten Pseudomonaden auftreten, sind diese Kolonien kleiner als die der Enterobacteriaceen (Durchmesser unter 1 mm).

Zur Abgrenzung gegen andere Organismen, besonders Pseudomonas- und Aeromonas-Arten, kann eine repräsentative Anzahl der ausgezählten Kolonien bestätigt werden (Oxidase-Test). Diese Bestätigung ist in jedem Fall dann vorzunehmen, wenn die ermittelte Koloniezahl zu einer Beanstandung der betreffenden Probe führen würde. Bestätigung: Mindestens 10 verdächtige Kolonien (verschiedene Erscheinungsformen sind anteilmäßig zu berücksichtigen) werden auf Nähragar, Tryptic Soy- oder CASO-Agar ausgestrichen und 24 h bei 30 °C bebrütet. Von der reinen Kolonie erfolgt der Oxidase-Test und der Nachweis der Glucosefermentation (OF-Testnährboden + 1 % Glucose). Der Oxidase-Test ist unzuverlässig, wenn er direkt auf den VRBD-Platten oder mit Material von Kolonien der VRBD-Platten ausgeführt wird.

Anreicherungsverfahren (Presence-Absence-Test)

– 1 g Material zu 10 ml (Verhältnis 1:10) Voranreicherung (Gepuffertes Peptonwasser), Bebrütung bei 37 °C für 16–20 h

– 1 ml der Voranreicherung zu 10 ml Anreicherung (EE-Bouillon), Bebrütung bei 37 °C für 18–24 h

– Ösenausstrich auf VRBD-Agar, Bebrütung bei 37 °C für 24 h

– Auswertung: 5 typische (rot mit Hof) oder untypische Kolonien werden auf Nähragar ausgestrichen, bei 37 °C 24 h bebrütet und bestätigt. Als Enterobacteriaceen gelten alle Kolonien, die Oxidase-negativ sind und aus Glucose Säure und Gas bilden (Fermentation). Die Glucosefermentation wird im Röhrchen (Glucose-Agar) geprüft, Bebrütung bei 37 °C für 24 h.

LITERATUR

1. BECKER, H., TERPLAN, G., Bedeutung und Systematik von Enterobacteriaceae in Milch und Milchprodukten, Deutsche Molkerei-Zeitung **8**, 204–210, 1987
2. JONES, D., Composition and properties of the family Enterobacteriaceae, J. appl. Bact. Symposium Supplement, 1S–19S, 1988
3. SCHMIDT-LORENZ, W., SPILLMANN, H., Kritische Überlegungen zum Aussagewert von E. coli, Coliformen und Enterobacteriaceen in Lebensmitteln, Arch. Lebensmittelhyg. **39**, 3–15, 1988
4. Amtliche Sammlung von Untersuchungsverfahren nach § 35 LMBG, L 06.00.24 und L 06.00.25, November 1987, Beuth Verlag, Berlin, Köln

2.3 Enterokokken

Von den Streptokokken der serologischen Gruppe D sind als Lebensmittelkeime allein die Enterokokken *Enterococcus faecalis* und *Enterococcus faecium* von Bedeutung, wenn diese auch noch umstritten ist.

Die Enterokokken kommen im Darmkanal von Mensch und Tier vor. Auch in zahlreichen Lebensmitteln, insbesondere fermentierten wie Sauermilchkäse, Rohwürsten, Pökelwaren, gehören die Enterokokken zur Normalflora und sind hier kein Zeichen einer faekalen Verunreinigung. Aus diesem Grunde soll auch die häufig noch benutzte Bezeichnung „faekale Streptokokken" vermieden werden. Da die Enterokokken gegenüber Gefriertemperaturen resistenter sind als *E. coli*, werden sie in solchen Produkten dennoch häufig als „Faekalindikatoren" gewertet.

Nachweis

Methode:
Spatel- oder Tropfplattenverfahren;

Medium:
m-Enterococcus-Agar, KF-Streptococcus-Agar, CATC-Agar oder Kanamycin-Äsculin-Azid-Agar;

Bebrütung:
37 °C für 28–72 h.

Auswertung:
Ausgezählt werden rote und rosafarbene Kolonien bzw. auf dem Kanamycin-Äsculin-Azid-Agar schwarze Kolonien.

Bestätigung:
– 5 bis 10 typische Kolonien von der höchsten auswertbaren Verdünnung werden isoliert, in Hirn-Herz-Bouillon geimpft und bei 37 °C für 18–24 h bebrütet;
– Von der Bouillon wird ein Grampräparat angefertigt (grampositive runde bis ovale Zellen in Paaren oder kurzen Ketten);
– 3 ml der gut bewachsenen Bouillonkultur werden in ein leeres Röhrchen pipettiert und mit 0,5 ml H_2O_2 (3 %ig) gemischt. Enterokokken sind Katalase-negativ, es zeigt sich kein Gasbläschen;

– Von dem Rest der Bouillonkultur werden folgende Medien beimpft:
- Kaliumtellurit-Agar (0,04 %), Ösenausstrich
- Arginin-Bouillon (Ornithindecarboxylase-Arginindihydrolase-Testbouillon, Basis)
- Fermentationsmedium (Phenolrot-Bouillon) mit 1 % Melibiose bzw. 1 % Sorbose.

Die Zugehörigkeit zur serologischen Gruppe D kann einfach durch Latex-Agglutination geprüft werden mit den Systemen Streptex (Deutsche Wellcome GmbH) oder Slidex-Strepto-Kit (bioMerieux) oder Streptococcal Grouping Kit (Oxoid), Abb. 17.

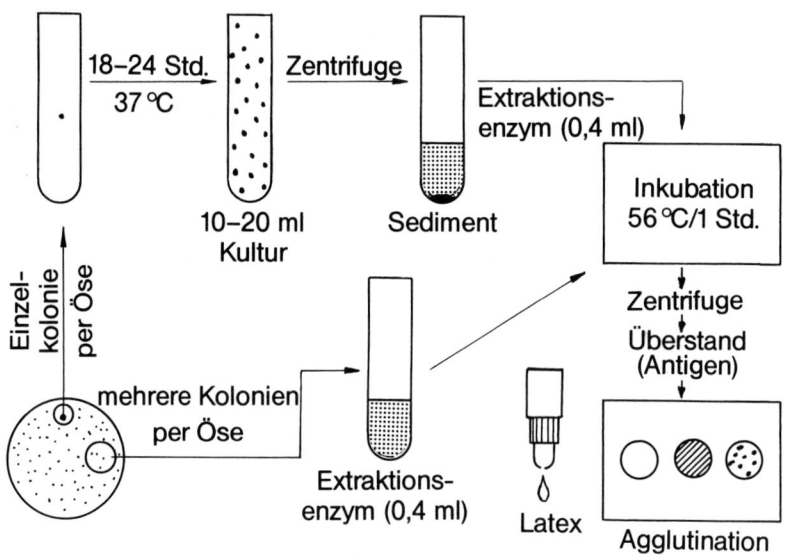

Abb. 17 Latex Agglutionation: Alternative Präparation von Streptokokkenantigenen nach HAHN **(1980)**

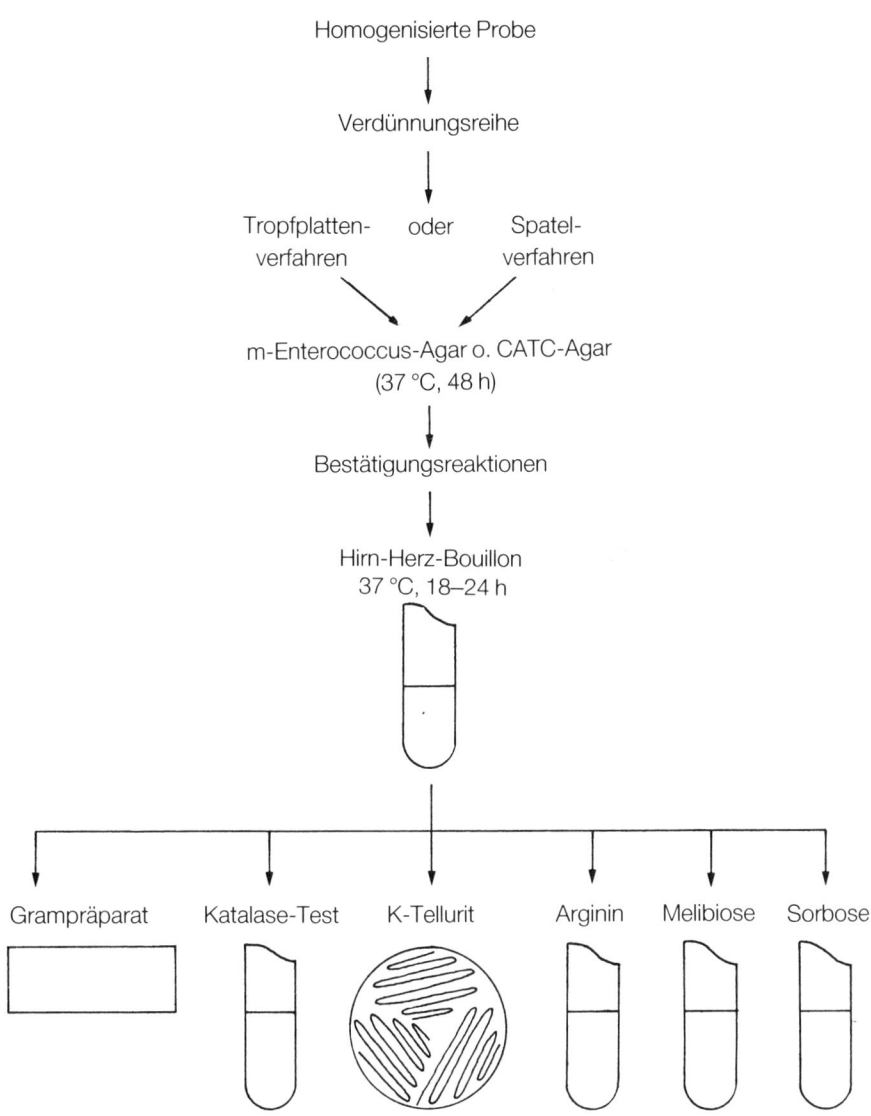

Abb. 18 Nachweis von Enterokokken

Tab. 6 Typische biochemische Merkmale von Enterokokken

Merkmale	E. faecalis	E. faecium	„E. avium"	E. gallinarum
Reduktion von Kaliumtellurit	+	v	v	−
Reduktion von Tetrazolium-chlorid	+	v	v	−
Ammoniak aus Arginin	+	+	−	v
Säure aus Melibiose	−	+	v	+
Sorbose	−	+	+	−

Erklärungen:
v = unterschiedliche Reaktionen (+ oder −)
Reduktion von Tetrazoliumchlorid zu Formazan (Kolonien z. B. auf m-Enterococcus-Agar oder CATC-Agar rot, bzw. rosafarben)

LITERATUR

1. BATISH, V. K., RANGANATHAN, B., Ocurrence of enterococci in milk and milk products. I. Enumeration, isolation and presumptive identification of true enterococci, New Zealand J. Dairy Sci. Technol. **19**, 133–144, 1984
2. BATISH, V. K., CHANDER, H., RANGANATHAN, B., Enterocin typing of enterococci isolated from dried infant foods, J. Dairy Sci. **69**, 983–989, 1986
3. HAHN, G., Identifizierung von Streptokokkenverschiedener serologischer Gruppen unter Verwendung der Latex-Agglutination, Lab. med. **4**, 102–106, 1980
4. HAMPTON, K. D., WASILAUSKAS, B. L., Serological identification of group D streptococci using commercial antisera, Journal of Microbiological Methods **1**, 119–124, 1983
5. MOSSEL, D. A. A., BIJKER, P. G. H., EELDERINK, I., Streptokokken der Lancefield-Gruppe D in Lebensmitteln und Trinkwasser – Ihre Bedeutung, Erfassung und Bekämpfung, Arch. Lebensmittelhyg. **29**, 121–131, 1978
6. PAGEL, J. E., HARDY, G. M., Comparison of selective media for the enumeration and identification of faecal strepto-cocci from natural sources, Can. J. Microbiol. **26**, 1320–1327, 1980
7. REUTER, G., Selective media for group D Streptococci, Int. J. Food Microbiol. **2**, 103–114, 1985
8. SALEH, F. A., Selective media and faecal streptococci recovery: A review, Zbl. Bakt. II. Abt. **135**, 130–144, 1980
9. THIAN, T. S., HARTMAN, P. A., Gentamicin-thallous-carbonat medium for isolation of fecal streptococci from foods, Appl. Environ. Microbiol. **41**, 724–728, 1981
10. Bergey's Manual of Systematic Bacteriology, Vol. 2, Williams & Wilkins, Baltimore, U.S.A., 1986

3 Nachweis pathogener und toxinogener Mikroorganismen

Mikrobiell bedingte Erkrankungen durch Lebensmittel und die Übertragung von Infektions-krankheiten mit dem Lebensmittel, umgangssprachlich als Lebensmittelvergiftung be-zeichnet, stellen auch in Europa ein Problem dar. Nach den Infektionen der Atemwege wer-den sie als zweitwichtigste Krankheitsursache angesehen (GILBERT, 1987). Zahlreiche Mi-kroorganismen bzw. deren Stoffwechselprodukte können zur Erkrankung führen (Doyle, M. P., Foodborne Bacterial Pathogens, Marcel Dekker, Inc. Basel, 1989). Nur wenige von ih-nen spielen jedoch eine besondere Rolle, wie z. B. die Salmonellen, *Staphylococcus au-reus, Clostridium perfringens, Bacillus cereus, Clostridium botulinum,* enteropathogene *Escherichia coli, Campylobacter jejuni* und *Listeria monocytogenes.* Andere wie *Yersinia enterocolitica, Plesiomonas shigelloides, Aeromonas hydrophila, Pseudomonas aerugi-nosa,* Vibrionen, *Enterococcus faecalis* und *Enterococcus faecium* kommen nur gelegent-lich vor. Einige von ihnen sind als Ursache von Erkrankungen noch umstritten.

Im folgenden sind die pathogenen und toxinogenen Mikroorganismen nicht aufgrund von Pathogenitätsmechanismen (Infektionen oder Intoxikationen) zusammengefaßt, sondern die Aufführung erfolgt nach taxonomischen Gesichtspunkten.

3.1 Gramnegative Bakterien

3.1.1 Salmonellen

Zur Gattung *Salmonella* gehört die *Species choleraesuis* bzw. *enterica* mit 7 verschiedenen Subspecies, zu denen über 2 200 verschiedene Serovare zählen (Tab. 7).

Tab. 7   Klassifikation des Genus Salmonella (LE MINOR und POPOFF, 1987)

Taxon	Vorgeschlagene Bezeichnung	Subspecies-Kurzbezeichnung
Genus	Salmonella	
Species	S. enterica	
Subspecies	S. enterica subsp. enterica	I
	S. enterica subsp. salamae	II
	S. enterica subsp. arizonae	III a
	S. enterica subsp. diarizonae	III b
	S. enterica subsp. houtenae	IV
	S. enterica subsp. bongori	V
	S. enterica subsp. indica	VI

Die korrekte Bezeichnung des *Serovars typhimurium* müßte also heißen: *S. enterica subsp. enterica Serovar typhimurium*. Da derartige Bezeichnungen in der Praxis mißverständlich sein können, werden Stämme der Subspecies *enterica* wie bisher üblich benannt, jedoch mit großen Anfangsbuchstaben, z. B. *Salmonella Typhimurium* (LE MINOR und POPOFF, 1987). Stämme der übrigen Subspecies werden mit der Kurzbezeichnung und der Antigenformel angegeben, z. B. *Salmonella IIIb 53:r:z23* (BOCKEMÜHL und SEELIGER, 1985). Die Kurzbezeichnung I entspricht der früheren Bezeichnung Subgenus I, die Kurzbezeichnung II dem Subgenus II, IIIa dem Subgenus III monophasisch Arizona, IIIb dem Subgenus III diphasisch Arizona, IV dem Subgenus IV und V dem Subgenus V, Bongor-Gruppe. Die Kurzbezeichnung VI entspricht dem 1987 aufgenommenen Subgenus VI (LE MINOR und POPOFF, 1987).

Die Angabe 53 (Beispiel: *Salmonella IIIb 53:r:z23)* kennzeichnet das O-Antigen, die Bezeichnung r und z zwei Phasen des H-Antigens. Beide Antigene werden durch Objektträger-Agglutination mittels Antiseren nachgewiesen. Die Einteilung der Serovare erfolgt unter Zuhilfenahme des Antigenschemas nach KAUFMANN-WHITE.

Eigenschaften:
(GENIGEORGIS und RIEMANN, 1979, PIETZSCH, 1981, TROLLER, 1986, JAY, 1986, GENIGEORGIS, 1987, JÄCKLE und Mitarb., 1987, MACKEY und KERRIDGE, 1988):
Gramnegative Stäbchen, fakultativ anaerob, Katalase-positiv, Oxidase-negativ.
Vermehrungstemperatur
 Optimum 37 °C
 Maximum 47 °C
 Minimum 5 °C (Bouillonkultur, Vermehrung erst nach 3 Wochen)
  6,7 °C in Geflügelfleisch (pH 6,2)
Generationszeit bei 10 °C im Hackfleisch 9,6–15,2 h
Minimaler pH-Wert für Vermehrung (unter sonst optimalen Bedingungen):
  Citronensäure 4,05
  Milchsäure 4,40
  Essigsäure 5,40
Minimaler a_w-Wert: 0,93
Hitzeresistenz
$D_{64,4 °C}$ = 2,5 min (Weißei), z = 4,0–5,0 °C
$D_{85 °C}$ = 1,0 min (S. Senftenberg, Trockenfutter)
$D_{66 °C}$ = 0,39 min, z = 5.4 °C (S. Senftenberg, Vollei)

Vorkommen:
Darm von Mensch und Tier

Krankheitserscheinungen bei Lebensmittelvergiftungen:
Da die minimale infektiöse Dosis bei etwa 10^5 liegt (bei Kleinkindern, älteren Personen, Immungeschwächten liegen die Zahlen mit 10^2–10^3 deutlich darunter), kommt es in der Regel nur dann zur Erkrankung, wenn die Salmonellen sich im Lebensmittel vermehren können.

Die akute Gastroenteritis (Magen-Darmentzündung) ist gekennzeichnet durch Unwohlsein, Durchfall, gelegentlich Erbrechen, häufiger auch durch Fieber. Die Inkubationszeit beträgt 12–36 h (extrem 5–72 h). Im Darm wird durch Lysis der Zellen das Lipopolysaccharid freigesetzt, das als Endotoxin (Lipoid A) auf die Darmschleimhaut wirkt. Darüber hinaus kann es im Darm auch zu einer Vermehrung der Salmonellen und zur Bildung eines hitzelabilen Enterotoxins kommen, das wie das Choleratoxin wirkt (GEMMELL, 1984).

Lebensmittel, die zur Erkrankung führten:
Fleischerzeugnisse, Eiprodukte, Milch und Milcherzeugnisse, Fischprodukte, Schalentiere, Speiseeis, Salate, Soßen, Fertiggerichte, Trockensuppen, Konditoreiwaren, Kindernahrung u. a.

Nachweis
Alle Salmonellen gelten als potentiell pathogen, so daß eine Keimzahlbestimmung entfällt. Kultureller Nachweis, Isolierung und Identifizierung:
– Nicht selektive Anreicherung = Voranreicherung
– Selektive Anreicherung
– Ösenausstrich auf Selektivmedien
– Serologische Identifizierung durch Agglutination mit Antiseren
– Biochemische Identifizierung verdächtiger Kolonien
Die biochemische Identifizierung salmonellenverdächtiger Kolonien kann der serologischen Identifizierung vorangestellt werden.

Probenahme:
Bei inhomogenem Material ist von einer repräsentativen Probe von mindestens 200 g auszugehen. Die Probe wird homogenisiert.

Voranreicherung:
Von der homogenen Probe werden 25 g mit 225 ml 1 %igem gepufferten Peptonwasser (PW) homogenisiert (Stomacher 400, ca. 1 min) oder durch Schütteln gut vermischt. Die Bebrütung erfolgt bei 37 ° i. d. R. für 18–24 h (mindestens 6–8 h).
Die Untersuchung größerer Probemengen oder das Zusammenfassen mehrerer Einzelproben zu einer größeren Gesamtprobe ist in besonderen Fällen notwendig (z. B. 250 g Probe und 2,25 l Voranreicherung). In diesem Fall werden 1,0 ml der Voranreicherung zu 100 ml RV-Bouillon bzw. 100 ml der Voranreicherung zu 1,0 l Selenit-Cystin-Anreicherungs-Bouillon gegeben.

Anreicherung:
Von der Voranreicherung wird 0,1 ml zu 10 ml Rappaport-Vassiliadis-Anreicherungsbouillon (RV-Bouillon) pipettiert. Die RV-Bouillon sollte auf 37 °C vorgewärmt sein. Die Bebrütung erfolgt bei 42 °C ± 0,1 °C (möglichst im Wasserbad) für 48 h. In der normalen Routineuntersuchung ist die RV-Bouillon als Anreicherung ausreichend. Die Nachweissicherheit kann erhöht werden durch eine zweite Anreicherung, so wie dies auch die ISO-Methode (1988) vorsieht. In diesem Fall werden 10 ml der Voranreicherung zu 100 ml Selenit-Cystin-Anreicherungs-Bouillon pipettiert, die bei 37 °C, 48 h bebrütet wird.

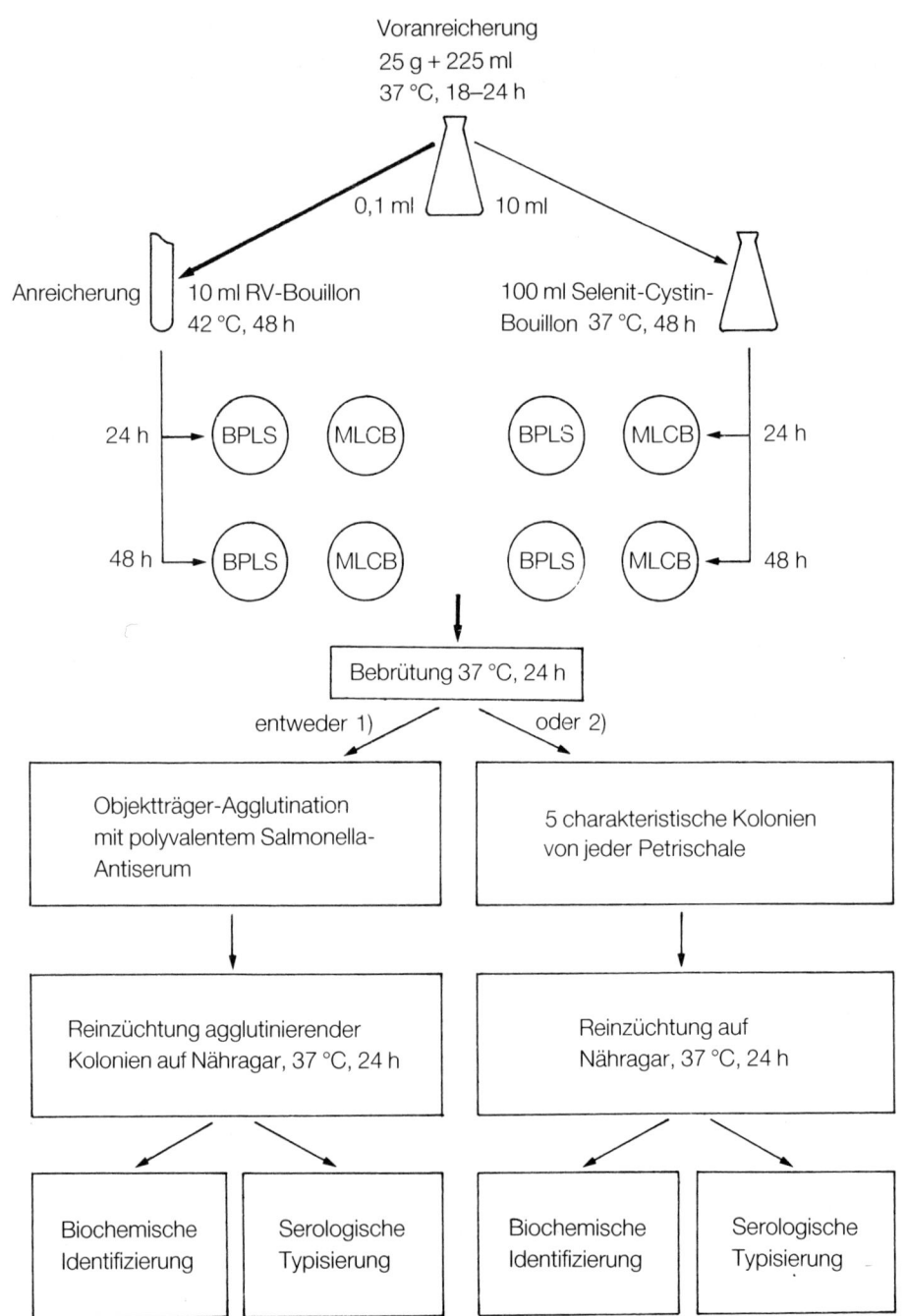

Isolierung:

Nach einer Bebrütungszeit von 18–24 h **und** 42–48 h wird von der Anreicherung mit der Öse (Durchmesser 2,5–3,0 mm) auf Brillantgrün-Phenolrot-Lactose-Saccharose-Agar (BPLS-Agar) und eine weitere Selektivplatte, z. B. Mannit-Lysin-Kristallviolett-Brillantgrün-Agar (MLCB-Agar), ausgestrichen. Sind keine größeren Petrischalen (Durchmesser 150 mm) verfügbar, wird auf zwei übliche Petrischalen (Durchmesser 90–100 mm) nacheinander mit derselben Öse ausgestrichen, d. h. die Öse wird nur einmal in eine Anreicherung für die Beimpfung von zwei Petrischalen eingetaucht (Abb. 20). Die beimpften Medien werden 18–24 h bei 37 °C bebrütet.

Identifizierung:

Typische oder verdächtige Kolonien (auf BPLS-Agar rosa bis rot, auf MLCB-Agar schwarz) werden mit polyvalentem Salmonella-Antiserum probeagglutiniert, auf Standard-I-Nähragar reingezüchtet (Bebrütung bei 37 °C 18–24 h) und anschließend biochemisch identifiziert (z. B. Lysindecarboxylase, TSI-Agar) und serologisch typisiert (Agglutination mit 0- und H-Antiseren) oder es werden von jeder Platte und Anreicherung 5 typische bzw. verdächtige Kolonien nach Reinzüchtung auf Standard-I-Nähragar (37 °C, 18–24 h) biochemisch und serologisch identifiziert. Bewährt hat sich außer der konventionellen Methode das Verfahren nach HOLBROOK et al. (1989), der Oxoid Salmonella Rapid Test (OSRT).

Neben den aufgeführten konventionellen Nachweismethoden gewinnen durch den Einsatz monoklonaler Antikörper schnellere Verfahren eine immer größere Bedeutung, wie der DNA-Hybridisationstest (FLOWERS et al., 1987, HUGHES et al., 1987), der Enzym-Immuno-Assay (ECKNER et al., 1987) oder die ELISA-Technik (BECKERS et al., 1986) und der Immuno-diffusions-Test (FLOWERS und KLATT, 1989). Einige dieser Tests sind bereits im Handel, wie der DNA-Hybridisations-Test (z. B. „Gene-Trak" Salmonella-Nachweis, Integrated Genetics, Inc., Framingham, Massachusetts, USA) oder verschiedene ELISA-Kits (z. B. Salmonella Bio EnzaBead, Fa. Viramed GmbH, Martinsried bei München; ELISA Screening Kit, Fa. Dynatech, Denkendorf; TECRA, Fa. Bioenterprises Pty. Ltd. Roseville, N.S.W. 2096, Australien; EQUATE, Fa. Binax, South Portland, Maine 0 4106, St. Louis, Missouri, 63139, USA, und der Spectate Salmonella Test, Coring System, Darmstadt).

Zu berücksichtigen bleibt auch bei diesen Tests, daß (zumindest im ersten Teil des Untersuchungsganges) mit lebenden Krankheitserregern gearbeitet wird und als Untersuchungsergebnis nur die An- oder Abwesenheit von Samonellen, nicht aber die Serodiagnose ermittelt werden kann. Auch läßt die Nachweisgenauigkeit (falsch positive und falsch negative Ergebnisse), verglichen mit der ditionellen kulturellen Nachweistechnik, teilweise noch zu wünschen übrig (WAES, 1988).

Abb. 19 Schematische Darstellung des Nachweises von Salmonellen

Legende zu S. 134

Anmerkung:
– Durchzuführende Untersuchungen 1) oder 2)
– In der Routine reicht i. d. R. als Anreicherung die RV-Bouillon, die Nachweissicherheit kann durch eine zweite Anreicherung erhöht werden.

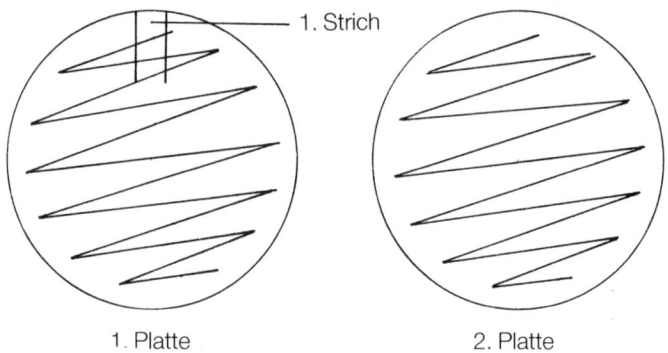

1. Strich

1. Platte   2. Platte

Abb. 20   Ösenausstrich aus einer Anreicherung auf zwei Petrischalen mit einem Durchmesser von 90–100 mm

LITERATUR

1. ANDREWS, W. H., A review of culture methods and their relation to rapid methods for the detection of Salmonella in foods, Food Technol. **39,** 77–82, 1985

2. BECKERS, H. J., VAN LEUSDEN, F. M., ROBERTS, D., PIETZSCH, O., PRICE, T. H., VAN SCHOTHORST, M., TIPS, P. D., VASSILIADIS, P., KAMPELMACHER, E. H., Collaborative study on the isolation of Salmonella from artificially contaminated milk powder, J. appl. Bact. **59,** 35–40, 1985

3. BECKERS, H. J., TIPS, P. D., DELFGOU-VAN ASCH, E., PETERS, R., Evaluation of an enzyme immunoassay technique for the detection of salmonellae in minced meat, Letters in Appl. Microbiol. **2,** 53–56, 1986

4. BECKERS, H. J., VAN LEUSDEN, F. M., ROBERTS, D., PIETZSCH, O., PRICE, T. H., VAN SCHOTHORST, M., BEUMER, R. R., PETERS, R., KAMPELMACHER, E. H., Evaluation of reference samples for the detection of Salmonella, Int. J. Food Microbiol. **3,** 287–298, 1986

5. BECKERS, H. J., PETERS, R., PATEER, P. M., Collaborative study on the isolation of Salmonella from reference material using selective enrichment media, prepared form individual ingredients or commercial dehydrated products, Int. J. Food Microbiol. **4,** 1–11, 1987

6. BECKERS, H. J., ROBERTS, D., PIETZSCH, O., VAN SCHOTHORST, M., VASSILIADIS, P., KAMPELMACHER, E. H., Replacement of Muller-Kauffmann's tetrathionate brillant green bile broth by Rappaport-Vassiliadis magnesium chloride malachite green broth in the standard method for the detection of salmonellae, Int. J. Food Microbiol. **4,** 59–64, 1987

7. BECKERS, H. J., HEIDE, J. V. D., FENIGSEN-NARUCKA, U., PETERS, R., Fate of salmonellas and competing flora in meat sample enrichments in buffered peptone water and in Muller-Kauffmann's tetrathionat medium, J. appl. Bact. **62,** 97– 104, 1987

8. BECKERS, H. J., TIPS, P. D., SOENTORO, P. S. S., DELFGOU-VAN ASCH, E. H. M., PETERS, R., The efficacy of enzyme immunoassays for the detection of salmonellas, Food Microbiol. **5,** 147–156, 1988

9. BOCKEMÜHL, J., SEELIGER, H. P. R., Die Auswirkungen neuer taxonomischer Erkenntnisse auf die Nomenklatur von bakteriellen Seuchenerregern, BGesBl. **28,** 65–69, 1985

10. D'AOUST, J.-Y., SEWELL, A. M., Detection of Salmonella with BioEnzabead™ enzyme immunoassay technique, J. Food Protection **51,** 538–541, 1988

11. Eckner, K. F., Flowers, R. S., Robinson, B. J., Mattingly, J. A., Gabis, D. A., Silliker, J. H., Comparison of Salmonella Bio-EnzaBead™ immunoassay method and conventional culture procedure for detection of Salmonella in foods, J. Food Protection **50**, 379–385, 1987

12. Emswiler-Rose, B., Bennett, B., Okrend, A., Comparison of cultural methods and the DNA hybridization test for detection of salmonellae in ground beef, J. Food Sci. **52**, 1726–1727, 1987

13. Flowers, R. S., Mozola, M. A., Curiale, M. S., Gabis, D. A., Silliker, J. H., Comparative study of a DNA hybridization method and the conventional culture procedure for detection of salmonella in foods, J. Food Sci. **52**, 781–785, 1987

14. Flowers, R. S., Klatt, M. J., Mozola, M. A., Curiale, M. S., Gabis, D. A., Silliker, J. H., DNA hybridization assay for detection of salmonella in foods: Collaborative study, J. Assoc. Off. Anal. Chem. **70**, 521–529, 1987

15. Flowers, R. S., Klatt, M. J., Keelan, S. L., Visual immunoassay for detection of Salmonella in foods: Collaborative study, J. Assoc. Off. Anal. Chem. **71**, 973–980, 1988

16. Fricker, C. R., The isolation of salmonellas and campylobacters, A. review, J. appl. Bact. **63**, 99–116, 1987

17. Fricker, C. R., Quail, E., McGibbon, L., Girdwood, R. W. A., An evaluation of commercially available dehydrated Rappaport-Vassiliadis medium for the isolation of salmonellae from poultry, J. Hyg. Camb. **95**, 337–344, 1985

18. Gemmell, C. G., Comparative study of the nature and biological activities of bacterial enterotoxins, J. Med. Microbiol. **17**, 217–235, 1984

19. Genigeorgis, C., Riemann, H., Food processing and hygiene, in: Food-borne infections and intoxications, second edition, ed. by, H. Riemann und F. L. Bryan, S. 613–713, Academic Press, New York, 1979

20. Genigeorgis, C., The risk of transmission of zoonotic and human diseases by meat and meat products, in: Elimination of pathogenic organisms from meat and poultry, ed. by F. J. M. Smulders, S. 111–147, Elsevier Sci. Publ., 1987

21. Gilbert, R. J., Aktuelle Trends Lebensmittelbedingter Krankheiten in Europa, Vortrag Behr's Seminar 1. und 2. 6. 1987, Hamburg

22. Holbrook, R., Anderson, J. M., Baird-Parker, A. C., Dodds, L. M., Sawhney, D., Stuchbury, S. H., Swaine, D., Rapid detection of salmonella in foods – a convenient two-day procedure, Letters in Appl. Microbiol. **8**, 139–142, 1989

23. Hughes, D., Sutherland, P. S., Kelly, G., Davey, G. R., Comparison of the TECRA™ salmonella visual immunoassay and standard cultural methods for the detection of salmonellae in foods, Food Technol. Australia **39**, 446–454, 1987

24. Ibrahim, G. F., A review of immunoassays and their application to salmonellae detection in foods, J. Food Protection **49**, 299–310, 1986

25. Ibrahim, G. F., Lyons, M. J., Detection of salmonellae in foods with enzyme immunometric assay, J. Food Protection **50**, 59–61, 1987

26. Jäckle, M., Geiges, O., Schmidt-Lorenz, W., Hitzeinaktivierung von Alpha-Amylase, Salmonella typlimurium, Salmonella senftenberg 775 W, Pseudomonas aeruginosa and Staphylococcus aureus in Vollei. Mitt. Gebiete Lebensm. Hyg. **78**, 83–105, 1987

27. Jay, J. M., Modern food microbiology, 3rd ed., Van Nostrand Reinhold Company, New York, 1986

28. Jay, L. S., Comar, D., Comparative study of TECRA™ Salmonella visual immunoassay and Australian standard cultural methods for analysis of salmonellae in foods, Food Technol. in Australia **40**, 186–191, 1988

29. Kalapothaki, V., Trichopoulos, D., Papadakis, J., Mavrommati, CH., Vassiliadis, P., A comparison of the efficiency of two forms of Rappaport-Vassiliadis enrichment medium, Int. J. Food Microbiol. **3**, 89–97, 1986

30. Le Minor, L., Popoff, M. Y., Designation of Salmonella enterica sp. nov., nom rev., as the type and only species of the genus Salmonella, Int. J. System. Bacteriol. **37**, 465–468, 1987

31. Mackey, B. M., Kerridge, A. L., The effect of incubation temperature and inoculum size on growth of salmonellae in minced beef, Int. J. Food Microbiol. **6**, 57–65, 1988

32. Pietzsch, O., Salmonella, in: Handbuch der bakteriellen Infektionen bei Tieren, Band 3, von H. Blobel und Th. Schliesser, VEB Gustav Fischer Verlag, Jena, S. 344–452 und 708–709, 1981

33. Quail, E., McGibbon, L., Fricker, C. R., A study of the relative efficiencies of three commercially available dehydrated Rappaport-Vassiliadis media, J. Hyg. Camb **96**, 425–429, 1986

34. Rhodes, P., Quesnel, L. B., Comparison of Muller-Kauffmann tetrathionate broth with Rappaport-Vassiliadis (RV) medium for the isolation of salmonellas from sewage sludge, J. appl. Bact. **60**, 161–167, 1986

35. SALL, B. S., LOMBARDO, M., SHERIDAN, B., PARSONS, G. H., Performance of a DNA probe-based Salmonella test in the AACC check sample program, J. Food Protection **51**, 579–580, 1988
36. SCOTLAND, S. M., Toxins, J. appl. Bact. Symposium Supplement 1988, 109S–129S
37. TROLLER, J. A., Water relations of foodborne bacterial pathogens-An updated review, J. Food Protection **49**, 656–670, 1986
38. VAN SCHOTHORST, M., RENAUD, A., VAN BEEK, C., Salmonella isolation using RVS broth and MLCB agar, Food Microbiol. **4**, 11–18, 1987
39. WAES, G., Detection of Salmonella using the Bio-EnzaBead screening kit in samples from the dairy industry, Milchwiss. **43**, 290–293, 1988
40. Microbiology-general guidance on methods for the detection of Salmonella ISO/TC 34, 8. 12. 1988, ISO/DIS 6579

3.1.2 Shigellen

Zum Genus *Shigella* der Familie *Enterobacteriaceae* gehören 4 Arten: *Shigella (Sh.) flexneri, Sh. sonnei, Sh. boydi* und *Sh. dysenteriae.* Innerhalb jeder Art gibt es verschiedene Serovare.

Eigenschaften:
Gramnegative Stäbchen, unbeweglich, fakultativ anaerob, Katalase-positiv, Oxidase-negativ, Fermentation von Kohlenhydraten überwiegend ohne Gasbildung. Shigellen sterben bei pH-Werten unterhalb von 4,5 ab, in schwachsauren Lebensmitteln können sie jedoch lange Zeit überleben. Im Mehl wurden noch nach 170 Tagen, in Abwasser nach 310 Tagen Shigellen nachgewiesen.

Vorkommen:
Stuhl, kontaminierte Lebensmittel

Krankheitserscheinungen:
Nach einer Inkubationszeit von i. d. R. 2–7 Tagen kommt es zu Bauchschmerzen, Fieber und blutigem Durchfall. Die Krankheitserscheinungen werden durch ein Endotoxin und ein Enterotoxin ausgelöst. Das Enterotoxin ist ein Protein, das neurotoxisch, enterotoxisch sowie cytotoxisch wirkt.

Übertragung:
Verunreinigung der Lebensmittel durch den Menschen und durch Wasser. Auch Fliegen können als Überträger auftreten. Es genügen sehr geringe Keimzahlen (10^1–10^2 Shigellen), um Infektionen und Erkrankungen beim Menschen auszulösen.

Nachweis

Der Nachweis geringer Zahlen von Shigellen ist schwierig, weil diese Bakterien im Vergleich zur Begleitflora längere Generationszeiten haben und leicht von dieser überdeckt werden. Weitere Probleme ergeben sich aus der biochemischen Inaktivität und serologischen Kreuzreaktionen von Shigellen mit anderen *Enterobacteriaceae,* besonders mit *E. coli.* Das nachfolgend aufgeführte Verfahren hat sich für den Nachweis von *Sh. flexneri* und *Sh. sonnei,* nicht jedoch für *Sh. boydi* bewährt (RUTSCH, 1987).

Anreicherung:
- 25 g Produkt + 225 ml 1%iges gepuffertes Peptonwasser + 10 μg/ml Novobiocin (Sigma);
- Bebrütung bei 37 °C für 6 h im Schüttelwasserbad.

Selektive Kultivierung nach 4–6 h:
- Ösenausstrich auf MacConkey-Agar ohne Zusatz und auf Hektoen Enteric Agar mit Zusatz von 10μg/ml Novobiocin
- Bebrütung bei 37 °C für ca. 16–20 h

Biochemische Identifizierung:
- Typische Kolonien (auf MacConkey Agar blaß, farblos, transparent oder trüb, mit gezacktem oder glattem Rand; auf Hektoen Enteric Agar grünlich-bläulich) werden mit polyvalentem Shigella-Antiserum probeagglutiniert (z. B. polyvalente und monovalente Antiseren, Robert-Koch-Institut des Bundesgesundheitsamtes Berlin) und bei Agglutination isoliert und biochemisch identifiziert (Tab. 8). Ergeben die in der Tabelle aufgeführten Reaktionen den Verdacht auf Shigellen, so sind weitere Tests durchzuführen (ROWE und GROSS, 1981).

Tab. 8   Biochemische Eigenschaften von Shigellen (LENNETTE et al. 1985)

Medium oder Test	% positive Reaktionen
Urease	0
Voges Proskauer	0
Methylrot	100
Lysindecarboxylase	0
Christensen's Citrat	0
Lactose	0 (Sh. dysenteriae)
	2 (übrige Species)

LITERATUR

1. LENNETTE, E. H., BALOWS, A., HAUSLER, JR., W. J. SHADOMY, H. J., MANUAL of clinical microbiology, 4th ed., American Society for Microbiology, Washington, D. C., 1985
2. MEHLMAN, I. J., ROMERO, A., WENTZ, B. A., Improved enrichment for recovery of Shigella sonnei from foods, J. Assoc. Off. Anal. Chem. **68**, 552–555, 1985
3. ROWE, B., GROSS, R. J., The genus Shigella, in: The Procaryontes, A Handbook on Habitats, Isolation and Identification of Bacteria, ed. by STARR, M. P., STOLP, H. TRÜPER, H. G., BALOWS, A., SCHLEGEL, H. G., S. 1248–1259, Springer Verlag, Berlin, 1981
4. RUTSCH, CORINNA, Versuche zum Nachweis von Shigellen in Lebensmitteln, Inaug. Diss., Vet. Med., Journal Nr. 1312, FU Berlin, 1987
5. SCOTLAND, S. M., Toxins, J. appl. Bact. Symposium Supplement 1988, 109S–129S
6. SMITH, J. L., Shigella as a foodborne pathogen, J. Food Protection **50**, 788–801, 1987
7. WACHSMUTH, K., MORRIS, G. K., SHIGELLA, in: Foodborne Bacterial Pathogens, ed. by M. P. Doyle, Marcel Dekker, Inc., Basel, 1989, S. 447–459

3.1.3 Yersinia enterocolitica und Yersinia pseudotuberculosis

Yersinia enterocolitica (Y. ent.) und *Yersinia pseudotuberculosis (Y. pt.)* gehören als Erreger der humanen Yersiniosen-Infektionen zur Familie *Enterobacteriaceae*. Dazu zählen außerdem *Yersinia (Y.) frederiksenii, Y. intermedia* und *Y. kristensenii,* die jedoch für den Menschen apathogen sind.

Eigenschaften:

(SWAMINATHAN et al., 1982, BRACKETT, 1986): *Yersinia* Species sind gramnegative, peritrich begeißelte, kapsellose Stäbchen von 0,8 bis 6,0 μm Länge und 0,4 bis 0,8 μm Breite. Geißeln werden bei Temperaturen unter 37 °C gebildet. Die Species des Genus *Yersinia* sind kulturell anspruchslos und psychrotolerant. Sie vermehren sich bei 22 °C bis 28 °C in oder auf einfachen Medien, die für die Isolierung und Identifizierung von Darmbakterien geeignet sind, wie z. B. Selenit- und Tetrathionat-Bouillon, Nähr-, Endo- oder MacConkey-Agar. Bei 22 °C bis 28 °C werden glatte Kolonien gebildet, bei 37 °C ist ein Übergang in die Rauhform möglich.

Vermehrungstemperatur
    Optimum 25–28 °C
    Maximum 45 °C
    Minimum 0 °C
Minimaler pH-Wert: 4,6
Minimaler a_w-Wert: 0,96
Hitzeresistenz: $D_{62,8\,°C} = 0,7–17,0$ s

Bei *Y. pt.* sind derzeit 7 0-Gruppen anerkannt. Das Antigenschema zur Typisierung von *Y. ent.* umfaßt z. Zt. 60 0-Antigene. Während alle Serogruppen von *Y. pt.* als pathogen angesehen werden, sind bei *Y. ent.* virulente Stämme stets mit bestimmten Serovaren bzw. Biovaren assoziiert. Hierzu zählen *Y. ent. Serovar 0:3, Biovar 4; Y. ent. Serovar 0:9, Biovar 2; Y. ent. Serovar 0:5, 27, Biovar 2 oder 3 und Y. ent. Serovar 0:8, Biovar IB.*
Die Virulenz dieser Serovare wird durch ein Plasmid bestimmt, das die Bildung bestimmter Membranproteine steuert. Pathogene, d. h. Virusplasmid-positive Stämme von *Y. ent.*, können recht zuverlässig mit Hilfe des Autoagglutinationstests von LAIRD und CAVANAUGH (1980) identifiziert werden. Stämme verschiedener Serovare von *Y. ent.* bilden bei Temperaturen von + 4 °C bis 28 °C ein hitzestabiles Enterotoxin. Seine pathogenetische Bedeutung ist jedoch nicht gesichert, da der Nachweis bei 37 °C nicht gelingt.

Vorkommen:

Y. pt. ist verbreitet bei Schweinen, Kaninchen, Katzen, Meerschweinchen und Vögeln. Die Übertragung wird durch direkten Kontakt mit Tieren, ihren infektiösen Ausscheidungen oder durch verunreinigte Lebensmittel oder Wasser vermutet. *Y. ent.* kommt weltweit bei Wild-, Nutz- und Haustieren sowie bei Reptilien, im Erdboden, Wasser und in Lebensmitteln vor. Die Übertragung der humanpathogenen *Y. ent.*-Stämme ist noch unbekannt. Als Infektionsquellen kommen gesunde oder erkrankte Schweine, Hunde, Katzen sowie Lebensmittel und Wasser in Betracht.

Krankheitserscheinungen:

Eine Infektion mit *Y. pt.* und *Y. ent.* wird durch akute Enteritis oder „akuten Bauch" (Pseudoappendizitis) gekennzeichnet.

Nachweis (GREENWOOD und HOOPER, 1989)

Anreicherung:

– 25 g Lebensmittel in 225 ml TPW (Trispuffer-Pepton-Wasser) homogenisieren und bei 9 °C 11–14 Tage aufbewahren.

Isolierung:

– Ösenausstrich auf CIN-Agar (Cefsulodin-Irgasan-Novobiocin-Agar), Bebrütung bei 30 °C für 20–24 h.

  Zusätzlich werden 1 ml Anreicherung mit 9 ml einer KOH-Lösung (0,5 % KOH und 0,5 % NaCl) vermischt und sogleich auf CIN-Agar ausgestrichen. Der CIN-Agar wird bei 30 °C für 20–24 h bebrütet. Typische Kolonien (dunkelrot, Aussehen von „Kuhaugen", umgeben von einem klaren Hof) werden isoliert und biochemisch identifiziert.

Identifizierung:

Verdächtige Kolonien werden vorgetestet: Urease +, Ornithindecarboxylase *(Yersinia enterocolitica +; Yersinia pseudotuberculosis –)*, Beweglichkeit bei 37 °C negativ. Anschließend erfolgt eine biochemische und serologische Identifizierung.

Tab. 9   Biochemische Eigenschaften von Yersinia enterocolitica und Yersinia pseudotuberculosis

Medium oder Test	Y. enterocolitica	Y. pseudotuberculosis
Saccharose	+	–
Indol	v	–
Voges Proskauer 22 °C	+	–
Ornithindecarboxylase	+	–
Cellobiose	+	–
Melibiose	–	+
Rhamnose	–	+
Sorbit	+	–
Glucose	+ ohne Gas	+ ohne Gas
Urease	+	+
Lysindecarboxylase	–	–
Arginindihydrolase	–	–
Phenylalanindeaminase	–	–
Simmons' Citrat	–	–

Erklärung: v = verschiedene Reaktion

LITERATUR

1. ALEKSIĆ, S., BOCKEMÜHL, J., LANGE, F., Studies on the Serology of Flagellar Antigens of Yersinia enterocolitica and Related Yersinia Species, Zbl. Bakt. Hyg. **A 261**, 299–310, 1986

2. ANDERSEN, J. K., Contamination of freshly slaughtered pig carcasses with human pathogenic Yersinia enterocolitica, Int. J. Food Microbiol. **7**, 193–202, 1988

3. BRACKETT, R. E., Growth and survival of Yersinia enterocolitica at acidic pH, Int. J. Food Microbiol. **3**, 243–251, 1986

4. CORNELIS, G., LAROCHE, Y., BALLIGAND, G., SORY, M.-P., WAUTERS, G., Yersinia enterocolitica, a Primary Model for Bacterial Invasiveness, Rev. Infect. Dis. **9**, 64–87, 1987

5. DELMAS, C. L., VIDON, D. J.-M., Isolation of Yersinia enterocolitia and related species from foods in France, Appl. Environ. Microbiol. **50**, 767–771, 1985

6. DE FELIP, G., OREFICE, L., CROCI, L., TOTI, L., GIZZARELLI, S., New method for the recovery of Yersinia enterocolitica from food, Arch. Lebensmittelhyg. **36**, 135–137, 1985

7. FUKUSHIMA, H., Direct isolation of Yersinia enterocolitica and Yersinia pseudotuberculosis from meat, Appl. Environ. Microbiol., **50**, 710–712, 1985

8. FUKUSHIMA, H., New selective agar medium for isolation of virulent Yersinia enterocolitica, J. Clin. Microbiol. **25**, 1068–1073, 1987

9. GILMOUR, A., WALKER, S. J., Isolation and identification of Yersinia enterocolitica and the Yersinia enterocolitica – like bacteria, J. appl. Bact. Symposium Supplement 1988, 213S–236S

10. GREENWOOD, M. H., HOOPER, W. L., Improved methods for the isolation of Yersinia species from milk and foods, Food Microbiol. **6**, 99–104, 1989

11. PRPIC, J. K., DAVEY, R. B., The genus Yersinia: Epidemiology, molecular biology and pathogenesis, Karger, Basel, 1987

12. SCHIEMANN, D. A., Development of a Two-Step Enrichment Procedure for Recovery of Yersinia enterocolitica from Food, Appl. Environ. Microbiol. **43**, 14–27, 1982

13. SCHIEMANN, D. A., Comparison of enrichment and plating media for recovery of virulent strains of Yersinia enterocolitica from inoculated beef stew, J. Food Protection **46**, 957–964, 1983

14. SCHIEMANN, D. A., Yersinia enterocolitica und Yersinia pseudotuberculosis, in: Foodborne Bacterial Pathogens, ed. by M. P. Doyle, Marcel Dekker, Inc. Basel, 1989, S. 601–672

15. SWAMINATHAN, B., HARMON, M. C., MEHLMANN, I. J., A review, Yersinia enterocolitica, J. Appl. Bact. **52**, 151–183, 1982

16. LAIRD, W. J., CAVANAUGH, D. C., Correlation of autoagglutination and virulence of yersiniae, J. Clin. Microbiol. **11**, 430–432, 1980

3.1.4 Enteropathogene Escherichia coli

Eigenschaften (GENIGEORGIS, 1987, MORGAN et al., 1988):
Gramnegative, fakultativ anaerobe, Oxidase-negative Stäbchen der Familie *Enterobacteriaceae*.
Vermehrungstemperatur
  Optimum 37 °C
  Maximum 46 °C
  Minimum 4 °C
Minimaler pH-Wert: 5,0
Mininaler a_w-Wert: 0,95
Hitzeresistenz: $D_{60\,°C}$ = 31,5 sec., z = 3,2 °C (Milch)

Einige Stämme von *E. coli* sind pathogen und führen zu extra-intestinalen und intestinalen

Erkrankungen. Die intestinalen Erkrankungen können hervorgerufen werden durch:
- säuglingspathogene („enteropathogene") *E. coli* (EPEC)
- enterohämorrhagische *E. coli* (EHEC)
- enterotoxinbildende *E. coli* (ETEC)
- enteroinvasive *E. coli* (EIEC)

Vorkommen:
Darm von Mensch und Tier

Krankheitserscheinungen:
- EPEC: Durchfall bei Säuglingen. In pathogenetischer Hinsicht zwei Gruppen mit im Zell-kulturtest (HEp-2) nachweisbarer lokalisierter oder diffuser Adhärenz. Stämme mit lokali-sierter Adhärenz bilden ein plasmidkodiertes Virulenzprotein der äußeren Membran von 94 kd. Die Pathogenitätsfaktoren für EPEC mit diffuser Adhärenz sind bisher unbekannt. Gehäuftes Vorkommen bei bestimmten Serogruppen.
- EHEC: Wässriger und blutiger Durchfall bei Kindern und Erwachsenen, der als extrainte-stinale Komplikation zum hämolytisch-urämischen Syndrom oder zur thrombotisch-thrombozytopenischen Purpura führen kann. Ursache: mindestens 3 verwandte, aber immunologisch verschiedene Zytotoxine (durch temperente Phagen kodiert; Verotoxine = Verocytotoxine oder Shiga-like Toxine) und plasmidkodierte Adhärenzfaktoren. Häufig bei den Serovaren 0157: H7 und 026: H11.
- ETEC: Wässrige Durchfälle als Reisediarrhoe bei Erwachsenen und als Säuglingsenteritis in den Tropen; hierzulande selten. Ursache: hitzelabiles, dem Choleratoxin verwandtes (LT) und/oder hitzestabiles (ST) Enterotoxin (plasmidkodiert). Zusätzlich meist auf Fim-brien lokalisierte Adhärenzfaktoren.
- EIEC: Ruhrähnliches Krankheitsbild mit wässrigen und blutigen Stühlen. Ursache: Inva-sion des Dickdarmepithels durch bestimmte *E. coli*-Stämme mit einem 140 Md Virulenz-plasmid.

Nachweis
- Keimzahlbestimmung mit VRBD-Agar, MacConkey-Agar, VRB-Agar + MUG, ECD-Agar + MUG u. a. (siehe Nachweis von *E. coli*, S.   ). Der Serovar 0157: H7 zeigt keine Fluores-zenz auf Medien, denen MUG zugesetzt wurde (JAY, 1986). Ein Nachweis ist möglich auf Sorbit-MacConkey-Agar und anschließender serologischer Bestätigung z. B. mit dem *E. coli* 0157 Latex-Test (Oxoid). Anders als die meisten *E. coli*-Stämme kann *E. coli* 0157: H7 kein Sorbit verwerten;
- Biochemische und serologische Identifizierung (bestimmte Serovare treten bei Lebens-mittelvergiftungen gehäuft auf, HÄCHLER, 1983);
- DNA-Hybridisierung (HILL et al., 1986, ROMICK et al., 1987);
- Toxinnachweis: LT mit Zellkulturtest (CH, Y1), ELISA, Ouchterlony-Test („BIKEN-Test"), DNS-Hybridisierung;
- ST: Babymaus-Test, kompetitiver ELISA, DNS-Hybridisierung;
- Verotoxine (Shiga-like Toxine): Zellkulturtests (Verozellen, HeLa-S$_2$ oder HeLa-S$_3$ (KARCH et al., 1987);
- Invasität (EIEC): Serény-Test am Meerschweinchenauge.

LITERATUR

1. ABBAR, F. M., MOHAMED, M. T., Occurrence of enteropathogenic Escherichia coli serotypes in butter, J. Food Protection **50**, 829–831, 1987
2. BONGAERTS, G. P. A., BRUGGEMAN-OLGE, K. M., MOUTON, R. P., Improvements in the microtitre G_{M1} ganglioside enzyme-linked immunosorbent assay for Escherichia coli heatlabile enterotoxin, J. appl. Bact. **59**, 443–449, 1985
3. BORCYK, A. A., LIOR, H., CIEBIN, B., False positive identifications of Escherichia coli 0157 in foods, Int. J. Food Microbiol. **4**, 347–349, 1987
4. BURKE, V., ROBINSON, J., GRACEY, M., Biotyping as a method of screening for enterotoxigenic Escherichia coli, Pathology **19**, 80–83, 1987
5. DAVIS, V. M., Increased reliability in detection of enterotoxigenic Escherichia coli by DNA colony hybridization, J. Food Protection **50**, 487–489, 1987
6. DOYLE, M. P. PADHYE, V. V., Escherichia coli, in: Foodborne Bacterial Pathogens, ed. by M. P. Doyle, Marcel Dekker, Inc., Basel, 1989, S. 235–281
7. FRANCO, B. D. G. M., GUTH, B. E. C., TRABULSI, L. R., Enterotoxigenic Escherichia coli isolated from foods in Sao Paulo, Brazil, J. Food Protection **50**, 832–834, 1987
8. GENIGEORGIS, C., The risk of transmission of zoonotic and human diseases by meat and meat products, in: Elimination of pathogenic organisms from meat and poultry, ed. by F. J. M. SMULDERS, Elsevier Sci. Publ., 1987, S. 111–145
9. HÄCHLER, H., Enteropathogene Escherichia coli (EEC): Klinische, diagnostische, lebensmitteltechnische Aspekte, Schweizerische Gesellschaft für Lebensmittelhygiene (SGLH), Heft 13, S. 135–165, 1983
10. HILL, W. E., PAYNE, W. L., Genetic methods for the detection of microbial pathogens. Identification of enterotoxigenic Escherichia coli by DNA colony hybridization: Collaborative study, J. Assoc. Off. Anal. Chem. **67**, 801–807, 1984
11. HILL, W. E., WENTZ, B. A., PAYNE, W. L., JAGOW, J. A., ZON, G., DNA colony hybridization method using synthetic oligonucleotides to detect enterotoxigenic Escherichia coli: Collaborative study, J. Assoc. Off. Anal. Chem. **69**, 531–536, 1986
12. HOFSTRA, H., HUIS IN'T VELD, J. H. J., Methods for the detection and isolation Escherichia coli including pathogenic strains, J. appl. Bact. Symposium Supplement 1988, 197S–212S
13. JAY, J. M., Modern food microbiology, 3rd. ed., Van Nostrand Reinhold Company, New York, 1986
14. KARCH, H., HEESEMANN, J., LAUFS, R., Phage-associated Cytotoxin production by and enteroadhesiveness of enteropathogenic Escherichia coli isolated from infants with diarrhea in West Germany, J. Inf. Dis. **155**, 707–715, 1987
15. KARMALI, M. A., PETRIC, M., LIM, C., FLEMING, P. C., ARBUS, G. S., LIOR, H., The association between idiopathic hemolytic uremic syndrome and infection by verotoxin-producing Escherichia coli, J. Inf. Dis. **151**, 775–782, 1985
16. KÜHN, I., Biochemical fingerprinting of Escherichia coli: a simple method for epidemiological investigations, J. Microbiological Methods **3**, 159–170, 1985
17. LINTON, A. H., HINTON, M. H., Enterobacteriaceae associated with animals in health and disease, J. appl. Bact. Symposium Supplement 1988, 715–855
18. MATHIAS, R., Outbreak of E. coli 0157: H7 hemorrhagic colitis in British Columbia: Results of two studies, Can. Fam. Physician **33**, 1269–1274, 1987
19. ROMICK, T. L., LINDSAY, J. A., BUSTA, F. F., A visual DNA probe for detection of enterotoxigenic Escherichia coli by colony hybridization, Letters in Applied Microbiol. **5**, 87–90, 1987
20. SCOTLAND, S. M., Toxins, J. appl. Bact. Symposium Supplement 1988, 109S–129S
21. SHAW, D. B., RHEA, U. S., Foodborne enterotoxigenic Escherichia coli: Identification and enumeration on nitrocellulose membrane by enzyme immunoassay, Int. J. Food Microbiol. **3**, 79–87, 1986
22. SMITH, H. R., SCOTLAND, S. M., CHART, H., ROWE, B., Vero cytotoxin production and presence of VT genes in strains of Escherichia coli and Shigella, FEMS Microbiolgal Letters **42**, 173–177, 1987
23. SZABO, R. A., TODD, E. C. D., JEAN, A., Method to isolate Escherichia coli 0157: H7 from food, J. Food Protection **49**, 768–772, 1986
24. YUTSUDO, T., NAKABAYASHI, N., HIRAYAMA, T., TAKEDA, Y., Purification and some properties of a Vero toxin from Escherichia coli 0157: H7 that is immunologically unrelated to shiga toxin, Microbial. Pathogenesis **3**, 21–30, 1987

3.1.5 Vibrionen

Eigenschaften:
Zum Genus *Vibrio* der Familie *Vibrionaceae* gehören mehr als 30 Arten, die sich durch folgende Eigenschaften auszeichnen: gramnegative Stäbchen, fakultativ anerob, beweglich, meist Oxidase-positiv, Fermentation von Glucose ohne Gasbildung (einige Ausnahmen), Wachstumsförderung durch Natrium-Ionen. 8 Arten gelten als pathogen: *V. cholerae, V. mimicus, V. parahaemolyticus, V. hollisae, V. fluvialis, V. furnissii, V. vulnificus* und *V. damsela*. Fraglich ist die Pathogenität von *V. metschnikovi* (HOOVER, 1985, MASSAD und OLIVER, 1987, OLIVER, 1985, SAKAZAKI und SHIMADA, 1986). Aufgrund der Zusammensetzung der rRNA wurde für *V. damsela, V. anguillarum* und *V. ordalii* die Zuordnung zum Genus Listonella vorgeschlagen (MAC DONELL und COLWELL, 1985, VENKATESWARAN et al., 1989). Eine besondere Bedeutung im Hinblick auf Lebensmittelvergiftungen haben *V. cholerae, V. parahaemolyticus, V. vulnificus* und *V. mimicus* (MADDEN, 1988).

Vorkommen:
Wasser, bes. Küstengewässer, Meerestiere

Vibrio cholerae und Vibrio mimicus
Beide Arten unterscheiden sich von den halophilen Vibrionen u. a. dadurch, daß sie nicht auf Na^+, K^+ und Mg^{++} angewiesen sind. Die Eigenschaften beider Arten sind sehr ähnlich, *V. mimicus* fermentiert jedoch keine Saccharose, bildet kein Acetoin aus Glucose und besitzt keine Amylaseaktivität. *V. cholerae* und *V. mimicus* haben ein identisches H-Antigen. Das O-Antigen führt zur Unterscheidung zahlreicher Serovare. Die echten Cholera-Vibrionen gehören zum Serovar 1 (01). *01-Vibrio cholerae* wird in zwei Biovare unterteilt, in *V. cholerae* und *V. eltor*. *01-Vibrio cholerae* besitzt 3 antigene Varianten (keine Serotypen oder Subtypen): Ogawa, Inaba und Hikojima (SAKAZAKI und SHIMADA, 1986). Zahlreiche Vibrionen, die biochemisch den Cholera-Vibrionen gleichen, aber nicht mit dem 01-Serum agglutinieren, werden als *Vibrio cholerae non-01* oder *„non-agglutinable" (NAG)* oder „non-cholera vibrios" (NCV) bezeichnet.

Krankheitserscheinungen:
Brechdurchfall, hoher Flüssigkeitsverlust. Ursache: Enterotoxin, das im Darm gebildet wird.

Minimale Infektiöse Dosis:
10^6 (Trinkwasser), bei anderen Lebensmitteln geringer.

Inkubationszeit:
2–5 Tage

Lebensmittel, die zur Erkrankung führten:
Wasser, Krustentiere, mit Wasser verunreinigte Lebensmittel (Gemüse, Obst).

Vibrio parahaemolyticus
Vibrio parahaemolyticus gehört zu den halophilen Vibrionen und vermehrt sich am besten bei einem Kochsalzgehalt von 2–4 %. Einige biochemische Eigenschaften und Unter-

schiede zu anderen Vibrionen sind in der Tabelle 10 aufgeführt. *V. parahaemolyticus* kann bei der biochemischen Identifizierung mit *V. harveyi* verwechselt werden. *V. harveyi* bildet jedoch aus Cellobiose innerhalb von 24 h Säure.

Vermehrungstemperatur

Optimum 30 °C –35 °C

Maximum 44 °C

Minimum 5 °C (bei pH über 7,2 und 3 % Kochsalz)

Minimaler pH-Wert 4,8 (bei 30 °C Kochsalz 3 %)

Hitzeresistenz: $D_{60\,°C}$ = 1,0 min

Die aus Patientenstühlen isolierten Stämme von *V. parahaemolyticus* waren gewöhnlich hämolytisch, die aus Lebensmitteln isolierten zeigten dagegen auf Medien mit menschlichen Erythrozyten selten Hämolyse (Kanagawa-negativ). Da die Kanagawa-Reaktion entscheidend vom Medium und den Kulturbedingungen abhängt, wurde als empfindlicheres Nachweisverfahren die umgekehrte passive Hämagglutination als Test vorgeschlagen. Verschiedene Hämolysine wurden bei *V. parahaemolyticus* nachgewiesen. Eine extrazelluläre thermostabile Substanz ist für die Kanagawa-Reaktion verantwortlich, („Thermostable Direct Hemolysin = TDH"). Der Pathogenitätsmechanismus des Kanagawa-Hämolysins wurde allerdings bisher nicht eindeutig geklärt. Bei Kanagawa-positiven Stämmen konnte ebenfalls ein Hämolysin nachgewiesen werden, das nicht thermostabil ist und das bei i. p. Injektion bei Mäusen in 30–40 % der Fälle zum Tode führte (SARKAR et al., 1987).

Vorkommen:

Wasser, Fische, Krusten- und Schalentiere

Krankheitserscheinungen:

Brechdurchfall

Inkubationszeit:

2–48 h

Minimale Infektiöse Dosis:

10^6

Lebensmittel, die zur Erkrankung führen:

Trinkwasser, verunreinigte, nicht erhitzte Meerestiere, Lebensmittel, die nach der Zubereitung verunreinigt wurden.

Vibrio fluvialis und V. furnissii

Vorkommen:

Seewasser, Fische, Muscheln, Austern

Krankheitserscheinungen:

Durchfall. Ein thermolabiles Cytotoxin wurde nachgewiesen. Der enteropathogene Mechanismus ist noch ungeklärt. In den USA wurden Lebensmittelvergiftungen durch *V. furnissii* beschrieben (SAKAZAKI und SHIMADA, 1986). Beide Kulturen vermehren sich auf TCBS-Agar, wenn es sich um frische Isolate handelt, dagegen zeigen Stammkulturen nur ein schwaches Wachstum.

Tab. 10 Eigenschaften pathogener Vibrionen

Eigenschaften	V. cholerae	V. mimicus	V. parahae-molyticus	V. algino-lyticus	V. vulnificus	V. damsela	V. fluvialis	V. furnissii	V. hollisae
Vermehrung in Kochsalz-Bouillon									
0%	+	+	–	–	–	–	–	–	–
7%	–	–	+	+	–	–	v	v	–
10%	–	–	–	+	–	–	–	–	–
Vermehrung auf									
CLED-Medium	+	+	–	–	–	–	v	v	–
Indol	+	+	+	+	+	–	–	–	+
Voges-Proskauer	v	–	–	+	–	v	–	–	–
Lysindecarboxylase	+	+	+	+	+	v	–	–	–
Arginindihydrolase	–	–	–	–	–	+	+	+	–
Ornithindecarboxylase	+	+	+	+	v	–	–	–	–
Urease	–	–	–	–	–	+	–	–	–
Fermentation von									
Glucose, Säure	+	+	+	+	+	+	+	+	+
Glucose, Gas	–	–	–	–	–	v	–	+	–
Arabinose	–	–	v	v	–	–	v	+	+
Lactose	v	–	–	–	+	–	–	–	–
Saccharose	+	–	–	+	–	–	+	+	–

Erklärung: v = verschiedene Reaktionen
Anmerkungen:
Art der Prüfung und weitere Reaktionen siehe bei SAKAZAKI und SHIMADA, 1986, Madden et al., 1989, Twedt, 1989

Vibrio hollisae

Vibrio hollisae wurde im Stuhl von Patienten nachgewiesen, die an Durchfall erkrankt waren, einige von ihnen hatten Meerestiere roh gegessen. Ein thermostabiles Hämolysin (TDH) wurde bei Isolaten von Fischen nachgewiesen, das identisch war mit dem Hämolysin von *V. hollisae* aus Patientenstühlen (NISHIBUCHI et al., 1988). *V. hollisae* vermehrt sich nicht auf TCBS-Agar, jedoch auf Schafblut-Agar.

Vibrio alginolyticus

Vibrio alginolyticus ist weit verbreitet im Seewasser und bei Meerestieren. *V. alginolyticus* wurde in Patientenstühlen von Personen nachgewiesen, die choleraähnliche Symptome aufwiesen (OLIVER, 1985).

Vibrio vulnificus

In früheren Berichten wurde *V. vulnificus* als Biogruppe der Vibrionen (Biogruppe 6330) bezeichnet. Heute gilt diese Gruppe als eigenständige Art. *V. vulnificus* vermehrt sich im Gegensatz zu *V. parahaemolyticus* nicht in Medien mit 8 % Kochsalz und fermentiert Lactose. *V. vulnificus* führt zu Wundinfektionen nach Kontakt mit Meereswasser und Meerestieren sowie zur Septikämie über das Lebensmittel, bes. Muscheln und Austern (OLIVER, 1985, MASSAD und OLIVER, 1987, BRYANT et al., 1987). Ein Enterotoxin ist die Ursache auftretender Durchfälle (STELMA et al., 1988).

Vibrio damsela

Vibrio damsela führt zu Wundinfektionen. Durchfälle sind bisher nicht beobachtet worden.

Nachweis der Vibrionen

Die Nachweismethoden unterscheiden sich bei den einzelnen Arten.

Anreicherung pathogener Vibrionen:
- 20 g Lebensmittel mit der sterilen Schere in Stücke zerschneiden und mit 200 ml alkalischem Peptonwasser (pH 8,6–9,0) ca. 2 min gut schütteln. Danach das Lebensmittel entfernen und die Voranreicherung 8 h bei 37 °C bebrüten. Besonders bei Krusten- und Schalentieren sollte kein Homogenisat angereichert werden, da Vibrionen durch Inhaltsstoffe gehemmt werden (SAKAZAKI und SHIMADA, 1986).
- Eine Öse aus der Voranreicherung zu 9 ml Anreicherungsbouillon (Monsur's Broth = Tellurit-Galle-Kochsalz-Bouillon), Bebrütung über Nacht bei 37 °C.
- Ösenausstrich auf PMT-Agar (SAKAZAKI und SHIMADA, 1986) und TCBS-Agar, Bebrütung bei 37 °C für 18 h.
- Typische Kolonien werden biochemisch identifiziert. Vibrionen sind Oxidase-positiv und fermentieren Glucose ohne Gasbildung (nur *V. furnissii* bildet wenig Gas). Die Oxidase darf nicht auf dem Selektivmedium und Medien mit fermentierbaren Kohlenhydraten geprüft werden, da sonst die Reaktion verfälscht wird. Die Identifizierungsmedien müssen 1 % NaCl enthalten.
- Verdächtige Cholera-Vibrionen werden zusätzlich serologisch identifiziert (Objektträgeragglutination mit 01-Antiserum).

Anreicherung von Vibrio parahaemolyticus:
- 100 g Lebensmittel zu 100 ml doppelt konzentrierter SPB-Bouillon.
- Nach einer Bebrütung bei 37 °C für 8–12 h Ösenausstrich von der Oberfläche auf TCBS-Agar, Bebrütung 37 °C, 18 h.
- Biochemische Identifizierung verdächtiger Kolonien.
- Nachweis der Kanagawa-Reaktion.

Bestimmung der Keimzahl:
- Spatelverfahren, TCBS-Agar, 18 h bei 37 °C. Nach KARUNAGASAR et al. (1987) ist der direkte Nachweis auf dem festen Medium besser als die Anreicherung.
- Biochemische Identifizierung verdächtiger Kolonien, bei Verdacht auf *Vibrio cholerae*

Agglutination mit 01-Antiserum, bei *Vibrio parahaemolyticus* Nachweis der Kanagawa-Reaktion.

Nachweis der Kanagawa-Reaktion:
- Vom TCBS-Agar werden typische Kolonien (Durchmesser 2–3 mm, grünlich-blaues Zentrum) entnommen und in Tryptic Soy Broth + 3 % Kochsalz überimpft und bei 37 °C 2–4 h bebrütet.
- Punktförmiges Beimpfen eines vorgetrockneten Wagatsuma-Agars, Bebrütung bei 37 °C für 18 h.
- Hämolyse-positive Kolonien = Kanagawa-positiv. Referenzkultur als Kontrolle einsetzen.

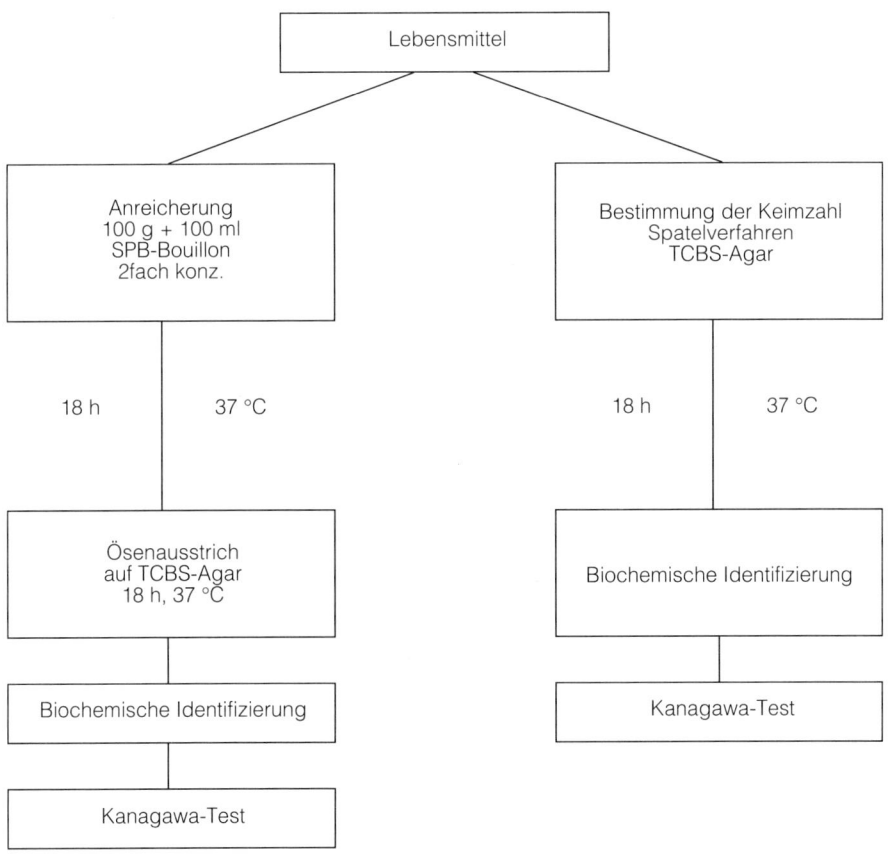

Abb. 21 Nachweis von Vibrio parahaemolyticus

LITERATUR

1. BEUCHAT, L. R., Vibrio parahaemolyticus: Public health significance, Food Technol. **36**, 80–83, 1982
2. BRAYTON, P. R., TAMPLIN, M. L., HUQ, A., COLWELL, R. R., Enumeration of Vibrio cholerae 01 in Bangladesh waters by fluorescent-antibody direct viable count, Appl. Environ. Microbiol. **53**, 2862–2865, 1987
3. BREDE, H.-D., Cholera, Forum Mikrobiologie **10**, 425–429, 1987
4. CHAN, K.-YU, WOO, M. L., LAM, L. Y., FRENCH, G. L., Vibrio parahaemolyticus and other halophilic Vibrios associated with seafood in Hong Kong, J. appl. Bacteriol. **66**, 57–64, 1989
5. DEPAOLA, A., KAYSNER, CH. A., MCPHEARSON, R. M., Elevated temperature method for recovery of Vibrio cholerae from oysters (Crassostrea gigas), Appl. Environ. Microbiol. **53**, 1181–1182, 1987
6. DEPAOLA, A., HOPKINS, L. H., MCPEARSON, R. M., Evaluation of four methods for enumeration of Vibrio parahaemolyticus, Appl. Environ. Microbiol. **54**, 617–618, 1988
7. DEPAOLA, A. MOTES, M. L., MCPHEARSON, R. M., Comparison of APHA and elevated temperature enrichment methods for recovery of Vibrio cholerae from oysters: Collaborative study, J. Assoc. Off. Anal. Chem. **71**, 584–588, 1988
8. EYLES, M. J., DAVEY, G. R., Vibrio cholerae and enteric bacteria in oyster-producing areas in two urban estuaries in Australia, Int. J. Food Microbiol. **6**, 207–218, 1988
9. HACKNEY, C. R., DICHARRY, A., Seafood-borne bacterial pathogens of marine origin, Food Technol. **42**, 104–109, 1988
10. HOOVER, D. G., Review of isolation and enumeration methods for vibrio species of food safety significance, J. Food Safety **7**, 35–42, 1985
11. KARUNASAGAR, I., VENUGOPAL, M. N., KARUNASAGAR, I., SEGAR, K., Evaluation of methods for enumeration of Vibrio parahaemolyticus from seafood, Appl. Environ. Microbiol. **52**, 583–585, 1986
12. KARUNASAGAR, I., VENUGOPAL, M. N., SEGAR, K., KARUNASAGAR, I., Survival of Vibrio parahaemolyticus in cold smoked fish, Antonie van Leeuwenhoek **52**, 145–152, 1986
13. MCDONELL, M. T., COLWELL, R. R., Phylogeny of the Vibrionaceae and recommendation for the new genera, Listonella and Shewanella, Syst. Appl. Microbiol. **6**, 171–182, 1985
14. MADDEN, J. M., Bacteria associated with foodborne diseases: Vibrio, Food Technol. **42**, 191–192, 1988
15. MADDEN, J. M., MCCARDELL, B. A., MORRIS, J. G., Jr., Vibrio cholerae, in: Foodborne Bacterial Pathogens, ed. by M. P. Doyle, Marcel Dekker, Inc., Basel, 1989, S. 525–542
16. MASSAD, G., OLIVER, J. D., New selective and differential medium for Vibrio cholerae and Vibrio vulnificus, Appl. Environ. Microbiol. **53**, 2262–2264, 1987
17. NISHIBUCHI, M., DOKE, S., TOIZUMI, S., UMEDA, T., YOH, M., MIWATANI, T., Isolation from a coastal fish of Vibrio hollisae capable of producing a hemolysin to the thermostable direct hemolysin of Vibrio parahaemolyticus, Appl. Environ. Microbiol. **54**, 2144–2146, 1988.
18. OLIVER, J. D., Vibrio: An increasingly troublesome genus, Diagnostic Medicine **8**, 43–49, 1985
19. OLIVER, J. D., Vibrio vulnificus, in: Foodborne Bacterial Pathogens, ed by M. P. Doyle, Marcel Dekker, Inc., Basel, 1989, S. 569–600
20. SAKAZAKI, R., SHIMADA, T., Vibrio species as causative agents of food-borne infections, in: Developments in food microbiology-2, ed. by R. K. ROBINSON, Elsevier Appl. Sci. Publ. London, 1986, S. 123–151
21. SAKAZAKI, R. et al., ICMSF methods studies. XVI. Comparison of salt polymyxin broth with glucose salt teepol broth for enumerating Vibrio parahaemolyticus in naturally contaminated samples, J. Food Protection **49**, 773–780, 1986
22. SARKAR, B. L., KUMAR, R., DE, S. P., PAL, S. C., Hemolytic activity of and lethal toxin production by environmental strains of Vibrio parahaemolyticus, Appl. Environ. Microbiol. **53**, 2696–2698, 1987
23. STELMA, G. N. JR., SPAULDING, P. L., REYES, A. L., JOHNSON, C. H., Production of enterotoxin by Vibrio vulnificus isolates, J. Food Protection **51**, 192–196, 1988
24. TWEDT, R. M., Vibrio parahaemolyticus, in: Foodborne Bacterial Pathogens, ed. by M. P. Doyle, Marcel Dekker, Inc., Basel, 1989, S. 543–568
25. VENKATESWARAN, K., NAKANO, H., OKABE, T., TAKAYAMA, K., MATSUDA, O., HASHIMOTO, H., Occurrence and distribution of Vibrio spp., Listonella spp., and Clostridium botulinum in the seto inland sea of Japan, Appl. Environ. Microbiol. **55**, 559–567, 1989
26. Cholera in Louisana-Update, Morbidity and Mortality Weekly Report 35, 715, 716, 721, 722, 1986

3.1.6 Aeromonaden

Das Genus *Aeromonas* gehört zur Familie der *Vibrionaceae* und umfaßt nach Bergey's Manual of Systematic Bacteriology (1984) 4 Arten: *Aeromonas (A.) hydrophila, A. sobria, A. caviae* und *A. salmonicida.* Beschrieben wurden darüber hinaus *A. media* (ALLEN et al., 1983) und *A. veronii* (HICKMAN-BRENNER, 1987). Die Aeromonaden werden zu den opportunistischen pathogenen Bakterien gerechnet, die gelegentlich in Fällen von „Lebensmittelvergiftungen" isoliert wurden und bei denen nur bestimmte Stämme unter ganz bestimmten Voraussetzungen zur Erkrankung führen (SINELL, 1985). Es mehren sich jedoch die Publikationen, die eine Beteiligung von *Aeromonas hydrophila, Aeromonas sobria* und *Aeromonas caviae* bei Durchfallerkrankungen wahrscheinlich werden lassen (BUCHANAN und PALUMBO, 1985, ABEYTA et al., 1986, ALTWEGG, 1987, GEISS et al., 1988, ARCHER und KVENBERG, 1988, MORGAN und WOOD, 1988). Andererseits muß festgestellt werden, daß es auch mit sehr großen Inokula und mit Stämmen, die praktisch alle bis dahin bekannten potentiellen Virulenzfaktoren aufwiesen, nicht gelungen ist, bei Freiwilligen einen Durchfall auszulösen (ALTWEGG, 1987). Obwohl die Koch'schen Postulate bisher nicht erfüllt werden konnten, sollten *A. hydrophila* und *A. sobria* besonders bei Erkrankungen nach dem Verzehr von Austern oder anderen Meerestieren in die Untersuchungen mit einbezogen werden (ABEYTA et al., 1986).

Eigenschaften:
Gramnegative Stäbchen, optimale Vermehrungstemperatur für *A. hydrophila, A. sobria* und *A. caviae* 22–28 °C. *Aeromonas hydrophila* vermehrt sich im Temperaturbereich von 0 °C bis 42 °C und hat eine geringe Hitzeresistenz ($D_{48\,°C}$ = 3,2–6,2 min in Rohmilch, z = 4–6 °C, PALUMBO et al., 1987). Bei pH 5,5 wird die Vermehrung von *Aeromonas hydrophila* gehemmt, bei pH 4,5 sterben die Aeromonaden ab (PALUMBO et al. 1985). Einige biochemische Eigenschaften der beweglichen Aeromonaden sind in der Tabelle 11 enthalten.

Vorkommen:
Wasser, nachgewiesen bei Austern, Krabben, Frischfleisch vom Rind, Schwein, Geflügel, Schaf, Fisch, Milch, Frischgemüse.

Krankheitserscheinungen:
Durchfallerkrankungen. Es besteht die Vermutung, daß in den ersten Lebensjahren eine Resistenz entwickelt wird. Die zahlenmäßige Dominanz von *A. caviae* in Europa und den USA könnte erklären, daß Reisende in Entwicklungsländern gegenüber den dort häufiger anzutreffenden *A. hydrophila* und *A. sobria* keine Resistenz aufweisen und erkranken (ALTWEGG, 1987). Verschiedene Ursachen der Erkrankung sind bei *A. hydrophila* und *A. sobria* nachgewiesen worden: Hämolysine, Cytotoxin und Enterotoxin, das mit Antikörpern gegen Choleratoxin und dem hitzelabilen Toxin von *E. coli* nicht neutralisiert werden konnte (MILLERSHIP et al., 1986, BARER et al., 1986). *Aeromonas hydrophila* bildet ein hitzelabiles und ein hitzestabiles Enterotoxin (GEMMELL, 1984).

Tab. 11 Charakteristika von Aeromonas spp.
(nach BRYANT et al., 1986, JOSEPH et al., 1988)

Reaktionen	sobria	Aeromonas hydrophila	caviae
Beweglichkeit	96	97	82
Vermehrung bei 4 °C	76	50–67	68
Vermehrung bei 0 % NaCl	+	+	+
Vermehrung bei 6 % NaCl	–	–	–
Arginindihydrolase	+	+	98
Ornithindecarboxylase	–	–	1
Lysindecarboxylase	98	94	5
Oxidase	+	+	+
Glucose, Säure	+	+	+
Glucose, Gas	84	80	7
Indol	98	97	76
ONPG	95	+	+
Voges Proskauer	76	+	–
Säure aus L-Arabinose	7	82	89
Säure aus Salicin	27	90	79

Erklärungen: Die Zahlen geben positive Reaktionen an, + und – stehen für 100 % bzw. 0 %

Nachweis

Anreicherungsverfahren:

– 10 g Lebensmittel + 90 ml Aeromonas-Anreicherungsbouillon (OKREND et al., 1987), Bebrütung bei 28 °C für 18–24 h;

– Ösenausstrich auf Stärke-Ampicillin-Agar, Bebrütung bei 28 °C für 18–24 h, oder Aeromonas Nährboden nach Ryan (Oxoid), Bebrütung bei 37 °C für 18 h;

– Verdächtige Kolonien (honiggelb auf den Stärke-Ampicillin-Agar und dunkelgrün mit
schwarzem Zentrum auf den Aeromonas-Nährboden nach Ryan) werden auf ein kohlenhydratfreies Medium (z. B. CASO-Agar) überimpft und bei 28 °C 18–24 h bebrütet;

– Oxidase-positive Kolonien werden biochemisch identifiziert (siehe auch S.   ). Die Prüfung der Oxidase darf nur von Medien erfolgen, die kein fermentierbares Kohlenhydrat
enthalten, da es sonst durch Säuerung zu einer falsch-negativen Reaktion kommen
kann.

Bestimmung der Keimzahl oder direkter Nachweis auf einem festen Medium:

– 10 g Lebensmittel + 90 ml Verdünnungsflüssigkeit homogenisieren, Anlegen einer Verdünnungsreihe;

– Spatel- oder Tropfplattenverfahren, Stärke-Ampicillin-Agar, 28 °C, 18–24 h oder Aeromonas-Nährboden nach Ryan (Oxoid), 37 °C, 18 h;

– Typische Kolonien (honiggelb auf Stärke-Ampicillin-Agar und dunkelgrün mit schwarzem Zentrum auf Aeromonas-Nährboden nach Ryan) werden auf ein kohlenhydratfreies Medium (z. B. CASO-Agar) überimpft und bei 28 °C 18–24 h bebrütet. Oxidase-positive Kolonien werden biochemisch identifiziert (siehe Tab. 11).

Abb. 22 Nachweis von Aeromonas hydrophila

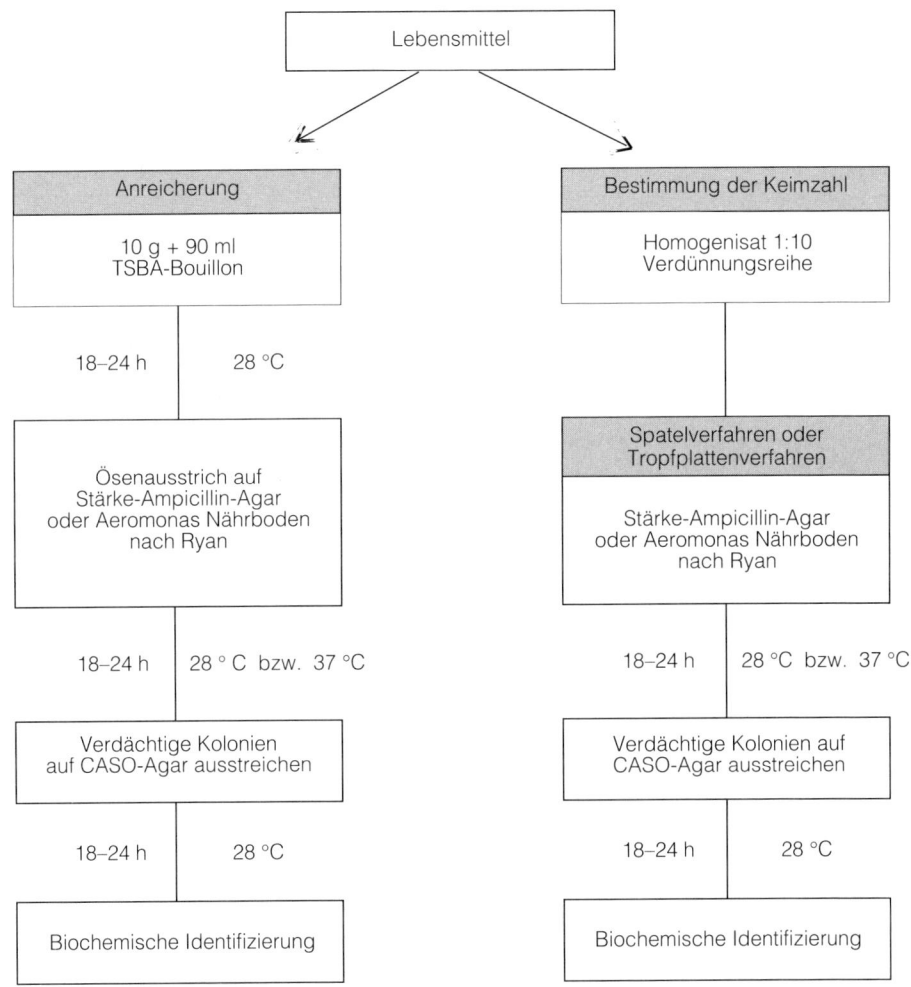

LITERATUR

1. ABEYTA, C. JR., KAYSNER, CH. A., WEKELL, M. M., SULLIVAN, J. J., STELMA, G. N., Recovery of Aeromonas hydrophila from oysters implicated in an outbreak of foodborne Illness, J. Food Protection **49**, 643–646, 650, 1986
2. ABEYTA, C. JR., WEAGANT, ST. D., KAYSNER, CH., A., WEKELL, M. M., STOTT, R. F., KRANE, M. H., PEELER, J. T., Aeromonas hydrophila in shellfish growing waters: Incidence and media evaluation, J. Food Protection **52**, 7–12, 1989
3. ALLEN, D. A., AUSTIN, B., COLWELL, R. R., Aeromonas media, a new species isolated from river water, Int. J. Syst. Bacteriol. **33**, 599, 1983
4. ALTWEGG, M., Aeromonas spp. als Erreger humaner Infektionen: Diagnostik und klinische Bedeutung, Immun. Infekt. **15**, 159–163, 1987
5. ARCHER, D. L., KVENBERG, J. E., Regulatory significance of Aeromonas in foods, J. Food Safety, **9**, 53–58, 1988
6. ARCOS, M. L., DE VINCENTE, A., MORINIGO, M. A., ROMERO, P., BORREGO, J. J., Evaluation of several selective media for recovery of Aeromonas hydrophila from polluted waters, Appl. Environ. Microbiol. **54**, 2786–2792, 1988
7. BARER, M. R., MILLERSHIP, S. E., TABAQCHALI, S., Relationship of toxin production to species in the genus Aeromonas, J. Med. Microbiol. **22**, 303–309, 1986
8. BRYANT, T. N., LEE, J. V., WEST, P. A., COLWELL, R. R., Numerical classification of species of Vibrio and related genera, J. appl. Bact. **61**, 437–467, 1986
9. BUCHANAN, R. L., PALUMBO, S. A., Aeromonas hydrophila and Aeromonas sobria as potential food poisoning species: A review, J. Food Safety **7**, 15–29, 1985
10. CALLISTER, ST., AGGER, W. A., Enumeration and characterization of Aeromonas hydrophila and Aeromonas caviae isolated from grocery store produce, Appl. Environ. Microbiol. **53**, 249–253, 1987
11. FRICKER, C. R., TOMPSETT, S., Aeromonas sp. in foods: A significant cause of food poisoning?, Int. J. Food Microbiol. **9**, 17–23, 1989
12. GEISS, H. K., FOGEL, W., SONNTAG, H.-G., Häufigkeit von Aeromonas species im Stuhl von Gesunden und Durchfallkranken, Immun. Infekt. **16**, 115–117, 1988
13. HAVELAAR, A. H., DURING, M., VERSTEEGH, J. F. M., Ampicillin-dextrin agar medium for the enumeration of Aeromonas species in water by membrane filtration, J. appl. Bact. **62**, 279–287, 1987
14. HAVELAAR, A. H., VONK, M., The preparation of ampillicin dextrin agar for the enumeration of Aeromonas in water, Letters in Appl. Microbiol. **7**, 169–171, 1988
15. HICKMAN-BRENNER, F. W., MACDONALD, K. L., STEIGERWALT, A. G., FANNING, G. R., BRENNER, D. J., FARMER, J. J., Aeromonas veronii, a new ornithin decarboxylase-positive species that may cause diarhea, J. Clin. Microbiol. **25**, 900, 1987
16. HUNTER, P. R., BURGE, S. H., Isolation of Aeromonas caviae from ice-cream, Letters in appl. Microbiol. **4**, 45–46, 1987
17. JOSEPH, S. W., JANDA, M., CARNAHAN, A., Isolation, enumeration and identification of Aeromonas sp., J. Food Safety **9**, 23–35, 1988
18. KNØCHEL, S., The suitability of four media for enumerating Aeromonas spp. from environmental samples, Letters Appl. Microbiol. **9,** 67–69, 1989
19. MILLERSHIP, S. E., BARBER, M. R., TABAQCHALI, S., Toxin production by Aeromonas spp. from different sources, J. Med. Microbiol. **22**, 311–314, 1986
20. MORGAN, D. R., WOOD, L. V., Is Aeromonas sp. a foodborne pathogen? Review of the clinical data, J. Food Safety **9**, 59–72, 1988
21. OKREND, A. J. G., ROSE, B. E., BENNETT, B., Incidence and toxigenicity of Aeromonas species in retail poultry, beef and pork, J. Food Protection **50**, 509–513, 1987
22. PALUMBO, S. A., MAXINO, F., WILLIAMS, A. C., BUCHANAN, R. L., THAYER, D. W., Starch-ampicillin agar for quantitative detection of Aeromonas hydrophila, Appl. Environ. Microbiol. **50**, 1027–1030, 1985
23. PALUMBO, S. A., WILLIAMS, A. C., BUCHANAN, R. L., PHILLIPS, J. G., Thermal resistance of Aeromonas hydrophila, J. Food Protection **50**, 761–764, 1987
24. PALUMBO, S. A., MORGAN, D. R., BUCHANAN, R. L., Influence of temperature, NaCl, and pH on the growth of Aeromonas hydrophila, J. Food Sci. **50**, 1417–1421, 1985
25. PALUMBO, S. A., The growth of Aeromonas hydrophila K144 in ground pork at 5 °C, Int. J. Food Microbiol. **7**, 41–48, 1988

26. SINELL, H.-J., Einführung in die Lebensmittelhygiene, 2. überarb. Aufl., Verlag Paul Parey, Berlin und Hamburg, 1985

27. STERN, N. J., DRAZEK, E. S., JOSEPH, S. W., Low incidence of Aeromonas sp. in livestock feces, J. Food Protection **50**, 66–69, 1987

3.1.7 Plesiomonas shigelloides

Das Genus *Plesiomonas* mit der Species *shigelloides* gehört zur Familie *Vibrionaceae*. *Plesiomonas (Pl.) shigelloides* wird zu den opportunistischen pathogenen Bakterien gezählt (MILLER und KOBURGER, 1985). Bei Durchfallerkrankungen, die nach dem Verzehr von Austern und Trinkwasser auftraten, wurde *Pl. shigelloides* zwar nachgewiesen, widersprüchlich sind allerdings die Angaben über die Toxicität. Während einigen Autoren der Nachweis eines Endotoxins (FOSTER und RAO, 1976) und eines Enterotoxins gelang (SANYAL et al., 1980), war der Toxinnachweis bei anderen Untersuchern negativ (PENN et al., 1982).

Eigenschaften:
Pl. shigelloides ist ein gramnegatives, fakultativ anaerobes Stäbchen, das in der Vergangenheit als *Pseudomonas shigelloides, Vibrio shigelloides* und *Aeromonas shigelloides* bezeichnet wurde. Dies zeigt, daß die Eigenschaften von *Pl. shigelloides* denen der Genera *Aeromonas* und *Vibrio* sehr ähnlich sind (BRYANT et al., 1986 a, b). Zur sicheren Unterscheidung der Genera *Vibrio, Aeromonas, Plesiomonas* und *Photobacterium* sind nach BRYANT (1986b) mindestens 38 Reaktionen zu prüfen. Die wenigen in der Tabelle 12 aufgeführten Tests können nur eine Verdachtsdiagnose erbringen, die zu bestätigen ist (Koburger, 1989).
Pl. shigelloides vermehrt sich optimal bei 25–28 °C, die minimale Vermehrungstemperatur liegt bei 8 °C. Bei pH 4,0 konnte in Trypticase Soy Broth eine Vermehrung nachgewiesen werden, bei 60 °C wurden *Pl. shigelloides* in 30 min abgetötet (MILLER und KOBURGER, 1986).

Vorkommen:
Süß- und Salzwasser, Schlamm; nachgewiesen in Muscheln, Austern, Fischen, Kot von Rind, Geflügel, Schwein, Schaf.

Nachweis
– Verfahren: Tropfplatten- oder Spatelverfahren
– Medium: VRBD-Agar oder Plesiomonas-Agar nach MILLER und KOBURGER (1985)
– Bebrütungstemperatur und -zeit: 35 °C, 24 h, anaerob

Auswertung:
Auf dem VRBD-Agar erfolgt der Nachweis mit den Enterobacteriaceen. Da *Pl. shigelloides* nur sehr langsam Lactose spaltet (7–14 Tage), wird *Pl. shigelloides* als Lactose-negative Kolonie erfaßt. Auf dem Plesiomonas-Agar sind die typischen Kolonien rosafarben und opak mit einem Durchmesser von 1–2 mm. Typische Kolonien werden isoliert und biochemisch identifiziert. Der Oxidase-Nachweis erfolgt von einem kohlenhydratfreien Medium (z. B. CASO-Agar).

Tab. 12 Unterscheidung zwischen den Genera Aeromonas, Vibrio und Plesiomonas

Reaktion	*Aeromonas*	*Vibrio*	*Plesiomonas*
Oxidase	+	+	+
Empfindlichkeit gegenüber dem Vibriostatikum			
0/129 (125 μg/ml)	r	e	e
Gelatinase	+	+*	–
Hydrolyse von Tween 80	+	+	–

Erklärungen: e = empfindlich; r = resistent; * = Ausnahme V. damsela und V. fischeri

LITERATUR

1. BRYANT, T. N., LEE, J. V., WEST, P. A., COLWELL, R. R., Numerical classification of species of Vibrio and related genera, J. appl. Bact. **61**, 437–467, 1986a.
2. BRYANT, T. N., LEE, J. V., WEST, P. A., COLWELL, R. R., A probability matrix for the identification of species of Vibrio and related genera, J. appl. Bact. **61**, 469–480, 1986b
3. FOSTER, B. G., RAO, V. B., Isolation and characterization of Aeromonas shigelloides endotoxin, Texas J. Sci. **27**, 367–375, 1976, zit. n. MILLER und KOBURGER, 1985
4. FREUND, S. M., KOBURGER, CHENG-I-WEI, J. A., Enhanced recovery of Plesiomonas shigelloides following an enrichment technique, J. Food Proection **51**, 110–112, 1988
5. JANDL, G., LINKE, K., Bericht über zwei Fälle von akuter Gastroenteritis durch Plesiomonas shigelloides, Zbl. Bakt. Hyg., I. Abt. Orig. **A 236**, 136–140, 1976
6. KOBURGER, J. A., Plesiomonas shigelloides, in: Foodborne Bacterial Pathogens, ed. by M. P. Doyle, Marcel Dekker, Inc., Basel, 1989, s. 311–325
7. MILLER, M. L., KOBURGER, J. A., Plesiomonas shigelloides: An opportunistic food and waterborne pathogen, J. Food Protection **48**, 449–457, 1985
8. MILLER, M. L., KOBURGER, J. A., Tolerance of Plesiomonas shigelloides to pH, sodium chloride and temperature, J. Food Protection **49**, 877–879, 1986
9. MILLER, M. L., KOBURGER, J. A., Evaluation of inositol brillant green bile salts and Plesiomonas agars for recovery of Plesiomonas shigelloides from aquatic samples in a seasonal survey of the Suwannee river estuary, J. Food Protection **49**, 274–278, 1986
10. PENN, R. G., GIGER, D. K., KNOOP, F. C., PREHEIM, L. C., Plesiomonas shigelloides overgrowth in the small intenstine, J. Clin. Microbiol. **15**, 869–872, 1982
11. SANYAL, S. C., SARASWATHI, B., SHARMA, P., Enteropathogenicity of Plesiomonas shigelloides, J. Med. Microbiol. **13**, 401–409, 1980

3.1.8 Campylobacter jejuni

Eigenschaften:

Die Gattung *Campylobacter* umfaßt kleine, gramnegative, komma- bis s-förmig gebogene Stäbchen, die polar oder bipolar begeißelt sowie Oxidase-positiv sind. Zur Zeit sind etwa 10 Arten bekannt (HAMMANN, 1988), die wiederum in verschiedene Bio- und Serovare unterteilt werden (WOKATSCH und BOCKEMÜHL, 1988).

Eine Besonderheit der Campylobacter-Arten ist ihre obligat mikroaerobe Lebensweise; sie benötigen einen Sauerstoffgehalt von 5–10 %. Zur Lebensmittelvergiftung führt hauptsächlich *Campylobacter (C.) jejuni*, während *C. coli* selten die Ursache einer Enteritis des Menschen ist. Auch *C. upsaliensis* gilt als pathogen für den Menschen (ASM News **55**, 115–116, 1989).

Eigenschaften von *C. jejuni*:

Vermehrungstemperatur

Optimum 42 °C–45 °C

Maximum 47 °C

Minimum 30,5 °C

Minimaler pH-Wert: 4,9

Hitzeresistenz

$D_{55\,°C}$ = 1–3 min (Magermilch)

$D_{50\,°C}$ = 5.9–6.3 min (frisches Rindfleisch, 20 % Fett)

$D_{50\,°C}$ = 5.9–13.3 min (Lammfleisch)

$D_{60\,°C}$ = 12.5–15.8 s (Lammfleisch)

Vorkommen:

Stuhl und Kot von Mensch und Tier. Während *C. jejuni Biovar I* beim Menschen, Schaf und Geflügel am häufigsten nachgewiesen wurde, dominierte im Kot von Schweinen *C. coli Biovar I* (WOKATSCH und BOCKEMÜHL, 1988). Auch in zahlreichen Lebensmitteln, wie Trinkwasser, Milch, Frischfleisch, Austern, Champignons u. a. wurde *C. jejuni* bisher nachgewiesen, besonders häufig im Frischgeflügel (FRANCO, 1988).

Krankheitserscheinungen:

Erbrechen, Durchfall, Fieber. Die Ursache ist ein dem Cholera-Toxin ähnliches Enterotoxin mit einem Molekulargewicht von 68000 Dalton (BUCHANAN, 1984). Wie bei *C. fetus* können jedoch einige Stämme von *C. jejuni* über die Darmwand in das Blut eindringen. Diese Invasivität ist stammspezifisch und von der Abwehrlage des Patienten abhängig (HAMMANN, 1988). Die Inkubationszeit beträgt 1–10 Tage (FRANCO, 1988), meist jedoch 2–6 Tage.

Nachweis

Anreicherungsverfahren:

Zahlreiche Verfahren sind beschrieben worden (DOYLE, 1986), es gibt aber bisher kein standardisiertes Verfahren für die Untersuchung von Lebensmitteln.

Nach BEUCHAT (1987), der mehrere Anreicherungsverfahren prüfte, ist die Methode nach DOYLE und ROMAN (1982) am besten zum Nachweis geringer Zellzahlen geeignet. Durch die Verwendung von Polymyxin in zahlreichen Medien kann es zur Verminderung der Nachweisempfindlichkeit gegenüber *C. coli* kommen.

Verfahren:

– 20 g oder 20 ml Lebensmittel + 100 ml DREB (Doyle and Roman Enrichment Broth) im Stomacher 400 für 15 s homogenisieren;

– Homogenisat unter mikroaerophilen Bedingungen bei 42 °C 16–18 h bebrüten.

– 0,1 ml der Anreicherung ausspateln auf einem Selektivmedium (Modified CCDA-Preston

= Preston Campylobacter Selektivagar) oder Campylobacter-Selektiv-Agar nach Skirrow;
– Bebrütung der Selektivmedien bei 42 °C für 48 h mikroaerophil;
– Typische Kolonien werden isoliert und biochemisch identifiziert. Auch eine serologische Identifizierung ist möglich, z. B. Latex-Agglutination mit Campyslide, BBL (HODINKA und GILLIGAN, 1988).

Anmerkungen:
Mikroaerophile Bedingungen in Homogenisat: Homogenisat in 250 ml Kolben mit seitlich abgehenden Stutzen oder Hahn (Saugflasche) 3 mal evakuieren und 3 mal begasen mit O_2:CO_2:N_2 (5:10:85). Kolben verschließen und unter Gasgemisch im Schüttelwasserbad (100 U/min) bebrüten.

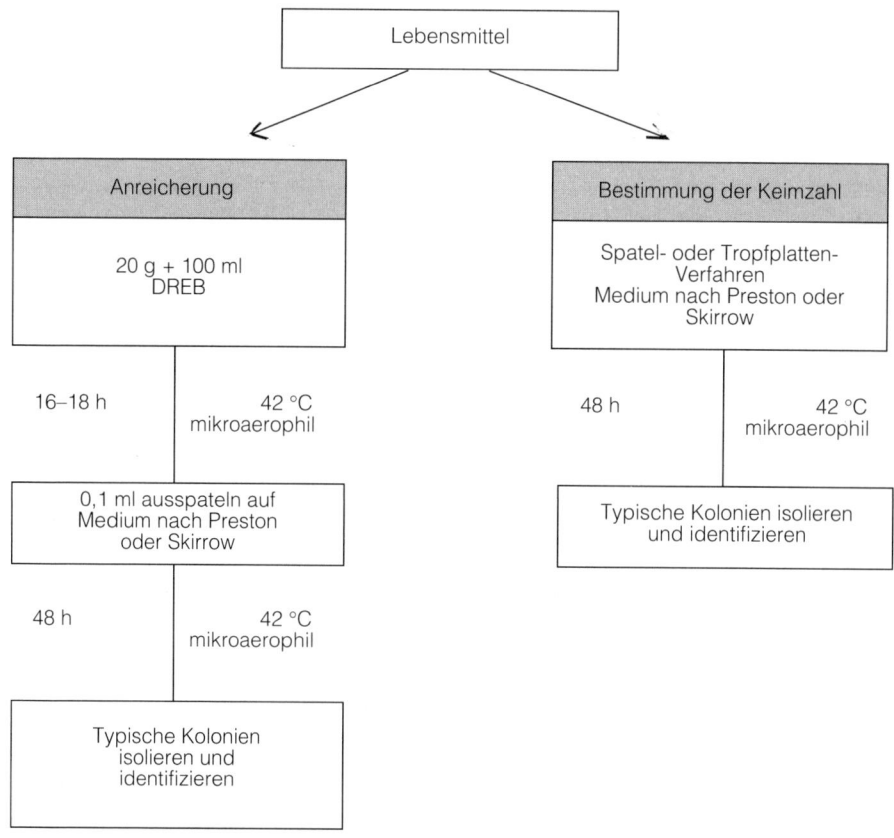

Abb. 23 Nachweis von Campylobacter jejuni

Tab. 13 Biochemische Merkmale thermophiler Arten des Genus Campylobacter
(HOFFMAN und BLANKENSHIP, 1986)

Eigenschaften	C. jejuni	C. coli	C. laridis
Vermehrung			
42 °C	+	+	+
25 °C	−	−	−
Hippurathydrolyse[1])	+	−	−
Empfindlichkeit gegenüber:			
Nalidixinsäure[2]) 30 μg/			
Blättchen	+	+	−
Cephalothin[2]) 30 μg/			
Blättchen	−	−	−

[1]) Hippurathydrolyse (LENNETTE et al., 1985):
 0,4 ml einer 1 %igen wässrigen Lösung von Natriumhippurat wird mit der Öse kräftig beimpft. Die trübe Suspension wird im Wasserbad bei 37 °C 2 h bebrütet. Danach wird vorsichtig 0,2 ml einer Ninhydrinlösung (3,5 % Ninhydrin in einer 1:1 Mischung aus Aceton und Butanol) am Rande des Reagenzglases zugegeben (Überschichtung). Nach einer Bebrütung bei 37 °C für 10 min im Wasserbad wird die Farbe beurteilt: Purpurfarben = Positiv; Schwache Verfärbung = Negativ.
[2]) Empfindlichkeit gegenüber Nalidixinsäure und Cephalothin:
 Die Blättchen werden getränkt und auf das Medium gelegt. Als Basis für die Überprüfung biochemischer Reaktionen ist Brucella-Bouillon + 0,16 % Agar gut geeignet. Sollen Stämme aufbewahrt werden, sind wöchentlich Wechselkulturpassagen (Bouillon/festes Medium) notwendig. Ein Einfrieren der Kulturen bei − 70 °C ist auch möglich.

Bestimmung der Keimzahl oder direkter Nachweis auf einem festen Medium:
− Spatel-, Tropfplattenverfahren oder Membranfiltration;
− Medium: Preston-Campylobacter-Selektivagar (Oxoid) oder Campylobacter-Selektiv-Agar nach Skirrow (Oxoid, Merck). Bebrütung mikroaerophil, 42 °C, 48 h;
− Biochemische Identifizierung typischer Kolonien (Tab. 13);
− Serologische Typisierung, z. B. Latexagglutination mit Campyslide (BBL).

Anmerkungen:
Mikroaerophile Bedingungen können mit Hilfe kommerzieller Reagentien geschaffen werden, z. B. mit Anaerocult C (Fa. Merck) oder Campylobacter-Gas-Generating-Kit (Fa. Oxoid oder Campy Pak (Becton Dickinson) oder Generbag microaerophil (bioMerieux).

LITERATUR
 1. BEUCHAT, L. R., Efficacy of some methods and media for detecting and enumerating Campylobacter jejuni in frozen chicken meat, J. appl. Bact. **62**, 217–221, 1987
 2. BLASER, M. J., Campylobacter jejuni and food, Food Technology **36**, 89–92, 1982
 3. BUCHANAN, R. L., The „new" pathogens: An update of selected examples, Association of food and drug officials quaterly bulletin **48**, 142–155, 1984

4. BUTZLER, J.-P., Campylobacter infection in man and animals, CRC Press, Inc., 1984
5. CEVRIER, D., Megraud, F., LARZUL, D., GUESDON, J.-L., A new method for identifying Campylobacter spp., J. Inf. Dis. **157**, 1097–1098, 1988
6. CLIVER, D. O., Foodborne disease in the United States, 1946–1986, Int. J. Food Microbiol. **4**, 269–277, 1987
7. DOYLE, M. P., Detection and quantitation of foodborne pathogens and their toxins: Gram-negative bacterial pathogens, in: Foodborne microorganisms and their toxins: Developing methodology, ed. by M. D. PIERSON, N. J., STERN, S. 317–344, Marcel Dekker Inc., New York and Basel, 1986
8. DOYLE, M. P., ROMAN, D. J., Recovery of Campylobacter jejuni and Campylobacter coli from inoculated foods by selective enrichment, Appl. Environ. Microbiol. **43**, 1343–1353, 1982
9. DOYLE, M. P., SCHOENI, J. L., Isolation of Campylobacter jejuni from retail mushrooms, Appl. Environ. Microbiol. **51**, 449–450, 1986
10. DOYLE, M. P., Detection and quantitation of foodborne pathogens and their toxins: Gram-negative bacterial pathogens, in: Foodborne microorganisms and their toxins: Developing methology, ed. by M. D. PIERSON and N. J. STERN, Marcel Dekker, Inc., Basel, 1986, S. 317–344
11. FRANCO, D. A., Campylobacter species: Considerations for controlling a foodborne pathogen, J. Food Protection **51**, 145–153, 1988
12. FRICKER, C. R., The isolation of salmonellas and campylobacters, A review, J. appl. Bact. **63**, 99–116, 1987
13. HAMMANN, R., Die Gattung Campylobacter: Taxonomie, Ökologie und medizinische Bedeutung, Forum Mikrobiologie **3**, 76–80, 1988
14. HODINKA, R. L., GILLIGAN, P. H., Evaluation of the campyslide agglutination test for confirmatory identification of selected Campylobacter species, J. Clin. Microbiol. **26**, 47–49, 1988
15. HOFFMAN, P. S., BLANKENSHIP, L. C., Significance of Campylobacter in foods, in: Developments in food microbiology-2, ed. by R. K. ROBINSON, Elsevier Appl. Sci. Publ. London, 1986, S. 91–122
16. HUMPHREY, T. J., Techniques for the optimum recovery of cold injured Campylobacter jejuni from milk or water, J. appl. Bact. **61**, 125–132, 1986
17. HUMPHREY, T. J., An appraisal of the efficacy of pre-enrichment for the isolation of Campylobacter jejuni from water and food, J. appl. Bact. **66**, 119–126, 1989
18. HUNT, J. M., FRANCIS, D. W., PEELER, J. T., LOVETT, J., Comparison of methods for isolating Campylobacter jejuni from raw milk, Appl. Environ. Microbiol. **50**, 535–536, 1985
19. KOIDIS, P., DOYLE, M. P., Survival of Campylobacter jejuni in fresh and heated red meat, J. Food Protection **46**, 771–774, 1983
20. LENNETTE, E. H., BALOWS, A., HAUSLER, JR., W. J., SHADOMY, H. J., Manual of Clinical Microbiology, 4th ed., American Society for Microbiology, Washington D. C., 1985
21. OWEN, R. J., COSTAS, M., SLOSS, L., BOLTON, F. J., Numerical analysis of electrophoretic protein patterns of Campylobacter laridis and allied thermophilic campylobacters from the natural environment, J. appl. Bact. **65**, 69–78, 1988
22. PEARSON, A. D., SKIRROW, M. B., LIOR, H., ROWE, B., Campylobacter III, Proceedings of the third international workshop on Campylobacter infections, Ottawa, 7–10 july, 1985, Public Health Laboratory Service, 61 Colindale Avenue, London NW9 5DF, 1985
23. ROGOL, M., SHPAK, B., ROTHMAN, D., SECHTER, I., Enrichment medium for isolation of Campylobacter jejuni-Campylobacter coli, Appl. Environ. Microbiol. **50**, 125–126, 1985
24. ROSEF, O., KAPPERUD, G., SKJERVE, E., Comparison of media and filtration procedures for qualitative recovery of thermotolerant Campylobacter spp. from naturally contaminated surface water, Int. J. Food Microbiol. **5**, 29–39, 1987
25. STERN, N. J., KAZMI, S. U., Campylobacter jejuni, in: Foodborne Bacterial Pathogens, ed. by M. P. Doyle, Marcel Dekker, Inc., Basel, 1989, S. 71–110
26. WOKATSCH, R., BOCKEMÜHL, J., Serovars and biovars of Campylobacter strains isolated from humans and slaughterhouse animals in northern Germany, J. appl. Bact. **64**, 135–140, 1988
27. WUNDT, W., KUTSCHER, A., KASPER, G., Untersuchungen zum Verhalten von Campylobacter jejuni in verschiedenen Lebensmitteln, Zbl. Bakt. Hyg., I. Abt. Orig. B **180**, 528–533, 1985

3.2 Grampositive Bakterien

3.2.1 Staphylococcus aureus

Eigenschaften:

Staphylococcus aureus (S. aureus) ist ein grampositiver, unbeweglicher Coccus mit folgenden Merkmalen (SMITH et al., 1983, GAZE, 1985, TROLLER, 1986, JAY, 1986, BENNETT und BERRY, 1987, BERGDOLL, 1989):

Koagulase (Kaninchenplasma): positiv*
Thermonuclease: positiv
Vermehrungsbedingungen: + 6,7 °C bis + 47,8 °C
Toxinbildung: + 10 °C bis + 46 °C
Minimaler a_w-Wert:
− Vermehrung (aerob): 0,83–0,86
− Vermehrung (anaerob): 0,90
− Toxinbildung (Toxin A): 0,87
          (Toxin B): 0,97
Minimaler pH-Wert (Vermehrung aerob): 4,0
Minimaler pH-Wert (Vermehrung anaerob): 4,6
Minimaler pH-Wert (Toxinbildung):
     Aerob: 4,0 (Toxin C)
     4,6–4,9 (Toxine A, B, C_2, E)
     Anaerob: 5, 3–5, 7

Hitzeresistenz:
− Vegetative Zellen: $D_{60 °C}$ = 3,1–3,4 min, z = 5 ° C (Magermilch)
                     $D_{60 °C}$ = 0,34 min, z = 8,2 °C (Vollei, JÄCKLE et al., 1987)
                     $D_{85 °C}$ = 1,0 min, z = 9,5 °C (Sojaöl)
− Enterotoxin A: $D_{121 °C}$ = 6,7–7,7 min, z = 28 °C (Phosphatpuffer, DENNY et al., 1971)
− Enterotoxin B: $D_{121 °C}$ = 9,9 min, z = 32,4 °C (Veronalpuffer, READ and BRAD-
                     SHAW, 1966)

Die angegebenen Resistenzdaten sind abhängig von den übrigen Einflußfaktoren (pH, a_w-Wert, Temperatur, Sauerstoff, Nährstoffe, Art der Säuren, Art der Stoffe, mit denen die Wasseraktivität vermindert wurde usw.). Bestimmte Stämme von *S. aureus* bilden toxische, auf den Darm wirkende Gifte, sog. **Enterotoxine**. Bekannt sind die Toxine A, B, C_1, C_2, C_3, D und E.

Das von BERGDOLL et al. (1981) beschriebene Toxin F führt zum Schocksyndrom und wird deshalb als „Toxic-Shock-Syndrom-Toxin" (TSST-1) bezeichnet (CRASS und BERGDOLL,

---

* Anmerkung:
Koagulase-positiv sind auch S. delphini, S. intermedius und einige Stämme von S. hyicus.

1986, DE BUYSER et al., 1987). Obwohl Lebensmittelvergiftungen bisher überwiegend durch Enterotoxine des *S. aureus* ausgelöst wurden, sollte die Bedeutung anderer Staphylokokken, die Enterotoxine bilden, nicht unterschätzt werden. So wurde u. a. bei *S. intermedius* das Enterotoxin C nachgewiesen (KATO et al., 1978, HIROOKA et al., 1988). Auch liegen Berichte über eine Toxinbildung von *S. haemolyticus, S. cohnii* und *S. xylosus* vor (BAUTISTA, 1988). Die Anzahl der geprüften Stämme ist jedoch sehr gering, so daß Bestätigungen dieser Untersuchungen noch abzuwarten sind. Es ist nicht auszuschließen, daß weitere serologisch noch nicht nachweisbare Enterotoxine existieren. So beschrieben HOOVER et al. (1983) ein Enterotoxin bei *S. hyicus subsp. hyicus*. Die Möglichkeit des Vorkommens serologisch bis jetzt nicht nachweisbarer Enterotoxine spricht für eine Durchführung des Thermonuclease-Tests (TNase-Test) in Lebensmitteln.

Da der Enterotoxinnachweis immer noch schwieriger durchzuführen ist als der Nachweis von *S. aureus*, beschränkt man sich in der Routineuntersuchung von Lebensmitteln auf den kulturellen Nachweis und auf die Bestätigung verdächtiger Isolate sowie auf die Durchführung des TNase-Tests in Lebensmitteln. Bei der kulturellen Untersuchung wird dem Medium entweder Eigelb oder Plasma zugesetzt. In der Regel wird die Eigelbreaktion (Phospholipase C) auf dem Nachweismedium beurteilt (RAYMAN et al., 1988, WHITE et al., 1988). Zur Bestätigung müssen eigelbpositive und eigelbnegative Kolonien mit Hilfe des Koagulasetests überprüft werden (Röhrchentest oder Schnellverfahren, bei denen der „Clumping Faktor" nachgewiesen wird). Bei negativer oder zweifelhafter Reaktion muß die Überprüfung im Röhrchentest erfolgen.

Zusammenhänge zwischen Enterotoxigenität, Eigelbreaktion und Koagulase existieren jedoch nicht (OCASIO und FUNG, 1984, BENNETT et al., 1986, BECKER et al., 1987), so daß bei Beanstandungsfällen und einem Verdacht auf Lebensmittelvergiftungen ein Toxinnachweis notwendig ist (GÖCKLER et al., 1988).

Vorkommen:

Haut, Schleimhaut des Nasen-Rachenraumes, Stuhl, Kot, Abszesse,Pusteln. Etwa die Hälfte aller gesunden Menschen hat im Nasen-Rachenraum *S. aureus*; 20 % der dabei isolierten Stämme bildeten Enterotoxine.

Krankheitserscheinungen:

Enterotoxine A–E: Erbrechen, Durchfall. Am stärksten wirkt Enterotoxin A mit einer emetischen Dosis von unter 1 μg (Enterotoxin B 20–25 μg). Nach KOKAN und BERGDOLL (1987) sollen 0,1–0,2 μg Enterotoxin bereits zur Lebensmittelvergiftung führen. Die Enterotoxine sind Polypeptide. Am besten bekannt ist das Enterotoxin B, das ein Mol.Gew. von 29 366 Dalton hat und aus einer einzelnen Polypeptidkette mit 239 Aminosäuren besteht, unter denen Asparaginsäure und Lysin besonders stark vertreten sind. Die Aminosäuresequenz könnte für die toxische Wirkung verantwortlich sein (BERGDOLL, 1985).

Toxic-Shock-Syndrom-Toxin (TSST-1): Kein Durchfall beim Rhesusaffen, Lungenödem, endotheliale Zelldegenerationen, Nierenversagen, Schock.

Inkubationszeit:

2–4 h (0,5–7 h)

Lebensmittel, die zur Erkrankung führten:

Voraussetzung für die Entstehung einer Lebensmittelvergiftung durch *S. aureus* ist, daß sich der Erreger im Produkt vermehrt und Zellzahlen von über 10^6/g oder ml erreicht (NOTERMANS und VAN OTTERDIJK, 1985, HAHN et al., 1986).

Lebensmittel, die u. a. an Erkrankungen beteiligt waren: Fertige Fleischgerichte, Pasteten, gekochter Schinken, Milch und Milcherzeugnisse, eihaltige Zubereitungen, Salate, Cremes, Kuchenfüllungen, Speiseeis, Teigwaren.

Nachweis

● Bestimmung Koagulase-positiver Staphylokokken in Fleisch und Fleischerzeugnissen mit dem Tropfplatten-Verfahren (Amtliche Sammlung von Untersuchungsverfahren nach § 35 LMBG, 06.00 22, Dezember 1985, gekürzte Fassung):

10 g oder ml des Produktes werden mit 90 ml der Verdünnungsflüssigkeit homogenisiert. Von der homogenisierten Probe oder der Erstverdünnung und den weiteren Verdünnungen werden 0,05 ml im Doppelansatz auf die entsprechenden Sektoren eines ETGPA-Nährbodens nach BAIRD-PARKER getropft und mit der Pipettenspitze ausgezogen (gleiche Verdünnungsstufe auf verschiedene Platten). Eine Platte wird für maximal 6 Tropfen verwendet. Die Bebrütung erfolgt bei 37 °C 2mal 24 h.

Auswertung:

Nach 24 h werden die charakteristischen Kolonien (schwarz, glänzend, gewölbt mit Aufhellungszone) markiert. Anschließend werden die Petrischalen weitere 24 h bebrütet und danach weitere charakteristische Kolonien ohne Aufhellungszone (Durchmesser 1,5–2,5 mm) markiert. Gezählt werden diejenigen Sektoren der Platten, die zwischen 1 und 50 markierte Kolonien enthalten.

Bestätigung (Koagulase-Test):

10 charakteristische Kolonien und/oder 10 Kolonien ohne Aufhellungszone werden ausgewählt. Sind auf einem Sektor weniger als 10 charakteristische Kolonien und/oder Kolonien ohne Aufhellungszone vorhanden, ist der andere Sektor zu berücksichtigen. Jede ausgewählte Kolonie wird in ein Reagenzröhrchen mit Hirn-Herz-Bouillon geimpft und 24 h bei 37 °C bebrütet. Danach werden 0,1 ml der Bouillon mit 0,3 ml Kaninchenplasma (Koagulase-Plasma mit EDTA) vermischt und bei 37 °C im Wasserbad bebrütet. Nach 4–6 h wird auf Koagulation geprüft. Der Koagulase-Test ist positiv, wenn 3 + oder 4 + Koagulationen vorliegen (Abb. 26). Bei negativem Ausfall des Tests nach 4–6 h ist das Röhrchen weiter zu bebrüten (Zimmertemperatur genügt) und abschließend nach 24 h zu beurteilen.

Berechnung der Keimzahl Koagulase-positiver Staphylokokken:

Bei der Berechnung der Keimzahl wird der Anteil der Koagulase-positiven Röhrchen berücksichtigt, wobei das Ergebnis für die charakteristischen Kolonien und die Kolonien ohne Aufhellungszone erfaßt wird. Sind mindestens 80 % der charakteristischen und/oder Kolonien ohne Aufhellungszone eines Sektors Koagulase-positiv, so werden alle markierten charakteristischen und/oder Kolonien ohne Aufhellungszone als Koagulase-positiv gewer-

tet (Berechnung der Keimzahl siehe S. 67ff). In allen anderen Fällen (unter 80 % Koagulase-positiv) wird der prozentuale Anteil der charakteristischen Kolonien und/oder Kolonien ohne Aufhellungszone der Koagulase-positiven Kolonien berechnet.
Beispiel:
Verdünnung 10^{-3} enthält 15 Kolonien mit Aufhellungszone und 35 Kolonien ohne Aufhellungszone. Im Koagulase-Test werden 10 Kolonien mit Aufhellungszone geprüft. Wenn von den 10 geprüften Kolonien 8 Koagulase-positiv sind, so lautet das Ergebnis: Anteil an Koagulase-positiven Staphylokokken $15 \times 10^3 = 1,5 \times 10^4$/g. Sind von den geprüften 10 Kolonien mit Aufhellungszone 4 Koagulase-positiv, so lautet das Ergebnis: 4 von 10 getesteten (insgesamt 15 Kolonien) = 40 % = 6 Kolonien Koagulase-positiv = $15 \times 40 : 100 = 6$), d. h. Koagulase-positive Staphylokokken = 6×10^3/g.

● Bestimmung Koagulase-positiver Staphylokokken in Milch und Milchprodukten, Koloniezählverfahren (Amtliche Sammlung von Untersuchungsverfahren nach § 35 LMBG, 01.00 24. März 1987, gekürzte Fassung):

Anwendungsbereich:
Milch, flüssige Milchprodukte, Käse, Speiseeis und Kleinkindernahrung auf Milchbasis, flüssig und breiig. Verfahren: Jeweils 0,1 ml der Probe oder Verdünnungen werden auf 2 Petrischalen pipettiert (Doppelansatz) und mit dem Spatel verteilt. Bebrütung bei 37 °C für insgesamt 48 h.

Auswertung:
Typische und atypische Kolonien (siehe S. 163). Kolonien werden getrennt ausgezählt. Dabei werden nur Platten berücksichtigt, die nicht mehr als etwa 150 Kolonien aufweisen.

Bestätigung:
(Koagulase-Test): Von jeder Platte, die zur Zählung herangezogen wird, sind 5 typische und/oder atypische Kolonien auszuwählen. Jede der ausgewählten Kolonien wird in eine Hirn-Herz-Bouillon geimpft und 20–24 h bei 37 °C bebrütet. Danach werden 0,1 ml der Bouillon mit 0,3 ml Kaninchenplasma + EDTA vermischt und bei 37 °C inkubiert. Nach 4–6 h wird auf Koagulation geprüft. Der Test ist positiv, wenn der Röhrcheninhalt zu mehr als Dreiviertel als zusammenhängender Klumpen vorliegt. Bei negativer Reaktion erfolgt eine weitere Bebrütung und nach 24 h eine abschließende Beurteilung. Alternativverfahren zum Koagulasetest im Röhrchen sind einige Schnellverfahren, soweit der „Clumping-Factor" nachgewiesen wird. Bei negativer oder zweifelhafter Reaktion des Schnelltests muß der Koagulase-Test im Röhrchen durchgeführt werden.

Bestimmung der Koloniezahl Koagulase-positiver Staphylokokken:
Die Zahl Koagulase-positiver Staphylokokken wird getrennt entsprechend dem Prozentsatz der Koagulase-positiven typischen und Koagulase-positiven atypischen Kolonien berechnet. Die festgestellte Koloniezahl (Berechnung siehe S. 69f.) wird entsprechend den Prozentsätzen umgerechnet (siehe S. oben).

Legende zu S. 165:
Abb. 24 Nachweis Koagulase-positiver Staphylokokken

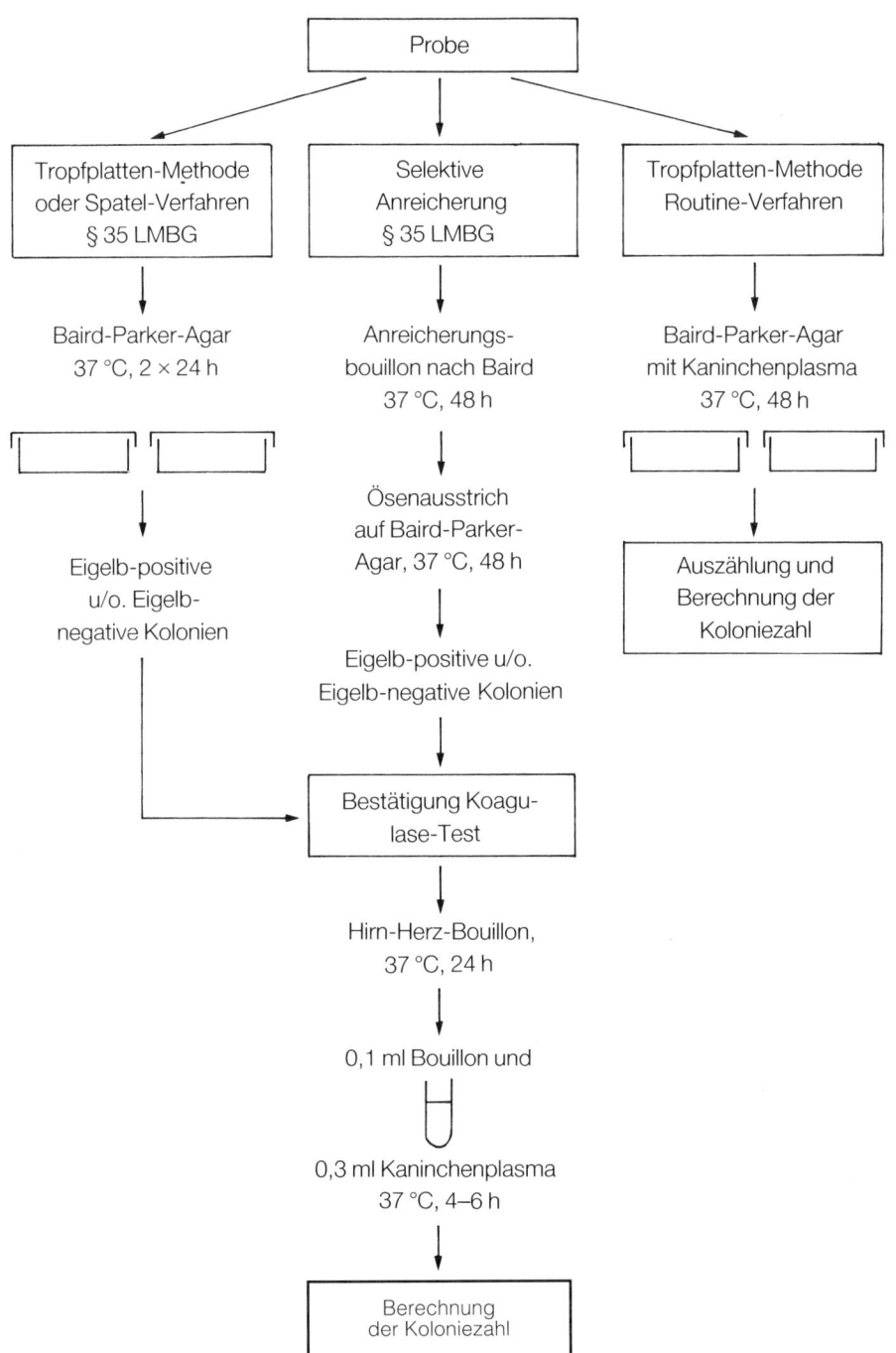

● Bestimmung Koagulase-positiver Staphylokokken nach selektiver Anreicherung (Amtliche Sammlung von Untersuchungsverfahren nach § 35 LMBG, 02.07 2. März 1987, gekürzte Fassung):

Anwendungsbereich:
Trockenmilcherzeugnisse, Speiseeispulver, Säuglings- und Kleinkindernahrung auf Milchbasis, pulverig, Schmelzkäse und Schmelzkäsezubereitungen.

Verfahren:
Ein selektives Anreicherungsmedium nach BAIRD (1982) wird mit 1 ml der Ausgangsverdünnung bzw. weiterer Verdünnungen beimpft. Nach 48 h Bebrütung bei 37 °C unter anaeroben Bedingungen wird auf Agarplatten mit ETGPA-Nährboden nach BAIRD-PARKER ausgestrichen. Bei 37 °C wird unter aeroben Bedingungen insgesamt 48 h bebrütet. Typische und atypische Kolonien werden zur Bestätigung mit dem Koagulase-Test geprüft. Aus der Anzahl der positiven Ausstriche wird der Titer bzw. bei Verwendung von jeweils 3 Röhrchen pro Verdünnung die wahrscheinlichste Anzahl Koagulase-positiver Staphylokokken nach der MPN-Tabelle bestimmt.

● Direkter Nachweis Koagulase-positiver Staphylokokken
Da besonders bei bovinen *S. aureus* der Eigelbfaktor nur zu einem geringen Prozentsatz vorhanden ist (O'TOOLE, 1987; BECKER et al., 1987) und sowohl bei Eigelb-positiven als auch bei Eigelb-negativen Staphylokokken eine Bestätigung durch die Koagulasereaktion erfolgen muß, ist der direkte Nachweis vorteilhaft.

Verfahren:
– Methode: Tropfplatten-Verfahren;
– Medium: Baird-Parker-Agar ohne Eigelb mit Zusatz von Kaninchenplasma, Rinderfibrinogen, Trypsinhemmer (= R. P. F.-Supplement, Fa. Oxoid, SR 122);
– Bebrütung: 37 °C, 48 h;
– Auswertung: Alle Kolonien, die von einem opaken Präzipitationshof umgeben sind, werden als Koagulase-positive Kolonien gezählt. Schwierigkeiten bei der Ablesung ergeben sich, wenn bei zahlreichen Kolonien die Höfe ineinander übergehen oder wenn schwache Koagulasereaktionen auftreten.

● Koagulase-Test und Nachweis des Klumpungsfaktors
– Koagulase-Test: Röhrchen mit 0,3 ml Kaninchenplasma + EDTA werden mit 0,1 ml einer Bouillonkultur des zu testenden Stammes vermischt und im Wasserbad bis zu 24 h bei 37 °C bebrütet. Abgelesen wird nach 4–6 h und im negativen Fall nochmals nach 24 h (Abb. 26);
– Klumpungsfaktor: Der konventionelle Nachweis des Klumpungsfaktors erfolgt durch Verreiben einer Kolonie in einem Tropfen Kaninchenplasma mit anschließender Beurteilung der Klumpenbildung. Als Alternativen zum konventionellen Test können kommerziell vertriebene Tests eingesetzt werden, z. B.
    Staphyslide-Test (Fa. bioMerieux)
    Staph-Rapid-Test (Fa. Hoffmann La Roche)
    Staphyloslide 100^{TM} (Fa. Becton Dickinson)

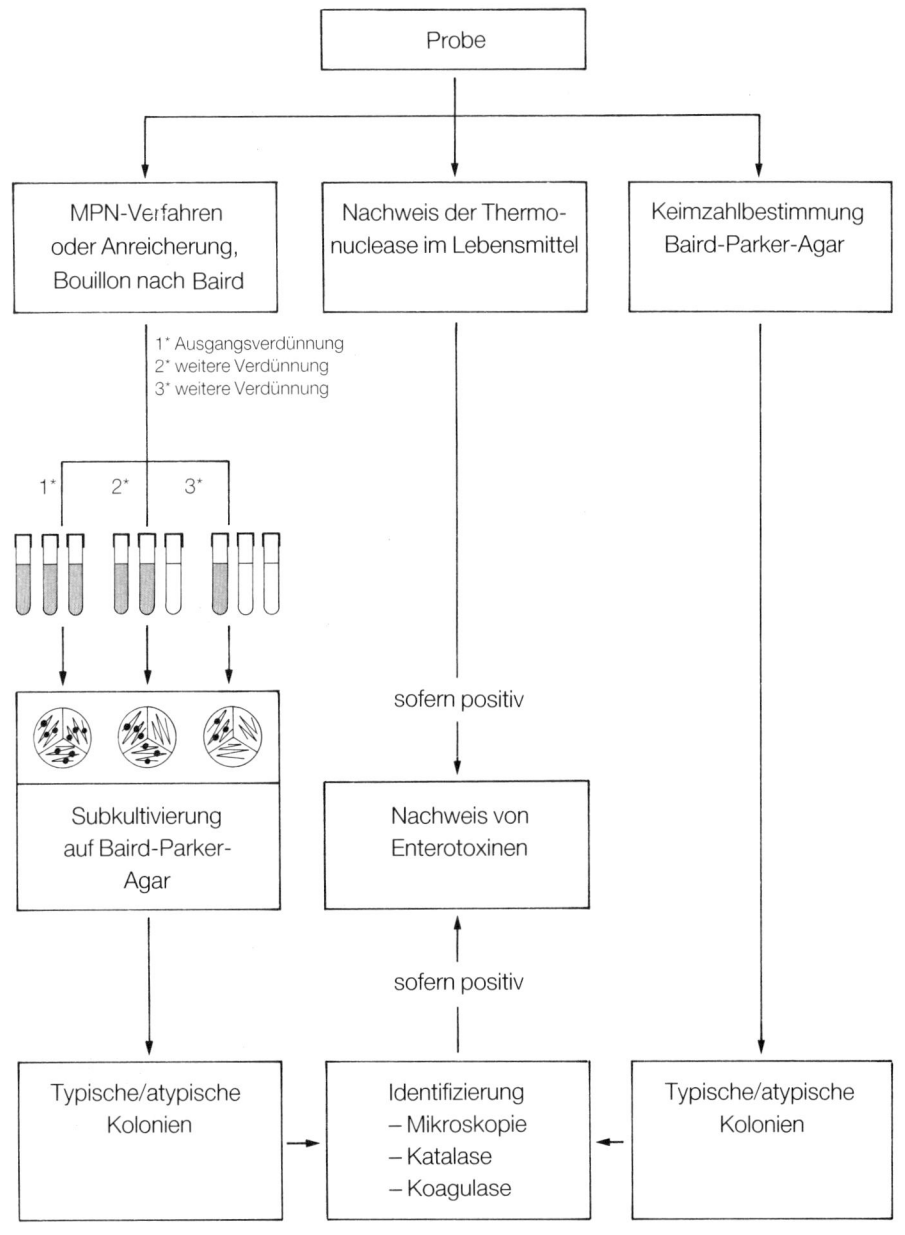

Abb. 25   Nachweis und Identifizierung von S. aureus und/oder Enterotoxinen in Lebensmitteln (in Anlehnung an HAHN et al., 1986)

Der Staphyslide-Test ist ein Haemagglutinationstest, bei dem Hammelerythrozyten mit Fibrinogen sensibilisert sind, das mit dem Klumpungsfaktor (Fibrinogenakzeptor) agglutiniert. Beim Staph-Rapid-Test werden die Erythrozyten mit Fibrinogen und Immunglobulin sensibilisiert. Somit können der Klumpungsfaktor und Protein A nachgewiesen werden. Beim Staph. Aurex-Test werden anstelle der Erythrozyten Latexpartikel eingesetzt. Alle Schnelltests werden auf dem Objektträger ausgeführt. Da eine Übereinstimmung zwischen dem Koagulase-Test im Röhrchen und dem Nachweis des Klumpungsfaktors nicht gegeben ist (bei bovinen Staphylokokken lag nach BECKER et al., 1987, die Übereinstimmung bei 83,5 %), sollte bei einem negativen Schnelltest eine Nachprüfung im Röhrchentest mit Kaninchenplasma (Zusatz von EDTA) erfolgen.

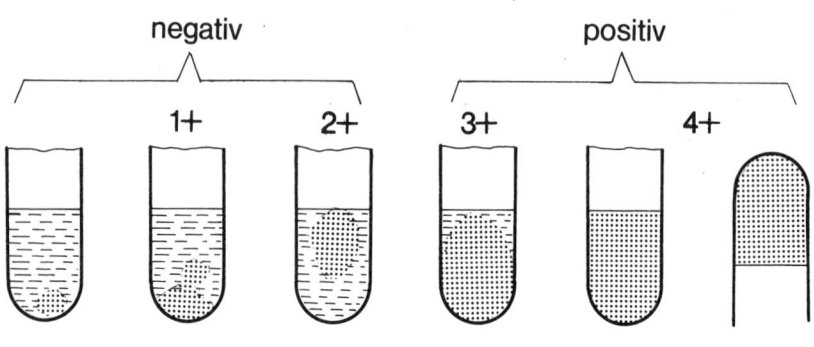

negativ		keine Koagulation
1+ positiv		kleine, wenige unorganisierte Klumpen
2+ positiv		kleine, wenige organisierte Klumpen
3+ positiv		große, weitgehend organisierte Klumpen
4+ positiv		vollständige Koagulation, keine Verlagerung des Koagulums bei Drehung des Röhrchens

Abb. 26 Bewertung der Koagulation

● Nachweis der Thermonuclease

Der routinemäßige Nachweis von Staphylokokken-Enterotoxinen ist zeit- und kostenaufwendig. Der Nachweis der vegetativen Staphylokokken ist besonders bei fermentierten und hitzebehandelten Lebensmitteln sowie bei solchen Produkten, in denen Staphylokokken durch die Entwicklung einer säuretoleranten Flora (z. B. in Feinkosterzeugnissen mit pH-Werten oberhalb von 4,8) als Kriterium für An- oder Abwesenheit von Toxinen ohne Wert. Die Thermonuclease dagegen kann bei zahlreichen Erzeugnissen einen Hinweis darauf geben, daß sich pathogene Staphylokokken vermehrt haben (über 10^5/g) und daß im Falle eines Enterotoxinbildungsvermögens von diesen Mikroorganismen bei geeigneten

Einflußfaktoren (z. B. Temperatur, Säuregrad, Wasseraktivität) ausreichend Enterotoxin gebildet wurde.

Ein positiver Thermonuclease-Test besagt jedoch nicht, daß Enterotoxine vorhanden sind, da Enterotoxinbildung und Thermonuclease nicht miteinander korrelieren. Außerdem können auch einige Streptokokken und Bazillen Nucleasen bilden (PARK et al., 1980). Durch die Verwendung von Staphylococcus-Thermonuclease-Antiserum kann ein spezifischer Nachweis nur der *Staphylococcus aureus* – Thermonuclease erfolgen (BECKER et al., 1984). Ein solches Antiserum enthält auch der Staphylonuclease-Kit der Fa. bioMerieux.

● Nachweis der Thermonuclease im Lebensmittel (TATINI et al., 1975, PARK et al., 1979, SÜDI et al., 1986, Amtliche Sammlung von Untersuchungsverfahren nach § 35 LMBG, L 01.00 33, Dez. 1988):
– 20 g Lebensmittel werden mit 5 g thermonucleasefreiem Magermilchpulver und 50 ml A. dest. homogenisiert. Bei flüssigen Lebensmitteln wird zu 100 ml ebenfalls 5 g Magermilchpulver gegeben;
– Einstellung des pH-Wertes auf 3,8 mit Salzsäure, c (HCl) = 2 mol/l;
– Zentrifugieren 20 min bei 4 °C (20000–25000 g);
– Dem Überstand wird die 0,05fache Menge kalter Trichloressigsäure c (CCL$_3$–COOH) = 3 mol/l zugesetzt. Nach einer Standzeit von 30 min bei 4 °C wird zentrifugiert (15 min) und danach dekantiert;
– Das Sediment wird mit 1 ml Tris-Puffer gelöst, mit Natronlauge, c (NaOH) = 2 mol/l auf pH 8,5 eingestellt und mit Trispuffer auf 2 ml aufgefüllt. Der Extrakt wird bei 100 °C 15 min erhitzt;
– Der Nachweis der Thermonuclease erfolgt in einem Toluidin-O-DNA-Agar. Dazu werden in den Agar mit einem Hohlzylinder (Durchmesser 2 mm) zwei bis zehn Löcher gestanzt. In die Löcher werden ca. 7 μl Extrakt (positive und negative Kontrolle einsetzen) pipettiert. Die Bebrütung erfolgt mit dem Deckel nach oben 4 h bei 37 °C. Bei negativem Testausfall ist die Platte weiter zu bebrüten und nach 24 h zu beurteilen.

Auswertung:
Der Test ist positiv, wenn um das mit dem erhitzten Extrakt beschickte Loch eine rosarote Zone zu erkennen ist, die mindestens 1 mm breit ist. Im positiven Fall sollte ein Enterotoxinnachweis durchgeführt werden.

● Nachweis von Staphylokokken-Enterotoxinen
Eine sichere Bestätigung einer Staphylokokken-Intoxikation kann nur über den Enterotoxin-Nachweis erfolgen (EWALD, 1987 a, b, 1988). Da Krankheitserscheinungen schon durch Enterotoxinmengen zwischen 1,0 und 10 μg, vereinzelt auch schon durch geringere Dosen ausgelöst werden, sind hochempfindliche Nachweisverfahren erforderlich. Der Nachweis, ob ein Staphylococcus-Isolat ein Enterotoxin bildet, ist dabei einfacher zu führen als der direkte Toxinnachweis im Produkt, da durch Extraktion nur etwa 40–80 % erfaßt werden (NOTERMANS et al., 1983).

Ein empfindliches und praktikables Nachweisverfahren ist der ELISA-Test, Enzyme Linked Immuno Sorbent Assay (NOTERMANS et al., 1987, LAPEYRE et al., 1988, SCHÖNWÄLDER et al., 1988, WINDEMANN et al., 1989):

– ELISA-Technik nach FEY et al. (1984), bei der die Antikörper an farbcodierte Kunststoffperlen gebunden sind (Test-Kid SET-EIA, Laboratorium Dr. Bommeli; Länggass-Str. 7, 3012 Bern, Schweiz, Vertrieb in der BRD durch Fa. bela-pharm, 2848, Vechta).

– ELISA-Technik, bei der Antikörper an Mikrotiterplatten gebunden sind (NOTERMANS et al., 1983, WIENEKE und GILBERT, 1985).

Die Empfindlichkeit des ELISA-Kits lag nach den Untersuchungen von FEY et al. (1984) bei 0,01 µg Enterotoxin pro 100 g Lebensmittel. WIENEKE und GILBERT (1987) konnten 0,1 µg in 100 g Produkt ohne Schwierigkeiten nachweisen.

Die Empfindlichkeit des Platten-ELISA-Tests liegt nach NOTERMANS et al. (1983) und WIENEKE und GILBERT (1985) bei 0,2 µg/100 g Lebensmittel. Nach BERGDOLL (1979) sollte die Empfindlichkeit der Nachweisverfahren bei 0,1–0,2 µg/100 g Lebensmittel liegen.

Neben dem ELISA-Test nach FEY et al. (1984) ist im Handel ein Test-Kit erhältlich (Fa. Oxoid), bei dem Antikörper an Latexpartikel gebunden sind: SET-RPLA (Staphylokokken Enterotoxin-Reversed Passive Latex Agglutination). Das Verfahren ist einfach durchzuführen (WIENEKE, 1988, PARK und SZABO, 1986). Die Empfindlichkeit liegt bei 0,5 µg/100 g Lebensmittel (FUJIKAWA und IGARASHI, 1988).

LITERATUR

1. BAIRD, R. M., VAN DOORNE, H., Enrichment techniques for Staphylococcum, Arch. Lebensmittelhyg. **33**, 146–150, 1982

2. BAUTISTA, L., P. GAYA, M., MEDINA, M., NUNENZ, A quantitative study of enterotoxin production by sheep milk staphylococci, Appl. Environ. Microbiol. **54**, 566–569, 1988

3. BECKER, H., EL-BASSIONY, T. A., TERPLAN, G., Abgrenzung der Staphylococcus aureus-Thermonuclease von hitzestabilen Nucleasen anderer Bakterien, Arch. Lebensmittelhyg. **35**, 114–118, 1984

4. BECKER, H., ZAADHOF, K.-J., TERPLAN, G., Charakterisierung von Staphylococcus aureus-Stämmen des Rindes unter besonderer Berücksichtigung des Klumpungsfaktors, Arch. Lebensmittelhyg. **38**, 12–19, 1987

5. BENNETT, R. W., YETERIAN, M., SMITH, W., COLES, C. M., SASSAMAN, M., McCLURE, F. D., Staphylococcus aureus identification characteristics and enterotoxigenicity, J. Food Sci. **51**, 1337–1339, 1986

6. BENNETT, R. W., BERRY, M. R., Jr. Serological reactivity and in vivo toxicity of staphylococcal aureus enterotoxins A and D in selected canned foods, J. Food Sci. **52**, 416–418, 1987

7. BERGDOLL, M. S., Staphylococcal intoxications. In: Food-borne infections and intoxications, 2nd ed., edited by H. RIEMANN and F. L. BRYAN, Academic Press, New York, S. 443–494, 1979

8. BERGDOLL, M. S., CRASS, B. A., REISER, R. F., ROBBINS, R. N., DAVIS, J. P., A new staphylococcal enterotoxin F, associated with toxic-shock-syndrome Staphylococcus aureus isolates, Lancet i, 1071–1072, 1981

9. BERGDOLL, M. S., The staphylococcal enterotoxins-an update, In: The Staphylococci, ed. by J. JELJASZEWICZ, Zbl. Bakt. Suppl. **14**, 147–254, 1985

10. BERGDOLL, M. S., Staphylococcus aureus, in: Foodborne Bacterial Pathogens, ed. by M. P. Doyle, Marcel Dekker, Inc., Basel, 1989, s. 463–532

11. DE BUYSER, M. L., DILASSER, F., HUMMEL, R., BERGDOLL, M. S., Enterotoxin and toxic shock syndrome toxin-1 production by staphylococci isolated from goat's milk, Int. J. Food Microbiol. **5**, 301–309, 1987

12. DENNY, C. B., HUMBER, J. Y., BOHRER, C. W., Effect of toxin concentration on the heat inactivation of staphylococcal enterotoxin A in beef bouillon and phosphate buffer, Appl. Microbiol. **21**, 1064, 1971

13. EWALD, St., Enterotoxin production by Staphylococcus aureus strains isolated from Danish foods, Int. J. Food Microbiol. **4**, 207–214, 1987a

14. EWALD, St., CHRISTENSEN, ST., Detection of enterotoxin production by Staphylococcus aureus from aviation catering meals by the ELISA and the microslide immunodiffusion test, Int. J. Food Microbiol. **5**, 87–91, 1987b

15. Ewald, St., Evaluation of enzyme-linked immunosorbent assay (ELISA) for detection of staphylococcal enterotoxin in foods, Int. J. Food Microbiol. **6**, 141–153, 1988

16. Fey, H., Pfister, H., Rüegg, O., Comparative evaluation of different enzyme-linked immunosorbent assay systems for the detection of staphylococcal enterotoxins B, C and D, J. Clin. Microbiol. **19**, 34–38, 1984

17. Fujikawa, H., Igarashi, H., Rapid latex agglutination test for detection of staphylococcal enterotoxins A to E that uses high-density latex particles, Appl. Environ. Microbiol. **54**, 2345–2348, 1988

18. Gaze, J. E., The effect of oil on the heat resistance of Staphylococcus aureus, Food Microbiol. **2**, 277–283, 1985

19. Göckler, L., Notermans, S., Krämer, J., Production of enterotoxins and thermonuclease by Staphylococcus aureus in cooked eggnoodles, Int. J. Food Microbiol. **6**, 127–139, 1988

20. Hahn, G., Heeschen, W., Südi, J., Zum Nachweis von Staphylokokken-Enterotoxin B aus verschiedenen Substraten, Kieler Milchw. Forschungsberichte **38**, 217–246, 1986

21. Halpin-Dohnalek, M. I., Marth, E. H., Staphylococcus aureus: Production of extracellular compounds and behavior in foods-A review, J. Food Protection **52**, 267–282, 1989

22. Hirooka, E. Y., Müller, E. E., Freitas, J. C., Vincente, E., Yoshimoto, Y., Bergdoll, M. S., Enterotoxigenicity of Staphylococcus intermedius of canine origin, Int. J. Food Microbiol. **7**, 185–191, 1988

23. Hoover, D. G., Tatini, S. R., Maltais, J. B., Characterization of staphylococci, Appl. Environ. Microbiol. **46**, 649–660, 1983

24. Jay, M. J., Modern Food Microbiology, 3rd ed., Van Nostrand Reinhold Company, New York, 1986

25. Jäckle, M., Geiges, O., Schmidt-Lorenz, W., Hitzeinaktivierung von Alpha-Amylase, Salmonella typhumurium, Salmonella senftenberg 775 W, Pseudomonas aeruginosa und Staphylococcus aureus im Vollei, Mitt. Gebiete Lebensm. Hygiene **78**, 83–105, 1987

26. Kokan, N. D., Bergdoll, M. S., Detection of low-enterotoxin-producing Staphylococcus aureus stranis, Appl. Environ. Microbiol. **53**, 2675–2676, 1987

27. Lapeyre, C., Janin, F., Kaveri, S. V., Indirect double sandwich ELISA using monoclonal antibodies for detection of staphylococcal enterotoxius A, B, C₁ and D in food, Food Microbiol. **5**, 25–31, 1988

28. Notermans, S., Boot, R., Tips, P. D., de Nooy, M. P., Extraction of staphylococcal enterotoxins (SE) from minced meat and subsequent detection of SE with enzyme-linked immunosorbent assay (ELISA), J. Food Protection **46**, 238–241, 1983

29. Notermans, S., van Otterdijk, R. L. M., Production of enterotoxin A by Staphylococcus aureus in food, Int. J. Food Microbiol. **2**, 145–149, 1985

30. Notermans, S., Boot, R., Tatini, S. R., Selection of monoclonal antibodies for detection of staphylococcal enterotoxins in heat processed foods, Int. J. Food Microbiol. **5**, 49–55, 1987

31. Ocasio, W., Jr. Fung, D. Y. C., Significance of staphylocoagulase in food microbiology: A review, J. Food Safety **6**, 211–239, 1984

32. O'Toole, D. K., Differences in the egg yolk reaction on Baird-Parker medium between bovine and human strains of coagulase-positive staphylococci, Letters Appl. Microbiol. **4**, 111–112, 1987

33. Park, C. E., Szabo, R., Evaluation of the reversed passive latex agglutination (RPLA) test kits for detection of staphylococcal enterotoxins A, B, C and D in foods, Canadian J. Microbiol. **32**, 723–727, 1986

34. Park, C. E., El Derea, H. B., Rayman, M. K., Effect of non-fat dry milk of staphylococcal thermonuclease from foods, Can. J. Microbiol. **25**, 44–46, 1979

35. Park, C. E., De Melo Serrano, A., Landgraf, M., Huang, J. C., Stankiewicz, Z., Rayman, M. K., A survey of microorganisms for thermonuclease production, Can. J. Microbiol. **26**, 532–535, 1980

36. Rayman, K., Malik, N., Jarvis, G., Performance of four selective media for enumerating Staphylococcus aureus in corned beef and cheese, J. Food Protection **51**, 87–88, 1988

37. Read, R. B., Bradshaw, J. G., Thermal inactivation of staphylococcal enterotoxin B in veronal buffer, Appl. Microbiol. **14**, 130, 1966

38. Schönwälder, H., Haaijman, J. J., Holbrook, R., Huis in't, J. Veld, S., Notermans, S., Schäffers, I. M., Zschaler, R., A collaborative study comparing three ELISA systems for detecting Staphylococcus aureus enterotoxin A in sausage extracts, J. Food Protection **51**, 680–684, 1988

39. Shingaki, M., Igarashi, H., Fujikawa, H., Ushioda, H., Terayama, T., Sakai, S., Study on reversed passive latex agglutination for the detection of staphylococcal enterotoxins A-C, Annu. Rep. Tokyo Metr. Res. Lab. Publ. Health **32**, 238–241, 1981

40. Smith, J. L., Buchanan, R. L., Palumbo, S. A., Effect of food environment on staphylococcal enterotoxin synthesis: A review, J. Food Protection **46**, 545–555, 1983

41. Südi, J., Ritter, G., Heeschen, W., Hahn, G., Untersuchungen zum Nachweis der Thermonuclease als Suchtest auf Staphylokokken-Enterotoxine in verschiedenen Substraten, Kieler Milchw. Forschungsberichte **38**, 247–254, 1986

42. Tatini, S. R., Soo, H. M., Cords, B. R., BENNETT, R. W., Heat-stable nuclease for assessment of staphylococcal growth and likely presence of enterotoxins in foods, J. Food Sci. **40**, 352–356, 1975

43. Troller, J. A., Water relations of foodborne bacterial pathogens-An updated review, J. Food Protection **49**, 656–670, 1986

44. White, D. G., Matos, J. S., Harmon, R. J., Langlois, B. E., A comparison of six selective media for the enumeration and isolation of staphylococci, J. Food Protection **51**, 685–690, 1988

45. Wieneke, A. A., The detection of enterotoxin and toxic shock syndrome toxin-1 production by strains of Staphylococcus aureus with commercial RPLA kits, Int. J. Food Microbiol. **7**, 25–30, 1988

46. Wieneke, A. A., Gilbert, R. J., The use of a sandwich ELISA for the detection of staphylococcal enterotoxin A in foods from outbreaks of food poisoning, J. Hyg. **95**, 131–138, 1985

47. Wieneke, A. A., Gilbert, R. J., Comparison of four methods for the detection of staphylococcal enterotoxin in foods from outbreaks of food poisoning, Int. J. Food Microbiol. **4**, 135–143, 1987

48. Windemann, H., Lüthy, J., Maurer, M., ELISA with enzyme amplification for sensitive detection of staphylococcae enterotoxins in food, Int. J. Food Microbiol. **8**, 25–34, 1989

3.2.2 Enterococcus faecalis und Enterococcus faecium

Nach Schleifer und Killper-Bälz (1984) wurden *Streptococcus faecalis* und *Sreptococcus faecium* dem Genus *Enterococcus* zugeordnet. Die Rolle von *E. faecalis* und *E. faecium* als Ursache von Lebensmittelvergiftungen ist immer noch umstritten. Über durch Enterokokken ausgelöste Lebensmittelvergiftungen wurde immer wieder berichtet (Karla et al., 1987), der Beweis für ihre alleinige Ursache konnte jedoch bisher nicht sicher geführt werden. Auch der Nachweis eines Enterotoxins bei *E. faecalis* und *E. faecium* durch Karla et al. (1987) bedarf noch der Bestätigung. Das alleinige Vorhandensein von Enterokokken im Lebensmittel und das Auftreten von Krankheitserscheinungen läßt keinen Rückschluß zu auf die ätiologische Bedeutung, wenn nicht andere Ursachen, wie z. B. Staphylokokken-Enterotoxine oder biogene Amine sicher ausgeschlossen werden. Besonders die biogenen Amine Histamin und Tyramin könnten für das Bild einer Enterokokken-Erkrankung verantwortlich sein, da viele Stämme diese Amine bilden (Mossel et al., 1978, Heeschen, 1988).

Eigenschaften von Enterococcus faecalis:
Grampositive, Katalase-negative, fakultativ anaerobe Kokken der serologischen Gruppe D (Tab. 14).
Zur Gruppe der „Faekalstreptokokken" gehören alle, die im frischen Kot oder Stuhl vorkommen (Hartman et al., 1966): *E. faecalis, E. faecium, E. avium, E. gallinarum, E. durans, E. bovis, E. equinus.*

Weitere Eigenschaften von *E. faecalis* und *E. faecium:*
Vermehrung bei pH 9,6 und einem Kochsalzgehalt von 6,5 %; Vermehrung auf Medien mit 0,1 % Thalliumacetat;
E. faecalis reduziert Tetrazoliumchlorid (TTC) schnell zu Formazan (Bildung roter Kolonien), während *E. faecium* TTC nicht reduziert oder nur schwach rosafarbene Kolonien bildet;

Minimale Vermehrungstemperatur: 0 °C bis +6 °C

Minimaler a_w-Wert: 0.93

Hitzeresistenz:

Enterococcus faecalis

$D_{67,5 °C}$ = 16–20 min, z = 13,1 °C, Brühwurst (CAMPANINI et al., 1984)

$D_{66 °C}$ = 1,69 min, z = 6,85 °C, Kochschinken (MAGNUS et al., 1988)

Enterococcus faecium

$D_{66 °C}$ = 29,04 min, z = 7,46 °C, Kochschinken (MAGNUS et al., 1988)

Vorkommen:

Stuhl und Kot, Pflanzen

Nachweis

(siehe unter Enterokokken S.127)

Tab. 14 Einteilung der Enterokokken (Bergey's Manual, 1986, JAY, 1986)

Genus Enterococcus	Enterokokken	D-Streptokokken
E. faecalis	E. faecalis	E. faecalis
E. faecium	E. faecium	E. faecium
E. avium	E. avium	E. bovis
E. gallinarum	E. gallinarum	E. equinus
E. durans		E. gallinarum
E. malodoratus		E. avium (und serolo-
E. casseliflavus		gische Gruppe Q)

LITERATUR

1. BATISH, V. K., CHANDER, H., RANGANATHAN, B., Enterocin typing of enterococci isolated from dried infant foods, J. Dairy Sci. **69**, 983–989, 1986

2. BATISH, V. K., CHANDER, H., RANGANATHAN, B., Prevalence of enterococci in frozen dairy products and their pathogenicity, Food Microbiol. **1**, 269–276, 1984

3. BATISH, V. K., RANGANATHAN, B., Antibiotic susceptibility of deoxyribonuclease-positive enterococci isolated from milk and milk products and their epidemiological significance, Int. J. Food Microbiol. **3**, 331–337, 1986

4. BATISH, V. K., CHANDER, H., RANGANATHAN, B., Heat resistance of some selected toxigenic enterococci in milk and other suspending media J. Food Sci. **53**, 665–66, 1988

5. CAMPANINI, M., MUSSATO, G., BARBUTI, S., CASOLARI, A., Resistenza termica di streptococci isolati da mortadelle alterate, Industria Conserve **59**, 298–301, 1984

6. HAMPTON, K. D., WASILAUSKAS, B. L., Serological identification of group D streptococci using commercial antisera, J. Microbiological Methods **1**, 119–124, 1983

7. HARTMAN, P. A., REINBOLD, G. W., SARASWAT, D. S., Indicator organisms-a review. I. Taxonomy of the fecal steptococci, Int. J. System. Bacteriol. **16**, 197–221, 1966

8. HOUBEN, J. H., Een onderzoek naar de groeikansen van Streptococcus faecium na een verhitting in vleessuspensies, Tijdschr. Diergeneesk. **105**, 959–966, 1980

9. HEESCHEN, W., Markerorganismen als Indikatoren hygienischer Mängel, Vortrag Behr's Seminare, Bad Honnef, 25. und 26. 5. 1988

10. Karla, M. S., Kaur, G., Singh, A., Kahlon, R. S., Studies on Streptococcus faecalis enterotoxin, Acta Microbiologica Polonica **36**, 83–92, 1987
11. Magnus, C. A., McCurdy, A. R., Ingledew, W. M., Further studies on the thermal resistance of Streptococcus faecium and Streptococcus faecalis in pasteurized ham, Can. Inst. Food Sci. Technol. **21**, 209–212, 1988
12. Magnus, C. A., McCurdy, A. R., Ingledew, W. M., Evaluation of four media for recovery of heat-stressed steptococci, J. Food Protection **51**, 895–897, 1988
13. Mossel, D. A. A., Bijker, P. G. H., Eelderink, I., Streptokokken der Lancefield-Gruppe D in Lebensmitteln und Trinkwasser – Ihre Bedeutung, Erfassung und Bekämpfung, Arch. Lebensmittelhyg. **29**, 121–127, 1978
14. Schleifer, K. H., Kilpper–Bälz, R., Transfer of Streptococcus faecalis and Streptococcus faecium to the genus Enterococcus nom. rev. as Enterococcus faecalis comb. nov. and Enterococcus faecium comb. nov., Int. J. Syst. Bacteriol. **34**, 31–34, 1984
15. Jay, J. M., Modern food microbiology, 3rd. ed., Van Nostrand Reinbold Company, New York, 1986
16. Hartman, P. A., Petzel, J. P., Kaspar, CH. W., New methods for indicator organisms, in: Foodborne microorganisms and their toxins: Developing methology, ed. by M. D. Pierson and N. J. Stern, S. 175–217, Marcel Dekker, Basel, 1986

3.2.3 Listerien

Taxonomie und Eigenschaften (Seeliger, 1987, McLauchlin, 1987, Rocourt et al., 1987a, b, Lovett, 1989):

Zum Genus Listeria gehören nach den Angaben in Bergey's Manual of Systematic Bacteriology (1986) 8 Arten:

Listeria (L.) monocytogenes, L. ivanovii, L. innocua, L. welshimeri, L. seeligeri, L. murrayi, L. grayi und L. denitrificans. Da die Arten L. murrayi und L. grayi sehr ähnliche Eigenschaften haben und sich von den übrigen Listerien deutlich unterscheiden, wurde für sie das neue Genus Murraya vorgeschlagen, das allerdings nicht akzeptiert worden ist (Rocourt et al., 1987b). Dagegen wurde L. denitrificans dem Genus Jonesia zugeordnet (Rocourt et al., 1987a), so daß z. Zt. 7 Arten anerkannt werden.

Tab. 15 Biochemische Merkmale von Listerien (Cox et al., 1989)

Arten	Merkmale			
	Rhamnose	Xylose	Mannit	Beta-Hämolyse
L. monocytogenes	+	–	–	+
L. ivanovii	–	+	–	+
L. innocua	v	–	–	–
L. welshimeri	v	+	–	–
L. seeligeri	–	+	–	+
L. grayi	–	–	+	–
L. murrayi	v	–	+	–

v = Reaktion variabel

Listerien sind grampositive kurze Stäbchen (Länge 0,5–2,0 μm), in älteren Kulturen können sich die Zellen aneinander legen und lange Fäden bilden (6–20 μm oder bis 100 μm). Die Zellen sind beweglich, aerob, fakultativ anaerob, Katalase-positiv und Oxidase-negativ. Einige Identifizierungsmerkmale sind in der Tabelle 15 aufgeführt.

Pathogen für den Menschen sind *L. monocytogenes* und die seltener vorkommende Art *L. ivanovii*. Beim Menschen sind bisher nur 3 Infektionen mit *L. ivanovii* und 1 Infektion mit *L. seeligeri* nachgewiesen worden (MCLAUCHLIN, 1987). Die virulenten Listerien bilden ein Hämolysin und gehören zu den Serogruppen 1–4 und 7 (*L. monocytogenes*) bzw. zur Serogruppe 5 (*L. ivanovii*). Zur beta-Hämolyse auf Blutplatten kommt es jedoch auch durch *L. seeligeri* (SEELIGER, 1987, LOVETT, 1988b).

Die Virulenz kann durch Beimpfung der Chorioallantoismembran bei 7 Tage alten Hühnerembryonen nachgewiesen werden (TERPLAN und STEINMEYER, 1989, SCHÖNBERG, 1989).

Weitere Eigenschaften für *L. monocytogenes* (CONNER et al., 1986, DOYLE, 1988, BUNNING el al., 1988, NORHOLT et al., 1988, JUNTTILA et al. 1988):

Vermehrungstemperatur:
    Maximum: 45 °C
    Optimum: 30–37 °C
    Minimum: 1,0 °C
Vermehrung in zerkleinertem Kohl bei 5 °C in 28 Tagen von 10^4/g auf 10^8/g oder in Flüssigei bei 4 °C in 2 Tagen um 2 Zehnerpotenzen. In Frischfleisch blieb bei 4 °C die Keimzahl (10^5–10^6/g) über 14 Tage konstant, bei 8 °C kam es zur Vermehrung.
Generationszeit (in Mager- oder Vollmilch) bei 4 °C: 1,2–1,7 Tage, bei 13 °C 5,0–7,2 h (DOYLE, 1988).

Minimaler pH-Wert:
4,7 in Bouillon bei 30 °C (PETRAN und ZOTTOLA, 1989);
4,8 im Weißkohlsaft, angesäuert mit Milchsäure (CONNER et al., 1986). Im Joghurt (pH 4,1, Milchsäure 1,5 %) überlebte *L. monocytogenes* (Keimzahl 10^7/ml) 9 Tage (SIRAGUSA und JOHNSON, 1988).

Kochsalzresistenz:
Vermehrung bei 10 % Kochsalz (a_w 0,93), einige Stämme tolerieren einen a_w-Wert von 0,83 (SKOVGAARD, 1987).

Hitzeresistenz (FARBER, 1989):
    $D_{71,7\,°C}$ = 5 s, z = 8 °C in Vollmilch (BUNNING et al. 1988)
    $D_{66\,°C}$ = 8,0 s in Milch mit 3,5 % Fett (NORTHOLT et al., 1988)
Nach Untersuchungen von FARBER et al. (1988) überlebte *L. monocytogenes* in Rohmilch (Ausgangskeimzahl 10^5/ml) auch bei Phagozytose durch Leucozyten und Makrophagen nicht die Erhitzung von 69 °C für 16,2 s im Plattenerhitzer, so daß bei einer Kurzzeiterhitzung der Rohmilch bei 72 °C–75 °C für 15-30 s Listerien abgetötet werden.

Vorkommen:
Erdboden, Stuhl, Kot zahlreicher Tiere, Pflanzen, Silage, Abwasser, besonders in Gullies

von Lebensmittel verarbeitenden Betrieben. Übertragung auf zahlreiche Lebensmittel möglich und nachgewiesen (Geflügel, Frischfleisch, Milch, Käse, Gemüse, Früchte, Fisch (BRAKKETT, 1988, TEUFEL, 1989)).

Humanmedizinische Bedeutung:
Von der Listeriose werden besonders Schwangere, ungeborene Kinder sowie Neugeborene und immungeschwächte Personen betroffen (SEELIGER, 1989). Die Erscheinungen können vielfältig sein: Gehirnhautentzündung, Hautveränderungen (kutane Listeriose), Connatale Listeriose (akut-septische oder diaplazentare Listeriose bei Schwangeren), chronisch-septische Listeriose, glanduläre Listeriose (Lymphknotenschwellungen). Über den Mechanismus der Pathogenität ist wenig bekannt (MARTH, 1988). Als Pathogenitätsfaktor gilt das Listeriolysin O (LLO), ein Protein (HAAS, 1989).

Lebensmittel, die zur Erkrankung führten:
Krautsalat, Labkäse ohne Säuerungskulturen, Rotschmiere-Weichkäse

Nachweis
Zahlreiche Nachweisverfahren sind beschrieben worden (PUSH, 1989, RALOVICH, 1989, BRACKETT und BEUCHAT, 1989, Vorträge auf dem 10. Internationalen Symposium Listeriose, Int. J. Frid Microbiol. **8**, 181–297, 1989), immer noch werden die einzelnen Verfahren optimiert; ein standardisiertes Verfahren für die Untersuchung von Lebensmitteln fehlt.

Anreicherungsverfahren für Milch und Milchprodukte (LOVETT, 1988a, ISO/TC 34/SC 9 N 197, 1988):
Eine Anreicherung ist bei Produkten mit hoher Begleitflora zu empfehlen. Bei pasteurisierter Milch oder Eiscrememix kann eine direkte Untersuchung erfolgen (GOLDEN, BEUCHAT und BRACKETT, 1988).

a) 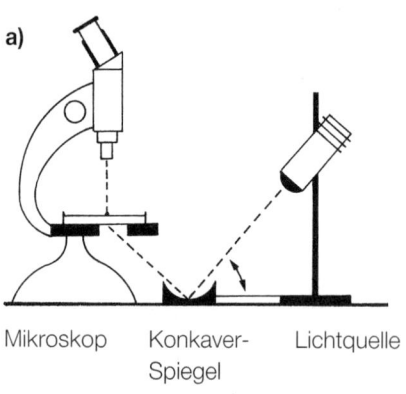 b)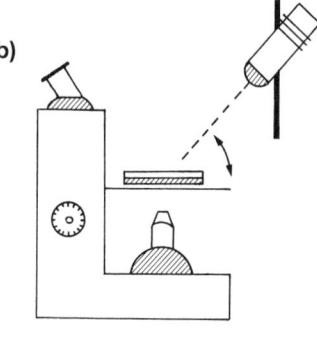

Mikroskop   Konkaver-   Lichtquelle
             Spiegel

Abb 27:   Mikroskopischer Nachweis von Listerien
         a) Beleuchtung nach Henry
         b) Umgekehrtes Durchlicht-Mikroskop

– 25 g oder 25 ml zu 225 ml Anreicherungsbouillon nach LOVETT (1988a), modifiziert mit 15 mg Acriflavin/l (LOVETT und HITCHINS, 1988).
– Bebrütung bei 30 °C 48 h;
– Nach 24 h und 48 h erfolgt ein Ösenausstrich auf zwei geeigneten Selektivmedien (modifizierter McBride Agar und LPM-Agar nach LEE und MCCLAIN (1986), Listeria-Selektivagar (Oxford form., Oxoid) oder PALCAM-Agar (van Netten et al., 1989).
– Die Selektivmedien werden bei 30 °C 48 h bebrütet;
– Betrachtung der Kolonien unter dem Plattenmikroskop (Beleuchtung nach Henry, Lichteinfall im Winkel von 45 °C über einen konkaven Spiegel s. Abb. 27). Die Kolonien sind blau bis blaugrau (modif. McBride-Agar und LPM-Agar).
  Auf dem Listeria-Selektivagar (Oxford form.) und dem PALCAM-Agar bilden sich durch Aesculinhydrolyse um Kolonien von *L. monocytogenes* schwarze Höfe. Es wird empfohlen, auf allen eingesetzten Medien *L. monocytogenes* als Kontrolle einzusetzen;
– Verdächtige Kolonien auf Tryptic Soy Agar +0,6 % Hefeextrakt ausstreichen;
– Nach einer Bebrütung bei 30 °C für 24 h erfolgt die biochemische Identifizierung.

Anmerkung:
Die Erkennung von verdächtigen Listerien mit der Beleuchtung nach Henry ist für Laboratorien, die nur gelegentlich auf Listerien untersuchen, schwierig (PINI und GILBERT, 1988b). Aus diesem Grunde sind Medien vorteilhaft, bei denen auf die Henry'sche Beleuchtung verzichtet werden kann, wie z. B. beim Listeria Selektivagar (Oxford form) und dem PALCAM-Agar (VAN NETTEN et al., 1989). Jedoch fehlen noch ausreichende vergleichende Untersuchungen mit den bewährten Medien, wie z. B. McBride Agar oder LPM-Agar.

Anreicherungsverfahren für Fleisch und Fleischprodukte
Der Nachweis von Listerien beim Frischfleisch oder in Fleischprodukten ist grundsätzlich mit dem Verfahren möglich, das für Milch und Milchprodukte eingesetzt wird. Geeignet ist auch das Verfahren nach MCCLAIN und LEE (1988):
– 25 g Produkt mit 225 ml Listeria Anreicherungsbouillon (LEB) nach DONNELLY und BAIGENT (1986), modifiziert nach MCCLAIN und LEE (1988), 2 min im Stomacher 400 zerkleinern. Die Bebrütung erfolgt bei 30 °C für 24 h im Beutel;
– Von der Voranreicherung wird 0,1 ml in 10 ml Anreicherungsbouillon bei 30 °C 24 h bebrütet;
– Von der Voranreicherung und der Anreicherung erfolgt ein Ösenausstrich auf zwei geeigneten Selektivmedien (z. B. mod. McBride-Agar, LPM-Agar, Listeria-Selektivagar, Oxford form. oder PALCAM-Agar nach van NETTEN et al., 1989);
– Die Selektivmedien werden bei 30 °C 48 h bebrütet;
– Betrachtung der Kolonien unter dem Plattenmikroskop (Beleuchtung nach Henry, Lichteinfall im Winkel von 45 °C über einen konkaven Spiegel). Die Kolonien sind blau bis blaugrau (mod. McBride-Agar und LPM-Agar). Auf dem Listeria Selektivagar (Oxford form.) und dem PALCAM-Agar bilden sich durch Aesculinhydrolyse um die Kolonien von *L. monocytogenes* schwarze Höfe;
– Verdächtige Kolonien werden biochemisch identifiziert.

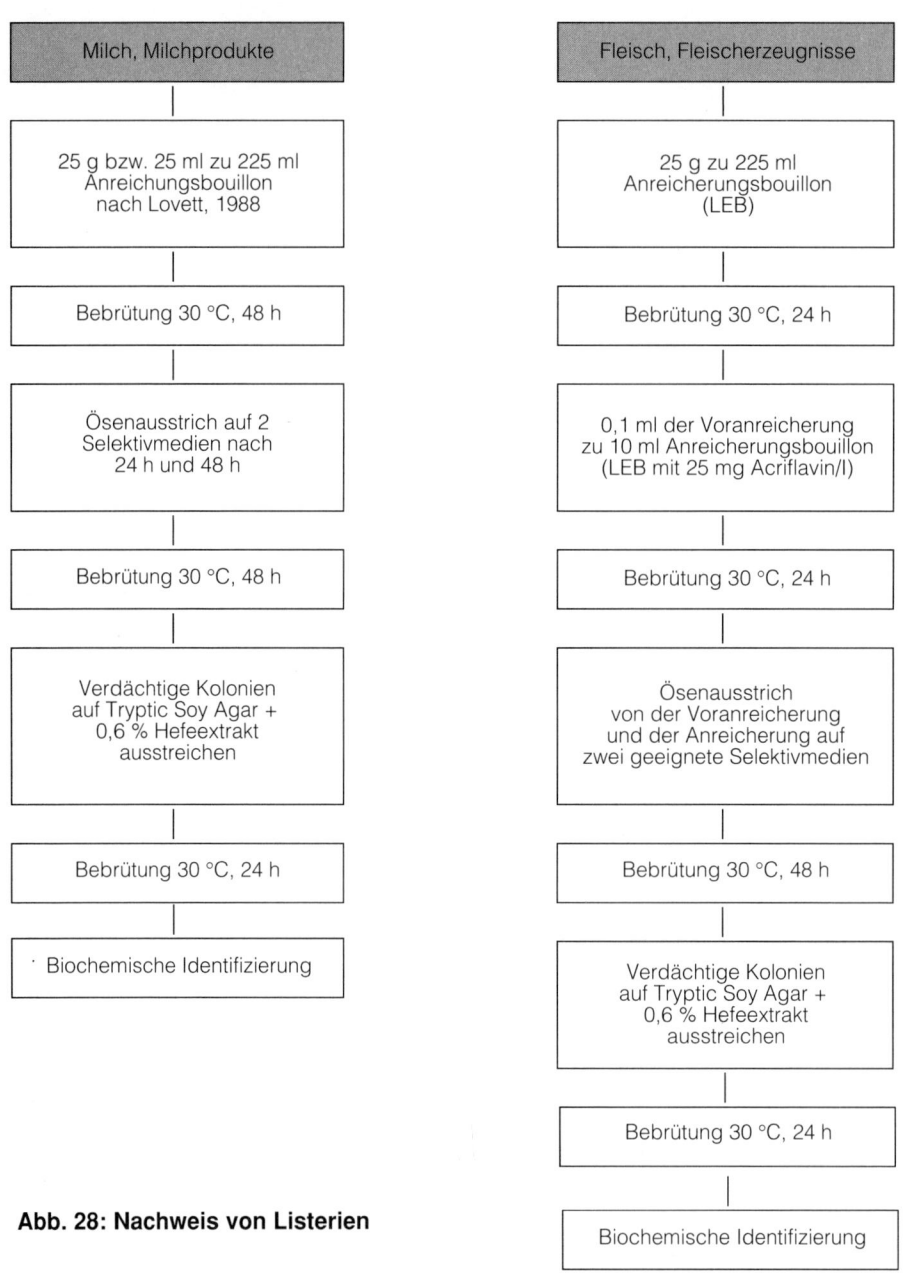

Abb. 28: Nachweis von Listerien

Direkter Nachweis von Listerien
- 25g Lebensmittel werden im Stomacher 400 mit 225 ml Verdünnungsflüssigkeit zerkleinert;
- Spatelverfahren auf Listeria Selektivmedium (z. B. Oxford form.);
- Bebrütung bei 30° C für 48 h;
- Typische Kolonien werden isoliert und biochemisch identifiziert.

Nachweis mit dem ELISA-Test
Nach Anreicherung in einer Bouillon für 40–48 h erfolgt mit einem auf monoklonalen Antikörpern basierendem ELISA-Test der Nachweis (MATTINGLY et al. 1988, BUTMAN et al. 1988, PUSCH, 1989).

LITERATUR
1. Bergey's Manual of Systematic Bacteriology, Vol. 2, Williams and Wilkins, Baltimore, 1986
2. BRACKETT, R. E., Presence and resistence of Listeria monocytogenes in food and water, Food Technol. **42**, 162–164, 178, 1988
3. BRACKETT, R. E., BEUCHAT, L. R., Methods and media for the isolation and cultivation of Listeria monocytogenes from various foods, Int. J. Food Microbiol. 8, 219–223, 1989
4. BREUER, J., PRÄNDL, O., Nachweis von Listerien und deren Vorkommen in Hackfleisch und Mettwürsten in Österreich, Arch. Lebensmittelhyg. **39**, 28–30, 1988
5. BUNNING, V. K., DONNELLY, C. W., PEELER, J. T., BRIGGS, E. H., BRADSHAW, J. G., CRAWFORD, R. G., BELIVEAU, C. M., TIERNEY, J. T., Thermal inactivation of Listeria monocytogenes within bovine milk phagocytes, Appl. Environ. Microbiol. **54**, 364–370, 1988
6. BUTMAN, B. T., PLANK, M. C., DURHAM, R. J., MATTINGLY, J. A., Monoclonal antibodies which identify a genus-specific Listeria antigen, Appl. Environ. Microbiol. **54**, 1564–1569, 1988
7. CONNER, D. E., BRACKETT, R. E., BEUCHAT, L. R., Effect of temperature, sodium chloride, and pH on growth of Listeria monocytogenes in cabbage juice, Appl. Environ. Microbiol. **52**, 59–63, 1986
8. COX, L. J., KLEISS, T., CORDIER, J. L., CORDELLANA, C., KONKEL, P., PEDRAZZINI, C., BEUMER, R., SIEBENGA, A., Listeria spp. in food processing, non-food and domestic environments, Food Microbiol. **6**, 49–61, 1989
9. CURTIS, G. D. W., MITCHELL, R. G., KING, A. F., EMMA, J., A selective differential medium for the isolation of Listeria monocytogenes, Letters in Appl. Microbiol. **8**, 95–98, 1989
10. DONNELLY, C. W., BAIGENT, G. J., Method for flow cytometric detection of Listeria monocytogenes in milk, Appl. Environ. Microbiol. **52**, 689–695, 1986
11. DONNELLY, C. W., BRIGGS, E. H., DONNELLY, L. S., Comparison of heat resistance of Listeria monocytogenes in milk as determined by two methods, J. Food Protection **50**, 14–17, 1987
12. DONNELLY, C. W., Isolation of the agent, in: Listeriosis, Joint WHO/ROI consultation on prevention and control, compiled by A. SCHÖNBERG, Vetmed-Hefte 5, 122–133, 1987
13. DOYLE, M. P., Effect of environmental and processing conditions on Listeria monocytogenes, Food Technol. **42**, 169–171, 1988
14. GOLDEN, D. A., BEUCHAT, L. R., BRACKETT, R. E., Direct plating technique for enumeration of Listeria monocytogenes in foods, J. Assoc. Off. Anal. Chem. **71**, 647–650, 1988
15. FARBER, J. M., SANDERS, G. W., SPEIRS, J. I., D'AOUST, J.-Y., EMMONS, D. B., MCKELLAR, R., Thermal resistance of Listeria monocytogenes in inoculated and naturally contaminated raw milk, Int. J. Food Microbiol. **7**, 277–286, 1988
16. FARBER, J. M., Thermal resistance of Listeria monocytogenes in foods, Int. J. Food Microbiol. **8**, 285–291, 1989
17. FRASER, J. A., SPERBER, W. H., Rapid detection of Listeria spp. in food and environmental samples by esculin hydrolysis, J. Food Protection **51**, 762–765, 1988
18. GOLDEN, D. A., BEUCHAT, L. R., BRACKETT, R. E., Evaluation of selective direct plating media for their suitability to recover uninjured, heat-injured, and freeze-injured Listeria monocytogenes from foods, Appl. Environ. Microbiol. **54**, 1451–1456, 1988

19. Haas, A., Neues von Listeria – Eine Übersicht, Dtsch. Lebensmittel Rdschr. **85**, 147–148, 1989

20. Junttila, J. R., Niemelä, S. I., Hirn, J., Minimum growth temperatures of Listeria monocytogenes and non-haemolytic listeria, J. appl. Bact. **65**, 321–327, 1988

21. Karches, H., Teufel, P., Listeria monocytogenes Vorkommen in Hackfleisch und Verhalten in frischer Zwiebel-mettwurst, Fleischw. **68**, 1388–1392, 1988

22. Lee, W. H., McClain, D., Improved Listeria monocytogenes selective agar, Appl. Environ. Microbiol. **52**, 1215–1217, 1986

23. Leistner, L., Schmidt, U., Kaya, M., Listerien bei Fleisch und Fleischerzeugnissen, Mitteilungsblatt der Bundesanstalt für Fleischforschung **28**, 192–199, 1989

24. Loessner, M. J., Bell, R. H., Jay, J. M., Sheleff, L. A., Comparison of seven plating media for enumeration of Listeria spp., Appl. Environ. Microbiol. **54**, 3003–3007, 1988

25. Lovett, J., Isolation and identification of Listeria monocytogenes in dairy products, J. Assoc. Off. Anal. Chem. **71**, 658–660, 1988a

26. Lovett, J., Isolation and enumeration of Listeria monocytogenes, Food Technol. **42**, 172–175, 1988b

27. Lovett, J., Francis, D. W., Hunt, J. M., Listeria monocytogenes in raw milk: Detection, incidence and pathogenicity, J. Food Protection **50**, 188–192, 1987

28. Lovett, J., Hitchins, A. D., FDA Bacteriological Analytical Manual, Chapter 29, Listeria isolation, Federal register **53**, 44148–44153, 1988

29. Lovett, J., Listeria monocytogenes, in: Foodborne Bacterial Pathogens, ed. by M.P. Doyle, Marcel Dekker, Inc, Basel, 1989, S. 283–310

30. Marth, E. H., Disease characteristics of Listeria monocytogenes, Food Technol. **42**, 165–168, 1988

31. Mattingly, J. A., Butman, B. T., Plank, M. C., Durham, R. J., Rapid monoclonal antibody-base enzyme-linked immunosorbent assay for detection of Listeria in food products, J. Assoc. Anal. Chem. **71**, 679–681, 1988

32. McClain, D., Lee, W. H., Development of USDA-FSIS method for isolation of Listeria monocytogenes from raw meat and poultry, J. Assoc. Off. Anal. Chem. **71**, 660–664, 1988

33. McLauchlin, J., A Review: Listeria monocytogenes, recent advances in the taxonomy and epidemiology of listeriosis in humans, J. appl. Bact. **63**, 1–11, 1987

34. Northolt, M. D., Beckers, H. J., Vecht, U., Toepoel, L., Soentoro, P. S. S., Wisslink, H. J., Listeria monocytogenes: heat resistance and behaviour during storage of milk and whey and making Dutch types of cheese, Neth. Milk Dairy J. **42**, 207–219, 1988

35. Olson, J., A., Yousef, A. E., Marth, E. H., Growth and survival of Listeria monocytogenes during making and storage of butter, Milchwiss. **43**, 487–489, 1988

36. Petran, R. L., Zottola, E. A., A study of factors affecting growth and recovery of Listeria monocytogenes Scott A., J. Food Sci. **54**, 458–460, 1989

37. Pini, P. N., Gilbert, R. J., The occurrence in the U. K. of Listeria species in raw chickens and soft cheeses, Int. J. Food Microbiol. **6**, 317–326, 1988a

38. Pini, P. N., Gilbert, R. J., A comparison of two procedures for the isolation of Listeria monocytogenes from raw chickens and soft cheeses, Int. J. Food Microbiol. **7**, 331–337, 1988b

39. Prentice, G. A., Neaves, P., Review document: Listeria monocytogenes in food-its occurrence and methods for its detection, Bulletin of IDF No. 223, 1988

40. Pusch, D. J., A review of current methods used in the United States for isolating Listeria from food, Int. J. Food Microbiol. **8**, 197–204, 1989

41. Ralovich, B., Data on the enrichment and selectiv cultivation of listeria, Int. J. Food Microbiol. **8**, 205–217, 1989

42. Rocourt, J., Seeliger, H. P. R., Distribution des especes du genre Listeria, Zbl. Bakt. Hyg., I. Abt. Orig. **A 259**, 317–330, 1985

43. Rocourt, J., Wehmeyer, U., Stackebrandt, E., Transfer of Listeria denitrificans to a new genus Jonesia gen. nov., as Jonesia denitrificans comb. nov., Int. J. Syst. Bacteriol. **37**, 266–270, 1987a

44. Rocourt, J., Wehmeyer, U., Cossart, P., Stackebrandt, E., Proposal to retain Listeria murrayi and Listeria grayi in the genus Listeria, Int. J. Syst. Bacteriol. **37**, 298–300, 1987b

45. Rosenow, E. M., Marth, E. H., Growth of Listeria monocytogenes in skim, whole and chocolate milk and in whipping cream during incubation at 4, 8, 13, 21 and 35 °C, J. Food Protection **50**, 452–459, 1987

46. Schlech, W. F., Virulence characteristics of Listeria monocytogenes, Food Technol. **42**, 176–178, 1988

47. SCHMIDT, U., SEELIGER, H. P. R., GLENN, E., LANGER, B., LEISTNER, L., Listerienfunde in rohen Fleischerzeugnissen, Fleischw. **68**, 1313–1315, 1988
48. SCHÖNBERG, A., Method to determine virulence of Listeria strains, Int. J. Food Microbiol. **8**, 281–284, 1989
49. SEELIGER, H. P. R., Classification and pathogenicity of Listeria, in: Listeriosis, Joint WHO/ROI consultation on prevention and control, compiled by A. SCHÖNBERG, Vetmed-Hefte **5**, 56–62, 1987
50. SEELIGER, H. P. R., Listeria monocytogenes, Forum Microbiol. **12**, 300–305, 1989
51. SKOVGAARD, N., MORGEN, C.-A., Detection of Listeria spp. in faeces from animals, in feeds, and in raw foods of animal origin, Int. J. Food Microbiol. **6**, 229–242, 1988
52. SLADE, P. J., COLLINS-THOMPSON, D. L., Enumeration of Listeria monocytogenes in raw milk, Letters in Appl. Microbiol. **6**, 121–123, 1988
53. SMITH, J. L., ARCHER, D. L., Heat-induced injury in Listeria monocytogenes, J. Industrial Microbiol. **3**, 105–110, 1988
54. SIRAGUSA, G. R., JOHNSON, M. G., Persistence of Listeria monocytogenes in yoghurt as determined by direct plating and enrichment methods, Int. J. Food Microbiol. **7**, 147–160, 1988
55. SWAMINATHAN, B., HAYES, P. S., PRZYBYSZEWSKI, V. A., PLIKAYTIS, B. D., Evaluation of enrichment and plating media for isolating Listeria monocytogens, J. Assoc. Off. Anal. Chem. **71**, 664–668, 1988
56. TERPLAN, G., SCHOEN, R., SPRINGMEYER, W., DEGLE, I., BECKER, H., Vorkommen, Verhalten und Bedeutung von Listerien in Milch und Milchprodukten, Arch. Lebensmittelhyg. **37**, 131–137, 1986
57. TERPLAN, G., STEINMEYER, S., Investigations on the pathogenicity of Listeria spp. by experimental infection of the chick embryo, Int. J. Food Microbiol. **8**, 277–280, 1989
58. TEUFEL, P., Aktuelle Risikokeime in Lebensmitteln, Zbl. Bakt. Hyg. B **187**, 578–590, 1989
59. TRUSCOTT, R. B., MCNAB, W. B., Comparison of media and procedures for the isolation of Listeria monocytogenes from ground beef, J. Food Protection **511**, 626–628, 1988
60. VAN NETTEN, P., Perales, I., Van de Moosdijk, A., Curtis, G. D. W., Mossel, D. A. A., Liquid and solid selective differential media for the detection and enumeration of L. monocytogens and other Listeria spp., Int. J. Food Microbiol. **8**, 299–316, 1989
61. YOUSEF, A. E., RYSER, E. T., MARTH, E. H., Methods for improved recovery of Listeria monocytogenes from cheese, Appl. Environ. Microbiol. **54**, 2643–2649, 1988
62. Bacteriological Analytical Manual, Chapter 29 – Listeria isolation; Revised method of analysis, Federal Register Vol. **53**, No. 211, 1. Nov. 1988

3.2.4   Bacillus cereus

Eigenschaften:

Grampositives, aerobes, fakultativ anaerobes Stäbchen. Die ovalen Endosporen werden zentral oder subterminal ohne Anschwellen der Mutterzellen gebildet. Die Kolonien sind matt, flach und zeigen häufig einen welligen Rand. *Bacillus cereus* bildet eine Phospholipase C (Lecithinase), ein Hämolysin und ein Letaltoxin, die jedoch alle nicht identisch sind mit dem zur Lebensmittelvergiftung führenden Enterotoxin.

Weitere Eigenschaften:

- Minimale Vermehrungstemperatur 5–15 °C
- Maximale Vermehrungstemperatur 48–50 °C
- Optimale Vermehrungstemperatur 28–35 °C
- Minimaler pH-Wert für Vermehrung 4,35–4,90
- Minimaler a_W-Wert (0,92–0,95 (SPERBER, 1983, TROLLER, 1986)
- Hitzeresistenz:

$$D_{104,5\ °C} = 2{,}18 \text{ min (Puffer)}, z = 12\ °C$$

$D_{128,5\ °C}$ = 9,4 min (Olivenöl), z = 27 °C (ABABOUCH und BUSTA, 1987)
$D_{100\ °C}$ = 0,9–6,9 min (Phosphatpuffer), z = 8, 9–11 °C (RAJKOWSKI und MIKOLAJCIK, 1987)
$D_{100\ °C}$ = 2,0–5,4 min (Phosphatpuffer) (WONG et al., 1988)

Vorkommen:
Erdboden, Wasser, zahlreiche Lebensmittel

Krankheitserscheinungen:
Bestimmte Serovare von *Bacillus cereus* bilden zwei Enterotoxine im Lebensmittel, das Diarrhoe-Toxin („diarrhoeal toxin") und das Erbrechens-Toxin („emetic-toxin"). Das erstere ist ein Protein mit einem Molekulargewicht von 50000 Dalton. Es wird gebildet während der logarithmischen Vermehrungsphase, bei geringem Sauerstoffanteil im Lebensmittel, bei pH-Werten zwischen 6,0 und 8,5 und bei Temperaturen zwischen 18 °C und 43 °C. Das Diarrhoe-Toxin ist hitzelabil (Inaktivierung bei 60 °C in wenigen Minuten). Die Krankheitserscheinungen äußern sich mit Übelkeit und wässrigem Stuhl, selten Erbrechen, Fieber ist nicht vorhanden. Das Erbrechens-Toxin hat ein Molekulargewicht von 5000 Dalton. Es wird bei 120 °C nicht inaktiviert und ist bei pH-Werten von 2,0 noch stabil. Die Krankheitserscheinungen äußern sich in Übelkeit und Erbrechen, selten kommt es zu Durchfällen.

Inkubationszeiten:
Diarrhoe-Toxin: 8–16 h, meist 12–13 h.
Erbrechens-Toxin: 1–6 h, meist 2–5 h.

Minimale infektiöse Dosis:
10^5/g, meist 10^7–10^8/g

Lebensmittel, die zur Erkrankung führten:
Diarrhoe-Toxin: Gemüse, Kartoffelbrei, Fleisch, Leberwurst, Milch, Suppen, Puddings u. a.
Erbrechens-Toxin: Gekochter und gebratener Reis, Sahne, Nudeln, Kartoffelbrei u. a.

Nachweis
Zum Nachweis von *Bacillus cereus* werden u. a. der Mannit-Eigelb-Polymyxin-Agar nach Mossel et al. (1967) oder der Polymyxin-Eigelb-Mannit-Bromthymolblau-Agar nach Holbrook und Anderson (1980) eingesetzt. Der Nachweis beruht bei beiden Medien vorwiegend auf zwei biochemischen Reaktionen, der Eigelbreaktion und der fehlenden Mannitspaltung. Diese Nachweisreaktionen haben jedoch folgende Nachteile:
a) Es gibt *Bacillus cereus* Stämme, die keine Lecithinase bilden.
b) Auch Stämme von *Bac. licheniformis, Bac. subtilis, Bac., pumilus* und *Bac. polymyxa* können Lecithinase – positiv sein.
c) Neben *Bacillus cereus* sind auch einige Stämme von *Bac. sphaericus, Bac. alvei, Bac. coagulans* und *Bac. brevis* Mannit – negativ.
d) Wenn *Bacillus cereus* nur in geringer Zahl vorkommt und eine hohe Begleitflora vorhanden ist, wird die typische Farbe von Bacillus cereus auf dem Selektivmedium unterdrückt.

Medium:
Polymyxin-Eigelb-Mannit-Bromthymolblau-Agar (PEMBA)

Verfahren:
Spatelverfahren

Bebrütungstemperatur:
37 °C

Bebrütungszeit:
24 h, ggf. Verlängerung um 24 h bei Zimmertemperatur

Auswertung:
Typische Kolonien von *Bac. cereus* weisen eine türkis- bis pfauenblaue Farbe auf, sie sind zu bestätigen.

Bestätigung:
Mikroskopischer Nachweis von Lipidgranula

– Von dem Zentrum einer einen Tag alten Kolonie oder vom Rand einer zweitägigen Kolonie wird ein Objektträgerausstrich angefertigt;
– Präparat lufttrocknen und hitzefixieren;
– Objektträger über kochendes Wasser halten und mit 5 %iger Malachitgrünlösung (G/V) überschwemmen;
– Nach 2 min abwaschen und den Objektträger mit Löschpapier tocknen;
– Mit einer 0,3 %igen (G/V) Sudanschwarzlösung in 70 %igem Alkohol 15 min färben;
– Objektträger mit Xylol 5 s waschen und anschließend mit Löschpapier trocknen;
– Mit 0,5 %iger (G/V) Safraninlösung 20 s gegenfärben;
– Waschen und mikroskopisch untersuchen.

Charakteristisches Bild von *Bac. cereus:*
– Zellen ca. 4–5 μm lang und 1–1,5 μm breit, Cytoplasma rot gefärbt;
– Sporen schwach- bis mittelgrün, zentral oder subterminal, Sporangium nicht angeschwollen;
– Lipidkörnchen sind schwarz (Auch bei *Bac. mycoides* ATCC 6462 waren solche Körnchen nachweisbar. Nach LOGAN und BERKELEY (1984) sollten *Bac. mycoides* und *Bac. thuringiensis* als Subspecies von *Bac. cereus* gelten). Für die Routinediagnose reicht der Nachweis der Lipidgranula aus.

Mögliche Bestätigung:
a) Fermentation von Glucose
    Medium: Pepton-Glucose-Agar. Beimpfung durch Stich, Bebrütung bei 30 °C für 24 h.
b) Bildung von Acetoin
    Medium MR-VP-Bouillon. Bebrütung von 5 ml bei 30 °C für 24 h.
    Auswertung: Zu 1 ml Bouillon Zusatz von 0,2 ml KOH (40 %ig), 0,6 ml Alpha-Naphthol-Lösung (5 g Alpha-Naphthol + 100 ml Ethanol 96 %ig) und einige Kristalle Kreatin. Kräftig schütteln und bis zu 1 h stehen lassen. Im positiven Fall entsteht eine rosarote Farbe. Bei negativer Reaktion wird der Rest der MR-VP-Bouillon weitere 24 h bei 30 °C bebrütet und der Test danach wiederholt.

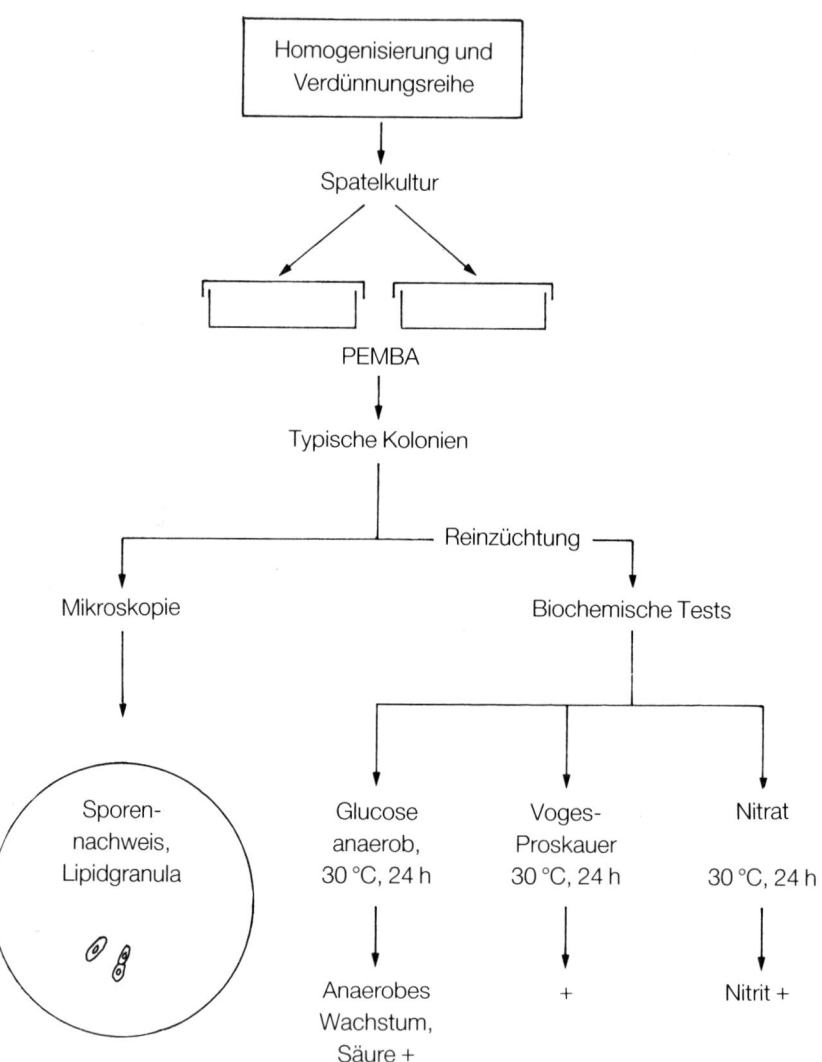

Abb. 29 Nachweis von Bacillus cereus

c) Nitratreduktion

Medium: Nitrat-Bouillon abgefüllt zu 5 ml, Bebrütung bei 30 °C für 24 h.

Auswertung: Zusatz mehrerer Tropfen Nitrit-Reagenz (Griess-Ilosvay's Reagenz). Bei Anwesenheit von Nitrit erscheint innerhalb von ca. einer Minute eine intensive rote Farbe. Bei starken Nitritbildern schlägt die anfangs rote Farbe nach gelb um. Eine negative Reaktion besagt, daß entweder kein Nitratabbau erfolgte oder daß bis zum Stickstoff bzw. Ammoniak reduziert wurde. Mit Hilfe des „Zinkstaub-Tests" wird anschließend geprüft, ob diese Reaktion abgelaufen ist. In die Röhrchen mit negativ verlaufendem Griess-Ilosvay-Test gibt man pro 5 ml Kulturflüssigkeit eine pfefferkorngroße Menge an Zinkstaub und läßt ohne zu schütteln sedimentieren. Bei Anwesenheit von Nitrat erscheint innerhalb von 1–2 min in der Nähe des Zinkstaubes eine rosa Färbung. Nitrat wurde zu Nitrit reduziert, welches nun mit dem Griess-Ilosvay-Reagenz reagiert. Positiver Zinkstaub-Test bedeutet „kein Nitratabbau", negativer Zinkstaub-Test bedeutet „erfolgter Nitratabbau".

Bacillus cereus:

Glucose positiv

Acetoin positiv

Nitratreduktion positiv

LITERATUR

1. ABABOUCH, L., BUSTA, F. F., Effects of thermal treatments in oils on bacterial spore survival, J. appl. Bact. **62**, 491–502, 1987
2. BLÄSCHKE, A., Vergleichende Untersuchungen zur selektiven quantitativen Erfassung aerober Sporenbildner aus Lebensmitteln unter besonderer Berücksichtigung potentiell toxinogener Species, Diss. Vet. Med., FU Berlin, 1986, Journal-Nr. 1279
3. DEAK, P., TIMAR, E., Simplified identification of aerobic sporeformers in the investigation of foods, Int. J. Food Microbiol. **6**, 115–125, 1988
4. GILBERT, R.- J., PARRY, J. M., Serotypes of Bacillus cereus from outbreaks of food poisoning and from routine foods, J. Hyg., Camb. **78**, 69–74, 1977
5. HADLOK, R. M., Die Bedeutung der Gattung Bacillus in der Lebensmittelhygiene, Schweizerische Gesellschaft für Lebensmittelhygiene (SGLH) Heft **13**, 68–106, 1983
6. HOLBROOK, R., ANDERSON, J. M., An improved selective and diagnostic medium for the isolation and enumeration of Bacillus cereus in foods, Can. J. Microbiol. **26**, 753–759, 1980
7. KONUMA, H. et al.: Occurrence of Bacillus cereus in meat products, raw meat and meat products additives, J. Food Protection **51**, 324–326, 1988
8. KRAMER, J. M., GILBERT, R. J., Bacillus species, in: Foodborne Bacterial Pathogens, ed. by M.P. Doyle, Marcel Dekker, Inc., Basel, 1989, S. 21–70
9. LANCETTE, G. A., HARMON, ST. M., Enumeration and confirmation of Bacillus cereus in foods: Collaborative study, J. Assoc. Off. Anal. Chem. **63**, 581–586, 1980
10. LOGAN, N. A., BERKELEY, R. C. W., Identification of Bacillus strains using the API system, J. gen. Microbiol. **130**, 1871–1882, 1984
11. MOSSEL, D. A. A., KOOPMANN, M. J., JONGERIUS, E., Enumeration of Bacillus cereus in foods, Appl. Microbiol. **15**, 650–653, 1967
12. RAJKOWSKI, K. T., MIKOLAJCIK, E. M., Characteristics of selected strains of Bacillus cereus, J. Food Protection **50**, 199–205, 1987
13. SOOLTAN, J. R. A., MEAD, G. C., NORRIS, A. P., Incidence and growth potential of Bacillus cereus in poultry meat products, Food Microbiology **4**, 347–351, 1987
14. SPERBER, W. H., Influence of water activity on foodborne bacteria- A review, J. Food Protection **46**, 142–150, 1983

15. SZABO, R. A., TODD, E. C. D., RAYMAN, M. K., Twenty-four hour isolation and confirmation of Bacillus cereus in foods, J. Food Protection **47**, 856–860, 1984

16. TROLLER, J. A., Water relations of foodborne bacterial pathogens – An updated review, J. Food Protection **49**, 656–670, 1986

17. TURNBULL, P. C. B., KRAMER, J. M., JØGENSEN, K., GILBERT, R. J., MELLING, J., Properties and production characteristics of vomiting, diarrheal, and necrotizing toxins of Bacillus cereus, The American Journal of Clinical Nurition **32**, 219–228, 1979

18. WONG, HIN-CHUNG, CHANG, MAN-HUEI, FAN, JIN-YUAN, Incidence and characterization of Bacillus cereus isolates contaminating dairy products, Appl. Environ. Microbiol. **54**, 699–702, 1988

3.2.5 Clostridium perfringens

Eigenschaften:
Clostridium (C.) perfringens ist ein anaerobes, grampositives, Katalase- negatives, unbewegliches Stäbchen. Es werden aufgrund der Bildung verschiedener Toxine (Proteine) 5 Typen unterschieden, A bis E, wobei die Typen A und C die größte Bedeutung für den Menschen haben.
Optimale Vermehrungstemperatur: 37–45 °C
Maximale Vermehrungstemperatur: 50 °C
Minimale Vermehrungstemperatur: 15–20 °C, einige Stämme 6 °C
Minimaler pH-Wert für Vermehrung: 5,0
Minimaler a_w-Wert für Vermehrung: 0,95 (eingestellt mit NaCl oder Saccharose, 0,93 mit Glycerin)
Hitzeresistenz der Sporen: $D_{100\ °C}$ = 0,31–37,7 min
Die vegetativen Zellen von *C. perfringens* sind gegenüber Gefriertemperaturen sehr empfindlich. Das zu untersuchende Lebensmittel darf aus diesem Grunde nicht eingefroren werden. Es wird mit 10 %igem Glycerin (1:1 (G/V) vermischt und bis zur Untersuchung unterhalb von 5 °C gelagert.

Vorkommen:
Erdboden, Intestinaltrakt Mensch (normal ca. 10^2–10^4/g) und Tier.

Krankheitserscheinungen:
Heftige Leibkrämpfe und profuse Durchfälle durch die Bildung des Enterotoxins A. Das Toxin C führt zur Enteritis necroticans. In Europa und den USA ist nur die durch den Typ A ausgelöste Lebensmittelvergiftung bedeutend. Das Enterotoxin, das von *C. perfringens* Typ A gebildet wird, ist ein Protein (Molekulargewicht 36 000 Dalton) und wird bei 60 °C in 10 min inaktiviert. Gebildet wird das Enterotoxin durch die sporulierenden Zellen im Darm. Durch Lysis des Sporangiums wird das Toxin freigesetzt. Voraussetzung für eine Erkrankung ist also, daß *C. perfringens* sich im Lebensmittel vermehrt und Zahlen oberhalb von 10^6/g erreicht. Nachgewiesen wurde allerdings auch eine Toxinbildung der vegetativen, nicht sporulierenden Zellen (GOLDNER et al., 1986).

Inkubationszeit:
12 h (6–24 h)

Nachweis

Beim Nachweis von *C. perfringens* kommt es darauf an,

a) hohe Zellzahlen bei Lebensmittelvergiftungen im Lebensmittel und Stuhl nachzuweisen und

b) geringe Keimzahlen an Sporen und vegetativen Zellen bei der Qualitätskontrolle von Produkten zu ermitteln. In beiden Fällen müssen auch geschädigte Zellen miterfaßt werden.

Nachweis von Zellzahlen über 10^2/g oder ml mit der Gußkultur

Medium:
Trypton Sulfit Cycloserin Agar (TSC-Agar)

Bebrütung:
37 °C für 18–24 h, anaerob

Auswertung:
Die Anzahl schwarzer Kolonien jeder Platte wird bestimmt. Solche Platten werden beim Zählen berücksichtigt, auf denen sich zwischen 15 und 150 schwarze Kolonien gebildet haben. Von den zwei Werten der Petrischalen wird der arithmetische Mittelwert gebildet. Wenn der eine Wert in der gleichen Verdünnungsstufe größer ist als der Faktor 2, so wird nur der niedrige Wert berücksichtigt.

Beispiel:
Verdünnung 10^{-3}

Platte 1	142 Kolonien
Platte 2	144 Kolonien

Verdünnung 10^{-4}

Platte 1	14 Kolonien
Platte 2	30 Kolonien

Mittelwert: 142 + 144 + 140 = 142
Keimzahl: $1{,}4 \times 10^5$/g

Wenn Teile der Platten vollkommen geschwärzt sind oder es zu schwierig ist, charakteristische Kolonien zu ermitteln, wird die Koloniezahl der nächst höheren Verdünnung berücksichtigt, auch wenn diese Zahl unter 15 liegt. Wenn weniger als 15 charakteristische Kolonien vorhanden sind, wird festgestellt, *„Clostridium perfringens* negativ", unter Angabe der untersuchten Verdünnung bzw. Menge der Probe.

Bestätigung:
Eine Identifizierung der schwarzen Kolonien ist notwendig, da auch andere Clostridien als *C. perfringens* auf den Medien schwarze Kolonien bilden, wie z. B. *C. bifermentans, C. sphenoides, C. fallax* (NEUT et al., 1985). Als Bestätigungsreaktionen werden in der Literatur empfohlen (EISGRUBER, 1986):

– Nitratreduktion: positiv

– Gelatineverflüssigung: positiv

– Lactosevergärung: positiv

– Beweglichkeit: negativ

Dabei ist zu beachten, daß auch *C. sardiniense* und *C. absonum* diese Reaktionen aufweisen und es *C. perfringens*-Stämme gibt, die Nitrat nicht reduzieren (HANDFORD, 1974). Nachstehend beschriebene Bestätigungsreaktionen werden dennoch empfohlen; sie sind folgendermaßen durchzuführen:

– Mit einer sterilen Kapillarpipette wird die zu überprüfende schwarze Kolonie (von einer der ausgezählten Platten werden 5–10 Kolonien isoliert) ausgestochen und in Reinforced Clostridial Medium (RCM) geimpft. Nach einer anaeroben Bebrütung (Überschichtung mit Paraffingemisch oder Wasseragar) bei 37 °C bis zur Trübung (4–18 h) wird wie folgt geprüft:

– Mikroskopische Untersuchung im Phasenkontrast: Große Stäbchen, keine Sporen, unbeweglich.

Bei Vorliegen einer Reinkultur erfolgen weitere Bestätigungen, bei Mischkulturen zunächst eine Reinzüchtung (Ösenausstrich) auf CASO-Agar (16–24 h, 37 °C, anaerob).

– Weitere Bestätigungsreaktionen durch Beimpfung folgender Medien:

Nitrat-Beweglichkeitsagar, Stichbeimpfung, 24 h, 37 °C

Lactose-Gelatine-Nährboden, Stichbeimpfung, 24 h, 37 °C

Die Röhrchen mit dem Nitrat-Beweglichkeitsagar werden auf Wachstum entlang des Impfkanals beobachtet. Beweglichkeit liegt vor, wenn diffuses Wachstum vom Impfkanal weg in das Medium vorhanden ist. Der Nachweis von Nitrit erfolgt durch Zugabe von 0,2– 0,5 ml Nitrit-Reagenz (Griess-Ilosvay-Reagenz). Bei der Reduktion von Nitrat zu Nitrit tritt Rotfärbung auf. Wenn innerhalb von 15 min keine rote Verfärbung vorhanden ist, wird eine kleine Menge Zinkstaub hinzugefügt und die Röhrchen werden erneut nach 10 min abgelesen. Tritt eine Rotfärbung auf, hat keine mikrobielle Reduktion von Nitrat zu Nitrit stattgefunden. Die Röhrchen mit dem Lactose-Gelatine-Nährboden werden auf Gasbildung und Farbumschlag untersucht. Gasbildung und gelbe Farbe zeigen den Abbau von Lactose in Säure und Gas an. Danach werden die Röhrchen 1 h in den Kühlschrank gestellt und auf Verflüssigung der Gelatine geprüft. Bleibt der Nährboden fest, werden die Röhrchen für weitere 24 h bei 37 °C bebrütet und danach auf Gelatineverflüssigung untersucht. Clostridium perfringens liegt vor, wenn die schwarzen Kolonien Nitrat zu Nitrit reduzieren, Gas und Säure aus Lactose bilden, Gelatine verflüssigen und die Beweglichkeit negativ ist. Liegen zweifelhafte Reaktionen vor, so sind weitere Bestätigungstests durchzuführen, z. B. API 20 C.

Eine Bestätigung verdächtiger Kolonien in der Routine ist auch mit dem Reverse-CAMP-Test möglich (BENTLER, 1981). Dazu wird ein Referenzstamm (*Streptococcus agalactiae*, ß-hämolysierend, DSM 2134 = ATCC 13813) in der Mitte einer Agarplatte ausgestrichen (D. S. T.-Agar, Diagnostic Sensitivity Agar + 7 % defribriniertes Schafblut). Im Abstand von 1 mm zu diesem Impfstrich werden beidseitig im rechten Winkel parallel Impfstriche der zu prüfenden Kulturen aufgetragen (Kultur in physiologischer Kochsalzlösung aufschwemmen). Die Parallelausstriche sollten nicht näher als 2 cm beieinander liegen. Die

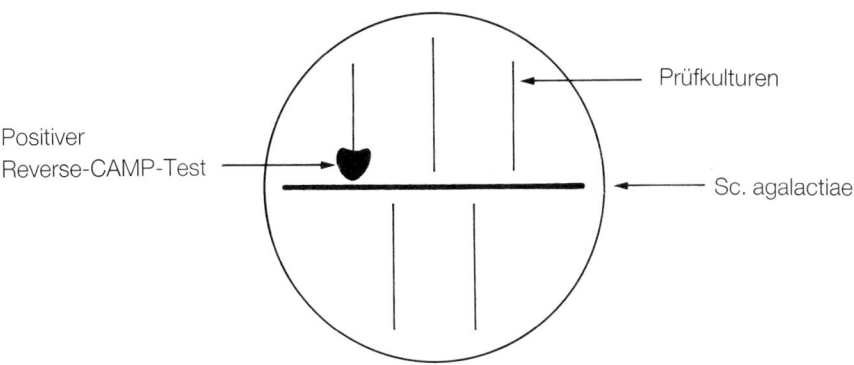

Abb. 30   Reverse-CAMP-Test

Petrischalen werden anaerob 18–24 h bei 37 °C bebrütet. Als *C. perfringens* gelten die Prüfkulturen, die eine pfeilspitzenförmige Aufhellung (ß-Hämolyse) im Bereich der im rechten Winkel zusammenführenden Impfstriche zeigen.

– Ermittlung der Keimzahl:
    Wenn mindestens 80 % der ausgewählten Kolonien als *Clostridium perfringens* bestätigt werden, sind alle ausgezählten Kolonien als *Clostridium perfringens* anzusehen. In allen anderen Fällen wird die Anzahl der Kolonien von *Clostridium perfringens* nach dem prozentualen Anteil der positiven Bestätigungsreaktionen berechnet.

Nachweis von Zellzahlen unter 10^2/g oder ml mit der MPN-Methode

Medium:
Rapid Perfringens Medium (RPM) nach ERICKSON und DEIBEL (1978)
Beimpfung des Mediums:
Jeweils 3 Röhrchen mit 9 ml Medium werden mit 1 g, 0,1 g und 0,01 g oder 1 ml der entsprechenden Verdünnungen 10^{-1} und 10^{-2} beimpft. Die Vermischung sollte vorsichtig erfolgen.

Nachweis von Enterotoxin im Stuhl

Die Analyse des Enterotoxins ist für den Lebensmittelhygieniker nur von begrenztem Interesse, da das Toxin allgemein nicht im für die Erkrankung verantwortlichen Lebensmittel vorkommt. Sie kann jedoch bei Stuhlproben durchgeführt werden. Dabei ist jedoch zu beachten, daß der Enterotoxin-Gehalt im Stuhl wesentlich schneller abfällt als die Sporenzahl im Stuhl (HAUSCHILD, 1983). Als empfindliche Nachweisverfahren haben sich die Latex-Agglutination (HARMON und KAUTTER, 1986, BERRY et al., 1986) und der ELISA-Test erwiesen (BARTHOLOMEW et al., 1985, BERRY et al., 1986).

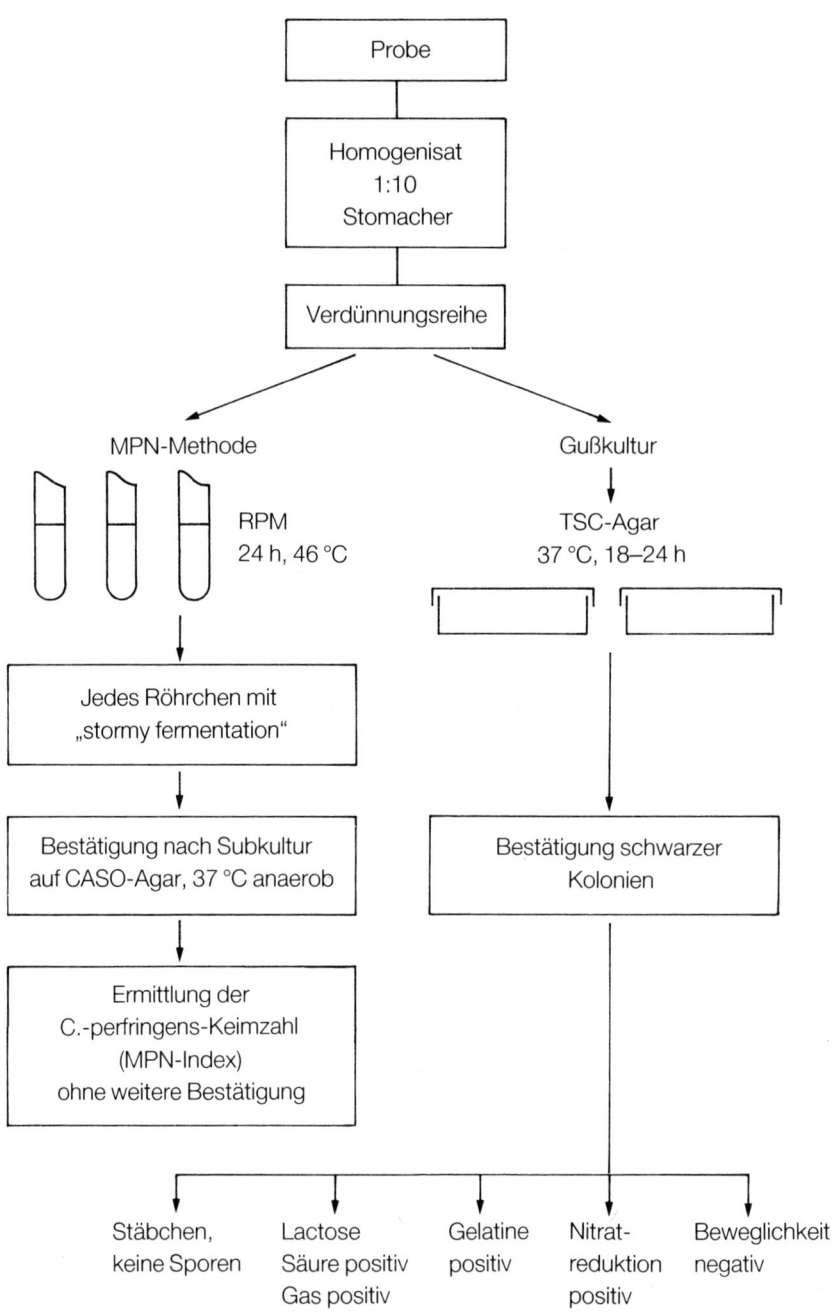

Abb. 31 Nachweis von Clostridium perfringens

Bebrütung:

46 °C, 24 h

Auswertung:

Nach der Bebrütung werden die Röhrchen auf eine „stormy fermentation" geprüft. Diese besteht in einer Säuerung, Gerinnung und Gasbildung. Positive Röhrchen müssen bestätigt werden. Die Angabe der Keimzahl erfolgt aus der MPN-Tabelle entsprechend der Index-Zahl.

LITERATUR

1. Abeyta, C. Jr., Comparison of iron milk and official AOAC methods for enumeration of Clostridium perfringens from fresh seafoods, J. Assoc. Off. Anal. Chem. **66**, 1175–1177, 1983

2. Abeyta, C. Jr., Michalovskis, A., Wekell, M. M., Differentiation of Clostridium perfringens from related clostridia in iron milk medium, J. Food Protection **48**, 130–134, 1985

3. Armon, R., Payment, P., A modified m-CP medium for enumerating Clostridium perfringens from water samples, Canadian J. Microbiol. **34**, 78–79, 1988

4. Bartholomew, B. A., Stringer, M. F., Watson, G. N., Gilbert, R. J., Development and application of an enzyme linked immunosorbent assay for Clostridium perfringens type A enterotoxin, J. Clin. Pathol. **38**, 222–228, 1985

5. Beerens, H. Romond, Ch., Lepage, C., Criquelion, J., A liquid medium for the enumeration of Clostridium perfringens in food and faeces. In: Isolation and identification methods for food poisoning organisms, ed. by Corry, J. E. L., Roberts, D., Skinner, F. A., S. 137–149, Academic Press, London, 1982

6. Bentler, W., Schnellmethode zur Identifizierung von Clostridium perfringens, Fleischw. **61**, 1686–1688, 1981

7. Berry, P. R., Stringer, M. F., Uemura, T., Comparison of latex agglutination and ELISA for the detection of Clostridium perfringens type A enterotoxin in faeces, Letters in Appl. Microbiol. **2**, 101–102, 1986

8. Bisson, J. W., Cabelli, V. J., Membrane filter enumeration method for Clostridium perfringens, Appl. Environ. Microbiol. **37**, 55–66, 1979

9. Debevere, J. M., A simple method for the isolation and determination of Clostridium perfringens, European J. appl. Microbiol. Biotechnol. **6**, 409–414, 1979

10. Eisgruber, H. G., Prüfung von Verfahren zur Kultivierung und Schnellidentifizierung von Clostridien aus frischem Fleisch sowie aus anderen Lebensmitteln, Inaugural-Diss., Vet.-Med., FU Berlin, 1986, Journal-Nr. 1288

11. Erickson, J. E., Deibel, R. H., New medium for rapid screening and enumeration of Clostridium perfringens in foods, Appl. Environ. Microbiol. **36**, 567–571, 1978

12. Foegeding, P. M., Detection and quantitation of sporeforming pathogens and their toxins, In: Foodborne microorganisms and their toxins: Developing methology, ed. by M. D., Pierson and N. J. Stern, S. 393–423, Marcel Dekker, Inc., Bassel 1986

13. Goldner, St. B., Solberg, M., Jones, S., Post, L. S., Enterotoxin synthesis by nonsporulating cultures of Clostridium perfringens, Appl. Environ. Microbiol. **52**, 407–412, 1986

14. Handford, P. M., A new medium for the detection and enumeration of Clostridium perfringens in foods, J. appl. Bact. **37**, 559–570, 1974

15. Harmon, St. M., Kautter, D. A., Evaluation of a reversed passive latex agglutination test kit for Clostridium perfringens enterotoxin, J. Food Protection **49**, 523–525, 1986

16. Hauschild, A. H. W., Clostridium perfringens Lebensmittel-Vergiftungen, Schweizerische Gesellschaft für Lebensmittelhygiene (SGLH), Heft **13**, S. 107–134, 1983

17. Hauschild, A. H. W., Desmarchelier, P., Gilbert, R. J., Harmon, S. M., Vahlefeld, R., ICMSF methods studies. XII. Comparative study for the enumeration of Clostridium perfringens in feces, Can. J. Microbiol. **25**, 953–963, 1979

18. John, W. D. St., Matches, J. R., Wekell, M. M., Use of iron milk medium for enumeration of Clostridium perfringens, J. Assoc. Off. Anal. Chem. **65**, 1129–1133, 1982

19. Labbe, R., Enumeration and confirmation of Clostridium perfringens, J. Food Protection **46**, 68–73, 1983

20. Labbe, R., Norris, K. E., Evaluation of plating media for recovery of heated Clostridium perfringens spores, J. Food

Protection **45**, 686–688, 1982
21. LABBE, R., Clostridium perfringens in: Foodborne Bacterial Pathogens, ed. by M. P. Doyle, Marcel Dekker Inc., S. 191–234, Basel, 1989
22. NEUT, CH., PATHAK, J., ROMOND, CH., BEERENS, H., Rapid detection of Clostridium perfringens: Comparison of lactose sulfite broth with tryptose-sulfite-cycloserin agar, J. Assoc. Off. Anal. Chem. **68**, 881–883, 1985
23. UEMURA, T., KUSUNOKI, H., HOSODA, K., SAKAGUCHI, G., A simple procedure for the detection of small numbers of enterotoxigenic Clostridium perfringens in frozen meat and cod paste, Int. J. Food Microbiol. **1**, 335–341, 1985

3.2.6 Clostridium botulinum

Eigenschaften:
Grampositive, bewegliche Stäbchen, Sporen subterminal und häufig breiter als Mutterzelle. Aufgrund der Bildung serologisch unterscheidbarer Toxine mit unterschiedlichem Molekulargewicht und verschiedener Aminosäuresequenz wird *Clostridium (C.) botulinum* in die Typen A bis G unterteilt, die proteolytisch (Typ A, B, F, G) oder nichtproteolytisch (Typ E, B, F) sein können. Weitere für die Technologie wichtige Eigenschaften sind in der Tabelle 15 aufgeführt.

Vorkommen:
Erdboden (Typen A, B, G), Typ E und F (Wasser, Meerestiere)

Krankheitserscheinungen:
Das im Lebensmittel gebildete Toxin führt nach Aufnahme zur Übelkeit, Erbrechen, Magen-Darm-Störungen, Doppelsehen, Lähmungen der Zungen- und Schlundmuskulatur, Atemlähmung. Das Neurotoxin ist ein Protein, es besteht aus einer einzigen Polypeptidkette mit einem Molekulargewicht von etwa 150 MD. Durch die Wirkung endogener Protease proteolytischer Stämme (A, B, F, G) oder durch exogene Protease nicht-proteolytischer Stämme (E, B, F) wird das Toxin in zwei Ketten gespalten und die Toxizität gesteigert. Das Toxin wird durch kurzes Aufkochen inaktiviert.
Eine eigenständige Erkrankung ist der Säuglings-Botulismus (ARNON et al., 1977, 1981,) bei dem es durch Aufnahme von Clostridiensporen zur Toxinbildung im Darm kommt. Solche Erkrankungen traten in den USA und in England ausschließlich durch *Clostridium botulinum* A und B auf, deren Sporen mit Honig aufgenommen wurden (HAUSCHILD et al., 1988).

Inkubationszeit:
12–36 h (4 h – 4 Tage)

Minimale toxische Dosis:
Für das Toxin A wird die letale Dosis für den Menschen bei oraler Aufnahme auf 0,1–1,0 µg geschätzt.

Lebensmittel, die zur Erkrankung führten:
Hausgemachte schwachsaure Gemüsekonserven (Typ A und B); Hausgemachte Kochwurstkonserven (Typ A und B); Rohschinken (Typ B); Marinierte, fermentierte und geräucherte Fische (Typ E, B); Leberwurstkonserve, Pökelfleisch (Typ F). Der Typ G wurde bisher bei Lebensmittelvergiftungen nicht nachgewiesen (JAY, 1986).

Tab. 16   Eigenschaften von C. botulinum (1, 2, 8, 9, 10–12, 14, 15)

Eigenschaften	Proteolytische Stämme Typ A, best. Stämme der Typen B+F	Nichtproteolytische Stämme von Typ B und F sowie Typ E	Typ G, schwach proteolytisch
Minimale Vermehrungstemperatur	10 °C	3,3–4,0 °C	12 °C
Minimaler pH-Wert*)	4,5	4,5	4,5
Minimaler a_w-Wert[1])	0,94–0,96	0,97 Typ E	0,96
Hitzeresistenz	Typ A, B $D_{121\,°C} = 0,2\,min$ (PP 7) $z = 10\,°C$	Typ E $D_{80\,°C} = 1,6\text{–}4,3\,min$ (WF) $z = 7,3\text{–}7,6\,°C$	Typ G $D_{121\,°C} = 0,14\text{–}0,19\,min$ (PP 7) $z = 9,4\,°C$
	Typ A $D_{115\,°C} = 0,3\,min$ [2])		
	Typ F $D_{121\,°C} = 0,17\,min$ [3])		

Erklärungen:
*) Entscheidend ist die Säureart. Toxinbildung erfolgte bei pH 4,3 (Citronensäure, 10^4 Sporen/ml, Proteinanteil 1 %, WONG et al., 1988)
[1]) a_w-Wert mit Kochsalz eingestellt.
[2]) Tomatensauce Bologneser Art, pH 4,8; a_w 0,98; Citronensäure 1,3 g/l; Essigsäure 0,17 g/l; Weinsäure 0,7 g/l;
[3]) Krabbenfleisch; PP 7 = Phosphatpuffer pH 7,0; WF = Weißfisch;

Nachweis

Der Nachweis von *Clostridium botulinum* erfolgt durch den Toxinnachweis im Lebensmittel, durch den Nachweis des Toxins, das von isolierten Kulturen gebildet wird und durch den Toxinnachweis im Stuhl oder Erbrochenem sowie im Patientenserum.

Toxinnachweis durch den Mäuse-Neutralisations-Test

Aufgrund der Toxizität der Botulinustoxine darf nur erfahrenes, geschultes Personal, das die Erlaubnis hat, mit pathogenen Mikroorganismen zu arbeiten, den Nachweis führen. Einzelheiten der Nachweistechnik siehe „Amtliche Sammlung von Untersuchungsverfahren nach § 35 LMBG, (L 06.00 26, Dez. 1988).

Serologischer Nachweis, ELISA-Test

Durch die Entwicklung monoklonaler Antikörper wird der serologische Nachweis den Tierversuch ersetzen. Ein auf monoklonalen Antikörpern basierender ELISA-Test erwies sich beim Nachweis von *C. botulinum* Typ A und B als gut geeignet (GIBSON et al., 1987, 1988).

Nachweis von Clostridium botulinum Sporen im Honig

- 25 g Honig werden mit 100 ml A. dest. + 1 % Tween 80 in einem 300 ml Zentrifugenglas vermischt, bei 65 °C 30 min erwärmt und anschließend 20 min zentrifigiert (15 000 x g);
- Der Überstand wird membranfiltriert (0,45 μm). Nach der Filtration wird mit A. dest. nachgespült;
- Membranfilter und Bodensatz der zentrifugierten Probe werden in einem Kolben mit 110 ml TPGYB-Bouillon (TPGY-Bouillon + 10 g/l Fleischextrakt = TPGYB-Bouillon) vermischt;
- Überschichtung der Kolben mit 20 ml Paraffinöl und Bebrütung bei 35 °C für 7 Tage;
- Nach der Bebrütung werden 20 ml Bouillon zentrifugiert (20 min bei 20 000 x g);
- Der Überstand wird membranfiltriert (Filterspritze 0,45 μm);
- Vom Filtrat erfolgt der Toxinnachweis (Mäuse-Neutralisations-Test, „Amtliche Sammlung von Untersuchungsverfahren nach § 35 LMBG).

LITERATUR

1. ARNON, S. S., MIDURA, TH. F., CLAY, S. A., WOOD, R. M., CHIN, J., Infant botulism: epidemiological, clinical, and laboratory aspects, J. American Medical Association **237**, 1946–1951, 1977
2. ARNON, S. S., DAMUS, K., CHIN, J., Infant botulism: epidemiology and relation to sudden infant death syndrome, Epidemiol. Rev. **3**, 45–66, 1981
3. BAUMGART, J., Hemmung von Clostridium botulinum in Saucen mit unterschiedlichen pH-Werten, 1988, unveröffentlicht
4. BERRY, P. R., GILBERT, R. J., OLIVER, R. W. A., GIBSON, A. M. M., Some preliminary studies on low incidence of infant botulism in the United Kingdom, J. Clin. Pathol. **40**, 121, 1987
5. BRIOZZO, J., DE LAGARDE, A., CHIRIFE, J., PARADA, J. L.:, Effect of water activity and pH on growth and toxin production by Clostridium botulinum Type G, Appl. Environ. Microbiol. **51**, 844–848, 1986
6. BLOCHER, J. C., BUSTA, F. F., Bacterial spore resistance to acid, Food Technology **37**, 87–99, 1983
7. DEHOF, E., GREUEL, G., KRÄMER, J., Zur Tenazität von Clostridium botulinum Typ G in heißgeräucherten, vakuumverpackten Forellenfilets, Arch. Lebensmittelhyg. **40**, 27–29, 1989
8. FOEGEDING, P. M., Detection and quantitation of sporeforming pathogens and their toxins, in: Foodborne microorganisms and their toxins: Developing methology, ed. by M. D. PIERSON and N. J. STERN, S. 393–423, Marcel Dekker, Basel, 1986
9. GIBSON, A. M., MODI, N. K., ROBERTS, T. A., SHONE, C. C., HAMBLETON, P., MELLING, J., Evaluation of a monoclonal antibody-based immunoassay for detecting type A Clostridium botulinum toxin produced in pure culture and an inoculated model cured meat system, J. appl. Bact. **63**, 217–226, 1987
10. GIBSON, A. M., MODI, N. K., ROBERTS, T. A., HAMBLETON, P., MELLING, J., Evaluation of a monoclonal antibody-based immunoassay for detecting type B Clostridium botulinum toxin produced in pure culture and an inoculated model cured meat system, J. appl. Bacteriol. **64**, 285–291, 1988
11. FRAZIER, W. C., WESTHOFF, D. C., Food Microbiology, McGraw-Hill Book Company, New York, 1988
12. HAUSCHILD, A., HILSHEIMER, R., Detection of Clostridium botulinum in honey by a procedure involving membrane filtration, Can. Inst. Food Sci. Technol. J. **16**, 256–258, 1983
13. HAUSCHILD, A. H. W., HILSHEIMER, R., WEISS, K. F., BURKE, R. B., Clostridium botulinum in honey, syrups and dry infant cereals, J. Food Protection **51**, 892–894, 1988
14. HAUSCHILD, A. H. W., Clostridium botulinum in: Foodborne Bacterial Pathogens, ed. by M. P. Doyle, Marcel Dekker Inc., S. 111–189, 1989
15. JAY, J. M.; Modern Food Microbiology, 3rd. ed. Van Nostrand Reinnold Company, New York, 1986

16. JENSEN, M. J., GENIGEORGIS, C., LINDROTH, S., Probability of growth of Clostridium botulinum as affected by strain, cell and serologic type, inoculum size and temperature and time of incubation in a model broth system, J. Food Safety **8**, 109126, 1987

17. KRÄMER, J., Lebensmittel-Mikrobiologie, Eugen Ulmer, Stuttgart, 1987

18. LYNT, R. K., KAUTTER, D. A., SOLOMON, H. M., Heat resistance of proteolytic Clostridium botulinum type F in phosphate buffer and crabmeat, J. Food Sci. **47**, 204–206, 230, 1981

19. LYNT, R. K., SOLOMON, H. M., KAUTTER, D. A., Heat resistance of Clostridium botulinum type G in phosphate buffer, J. Food Sci. **47**, 463–466, 1984

20. SOLOMON, H. M., KAUTTER, D. A., LYNT, R. K., Common characteristics of the Swiss and Argentine strains of Clostridium botulinum type G, J. Food Protection **48**, 7–10, 1985

21. SONNABEND, W. F., SONNABEND, U. P., KRECH, TH., Isolation of Clostridium botulinum type G from Swiss soil specimens by using sequential steps in an identification scheme, Appl. Environ, Microbiol. **53**, 1880–1884, 1987

22. TROLLER, J. A., Water relations of foodborne bacterial pathogens-An updated review, J. Food Protection **49**, 656–670, 1986

23. WONG, D. M., YOUNG-PERKINS, K. E., MERSON, R. L., Factors influencing Clostridium botulinum spore germination, outgrowth, and toxin formation in acidified media, Appl. Environ. Microbiol. **54**, 1446–1450, 1988

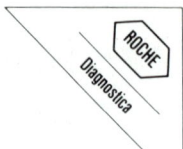

"It is the easiest and

fastest multitest system

to inoculate…"

Zitat: Lennette E.H. et. al.
Manual of Clinical Microbiology
4. Aufl. Washington D.C., 1985

Das sagt alles. Seit Jahren bewährt, bieten
‹Enterotube› II Roche
und **‹Oxi/Ferm Tube› II Roche**
zahlreiche Vorteile in der praktischen Anwendung
bei der Identifikation gramnegativer Bakterien.

- Überzeugende Wirtschaftlichkeit durch enorme
  Zeitersparnis.

- Einwandfreie Identifizierung durch optimierte
  Auswahl von Farbreaktionen auf aktueller
  Datenbasis.
- Hohe Sicherheit durch geschlossenes Kammer-
  system.
- Sekundenschnelle Auswertung durch Codierung
  der Farbreaktionen.
- Kostenloses Codierbuch zum Ablesen der
  Spezies.

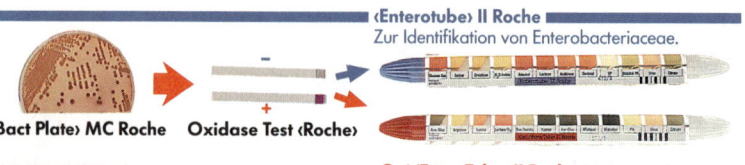

‹Bact Plate› MC Roche   **Oxidase Test ‹Roche›**

‹Enterotube› II Roche
Zur Identifikation von Enterobacteriaceae.

‹Oxi/Ferm Tube› II Roche
Zur Identifikation von oxidativ-fermentativen,
gramnegativen Keimen.

Fordern Sie ausführliche Informationen an: Hoffmann-La Roche AG, 7889 Grenzach-Wyhlen

IV Identifizierung von Bakterien

J. Baumgart

1 Allgemeines

Aufgrund unterschiedlicher Merkmale lassen sich Bakterien identifizieren und in ein System einordnen. Diese Einordnung ist um so sicherer, je mehr Merkmale vorhanden sind. Bestimmt werden **morphologische Merkmale**, wie Form, Anordnung der Zellen, Vorhandensein von Kapseln und Geißeln, Endosporen, Färbeverhalten sowie **stoffwechselphysiologische Eigenschaften**, wie Sauerstoffbedarf, Pigmentbildung, Enzymleistungen, Nährstoffbedarf und pathogene Eigenschaften. Schließlich dienen auch **immunologische Eigenschaften** oder der Nachweis von **Bakteriophagen** und die **Zusammensetzung der DNA** und der **Zellwand** zur Charakterisierung eines Bakteriums.

Aufgrund ihrer unterschiedlichen Eigenschaften werden die Bakterien stufenweise in Einheiten und Gruppen geordnet. Die Grundeinheit, die Reinkultur eines Bakteriums, ist der „Stamm". Stämme werden zu Arten (species), letztere zu Gattungen (genus, Plural genera) und diese zu Familien (Endung-aceae) zusammengefaßt. Das bekannteste und am häufigsten verwendete künstliche Klassifizierungsschema ist Bergey's Manual of Systematic Bacteriology. Es enthält Namen, Beschreibungen der Bakterien sowie Schlüssel zur Bestimmung neu isolierter Bakterien. Für ein Routinelabor ist es in der Regel ausreichend, bis zur Familie oder bis zum Genus zu differenzieren. Nur in seltenen Fällen erfolgt eine Speciesdiagnose, die bei einigen Familien und Genera mit Multitest-Systemen (z. B. Enterotube, Oxi-Fermtube, API-System, Titer-Tec usw.) möglich ist.

Da jedoch nicht in jedem Routinelabor Typstämme als Kontrollen zur Verfügung stehen, sollte eine Speciesdiagnose Speziallaboratorien überlassen bleiben. Im folgenden werden Identifizierungsmöglichkeiten für das Routinelabor angegeben. Die gewählten Schemata basieren auf wenigen Merkmalen, wodurch eine sichere Diagnose erschwert wird. Auch wurden nur Mikroorganismen berücksichtigt, die für die Lebensmitteltechnologie und -hygiene eine besondere Bedeutung haben.

Grundsätzlich ist bei jeder Identifizierung von einer Reinkultur auszugehen. Die direkte Beimpfung von einem Selektivmedium in ein nicht selektives Medium sollte vermieden werden. Es ist durchaus möglich, daß in einer oder um eine Kolonie sich optisch nicht wahrnehmbare andere Mikroorganismen befinden, die bei der Überimpfung in ein nicht selektives Medium zur Entwicklung kommen und das Reaktionsbild bei der biochemischen Identifizierung stören. Die erforderliche Reproduzierbarkeit eines biochemischen Tests hängt auch von der Impfmenge ab. Eine nahezu gleichbleibende Impfmenge kann durch Bestimmung des Trübungswertes einer gewaschenen Kultur oder durch die genaue Festlegung der Tropfenzahl erreicht werden. Die für die einzelnen biochemischen Reaktionen angegebenen Bebrütungstemperaturen und -zeiten sind einzuhalten.

2 Methodik zur Isolierung und Identifizierung von Bakterien

Eine sacchgerechte Produktbeurteilung erfordert die Bestimmung der Keimzahl. Der Einsatz von Selektiv- oder Elektivmedien erleichtert dabei den Nachweis der Mikroorganismen, die zum Produktverderb oder zur Erkrankung führen bzw. produktspezifisch sind. Eine weitere Identifizierung ist allerdings auch hier notwendig. Für zahlreiche Mikroorganismen stehen keine geeigneten Selektivmedien zur Verfügung, so daß aus dem Gesamtkollektiv der Kolonien eine Identifizierung erfolgen muß. Isolierungs- und identifizierungsfähige Kolonien können bei der Untersuchung von Lebensmitteln also nur über Verdünnungsreihen und anschließende Kultivierung auf einem festen Medium gewonnen werden. Dies schließt ein, daß dabei in geringen Anteilen vorkommende Mikroorganismen „herausverdünnt" werden. Im Routinelabor ist die in Abbildung 32 gezeigte Methode anwendbar.

Vom homogenisierten Lebensmittel erfolgt eine Verdünnung in Zehnerpotenzen und eine Bestimmung der Keimzahl. Von den zu identifizierenden Mischkulturen werden Verdünnungsausstriche angefertigt und die einzeln liegenden Kolonien auf Reinheit überprüft, z. B. durch Gramfärbung, Mikroskopie, Katalase. Eine Einzelkolonie wird in Kochsalzlösung oder Aqua dest. aufgeschwemmt und identifiziert, oder die Identifizierung erfolgt direkt von der reinen Kolonie.

Von den auszählbaren Verdünnungen werden die morphologisch unterschiedlichen Kolonien getrennt ausgezählt, reingezüchtet und identifiziert. Die Keimzahl der nachgewiesenen Genera oder Species wird angegeben.

Beispiel:

Verdünnung 10^{-4} A) 7 Kolonien stecknadelkopfgroß, gewölbt und weiß.

B) 14 Kolonien senfkorngroß, flach, grauweiß, gelappter Rand.

Verdünnung 10^{-3} C) 8 goldgelbe, gewölbte, reiskorngroße Kolonien

Jeweils 1 Kolonie von A, B und C wird reingezüchtet. Ergibt die Identifizierung von A das Genus *Lactobacillus*, von B das Genus *Bacillus* und von C das Genus *Staphylococcus*, so erfolgt diese Angabe:

$7,0 \times 10^4$/g Laktobazillen

$1,4 \times 10^3$/g Bazillen

$8,0 \times 10^3$/g Staphylokokken

Eine genauere Floranalyse ist möglich, wenn mehr Kolonien isoliert und identifiziert werden. So können bei Verwendung einer Schablone (Guß- u. Spatelkultur) 20 Kolonien ausgewählt werden (OTTE, TOLLE, SUHREN, 1979). Keimarten, die mit einem Anteil von mehr als 20 % an der Flora der Isolierungsplatte beteiligt sind, treten in der Stichprobe mit meßbaren Anteilen auf, während solche, die mit weniger als 10 % beteiligt sind, nur sporadisch erfaßt werden.

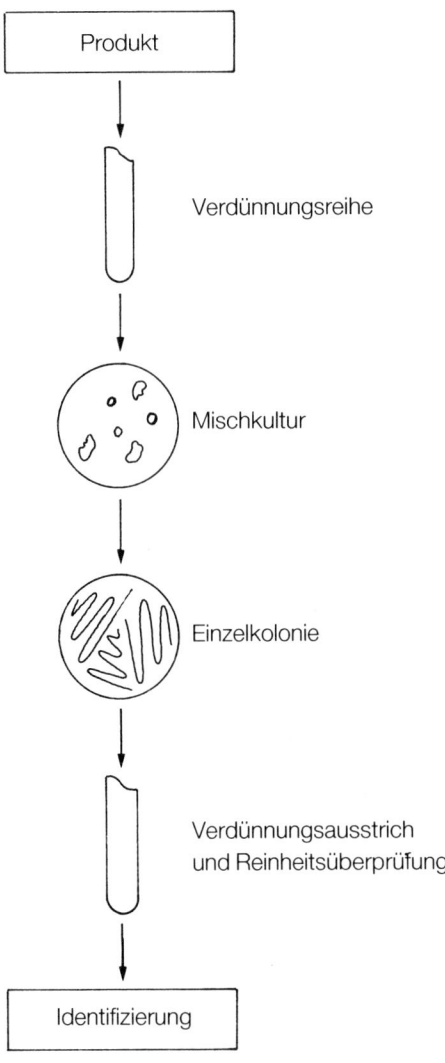

Abb. 32   Identifizierung von Mikroorganismen

3 Schlüssel zur Identifizierung gramnegativer Bakterien

KOH-Test meist positiv, Aminopeptidase-Test meist positiv

In den Bestimmungsschlüsseln werden jeweils mehrere Möglichkeiten zur Auswahl angeboten. Nach Entscheidung über Zutreffen bzw. Nicht-Zutreffen verweist eine Zahlenkennzeichnung am rechten Rand des Schlüssels auf weitere Identifizierungsmerkmale. Auf diese Weise wird die mögliche Einordnung Schritt für Schritt eingeengt, bis sich der richtige Platz (Gruppe, Familie oder Genus) ergibt.

1. Strikt anaerobe Vermehrung
   Kokken . . . . Genus *Megasphaera*
   Stäbchen . . . . Genus *Pectinatus*
   Aerobe bzw. fakultativ anaerobe Vermehrung 2
2. Farbstoffbildung auf einem Medium ohne Indikator: **Gruppe A**
   Keine Farbstoffbildung 3
3. *Oxidase* – negativ 4
   Oxidase – positiv 5
4. OF-Test (Glucose)   F positiv   **Gruppe B-1**
                                                Familie *Enterobacteriaceae*
                                                Genus *Zymomonas*
                                                Genus *Photobacterium*

                          O positiv   **Gruppe B-2**
                                                Genus *Acinetobacter*
                                                Genus *Acetobacter*
                                                Genus *Gluconobacter*

5. OF-Test (Glucose)   F positiv   **Gruppe B-3**
                                                Genus *Plesiomonas*
                                                Genus *Aeromonas*
                                                Genus *Vibrio*

   OF-Test (Glucose)   O positiv oder negativ **Gruppe B-4**
                                                Genus *Pseudomonas*
                                                Genus *Alcaligenes*
                                                Genus *Moraxella*
                                                Genus *Psychrobacter*

Abkürzungen im Identifizierungsschlüssel:
O   = Oxidativ
F   = Fermentativ
OF-Test = Oxidations-Fermentationstest nach Hugh und Leifson
+   = 90 % oder mehr positiv
–   = 90 % oder mehr negativ
v   = variable Reaktion
(+)   = 76–89 % positiv

Weitere Unterscheidungsmöglichkeiten innerhalb der Gruppe A

Identifizierung Farbstoff bildender gramnegativer Stäbchen
1. Farbstoff blauviolett
   Vermehrung bei + 4 °C . . . . Genus *Janthinobacterium*
   keine Vermehrung bei +4°C . . . . Genus *Chromobacterium*)*
2. Farbstoff rot . . . .   Genus *Serratia*
3. Farbstoff gelb, gelbgrün, rosa, orange, rötlich-braun   4
4. Oxidase – positiv   5
   Oxidase – negativ   6
5. OF-Test (Glucose) O positiv   **Gruppe-A-1**
                                             Genus *Pseudomonas*
                                             Genus *Shewanella*
                                             Genus *Flavobacterium*

   OF-Test (Glucose) F positiv   **Gruppe A-2**
                                             Genus *Aeromonas*
                                             Genus *Vibrio*
6. Vermehrung bei pH 4,5   Genus *Acetobacter*
                                             Genus *Gluconobacter*
                                             (siehe auch Gruppe B-2)
   keine Vermehrung bei pH 4,5   7
7. OF-Test (Glucose) F positiv   **Gruppe A-3**
                                             Genus *Erwinia*
                                             Genus *Enterobacter*
   OF-Test (Glucose) O positiv   Genus *Xanthomonas*
      (Oxidase manchmal schwach positiv)

*) Ausnahme: *Chromobacterium fluviatile* (Vermehrung bei + 4 °C). Unpigmentierte Stämme von *Chromobacterium violaceum* können vorkommen.

Gruppe A-1

1. Bildung rosafarbener bis rötlich-brauner Kolonien auf Nähragar,
   H_2S (TSI-Agar) positiv   *Shewanella putrefaciens*
2. Bildung blau-grüner, orangefarbener, rosafarbener oder gelber
   Kolonien   Genus *Pseudomonas*
                                                       Genus *Flavobacterium*

Unterscheidung zwischen den Genera *Flavobacterium* und *Pseudomonas*: Empfohlen wird die Identifizierung mit einem Multitest-System, z. B. API 20 NE (api/bioMerieux).

Anmerkung:
Bei der Durchführung des OF-Testes ist bei der Kolonieentnahme von der Petrischale darauf zu achten, daß der Nährboden nicht berührt wird, da besonders bei den Genera *Acetobacter* und *Gluconobacter* Spuren von Essigsäure die Reaktion verfälschen können.

Gruppe A-2

Tab. 17 Unterscheidung zwischen Genus Aeromonas und Genus Vibrio

Merkmal	Genus Aeromonas	Genus Vibrio
Resistenz gegenüber 0/129 150 µg/Blättchen (s. S. 207)	–	+

+ = resistent, – = nicht resistent

Gruppe A-3

Gelbe Farbstoffe bilden *Erwinia (E.) herbicola, E. ananas, E. stewartii, E. uredevora* sowie *Enterobacter sakazakii* und einige Stämme von *Enterobacter agglomerans.* Eine Unterscheidung der Genera ist z. Z. mit wenigen Reaktionen nicht möglich.

Weitere Unterscheidungsmöglichkeiten innerhalb der Gruppe B

Gruppe B-1

Tab. 18 Unterscheidung der Familie Enterobacteriaceae und der Genera Zymomonas und Photobacterium

Merkmale	Familie Enterobacteriaceae	Genus Zymomonas	Genus Photobacterium
Oxidase	–	–	v
Resistenz gegenüber 0/129 150 µg/Blättchen	–	–	+
Geißel polar	–	+	+
Vermehrung bei pH 4,0 (Milchsäure)	–	+	–
Na⁺ für Vermehrung erforderlich	–	–	+
Vermehrung auf Standard-I-Nähr-Agar	+	+	–

v = variable Reaktion

Zur Identifizierung von Bakterien der Familie *Enterobacteriaceae* stehen zahlreiche Multitestsysteme zur Verfügung, z. B. Enterotube, API 20 E, API Rapid 20 E, API 20 EC, Micro ID, Minitek, Quantum II.

Gruppe B-2

Keine Vermehrung bei pH 4,5	Genus *Acinetobacter*
Vermehrung bei pH 4,5	Genus *Acetobacter*
	Genus *Gluconobacter*
Oxidation von Essigsäure positiv	Genus *Acetobacter*
Oxidation von Essigsäure negativ	Genus *Gluconobacter*

Gruppe B-3

Tab. 19 Unterscheidung der Genera Plesiomonas, Aeromonas, Vibrio und Photobacterium

Merkmale	Genera		
	Plesiomonas	*Aeromonas*	*Vibrio*)*
Gas aus Glucose	−	∨	−
Lysindecarboxylase	+	−	+
Arginindihydrolase	+	∨	−
Ornithindecarboxylase	+	−	+
Resistent gegenüber 0/129			
150 μg/Blättchen	∨	−	+

∨ = variable Reaktion
*) Angaben gelten nur für *Vibrio parahaemolyticus* und *Vibrio alginolyticus*

Gruppe B-4

Tab. 20 Unterscheidung der Genera Pseudomonas, Alcaligenes, Moraxella und Psychrobacter

Merkmal	Genera			
	Pseudomonas	*Alcaligenes*	*Moraxella*	*Psychrobacter*
Beweglichkeit 37 °C	+*	+	−	−
Geißeln	polar	peritrich	−	−
Vermehrung bei 5 °C	+	+	−	+

Anmerkungen:
+*) Einige Pseudomonasarten sind unbeweglich
Eine Unterscheidung der Genera Pseudomonas und Alcaligenes ist nach Prüfung zahlreicher biochemischer Merkmale möglich (z. B. API 20 NE)

Tab. 21 Unterscheidung des Genus Psychrobacter von unbeweglichen Pseudomonaden

Merkmale	Mikroorganismen	
	Genus Pseudomonas, unbewegliche Species	**Genus Psychrobacter**
Einzige C-Quelle für Vermehrung:		
Glycerin	+	−
Fructose	+	−

Quelle: Shaw and Latty, 1988

4 Methoden, Medien, Reaktionen

4.1 Methoden zur Identifizierung innerhalb der Gruppen A und B

Aminopeptidase-Test

Bakterien enthalten ein breites Spektrum an Aminopeptidasen, die unterschiedliche Substratspezifitäten zeigen. Die *L-Alanin-Aminopeptidase* ist fast ausschließlich nur bei den gramnegativen Bakterien vorhanden. Jedoch nicht alle gramnegativen Bakterien sind auch Aminopeptidase-positiv. So zeigen Kulturen von *Bacteroides sp.* und *Campylobacter jejuni* keine Aktivität (DOSTIN, KAPPNER und SCHMIDT, 1983). Im Routinelabor kann die Peptidaseaktivität mit Teststreifen (z. B. Bactident Aminopeptidase-Teststreifen, Merck) nachgewiesen werden.

Ausführung:

Eine gut gewachsene Einzelkolonie (ca. 2 mm Durchmesser) wird von einem farbstoff-freien Nährboden in 0,2 ml Aqua dest. suspendiert. Der Aminopeptidase-Teststreifen wird so in das Reagenzröhrchen eingebracht, daß die Reaktionszone völlig in die Bakteriensuspension eintaucht. Die Bebrütung des Reagenzröhrchens erfolgt bei + 37 °C für 10 bis maximal 30 min.

Beurteilung: positive Reaktion: hellgelb = schwach positiv

                                     gelb = positiv

                                     sattgelb = stark positiv

Prinzip: L-Alanin-4-nitroanilid $\xrightarrow{\text{Aminopeptidase}}$ L-Alanin und 4-Nitroanilid

              (farblos)   (gelb)

KOH-Test

Der KOH-Test soll und kann nicht die Gramfärbung ersetzen; er soll bei zweifelhaften Gram-
färbungen eine zusätzliche Hilfe bei der Entscheidung gewähren.

Ausführung:

1 Tropfen 3%iger KOH-Lösung auf einem Objektträger mit einer Kolonie verreiben. Nach
5–10 s Öse oder Nadel vorsichtig vom Tropfen abheben. Kommt es zu Fadenziehen oder
zur Schleimbildung, so liegt eine positive Reaktion vor. Die Kolonie ist gramnegativ oder ver-
dächtig gramnegativ. Der KOH-Test ist nicht sicher. Von 1435 grampositiven Stämmen der
Milch waren 95,5 % KOH-negativ, von 220 gramnegativen Bakterien waren 175 (79,6 %)
KOH-positiv (OTTE, TOLLE und HAHN, 1979). Besonders bei älteren, grampositiven Kulturen
und bei Bazillen (häufig gramnegatives Verhalten) kann der KOH-Test von Wert sein. Dies
trifft auch für Essigsäurebakterien zu. Für den KOH-Test muß allerdings ausreichend Kolo-
niematerial zur Verfügung stehen. Bei kleinen Kolonien (stichgroß) versagt der Test.

Oxidase-Nachweis

Die *(Cytochrom-) Oxidase* katalysiert in Anwesenheit von Sauerstoff die Oxidation der reduzierten Cytochrome. Für den Nachweis der mikrobiellen Oxidase sind verschiedene Verfahren im Gebrauch.

a) Bact-Ident-Oxidase (Merck) oder Patho Tec Co (Goedecke)

   Bei den Bact-Ident- und Patho Tec-Streifen wird die Prüfkultur auf die Reaktionszone
   aufgerieben. Im positiven Fall kommt es zur blauen Verfärbung innerhalb von 30 s.

b) Oxidase-Test nach FALLER und SCHLEIFER (1981) sowie TARRAND und GRÖSCHEL (1982)

   Lösung:

   1 % (G/V) Tetramethyl-p-phenylendiamin (kein Hydrochlorid), gelöst in Dimethylsulfoxid
   (DMSO). Unter Kühlung (6–8 °C) ist die Lösung mindestens einen Monat haltbar. Die bei
   Kühltemperatur aufgrund des niedrigen Gefrierpunktes der DMSO-Lösung auftretende
   Verfestigung kann bei Zimmertemperatur oder im Wasserbad (37 °C) schnell beseitigt
   werden.

   Ausführung:

   Aschefreies Filterpapier (Whatman Nr. 40, Fa. Bender und Hobein, oder MN 640, Fa.
   Machery und Nagel) mit der Lösung befeuchten (in der Petrischale z. B. mit 0,5 ml) und
   Kultur (z. B. vom CASO-Agar, 24 h 35 °C) aufreiben. Innerhalb von 15 s kommt es im po-
   sitiven Fall zur Blaufärbung. Jegliche Blaufärbung nach dieser Zeit wird negativ gewertet.

   Prinzip: Tetramethyl-p-phenylendiamin $\xrightarrow[\text{O}_2]{\text{Cytochrom c}}$ blauer Farbstoff
   (Wurster's Blau)

c) Oxidase-Nachweis mit dem Nadi-Reagenz

   Lösung A:

   1,0 g Alpha-Naphthol in 100 ml Ethanol (96 Vol-%) lösen und aufheben in brauner Flasche bei ± 0 °C bis + 5 °C. Die Lösung ist höchstens 4 Tage lang verwendbar. Unbrauchbarkeit wird durch Rotfärbung angezeigt.

Lösung B:

1,0 g Dimethyl-p-phenylendiamin-dihydrochlorid in 100 ml Wasser lösen. Lösung in brauner Flasche bei ± 0 °C bis + 5 °C aufbewahren. Die Lösung ist nur wenige Tage verwendbar. Unbrauchbarkeit wird durch violettbraune Verfärbung angezeigt.

Herstellung des gebrauchsfertigen Reagenzes: Lösungen A und B werden im Verhältnis 2:3 (2 Teile A, 3 Teile B) unmittelbar vor Gebrauch gemischt.

Ausführung:

Petrischale oder Reagenzröhrchen (Schrägfläche) mit Nadi-Reagenz überschwemmen oder Filterpapier mit Reagenz tränken und auf Kolonien auflegen oder Kolonie auf getränktes Filterpapier aufreiben. Blauverfärbung innerhalb von 2 min zeigt eine positive Reaktion durch Bildung von Indophenolblau an.

Prinzip:

$$\text{Dimethyl-p-phenylendiamin} + \text{Alpha-Naphthol} \xrightarrow[\text{O}_2]{\text{Cytochrom c}} \text{Indophenolblau}$$

Anmerkung:

Die Oxidase-Reaktion soll nur von Medien ausgeführt werden, die keine Kohlenhydrate enthalten, also nicht vom VRB- oder MacConkey Agar. Geeignet sind Trypticase-Soy-Agar (MACFADDIN, 1980) sowie CASO-Agar.

Oxidations-Fermentations-Test (OF-Test) nach Hugh und Leifson

Anwendung und Auswertung:

Für jeden Prüfstamm werden 2 Röhrchen OF-Medium im Stich beimpft, ein Röhrchen wird mit Paraffin/Vaseline (1:4, V/V) überschichtet. Die Bebrütung erfolgt bei der optimalen Temperatur für mindestens 48 h. Im positiven Fall schlägt der Indikator Bromthymolblau durch Säurebildung nach gelb (pH 6,0) um.

Reaktion	verschlossene Röhrchen	offene Röhrchen
oxidative Glucosespaltung	grün-blaugrün	gelb
fermentative Glucosespaltung	gelb	gelb

4.2 Spezielle Methoden, Medien und Reaktionen für die Identifizierung in der Gruppe A

Pigmentbildung

Die Pigmentbildung ist abhängig von der Zusammensetzung des Mediums, der Bebrütungstemperatur, der Bebrütungszeit und dem Lichteinfluß. Sie wird gefördert durch den Zusatz von Magermilch zum Nähragar, durch Lichteinfluß nach der Bebrütung oder kühle Lagerung (+ 7 °C) für mehrere Tage.

Vermehrung bei pH 4,5
Malzextrakt-Agar + 1 % Hefeextrakt, pH mit Milchsäure einstellen.

Nachweis von H₂S
Dreizuckereisenagar (TSI-Agar) oder Eisen-Dreizucker-Agar. Beimpfung der Hochschicht
mit der Nadel und anschließend mit gleicher Nadel Beimpfung der Schrägfläche. Bebrütung bei 30 °C für 48 h. Aus dem Natriumthiosulfat entsteht durch eine *Thiosulfatreductase*
H_2S, das mit dem Eisen des Eisen (III)-citrat FeS bildet. Es kommt zur Schwarzfärbung.

Resistenz gegenüber 0/129
Filterpapierblättchen (Whatmann AA, 6 mm Durchmesser) werden mit 20 μl einer Lösung
getränkt, die aus 2,4-Diamino-6,7-di-isopropylpteridinphosphat (Serva) besteht. 1 ml der
Lösung enthält 7500 μg dieses Stoffes, so daß pro Blättchen 150 μg vorhanden sind. Die
Blättchen werden getrocknet und nach der Beimpfung auf die Mitte der Platte gelegt. Be-
brütet wird bei 30 °C für 48 h. Die Beimpfung des Standard-I-Nähragars oder Plate Count
Agars erfolgt durch Ausspateln der Prüfkolonie. Da einige Photobakterien sich schlecht auf
Standard-I-Nähragar vermehren, sollte zusätzlich auf einem Nähragar + 2 % Kochsalz ge-
prüft werden. Handelsprodukte (Fa. Oxoid) mit 150 μg/Blättchen stehen zur Verfügung.

4.3   Spezielle Methoden, Medien und Reaktionen
für die Identifizierung in der Gruppe B

Vermehrung bei pH 4,0 auf MYGP-Agar (DADDS, 1972)

Gas aus Glucose:
Medium nach HUGH und LEIFSON (OF-Testnährboden), Beimpfung und Ablesung siehe S.

Lysindecarboxylase
Medium:
Lysin-Decarboxylase-Bouillon (Oxoid) + 0,5 % Kochsalz. Das beimpfte Medium wird mit
Vaseline/Paraffin (1:4) überschichtet, da die Decarboxylierung von Lysin ein nichtoxidativer
Prozeß und das Cadaverin unter anaeroben Bedingungen stabil ist. Bebrütung bei 37 °C,
Photobacterium bei 25 °C, Dauer 24 h.
Prinzip der Reaktion:
Durch Decarboxylierung von L-Lysin zu Cadaverin und CO_2 erfolgt eine Alkalisierung des
Mediums.
Positive Reaktion = violette Farbe
Negative Reaktion = gelbe Farbe

Ornithindecarboxylase und Arginindihydrolase
Medium:
Ornithindecarboxylase-Arginindihydrolase-Testbouillon
Durchführung:
Dreifachansatz

1. Testbouillon + 0,5 % Ornithinmonohydrochlorid
2. Testbouillon + 0,5 % Argininmonohydrochlorid
3. Kontrollröhrchen ohne Ornithin und Arginin
Bebrütung:
Bis zu 4 Tage bei optimaler Temperatur unter Paraffin/Vaseline.
Prinzip der Reaktion:
L-Ornithin wird durch eine *Ornithindecarboxylase* zu Putrescin und CO_2 decarboxyliert. Im positiven Fall wird das Medium dadurch alkalisch und zeigt eine violette Farbe. Dies geschieht auch beim Argininabbau, bei dem durch eine Dihydrolase L-Citrulin und NH_3 entstehen. (MACFADDIN, 1980).

Oxidation von Essigsäure

Medium:
Hefeextrakt-Ethanol-Bromkresolgrün-Agar
Durchführung:
Beimpfung der Schrägfläche
Bebrütung:
Bei 28 °C für 48–72 Stunden
Ergebnis:
Gluconobacter spp. = Schrägfläche bleibt gelb
Acetobacter spp. = Gelbe Schrägfläche wird wieder blaugrün
(Abbau von Essigsäure zu CO_2 und Wasser und Erhöhung des pH-Wertes)

Nachweis der Beweglichkeit

1. Nachweis der Beweglichkeit im hängenden Tropfen oder im Agar (siehe S. 33)
2. Geißelfärbung (siehe S. 34).

Nutzung von Glycerin oder Fructose

Prinzip:
Als einzige Kohlenstoffquelle wird Glycerin oder Fructose einem Medium zugesetzt. Nutzen die Mikroorganismen die Kohlenstoffquelle, so kommt es zur Vermehrung. Medium: Mineralbasis-Agar nach PALLERONI und DOUDOROFF (1972).

4.4 Reaktionen zum Nachweis von Enterobacteriaceen

Nur einige wesentliche, bisher nicht aufgeführte Reaktionen sollen genannt werden, wobei nur das Prinzip des Reaktionsablaufs angegeben wird.

Säurebildung aus Kohlenhydraten (z. B. Glucose, Mannit, Inosit, Sorbit, Rhamnose, Saccharose, Melibiose, Amygdalin, Arabinose)
Prinzip:
Nachweis der Säurebildung durch Indikatoren z. B. Bromthymolblau (blaugrün –, gelb +) oder Neutralrot (rot –, gelb +)

Gelatineabbau

Medium:
Standard-I-Nährbouillon + Kohle-Gelatine-Scheiben (z. B. Oxoid).
Prinzip:
Durch das Enzym *Gelatinase* kommt es zur Bildung von Polypeptiden, die durch Peptidasen bis zu Aminosäuren hydrolysiert werden. Durch die Hydrolyse der Gelatine sinkt die Kohle auf den Boden des Röhrchens.

Indolbildung

Medium:
Tryptonwasser oder Tryptophanbouillon
Prinzip:
Trypton enthält einen hohen Anteil an Tryptophan. Durch das Enzym *Tryptophanase* wird die Aminosäure in Indol, Brenztraubensäure und Ammoniak gespalten. Das Indol reagiert mit dem p-Dimethylaminobenzaldehyd des Kovacs-Reagenz zu Rosindol (rote Farbe).

Indol Spot Test (Hoffmann-LaRoche)

Ausführung:
Ein Stück Filterpapier mit 1–5 Tropfen Reagenz anfeuchten. Mit der Impföse 1–5 Bakterienkolonien oder einen Tropfen einer Bouillonkultur auf dem feuchten Papier verreiben. Positive Reaktion: Grüne bis blaugrüne Färbung nach 5–10 s. Negative Reaktion: Farbumschlag nach gelb, braun oder rosa.
Anmerkung: Die Reaktion muß mit Kulturen von tryptophanreichen Medien, z. B. Tryptic Soy Agar oder Tryptic Soy Broth ausgeführt werden. Nicht geeignet sind z. B. MacConkey- oder VRB-Agar. Die Filterpapiere sind nach dem Gebrauch zu autoklavieren.

Reduktion von Nitrat

Medium:
Nitrat-Bouillon
Prinzip:
Reduktion von Nitrat (NO_3^-) zum Nitrit (NO_2^-) oder N_2. Vielfach erfolgt der Nachweis durch Zugabe von Griess-Ilosvay-Reagenz, bestehend aus Sulfanilsäure, Alpha-Naphthylamin und Essigsäure. Bei Anwesenheit von Nitrit entsteht ein roter Azofarbstoff. Bei starken Nitritbildnern schlägt die anfangs rote Farbe in gelb um. Eine negative Reaktion besagt, daß entweder kein Nitrat abgebaut oder bis zum Stickoxid denitrifiziert wurde. Mit Hilfe des Zinkstaubtests muß in diesem Falle geprüft werden, welche Reaktion abgelaufen ist. Nach der Zugabe von Zinkstaub tritt bei Anwesenheit von Nitrat eine rosa Färbung auf. Das Nitrat wurde durch das Zink zum Nitrit reduziert. Ein positiver Zinkstaubtest bedeutet einen negativen Nitratabbau, ein negativer Zinkstaubtest einen positiven Nitratabbau.

Citratnutzung

Medium:
Simmons' Citratagar bzw. Medium nach Christensen (Citrat-Agar nach Christensen)
Prinzip:
Citrat wird als einzige Kohlenstoffquelle angeboten. Mikroorganismen, die sich vermehren und das Citrat nutzen, führen zu einer Alkalisierung und zum Farbumschlag des Indikators

Bromthymolblau nach tiefblau. Bei der Beimpfung ist sorgfältig darauf zu achten, daß vom Medium keine Kohlenstoffquellen übertragen werden (Beimpfung mit der Nadel).

Voges Proskauer (VP)

Prinzip:
Der VP-Test beruht auf dem Nachweis von Acetylmethylcarbinol (Acetoin), einem Endprodukt des Kohlenhydratstoffwechsels (positiv = rote Farbe).

ONPG-Test

Prinzip:
Es wird die Anwesenheit oder das Fehlen der *β-Galactosidase* geprüft, die in der Lage ist, die glycosidische Bindung der Lactose zu spalten. Als Substrat wird o-Nitrophenyl-ß-galactopyranosid (ONPG) eingesetzt. Bei Anwesenheit der *β-Galactosidase* entstehen Galactose und o-Nitrophenol (gelbe Farbe).

Tryptophandeaminase

Prinzip:
Die *Tryptophandeaminase* bildet aus Tryptophan Indolbrenztraubensäure. Bei Anwesenheit von Eisen (III)-chlorid ruft Indolbrenztraubensäure eine bräunliche Farbe hervor.

Urease

Prinzip:
Durch das Enzym *Urease* wird Harnstoff in Ammoniak, Kohlendioxid und Wasser gespalten. Der Anstieg des pH-Wertes wird durch einen Indikator sichtbar gemacht.

Malonatnutzung

Prinzip:
Es wird geprüft, ob Mikroorganismen Natriummalonat als Kohlenstoffquelle nutzen.

5 Merkmale gramnegativer Bakterien

5.1 Genus Acetobacter

Species: *Acetobacter (A.) aceti, A. pasteurianus, A. liquefaciens, A. hansenii*
Eigenschaften: Kokkoide Form bis Stäbchen, *Oxidase*-negativ, *Katalase*- positiv, gramnegativ, ältere Kulturen gramvariabel (KOH-Test empfehlenswert neben Gramfärbung), strikt aerob, Ethanol wird zu Essigsäure, Acetat und Lactat werden zu CO_2 und Wasser oxidiert. Glucose wird als Kohlenstoffquelle genutzt, jedoch nicht Lactose und Stärke.
Vermehrung: 5–42 °C, Optimum 25–30 °C
pH-Bereich: Optimum 5,4–6,3, Minimum 4,0
Vorkommen: Blüten, Früchte, Getränke, Flüssigzucker
Bedeutung: – Verderb von Getränken (Bier, Wein, alkoholfreie stille Erfrischungsgetränke)
– Herstellung von Essig
– Herstellung von L-Ascorbinsäure, Oxidation von D-Sorbit zu L-Sorbose

5.2   Genus Acinetobacter

Species: Acinetobacter (A.) calcoaceticus u. a.
Eigenschaften: Gramnegative Stäbchen, plump bis kokkoid, strikt aerob, unbeweglich, Oxidase-negativ, Katalase-positiv
Vermehrung: Optimum bei 35 °C, Vermehrung auch bei + 1°C möglich
pH-Bereich: Keine Vermehrung bei pH unter 5,7
Vorkommen: Wasser, Fleisch, Fisch, Ei
Bedeutung: Verderb eiweißreicher Lebensmittel (Proteolyse, Lipolyse)

5.3   Genus Aeromonas

Species: Aeromonas (A.) hydrophila, A. sobria, A. salmonicida, A. caviae
Eigenschaften: Gramnegative Stäbchen, fakultativ anaerob, Oxidase- und Katalase-positiv, OF-Test (Glucose) positiv, teilweise Gasbildung, beweglich (A. salmonicida unbeweglich). A. salmonicida ist psychrotroph, bildet teilweise braune Pigmente, wenn Phenylalanin oder Tyrosin vorhanden sind; Lecithinase und Lipase positiv.
Vorkommen: Wasser, Fleisch, Fisch, Milch
Bedeutung: – Verderb eiweißreicher Lebensmittel
– A. hydrophila ist pathogen (Enterotoxin, Endotoxin, Cytotoxin)

5.4   Genus Alcaligenes

Species:
Alcaligenes (A.) faecalis, A. denitrificans
Eigenschaften:
Bewegliche Stäbchen, Geißeln peritrich, strikt aerob, einige Stäbchen auch fakultativ anaerob bei Anwesenheit von Nitrat (A. denitrificans) oder Nitrit (A. faecalis), Oxidase- und Katalase-positiv
Vermehrung: Optimum 20–37 °C, jedoch auch bei Kühltemperaturen
Vorkommen: Milch, Milchprodukte, Fleisch
Bedeutung: Verderb, bei Milch und Milchprodukten bitterer Geschmack

5.5   Genus Shewanella (ehemals Alteromonas)

Species: Shewanella putrefaciens
Eigenschaften: Gramnegative Stäbchen, beweglich, Oxidase- und Katalase- positiv, OF-Test (Glucose) negativ oder Alkalisierung, einige Stämme oxidativ positiv. Bildung von H_2S, Bildung von Trimethylamin oder Trimethylaminoxid, Gelatinase positiv

<u>Vermehrung:</u> Optimum 20–25 °C, Vermehrung auch bei 0 °C
<u>Vorkommen:</u> Fleisch, Fisch, Ei, Milch
<u>Bedeutung:</u> Verderb eiweißreicher Lebensmittel

5.6 Genus Chromobacterium

Gruppe der fakultativ anaeroben gramnegativen Stäbchen

<u>Species:</u> *Chromobacterium (Ch.) violaceum, Ch. fluviatile*
<u>Eigenschaften:</u> Bewegliche, fakultativ anaerobe Stäbchen, Bildung violetter Farbstoffe, *Oxidase-* und *Katalase-*positiv
<u>Vermehrung:</u> Optimum 30–35 °C, Minimum 10 °C. *Ch. fluviatile* vermehrt sich bei + 4 °C.
<u>pH-Bereich:</u> Keine Vermehrung bei pH unter 5,0
<u>Vorkommen:</u> Wasser
Nicht pigmentierte Stämme können vorkommen. Sie würden nach vorliegendem Identifizierungssystem als Vibrio oder Aeromonas eingeordnet werden.

5.7 Familie Enterobacteriaceae

Die Enterobacteriaceen sind gramnegative, fakultativ anaerobe, Oxidase-negative und Katalase-positive Stäbchen (Ausnahmen: *Shigella dysenteriae* O Gruppe 1 und *Xenorhabdus nematophilus*).

Genus Escherichia

<u>Species:</u> *Escherichia coli*
<u>Eigenschaften:</u> Gramnegative Stäbchen, teilweise kokkoid, Indol positiv, Methylrot positiv, Citrat (Simmons'-Citrat-Agar) negativ, H_2S (TSI-Agar) negativ, Lactose positiv (37 u. 44 °C). Auch H_2S positive Stämme wurden nachgewiesen. Ein Teil der Stämme von *E. coli* (ca. 5 %) spalten Lactose langsam oder gar nicht (EDWARDS und EWING, 1972). Auch bilden ca. 1 % von *E. coli* aus Tryptophan kein Indol (ANDERSON und BAIRD-PARKER, 1975).

Als Faekalindikator gilt *E. coli* mit folgenden Reaktionen:

I (Indol), 44 °C	+
M (Methylrot)	+
V (Voges Proskauer)	–
E (Eijkman-Test, Lactose 37 °C u. 44 °C)	+
C (Citrat)	–

Aufgrund der Lipopolysaccharide (O-Antigen), der Polysaccharide (K-Antigen) und der Geißelproteine (H-Antigen) lassen sich die Stämme von *E. coli* in verschiedene Serovare (= Serotypen) einteilen.

Vorkommen: Darmkanal von Mensch und Tier
Bedeutung: – Verderb von Lebensmitteln
– Hygieneindikator
– „Lebensmittelvergiftungen" durch verschiedene Serovare (Toxinbildung)

Genus Salmonella

Species: Aufgrund verschiedener O- und H-Antigene werden über 2000 verschiedene Serovare unterschieden.
Eigenschaften: Gramnegative Stäbchen, beweglich (*S. gallinarum/pullorum* unbeweglich), Säure und Gas aus Glucose, Mannit, Maltose; Lactose negativ, Methylrot positiv, Citrat (Simmons) positiv, H_2S aus Thiosulfat. Verwechselt werden aufgrund biochemischer Reaktionen häufiger die Genera *Hafnia, Citrobacter, Proteus mirabilis und Shewanella putrefaciens* mit dem Genus Salmonella. Eine sichere Diagnose ist biochemisch und serologisch möglich.
Vorkommen: Darmkanal von Mensch und Tier
Bedeutung: – Infektion (*Salmonella typhi* u. *S. paratyphi)*
– „Lebensmittelvergiftung"

Genus Shigella

Species: *Shigella (Sh.) dysenteriae, Sh. flexneri, Sh. boydi, Sh. sonnei*
Eigenschaften: Gramnegative Stäbchen, H_2S (TSI-Agar) negativ, *Urease* und Citrat (Simmons) negativ, *Lysindecarboxylase* negativ, Indol verschieden, Methylrot positiv, Voges Proskauer negativ, Lactose negativ, Gas aus Glucose positiv oder negativ, Säure aus Glucose positiv
Vorkommen: Darmkanal von Mensch und Tier
Bedeutung: Durchfallerkrankungen

Genus Citrobacter

Species: *Citrobacter (C.) freundii, C. diversus, C. amalonaticus*
Vorkommen: Darmkanal von Mensch und Tier
Bedeutung: Durchfallerkrankungen sind beschrieben worden, nicht alle Stämme sind pathogen.

Tab. 22 Eigenschaften des Genus Citrobacter und biochemisch ähnlicher Genera

Merkmale	Citrobacter	Salmonella	Escherichia	Enterobacter	Klebsiella
Lysin-decarboxylase	–	+	+	v	+
Citrat (Simmons)	+	+	–	+	+
Voges Proskauer	–	–	–	+	+
Indol	+[1])	–	+	–	v[3])
Ornithin-decarboxylase	+[2])	+	+	+	–

v = variable Reaktion
[1]) Nur *C. freundii* ist negativ
[2]) weniger als 20% von *C. freundii* sind negativ
[3]) *K. oxytoca* +; *K. planticola* + oder –;
K. pneumoniae und *K. terrigena* –

Genus Klebsiella

Species: *Klebsiella (K.) pneumoniae, K. oxytoca* u. a.
Eigenschaften: Indol negativ *(K. oxytoca* positiv)
Vorkommen: Darmkanal von Mensch und Tier
Bedeutung: – Verderb von Lebensmitteln
– *Klebsiella pneumoniae* ist pathogen

Genus Enterobacter

Species: *Enterobacter (E.) aerogenes, E. cloacae, E. agglomerans* u. a.
Vorkommen: Pflanzen
Bedeutung: Verderb von Lebensmitteln

Genus Erwinia

Species: *Erwinia (E.) carotovora, E. amylovora, E. herbicola* u. a.
Vorkommen: Pflanzen
Bedeutung: – Verderb pflanzlicher Lebensmittel durch Pectinabbau
– Pflanzenkrankheiten (Blockade des Wasserleitungssystems)

Genus Serratia

Species: *Serratia (S.) marcescens, S. liquefaciens* u. a.
Eigenschaften: Gramnegative Stäbchen, Kolonien weiß, rosafarben oder rot. *S. marcescens* bildet aerob ein rotes Pigment (Prodigiosin) bei einer Vermehrungstemperatur zwischen 12° und 36 °C.
Vorkommen: Pflanzen, Erdboden, Darmkanal oder Insekten
Bedeutung: Verderb tierischer Lebensmittel

Genus Hafnia

Species: *Hafnia alvei*
Vorkommen: Darmkanal, Erdboden, Wasser
Bedeutung: Verderb eiweißreicher Lebensmittel, Histaminbildung bei Fischen

Tab. 23 Eigenschaften und Unterscheidung des Genus Hafnia von biochemisch ähnlichen Genera

Merkmale	Hafnia	Enterobacter	Serratia
Citrat (Simmons)*)	−*)	+	+
Gelatineabbau	−	∨	+
Lysindecarboxylase	+	∨	∨
Arginindihydrolase	−	∨	−

∨ = variable Reaktion
*) Späte positive Reaktion bei etwa 50 % der Stämme

Genus Edwardsiella

Species: *Edwardsiella tarda* u. a.
Eigenschaften: Gramnegative Stäbchen, Indol positiv *(E. tarda)*, Methylrot positiv *(E. ictaluri* negativ), Voges Proskauer negativ, Citrat (Simmons) negativ, H_2S (TSI-Agar) positiv *(E. tarda)*, Harnstoff (Christensen's) negativ, Lactose negativ.
Stämme von *E. tarda* mit atypischen Reaktionen können bei Prüfungen nur weniger biochemischer Reaktionen verwechselt werden mit *E. coli* und *Salmonella*. Durch zahlreiche biochemische Tests ist eine Abgrenzung allerdings möglich.
Vorkommen: Darmkanal, insbesondere bei Tieren
Bedeutung: *E. tarda* soll zum Durchfall führen.

Genus Proteus

Species: Proteus (P.) vulgaris, P. mirabilis, P. myxofaciens
Eigenschaften: Gramnegative Stäbchen, Lactose negativ, H_2S (TSI-Agar) positiv (P. myxofaciens nach 3–4 Tagen), Methylrot positiv, Lysindecarboxylase negativ, Arginindihydrolase negativ, Urease positiv
Vorkommen: Erdboden, Wasser, Darmkanal
Bedeutung: Verderb eiweißreicher Lebensmittel (Bildung von Ammoniak und Ketosäuren durch oxidative Desaminierung von Aminosäuren)

Tab. 24 Unterschiede zwischen den Genera Proteus, Providencia und Morganella

Merkmale	Proteus	Providencia	Morganella
H_2S	+	–	–
Gelatineabbau	+	–	–
Citrat (Simmons)	v	+	–
Ornithindecarboxylase	v	–	+

Genus Providencia

Species: Providencia (P.) alcalifaciens, P. stuartii, P. rettgeri
Eigenschaften: Indol positiv, Methylrot positiv, β-Galactosidase (ONPG) negativ, H_2S (TSI-Agar) negativ
Vorkommen: Erdboden, Wasser, Darmkanal
Bedeutung: Verderb eiweißreicher Lebensmittel

Genus Morganella

Species: Morganella (M.) morganii
Eigenschaften: Indol positiv, Urease positiv, Phenylalanindeaminase positiv
Vorkommen: Erdboden, Wasser, Darmkanal
Bedeutung: Verderb eiweißreicher Lebensmittel

Genus Yersinia

Species: Yersinia (Y.) enterocolitica, Y. pseudotuberculosis, Y. pestis u. a.
Eigenschaften von Y. enterocolitica: Urease positiv, Ornithindecarboxylase positiv, Lysin-

decarboxylase negativ, Phenylalanindeaminase negativ, Citrat (Simmons) negativ, Indol
verschieden, Voges Proskauer (22 °C) positiv, (37 °C) negativ.
Vorkommen: Darmkanal
Bedeutung: „Lebensmittelvergiftungen" durch *Y. enterocolitica*, Serovare 0:3; 05,27; 0:8,
0:9.

Genus Obesumbacterium

Species: *Obesumbacterium (O.) proteus*
Eigenschaften: Gramnegative Stäbchen, unbeweglich
Vorkommen: Bierwürze
Bedeutung: Verderb von Bierwürze

Tab. 25   Unterschiede zwischen Obesumbacterium proteus und Hafnia alvei

Merkmale	*O. proteus*		*Hafnia alvei*
	Biogruppe 1	*Biogruppe 2*	
Säure aus D-Xylose, 7 Tage bebrütet	−	+	+
D-Mannit, 10 Tage bebrütet	+	−	+

Genus Xenorhabdus

Species: *Xenorhabdus (X.) nematophilus, X. luminescens*
Vorkommen: Nematoden

Genus Kluyvera

Species: *Kluyvera (K.) ascorbata, K. cryocrescens*
Eigenschaften: Indol (positiv), Methylrot positiv, Voges Proskauer negativ,
Citrat (Simmons) positiv, Lactose positiv
Vorkommen: Erdboden, Wasser, Frischgemüse

Genus Rahnella

Species: *Rahnella aquatiles*
Vorkommen: Wasser

Genus Cedecea

Species: *Cedecea (C.) davisea, C. lapagei*
Vorkommen: Mensch

Genus Tatumella

Species: *Tatumella ptyseos*
Vorkommen: Mensch

5.8   Genus Flavobacterium

Species:
Flavobacterium (F.) aquatile, F. balustinum, F. odoratum, u. a.
Eigenschaften: Aerobe, gramnegative, unbewegliche Stäbchen, *Cytochromoxidase*-positiv, *Katalase*- positiv
Vorkommen: Wasser und Erdboden
Bedeutung: Verderb von Fleisch, Fisch, Milch, Gemüse

5.9   Genus Gluconobacter

Species: *Gluconobacter oxydans*
Eigenschaften: Gramnegative Stäbchen, ältere Kulturen schwach grampositiv (KOH-Test positiv), *Katalase*-positiv, *Oxidase*-negativ, Säure aus Glucose positiv, Ethanol wird zu Essigsäure oxidiert, keine Oxidation von Acetat oder Lactat zu CO_2.
Bildung von 5-Ketogluconat. Auf einem Calcium enthaltenden Agar Bildung von Kristallen aus Calcium-5-ketogluconat (ACM-Agar).
Vorkommen: Früchte, Getränke
Bedeutung: – Verderb alkoholischer und kohlenhydratreicher Getränke
– Herstellung von Essig

5.10 Genus Janthinobacterium

Species: *Janthinobacterium lividum* (früher *Chromobacterium lividum*)
Eigenschaften: Gramnegative obligat aerobe Stäbchen, Bildung violetter Farbstoffe (Violacein), Stämme ohne Farbstoffbildung kommen vor.
Vermehrung: 2°–32 °C Optimum 25 °C, keine Vermehrung bei pH unter 5,0
Vorkommen: Wasser, Pflanzen

5.11 Genus Megasphaera

Species: *Megasphaera elsdenii*; *Megasphaera cerevisiae*
Eigenschaften: Gramnegative Kokken, strikt anaerob, unbeweglich, Glucose wird fermentiert mit Gasbildung, *Katalase*-negativ.
Vermehrung: Zwischen 15 °C und 40 °C; pH-Bereich: 4,5–8,5
Vorkommen: Erdboden
Bedeutung: Verderb von Bier

5.12 Genus Moraxella

Species: *Moraxella lacunata* u. a.
Eigenschaften: Gramnegativ, Stäbchen (= Subgenus *Moraxella*) oder gramnegative Kokken (= Subgenus *Branhamella*). Zellen sind unbeweglich, *Oxidase*- und *Katalase*-positiv, strikt aerob (einige Stämme vermehren sich unter anaeroben Verhältnissen), keine Säure aus Kohlenhydraten.
Vorkommen: Mensch und Tier
Bedeutung: Verderb von Fleisch, Fisch, Garnelen

5.13 Genus Pectinatus

Species: *Pectinatus cerevisiiphilus* (cerevisia = Bier, phileîn = lieben)
Eigenschaften:
Gramnegative anaerobe Stäbchen (auf festen Medien), in Bouillonkultur (z. B. MRS-Bouillon) Vermehrung auch aerob, beweglich (junge Kulturen), Geißeln nur an der Längsseite. Bildung von Essig-, Propion-, Bernstein- und Milchsäure aus Glucose.
Vorkommen: Bier
Bedeutung: Verderb von Bier

5.14 Genus Photobacterium

Species: *Photobacterium phosphoreum* u. a.
Eigenschaften: Gramnegative Stäbchen, beweglich (polar), *Oxidase*-positiv oder -negativ, fakultativ anaerob, Fermentierung von Glucose, einige Stämme bilden Gas, Lumineszenz.
Vermehrung: bei + 4 °C, nicht aber bei + 40 °C
Vorkommen: Wasser
Bedeutung: Verderb von Fisch (ca. 30 % der Flora auf frischen Fischen sind Bakterien des Genus *Photobacterium*).

5.15 Genus Plesiomonas

Species: *Plesiomonas shigelloides*
Eigenschaften: Gramnegative Stäbchen, fakultativ anaerob, *Oxidase*-positiv, *Katalase*-positiv, Indol und Methylrot positiv, Voges Proskauer negativ, Citrat (Simmons) negativ, H_2S negativ.
Gutes Wachstum auf VRB-Agar und Selektivmedien für Salmonellen (Salmonella-Shigella-Agar, Desoxycholat-Citrat-Agar). Stämme, die Lactose fermentieren, bilden auf VRB-Agar rote Kolonien. Schwierigkeiten kann die Unterscheidung zum Genus Vibrio und den anaerogenen Aeromonaden geben.
Vorkommen: Geflügel
Bedeutung: „Lebensmittelvergiftungen" (Durchfall)

5.16 Genus Pseudomonas

Species: *Pseudomonas (P.) aeruginosa, P. fluorescens, P. fragi, P. alcaligenes* u. a.
Eigenschaften: Gramnegative Stäbchen, beweglich, polare Geißeln, strikt aerob, *Oxidase*-positiv oder -negativ, *Katalase*-positiv, keine Vermehrung bei pH unter 4,5.
Einige Pseudomonaden bilden Pigmente. Species, die wasserlösliche gelbgrüne fluoreszierende Pigmente bilden: *P. aeruginosa, P. putida, P. fluorescens, P. syringae, P. cichorii*. *P. aeruginosa* bildet darüber hinaus ein blau-grünes Phenazin Pigment (Pyocyanin) und *P. chlororaphis* ein grünes Phenazin (Chlororaphin). Die Pigmentbildung ist bei Tageslicht erkennbar, besser allerdings unter dem UV-Licht und wird durch Eisen in den Medien verstärkt.
Vorkommen: Wasser, eiweißreiche, gekühlte Lebensmittel
Bedeutung: – Verderb von Fleisch, Milch, Geflügel, Fisch, Ei

5.17 Genus Psychrobacter

Species: *Psychrobacter (Ps.) immobilis* der Familie Neisseriaceae.
Eigenschaften: Gramnegative, unbewegliche, aerobe Stäbchen, teilweise kokkoid. Oxidase-positiv, Vermehrung bei 5°–25 °C, keine Vermehrung bei 35 °C. Säure unter aeroben Bedingungen aus Glucose, Mannose, Galactose, Arabinose, Xylose und Rhamnose, aber nicht aus Fructose, Maltose oder Saccharose. Indol und H_2S negativ, Stärke und Gelatine werden nicht hydrolysiert.
Vorkommen: Seewasser, Frischfisch, Frischfleisch, Geflügel.
Bedeutung: Verderb (10 % der Mikroflora bei verdorbenem Fisch und Geflügel, SHAW und LATTY, 1988).

5.18 Genus Vibrio

Species: *Vibrio (V.) cholerae, V. alginolyticus, V. parahaemolyticus* u. a.
Eigenschaften: Gramnegative bewegliche, fakultativ anaerobe Stäbchen. *Oxidase-* und *Katalase*-positiv, OF-Test (Glucose) fermentativ, kein Wachstum in Peptonwasser ohne Kochsalz (nur *V. cholerae*)
Vorkommen: Salzwasser, Fische, Muscheln u. a. Meerestiere
Bedeutung: – Pökelflora *(V. alginolyticus)*
– „Lebensmittelvergiftungen" durch *V. parahaemolyticus,*
V. cholerae, V. vulnificus, V. mimicus.

5.19 Genus Xanthomonas

Species: *Xanthomonas campestris* u. a.
Eigenschaften: Gramnegative Stäbchen, beweglich (1 polare Geißel), strikt aerob, OF-Test (Glucose) oxidativ, *Katalase*-positiv, *Oxidase*-negativ oder spät positiv, gelbe Pigmente auf Nähragar.
Die meisten Stämme hydrolysieren Gelatine und Stärke.
Vorkommen: Pflanzen
Bedeutung: – Vorkommen in pflanzlichen Lebensmitteln
– Pflanzenpathogene Stämme
– Herstellung von Polysacchariden, wie z. B. Xanthan

5.20 Genus Zymomonas

Species: Zymomonas (Z.) mobilis subsp. mobilis, Z. mobilis subsp. pomacii
Eigenschaften: Gramnegative Stäbchen, mikroaerophil, Oxidase-negativ, Katalase-positiv,
Bildung von Ethanol nur aus Glucose und Fructose.
Vermehrung: Optimum 30 °C, viele Stämme vermehren sich noch bei 10 % Ethanol. Gutes
Wachstum auf Nähragar + 2 % Glucose (G/V) und 0,5 % Hefeextrakt.
pH-Bereich: Optimum 4,5 bis 6,5, schwaches Wachstum bei 3,5
Vorkommen: Bier (nicht nach dem Reinheitsgebot gebraut), Wein (besonders Fruchtweine,
Cidre)
Bedeutung: Verderb von Wein (Acetaldehydbildung, Beeinflussung des Aromas)

6 Schlüssel zur Identifizierung grampositiver Bakterien

KOH-Test und Aminopeptidase-Test meist negativ

1. Luft- und/oder Substratmycel, verzweigte nicht
   septierte Hyphen. Lufthyphen mit Sporen.
   Substrat- und Luftmycel kann in Stäbchen oder
   kokkenförmige Zellen zerfallen. Kolonien können
   dem Agar fest anhaften . . . . **A.** Nocardioforme Bakterien und
   Streptomyceten-Gruppe
   Kein Mycel, keine Hyphen 2

2. Säurefeste Bakterien . . . . **B.** Mycobacterium-Gruppe
   Nicht säurefeste Bakterien 3

3. Stäbchen mit Endosporen 4
   Kokken bzw. Stäbchen ohne Endosporen 5

4. Katalase-positiv, aerob . . . . **C.** Genus Bacillus
   Katalase-negativ, anaerob, teilweise
   aerotolerant . . . . **D.** Genus Clostridium

5. Katalase-positiv 6
   Katalase-negativ 9

6. Zellen rund, meist in Haufen oder Paketen von 4 oder
   mehr Zellen, aerob und fakultativ anaerob . . . . **E.** Genus Staphylococcus
   Genus Micrococcus
   Genus Planococcus
   Zellen stäbchenförmig oder kokkoid 7

7. Sporenbildung auf einem Medium mit
   Mangansulfat .... **C.** Genus *Bacillus*
   (siehe unter Genus *Bacillus)*
   Keine Sporenbildung auf einem Medium mit
   Mangansulfat 8

8. Fermentation von Lactat mit Bildung von CO_2 **F.** Genus *Propionibacterium*
   Keine Fermentation von Lactat und keine
   Bildung von CO_2 .... **G.** Genus *Listeria*
   Genus *Brochothrix*
   Genus *Kurthia*
   Coryneforme Gruppe

9. Aerob, mikroaerophil, fakultativ anaerob 10
   Anaerob, Stäbchen .... **D.** Genus *Clostridium*
   Anaerob, Kokken .... **H.** Genus *Peptococcus*
   Genus *Peptostreptococcus*
   Genus *Sarcina*

10. Zellen rund oder kokkoid .... **I.** Genus *Streptococcus*
    Genus *Enterococcus*
    Genus *Leuconostoc*
    Genus *Pediococcus*
    Genus *Aerococcus*
    Zellen stäbchenförmig .... **J.** Genus *Lactobacillus*
    Genus *Carnobacterium*

Weitere Unterscheidungsmöglichkeiten innerhalb der Gruppe G:

1. Vermehrung bei 4 °C .... Genus *Brochothrix*
   Genus *Listeria*
   Keine Vermehrung bei 4 °C 2

2. Obligat anaerob (einige Arten tolerieren O_2, wenn CO_2
   vorhanden ist) .... Genus *Bifidobacterium*
   Strikt aerob 3
   Fakultativ anaerob 4

3. Vermehrung bei 8 % Kochsalz und 25 °C
   in 8 Tagen .... Genus *Brevibacterium*
   Keine Vermehrung bei 8 % Kochsalz 5

4. Abbau von Cellulose .... Genus *Cellulomonas*
   Kein Abbau von Cellulose .... Genus *Microbacterium*

5. Lange Stäbchen (>3–5 μm)
   Kettenbildend .... Genus *Kurthia*
   Keine langen Stäbchen und Ketten 6

6. Typischer Zyklus Stäbchen-Coccus, junge
   Kultur Stäbchen, ältere Kokken .... Genus *Arthrobacter*
   Kein typischer Zyklus, Stäbchen-Coccus,
   teilweise kokkoide Zellen
   Keine Pigmentbildung .... Genus *Curtobacterium*
   Goldgelbe Pigmentbildung .... Genus *Aureobacterium*

Tab. 26 Unterscheidung zwischen den Genera *Brochothrix* und *Listeria*

Merkmale	Genus Brochothrix	Genus Listeria
Vermehrung bei + 35 °C	–	+
Sauerstoffbedarf	fakultativ anaerob	fakultativ anaerob
Säure aus Glucose	+	+

7   Methoden, Medien, Reaktionen

Nachweis säurefester Bakterien
Färbung nach Ziehl-Neelsen, siehe S. 31

Endosporenbildung
Sporenfärbung (siehe S. 31) oder Nativpräparat und Nachweis im Phasenkontrastmikroskop bei 400facher Vergrößerung.

Förderung der Endosporenbildung
Beimpfung eines Standard-I-Nähragars oder Plate Count Agars unter Zusatz von 50mg/l $MnSO_4$. In besonderen Fällen ist ein weiterer Zusatz von 100mg $CaCl_2 \times 2\ H_2O$/l und 50mg $MgSO_4$/l empfehlenswert. Bebrütung bei 30 °C bzw. 54 °C für 72 h.

Katalase-Reaktion
Auf dem Objektträger wird eine 24 h alte Kultur mit einem Tropfen 3–5 %iger H_2O_2-Lösung verrieben oder die Wasserstoffperoxidlösung wird direkt auf die Kultur getropft oder mit dem Bodensatz einer zentrifugierten Kultur vermischt. Im positiven Fall kommt es zur Gasbildung:

$$2\ H_2O_2 \longrightarrow 2\ H_2O + O_2.$$

Katalase ist ein Enzym, das Haematin als prosthetische Gruppe enthält, so daß der Test nicht von bluthaltigen Medien durchgeführt werden kann. Auch durch eine Pseudokatalase kann es zu Fehlreaktionen kommen. So sollte der Katalase-Test von Kulturen durchgeführt werden, die 1 % Glucose enthalten, da die Pseudokatalase durch Säure gehemmt wird. Auf Selektivmedien wird häufiger das Enzym *Katalase* gehemmt, so daß die Reaktion negativ ausfallen kann, besonders wenn die Kulturen älter als 24 h sind.

Fermentation von Lactat mit Bildung von CO_2

Medium: Hefeextrakt-Natriumlactat-Medium nach MALIK et al. (1968)

Durchführung: Beimpfung der Bouillon und Überschichtung mit Vaseline/Paraffin (4:1). Bebrütung bei 30 °C für mindestens 5 Tage.

Lysostaphin-Test

Lysostaphin, ein extracelluläres bakterielles Enzymgemisch, enthält als Hauptkomponente eine spezifische Endopeptidase, die Glycil-Glycinpeptid-Bindungen angreift. Solche Bindungen sind in den Zellwänden von Staphylokokken, nicht aber in denen von Mikrokokken vorhanden.

Staphylokokken werden durch *Lysostaphin* lysiert, während Mikrokokken gegen dieses Enzym resistent sind.

Röhrchentest

Testdurchführung: 2 ml phosphatgepufferte Kochsalzlösung, pH 7,4, z. B. PBS-Puffer (PBS-Puffer = Phosphatgepufferte Kochsalzlösung, pH 7,4, Hoffmann La Roche, Art. Nr. 07 21069) in ein Röhrchen pipettieren. Mit der Reinkultur des Prüfstammes eine Suspension herstellen (etwa 4–5 Kolonien). Die 2 ml Bakteriensuspension auf 2 Röhrchen verteilen. In ein Röhrchen ein Lysostaphin-Papierdisk (Hoffmann La Roche, Art. Nr. 07 30351) zugeben und kräftig schütteln. Das zweite Röhrchen dient als Kontrolle. Beide Röhrchen bei 37 °C etwa 2 h im Wasserbad oder 2,5 h im Brutschrank bebrüten.

Beurteilung: Eine deutliche Abnahme der Trübung im Röhrchen mit dem Lysostaphin-Papierdisk gegenüber dem Kontrollröhrchen ist als positive Reaktion zu werten. Sind beide Röhrchen gleich trüb, ist das Ergebnis negativ.

Plattentest (SCHLEIFER und KLOOS, 1975, SCHLEIFER, 1981)

Nähragar (Merck) in einer Petrischale wird mit 3 ml eines halbfesten, mit der Prüfkultur beimpften Nähragars (Nährbouillon + 0,3 % Agar) überschichtet. Auf das erstarrte Medium wird ein Tropfen einer sterilen Lysostaphinlösung (200 µg/ml, Fa. Sigma) aufgebracht und über Nacht bei 32 °C bebrütet. Eine „Hemmzone" zeigt Empfindlichkeit gegenüber Lysostaphin an.

Da für den Test die Nährbodenzusammensetzung entscheidend ist und bei einem Caseinpeptonanteil im Nährboden 0,2 % Glycin zugesetzt werden muß, wird in Abänderung des Vorschlages von SCHLEIFER und KLOOS (1975) nicht Plate Count Agar, sondern Nähragar eingesetzt.

Vermehrung bei 8 % Kochsalz

Kochsalzbouillon nach EL-ERIAN (1969)

Abbau von Cellulose

Cellulose-Agar nach STEWART und LEATHERWOOD (1976)

Nachweis von Brochothrix thermosphacta

Medium: STA-Agar nach GARDNER (1966) oder SIN-Agar nach Hechelmann (SCHILLINGER und LÜCKE, 1987)

Bebrütung: 20 °C, 48 h

Anmerkung siehe S. 226

Anmerkung: Auf den Medien vermehren sich auch einige Pseudomonaden, die jedoch Oxidase-positiv sind. Die Zellen von *B. thermosphacta* sind vorwiegend fadenförmig. Bei hohem Anteil an psychrothrophen Enterobacteriaceen treten auf den Medien schleimige Kolonien auf (häufig *Enterobacter spp., Klebsiella spp.*).

Nachweis von Milchsäure

Reagenzien und Geräte

L (+) – Lactatdehydrogenase (Boehringer)

D (–) – Lactatdehydrogenase (Boehringer)

NAD Grad II (98 %) (Boehringer)

Phenazin-Methosulfat rein, (PMS, Serva)

2-(4' Jodphenyl)-3-(4-nitrophenyl)-5-phenyl-2H-tetrazoliumchlorid, (INT, Serva)

Glycin p. a. (Merck)

Mikrotiterplatten, Eppendorf-Pipetten

Rogosa-SL Broth, dehydrated, Difco

Reagenzien-Ansatz

Glycin-Puffer (0,5 molar pH 9,0)

11,25 g Glycin in frischem, doppelt destilliertem Wasser lösen, mit 1 n Natronlauge den pH-Wert auf 9,0 einstellen, mit bidest. Wasser auf 300 ml auffüllen. Anstelle des bidestillierten Wassers kann in allen Ansätzen, abweichend von der Originalvorschrift, auch destilliertes verwendet werden.

NAD-Lösung

17,9 mg NAD in 1 ml bidest. Wasser auflösen.

Reaktionslösung

2,5 ml Glycerin-Puffer mit 0,25 ml NAD-Lösung und 0,02 ml L(+) – LDH bzw. mit 0,04 ml D(–) – LDH mischen.

Farbreagenz

25 mg INT in 20 ml bidest. Wasser vollständig lösen, 12,5 mg PMS zugeben und lösen mit bidest. Wasser, auf 25 ml auffüllen.

(INT 4,0 mM; PMS 1,6 mM)

Haltbarkeit der Lösungen

Alle Lösungen sind bei 4 °C aufzubewahren. Das Farbreagenz ist lichtempfindlich und autoxydabel. Es ist dunkel und kühl gelagert einige Wochen haltbar. Die Pufferlösung, mit einigen Tropfen Chloroform konserviert, kann etwa 4 Wochen verwendet werden. Die Reaktionslösung ist stets neu anzusetzen.

Nährlösungen

Nach KRUSCH und LOMPE (1982) erwies sich nur die Rogosa SL Bouillon (Difco) ohne Zusatz von Eisessig als geeignet. Die Testkulturen werden bei optimaler Temperatur 4–6 Tage oder länger bebrütet. Danach wird die Kultur zur Inaktivierung von Enzymen kurze Zeit auf 100 °C erhitzt. Nach der Abkühlung kann die Kultur bis zur Durchführung des Tests gelagert werden.

Testdurchführung:
Die Ausführung des Tests erfolgt in Mikrotiterplatten, die mehrmals verwendet werden können. Es werden in die Vertiefungen einpipettiert:

>   100 μl Reaktionsgemisch
>   10 μl Untersuchungsmaterial
>   10 μl Farbreagenz

Pro Probe ist je ein Ansatz für L(+) und D(−) – Lactat anzufertigen. Als Kontrolle werden je ein Ansatz mit Pufferlösung und einer mit unbeimpfter Bouillon mitgeführt. Nach dem Einpipettieren sind die Proben leicht zu mischen und abgedunkelt aufzubewahren (Lichtempfindlichkeit des PMS).
Die Auswertung erfolgt nach 5–10 min. Alle orange- oder rotgefärbten Proben sind als positiv zu bewerten. Erfassungsgrenze: 0,5 mM L-Lactat und 0,5 bis 1,0 mM D-Lactat.

8   Merkmale grampositiver Bakterien und weitere Identifizierung

A. Nocardioforme Bakterien und Streptomyceten-Gruppe

Die Bakterien dieser Gruppen sind grampositiv und wachsen mycelartig. Sie kommen im Boden vor und lassen sich auf einfachen Nährböden gut kultivieren. Erkennbar sind sie an der Bildung von Substratmycel. Einige Genera bilden auch ein Luftmycel aus, z. B. Genus *Nocardia* und *Rhodococcus.* Zu den Nocardioformen gehören u. a. die Genera *Nocardia, Rhodococcus* und *Micropolyspora.*
Bedeutung: Herstellung von Antibiotica, Enzymen, Aromen, Vitamin B_{12}.

B. Mycobacterium-Gruppe

Zu dieser Gruppe ist in erster Linie das Genus *Mycobacterium* zu rechnen. Säurefeste bzw. teilweise säurefeste Stäbchen bzw. Kokken bilden jedoch auch Species der Genera *Nocardia* und *Rhodococcus.* Bei diesen zerfällt allerdings das Mycel in Stäbchen bzw. kokkoide Zellen.

Genus Mycobacterium
Pathogene Species: *Mycobacterium (M.) tuberculosis, M. bovis, M. leprae, M. fortuitum* u. a.
Apathogene Species: *M. phlei, M. smegmatis* u. a.
Eigenschaften: Schwach grampositive Stäbchen. Die Gramfärbung wird erschwert durch

die lipidreiche Zellwand, die das Eindringen der Farbstoffe verhindert. Zellen erscheinen vielfach gekörnt, gefärbte Teile wechseln mit ungefärbten.

Vorkommen: Mensch, Tier, Erdboden, Wasser

C. Genus Bacillus

Species:
- Kältetolerante Species (Vermehrung bei 0 °C, keine Vermehrung bei Temperaturen über 30 °C): *Bacillus (B.) insolitus, B. globisporus*
- Mesophile Species: *B. cereus, B. megaterium* u. a.
- Thermophile Species: *B. stearothermophilus, B. coagulans, B. acidocaldarius, B. subtilis, B. licheniformis*
- Obligat thermophile Species: *B. stearothermophilus, B. acidocaldarius*

Eigenschaften:
Grampositive bis gramvariable oder gramnegative Stäbchen (KOH-Test negativ), Katalase-positiv (einige Stämme von *B. stearothermophilus* sowie *B. larvae, B. popillae* und *B. lentimorbus* sind Katalase-negativ).

Säure und Gas aus Glucose bilden *B. polymyxa* und *B. macerans*. Anaerob vermehren sich *B. cereus, B. licheniformis, B. coagulans, B. polymyxa, B. macerans, B. alvei, B. laterosporus, B. larvae, B. popillae, B. lentimorbus*. Die Sporenbildung kann bei Bazillen verspätet auftreten und Schwierigkeiten bei der Identifizierung bereiten. Empfehlenswert ist deshalb ein Zusatz von Mangansulfat zum Medium (Zusammensetzung: Pepton 5 g, Fleischextrakt 3 g, MnSO$_4$ 50 mg, Agar 15 g, Aqua dest. 1 l).

Vorkommen: Erdboden

Bedeutung:
- Verderb von Lebensmitteln, insbesondere pasteurisierter oder sterilisierter Produkte
- „Lebensmittelvergiftung" durch *Bacillus cereus*
- Herstellung von Antibiotica (Polypeptid-Antibiotica) und Enzymen
- Schadinsektenbekämpfung in der Landwirtschaft

D. Genus Clostridium

Species:
- Proteolytische Species: *Clostridium (C.) botulinum G, C. sporogenes, C. histolyticum* u. a.
- Proteolytische u. saccharolytische Species: *C. bifermentans, C. botulinum A/B/F, C. perfringens, C. putrefaciens, C. sporogenes*
- Saccharolytische Species: *C. botulinum E, C. butyricum, C. felsineum, C. pasteurianum, C. tyrobutyricum* u. a.

Eigenschaften: Grampositive Stäbchen, anaerob (Eh unter + 150 mV).

Unter dem Einfluß von Sauerstoff vermehren sich *C. carnis, C. durum, C. histolyticum, C. tertium, C. perfringens.* Einige Species versporen schlecht, so auch *C. perfringens.* Eine Identifizierung bis zur Species ist biochemisch möglich. Der gaschromatographische Nachweis flüchtiger Fettsäuren ist eine wertvolle Ergänzung.

Vorkommen: Erdboden

Bedeutung:

– Verderb pasteurisierter und sterilisierter Lebensmittel
– „Lebensmittelvergiftungen" durch *C. perfringens* und *C. botulinum A/B/E/F*
– Herstellung von Butanol, Aceton mit *C. acetobutyricum* aus Kohlenhydraten

E. Genus Staphylococcus, Micrococcus und Planococcus

Genus Staphylococcus und Genus Micrococcus

Species:

Staphylococcus (S.) aureus, S. capitis, S. epidermidis, S. haemolyticus, S. hyicus, S. intermedius, S. saprophyticus, S. simulans, S. xylosus, S. carnosus, u. a.
Micrococcus (M.) kristinae, M. luteus, M. roseus, M. varians u. a.

Eigenschaften:

Grampositive unbewegliche Kokken, *Katalase*-positiv. Eine Trennung zwischen beiden Genera ist möglich aufgrund der unterschiedlichen Basenzusammensetzung der DNA, unterschiedlicher Menaquinone und unterschiedlicher Zellwandzusammensetzung, die eine serologische Diagnose möglich macht.

Vorkommen: Erdboden, Haut und Schleimhaut von Mensch und Tier

Bedeutung:

– Verderb von Lebensmitteln
– „Lebensmittelvergiftungen" durch Enterotoxin bildende Staphylokokken
– Starterkulturen für Rohwurst und Schinken

Tab. 27   Unterscheidung des Genus Micrococcus vom Genus Staphylococcus

Merkmale	Genus Micrococcus	Genus Staphylococcus
Fermentation von Glucose (OF-Test)	meist –	meist +
Resistenz gegen Lysostaphin	+	–
DNA-Basenzusammensetzung (mol % G + C)	66–73	30–38
Zellwand-Teichonsäure	–	+
Reaktion mit Antikörpern gegen Pentaglycin	–	+

Anmerkung s. Seite 230

Anmerkung: Das Genus *Micrococcus* ist genetisch dem Genus *Arthrobacter* ähnlich. Da *Arthrobacter* auch in Kokkenform auftreten kann (s. unter dem Genus *Arthrobacter*) und *Katalase* bildet, ist eine Verwechslung möglich.

Genus Planococcus
Species:
Planococcus (P.) citreus, P. halophilus
Eigenschaften:
Grampositive, bewegliche Kokken, gelbbraune Pigmente, keine Spaltung von Kohlenhydraten, Vermehrung auf Nähragar mit 12 % Kochsalz.
Vorkommen:
Seewasser, Fische, Garnelen, Muscheln, Käse (HAO und KOMAGATA, 1985).

F. Genus Propionibacterium

Species:
Propionibacterium (P.) acidi-propionici, P. acnes, P. avidum, P. granulosum, P. freuden-reichii u. a.
Eigenschaften:
Grampositive Stäbchen, unbeweglich, *Katalase*-positiv. Aus Hexosen Bildung von Essigsäure, Propionsäure und CO_2. *P. acnes* und *P. granulosum* vermehren sich aerob nur schwach, sie werden auch als „anaerobe Propionibakterien" bezeichnet. Propionibakterien fermentieren Lactat und bilden daraus Propionsäure, Essigsäure und Kohlendioxid.
Vorkommen:
– „Klassische Propionibakterien" im Käse
– auf der Haut *(P. acnes, P. granulosum)*
Bedeutung:
– Käserei, Lochbildung im Käse, Reifungsflora
– Akne der Haut

G. Genus Listeria, Genus Brochothrix, Genus Kurthia, coryneforme Gruppe

Die Identifizierung der Bakterien der Gruppe G ist mit den wenigen aufgeführten Tests nur schwer möglich.
Die Genera *Brochothrix, Kurthia* und *Listeria* wurden bisher zur coryneformen Gruppe gezählt. Nach der Systematik in Bergey's Manual (1986) gehören sie mit den Laktobazillen zur Gruppe der nichtsporenbildende, grampositiven regelmäßig geformten Stäbchen, während die hier unter der coryneformen Gruppe zusammengefaßten Bakterien zur Gruppe der nichtsporenbildenden, grampositiven unregelmäßig geformten Stäbchen zählen, die die

Tendenz zeigen, keulenförmige und schwach verzweigte Zellen zu bilden („Schnappen" der Zellen = Abwinkeln). Auch diese Gruppe ist uneinheitlich und wird hier nur aus praktischen Gründen als coryneforme Gruppe zusammengefaßt.

Zu den coryneformen Bakterien werden gerechnet:
1. Gruppe der Corynebacterien, die bei Mensch und Tier vorkommen und zur Erkrankung führen.
   Genus *Corynebacterium*
   Species:
   Corynebacterium (C.) diptheriae, C. renale, C. pseudotuberculosis, C. pyogenes
2. Gruppe der pflanzenpathogenen Corynebakterien
   Genus *Corynebacterium*
   Species:
   C. fascians, C. insidiosum, C. betae, u. a.
3. Gruppe der saprophytären, *coryneformen Bakterien*
   Genus *Arthrobacter*   Genus *Microbacterium*
   Genus *Brevibacterium*   Genus *Brochothrix*
   Genus *Cellulomonas*   Genus *Aureobacterium*
   Genus *Curtobacterium*
4. Genus *Kurthia*

Da für die Lebensmitteltechnologie die Gruppe der saprophytären Corynebakterien eine besondere Bedeutung hat, wird nur diese Gruppe behandelt.

Genus Arthrobacter

Species:
Arthrobacter (A.) globiformis u. a.
Eigenschaften:
In jungen Kulturen gramnegative Stäbchen mit z. T. grampositiven Granula, Stäbchen teilweise in V-Form, in älteren Kulturen (2–7 Tage) Bildung großer kokkoider Zellen, strikt aerob, Katalase-positiv, wenig oder keine Säure aus Zuckern. Temperaturoptimum 20–30 °C, die meisten Stämme vermehren sich auch bei 10 °C, aber gewöhnlich nicht bei 37 °C. Abtrennung vom Genus *Micrococcus* schwierig
Vorkommen:
Erdboden, Pflanzen
Bedeutung:
Schleimbildung auf Frischfischen

Genus Aureobacterium

Species:
Aureobacterium (A.) liquefaciens (= Microbacterium liquefaciens), A. flavescens (= Arthrobacter flavescens), A. terregens (= Arthrobacter terregens), A. barkeri (= Corynebacterium barkeri), A. saperdae (= Curtobacterium saperdae), A. testaceum (= Curtobacterium testaceum)

Eigenschaften:
Grampositive Stäbchen, teilweise V-Form. Ältere Kulturen (3–7 Tage) kurze Stäbchen. Keine Kokkenform wie bei *Arthrobacter*, obligat aerob, *Katalase*-positiv, Bildung goldgelber Pigmente auf üblichen Medien.
Vermehrung:
Optimum 25–30 °C. Minimale Temperatur ca. 10 °C, maximale Temperatur 40 °C. Keine Vermehrung bei 6,5 % Kochsalz.
Vorkommen:
Erdboden, Milch, Käse, Fleisch

Genus Bifidobacterium
Species:
Bifidobacterium (B.) bifidum, B. longum, B. breve u. a.
Eigenschaften:
Grampositive unterschiedlich geformte Stäbchen (kurz und unregelmäßig, Stäbchen mit verdickten Enden, kokkoide Zellen, lange und gekrümmte Zellen mit Anschwellungen, V- oder Y-Formen), unbeweglich, anaerob. Optimale Vermehrungstemperatur 37°–41 °C, minimale Vermehrungstemperatur 25–28 °C, keine Vermehrung bei pH-Werten unterhalb von 4,5.
Vorkommen:
Stuhl
Bedeutung:
Kultur für Joghurt
Nachweis:
TPY-Medium, anaerob mit 6–10 % CO_2.

Genus Brevibacterium
Species:
Brevibacterium linens
Eigenschaften:
Grampositive Stäbchen, ältere Kulturen (3–7 Tage) kokkoid, obligat aerob, keine Säure aus Glucose, *Katalase*-positiv, *Gelatinase* positiv, *DNase* positiv
Vermehrung:
Maximale Temperatur 30°–33 °C
Vorkommen:
Haut, Käse, Fisch
Bedeutung:
Reifung von Käse, Aromabildung, Gelbschmierekultur (Mainzer, Harzer, Handkäse, Romadur, Münster)

Genus Brochothrix
Species:
Brochothrix thermosphacta (früher *Microbacterium thermosphactum*)
Eigenschaften:
Grampositive Stäbchen, z. T. lange Fäden, ältere Kulturen kokkoid, fakultativ anaerob, un-

beweglich, *Katalase*-positiv, Glucoseabbau fermentativ, kein Gas aus Glucose, H_2S und Indol negativ, Nitrat wird nicht reduziert. Zellen überleben nicht 63 °C für 5 min
Vermehrung:
Optimum 20°–22 °C, keine Vermehrung bei 35 °C, jedoch bei + 7 °C Vermehrung möglich. Selektiver Nachweis mit STA-Agar (GARDNER, 1966) oder SIN-Agar nach Hechelmann (SCHILLINGER und LÜCKE, 1987).
Vorkommen: Fleisch, Geflügel
Bedeutung:
Verderb von Kühlfleisch, auch bei Vakuumverpackung

Genus Cellulomonas
Species:
Cellulomonas (C.) flavigena u. a.
Eigenschaften:
Junge Kulturen (24 h) gramnegative Stäbchen, ältere grampositiv bis gramvariabel. Schnelles Entfärben bei der Alkoholbehandlung, Bildung von V-Formen, ältere Kulturen (2–7 Tage) kurze Stäbchen bis kokkoide Zellen, fakultativ anaerob, OF-Test (Glucose) oxidativ und fermentativ. Stärke und Gelatine werden abgebaut, *Katalase*-positiv.
Vermehrung:
Optimale Temperatur 30 °C
Vorkommen:
Erdboden
Bedeutung:
– Verderb von Oliven
– Abbau von Kompost

Genus Curtobacterium
Species:
Curtobacterium (C.) citreum, C. albidum, C. luteum
Eigenschaften:
Grampositive Stäbchen, ältere Kulturen (7 Tage 25 °C) sind kokkoid, strikt aerob, kein Abbau von Cellulose
Vermehrung:
Optimale Temperatur 25 °C
Vorkommen:
Pflanzen, Erdboden

Genus Kurthia
Species:
Kurthia zopfii
Eigenschaften:
Grampositive Stäbchen, lange Ketten, ältere Kulturen (3 Tage) bilden kokkoide Zellen, obligat aerob, keine Säure aus Glucose und anderen Kohlenhydraten, *Katalase*-positiv. Auf Hefeextrakt-Agar Kolonien rhizoid (ähnliches Koloniebild wie Bacillus, jedoch keine Sporen und Gelatineabbau negativ), kein Überleben in Magermilch bei 55 °C für 20 min. Ähnlichkei-

ten bestehen auch mit *Brochothrix thermosphacta*. Das Genus *Brochothrix* ist jedoch fakultativ anaerob und bildet aus Glucose Säure. Vom Genus *Arthrobacter* unterscheidet sich *Kurthia zopfii* dadurch, daß *Arthrobacter* keine Ketten bildet, sondern eine V-förmige Lagerung der Zellen zeigt.

Vorkommen:
Geflügel, Fleisch, Milch

Genus Listeria

Eigenschaften:
siehe pathogene Bakterien (Kapitel III, S. 131)

Genus Microbacterium

Species:
Microbacterium lacticum

Eigenschaften:
Grampositive Stäbchen, V-Form, unbeweglich, aerob oder fakultativ anaerob, *Katalasepositiv, Hydrolyse von Gelatine und Casein negativ oder schwach positiv, Säure aus Glucose. M. lacticum* überlebt eine Erhitzung in Milch bei 72 °C für 15 min

Vermehrung:
Optimale Temperatur 30 °C

Vorkommen:
Milch und Milchprodukte

Bedeutung:
Verderb von Milch

H. Genus Peptococcus, Genus Peptostreptococcus, Genus Sarcina

Eigenschaften:
Anaerobe Kokken, Lagerung zu Paaren, Ketten oder Paketen *(Sarcina), Katalase*-negativ

Vorkommen:
Schleimhaut und Haut von Mensch u. Tier, Erdboden

I. Genus Streptococcus, Genus Enterococcus, Genus Leuconostoc, Genus Pediococcus, Genus Aerococcus (Fam. Deinococcaceae)

1. Genus Streptococcus (S.) und Genus Enterococcus (E.)

Einteilung:
- Pyogenes-Gruppe: *S. pyogenes, S. agalactiae* u. a.
- Orale Gruppe: *S. mutans, S. sanguis* u. a.
- Enterokokken-Gruppe: *E. faecalis, E. faecium, E. gallinarum, E. „avium"*
- Milchsäure-Gruppe: *S. lactis, S. raffinolactis*
- Andere Streptokokken: *S. salivarius subsp. thermophilus*

Für *S. lactis* wurde von SCHLEIFER und Mitarb. (1985) ein neues **Genus Lactococcus** vorgeschlagen.

Eigenschaften:
Grampositive, mikroaerophile Kokken, runde bis ovale Zellen; Lagerung in Paaren oder in Ketten, *Katalase*-negativ

Vorkommen:
Pflanzen, Tiere

Bedeutung:
Für Lebensmittel haben nur die Enterokokken-Gruppe, die Milchsäure-Gruppe und *S. thermophilus* eine Bedeutung.

Enterokokken-Gruppe
Wichtig für Lebensmittel sind nur *E. faecalis* und *E. faecium*, die zur „Lebensmittelvergiftung" führen sollen (siehe Kapitel III, S. 172), biogene Amine bilden können und zur Reifungsflora von Sauermilchkäse gehören.

Milchsäure-Gruppe
S. lactis und *S. raffinolactis* sind Starterkulturen für die Käserei und für die Herstellung von Sauermilchprodukten.

Andere Streptokokken
S. salivarius subspec. thermophilus ist die klassische Starterkultur für Joghurt. Auch zur Herstellung von Frischkäse und Emmentaler wird *S. salivarius ssp. thermophilus* als Starter eingesetzt (HAMMES, 1988).

Identifizierung der Genera Streptococcus, Enterococcus, Lactococcus, Leuconostoc und Pediococcus

a) Nachweis der Fermentationsprodukte aus Glucose (KRUSCH und LOMPE, 1982)

    1. L(+) – Milchsäure .... Genus *Streptococcus,* Genus *Enterococcus,* Genus *Lactococcus*

    2. D(–) – Milchsäure, Ethanol, Essigsäure u. CO_2 .... Genus *Leuconostoc*

    3. DL-Milchsäure .... Genus *Pediococcus*

b) Nachweis der Zellanordnung

Die Zellform sollte aus einer Bouillonkultur im Nativpräparat (z. B. Phasenkontrast) geprüft werden. Die Unterscheidungsmöglichkeiten aufgrund der Zellanordnung und der Gasbildung aus Glucose (MRS-Bouillon + Durhamröhrchen) ist unsicherer als der Nachweis der Fermentationsprodukte aus Glucose.

Die Züchtung der Milchsäurebakterien sollte im Anaerobiertopf erfolgen (z. B. Anaerobentopf mit Anaerocult C, Fa. Merck). Bei vollem Sauerstoffpartialdruck der Luft kommt es zur Anreicherung von Peroxid und damit zur Wachstumshemmung. Es entstehen sehr kleine Kolonien, und die Zellen wachsen wegen der Hemmung der Querwandbildung zu langen Fäden (SNAKES); kokkenartige Zellen können zu stäbchenartigen Zellen werden (KANDLER, 1982).

Tab. 28 Unterscheidungsmöglichkeiten aufgrund der Zellanordnung und der Gasbildung aus Glucose

Merkmale	Streptococcus, Enterococcus und Lactococcus	Leuconostoc	Genera Pediococcus	Aerococcus
Zellanordnung im flüssigen Medium)	runde bis ovale Zellen in Paaren, kurze oder lange Ketten	Zellen rund bis linsenförmig (bes. auf festem Medium, Paare, Ketten oder Haufen	Zellen rund, Paare oder Tetraden, Ketten selten	Zellen rund, Paare oder Tetraden
Gas aus Glucose	–	+	–	–

c) Unterscheidungsmöglichkeiten zwischen den Genera Streptococcus, Enterococcus und Lactococcus

Tab. 29 Unterscheidungsmöglichkeiten aufgrund der Vermehrung bei + 10 °C und bei pH 9,6

Merkmale	Streptococcus	Genera Enterococcus	Lactococcus
Vermehrung bei + 10 °C	–	+	+
Vermehrung bei pH 9,6	–	+	–

d) Serologischer Nachweis der D-Streptokokken

Unter den zahlreichen Streptokokken haben die D-Streptokokken in der Lebensmittelmikrobiologie eine besondere Bedeutung. Eine Identifizierung ist aufgrund der spezifischen Zellwandpolysaccharide möglich. Bei dieser serologischen Reaktion können an Latexpartikeln gebundene Antikörper verwendet werden, wodurch der Nachweis einfach und sicher durchführbar ist (z. B. System Streptex, Fa. Wellcome oder Slidex-Strepto-Kit, bioMerieux).

e) Identifizierung von Enterococcus *(E.) faecalis* und *E. faecium*

Tab. 30   Identifizierung von Enterococcus faecalis und faecium

Merkmal	*E. faecalis*	*E. faecium*
Reduktion von 2,3,5-Triphenyl-tetrazoliumchlorid (2,3,5-TTC) zu Formazan (roter Farbstoff)	Kolonien rot, z. B. auf m-Enterococcus-Agar, CATC-Agar oder Barnes-Agar	Kolonien rosafarben oder weiß auf m-Enterococcus-Agar, CATC-Agar oder Barnes-Agar

2.   Genus Leuconostoc

Species:

Leuconostoc mesenteroides subsp. mesenteroides, Lc. mesenteroides subsp. dextranicum, Lc. mesenteroides subsp. cremoris, Leuconostoc lactis, Leuconostoc paramesenteroides, Leuconostoc oenos

Eigenschaften:

Grampositive Kokken (ovale Zellen) in Paaren, Ketten oder Haufen, Katalase-negativ, heterofermentativ, fakultativ anaerob, Vermehrung zwischen + 5 °C und 30 °C, säuretolerant.

Bedeutung:

– Verderb von Lebensmitteln, wie Feinkosterzeugnissen (pH >4,2), Verderb von Zucker (Dextranbildung), Erfrischungsgetränken u. a. Produkten

– Fermentation von Wein *(L. oenos),* biologischer Säureabbau

– Sauerkrautherstellung *(Leuconostoc mesenteroides)*

– Herstellung von Dickmilch und Sauerrahmbutter *(Lc. mesenteroides ssp. cremoris),* Bildung von Diacetyl, Aromastoffe

– Herstellung von Dextranen *(Lc. mesenteroides ssp. dextranicum)*

Erklärung: subsp. = ssp. = Subspecies

3.   Genus Pediococcus

Species:
Pediococcus (P.) damnosus (früher cerevisiae), P. acidilactici, P. parvulus, P. pentosaceus
u. a.
Eigenschaften:
Grampositive Kokken, einzeln, in Paaren oder Tetraden, Katalase-negativ, homofermentativ, fakultativ anaerob, säuretolerant.
Vorkommen:
Pflanzen
Bedeutung:
– Verderb von Bier („Biersarcinen", Bildung von Diacetyl)
– Verderb von Fleischerzeugnissen, Feinkostprodukten
– Starterkultur für Rohwurstherstellung

4.   Genus Aerococcus

Vorkommen: Luft
Bedeutung: Ohne Bedeutung für Lebensmittel

J. Genus Lactobacillus
Genus Carnobacterium

1.   Genus Lactobacillus

Eigenschaften:
Grampositive kurze bis lange Stäbchen, häufig auch kokkoide Zellen, die zur Verwechslung zum Genus Leuconostoc und Streptococcus führen können. Einige Stämme und Species bilden Ketten (abhängig vom pH-Wert und der Zusammensetzung des Mediums). Kokkoide Formen kommen unter den obligat heterofermentativen Laktobazillen und bei Lb. sakè vor. Die heterofermentativen Species sind vom Genus Leuconostoc durch die Bestimmung der Milchsäure zu unterscheiden. Die obligat heterofermentativen Laktobazillen bilden DL-Milchsäure, die Species des Genus Leuconostoc nur D(–)-Milchsäure. Lactobazillen sind mikroaerophil, einige anaerob. Das Oberflächenwachstum wird bei reduzierter Sauerstoffspannung und einem CO_2-Gehalt von 5–10 % gefördert. Einige Stämme bilden bipolare Körper und Granula, die bei der Gram- und Methylenblaufärbung erkennbar sind. Der Stoffwechsel ist fermentativ. Laktobazillen sind obligat saccharolytisch, Katalase-negativ. Extrazellulärer Schleim wird gebildet von L. confusus, L. delbrueckii subsp. bulgaricus und L. kandleri.

Vermehrungstemperatur:
+ 2 °C bis 55 °C, Optimum 30–40 °C. Optimaler pH-Bereich 5,5–6,2, Vermehrung bis etwa pH 3,6 (Bereich 3,6 bis 7,2).
Vorkommen: Pflanzen, Mundhöhle, Darm und zahlreiche Lebensmittel
Einteilung der Laktobazillen:
– Obligat homofermentative Laktobazillen (Hexosen werden zu Milchsäure fermentiert, Pentosen werden nicht fermentiert): *L. delbrueckii, L. lactis, L. leichmannii* u. a.
– Fakultativ heterofermentative Laktobazillen (Hexosen werden zu Milchsäure oder zu Milchsäure, Essigsäure, Ethanol, Ameisensäure fermentiert, Pentosen zu Milchsäure und Essigsäure, kein CO_2 aus Glucose): *L. plantarum, L. casei, L. sakè, L. curvatus* u. a.
– Obligat heterofermentative Laktobazillen (Hexosen werden zu Milchsäure, Essigsäure, Ethanol und CO_2, Pentosen zu Milchsäure und Essigsäure fermentiert):
L. bifermentans, L. kefir, L. buchneri, L. confusus, L. viridescens u. a.
Bedeutung:
– Verderb von Lebensmitteln
– Herstellung von Lebensmitteln wie Kefir, Quark, Yoghurt, Käse, Sauerteig, milchsaure Gemüse, Wein, Gemüsesäfte, Sojabohnenerzeugnisse, Berliner Weiße.
– Herstellung von Milchsäure
– Stabilisierung des mikrobiellen Gleichgewichts in Biotopen, z. B. dem Verdauungstrakt.

2. Genus Carnobacterium

Lactobacillus (L.) divergens und *L. piscicola* (Synonym *L. carnis*) werden nach Collins et al. (1987) einem neuen Genus *Carnobacterium* zugeordnet. Zu diesem Genus gehören außerdem *Carnobacterium (C.) gallinarum* und *C. mobile.*
Eigenschaften:
Grampositive dünne Stäbchen, einzeln oder in Paaren, manchmal auch kurze Ketten bildend, Gasbildung aus Glucose verzögert, vorwiegend Bildung von L (+)-Milchsäure aus Glucose, Katalase- negativ, Vermehrung bis zu 0 °C (Optimum 22°–28 °C), keine Vermehrung auf Medien mit Acetat bei pH-Werten unterhalb von 6,0, optimale Vermehrung bei pH 8,0–9,5, meso-Diaminopimelinsäure in der Zellwand.
Vorkommen: Frischfleisch (besonders bei höherem pH-Wert auf Fascien und Vakuumverpackung), Fisch
Bedeutung: Teil der Verderbsflora bei Frischfleisch, Geflügel und Frischfisch. Nachgewiesen auch bei vakuumverpacktem Räucherfisch nach Verunreinigung bei der Verpackung. D-Wert im Bücklingsfleisch $D_{60 °C} = 0{,}76$ min (BETTMER, 1987)

Ein semiselektiver Nachweis von Carnobakterien ist auf dem CTSA-Agar (Cresol Red Thallium Acetate Sucrose Agar) nach HOLZAPFEL (1989) möglich, wobei auf diesem Medium sich auch Enterokokken vermehren. Diese sind mikroskopisch jedoch als Kokken leicht von den typischen Stäbchen der Carnobakterien zu unterscheiden; Carnobakterien sind rot bis purpurrot.

Tab. 31 Unterscheidungsmöglichkeiten zwischen den Genera Lactobacillus und Carnobacterium

Genera	Vermehrung auf Medien mit Acetat (z. B. MRS-Agar, pH 5,7 eingestellt mit Essigsäure, aerobe Bebrütung)	Vermehrung bei pH 9,0
Lactobacillus	+	−
Carnobacterium	−	+

LITERATUR

1. ANDERSON, J. M., BAIRD-PARKER, A. C., A rapid and direct plate method for enumerating Escherichia coli Biotype I in food, J. appl. Bact. **39**, 111–117, 1975

2. Bergey's Manual of Systematic Bacteriology, Vol. 1 (1984), Vol. 2 (1986), Williams and Wilkins, Baltimore and London

3. BETTMER, H., Vorkommen und Bedeutung von Lactobacillus divergens bei vakuumverpacktem Bückling, Diplomarbeit, FH Lippe, Lemgo 1987

4. BOUVET, PH. J. M., GRIMONT, P. A., Taxonomy of the genus Acinetobacter with recognition of Acinetobacter baumannii sp. nov., Acinetobacter haemolyticus sp. nov., Acinetobacter johnsonii sp. nov., and Acinetobacter junii sp. nov. and emended description of Acinetobacter calcoaceticus and Acinetobacter lwoffi, Int. J. System. Bacteriol. **36**, 228–240, 1986

5. BRYANT, T. N., LEE, J. V., WEST, P. A., COLWELL, R. R., Numerical classification of species of Vibrio and related genera, J. appl. Bact. **61**, 437–467, 1986

6. COLLINS, M. D., JONES, D., KEDDIE, R. M., KROPPENSTEDT, R. M., SCHLEIFER, K. H., Classification of some coryneform bacteria in a new genus Aureobacterium, System. appl. Microbiol. **4**, 236–252, 1983

7. COLLINS, M. D., FARROW, J. A. E., PHILLIPS, B. A., FERUSO, S., JONES, D., Classification of Lactobacillus divergens, Lactobacillus piscicola, and some catalase-negative, asporogenous, rod-shaped bacteria from poultry in a new genus, Carnobacterium, Int. J. System. Bacteriol. **37**, 310–316, 1987

8. COSTIN, J. D., KAPPNER, M., SCHMIDT, W., Differenzierung von Gram-positiven und Gram-negativen Bakterien mit dem L-Alanin-Aminopeptidase-Test, Forum Mikrobiologie **4**, 351–353, 1983

9. DADDS, M. J. S., Detection and survival of Zymomonas in breweries, Ph. D. Thesis, University of Bath, Bath, England, 1972

10. DE BRUYN, I. N., LOUW, A. I., VISSER, L., HOLZAPFEL, W. H., Lactobacillus divergens is a homofermentative organism, System. Appl. Microbiol. **9**, 173–175, 1987

11. DE BRUYN, I. N., HOLZAPFEL, W. H., VISSER, L., LOUW, A. I., Glucose metabolism by Lactobacillus divergens, J. gen. Microbiol. **134**, 2103–2109, 1988

12. DIBB, W. L., DIGRANES, A., KJELLEVOLD, V. A., The N/F and oxi/Ferm systems for identification of oxidative-fermentative gram-negative rods: A comparative study, Acta path. microbiol. immunol. scand. Sect. B **90**, 341–345, 1982

13. EL-ERIAN, A. F. M., Bacteriological studies on Limburger cheese. Thesis, Agricultural University Wageningen, Niederlande, 1969

14. FALLER, A., SCHLEIFER, K.-H., Modified oxidase and benzidine tests for separation of staphylococci from micrococci, J. Clin. Microbiol. **13**, 1031–1035, 1981

15. GARDNER, G. A., A selective medium for the enumeration of Microbacterium thermosphactum in meat and meat products, J. appl. Bact. **29**, 455–460, 1966

16. HAHN, G., Identifizierung von Streptokokken verschiedener serologischer Gruppen unter Verwendung der Latex-Agglutination, Lab. med. **4**, 102–106, 1980

17. HAMMES, W. P., Gefahren durch den Einsatz von Mikroorganismen in der Lebensmittelindustrie, Alimenta **27**, 55–59, 1988

18. Hao, M. V., Komagata, K., A new species of Planococcus, P. kocurii isolated from fish, frozen foods, and fish curing brine, J. gen. appl. Microbiol. **31**, 441–455, 1985

19. Harvey, Gilmour, A., The use of a multipoint inoculation method to perform lysostaphin, lysozyme and glycerol-erythromycin tests for the differentiation of staphylococci and micrococci, Letters in Appl. Microbiol. **6**, 109–111, 1988

20. Hechelmann, H., Vorkommen und Bedeutung von Brochothrix thermosphacta bei der Kühllagerung von Fleisch und Fleischerzeugnissen. Mitteilungsblatt **71**, 4435–4437, 1981, Bundesanstalt für Fleischforschung Kulmbach

21. Holzapfel, W. H., Gerber, E. S., Lactobacillus divergens sp. nov., a new heterofermentative Lactobacillus species producing L(+)-Lactat, System. Appl. Microbiol. **4**, 522–534, 1983

22. Holzapfel, W. H., Cresol Red Thallium Acetate Sucrose Agar (CTAS) Int. J. Food Microbiol. **9**, 129-131, 1989

23. Juni, E., Heym, G. A., Psychrobacter immobilis gen. nov., sp nov.: Genospecies composed of gram-negative, aerobic, oxidase-positive coccobacilli, Int. J. System. Bacteriol. **36**, 388–391, 1986

24. Kandler, O., Gärungsmechanismen bei Milchsäurebakterien, Forum Mikrobiologie **5**, 16–22, 1982

25. Krusch, U., Lompe, A., Schnelltest zum qualitativen Nachweis von L(+)- und D(–)-Milchsäure für die Bestimmung von Milchsäurebakterien, Milchwiss. **37**, 65–68, 1982

26. Langlois, B. E., Harmon, R. J., Akers, K., Use of Lysostaphin and Bacitracin susceptibility for routine presumptive identification of staphylococci of bovine origin, J. Food Protection **51**, 24–28, 1988

27. MacFaddin, J. F., Biochemical tests for identification of medical bacteria, 2 nd. ed., Williams & Wilkens, Baltimore, London, 1980

28. Malik, A. C., Reinbold, G. W., Vedamuthu, E. R., An evaluation of the taxonomy of Propionibacterium, Can. J. Microbiol, **14**, 1185–1191, 1968

29. Mayfield, C. I., Inniss, W. E., A rapid simple method for staining bacterial flagella, Can. J. Microbiol, **23**, 1311–1313, 1977

30. Müller, H. E., Production and degradation of indole by gram-negative bacteria, Zbl. Bakt. Hyg. A **261**, 1–11, 1986

31. Oberhofer, Th. R., Manual of nonfermenting gram-negative bacteria, John Wiley & Sons, New York, 1985

32. Otte, I., Tolle, A., Suhren, G., Zur Analyse der Mikroflora von Milch und Milchprodukten, 1. Zur Anzüchtung der Bakterienflora und Isolierung zu identifizierender Kolonien, Milchwiss. **34**, 85–88, 1979

33. Otte, I., Tolle, A., Hahn, G., Zur Analyse der Mikroflora von Milch und Milchprodukten, 2. Miniaturisierte Primärtests zur Bestimmung der Gattung, Milchwiss. **34**, 152–156, 1979

34. Palleroni, N. J., Doudoroff, M., Some properties and taxonomic subdivisions on the genus Pseudomonas, Annual Review of Phytopathology **10**, 73–100, 1972

35. Schillinger, U., Lücke, F.-K., Lactic acid bacteria on vacuumpackaged meat and their influence on shelf life, Fleischw. **67**, 1244–1248, 1987

36. Schleifer, K. H., Die Klassifikation von Staphylococcus und Micrococcus – Ein Beispiel für die moderne Bakteriensystematik, Forum Mikrobiologie **4**, 272–278, 1981

37. Schleifer, K. H., Kloos, W. E., A simple test system for separation of staphylococci from micrococci, J. Clin. Microbiol. **1**, 337–338, 1975

38. Schleifer, K. H., Kraus, J., Dvorak, C., Klipper-Bälz, R., Collins, M. D., Fischer, W., Transfer of Streptococcus lactis and related Streptococci to the genus Lactococcus gen. nov., System. Appl. Microbiol. **6**, 183–198, 1985

39. Shaw, B. G., Latty, J. B., A numerical taxonomic study of non-motile non fermentative gram-negative bacteria from foods, J. appl. Bact. **65**, 7–21, 1988

40. Starr, M. P., Stolp, H., Trüper, H. G., Ballows, A., Schlegel, H. G., The Prokaryontes. A handbook on habitants, isolation, and identification of bacteria. Vol I und II, Springer Verlag, Berlin, Heidelberg, New York, 1981

41. Stewart, B. J., Leatherwood, J. M., Derepressed synthesis of cellulase by Cellulomonas, J. Bacteriol. **128**, 609–615, 1976

42. Tarrand, J. I., Gröschel, D. H. M., Rapid, modified oxidase test for oxidase-variable bacterial isolates, J. Clin. Microbiol. **16**, 772–774, 1982

43. Werk, R., Differenzierungsatlas für die medizinische Mikrobiologie, pmi Verlag, Frankfurt, 1987

Döhler Spezial-Nährmedien für die Getränke-Industrie

nach Prof. Dr. W. Back

1. NBB-Nachweismedien für bierschädliche Bakterien, sichere u. schnelle Erkennung aller Bierschädlinge – unkomplizierte Arbeitsweise

2. Nachweismedien für schädliche Keime in der Fruchtsaft-Industrie und in Brunnenbetrieben

AGAR

Best.-Nr. 4709/525

AGAR

Nachweismedium für Getränkeschädlinge im AfG-Bereich, Best.-Nr. 470

AGAR

Zum selektiven Nachweis der obligaten Bierschädlinge im abgefüllten Bier, Best.-Nr. 4718/536

BOUILLON

Anreicherungsmedium zum schnellen Spurennachweis von Getränkeschädlingen im AfG-Bereich, Best.-Nr. 4712

BOUILLON

Zum Nachweis von Bierschädlingen in Brauerei-Hefen, Best.-Nr. 4710/526
NBB-Bouillon gibt es auch in Einweg-Reagenzgläsern und auf Wunsch mit Steril-Tupfer

NACH DEV

Nährstoffreiches Medium (Fleischextrakt, Pepton, Hefeextrakt, Glucose) zur Ermittlung der Gesamtkoloniezahl in Trinkwasser und diversen Lebensmitteln, Best.-Nr. 4726

KONZENTRAT

Zum Nachweis von Bierschädlingen in Jungbier und Unfiltrat-Proben, Best.-Nr. 4711/527

KONZENTRAT

Konzentriertes DEV-Lactose-Bouillon zum Nachweis von E, coli und coliformen Keimen, Best.-Nr. 4713

NBB-Poster,
60 x 83 cm, cellophaniert.
Übersicht über die gesamte biologische Betriebskontrolle in der Brauerei.

Nährboden-Poster
42 x 59,4 cm, cellophaniert.
Praxisnahe Betriebskontrolle im AfG-Betrieb.

Bitte fordern Sie unser ausführliches Informationsmaterial an.

Döhler GmbH
Postfach 110 462 · Riedstraße 7-9
D-6100 Darmstadt
Telefon 0 61 51/306-0
Fax 0 61 51/306-278
Telex 419 5454

V Identifizierung von Hefen

J. Firnhaber

1 Allgemeines

Unter dem Begriff „Hefen" werden Pilze zusammengefaßt, die nur oder vorzugsweise in Kolonien von Einzelzellen wachsen. Hefen vermehren sich vegetativ durch Sprossung, Vertreter der Gattung *Schizosaccharomyces* durch Teilung. Zahlreiche Hefen bilden ein Pseudomycel, seltener ein echtes Mycel mit und ohne Arthrosporen (Arthrokonidien). Hefen, die sich sexuell vermehren und Ascosporen bilden, werden als perfekte Hefen bezeichnet. Hefen, die sich nur vegetativ vermehren können, bei denen ein sexueller Entwicklungsgang nicht oder noch nicht nachgewiesen werden konnte, werden als imperfekte Hefen bezeichnet.

Der Identifizierungsschlüssel ist stark vereinfacht. Es werden sexuelle-, morphologische-, kulturelle- und physiologische Merkmale überprüft. Die einfacheren Bestimmungsschlüssel von PITT und HOCKING (1985) wurden nicht mit berücksichtigt, da diese von RICHTER (1987) nicht bestätigt werden konnten.

Im Bestimmungsschlüssel sind nur die aus Sicht eines Lebensmittelmikrobiologen und -technologen wichtigsten Hefegattungen aufgeführt.

2 Identifizierung einiger Genera von Hefen, die zur Ordnung Endomycetales gehören

Gemeinsames Merkmal: Hefen mit bekannter Ascosporenbildung (perfekte Hefen)

1. Vegetative Vermehrung durch echtes Mycel und Arthrosporen, keine Sprossung, Ascus vielsporig .... *Dipodascus*
2. Vegetative Vermehrung durch multilaterale Sprossung, zum Teil auch echtes Mycel, Pseudomycel kann vorkommen ....
3. Vegetative Vermehrung durch echtes Mycel, an dem sproßfähige Konidien (Blastosporen) gebildet werden, Sproßzellen, zum Teil auch Pseudomycel. Ascosporen rund, oval, hut- oder saturnförmig .... *Saccharomycopsis*
4. Vegetative Vermehrung ausschließlich durch Querwandbildung, 1 bis 8 runde Ascosporen .... *Schizosaccharomyces*

5. Vegetative Vermehrung durch Sprossung
   in Längsachsenrichtung der Zellen
   (bipolare Sprossung) 6

6a Zellen sehr groß, zitronen- bis pantoffelförmig. Sprossung auf breiter Basis.
   Ascus mit gewöhnlich 4 runden paar-
   weise liegenden Sporen .... *Saccharomycodes*

6b Zellen zitronenförmig oder oval bis
   langoval. Ascus mit 1 bis 4 Sporen.
   Ascosporen entweder hutförmig oder rund
   mit einer äquatorialen Leiste oder
   rund und warzig .... *Hanseniaspora*

7. Vegetative Zellen können sich unmittelbar
   in einen Ascus umwandeln 10

8. Ascusbildung nach Kopulation vegetativer
   Zellen, 1 bis 4 runde Ascosporen. Hefen z. T.
   osmotolerant .... *Zygosaccharomyes*

9. Ascusbildung meist nach heterogamer Kopulation.
   Zellen rund oder kurzoval. Pseudomycel selten,
   Ascosporen rund, häufig warzig, 1 bis 4 Asco-
   sporen. Gärung schwach oder fehlend .... *Debaryomyces*

10. 1 bis 4 runde Ascosporen. Sproßzellen rund bis
    oval, auch langgestreckt, ausgeprägte Gärkraft
    und Gärfähigkeit .... *Saccharomyces*

11. 1 bis 4 runde bis halbkugelige Ascosporen,
    oft mit Ringleiste, dann hutförmig. Zellen
    rund bis langgestreckt. Echtes Mycel und Pseudo-
    mycel kann vorkommen. Häufig Kahmhaut-
    und Esterbildung. Gärfähigkeit meist vorhanden,
    Nitrat wird assimiliert .... *Hansenula*

12. Ascosporen rund, hut- oder saturnförmig, die
    schnell aus dem Ascus entlassen werden. Zellen
    oval bis langgestreckt, reichlich Pseudomycel.
    Gärung schwach oder fehlend. Häufig Kahmhaut-
    bildung, Nitrat wird nicht assimiliert .... *Pichia*

13. Ascosporen rund oder nierenförmig, die
    schnell aus dem Ascus entlassen werden.
    Zellen rund, oval bis zylindrisch .... *Kluyveromyces*

14. Ascosporen hutförmig. Zellen oval bis langgestreckt,
    auch spitzbogenförmig.
    Charakteristische Aromabildung. Essigsäurebildung
    aerob aus Glucose. Gärfähigkeit vorhanden .... *Dekkera*

15. Ascosporen nadelförmig, 1 bis 2 pro Ascus.
Zellen rund bis oval. Kolonien manchmal rot,
Farbstoff dann auch im Medium . . . . *Metschnikowia*

3 Identifizierung einiger Genera von Hefen, die zur Familie Cryptococcaceae gehören

Gemeinsames Merkmal: Hefen mit unbekannter Ascosporenbildung (imperfekte Hefen)
1. Carotinoide oder andere meist rote Farbstoffe
schon bei jungen Kulturen vorhanden 10
2. Carotinoide Farbstoffe fehlen 3
3. Vermehrung durch echtes Mycel und
Arhrosporen, keine Sprossung . . . . *Geotrichum*
4. Sprossende Zellen, Pseudomycel und echtes
Mycel, das in Arthrosporen zerfällt . . . . *Trichosporon*
5. Sprossende Zellen und Pseudomycel
in kennzeichnender Form vorhanden,
echtes Mycel kann vorkommen . . . . *Candida*
6. Kein echtes Mycel und kein Pseudomycel,
Zellform rundlich bis oval. Bildung von
Schleim mit Jodreaktion auf Stärke. Keine
Gärung, Inosit wird assimiliert. Carotinoide Farbstoffe werden von einigen meist
älteren Kulturen gebildet . . . . *Cryptococcus*
7. Zellen oval bis flaschenförmig, unipolare
Sprossung, kein Pseudomycel, keine Gärung . . . . *Malassezia*
8. Sprossung nur in Längsachsenrichtung
der Zellen (bipolare Sprossung). Zellen
zitronenförmig, oval und wurstförmig.
Gärung vorhanden, z. T. ausgeprägte Gärkraft . . . . *Kloeckera*
9. Zellen oval bis langgestreckt, häufig auch
spitzbogenförmig. Primitives Pseudomycel kann
vorkommen. Charakteristische Aromabildung,
Essigsäurebildung aerob aus Glucose,
Gärfähigkeit vorhanden . . . . *Brettanomyces*
10. Zellen rundlich bis oval,
keine Gärung, Inosit wird nicht assimiliert . . . . *Rhodotorula*
11. Zellen rundlich bis oval, zum Teil
auch Pseudomycel, Gärfähigkeit vorhanden . . . . *Phaffia*

4 Methoden und Medien

Die Identifizierung muß von einer Reinkultur ausgehen. Die Kulturen können als Reinkulturen auf Hefeextrakt-Malzextrakt-Agar als Schrägagarkulturen bei 4 °C aufbewahrt werden. Folgende Merkmale sind berücksichtigt:

Sexuelle Merkmale
– Ascus- und Sporenbildung
– Ascosporen (Form, Oberfläche, Zahl der Sporen je Ascus, Entlassung der Sporen aus dem Ascus)

Morphologische Merkmale
– Vegetative Vermehrung: Sprossung oder Teilung (Querwandbildung)
– Sprossungsart: unipolar, bipolar, auf breiter Basis, multilateral
– Zellform: rundlich, oval, langgestreckt, zitronenförmig, spitzbogenförmig, wurstförmig, flaschenförmig, pantoffelförmig
– Bildung von Pseudomycel und Mycel mit und ohne Arthrosporen

Kulturelle Merkmale
– Kahmhautbildung
– Aromabildung
– Farbe der Kolonien
– Bildung von Hefestärke (Verdacht auf *Cryptococcus*)

Physiologische Merkmale
– Gärfähigkeit gegenüber: Glucose, Galactose, Saccharose, Maltose, Lactose, Raffinose
– Assimilation von Zuckern, deren Vergärung geprüft wurde
– Assimilation von Inositol
– Assimilation von Pepton und Nitrat

4.1 Sexuelle Merkmale (Ascusbildung und Ascosporen)

Methode:
Sporenfärbung (siehe bei Bakterien) oder Nativpräparat, mikroskopische Untersuchung
Impfmaterial:
Von Glucose-Hefeextrakt-Pepton-Agar
Durchführung:
Punktbeimpfung von Gorodkowa-Agar, Acetat-Agar nach Fowell, Malzextrakt-Agar oder weiterer Nährböden (LODDER, 1970, KREGER-VAN RIJ, 1984)
Bebrütungstemperatur:
25 °C
Bebrütungsdauer:
3 Tage bis zu 2 Wochen, im Extremfall bis zu 4 Wochen

Auswertung:
Bildung der Asci, Anzahl der Ascosporen im Ascus, Entlassung der Sporen aus dem Ascus,
Form und Oberfläche der Ascosporen. Wenn keine Ascosporen auf den Medien gefunden
werden, bedeutet dies nicht, daß ein sexueller Entwicklungsgang nicht doch vorhanden ist.
Die Versuche sind mit anderen Medien zu wiederholen.

4.2   Morphologische Merkmale

Vegetative Vermehrung
Methode:
Mikroskopische Untersuchung
Untersuchungsmaterial:
aus Glucose-Hefeextrakt-Pepton-Wasser
Bebrütungstemperatur:
25–28 °C
Bebrütungsdauer:
2–3 Tage
Auswertung:
Sprossung: unipolar, bipolar, auf breiter Basis, multilateral
Teilung: Querwandbildung
Form: rundlich, oval, langgestreckt, zitronenförmig, spitzbogenförmig, wurstförmig,
flaschenförmig, pantoffelförmig, Arthrosporen

Bildung von Mycel und Pseudomycel
Methode:
Objektträger, mikroskopische Untersuchung
Impfmaterial:
Vorzucht in Glucose-Hefeextrakt-Pepton-Wasser
Nährmedium:
Kartoffel-Glucose-Agar oder Corn-Meal-Agar
Durchführung:
Verflüssigter Nährboden wird in eine sterile Petrischale gegeben. In den Nährboden taucht
man einen vorher sterilisierten Objektträger und legt ihn auf eine Unterlage in eine sterile Pe-
trischale mit ca. 3 ml sterilem Wasser. Die Beimpfung des erstarrten Nährbodens auf dem
Objektträger erfolgt mittels Öse durch zwei parallele Impfstriche. Die Impfstriche nicht bis
ganz zum Rand des Objektträgers ziehen, da erfahrungsgemäß an den Enden der Impfstriche ein Pseudomycel gut gebildet wird. Die Impfstriche werden mit zwei sterilen Deckglä-
sern bedeckt, da manche Hefen bei reduziertem Sauerstoffgehalt besser Pseudomycel bilden.
Bebrütungstemperatur:
25 °C

Bebrütungsdauer:
4–5 Tage
Auswertung:
Mikroskopie der Impfstriche. Mycel: septiert mit und ohne Arthrosporen, Pseudomycel
nicht septiert.

4.3   Kulturelle Merkmale

Kahmhautbildung
Methode:
Makroskopische Untersuchung einer Flüssigkultur
Impfmaterial:
Von Stammkultur
Bebrütungstemperatur: 25–28 °C
Bebrütungsdauer:
2–3 Tage
Auswertung:
Handelt es sich bei der zu untersuchenden Hefe um eine Kahmhefe, bildet sich nach der
Bebrütungszeit an der Oberfläche der Nährlösung eine trockene und weiße Kahmhaut.
Kahmhefen bilden auf festem Nährboden matte Kolonien.
Nährmedium:
Glucose-Hefeextrakt-Pepton-Wasser, abgefüllt zu 30 ml in 100 ml Erlenmeyerkolben

Aromabildung
Methode:
Geruchliche Überprüfung des Ansatzes für Kahmhautbildung

Farbstoffbildung
Methode:
Makroskopische Untersuchung der Stammkultur

Bildung von Hefestärke (Glucose-Agar nach WINDISCH, 1960)
Methode:
Gußkultur
Impfmaterial:
Von Stammkultur
Bebrütungstemperatur:
25–28 °C
Bebrütungsdauer: 3–5 Tage
Auswertung:
Überschichtung der Gußkultur nach Bebrütung mit Lugol'scher Lösung. Ist Stärke gebildet
worden, so tritt Blaufärbung ein.

Nährmedium:
Medium zum Nachweis von Hefestärke (WINDISCH, 1960)

4.4 Physiologische Merkmale

Gärungen
Methode:
nach Guerra (10 x 100 mm Reagenzgläser mit Paraffinüberschichtung)
Impfmaterial:
von Kultur auf festem Nährboden (Glucose-Hefeextrakt-Pepton-Agar)
Bebrütungstemperatur:
25–28 °C
Bebrütungsdauer:
bis zu 20 Tagen
Prüfung folgender Zucker: Glucose, Galactose, Saccharose, Maltose, Lactose, Raffinose
Auswertung:
Durch Gasbildung bei der Gärung wird der Paraffinstopfen nach oben gedrückt.
Für die Vergärung von Zuckern gelten die Kluyver'schen Gärungsregeln, die zusätzlich auf die Assimilationen dahingehend erweitert werden können, daß ein vergorener Zucker auch assimiliert wird.
Gärungsregeln:
1. Wenn eine Hefe gären kann, vergärt sie Glucose.
2. Wenn Glucose vergoren wird, werden auch Fructose und Mannose vergoren.
3. Lactose und Maltose werden von ein und derselben Hefe nicht vergoren. Entweder wird Lactose vergoren oder Maltose (einige Ausnahmen von dieser Regel wurden gefunden).
4. Erfahrungsregel: Raffinose wird nur dann vergoren (muß aber nicht), wenn Saccharose vergoren wird.
Gärlösung:
1 % Pepton, 2 % des zu prüfenden Zuckers (sterilfiltrierte Lösung) 4 % bei Raffinose

Assimilation
Methode:
Plattenauxanogramm
Impfmaterial:
Vorzucht in Glucose-Hefeextrakt-Pepton-Wasser. Nach der Bebrütung zweimal mit sterilem Leitungswasser waschen (zentrifugieren) und den Bodensatz mit ca. 2 ml sterilem Leitungswasser aufschwemmen. Von dieser Hefesuspension Gußkultur mit C- bzw. N-freiem Medium herstellen (siehe unter Medien Kohlenstoff-Auxanogramm und Stickstoff-Auxanogramm). Platten gut trocknen lassen und Kohlenstoff- bzw. Stickstoffquelle auf Platten auftragen.
Bebrütungstemperatur:
25–28 °C
Bebrütungsdauer:
1–2 Tage

Prüfung folgender Kohlenstoffquellen: Glucose (wird immer assimiliert), Galactose, Saccharose, Maltose, Lactose, Raffinose, Inositol
Prüfung folgender Stickstoffe: Pepton und KNO_3
Auswertung:
Bei den C- bzw. N-Quellen, die assimiliert wurden, entsteht ein deutlich sichtbarer Hof. Wenn in dem C-Auxanogramm Glucose nicht assimiliert wird, dann erneute Prüfung unter Zugabe von 0,1 ml einer Hefeextraktlösung (5 %ig) pro Petrischale.

4.5 Medien zur Hefe-Identifizierung

Isolierung und Aufbewahrung
– Hefeextrakt-Malzextrakt-Bouillon
– Hefeextrakt-Malzextrakt-Agar

Ascosporenbildung
– Gorodkowa-Agar
– Acetat-Agar nach Fowell
– Malzextrakt-Agar
– Hefeextrakt-Malzextrakt-Agar

Morphologische Merkmale
– Glucose-Hefeextrakt-Pepton-Wasser
– Glucose-Hefeextrakt-Pepton-Agar
– Bildung von Pseudomycel und Mycel auf Corn-Meal-Agar oder Kartoffel-Glucose-Agar

Kulturelle Merkmale
– Bildung von Hefestärke: Glucose-Agar nach WINDISCH (1960)

Physiologische Merkmale
– Kohlenstoff-Auxanogramm
– Stickstoff-Auxanogramm

5 Beschreibung einiger Hefen

Hefen werden in der Lebensmitteltechnologie zur Herstellung von Produkten eingesetzt (z.B. Bier, Wein, Spirituosen, Backwaren) und spielen eine wesentliche Rolle für den Verderb von Erzeugnissen (z.B. fermentierte Lebensmittel, Fleischerzeugnisse, Fisch- und Feinkostprodukte, saure Lebensmittel, Produkte mit einem hohen Zuckergehalt).
Die für den Lebensmitteltechnologen und Lebensmittelmikrobiologen wichtigsten Hefen gehören zur Ordnung *Endomycetales* (perfekte Hefen = teleomorphe Form) und zur Familie *Cryptococcaceae* (imperfekte Hefen = anamorphe Form).

5.1 Genera aus der Ordnung Endomycetales

Dipodascus

Dickes, septiertes Mycel, das in Arthrosporen zerfällt, keine Sprossung.
Dipodascus geotrichum (imperfekte = Form: *Geotrichum candidum)* ist der Milchschimmel.
Häufiges Auftreten in Milch, Käseprodukten, Sauergemüse. Auf Flüssigkeiten Deckenbildung.
Manche Arten des Genus *Dipodascus* rufen durch Abbau von Pektin eine Zitrusfäule hervor.

Schizosaccharomyces

Vermehrung durch Teilung (Querwandbildung), nicht durch Sprossung. Ascusbildung nach
isogamer Kopulation vegetativer Zellen. Ascosporen rund, 1 bis 8 pro Ascus. Vertreter des
Genus *Schizosaccharomyces* zeigen starke Gärung. Vergärung auch von Dextrinen. Hefen
des Genus *Schizosaccharomyces* sind mehr oder weniger osmotolerant.
Vorkommen: Marmeladen, Melasse, Traubensaft, Hirsebier in Afrika

Schizosaccharomyces pombe

Ascosporen rund oder oval, 1 bis 4 pro Ascus. Blau-violette Färbung mit Lugol'scher-Lösung. Malzextrakt-Agar als Sporulationsmedium (LODDER, 1970). Vergärung von Glucose,
Saccharose, Maltose, Raffinose.

Schizosaccharomyces octosporus

Ascosporen: 4 bis 8, rund oder oval. Blau-violette Färbung mit Lugol'scher Lösung. Sporulationsmedium: Malzextrakt-Agar (LODDER, 1970).
Vergärung: Glucose, Saccharose negativ, selten positiv, Maltose

Saccharomycopsis

Vegetative Vermehrung durch vielseitige Sprossung, Mycel und Pseudomycel. Bildung von
1 bis 4 großen hutförmigen runden oder ovalen Ascosporen. *Saccharomycopsis fibuligera*
ist ein Kreideschimmel des Brotes. Bildung von Amylasen, dadurch Abbau von Stärke und
Dextrinen. *S. lipolytica* ist eine der wenigen Hefen, die Fett spalten können. VAN DER WALT
und ARX (1980) haben diese Hefe in die Gattung *Yarrowia* überführt. Diese Hefe zeigt keine
Gärung.
Vorkommen: Butter, Margarine, Öl, Mayonnaise, Brot

Saccharomycopsis fibuligera

Ascosporen hutförmig, 2 bis 4 pro Ascus. Vergärung von Glucose, Saccharose, Maltose;
Raffinose positiv oder negativ.

Saccharomycopsis lipolytica (Synonym: *Yarrowia lipolytica)*

Ascosporen rund, oval oder hutförmig, 1 bis 4 pro Ascus

Saccaromycodes

Saccharomycodes zeigt bipolare Sprossung auf breiter Basis. Zellen groß zitronen- bis
pantoffelförmig, 1 bis 4 runde Sporen pro Ascus. Gärfähigkeit ist vorhanden.

Saccharomycodes ludwigii

Resistenz gegenüber SO_2, Vergärung von Glucose, Saccharose und Raffinose.
Vorkommen: Traubenmost

Hanseniaspora

Hanseniaspora (imperfekte Form *Kloeckera*) zeigt bipolare Sprossung auf schmaler Basis. Zellen schmal oval bis zitronenförmig. Kräftige Vergärung von Glucose. Angärhefen bei der Weinherstellung.

Hanseniaspora uvarum
Vergärung von Glucose (starke Gärkraft)
Vorkommen: Fruchtsäfte, Traubenmoste

Saccharomyces

Vegetative Vermehrung durch vielseitige Sprossung. Primitives Pseudomycel kann vorkommen, jedoch kein echtes Mycel. Diploide Zellen wandeln sich unmittelbar in Asci um.

Saccharomyces cerevisiae
(Bier-, Wein-, Brennerei- und Backhefe). Gärfähigkeit gegenüber Glucose, Galaktose, Saccharose, Maltose, Raffinose. Lactose und Nitrat werden nicht assimiliert.

Saccharomyces exiguus:
Gärfähigkeit gegenüber Glucose, Galaktose, Saccharose
Vorkommen: Früchte, Fruchtprodukte, Fruchtsäfte, Limonaden, Gärungsgetränke, Feinkosterzeugnisse, Wurstwaren, Milchprodukte.

Zygosaccharomyces

Zygosaccharomyces rouxii und Z. bailii
sind die bekanntesten Vertreter der osmotoleranten Hefen. Zellen unterschiedlicher Größe, Pseudomycel kann gebildet werden. Vergärung von Glucose und Maltose.

Zygosaccharomyces bisporus
zeigt hohe Gärintensität gegenüber Glucose, Schaumgärungen von Honig und Sirupen.
Vorkommen: Lebensmittel mit hohem Zuckergehalt, wie Marzipan, Honig, Sirupe, Flüssigzucker, Marmelade, Feinkosterzeugnisse

Debaryomyces

Debaryomyces hansenii Zellen rundlich bis kurzoval, kein Pseudomycel. Auf Flüssigkeiten Bildung von oft schneeweißer Kahmhaut. Nach Verschmelzung von Mutter- und Tochterzelle wird Mutterzelle zum Ascus mit meist einer warzigen Spore. Wenn Gärung, dann nur schwach.
Vorkommen: Milchprodukte, Fleisch, fermentierender Tabak, Hautbesiedler von Mensch und Tier

Kluyveromyces

Vielseitige Sprossung und Pseudomycel. Sporen werden aus dem Ascus schnell entlassen. Ascosporen rund oder nierenförmig

K. marxianus var. lactis zeigt Vergärung von Lactose. Verhefung von Molke
Vorkommen: Milchprodukte

Pichia

Zellen oval bis langgestreckt, vielseitige Sprossung. Pseudomycel wird gebildet. Ascosporen sind rund, manchmal hutförmig. Sie werden schnell aus dem Ascus entlassen. Häufig

Kahmhautbildung auf Flüssigkeiten. Bildung von Essigsäure aus Zuckern, auch Säurezehrung. Häufiger Begleiter von Bierhefe

Vorkommen: Gärungsgetränke, Fruchtsäfte, Sauerkraut

Pichia membranaefaciens
Hutförmige Ascosporen, 1 bis 4 pro Ascus, Vergärung von Glucose schwach oder negativ. Nitrat wird nicht assimiliert

Hansenula

Zellen kurz oval, Pseudomycelbildung. Ascosporen saturn- oder hutförmig. Nitrat wird assimiliert. Häufig Kahmhautbildung auf Flüssigkeiten

Vorkommen: Bier (Esterbildung), Fruchtsäfte, Getreide

Hansenula anomala
Hutförmige Ascosporen, 1 bis 4 pro Ascus. Kein echtes Mycel, Pseudomycel wird gebildet. Vergärung von Glucose; Galactose positiv oder negativ, Saccharose, Maltose positiv oder negativ, Raffinose positiv oder negativ

Dekkera

Zellen oval bis langgestreckt, vielseitige Sprossung, häufig auch spitzbogenförmig, Pseudomycel wird gebildet, Ascosporenbildung wuchsstoffabhängig. Nachgärhefe von Lambic, Ale, Stout und Porter. Geschmacksschädling bei Wein und Obstsäften. Stark abweichende Geruchs- und Geschmacksstoffe werden bei der Gärung gebildet. Bildung von bis zu 3 % Essigsäure

Dekkera bruxellensis
Ascosporen 1–4 pro Ascus, Vergärung von Glucose, Saccharose und Maltose

Metschnikowia

M. pulcherrima
zeigt Sproßzellen. Wenn Pseudomycel, dann spärlich. Ascusmutterzellen zeigen einen großen Öltropfen, 1 bis 2 nadelförmige Ascosporen. Frische Isolate bilden häufig burgunderrote Kolonien, hervorgerufen durch Pulcherriminsäure. Farbstoff wird auch um die Kolonie ins Medium abgegeben (Unterschied zu *Rhodotorula). M. pulcherrima* ist ein schwacher Gärer.

Vorkommen: Häufig auf Beerenobst und in Fruchtsäften

5.2   Genera aus der Familie Cryptococcaceae

Geotrichum
Sporenlose Nebenform von *Dipodascus,* Milchschimmel

Trichosporon
Langgestreckte, ovale oder runde Zellen. Mycel und abgerundete Arthrosporen.

Trichosporon cutaneum
zeigt keine Gärung, wird häufig mit dem Milchschimmel verwechselt, der aber nie sproßt.

Assimilation von Glucose, Galactose meist positiv, selten negativ, Saccharose meist positiv, selten negativ, Maltose meist positiv, selten negativ. Lactose, Raffinose positiv oder negativ, Nitrat negativ

Vorkommen: Viele Lebensmittel, Gärungsgewerbe, Haut des Menschen

Candida

Vermehrung durch vielseitige Sprossung, Pseudomycel wird gebildet, zum Teil stark ausgeprägt. Manche Arten gären. Wenn Gärung, dann jedoch schwächer als bei Saccharomyces.

Candida tropicalis

Stark entwickeltes Pseudomycel, Verwendung bei der Gewinnung von Futter- und Nährhefe. C. tropicalis gärt und besitzt starke Reduktionskraft, wodurch es zur Aufhellung von Bierwürzen kommen kann. Vergärung von Glucose, Galactose, Saccharose, Maltose. Assimilation von Nitrat negativ

Vorkommen: Sauerkraut, Melasse, Früchte, Backobst

Candida utilis

wächst in synthetischen Nährlösungen mit Zucker und Nitrat als N-Quelle. Diese Mineralhefe wird zur Herstellung von Futterhefe benutzt, ist ein „Schädling" bei der Backhefezüchtung und kommt häufig in Melasse vor. Vergärung von Glucose, Saccharose und Raffinose, Assimilation von Nitrat positiv.

Candida mesenterica

zeigt keine Gärung. Häufiges Auftreten in deutschen Bieren. Kann zur Hefetrübung in Flaschen führen. Die Hefe zeigt ein niedriges Temperaturoptimum. Sie ist psychrotroph und daher Kühlraumspezialist. C. *mesenterica* zeigt ein ausgeprägtes Pseudomycel, auch ein Mycel kann vorkommen, daneben kleine Sproßzellen

Cryptococcus

Zellen sind meist rundlich oder oval. Pseudomycel und Gärung fehlen. Oft Bildung von Schleim mit Jodreaktion auf Stärke. Kolonien oft gelblich bis grau-rosa. Assimilation von Inositol als Kohlenstoffquelle

Vorkommen: Getränke

Malassezia

Zellen oval bis flaschenförmig, unipolare Sprossung auf breiter Basis. Zellen sind sehr klein. Pseudomycel und Gärung fehlen. *Malassezia* zeigt ausgeprägte Fettspaltung. Schädlinge bei der Olivenölgewinnung. Optimale Wachstumstemperatur 35–37 °C. Langsames Wachstum bei 25 °C.

Kloeckera

Sporenlose Nebenform von *Hanseniaspora*

Brettanomyces

Sporenlose Nebenform von *Dekkera*

Rhodotorula

Zellen sind rund, oval oder langgestreckt. Pseudomycel fehlt meist, Vertreter der Gattung

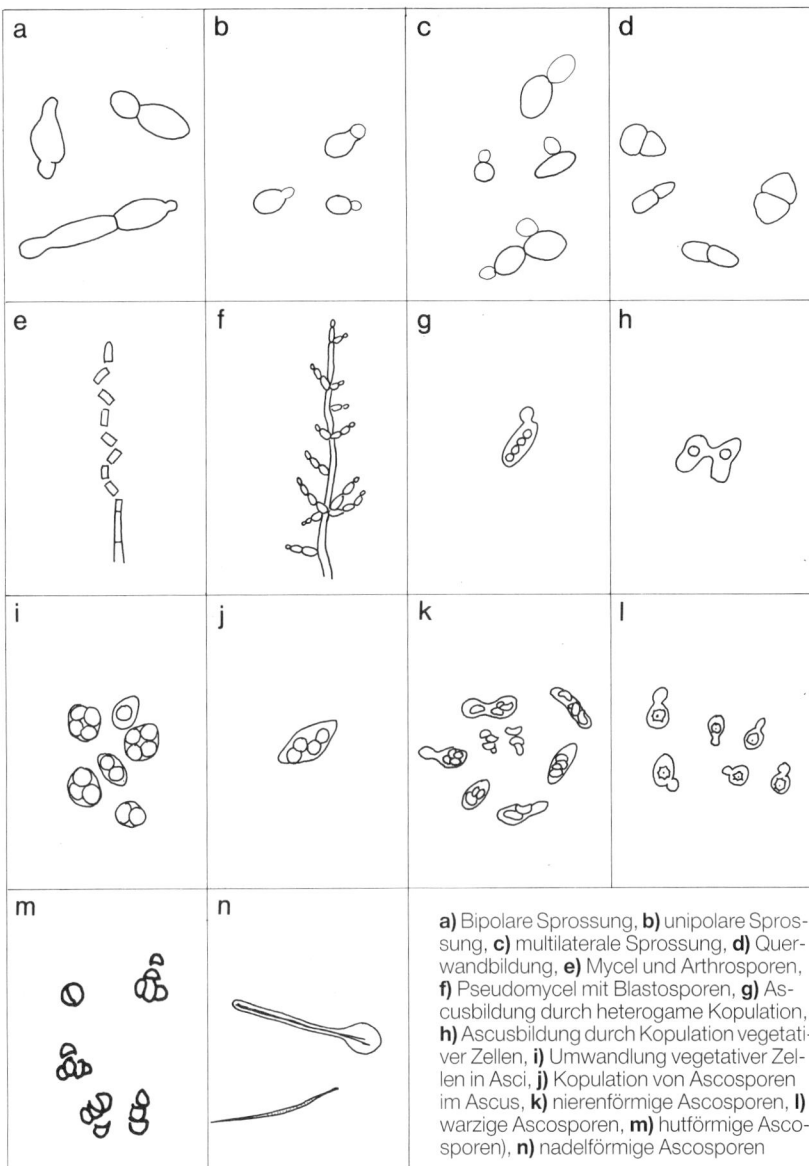

a) Bipolare Sprossung, **b)** unipolare Sprossung, **c)** multilaterale Sprossung, **d)** Querwandbildung, **e)** Mycel und Arthrosporen, **f)** Pseudomycel mit Blastosporen, **g)** Ascusbildung durch heterogame Kopulation, **h)** Ascusbildung durch Kopulation vegetativer Zellen, **i)** Umwandlung vegetativer Zellen in Asci, **j)** Kopulation von Ascosporen im Ascus, **k)** nierenförmige Ascosporen, **l)** warzige Ascosporen, **m)** hutförmige Ascosporen), **n)** nadelförmige Ascosporen

Abb. 33 Hefen

zeigen keine Gärung. Inositol wird nicht assimiliert. Bildung eines roten oder orangefarbenen Farbstoffes, manchmal Bildung von Schleim, besonders im Wein.

Rhodotorula glutinis:
Assimilation von NO_3, kein Vitaminbedarf

Rhodoturula rubra:
Assimilation von NO_3 negativ, häufig Vitaminbedarf
Vorkommen: Wasser, Luft, Boden, Lebensmittel

Phaffia

Phaffia rhodozyma ist eine rote Hefe, die folgende Zucker vergären kann: Glucose, Saccharose, Maltose und Raffinose
Vorkommen: Meerwasser

LITERATUR

1. Von Arx, J. A., Rodrigues De Miranda, L., Smith, M. T., Yarrow, D., The genera of yeasts and the yeast-like fungi. Studies in Mycology. No. 14, Centraalbureau voor Schimmelcultures, Baarn, 1977
2. Barnett, J. A., Payne, R. W., Yarrow, D., Yeast characteristics and identification, Cambridge University Press, 1983
3. Deak, T., Beuchat, L. R., Identification of foodborne yeasts, J. Food Protection, **50**, 243–264, 1987
4. De Hoog, G. S., Smith, M. Th., Guého, E., A revision of the genus Geotrichum and is telemorphs, Studies in Mycology **29**, 1–131, 1986
5. Kreger-Van Rij, N. J. W., The yeasts, a taxonomic study, third revised and enlarged edition, Elsevier Science Publishers B. V., Amsterdam 1984
6. Lodder, J., The yeasts, a taxonomic study, 2nd ed., North Holland, Publ. Co. Amsterdam, London, 1970
7. Pitt, J. I., Hocking, A. D., Fungi and Food Spoilage, Academic Press, London, 1985
8. Richter, K., Identifizierung von Hefen aus Lebensmitteln, Diplomarbeit, Fachhochschule Lippe, 1987
9. Rodrigues De Miranda, L., Yeasts. In: Introduction to food borne fungi, ed. by Samson, R. A., Hoekstra Ellen S., Van Oorschot, C. A. N., Centraalbureau voor Schimmelcultures, Delft, 1981
10. Van Der Walt, J. P., Von Arx, J. A., The yeast genus Yarrowia gen. nov., Antonie van Leeuwenhoek **46**, 517–521, 1980
11. Windisch, S., Die hefeartigen Pilze, in: Die Hefen, Hrsg.: Reiff, F., Kautzmann, R., Lüers, H., und Lindemann, M., Band 1, S. 23–173, Verlag M. Carl, Nürnberg 1960
12. Windisch, S., Systematik und allgemeine Biologie der Hefen – Eine Übersicht, Mschr. Brauerei **34**, 160–169, 1981
13. Seiler, H., Busse, M., Identifizierung von Hefen mit Mikrotiterplatten, Forum Mikrobiologie **11**, 505–509, 1988

Mikroorganismen

für die

Lebensmittel-

Technologie

Seit 30 Jahren züchten wir Mikroorganismen verschiedenster Art für Fermentationsprozesse in der Lebensmitteltechnologie. Die aktivitätsgeprüften Kulturen werden gefriergetrocknet oder als tiefgefrorenes Kulturenkonzentrat geliefert. Unsere Laboratorien helfen Ihrer Produktion Herstellungsprobleme zu lösen und die Fabrikation zu sichern.

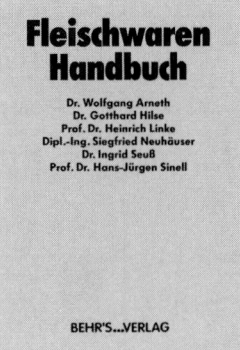

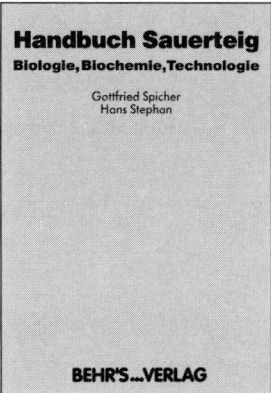

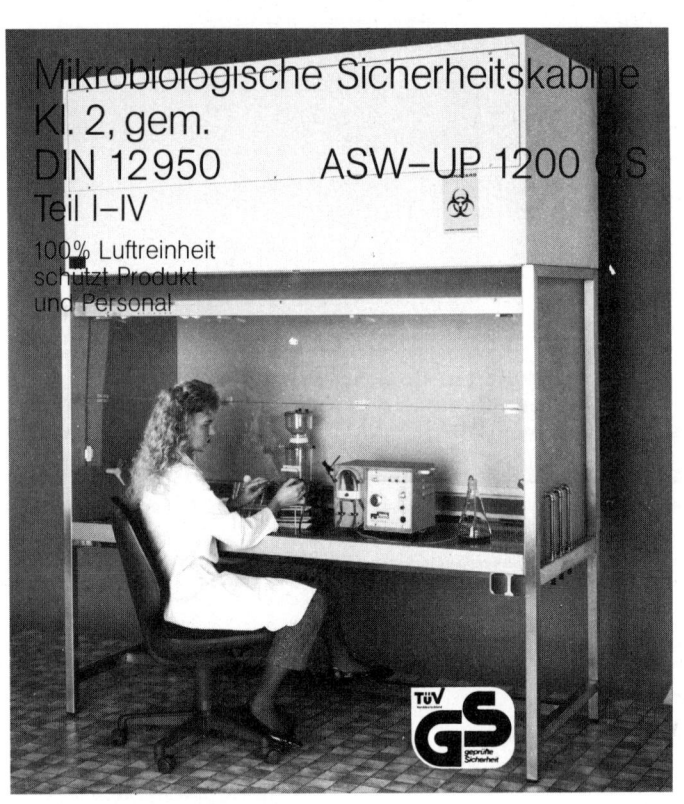

Mikrobiologische Sicherheitskabine
Kl. 2, gem.
DIN 12950   ASW–UP 1200 GS
Teil I–IV
100% Luftreinheit
schützt Produkt
und Personal

VI Identifizierung von Schimmelpilzen

G. Spicher

1 Allgemeines

Etwa 120000 Pilzarten sind in der Literatur beschrieben worden. Von ihnen haben etwa 1000 Arten aus 20 Genera eine Bedeutung in der Lebensmitteltechnologie und -hygiene. Für die Beurteilung des Auftretens von Pilzen auf einem Lebensmittel ist nicht nur die Pilzkeimzahl von Bedeutung. In vielen Fällen ist es hierbei hilfreich zu wissen, um welche Arten von Pilzen es sich handelt. Die Kenntnis der Art des Befalls vermag wesentliche Hinweise bei der Aufklärung und Behebung der durch die Entwicklung von Pilzen bedingten Schadensfälle zu vermitteln.

2 Wachstum und Vermehrung der Pilze

Die Schimmelpilze, die mit den Lebensmitteln in Berührung kommen, zeichnen sich durch eine extreme Anpassungsfähigkeit an das Substrat aus. Es sind drei Entwicklungsstadien zu unterscheiden:
– Keimung der Spore
– Wachstum des Mycels
  (Verlängerung der Hyphen, Zunahme der Biomasse oder Zellsubstanz)
– Vermehrung
  (Aufteilung des Organismus in selbständige wachstums- und vermehrungsfähige Einheiten, sog. Sporen).

2.1 Sporenkeimung und Hyphenwachstum

Die Pilzspore bzw. die Konidie, die Verbreitungseinheit der Pilze, quillt bei Eintritt günstiger Milieubedingungen unter Wasseraufnahme (Abb. 34). Danach erscheinen Ausstülpungen in Ein- und Mehrzahl, die sich zu **Keimhyphen** (Keimschläuche) verlängern. Saprophytische Pilze nehmen zumeist sehr frühzeitig aus dem Substrat Nährstoffe auf und stellen sich unauffällig vor der Keimung auf Hyphen- oder Sprosswachstum um. Durch die Fadenform ähneln sich alle **Hyphen,** jedoch lassen sich am Merkmalspaar „Vorhandensein – Fehlen von Querwänden" zwei Pilzgruppen unterscheiden:

- **Niedere Pilze** (Zygomyceten); bei ihnen sind die Hyphen nicht oder nur sehr unregelmäßig unterteilt, d. h. unseptiert.
- **Höhere Pilze** (Ascomyceten, Deuteromyceten); sie besitzen Hyphen, die durch Querwände (Septen) in Zellen unterteilt sind.

Es folgt ein intensives Wachstum der vegetativen Zellen (hauptsächlich in einer Zone unmittelbar hinter der Spitze), die Hyphen verzweigen sich, lagern sich zu Zellverbänden zusammen, und es bildet sich schließlich das mit dem bloßen Auge zu erkennende Mycel (Pilzgeflecht).

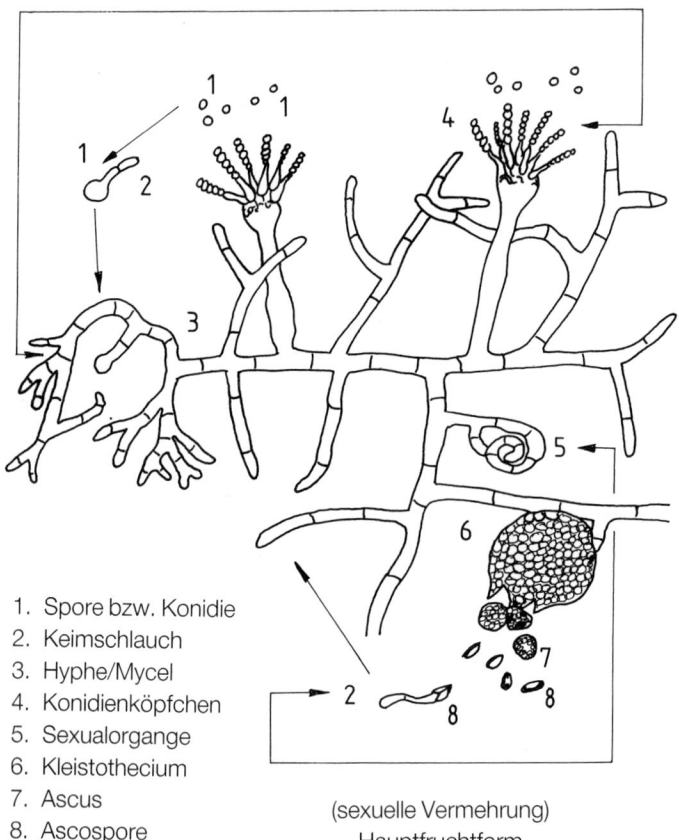

Nebenfruchtform
(asexuelle Vermehrung)

1. Spore bzw. Konidie
2. Keimschlauch
3. Hyphe/Mycel
4. Konidienköpfchen
5. Sexualorgange
6. Kleistothecium
7. Ascus
8. Ascospore

(sexuelle Vermehrung)
Hauptfruchtform

Abb. 34 Stadien der Entwicklung von Eurotium spec. (BLASER, 1977)

Es sind zwei Myceltypen zu unterscheiden:
- **Substratmycel,** das in oder auf dem Nährsubstrat wächst und dem Anhaften sowie der Nährstoffaufnahme dient (vegetatives Mycel); es weist mitunter besondere Strukturen auf, die diesen Funktionen angepaßt sind (Rhizoiden, Haustorien).
- **Luftmycel,** das sich vom Substrat erhebt und aufrecht in den freien Luftraum wächst. Bei zahlreichen Pilzarten weisen sie besonders differenzierte Strukturen auf, die der geschlechtlichen oder ungeschlechtlichen Fortpflanzung dienen (reproduktives Mycel).

Eine Reihe von Pilzen kann die Gestalt wechseln (dimorphe Pilze):
- Unter „normalen" Bedingungen, z. B. bei 37 °C in vitro und im Gewebe, werden Sproßzellen gebildet;
- unter anderen Bedingungen, z. B. bei Zimmertemperatur, wachsen diese Pilze in Fadenform, z. T. als Schimmelpilze.

2.2 Fortpflanzung und Vermehrung

Weisen die Hyphen ein bestimmtes Alter auf, häufig etwa zwei bis drei Tage, dann können an oder in art- oder gruppenspezifisch gebauten Fruktifikationsorganen ebenfalls artspezifische Sporen in großen Massen ausgebildet werden. Die oft lebhaft gefärbten Sporen besitzen in der Regel dickere Zellwände als die Hyphen sowie einen reduzierten Wassergehalt. Sie sind daher etwas resistenter gegenüber Hitze, Trockenheit oder anderen schädigenden Einflüssen. Die Sporen werden durch Wind, Wasser oder Tiere verbreitet und wachsen wiederum zu einer Schimmelpilzkolonie heran.

Je nach Stellung im Entwicklungsgang handelt es sich bei der Einrichtung der Pilze zur Fortpflanzung um ein
- Organ der **asexuellen** (ungeschlechtlichen) bzw. vegetativen **Fruktifikation** (bzw. Nebenfruchtform), sofern sie ohne Kernphasenwechsel gebildet werden (Abb. 34);
- Organ der **sexuellen** (geschlechtlichen) **Fruktifikation** bzw. Hauptfruchtform, wenn mit ihnen eine Kernverschmelzung und Reduktionsteilung verbunden ist (Abb. 34).

Ein Schimmelpilz kann am gleichen Thallus gleichzeitig verschiedene Sporentypen ausbilden.

Die Klassifizierung der Pilze beruht weitgehend auf der Morphologie der ungeschlechtlichen oder geschlechtlichen Fortpflanzungsorgane sowie der charakteristischen Form der gebildeten Sporen.

Von vielen Pilzen ist eine geschlechtliche Fortpflanzung nicht bekannt oder möglicherweise nicht existent. Diese Pilze werden als **Fungi imperfecti** bezeichnet.

2.2.1 Ungeschlechtliche Fortpflanzung

Die asexuelle Fortpflanzung ist unter den Pilzen außerordentlich häufig und mannigfaltig. Hierbei ist an der Bildung des neuen Individuums nur ein elterlicher Organismus beteiligt: Es erfolgt keine Vereinigung von Kernen, Geschlechtszellen oder Geschlechtsorganen; die vegetativen (haploiden) Zellkerne treten direkt in die Sporen über. Die Sporen können ein-

oder mehrzellig sein; sie werden gleichzeitig oder nebeneinander, zumeist in großen Massen gebildet. Sie dienen der Erhaltung, der Vermehrung und Verbreitung der Art.

Sprossung:
Eine ungeschlechtliche Fortpflanzung (auch Wuchsform), die für Hefen typisch ist (Sproßpilze).

Sporenbildung:
Die einfachste Form der Sporenbildung ist das Zerbrechen septierter Hyphen in Einzelzellen, die als **Gliedsporen, Arthrosporen, Arthrokonidien** oder **Oidien** bezeichnet werden. Weisen die Arthrosporen verdickte Zellwände auf und zeichnen sie sich damit durch eine besondere Widerstandsfähigkeit gegenüber ungünstigen Lebensbedingungen aus, dann spricht man von **Chlamydosporen.**

Von zahlreichen Pilzarten werden jedoch als typische Verbreitungsorgane der ungeschlechtlichen Phase große Mengen von Sporen gebildet. Diese entstehen entweder auf freiliegenden Strukturen durch Zellteilung oder Abschnürung (Konidiosporen) oder in besonderen Sporenbehältern, den Sporangien (Sporangiosporen).
Die Bildung von Konidiosporen ist bei zahlreichen Pilzarten verbreitet. Sie werden entweder direkt seitlich an den Hyphen gebildet (Thallokonidien) oder an besonders strukturierten Konidienträgern (Konidiophor, Blastokonidie). Beide Grundtypen der Konidienbildung erfahren mannigfache Abwandlungen, z. B. entstehen die Konidien häufig nicht unmittelbar an den Konidienträgern, sondern an besonderen konidienbildenden Zellen (Phialiden). Konidientragende Strukturen sind z. B. die „Köpfchen" der Gattung Aspergillus und die „Pinsel" von Penicillium.
Die Bildung von **Sporangiosporen** ist insbesondere für die Familie Mucoraceae charakteristisch. Diese erfolgt in sackartigen Gebilden (Sporangien), die auf kräftigen Hyphen (Sporangienträger) stehen.

Die Sporen werden in nahezu unermeßlich großer Anzahl gebildet. Z. B. vermag eine einzige Schimmelpilzspore – etwa der Art *Aspergillus clavatus* – wenn sie auf einem geeigneten Substrat auskeimt und ein Mycel bilden kann, innerhalb von vier Tagen bis zu 50 Millionen weiterer Sporen (innerhalb von sechs Tagen etwa 250 Millionen Sporen) zu produzieren (MOREAU et al., 1960).

2.2.2 Geschlechtliche Fortpflanzung

Die Bildung von Sporen aufgrund einer geschlechtlichen Fortpflanzung ist bei den Pilzen seltener anzutreffen als die asexuelle Fortpflanzung. Die Ausbildung der Hauptfruchtform beansprucht in der Regel mehr Zeit (eine Woche oder länger); sie ist ebenfalls gruppen- und artspezifisch.

Für die Lebensmittelmikrobiologie hat die geschlechtliche Fortpflanzung der Pilze in verschiedener Hinsicht Bedeutung:
– Sie bietet eine Möglichkeit zur Züchtung neuer Mikroorganismenstämme, wie z. B. Kulturhefen mit besonderen Eigenschaften.
– Die Sporen der Hauptfruchtform sind zuweilen widerstandsfähiger gegen ungünstige

Umwelteinflüsse (Hitze, Austrocknung, chemische Einwirkung) als die Sporen der Nebenfruchtform und die vegetative Zelle.

2.2.3 Dauerorgane

Einige Pilze können neben den Sporen im beschränkten Umfang Dauerorgane ausbilden. Dieser Vorgang wird oft durch ungünstige Milieubedingungen induziert. Die dickwandigen, häufig dunkelgefärbten Dauerorgane dienen nicht der Vermehrung, sondern dem Überdauern im Ruhestand.

Chlamydosporen (Mantelsporen): Einzellige Dauerorgane

Sklerotien: Mehrzellige Dauerorgane (z. B. Claviceps-Sklerotien, bzw. Mutterkorn)

3 Feststellung der Identifizierungs-Merkmale

Um die Gattungs- bzw. Artzugehörigkeit eines unbekannten Schimmelpilzes zu bestimmen, bedarf es zunächst der Feststellung seiner morphologischen Merkmale. Hierzu ist wie folgt vorzugehen:
- Makroskopische Beurteilung (Art des Wachstums, Farbe der Kolonie, Besonderheiten)
- Mikroskopische Beurteilung
  (Vergrößerung 100–400fach)

Die meisten morphologischen Besonderheiten bzw. Differenzierungsmerkmale bieten die Fruktifikationsorgane. Daher läßt sich eine Bestimmung nur vornehmen, wenn Sporen vorhanden sind und erkennbar ist, wo (auf welchen Strukturen) und wie die Sporen entstehen. Bau und Form des vegetativen Mycels und das Wachstumsverhalten eines Pilzes geben hingegen nur in Ausnahmefällen Hinweise zu seiner Identifizierung.

Die Untersuchung bzw. Bestimmung der charakteristischen Merkmale kann
- direkt an Schimmelbelägen bzw. Thallusstücken erfolgen, die dem zu untersuchenden Substrat entnommen wurden. Dies ist etwa angezeigt, wenn die Schimmelbeläge auffallend sind, einheitlich erscheinen und sporulierende Strukturen aufweisen,
- an Reinkulturen erfolgen, die nach Isolierung aus dem zu untersuchenden Material unter Anwendung standardisierter Kulturmethoden (Kultursubstrat, Temperatur) gewonnen wurden.

Bei der Feststellung der morphologischen Eigenschaften von Fruktifikationen können Schwierigkeiten auftreten, wenn
- die Kultur zu jung ist
  (noch keine oder nur atypische Fruktifikationen vorhanden),
- die Kultur zu alt ist
  (wesentliche Strukturen der Fruktifikationen bereits wieder abgebaut),
- die Kulturen lange oder gänzlich steril bleiben.

(Sodann eine längere Inkubation wählen oder einen Wechsel der Kulturbedingungen, u. a. durch Verwendung eines anderen Kultursubstrates mit mehr oder weniger Kohlenhydraten oder durch Belichtung).

Es empfiehlt sich daher, zur Bestimmung Kulturen verschiedenen Alters heranzuziehen. In schwierigen Fällen sind Kulturen zu verwenden, die unter unterschiedlichen Bedingungen inkubiert wurden.

3.1   Herstellung einer Reinkultur

Punktbeimpfung (3 Beimpfungen) auf Sabouraud-Agar oder Malzextrakt-Agar. Bebrütung bei 25 °C für 3–8 Tage (thermophile Pilze bei 45 °C). Die Impfmenge (Konidien oder Sporen) soll gering sein. Bei Kulturen, die eine große Anzahl von Konidien bilden *(Penicillium, Aspergillus)* kann die Impfmenge durch Verwendung einer mit Agar befeuchteten Nadel reduziert werden.

Eine Einzell-Sporenkultur (Voraussetzung für eine sichere Differenzierung) kann durch Verdünnung der Sporen mit sterilem Wasser hergestellt werden. Es wird soweit verdünnt, bis der Tropfen der Suspension nicht mehr als 3 Sporen enthält (Verwendung steriler Objektträger und steriler Deckgläser). Verschiedene Tropfen werden mittels einer Impföse auf Malzextrakt-Agar, Czapek-Dox-Agar oder einem anderen geeigneten Medium ausgestrichen und bebrütet.

3.2   Untersuchung der Reinkultur

Objektträgerpräparate (GAMS et al., 1980):
Auf einen Objektträger einen Tropfen Amman's Lactophenol* geben. Vom Kolonierand mittels einer Präpariernadel etwas Agar mit Pilzmaterial herausheben und auf den Tropfen legen. Vorsichtig einen Tropfen Alkohol auf das Pilzmaterial geben und ein Deckglas auflegen. Über der Sparflamme des Bunsenbrenners den Objektträger hin- und herschwenken, bis der Agar geschmolzen ist, d. h. bis das Deckglas flach auf dem Objektträger liegt und ein Mikroskopieren bei 100–400facher Vergrößerung möglich ist.

Klebebandtechnik (KONEMAN et al., 1978):
Auf einen Objektträger einen Tropfen Amman's Lactophenol geben. Die klebende Seite eines breiten, durchsichtigen und klaren Klebebandes (Scotch tape No. 800 oder vergleichbares Klebeband) vorsichtig auf die Kolonie (Randbereich) auflegen. Sodann das anklebende Mycel abheben, das Klebeband auf den Objektträger legen und mikroskopieren.

---

* Amman's Lactophenol: Phenolkristalle 20 g, Wasser 20 ml, Milchsäure 20 g (16 ml), Glycerin 40 g (31 ml)

Zupfpräparat:
Ein Teil des Mycels und der Vermehrungsorgane unter Verwendung von zwei Präpariernadeln vom festen Medium vorsichtig abzupfen, in einen Tropfen Amman's Lactophenol überführen, mit einem Deckelglas bedecken und mikroskopieren.

4 Schlüssel zur Identifizierung von Schimmelpilzen

Nach Feststellung der morphologischen Merkmale des zu identifizierenden Pilzes erfolgt die Bestimmung seiner Zugehörigkeit mit Hilfe eines „Schlüssel". Dieser ist nach dem binären Prinzip aufgebaut, d. h. es werden jeweils zwei (durch Zahlen und/oder Buchstaben gekennzeichnete) Möglichkeiten angeboten. Nach Entscheidung über das Zutreffen bzw. Nichtzutreffen verweist eine Zahlenkennzeichnung (am rechten Rand des Schlüssels) auf weitere Identifizierungsmerkmale. Auf diese Weise ergibt sich letztlich ein Hinweis auf die Zuordnung des Isolates zu einer Pilzgattung.

Der nachstehend angeführte Bestimmungsschlüssel (HARRIGAN und MCCANCE, 1976) ist stark vereinfacht. Er ermöglicht eine Identifizierung einiger wichtiger, auf Lebensmitteln vorkommender Schimmelpilz-Gattungen.

1. a) Hyphen unseptiert 2
   Hyphen septiert 4
2. a) Sporangienträger entwickeln am Ende zahl-
      reiche zylindrische Sporangien, die Ketten von
      Sporen enthalten .... (XVII)   *Syncephalastrum*
   b) Sporangienträger entwickeln an den Enden je
      ein großes rundes Sporangium, das viele Sporen
      enthält 3
3. a) Bildung von Ausläufern, Sporangienträger ent-
      wickeln sich von den Knoten zahlreicher Rhizo-
      iden .... (XII)   *Rhizopus*
   b) Lange Sporangiophoren mit seitlich abgehenden
      kurzen Sporangiophoren, die Sporangiolen tra-
      gen .... (XVIII)   *Thamnidium*
   c) Sporangiophoren tragen am Ende ein einzelnes
      großes Sporangium .... (X)   *Mucor*
4. a) Vegetative Hyphen transparent, farblos,
      oder hell gefärbt 5
   b) Vegetative Hyphen dunkel 12
5. a) Konidien einzellig 6
   b) Konidien zwei- oder mehrzellig 11
6. a) Konidien entstehen einzeln direkt auf kurzen
      Konidienträgern .... (XV)   *Sporotrichum*

5   Merkmale einiger Schimmelpilz-Gattungen

(vgl. Abb. 35, S. 280f)

I. Alternaria

Arten:
etwa 50

Habitus:
Wollige, samt- oder spinnwebartige Kolonie; anfangs farblos bis mausgrau, allmählich dunkel-olivgrün bis schwarz.

Fruktifikation:
Konidienträger kurz, septiert, meist unverzweigt; endständig große, dunkelgefärbte birnen- oder keulenförmige Konidien tragend, im Alter mehrzellig, längs- und querseptiert. Konidien bilden kurze Ketten. Lufthyphen bilden zuweilen Chlamydosporen.

Vorkommen:
Ubiquitär; Saprophyten und fakultative Pflanzenparasiten. Vorwiegend auf pflanzlichen Produkten und lebenden Pflanzen vorkommend; häufig auf Getreide (Feldflora: *A. alternata*; „Schwärzepilz" an feuchten Wänden und Fässern bzw. Bottichen.
Erreger des Verderbs von Kernobst (Kernhausfäule), Beerenobst, Steinobst (Braunfäule, Grünfäule), Gemüse und Hülsenfrüchte (Schwarzfäule), Citrusfrüchte (Naßfäule).
A. solani = Dörrfleckenkrankheit der Kartoffel;
A. brassicae = Parasit auf Kohl, Kohlrabi u. a.

Toxinbildner:
Alternaria (A.) alternata, A. citri, A. solani, A. tenuissima (Tenuazonsäure, Alternariol, Altenuen, Alternariolmonomethylester)

II. Aspergillus

Einige Arten sind Nebenfruchtformen der Gattungen Emericella, Eurotium und Neosartorya:

Tabelle 32

Asexuelle Fruktifikation (Anamorphe Form)	Sexuelle Fruktifikation (Teleomorphe Form)
Aspergillus chevalieri	*Eurotium chevalieri*
Aspergillus glaucus	*Eurotium herbariorum*
Aspergillus repens	*Eurotium repens*
Aspergillus fischerianus	*Neosartorya fischeri*
Aspergillus nidulans	*Emericella nidulans*

Arten:
mehr als 200

Habitus:
Wattig-filziges, undurchsichtiges, farbloses oder lebhaft gefärbtes Mycel. Alte Kolonien völlig von der weißen, gelben, grünen, braunen, grauen oder schwarzen, staubartigen Sporenmasse überdeckt.

Fruktifikation:
Konidiophoren unseptiert und unverzweigt; sie entstehen aus einer verdickten Hyphenzelle (Beachte: *Penicillium* keine basale Zelle). Spitze des Konidienträgers kugel- oder keulenförmig angeschwollen (Vesicula), sie trägt radial einen oder zwei Sätze von Sterigmen (untere = Basidien, obere = Phialiden), von denen die Konidien in basipetaler Reihenfolge abgeschnürt werden.
Einteilung der Gattung aufgrund der Morphologie der Konidiophore:
1. Arten mit einem Satz Sterigmen
2. Arten mit zwei Sätzen Sterigmen
Arten, die über eine Hauptfruchtform verfügen, bilden kugel- oder eiförmige, meist lebhaft gefärbte (u. a. hellzitronengelbe) Ascocarpe. Sklerotien können bei mehreren Arten Vorkommen (u. a. *A. candidus, A. niger*).

Vorkommen:
Ubiquitär; Saprophyten, vielfältige Erreger des Verderbs von Lebens- und Futtermitteln, Obst und Obsterzeugnissen, Gemüse und Gemüseerzeugnissen, Fetten, Ölen und fettreichen Lebensmitteln. Als anspruchslose Saprophyten u. a. auf Getreide, Mahlerzeugnissen und Backwaren. Einige Vertreter der *A. glaucus*-Gruppe sind osmotolerant und führen häufig zum Verderb von Lebensmitteln mit hohen Zucker- und Salzkonzentrationen (u. a. Dicksaftschädling, Erreger der „Wasserflecken" des Marzipans). *Neosartorya fischeri* bildet hitzeresistente Ascosporen und führt zum Verderb von Fruchtsäften.

Toxinbildner:
Aspergillus (A.) flavus, A. parasiticus (Aflatoxine);
A. ochraceus (Ochratoxin A, Penicillinsäure);
A. flavus (Kojisäure);
A. versicolor (Sterigmatocystin).

Krankheitserreger:
Einige human- und tierpathogene Arten: *A. fumigatus* (Mykose-Erreger), *A. niger* („Ohrenpilz"), *A. flavus, A. nidulans* u. a.

Industrielle Nutzung:
Herstellung von *Amylase (A. wentii, A. niger, A. oryzae), Lipase (A. niger* u. a.), *Proteinase (A. niger, A. oryzae), Pektinase (A. niger, A. oryzae),* Zitronensäure *(A. niger)* usw.

III. Aureobasidium

(Ältere Bezeichnung: *Pullularia, Dematium*).

Arten:
etwa 15

Habitus:
Hefeartige, schleimige Kolonie, ohne oder nur mit flachem Luftmycel. Anfangs meist cremefarben oder rosa, später dunkelbraun grüne bis schwarze Kolonien.
Die Hyphen werden im Alter in faßförmige, dickwandige, fettreiche, dunkelgefärbte (grünlich, bräunlich oder schwarz) Chlamydosporen umgebildet.

Fruktifikation:
Konidien (Blastosporen), die selbst weiter sprossen können, schnüren sich lateral von den Hyphen oder vom Promycel ab. Sie haben die Morphologie von Hefen (= „Schwarze Hefe").

Vorkommen:
Saprophyt in Böden, auf Pflanzen (u. a. Getreide-Feldflora) und zahlreichen Lebensmitteln; schleimige Beläge an feuchten Wänden, Geräten, Leitungen u. dgl.
A. pullulans „Schwärze-" oder „Ruhstaupilz" auf Früchten, Beeren, feuchtem Getreide und getrockneten Kartoffeln (schwarze, feuchte, schleimige Flecken); desgl. Ursache dunkel verfärbter Zonen im Sauerkraut; braune Flecken an Backhefe.
Einige Arten fallen durch Bildung aromatischer Geruchsstoffe auf.

IV. Botrytis

Arten:
mehr als 40
Einige Arten mit sexuellen Fruchtformen der Ascomyceten-Gattung *Sklerotinia*.

Habitus:
Wollige, anfangs weißliche Kolonien, später gräuliches bis bräunlich-gelbes, schwärzliches Substratmycel. Hyphen stark verzweigt, mehrzellig. Bisweilen existiert kein Luftmycel; es bildet sich nur eine graue Schicht von Konidienträgern auf der Oberfläche des Substrates.

Fruktifikation:
Konidienträger kurz und aufrecht stehend (ca. 1 mm), im allgemeinen nach dem Ende zu mehrfach unregelmäßig verzweigt und endständig – auf einer mehr oder weniger breiten Basis – zahlreiche traubenartig vereinigte und bis elliptische, einzellige Konidien tragend (baumartiges Aussehen). Sklerotien (dunkel pigmentiert) werden häufig entwickelt; Konidien entstehen durch Abschnüren, und zwar aus den bäumchenartigen Verzweigungen durch Sprossung.

Vorkommen:
Ubiquität; Saprophyten oder fakultative Parasiten auf Pflanzen. Fäulniserreger bei Kernobst (Kernhausfäule, Graufäule), Beeren (Grauschimmel der Erdbeere), Steinobst, Gemüse und

Pflanzenteilen (Grauschimmel).
B. cinerea auf absterbenden Blättern vieler Pflanzen; Erreger der Edelfäule der Weinbeere.
Perfekte Form von *B. cinerea: Sclerotinia fuckeliana,* Erreger der Braunfäule.

V. Byssochlamys

Ascomycetengattung mit der Nebenfruchtform Paecilomyces

Arten:
4

Habitus:
Flacher, lockerer, weißer bis gelblich-brauner Mycelrasen.

Fruktifikation:
Konidienträger verzweigt und septiert; Sterigmen flaschenförmig, einzeln oder in Büscheln; es schnüren sich elliptische bis spindelförmige Konidien in langen Ketten oder Schnüren ab. Asci gewöhnlich in lockeren Hyphenmassen eingebettet, Ascuswand verschleimt.

Vorkommen:
Gemüse, Obst, Fruchtsäfte, gelegentlich auf Fleischerzeugnissen.
Byssochlamys fulva und *B. nivea* führen zum Verderb pasteurisierter Fruchtsäfte und Obstkonserven. Ascosporen außergewöhnlich hitzeresistent. Wächst selbst bei vermindertem O_2-Druck und hohem CO_2-Gehalt; deshalb in hitzebehandelten, luftdicht verschlossenen Konserven als Verderbserreger vorkommend.

Toxinbildner:
Byssochlamys nivea und *Byssochlamys fulva* (Patulin, Byssochlaminsäure)

VI. Cladosporium

Arten:
etwa 40

Habitus:
Dunkelgefärbte, flache samtartige Kolonie; Mycel septiert, Lufthyphen meist dunkelgrün; Substrathyphen blaugrün bis schwarzgrün. Konidienträger dunkel gefärbt.

Fruktifikation:
Konidienträger unregelmäßig verzweigt, septiert, endständig mehr oder weniger lange, verzweigte Konidienketten (basifugale Abschnürung) tragend.
Konidien in der Regel eiförmig, kugelförmig oder zylindrisch, einzellig, selten septiert (erinnern äußerlich an Hefezellen, jedoch stets dunkel gefärbt).

Vorkommen:
Ubiquität; Saprophyten oder fakultative Pflanzenparasiten; häufig auf Getreide (Feldflora), Früchten und Gemüse, Fleischwaren, textilen Geweben. Verursacht „schwarze Flecken"

an Lebensmitteln, Textilien und sonstigen organischen Produkten.
Verderbserreger an Kernobst (Kernhausfäule), Steinobst (Braunfäule, Grünfäule), Citrus-
früchten (Grünfäule) und Gemüse (Grünfäule);
C. herbarum („Schwärzepilz") an feuchten Kellerdecken und -wänden, kann noch bei
−15 °C wachsen;
C. cellare (Kellerschimmel) erscheint als brauner, spinnwebartiger Belag an Wänden von
Weinkellern;
C. suaveolens (Synonym: *Sachsia suaveolens)* an den zur Teigbereitung benutzten Holzge-
räten und -gefäßen nachgewiesen.

VII. Curvularia

Arten:
30

Habitus:
Kolonie olivgrün, braun und samtig.

Fruktifikation:
Konidien gebogen, drei- bis fünfzellig, besitzen nur Quersepten. Eine oder zwei mittlere Zellen, größer und dunkler als die übrigen Zellen.

Vorkommen:
Cerealien, Erdnüsse.

VIII. Fusarium

Imperfekte Form der Gattung *Gibberella, Nectria* und *Calonectria*

Arten:
mehr als 50

Habitus:
Graues oder lebhaft gefärbtes, sehr lockeres, unregelmäßiges Luftmycel, das mitunter
gelbe, rote oder rotbraune Farbstoffe in das Substrat abscheidet.

Fruktifikation:
Konidienträger kurz; einzeln oder in Gruppen stehend; bilden zahlreiche große, dünnwan-
dige spindel- oder sichelförmige, mehrzellige Konidien (Makrokonidien).
Mitunter werden kleine, vorwiegend einzellige, kugel-, ei-, oder birnenförmige, glattwandige
Mikrokonidien gebildet. Desgleichen können kugelförmige, dickwandige Chlamydosporen
gebildet werden.

Vorkommen:
Ubiquitär; Saprophyten, viele als Pflanzenparasiten bekannt. Verursachen große Schäden
an wachsenden Pflanzen (u. a. Welkekrankheiten vieler Kulturpflanzen, rosa bis rote Verfär-

bung des Keimlingsendes des Getreidekornes), wie auch an lagernden Ernteprodukten, u. a.:

Erreger des Verderbs von Kernobst (Kernhausfäule), Fruchtsäften (Vergärung unter Ausschluß von freiem Sauerstoff; hefeartigers Wachstum);

Erreger der Weiß- oder Fusariumfäule von Kartoffeln (*F. coerulum* u. a.). Rote Flecken an Backhefe;

Erreger des Verderbs fettreicher Lebensmittel (u. a. Nüsse, Backwaren, Öle, Fette).

Toxinbildner:
Fusarium (F.)tricinctum, F. graminearum u. a. (T-2-Toxin, Nivalenol, Acetoxyscirpenol, Diacetoxyscirpenol, Zearalenon); *F. moniliforme* (Moniliformin); *F. nivale* = *Microdochium nivale* (Nivalenol).

IX. Monilia

Arten:
etwa 20

Habitus:
Lockere, haarige, weiße, später rosafarbene bis lachsrote Kolonie.

Fruktifikation:
Einfache oder verzweigte Ketten von ovalen Konidien, durch Abschnürung von einer Hyphe entstehend. Älteres Mycel neigt zur Bildung von Arthrosporen.

Vorkommen:
Schimmelerreger bei verschiedenen Lebensmitteln, u. a. Getreide, Brot, Fleischerzeugnissen, Kern- u. Steinobst.
M. sitophila (Synonym; *Neurospora sitophila*), „Roter Bäckerschimmel", sehr thermotolerant;
M. variabilis (= *Trichosporon variable*), „Kreidekrankheit" des Brotes.

X. Mucor

Arten:
mehr als 50

Habitus:
Wattiges, anfangs weißes oder graues, später dunkles Luftmycel, das sich schnell ausbreitet. Hyphen wenig verzweigt und gewöhnlich unseptiert. Substratmycel schwach entwickelt. In flüssigen Substraten bilden manche Arten hefeartige Zellverbände (Kugelmycel). Teilweise werden in den Hyphen faß- oder kugelförmige, dickwandige, stark granulierte, dunkel gefärbte Chlamydosporen gebildet.

Fruktifikation:
Aufrechte, kräftige Sporangienträger, unverzweigt oder verzweigt, endständig jeweils ein

Sporangium tragend. Sporangien kugelförmig, anfangs hell, später braun, grau oder dunkelbraun/schwarz gefärbt (mit dem bloßen Auge gut zu erkennen). Reife Sporangien zerplatzen; ein Teil der Sporangienwand bleibt am Sporangienträger als Kragen unterhalb der Columella haften.

Geschlechtliche Fortpflanzung selten durch Gametangiogamie und Bildung von dickwandigen Zygosporen.

Vorkommen:

Saprophyt, weit verbreitet auf Pflanzen, Früchten und zahlreichen Lebensmitteln.

M. plumbeus (Synonym: *M. spinosus),* gelegentlich auf Hefebackwaren;

M. racemosus, am häufigsten auf reifen süßen Früchten, des weiteren Milch, Käse. Besitzt eine starke Invertaseaktivität.

Verderb von Fruchtsäften (Vergärung unter Ausschluß von freiem Sauerstoff, Zellen dann hefeartig);

Naßfäule bei Tomaten.

Arten der Gattung Mucor mit Rhizoiden und Stolonen gehören zum Genus *Rhizomucor,* wie z. B. *Rhizomucor pusillus* (CANNON, 1988).

Krankheitserreger:

Einige Arten sind Ursache von Tiefenmykosen.

Industrielle Nutzung:

Einige Species werden aufgrund der kräftigen Enzymbildung industriell zur Stärkeverzuckerung und Fermentierung eingesetzt:

M. mucedo = produziert proteolytische Enzyme,

M. rouxianus = hydrolysiert Stärke zu Glucose.

XI. Penicillium

Einige Arten sind Nebenfruchtformen der Gattungen *Eupenicillium und Talaromyces* (CANNON, 1988)

Arten:

etwa 150

Tabelle 33

Asexuelle Fruktifikation *(Anamorphe Form)*	*Sexuelle Fruktifikation* *(Teleomorphe Form)*
P. dangeardii	*Talaromyces flavus*
P. kloeckeri	*Talaromyces wortmannii*
P. dodgei	*Eupenicillium brefeldianum*
P. indonesiae	*Eupenicillium javanicum*
Paecilomyces fulvus	*Byssochlamys fulva*
Paecilomyces niveus	*Byssochlamys nivea*

Habitus:
Wollige, samtartige oder körnige, flache Kolonie; Luftmycel in der Regel farblos; Substratmycel oft gefärbt (Farbe variiert nach den Arten). Viele Arten bilden Sklerotien.

Fruktifikation:
Konidienträger einzeln, aufrecht stehend, septiert; an der Spitze symmetrisch oder asymmetrisch verzweigt (Metulae). An den Enden der Verzweigung Sterigmen in Büscheln (Wirteln), die Konidien in langen Ketten (bis zu 50 und mehr) abgliedern. Konidien einzellig, rund oder oval, gelb, grün, grau, braun, blau, rötlich und anders gefärbt. Einige Arten zeigen daneben geschlechtliche Fortpflanzung. Diese bilden kugelförmige Askokarpe, in denen die Sporenschläuche mit dem Askosporen liegen.

Vorkommen:
Ubiquitär (Penicillien kommen in Mitteleuropa häufiger vor als Aspergillen); vorwiegend Saprophyten; neben anspruchslosen Vertretern, die fast alle Nahrungsmittel besiedeln, Ernährungsspezialisten, die nur bestimmte Produkte befallen.

P. expansum, P. italicum, P. digitatum (oft unter dem Namen *P. glaucum* zusammengefaßt) = Erreger der Naßfäule (Grünfäule) der Zitrusfrüchte; grüne Verfärbung von Sauerkraut und Backhefe. Lipasebildner (Verderb von Ölen, Fetten, Backwaren, Ölsaaten).
Einige osmophile Arten führen zum Verderb von Dicksäften und zu den „Wasserflecken" beim Marzipan.

Toxinbildner:
Penicillium cyclopium (Cyclopiazonsäure, Penicillinsäure, Ochratoxin A);
P. chrysogenum (Ochratoxin A, Patulin, Penicillinsäure);
P. citrinum (Citrinin);
P. claviforme, P. patulum (Patulin);
P. expansum (Patulin, Citrinin);
P. islandicum (Luteoskyrin, Islanditoxin, Cyclochlorotin);
P. crustosum (Penitrem A);
P. verrucosum (Ochratoxin A).

Krankheitserreger:
Einige Arten führen zu Mykosen

Industrielle Nutzung:
Penicillin (P. notatum, P. chrysogenum);
Camembert-Käse und andere Weißschimmel-Käse *(P. camemberti)*,
Roquefort-Käse und andere Blauschimmel-Käse *(P. roqueforti)*,
Rohwurst *(P. nalgiovense)*.

XII. Rhizopus

<u>Arten:</u>
9

<u>Habitus:</u>
Das Koloniebild hat große Ähnlichkeit mit der Gattung *Mucor*. Unterschied: Bildung von Stolonen und Rhizoiden.

<u>Fruktifikation:</u>
An den Anheftungspunkten der Rhizoiden entstehen einzeln oder büschelförmig angeordnet, aufrechte verzweigte oder unverzweigte Sporangienträger, die am Ende verbreitert sind (Apophyse). Diese tragen ein kugelförmiges, anfangs weißes, im reifen Zustand bräunlich-schwarzes Sporangium (mit dem bloßen Auge zu erkennen). Nach Zerplatzen der Sporangienhülle werden die Sporen frei, wobei die halbkugelförmige Columella am Ende des Sporangienträgers sichtbar wird.
Sporen unregelmäßig oval bis länglich und (im Unterschied zu *Mucor spp.*) oft mit einer Membran und deutlichen Längsfurchen.
Geschlechtliche Fortpflanzung selten, durch Bildung von Zygosporen. Chlamydosporen werden end- oder zwischenständig an den Hyphen gebildet.

<u>Vorkommen:</u>
Weit verbreitete Saprophyten und fakultative Parasiten. An Obst, Gemüse, Getreide, Mahlerzeugnissen, Malz und anderen Lebensmitteln. *Rhizopus spp.* wachsen u. a. auf Fleisch selbst bei Kühlhaustemperaturen(+ 4 bis + 6 °C).
Rh. stolonifer (Synonym: *Rh. nigricans)* am häufigsten vorkommend, u. a. Erreger der Naßfäule von Obst und Gemüse.

<u>Krankheitserreger:</u>
Erreger von tiefen Mykosen (Mucor-Mykosen) bei Warmblütern *(Rh. oryzae* u. a.).

<u>Industrielle Nutzung:</u>
Amylase (Rh. delemar);
Fumarsäure *(Rh. stolonifer);*
Arrak *(Rh. oryzae);*
Tempeh *(Rh. stolonifer, Rh. oryzae,˙Rh. oligosporus).*

XIII. Scopulariopsis

Konidienformen von Microascus und selbständige Arten.

<u>Arten:</u>
30

<u>Habitus:</u>
Weißlich-gelbe, im Alter gelblich-braune bis schokoladenfarbige, wollige Kolonie.

Fruktifikation:
Kurze Konidienträger, auf denen sich einzeln oder zu mehreren Sterigmen befinden; Konidien (zitronenförmig) in Ketten auf den Sterigmen sitzend, anfangs glatt, später rauh bis stachelig. Das mikroskopische Bild erinnert an den Genus *Penicillium*. Konidienbildung oft nur spärlich und Entwicklung langsam.

Vorkommen:
Auf proteinreichen Lebensmitteln (u. a. Käse, Fleischerzeugnissen), Gewürzen.
Proteolytische, lipolytische und xerotolerante Arten.
S. brevicaulis entwickelt auf arsenhaltigen (selbst in Spuren) Substraten einen Knoblauchgeruch; daher in der analytischen Chemie zum Arsen-Nachweis heranzuziehen.

Toxinbildner:
Einige Arten potentiell toxinogen.

XIV. Sporendonema

Habitus:
Bildet auf Milchprodukten orangefarbene Flecken

Vorkommen:
Auf Lebensmitteln mit hohem Zucker- und Salzgehalt *(S. sebi,* Synonym: *Wallemia ichthyophaga),* Milchprodukten *(S. casei,* orangefarbene Flecken auf Käserinde), Fleischerzeugnissen.

XV. Sporotrichum

Habitus:
Flache, kompakte, filzige, im Wachstum begrenzte Kolonie; zunächst weiß, grau, im Alter gelb oder leicht rosa bis rötlich gefärbt. Von der Sporenmasse samtig oder pudrig bestaubt.

Fruktifikation:
Keine Bildung spezieller Konidienträger; Konidien stehen einzeln auf sehr kurzen Ausstülpungen an den Enden von Hyphen. Zudem werden kräftige Arthrosporen gebildet.

Vorkommen:
Saprophyten; psychrophile Pilze, u. a. auf Pflanzenstoffen und an kühl gelagertem Fleisch vorkommend.

Krankheitserreger:
Erreger tiefer Mykosen, *Sp. schenkii* Erreger der Sporotrichose bei Mensch und Tier.

XVI. Stachybotrys

Habitus:
Rosa- oder lachsfarbene Kolonie.

Fruktifikation:
Phialiden charakteristisch angeschwollen; auf jeder Konidiophore 3 bis 7 Konidien: Sporen rund, oval oder zylindrisch, vielfach in Schleim eingebettet.

Vorkommen:
Saprophyt, besiedelt vornehmlich Heu und Stroh (u. a. cellulosehaltige Materialien).

Toxinbildner:
Satratoxin *(S. atra,* Synonym: *S. alternans)* u. a.

Industrielle Nutzung:
Cellulase *(S. atra)*

XVII. Syncephalastrum

Einzige Art:
S. racemosum

Fruktifikation:
Sporangiophore am Ende angeschwollen; Sporangiolen in Schlauchform, die jeweils eine Kette von Sporen enthalten, Sporangien schwarz.

Vorkommen:
Saprophyt; gelegentlicher Schimmelerreger auf verschiedenen Nahrungsmitteln.

XVIII. Thamnidium

Arten:
4

Habitus:
Loses, watteartiges, zuerst weißlich-graues, später dunkles Mycel.

Fruktifikation:
Bildet zweierlei Arten von Sporangien:
1. Große, auf der Spitze von Sporangienträgern sitzende Sporangien (mit Columella); dunkel gefärbt;
2. Kleine Sporangien (Sporangiolen), auf seitlich gestellten Hyphen (ohne Columella). Die Sporangiolen (nur wenige Sporen enthaltend) lösen sich als ein Ganzes ab (Unterschied: Sporangien zerbrechen).

Die am Mycel entstehenden Zygosporen sind kugelig, schwarz mit dickem, schwarzem, flachem würzigem Exospor und gelblichem Endospor. Bildet Chlamydosporen oder Gem-

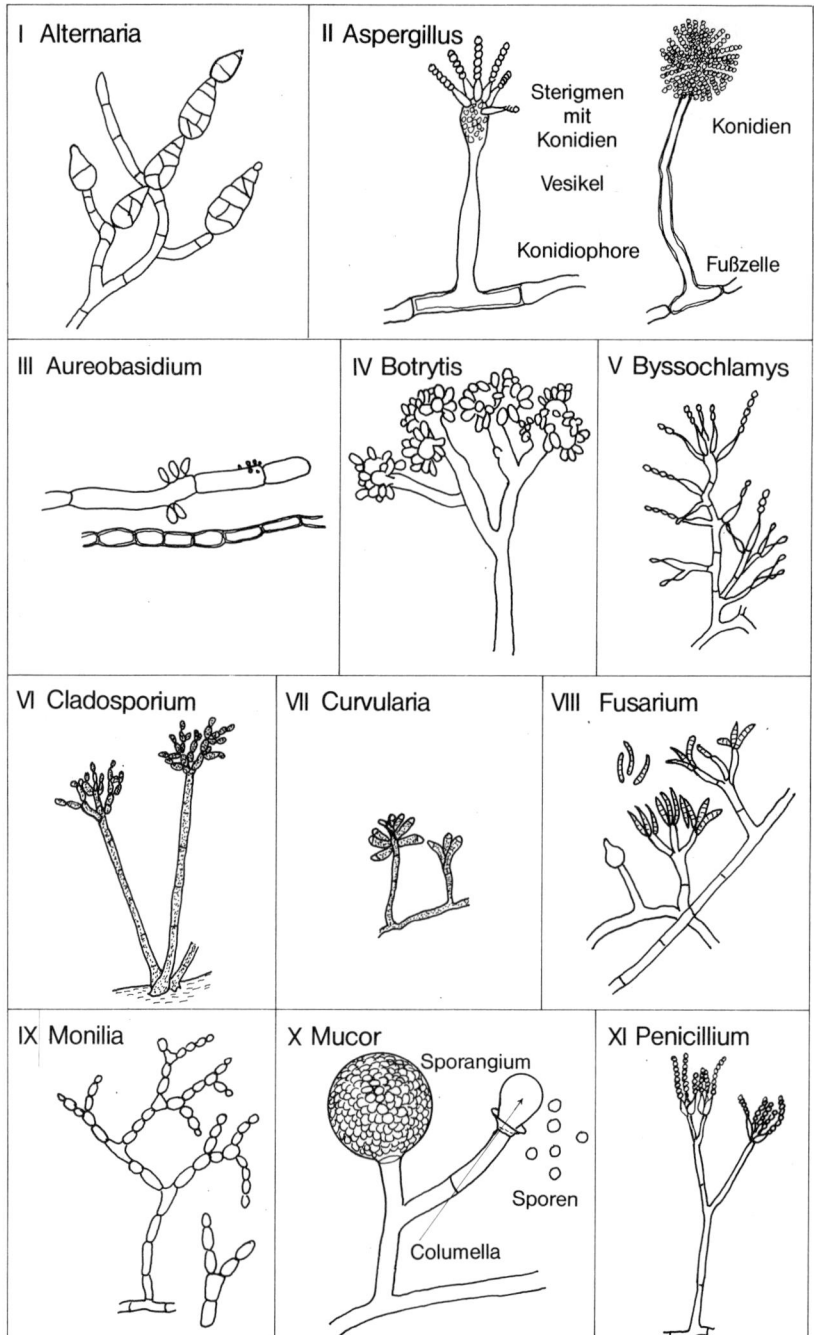

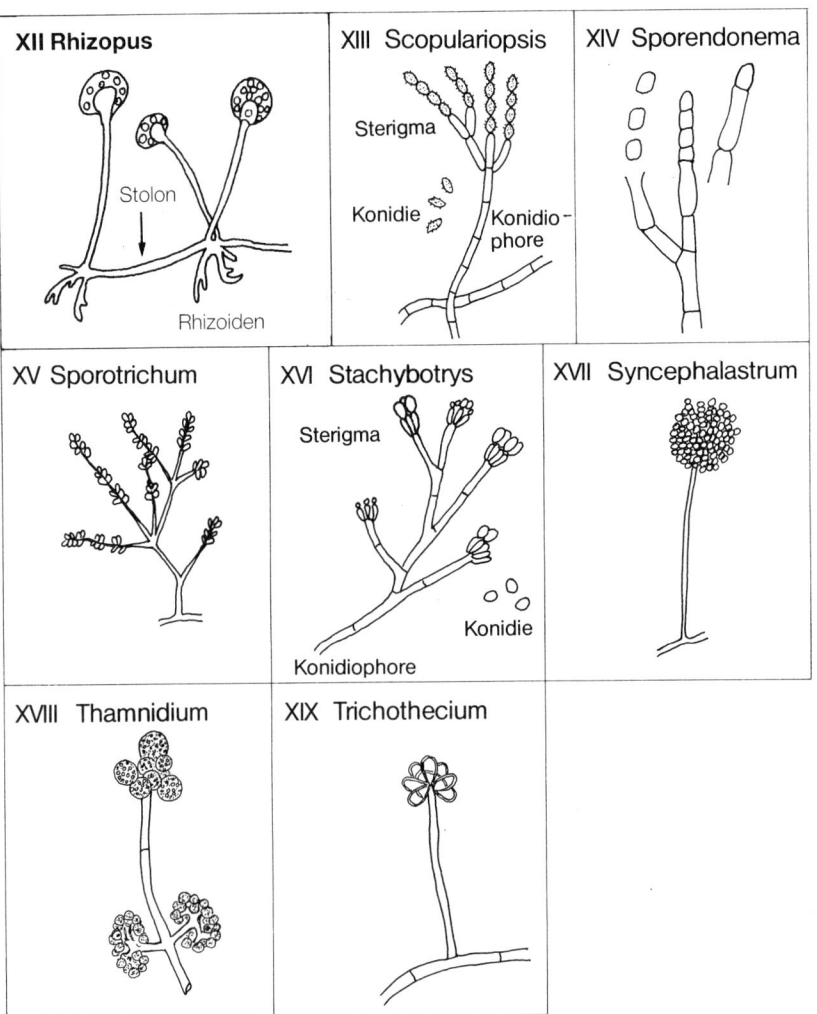

Abb. 35 Schimmelpilze

men; kugelförmig oder oval.

Vorkommen:
Schimmelerreger auf verschiedenen Nahrungsmitteln und Futtermitteln; u. a. auf faulenden Früchten und anderen eiweißhaltigen Materialien; wächst sogar bei Kühlhaustemperaturen (+ 4 bis + 6 °C).

XIX. Trichothecium

(Synonym: *Cephalothecium, Cephalosporium*)

Habitus:
Weiße, flache, filzige Kolonie, die bald mit einer Schicht rosa bis aprikosenfarbenen Konidien bedeckt ist, meist in konzentrischen Ringen wachsend.

Fruktifikation:
Konidienträger aufrecht, unverzweigt; endständig große, erst einzellige, später zweizellige semmel- oder birnenförmige, rosafarbene bis aprikosenfarbene Konidien. Konidien sitzen in einer zweizelligen Kette oder in Klumpen. Konidien werden einzeln nacheinander am zugespitzten Ende des Konidienträgers gebildet. Etwa 3 bis 10 Konidien zu einem Schleimtröpfchen vereinigt.

Vorkommen:
Häufiger Saprophyt, insbesondere Verderbserreger von Kernobst (Kernhausfäule), Gemüse, Brot.
An feuchten Wänden in Gärungsbetrieben.
T. = roseum Lipasebildner, führt bei unsachgemäßer Lagerung zur Ranzigkeit von Nüssen.

Toxinbildner:
(T. roseum, Synonym: *Cephalosporium roseum)* (Trichothecin)

Industrielle Nutzung:
Cephalosporin (Antibioticum durch *T. roseum* gebildet)

LITERATUR
1. ALEXOPOULOS, C. J., Einführung in die Mykologie, Gustav Fischer Verlag, Stuttgart, 1966
2. ALEXOPOULOS, C. J., MIMS, Ch. W., Introductory mycology, 3rd ed. John Wiley Sons., New York, 1979
3. VON ARX, J. A., The genera of fungi sporulating in pure culture, Verlag J. Cramer, FL-9490 Vaduz, 1981
4. BLASER, P., Ökophysiologie der Schimmelpilze, in: Schimmelpilze und Hefen in Lebensmitteln, Schriftenreihe der SGLH, Heft **6** (1977) S. 21–27
5. BULLERMAN, L. B., Mycotoxins and food safety, Food technol. **40**, 59–66, 1986
6. CANNON, P. F., International commission on the taxonomy of fungi (ICTF): Name changes in fungi of microbiological, industrial and medical importance, Part 3, Microbiological Sciences **5**, 23–26, 1988
7. CANNON, P. F., Recent advances in the classification of food-borne fungi, in: Developments in Food Microbiology-3, edited by R. K. ROBINSON, Elsevier Appl. Science, London, 1988, S. 141–170
8. DEACON, J. W., Introduction to modern mycology, Blackwell Scientific Publications, Oxford, 2nd ed., 1984
9. DOMSCH, K.H., Gams, W., ANDERSON, TRAUTE-HEIDI, Compendium of soil fungi. Vol. 1, Academie Press, London, 1980

10. EL-BANNA, A. A., LEISTNER, L., Production of penitrem A by Penicillium crustosum isolated from foodstuffs, Int. J. Food Microbiol. **7**, 9–17, 1988
11. FUNDER, S., Practical mycology – Manual for identification of fungi, Hafner Publ. Comp., New York, 1968
12. GAMS, W., VAN DER AA, H. A., VAN DER PLAATS-NITERINK, SAMSON, R. A., STALPERS, J. A., CBS Course of mycology, Centraalbureau voor Schimmelcultures, Baarn, Niederlande, 1980
13. HARRIGAN, W. F., MCCANCE, Laboratory methods in food and dairy microbiology. Academic Press, London, 1976
14. KONEMAN, E. W., ROBERTS, G. D., WRIGHT, S. F., Practical laboratory manual, 2nd ed., The Williams and Wilkens Comp., Baltimore, 1978
15. KROGH, P., Mycotoxins in food, Academic Press, London, 1987
16. MALONE, J. P., MUSKETT, A. E., Seed-borne Fungi. Description of 77. fungus Species. Proc. Int. Seed Test Ass. **29**, 177–384, 1964
17. MÜLLER, E., LOEFFLER, W., Mykologie, 4. Auflage, Georg Thieme Verlag, Stuttgart, 1982
18. PITT, J. I., HOCKING, A. D., Fungi and food spoilage, Academic Press, London, 1985
19. PITT, J. I., CRUICKSHANK, R. H., LEISTNER, L., Penicillium commune, P. camembertii, the origin of white cheese moulds, and the production of cyclopiazonic acid, Food Microbiol. **3**, 363–371, 1986
20. PITT, J. I., Penicillium viridactum, Penicillium verrucosum, and production of ochratoxin A, Appl. Environ. Microbiol. **53**, 266–269, 1987
21. REIß, J., Schimmelpilze, Lebensweise, Nutzen, Schaden, Bekämpfung, Springer Verlag, Berlin 1986
22. SAMSON, R. A., HOEKSTRA, Ellen S., VON OORSCHOT, C. A. N., Introductions to food-borne fungi, Centraalbureau voor Schimmelcultures, Baarn, Niederlande, 1981
23. REIß, J. (Hrsg), Mykotoxine in Lebensmitteln, Gustav Fischer Verlag, Stuttgart, New York, 1981

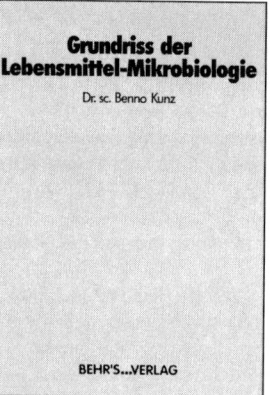

Grundriss der Lebensmittel-Mikrobiologie

Dr. sc. Benno Kunz

BEHR'S...VERLAG

DIN A 5, 504 Seiten Hardcover, DM 98,— inkl. MwSt. zuzüglich Vertriebskosten

Der Autor

Der Autor dieses Buches, Dr. Benno Kunz, Fraunhofer-Institut für Lebensmitteltechnologie und Verpackung, München, verfügt über langjährige Erfahrungen sowohl in der Praxis der Lebensmittelindustrie als auch in der lebensmittelmikrobiologischen Forschung. In bereits mehr als 50 Publikationen hat er sein fachliches Können unter Beweis gestellt. Grundlage für dieses Buch bilden seine Vorlesungen im Fach Lebensmittelmikrobiologie, die wesentlich durch angrenzende Fachgebiete erweitert wurden.

Ziel des vorliegenden Buches ist eine Darstellung der wesentlichen Grundkenntnisse innerhalb der Lebensmittelmikrobiologie in komplexer Form. Die textlichen Erläuterungen wurden durch zahlreiche Tabellen und Abbildungen so ergänzt, daß eine gute Übersichtlichkeit mit hohem Informationsgehalt gegeben ist.

Detaillierter Inhalt

Wie andere mikrobiologische Spezialdisziplinen basiert auch die Lebensmittelmikrobiologie auf der Allgemeinen Mikrobiologie, deren wichtigste Grundlagen einleitend dargestellt werden. Gesondert behandelt werden die für die Lebensmittelmikrobiologie bedeutsamen Mikroorganismen. Dieses Kapitel ist so aufgebaut, daß man rasch Informationen in der Form eines Nachschlagewerkes über einzelne Mikroorganismen entnehmen kann.

Die Lebensmittelmikrobiologie ist unmittelbar mit der Lebensmitteltechnologie verbunden. Deshalb wurde bei der Behandlung der einzelnen Lebensmittel in den meisten Fällen ein kurzer technologischer Abriß vorangestellt.

Traditionell ist die Lebensmitteltechnologie der Bereich, in dem biotechnologische Prozesse seit Jahrhunderten meist empirisch genutzt werden. Ein weiteres Kapitel umfaßt daher die Grundlagen der Biotechnologie.

Eine besondere Bedeutung in der Lebensmittelmikrobiologie nehmen sowohl bakterielle als auch mykologische Lebensmittelvergiftungen ein. Hier wurde ein Gliederungssystem gewählt, bei dem neben den Erregern die Klinik/Epidemiologie und die Nachweismöglichkeiten unterteilt dargestellt

werden. Im Falle spezieller Fragestellungen wird somit ein rasches Auffinden erleichtert.

Zur Abrundung des Gesamtgebietes sind noch ein kurzes Kapitel über Grundlagen der Reinigung, Desinfektion und Sterilisation sowie ein Kapitel über die Mikrobiologie der Lebensmittelverpackung angefügt.

INHALTSÜBERSICHT

Allgemeine Mikrobiologie
○ Systematik der Mikroorganismen ○ Morphologie ○ Molekularbiologische Grundlagen ○ Vermehrung ○ Wachstum ○ Stoffwechsel

Spezielle Mikrobiologie
○ Bakterien ○ Mycota

Mikrobiologie der Lebensmittel
○ Trinkwasser ○ Fleisch und Fleischerzeugnisse ○ Fisch ○ Milch und Milchprodukte ○ Speiseeis ○ Obst und Obsterzeugnisse ○ Gemüse und Gemüseerzeugnisse ○ Getreide und Getreideerzeugnisse ○ Bier ○ Wein ○ Spiritus ○ Zucker ○ Kakao ○ Gewürze ○ Gewinnung mikrobiologischer Aromastoffe

Mikrobiologische Lebensmittelvergiftungen
○ Bakterielle Lebensmittelvergiftungen ○ Mykologische Lebensmittelvergiftungen

Grundlagen der Biotechnologie
○ Biotechnologische Prozesse in der Lebensmittelindustrie ○ Prozeßeinheiten biotechnologischer Verfahren ○ Berechnungsgrundlagen biotechnologischer Prozesse ○ Klassifizierung der Fermentationsverfahren

Grundlagen der Reinigung, Desinfektion und Sterilisation

Mikrobiologie der Lebensmittelverpackung
○ Packstoffe und Packmittel unter mikrobiologischen Gesichtspunkten ○ Anforderungen an den Packstoff ○ Kontaminanten und Rekontaminanten

Definition wichtiger mikrobiologischer Begriffe
Sachregister

BEHR'S...VERLAG

B. Behr's Verlag GmbH & Co. · Averhoffstraße 10 · D–2000 Hamburg 76
Tel. (040) 22 70 08–18/19 · Fax (040) 2 20 10 91 · Telex 2 15 012 behrs d

VII Untersuchung von Lebensmitteln

A Vorschriften für die Untersuchung und mikrobiologische Normen

J. Baumgart

Übergreifende Untersuchungsmethoden für alle Lebensmittel liegen nur vereinzelt vor. Die Vorschläge für die Untersuchung von Lebensmitteln gelten fast ausschließlich für Einzelprodukte. Die folgenden Ausführungen sollen in kurzer Form bewährte Möglichkeiten der Untersuchung aufführen. Ausführliche Angaben über die Untersuchung von Lebensmitteln sind enthalten in:

– Sammlung von Vorschriften zur mikrobiologischen Untersuchung von Lebensmitteln, herausgegeben von W. Schmidt-Lorenz
– ISO-Methoden (International Organisation für Standardization)
– DIN-Methoden (Deutsches Institut für Normung e. V.)
– Amtliche Sammlung von Untersuchungsmethoden nach § 35 LMBG
– Vorschriften der AOAC (Association of Official Analytical Chemists)
– Compendium of methods for the microbiological examination of foods. 2nd ed., edited by Marvin L. Speck. American Public Health Association, Washington D. C., 1984
– Vorschriften der FDA (Food and Drug Administration)
– Schweizerisches Lebensmittelbuch „Mikrobiologie" 1985, bearbeitet von E. R. Merk, H. Schwab, Th. Bürki, H. Illi und H. Lüönd

Bei einzelnen Produkten sind mikrobiologische Kriterien angegeben.

Folgende Kriterien werden unterschieden:

Grenzwert

Der Grenzwert bezeichnet die Menge von Mikroorganismen oder Stoffwechselprodukten, bei deren Überschreiten ein Produkt gesundheitsgefährdend, verdorben oder unbrauchbar ist (Verordnung über die hygienisch-mikrobiologischen Anforderungen an Lebensmittel, Gebrauchs- und Verbrauchsgegenstände, Schweiz, 1. 7. 1987).

Toleranzwert

Der Toleranzwert bezeichnet eine Menge an Mikroorganismen, die in einem Produkt bei sorgfältiger Auswahl der Rohstoffe, guter Herstellungspraxis (GMP) und sachgerechter Aufbewahrung erfahrungsgemäß nicht überschritten wird. Wird der Toleranzwert überschritten, so ist ein Produkt zu beanstanden (Verordnung über die hygienisch-mikrobiologischen Anforderungen an Lebensmittel, Gebrauchs- und Verbrauchsgegenstände, Schweiz, 1. 7. 1987).

Richtwert

Proben mit Keimgehalten gleich dem Richtwert sind stets verkehrsfähig. In dieser Eigenschaft entspricht der Richtwert dem Wert „m" der „Sampling for microbiological analysis: Principles and specific applications" (1986). Eine Richtwertüberschreitung hat im Rahmen der amtlichen Lebensmittelüberwachung einen Hinweis oder eine Belehrung oder die Entnahme von Nachproben oder eine außerplanmäßige Betriebskontrolle zur Folge (GRÄF und Mitarb., 1988).

Warnwert

Der Warnwert gibt den Keimgehalt an, bei dessen Überschreitung die amtliche Lebensmittelüberwachung die erforderlichen lebensmittelrechtlichen Maßnahmen unter Wahrung der Verhältnismäßigkeit der Mittel ergreift. Der Warnwert ist dem Wert „M" der „Sampling for microbiological analysis: Principles and specific applications" (1986) analog (GRÄF und Mitarb., 1988).

Spezifikation („Guideline")

Es sind Werte, die z. B. von einer Firma oder zwischen Handelspartnern festgelegt werden. Sie haben keinen offiziellen Kontrollcharakter (ICMSF, 1986).

Die mikrobiologischen Kriterien sind abhängig vom Risiko für den Verbraucher. Die Grundlage für eine risikogerechte Bewertung bilden dabei die Zwei- und Dreientscheidungspläne der ICMSF (1986), wobei folgende Symbole verwendet werden:

n = Anzahl der zu untersuchenden Proben, die von einem Los, einer Charge oder einer Produktionseinheit zu entnehmen sind

c = Höchstzahl der Proben, die den Wert **m** überschreiten dürfen

m = Keimzahlgrenze, die nach dem Zwei-Entscheidungsplan gute von schlechter Qualität oder im Dreientscheidungsplan gute Qualität von noch akzeptabler Qualität trennt. Es ist die Keimzahlgrenze, die maximal von **c** Proben überschritten werden darf.

M = Keimzahlgrenze, die von keiner Probe überschritten werden darf.

LITERATUR

1. GRÄF, W., HAMMES, W., HENNLICH, G., KRÄMER, J., PÖLERT, W., RIETHMÜLLER, V., RUSCHKE, R., SCHUBERT, R., SINELL, H.-J., STEUER, W., ZSCHALER, R., Mikrobiologische Richt- und Warnwerte zur Beurteilung von Lebensmitteln, Bundesgesundhbl. **31,** 93–94, 1988

2. SINELL, H.-J., Mikrobiologische Normen in Lebensmitteln aus hygienischer Sicht. Fleischw. **65,** 672–677, 1985

3. ICMSF, International Commission on Microbiological Specifications for Foods. Vol. 2. Sampling for microbiological analysis: Principles and specific applications, University of Toronto Press, Toronto, Buffalo, London, 1986

4. Subcommittee on Microbiological Criteria-Committee on Food Protection-Food and Nutrition Board-National Research Council: An evaluation of the role of microbiological criteria for foods and food ingredients, National Academy Press, Washington, D. C., 1985

5. Verordnung über die hygienisch-mikrobiologischen Anforderungen an Lebensmittel, Gebrauchs- und Verbrauchsgegenstände, Schweiz, 1. 7. 1987

B Lebensmittel tierischer Herkunft, Feinkosterzeugnisse, getrocknete Lebensmittel, Fertiggerichte, hitzekonservierte Lebensmittel, Zucker, Kakao, Zuckerwaren, Rohmassen

J. Baumgart

1 Fleisch und Fleischerzeugnisse

1.1 Frischfleisch vom Rind, Schaf, Schwein und Geflügel

1.1.1 Häufiger vorkommende Mikroorganismen

Enterobacteriaceen, *Pseudomonas, Shewanella putrefaciens, Alcaligenes, Flavobacterium, Acinetobacter, Moraxella, Psychrobacter, Brochothrix thermosphacta, Lactobacillus, Carnobacterium, Streptococcus, Leuconostoc, Micrococcus, Staphylococcus,* coryneforme Bakterien, *Bacillus, Clostridium,* Hefen, Schimmelpilze.

1.1.2 Mikroorganismen, die überwiegend Ursache des Verderbs sind und sich bei Kühltemperaturen vermehren

Fleisch, nicht vakuumverpackt:
Enterobacteriaceen, *Aeromonas, Pseudomonas, Shewanella putrefaciens, Acinetobacter, Moraxella, Psychrobacter, Brochothrix thermosphacta, Micrococcus, Staphylococcus,* coryneforme Bakterien, *Lactobacillus,* Hefen, Schimmelpilze.
Fleisch, vakuumverpackt (Schutzgas):
In Abhängigkeit vom Vakuum und der Sauerstoffdurchlässigkeit der Folie sowie der Konzentration von CO_2: Enterobacteriaceen, *Aeromonas, Pseudomonas, Shewanella, Lactobacillus, Brochothrix* (pH über 5,9).

1.1.3 Art des Verderbs

Verderb meist bei Keimzahlen oberhalb $10^6/cm^2$
<u>Fäulnis:</u> Enterobacteriaceen, *Pseudomonas, Brochothrix thermosphacta*
<u>Säuerung:</u> *Lactobacillus, Carnobacterium, Brochothrix*
<u>Vergrünung:</u> *Shewanella putrefaciens, Aeromonas hydrophila* (H_2S-Bildung → Sulfmyoglobin)

1.1.4 Pathogene und toxinogene Mikroorganismen

Salmonella spp., Yersinia enterocolitica, Campylobacter jejuni, Campylobacter coli, enteropathogene E. coli, Staphylococcus aureus, Listeria monocytogenes, Bacillus cereus, Clostridium perfringens.

1.2 Brüh- und Kochwürste

1.2.1 Häufiger vorkommende Mikroorganismen

<u>Stückware:</u> Sporen der Bazillen und Clostridien
<u>Aufschnittware:</u> Enterobacteriaceen, *Lactobacillus, Micrococcus, Staphylococcus* und Hefen

1.2.2 Mikroorganismen, die überwiegend Ursache des Verderbs sind

<u>Stückware:</u> Bazillen und Clostridien (Erweichung, Fäulnis)
<u>Aufschnittware:</u> Enterobacteriaceen (Fäulnis), Laktobazillen, Enterokokken (Säuerung, Vergrauung, Vergrünung)

1.3 Gepökelte Fleischerzeugnisse

Häufiger vorkommende Mikroorganismen in gereiften Produkten
<u>Rohwurst:</u> *Micrococcus, Staphylococcus, Lactobacillus, Pediococcus* (Starter)
<u>Schinken:</u> *Micrococcus, Staphylococcus, Lactobacillus*, Hefen

1.4   Untersuchung

Die vorzunehmenden Untersuchungen dienen der Haltbarkeitskontrolle und dem Nachweis von Krankheitserregern.

1.4.1 Untersuchungskriterien

Durch die Art der Herstellung und aufgrund der unterschiedlichen Zusammensetzung und der verschiedenen Einflußfaktoren (pH-Wert, a_w-Wert, Lagerungstemperatur, Redoxpotential) sind die durchzuführenden Untersuchungen verschieden. Aufgeführt sind nur die Untersuchungen, die i.d.R. zur Beurteilung ausreichen (Tab. 34, siehe Seite 290).

1.4.2 Untersuchungsmethoden

Probenahme und Probenvorbereitung

Bei der Bestimmung der Koloniezahl/cm^2 Oberfläche wird mit einer Schablone eine definierte Fläche in dünner Schicht mit Messer oder Schere und Pinzette abgetragen und unter Zugabe von Verdünnungsflüssigkeit (0,1 % Pepton, 0,85 % Kochsalz) im Stomacher homogenisiert. Das Abtragen der Oberfläche ergibt höhere Keimzahlen als das Abspülen oder Absprühen (REUTER, 1984). Bei der Bestimmung der Koloniezahl/g sollten bei nicht homogenem Material mindestens 100 g entnommen und zerkleinert werden (steriler Fleischwolf o. a. Zerkleinerungsgeräte). Aus der vorzerkleinerten Probe werden 10 g für die Untersuchung entnommen. Bei homogenem Material werden 10 g entnommen und mit 90 ml Verdünnungsflüssigkeit homogenisiert.
Die Aufbewahrung der zerkleinerten Probe sollte bei ± 0 bis + 5 °C nicht länger als 1 h dauern.

Art der Untersuchung

a) Aerobe mesophile Koloniezahl
– Verfahren: Tropfplattenverfahren
– Medium/Temperatur/Zeit: Standard-I-Nähragar oder Plate-Count Agar, 30 °C, 72 h;
  Bei Frischfleisch, Hackfleisch und Geflügel Bebrütung bei 25 °C, 48 h. Nach Untersuchungen von STEINBRUEGGE und MAXCY (1988) vermehrte sich 1/3 der psychrotrophen Mikroorganismen nicht bei 32°, jedoch bei 25 °C.
– Auswertung: Zählung aller Kolonien

b) Milchsäurebakterien
– Verfahren: Tropfplattenverfahren
– Medium/Temperatur/Zeit: MRS-Agar, pH 5,7, (HCl) oder MRS-S Nährboden (pH 5.7) für Laktobazillen; 30 °C, 3–5 Tage, anaerob
– Auswertung: Mikroskopie, Katalasetest. Milchsäurebakterien: Grampositive Kokken,

kokkoide Zellen und Stäbchen, *Katalase*-negativ.

c) Enterokokken
– Verfahren: Tropfplattenverfahren
– Medium/Temperatur/Zeit: m-Enterococcus-Agar oder CATC-Agar oder KF-Streptococ-cus-Agar, 37 °C, 48 h
– Auswertung: Rote Kolonien, Kokken, *Katalase*-negativ = verdächtige Enterokokken. Bestätigungsreaktionen: Siehe unter Enterokokken S. 127.

Tab. 34 Untersuchungen, die in der Regel für eine mikrobiologische Beurteilung von Fleisch und Fleischprodukten ausreichen

	Produkte											
Mikroorganismen	*F-a*	*F-an*	*G*	*Ha*	*Me-W*	*Br-S*	*KS*	*B-A*	*K-A*	*KoS*	*R-R*	*Ro-K*
Aerobe, mesophile Koloniezahl	●	●	●	●	●	●	●	●	●	●	●	
Enterobacteriaceen	●	●	●	●	●	●		●				●
Pseudomonaden	●	●										
Milchsäurebakterien	●				●	●		●	●	●	●	
Brochothrix thermosphacta	●							●				
Enterokokken			●						●	●		
Mikrokokken und Staphylokokken			●							●		
Mesophile Sporen der Bazillen u. Clostridien												●
Mesophile Bazillen und Clostridien					●	●				●		
Hefen und Schimmelpilze											●	
Salmonellen			●	●	●							
E. coli				●								
Sulfitreduzierende Clostridien				●								
Campylobacter jejuni und C. coli			●									
Koagulase- positive Staphylokokken			●	●								

Erklärungen: **F-a** = Frischfleisch, aerob; **F-an** = Frischfleisch, vakuumverpackt; **G** = Geflügel; **Ha** = Hackfleisch; **Me-W** = Frische Mettwurst; **Br-S** = Brühwurst, Stückware; **KS** = Kochwurst, Stückware; **B-A** = Brühwurst, Aufschnitt; **K-A** = Kochwurst, Aufschnitt; **KoS** = Kochschinken; **R-R** = Rohwurst und Rohschinken; **Ro-K** = Rohstoffe für Konserven; ● Empfohlene Untersuchung

d) *Brochothrix thermosphacta*
- Verfahren: Tropfplattenverfahren
- Medium/Temperatur/Zeit: SIN-Agar, 25 °C, 48 h
  Auswertung: Gramfärbung, da sich auch Pseudomonaden und psychrotrophe Entero-bacteriaceen vermehren können (schleimige Kolonien).

e) Staphylokokken und Mikrokokken
- Verfahren: Tropfplattenverfahren
- Medium/Temperatur/Zeit: KRANEP-Agar oder Baird-Parker-Agar, 37 °C, 48 h
- Auswertung: Grampositive Kokken, *Katalase*-positiv = Staphylokokken oder Mikrokok-ken. Die Katalase-Reaktion kann bei älteren Platten (Wasserverlust, Konzentrierung der Hemmstoffe) negativ ausfallen.

f) Mesophile Bazillen-Sporen
- Verfahren: Probe bzw. Verdünnungen auf 70 °C für 10 min erhitzen, Spatelverfahren
- Medium/Temperatur/Zeit: Standard-I-Nähragar oder CASO-Agar, 30 °C 72 h
- Auswertung: Mikroskopie, *Katalase*. Bazillen sind grampositiv oder gramvariabel und Katalase-positiv.

g) Mesophile Clostridien-Sporen
- Verfahren: Probe bzw. Verdünnungen auf 70 °C für 10 min erhitzen, Gußkultur
- Medium/Temperatur/Zeit: Sulfit-Cycloserin-Azid-Agar (SCA-Agar), 30 °C, 72 h, anaerobe Bebrütung
- Auswertung: Schwarze Kolonien. Bestätigung: Grampositive bis gramvariable Stäbchen, *Katalase*-negativ

h) Enterobacteriaceen
- Verfahren: Tropfplattenverfahren, anaerob
- Medium/Temperatur/Zeit: VRBD-Agar, 30 °C, 48 h, anaerob
- Auswertung: Bei anaerober Bebrütung können auch Pseudomonaden auftreten. Die Kolonien sind allerdings wesentlich kleiner (Durchmesser unter 1 mm). Es wird empfohlen, einen Pseudomonadenstamm als Kontrolle mitzuführen.

i) Pseudomonaden
- Verfahren: Tropfplattenverfahren
- Medien/Temperatur/Zeit: Caseinpepton-Sojamehlpepton-Agar, 25 °C, 72 h
- Auswertung: Überfluten mit Oxidase-Reagenz oder Auflegen eines Filterpapiers und dieses mit Oxidase-Reagenz tränken. Pseudomonaden sind Oxidase-positiv.

j) Hefen und Schimmelpilze
- Verfahren: Spatelverfahren
- Medium/Temperatur/Zeit: Hefeextrakt-Glucose-Chloramphenicol-Agar, 25 °C, 72 h
- Auswertung: Bei hohem Gehalt an gramnegativen Bakterien werden diese nicht vollständig gehemmt. Vor der Auszählung sollte deshalb eine mikroskopische Kontrolle erfolgen.

k) *E. coli* Siehe unter Markerorganismen, III. 2, S. 118.

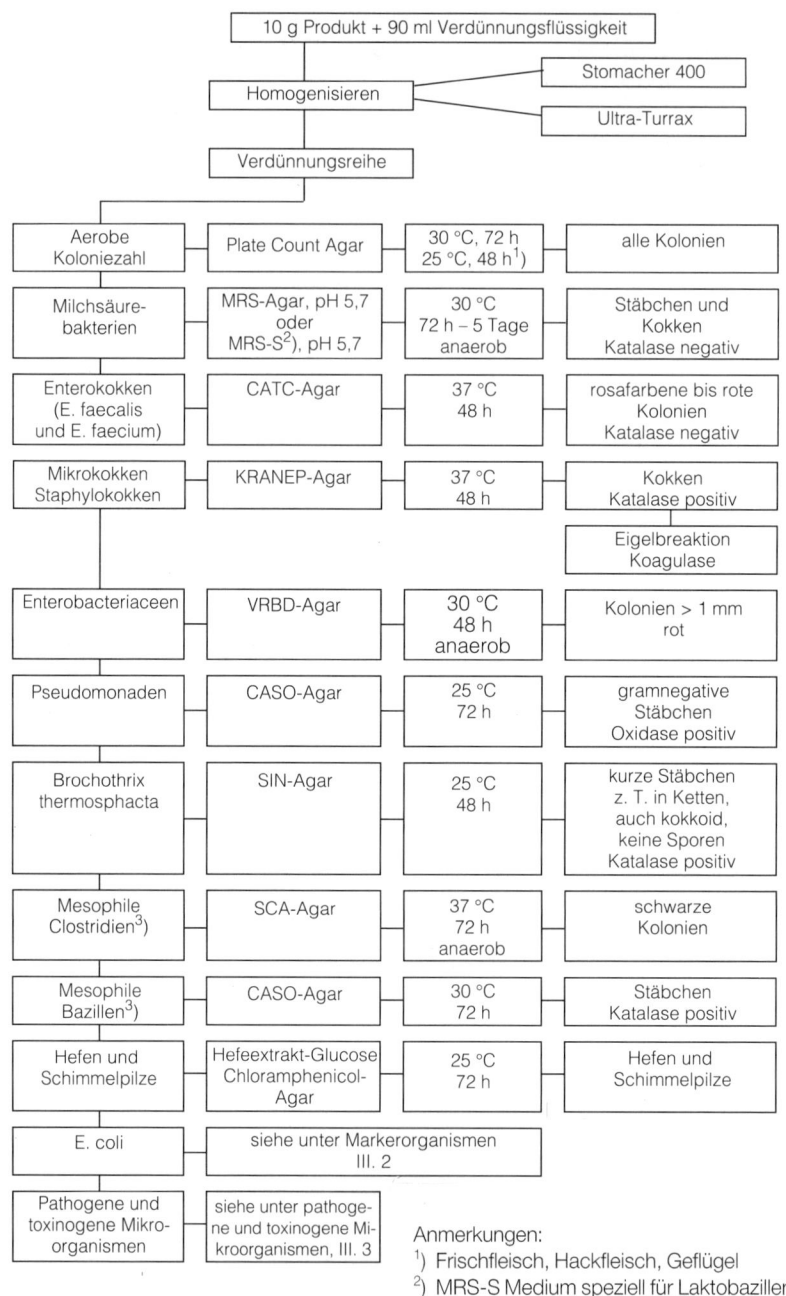

10 g Produkt + 90 ml Verdünnungsflüssigkeit			
Homogenisieren		Stomacher 400	
		Ultra-Turrax	
Verdünnungsreihe			

Aerobe Koloniezahl	Plate Count Agar	30 °C, 72 h 25 °C, 48 h[1])	alle Kolonien
Milchsäurebakterien	MRS-Agar, pH 5,7 oder MRS-S[2]), pH 5,7	30 °C 72 h – 5 Tage anaerob	Stäbchen und Kokken Katalase negativ
Enterokokken (E. faecalis und E. faecium)	CATC-Agar	37 °C 48 h	rosafarbene bis rote Kolonien Katalase negativ
Mikrokokken Staphylokokken	KRANEP-Agar	37 °C 48 h	Kokken Katalase positiv
			Eigelbreaktion Koagulase
Enterobacteriaceen	VRBD-Agar	30 °C 48 h anaerob	Kolonien > 1 mm rot
Pseudomonaden	CASO-Agar	25 °C 72 h	gramnegative Stäbchen Oxidase positiv
Brochothrix thermosphacta	SIN-Agar	25 °C 48 h	kurze Stäbchen z. T. in Ketten, auch kokkoid, keine Sporen Katalase positiv
Mesophile Clostridien[3])	SCA-Agar	37 °C 72 h anaerob	schwarze Kolonien
Mesophile Bazillen[3])	CASO-Agar	30 °C 72 h	Stäbchen Katalase positiv
Hefen und Schimmelpilze	Hefeextrakt-Glucose Chloramphenicol- Agar	25 °C 72 h	Hefen und Schimmelpilze
E. coli	siehe unter Markerorganismen III. 2		
Pathogene und toxinogene Mikro- organismen	siehe unter pathoge- ne und toxinogene Mi- kroorganismen, III. 3		

Anmerkungen:
[1]) Frischfleisch, Hackfleisch, Geflügel
[2]) MRS-S Medium speziell für Laktobazillen
[3]) Proben 10 min auf 70 °C erhitzen

Abb. 36   Untersuchung von Fleisch und Fleischerzeugnissen

l) *Pathogene oder toxinogene Mikroorganismen*
Salmonellen, *Campylobacter jejuni,* Koagulase-positive Staphylokokken u. a. siehe unter
Nachweis dieser Mikroorganismen, III. 3, S. 131–192.

1.5   Mikrobiologische Kriterien

Einige Kriterien sind in der Tabelle 35 aufgeführt.

Tab. 35   Kriterien für Fleisch und Fleischerzeugnisse

Produkt	Mikroorganismen/g	Kriterium		Quelle
Hackfleisch,	Aerobe Koloniezahl	500000	(G)	1)
Tatar oder		1 Mill.	(T)	2)
ähnliche genuß-	E. coli	10^2	(G)	1)
fertige rohe		1000	(T)	2)
Fleischwaren	Clostridien	30	(G)	1)
	Staph. aureus	10^2	(G)	1)
Hackfleisch und	Aerobe Koloniezahl	n=5;c=2	(G)	4)
Fleisch in Stücken		m=5×10^5		
von weniger als 100 g				
		M=5×10^6		
	Kolibakterien	n=5;c=2	(G)	4)
		m=50		
		M=500		
	Sulfitreduzierende			
	Anaerobier	n=5;c=1	(G)	4)
		m=10		
		M=10^2		
	Staphylokokken	n=5;c=1	(G)	4)
		m=50		
		M=500		
	Salmonellen	n=5;c=0	(G)	4)
		n.n. in		
		25 g		
Rohwurst und Roh-	Enterobacteriaceae	100	(T)	2)
pökelwaren, ausge-	Cl. perfringens	100	(T)	2)
reift	Staph. aureus	1000	(T)	2)
Rohwurst	E. coli	n=5	(Sp)	3)
		c=1		
		m=100		
		M=2000		

Fortsetzung von Tab. 35 s. Seite 294

Fortsetzung von Tab. 35

Produkt	Mikroorganismen/g	Kriterium		Quelle
Rohwurst	Staph. aureus	n=5 c=1 m=250 M=10000	(Sp)	3)
Streichfähige	Enterobacteriaceae	10000	(T)	3)
Rohwürste	Cl. perfringens	100	(T)	3)
	Staph. aureus	1000	(T)	3)
Kochpökelwaren,	Aerobe, mesophile			
Koch- und Brüh-	Keimzahl	100000	(T)	3)
wurstwaren in	Enterobacteriaceae	100	(T)	3)
ganzen Stücken	Laktobazillen	100000	(T)	3)

In der Schweiz sind für genußfertige Lebensmittel folgende Grenzwerte festgelegt:

Bacillus cereus 10^4/g

Campylobacter jejuni nicht nachweisbar in 10 g

Salmonellen nicht nachweisbar in 20 g

Listeria monocytogenes nicht nachweisbar in 10 g

Yersinia enterocolitica nicht nachweisbar in 10 g

Anmerkungen:
G = Grenzwert; T = Toleranzwert; Sp = Spezifikation

[1]) Hygiene Alimentaire, Journal Official De La Republique Francaise, Nr. 1488, 1982
[2]) Verordnung über die hygienisch-mikrobiologischen Anforderungen an Lebensmittel, Gebrauchs- und Verbrauchsgegenstände, Schweiz, 1. 7. 1987, i.d.F. vom 25. 2. 1988
[3]) WARBURTON et al., 1987
[4]) Richtlinie des Rates der Europäischen Gemeinschaften vom 14. 12. 1988 zur Festlegung der für die Herstellung und den Handelsverkehr geltenden Anforderungen an Hackfleisch, Fleisch in Stücken von weniger als 100 g und Fleischzubereitungen

LITERATUR

1. BROWN, M. H., Meat Microbiology, Applied Science Publishers LTD, London and New York, 1982
2. CUNNINGHAM, F. E., Microbiological aspects of poultry and poultry products – an update, J. Food Protection **45,** 1149–1164, 1982
3. GARDNER, G. A., A selective medium for the enumeration of Microbacterium thermosphactum in meat and meat products, J. appl. Bact. **29,** 455–460, 1966
4. GILL, C. O., NEWTON, K. G., The development of aerobic spoilage flora on meat stored at chill temperatures, J. appl. Bact. **43,** 189–195, 1977
5. GILL, C. O., NEWTON, K. G., Spoilage of vacuum-packaged dark, firm, dry meat at chill temperatures, Appl. Environ. Microbiol. **37,** 362–364, 1979
6. INGRAM, M., DAINTY, R. H., Changes caused by microbes in spoilage of meats, J. appl. Bact. **34,** 21–39, 1971
7. KLEEBERGER, A., BUSSE, M., Keimzahl und Florazusammensetzung bei Hackfleisch unter besonderer Berücksichtigung von Enterobakterien und Pseudomonaden, Z. Lebensm. Unters.-Forsch. **158,** 321–331, 1975
8. NEWTON, K. G. RIGG, W. J., The Effect of film permeability on the storage life and microbiology of vacuum-packed meat, J. appl. Bact. **47,** 433–441, 1979

9. NG., LAI-KING, STILES, M. E., Enterobacteriaceae in ground meats, Can. J. Microbiol. **24,** 1574–1582, 1978
10. NOSKOWA, G. L., Mikrobiologie des Fleisches bei Kühllagerung, VEB Fachbuchverlag Leipzig, 1975
11. REUTER, G., Untersuchungen zur Mikroflora von vorverpackten, aufgeschnittenen Brüh- und Kochwürsten, Arch. Lebensmittelhyg. **21,** 257–264, 1970
12. REUTER, Ermittlung des Oberflächenkeimgehaltes von Rinderschlachttierkörpern, Untersuchungen zur Eignung nicht-destruktiver Probeentnahmeverfahren, Fleischw. **64,** 1247–1251, 1984
13. REUTER, G., Elective and selective media for lactic acid bacteria, Int. J. Food Microbiol. **2,** 55–68, 1985
14. ROBERTS, T. A., SKINNER, F. A., Food Microbiology Advances and Prospects, Academic Press, London and New York, 1983
15. RUSSEL, A. D., FULLER, R., Cold tolerant microbes in spoilage and the environment, Academic Press, London, New York, 1979
16. SEIDEMAN, S. C., VANDERZANT, C., HANNA, M. O., CARPENTER, Z. L., SMITH, G. C., Effect of various types of vacuum packages and length of storage on the microbial flora of wholesale and retail cuts of beef, J. Milk Food Technol. **39,** 745–753, 1976
17. SCHILLINGER, U., LÜCKE, F.-K., Lactic acid bacteria on vacuum-packaged meat and their influence on shelf life, Fleischw. **67,** 1244–1248, 1987
18. STEINBRUEGGE, E. G., MAXCY, R. B., Nature and number of ground-beef microorganisms capable of growth at 25 °C but not at 32 °C, J. Food Protection **51,** 176–180, 1988
19. WARBURTON, D. W., WEISS, K. F., PURVIS, U. HILL, R. W., The microbiological quality of fermented sausage produced under good hygienic practices in Canada, Food Microbiol. **4,** 187–197, 1987
20. Hygiene Alimentaire, textes generaux, Journal Official De La Republique Francaise, 26. rue Desaix, 75727 Paris Cedex 15, Nr. 1488, 1982
21. ICMSF-Microorganisms in foods, 2. Sampling for microbiological analysis: Principles and specific applications, 2nd. ed., University of Toronto Press, 1986
22. The microbiology of poultry meat products, ed. by F. E. CUNNINGHAM and N. A. COX, Academic Press, London, 1987
23. Microbiological standards for poultry products, a symposium, Aug. 7, 1969, Colorado State University, Fort Collins, Colarado
24. Advances in Meat Research, Meat and Poultry Microbiology, ed. by A. M. PEARSON and T. R. DUTSON, The AVI Publ. Comp. Inc., 1986

2 Fisch und Fischerzeugnisse, Krusten-, Schalen- und Weichtiere

2.1 Frischfisch, gefrorener Fisch

2.1.1 Häufiger vorkommende Mikroorganismen

Enterobacteriaceen, *Pseudomonas, Shewanella, Acinetobacter, Moraxella, Psychrobacter, Vibrio, Aeromonas, Alcaligenes, Achromobacter, Photobacterium, Flavobacterium, Cytophaga,* coryneforme Bakterien, *Micrococcus, Staphylococcus, Lactobacillus.*

2.1.2 Mikroorganismen, die überwiegend Ursache des Verderbs sind

Fisch, nicht vakuumverpackt:
Enterobacteriaceen, *Pseudomonas, Aeromonas, Acinetobacter, Moraxella, Psychrobacter, Shewanella putrefaciens, Photobacterium, Flavobacterium.*

Fisch, vakuumverpackt (CO_2 und N_2):
In Abhängigkeit vom Vakuum und der Sauerstoffdurchlässigkeit der Folie und der CO_2-Konzentration: Enterobacteriaceen, *Aeromonas, Pseudomonas, Shewanella, Photobacterium, Lactobacillus, Brochothrix thermosphacta.*

2.1.3 Pathogene und toxinogene Mikroorganismen

Salmonellen, *Vibrio spp., Shigella, Staphylococcus aureus, Clostridium perfringens, Clostridium botulinum Typ E* und nicht proteolytische Stämme der Typen B und F.

2.2 Krusten-, Schalen- und Weichtiere

2.2.1 Häufiger vorkommende Mikroorganismen

Wie beim Frischfisch

2.2.2 Pathogene und toxinogene Mikroorganismen

Wie beim Frischfisch

2.3   Fischerzeugnisse

2.3.1 Räucherfische

In Abhängigkeit von der Verunreinigung nach dem Räuchern führen insbesondere zum Verderb: Enterobacteriaceen, Pseudomonaden, Laktobazillen, *Carnobacterium divergens*, Hefen, Schimmelpilze.

2.3.2 Salzfische

Zum Verderb führen besonders: Halococcus, Halobacterium, Mikrokokken, Hefen, Schimmelpilze.

2.3.3 Präserven (Kaltmarinaden, Bratfischwaren, Fischerzeugnisse in Gelee, Feinmarinaden, Anchosen und ähnliche Erzeugnisse)

In Abhängigkeit von der Herstellung und dem pH-Wert der Produkte führen zum Verderb: Milchsäurebakterien, Hefen, Bazillen, Clostridien.

2.4   Untersuchung

2.4.1 Untersuchungskriterien

Die produktspezifischen Untersuchungskriterien, die i.d.R. für eine Beurteilung ausreichen, sind in der Tabelle 36 aufgeführt. In Erkrankungsfällen, bei besonderer Fragestellung oder beim Vorhandensein mikrobiologischer Kriterien sind weitere Untersuchungen erforderlich.

2.4.2 Untersuchungsmethoden

Probenahme
Sterilentnahme von 10 g je nach Art mit Skalpell, Schere, Korkbohrer oder Bohrmaschine (Hohlbohrer)

Art der Untersuchung

a) Aerobe mesophile Koloniezahl
– Verfahren: Tropfplattenverfahren

- Medium/Temperatur/Zeit: Standard-I-Nähragar 30 °C, 72 h; bei Frischfisch 25 °C, 48 h
- Auswertung: Zählung aller Kolonien

b) Enterobacteriaceen
- Verfahren: Tropfplattenverfahren
- Medium/Temperatur/Zeit: VRBD-Agar, 30 °C, 48 h, anaerob
- Auswertung: Bei anaerober Bebrütung können auch Pseudomonaden auftreten. Die Kolonien sind allerdings wesentlich kleiner (Durchmesser unter 1 mm). Es wird empfohlen, einen Pseudomonadenstamm als Kontrolle mitzuführen.

c) Milchsäurebakterien
- Verfahren: Tropfplattenverfahren
- Medium/Temperatur/Zeit: MRS-Agar, pH 5,7 (HCl) oder MRS-S Nährboden, pH 5,7, speziell für Laktobazillen, 30 °C, 72 h – 5 Tage, anaerob
- Auswertung: Mikroskopie,. Katalase-Test. Milchsäurebakterien: Grampositive Kokken, kokkoide Zellen und Stäbchen, *Katalase*-negativ.

d) Pseudomonaden
- Verfahren: Tropfplattenverfahren
- Medien/Temperatur/Zeit: Caseinpepton-Sojamehlpepton-Agar. 25 °C, 72 h
- Auswertung: Überfluten mit Oxidase-Reagenz oder Auflegen eines Filterpapiers, das mit Oxidasereagenz getränkt ist. Pseudomonaden sind Oxidase-positiv.

e) Hefen und Schimmelpilze
- Verfahren: Spatelverfahren
- Medium/Temperatur/Zeit: Hefeextrakt-Glucose-Chloramphenicol-Agar oder Bengalrot-Chloramphenicol-Chlortetracyclin-Agar, 25 °C, 72 h
- Auswertung: Bei hohem Gehalt an gramnegativen Bakterien werden diese nicht vollständig gehemmt. Vor der Auszählung der Kolonien sollte deshalb eine mikroskopische Kontrolle erfolgen.

f) Mesophile Bazillen
- Verfahren: Spatelverfahren
- Medium/Temperatur/Zeit: CASO-Agar. 30 °C, 72 h
- Auswertung: Grampositive bis gramvariable Stäbchen, *Katalase*-positiv, Sporen.

g) Mesophile Clostridien
- Verfahren: Gußkultur
- Medium/Temperatur/Zeit: Sulfit-Cycloserin-Azid-Agar (SCA-Agar), 30 °C, 72 h, anaerob
- Auswertung: Schwarze Kolonien. Bestätigung: Grampositive bis gramvariable Stäbchen, *Katalase*-negativ.

h) Nachweis von E. coli, Clostridium perfringens, Salmonellen u. a. pathogener Mikroorganismen siehe unter Nachweis dieser Mikroorganismen, III. 2 und III. 3., S. 118ff.

i) Nachweis von Photobakterien (nur bei Frischfisch)
- Verfahren: Spatelverfahren
- Medium/Temperatur/Zeit: Photobacterium Broth (Difco) + 1,5 % Agar, 20 °C, 72 h

Tab. 36: Untersuchungen, die in der Regel für eine mikrobiologische Beurteilung von Frischfisch und Fischerzeugnissen ausreichen

Mikroorganismen	Produkte		
	Frischfisch*	Räucherfisch*	Kaltmarinaden, Bratfischwaren. Fischerzeugnisse in Gelee, Feinmarinaden, Anchosen
Aerobe, mesophile Koloniezahl	●	●	●
Enterobacteriaceen	●	●	
Milchsäurebakterien	●	●	●
Pseudomonaden	●	●	
Staph. aureus		●	
E. coli		●	
Photobacterium	○		
Hefen und Schimmelpilze		●	●
Mesophile Bazillen		●	●
Mesophile Clostridien		●	●
Cl. perfringens		●	
Salmonellen	●		

Anmerkungen:
* besonders vakuumverpackt, mit und ohne Schutzgas
● Empfohlene Untersuchung
○ Untersuchung bei Bedarf

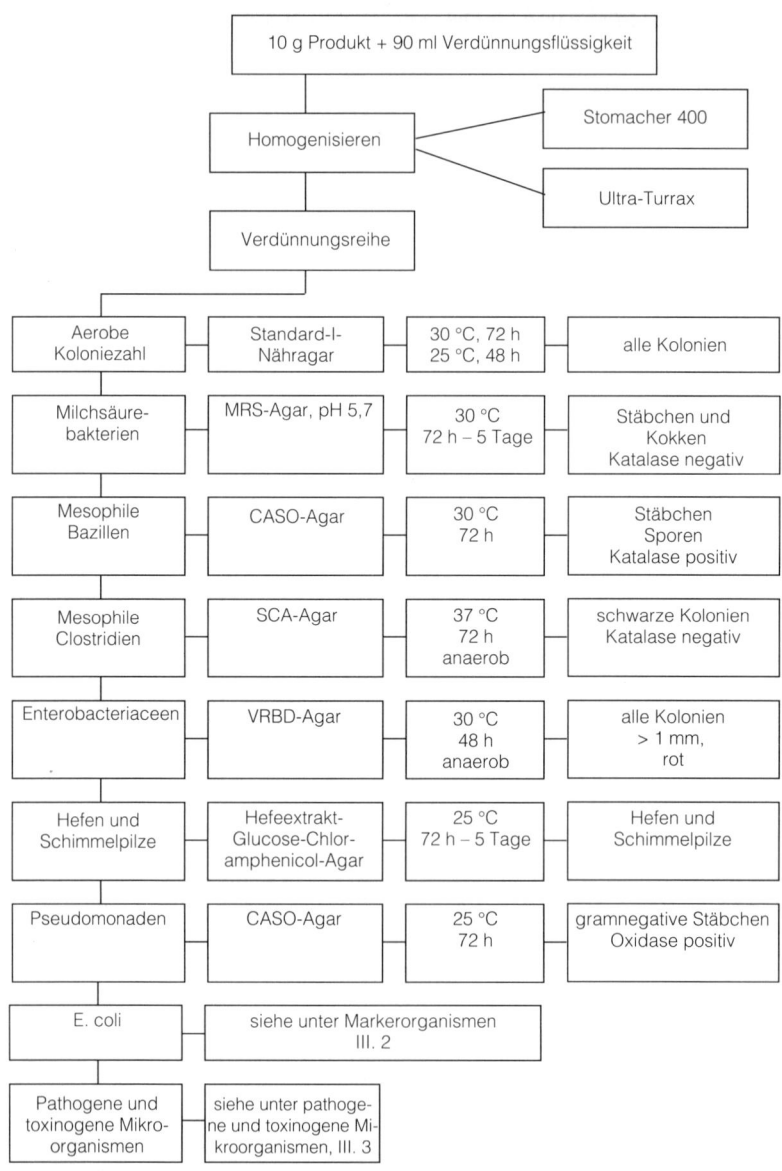

Abb. 37 Untersuchung von Fisch, Krusten-, Schalen- und Weichtieren sowie Fischerzeugnissen

2.5   Mikrobiologische Kriterien

Einige Kriterien sind in der Tabelle 37 aufgeführt.

Tab. 37   Kriterien für Fisch und Krustentiere

Produkt	Mikroorganismen/g o.cm^2	Kriterium	Quelle
Frischfisch, gefrorener Fisch, kalt geräucherter Fisch	Aerobe Koloniezahl	n = 5; c = 3, m = 5 x 10^5; M = 10^7	ICMSF, 1986
	Escherichia coli	n = 5; c = 3, m = 11; M = 500	
	Salmonellen	n = 5; c = 0; m = 0; M −	
	Vibrio parahaemolyticus	n = 5; c = 2; m=10^2; M=10^3	
	Staph. aureus	n = 5; c = 2; m=10^3; M=10^4	
Krustentiere, gekocht und gefroren	Aerobe Koloniezahl	n = 5; c = 2; m = 5 x 10^5; M = 10^7	ICMSF, 1986
	Escherichia coli	n = 5; c = 2; m = 11; M = 500	
	Staph. aureus	n = 5; c = 0, m = 10^3; M −	
	Salmonellen	n = 10; c = 0; m = 0; M −	
	Vibrio parahaemolyticus	n = 5; c = 1; m=10^2; M=10^3	

Quelle: Microorganisms in foods, 2. Sampling for microbiological analysis: Principles and specific applications, 2nd ed., The International Commission on Specifications for Foods (ICMSF), University of Toronto Press, Toronto, 1986

LITERATUR

1. Abeyta, C., Jr., Bacteriological quality of fresh seafood products from Seattle retail markets, J. Food Protection **46**, 901–909, 1983
2. Austin, B., Taxonomy of bacteria isolated from a coastal, marine fish-rearing unit, J. appl. Bact. **53**, 253–268, 1982
3. Flick, G. J., Jr., Enriquez, L. G., Hubbard, J. B., Shelf-life of fish and shellfish, in: Handbook of food and beverage stability. Chemical, biochemical, microbiological and nutritional aspects, ed. by G. Charalambous, Academic Press, London, 1986, S. 113–351

4. GARRETT, E. Sp., Microbiological standards, guidelines, and specifications and inspection of seafood products, Food Technol. **42,** 90–93, 1988

5. GRAM, L., TROLLE, G., HUSS, H. H., Detection of specific spoilage bacteria from fish stored at low (0°C) and high (20 °C) temperatures, Int. J. Food Microbiol. **4,** 65–72, 1987

6. HOBBS, G., Microbial spoilage of fish, in: Food Microbiology Advances and Prospects, ed. by T. A. Roberts, F. A., Skinner, Academic Press London, New York, S. 217–229, 1983

7. HOBBS, G., HODKISS, W., The bacteriology of fish handling and processing, in: Developments in Food Microbiology-1, ed. by R. DAVIES, Applied Science Publ. London and New Yersey, S. 71–117, 1982

8. HILDEBRANDT, G., EROL, I., Sensorische und mikrobiologische Untersuchung an vakuumverpacktem Räucherlachs in Scheiben, Arch. Lebensmittelhyg. **39,** 120–123, 1988

9. JÖCKEL, J., KIRSCHFELD, R., DICKERTMANN, D., Vakuumverpackter Räucherfisch-Mikrobiologischer Status von Handelsproben und technologische Modellversuche zur Histaminbildung bei Makrelenfilets, Arch. Lebensmittelhyg. **37,** 111–114, 1986

10. JØRGENSEN, B. R., GIBSON, D. M., HUSS, H. H., Microbiological quality and shelf life prediction of chilled fish, Int. J. Food Microbiol. **6,** 295–307, 1988

11. KARNOP, G., Die Rolle der Proteolyten beim Fischverderb, I. Optimierung der Methodik des Proteolytennachweises, II. Vorkommen und Bedeutung der Proteolyten als bakterielle Verderbsindikatoren, Arch. Lebensmittelhyg. **33,** 57–66, 1982

12. KARNOP, G., Analyse der Bakterienpopulation von Matjes und Heringsfilets nach Matjesart und Unterscheidungsmöglichkeit beider Produkte anhand von Vibrio costicola, Arch. Lebensmittelhyg. **37,** 114-117, 1986

13. MALLE, P. EB, P., TAILLIEZ, R., Determination of the quality of fish by measuring trimethylamine oxide reduction, Int. J. Food Microbiol. **3,** 225–235, 1986

14. MOLIN, G. STENSTRÖM, INGA-Maj, TERNSTRÖM, A., The microbial flora of herring fillets after storage in carbon dioxide, nitrogen or air at 2 °C, J. appl. Bact. **55,** 49–56, 1983

15. MOLIN, G. STENSTRÖM, INGA-MAJ, Effect of temperature on the microbial flora of herring fillets stored in air or carbon dioxide, J. app. Bact. **56,** 275–282, 1984

16. SHEWAN, J. M., MURRAY, C. K., The microbial spoilage of fish with special reference to the role of psychrophiles, in: Cold tolerant microbes in spoilage and the environment, ed. by A. D. RUSSEL, R. FULLER, S. 117–135, Academic Press, 1979

17. SINGH, D., CHAN, M., NG, H. H., YONG, M. O., Microbiological quality of frozen raw and cooked shrimps, Food Microbiol. **4,** 221–228, 1987

18. VAUX SPREEKENS, K. J. A., TOEPOEL, L., Quality of fishery products in connection with the psychrophilic and psychrothrophic bacterial flora, in: Psychrothrophic microorganisms in spoilage and pathogenicity, ed. by T. A. ROBERTS, G. HOBBS, J. H. B. CHRISTIAN, N. SKOVGAARD, S. 283–294, Academic Press, 1981

19. WARD, D. R., BAJ, N. J., Factors affecting microbiological quality of seafoods, Food Technol. **42,** 85–89, 1988

3 Eiprodukte

Die industriell eingesetzten Eiprodukte sind überwiegend konserviert, pasteurisiert, getrocknet oder Frischprodukte.

3.1 Mikroorganismen in Eiprodukten

Häufiger vorkommende Mikroorganismen in frischen Eiprodukten:
Bakterien der Genera *Micrococcus, Staphylococcus, Pseudomonas, Flavobacterium, Moraxella, Acinetobacter, Aeromonas, Streptococcus, Enterococcus, Bacillus* sowie zahlreiche Genera der Familie *Enterobacteriaceae.*

Mikroorganismen, die vorwiegend Ursache des Verderbs sind:
Bakterien der Familie *Micrococcaceae, Enterobacteriaceae, Pseudomonadaceae* sowie *Streptokokken, Enterokokken* und *Laktobazillen.*

Pathogene und toxinogene Mikroorganismen:
Salmonellen, *Staphylococcus aureus,* pathogene *E. coli.*

3.2 Untersuchung

Folgende Untersuchungen werden empfohlen:

– Aerobe Koloniezahl
  Methode: Spatel- oder Tropfplattenverfahren
  Medium/Temperatur/Zeit: Plate Count Agar, 30 °C, 72 h

– Enterobacteriaceen
  Methode: Anreicherung von 1 g in 10 ml EE-Bouillon und Ösenausstrich auf VRBD-Agar
  Medium/Temperatur/Zeit: a) EE-Bouillon, 37 °C, 18–24 h
                                          b) VRBD-Agar, 37 °C, 18–24 h
  Auswertung: Rote Kolonien, Oxidase-negativ

– Salmonellen:
  Siehe unter Nachweis von Salmonellen. In besonderen Fällen kann es notwendig sein, anstelle von 25 g in der Voranreicherung 250 g oder mehr einzusetzen. Die Voranreicherung erfolgt in diesem Fall in sterilisierbaren Plastikbeuteln.

– *E. coli* und coliforme Bakterien:
  Siehe unter Nachweis dieser Mikroorganismen

– Staphylococcus aureus:
  Siehe unter Nachweis von *Staph. aureus*

3.3 Mikrobiologische Kriterien

Einige Kriterien sind in der Tabelle 38 aufgeführt.

Tab. 38 Kriterien für Ei und Eiprodukte

Produkt	Mikroorganismen/g	Kriterium		Quelle
Vorbehandelte	Aerobe Koloniezahl	unter 10^5		1)
Eiprodukte		$M=10^5$		4)
	Salmonellen	neg. in 25 g		1,4)
	Enterobacteriaceen	$M=100$		4)
	Staphylokoklen	neg.		4)
Eier und	Aerobe Koloniezahl	100000	(T)	2)
Eikonserven	E. coli	10	(T)	
	Staph. aureus	100	(T)	
Pasteurisierte,	Aerobe Koloniezahl	$n=5; c=10^4$		3)
gefrorene und		$m=5 \times 10; M=10^6$		
getrocknete	Coliforme Bakterien	$n=5; c=2;$		
Eiprodukte		$m=10^1; M=10^3$		
	Salmonellen	$n=5-60$ (je nach Risiko)		
		$c=0; m=0$		

Quellen: 1) Eiprodukte-VO vom 19. 2. 1975, Bundesrepublik Deutschland; 2) VO über die hygienisch-mikrobiologischen Anforderungen an Lebensmittel, Gebrauchs- und Verbrauchsgegenstände, Schweiz, 1. 7. 1987; 3) Microorganisms in foods 2 Sampling for microbiological analysis: Principles and specific applications (ICMSF), 2. ed., University of Toronto Press, Toronto, 1986, 4) EG-Richtlinie zur Regelung hygienischer und gesundheitlicher Fragen bei der Herstellung und Vermarktung von Eiprodukten, 20. Juni 1989.

Erklärungen: T = Toleranzwert

LITERATUR

1. BALL, H. R., Jr., HAMID-SAMIM, M., FOEGEDING, P. M., SWARTZEL, K. R., Functionality and microbial stability of ultrapasteurized, aseptically packaged refrigerated whole egg, J. Food Sci. **52**, 1212–1218, 1987

2. FOEGEDING, P. M., STANLEY, N. W., Growth and inactivation of microorganisms isolated from ultrapasteurized egg, J. Food Sci. **52**, 1219–1223, 1227, 1987

3. IBEH, I. N., IZUAGBE, Y. S., An analysis of the microflora of broken eggs used in confectionery products in Nigeria and the occurrence of enterotoxigenic gram-negative bacteria, Int. J. Food Microbiol. **3**, 71–77, 1986

4. MACKENZIE, K. A., SKERMAN, V. B. D., Microbial spoilage in unpasteurised liquid whole egg, Food Technology in Australia **34**, 524–528, 1982

5. MAYES, F. J., TAKEBALLI, M. A., Microbial contamination of the hen's egg: A review, J. Food Protection **46**, 1092–1098, 1983

6. STÖPPLER, H., Produktionsnahe Flüssigeiuntersuchungen kleiner Chargen, Arch. Lebensmittelhyg. **40**, 30–33, 1989

7. An evaluation of the role of microbiological criteria for foods and food ingredients, Subcommitee on microbiological criteria, Committee on food protection, Food and nutrition board, National research council, National Academy Press, Washington, D. C., 1985

4 Milch und Milcherzeugnisse

4.1 Rohmilch

4.1.1 Vorkommende Mikroorganismen

Gramnegative Bakterien:
Acinetobacter, Aeromonas, Alcaligenes, Chromobacterium, Citrobacter, Enterobacter, Escherichia, Flavobacterium, Klebsiella, Pseudomonas, Serratia, Moraxella, Psychrobacter u. a.

Grampositive Bakterien:
Arthrobacter, Bacillus, Clostridium, coryneforme Bakterien, Lactobacillus, Microbacterium, Micrococcus, Staphylococcus, Streptococcus, Enterococcus u. a.

Hefen:
Geotrichum, Candida, Saccharomyces, Rhodotorula, Torulopsis, Trichosporon u. a.

Schimmelpilze:
Aureobasidium, Aspergillus, Byssochlamys, Cladosporium, Fusarium, Mucor, Scopulariopsis u. a.

4.1.2 Mögliches Vorkommen pathogener Mikroorganismen

Bacillus cereus, Campylobacter jejuni, Campylobacter coli, Salmonellen, *Coxiella burnetii, Clostridium perfringens,* Enteropathogene *E. coli, Listeria monocytogenes, Staphylococcus aureus, Streptococcus agalactiae, Yersinia enterocolitica.*

4.2 Pasteurisierte Milch

Nur wenige Mikroorganismen überleben die Kurzzeiterhitzung (72°–75 °C, 30s) und das Hocherhitzungsverfahren (85 °C, 40 s). Dies zeigen auch einige der in der Tabelle 39 aufgeführten D-Werte. Nur hitzeresistentere Mikroorganismen sind ggf. in der Trinkmilch nachweisbar, wie einige Species der Genera *Bacillus, Clostridium, Microbacterium, Enterococcus, Streptococcus* sowie Ascosporen von Hefen und Konidien einiger Schimmelpilze. Die mikrobiologische Qualität der Trinkmilch hängt entscheidend von der Reinfektion nach der Erhitzung ab (Rohrleitungen, Tanks, Maschinenteile usw.). In der gekühlten Trinkmilch vermehren sich besonders die psychrotrophen Mikroorganismen, wie Pseudomonaden, *Acinetobacter, Flavobacterium, Alcaligenes, Aeromonas, Enterobacter,* coryneforme Bakterien und psychrotrophe Bazillen, wie *Bac. cereus, Bac. sphaericus, Bac. circulans*. Da die Generationszeit der psychrotrophen gramnegativen Bakterien am kürzesten ist (Tab. 40),

Tab. 39 D-Werte einiger Mikroorganismen

Mikroorganismen	D-Wert in min	z-Wert in °C	Medium	Quelle
Moraxellla-Acine- tobacter	75 °C 1,3	7,3	Frischfleisch	FIRSTENBERG-EDEN et al., 1980
Pseudomonas fragi	52 °C 2–3	n. a.	n. a.	SKINNER und HUGO, 1976
Microbacterium thermosphactum	50 °C 2,5	n. a.	Magermilch	SKINNER und HUGO, 1976
Microbacterium lacticum	70 °C 4,0	n. a.	Magermilch	SKINNER und HUGO, 1976
Lactobacillus casei	70 °C 4,0	11,5	Tomatensaft (pH 4,5)	SKINNER und HUGO, 1976
Listeria mono- cytogenes	71,7 °C 2,7s	5,8–7,1	Magermilch	BRADSHAW et al., 1987
Enterococcus faecalis	72 °C 0,88s	3,22	Vollmilch	PEREZ et al., 1982
Enterococcus faecium	72 °C 2,4s	3,64	Vollmilch	PEREZ et al., 1982
Staph. aureus	62,5 °C 17s	6,5	Milch	LIN et al., 1987
Bacillus (B.) stearothermophilus	121,1 °C 4,0	10,77	Nährbouillon	ETOA und MICHIELS, 1988
B. coagulans	110 °C 2,5	8,6	Puffer, pH 6,8	FEIG und STERSKY, 1981
B. cereus	100 °C 2,7–3,1	7,1–9,6	Milch	WESTHOFF, 1981
B. circulans	100 °C 1,7	11,5	Milch	WESTHOFF, 1981
B. subtilis	100 °C 7,5	n. a.	Milch	WESTHOFF, 1981
B. pumilus**	95 °C 1,4	9,7	Milch	WESTHOFF, 1981
B. cereus**	95 °C 1,8	9,4	Milch	WESTHOFF, 1981
B. laterosporus**	95 °C 2,1	10,1	Milch	WESTHOFF, 1981
B. sphaericus	95 °C 7,6	9,1	Milch	MIKOLAJCIK, 1970
Clostridium sporogenes PA 3679	121 °C 2,6	14,0	Puffer, pH 7,0	CAMERON et al., 1980
Byssochlamys fulva, Ascosporen	90 °C 1–12	6–7	n. a.	PITT und HOCKING, 1985
Saccharomyces cere- visiae, Ascosporen	60 °C 1,9–6,1	3,8	Apfelsaft pH 3,8–7,0	SPLITTSTOESSER et al., 1986

Erklärungen: n. a. = nicht angegeben; ** = Psychrotrophe Species

Tab. 40 Generationszeiten psychrotropher Bakterien

Mikroorganismen	Generationszeit in h 4–6 °C	10 °C	Quelle
Pseudomonas fragi	5,5	–	COUSIN, 1982
Pseudomonas sp.	6,0–4,7	3,2	SPILLMANN, 1985
Enterobacter aerogenes	12,2	4,1	COUSIN, 1982
Enterobacter cloacae	5,5–8,0	2,6	SPILLMANN, 1985
Streptococcus lactis	über 30	6,0	SPILLMANN, 1985
Bacillus spp.	6–9	4–4,5	COUSIN, 1982
Bac. circulans	22–16	9,5	SPILLMANN, 1982

wird die Haltbarkeit besonders durch diese Mikroorganismen begrenzt. Einzelne Pseudo-monasstämme haben bei 5 °C in der Milch eine Generationszeit von 5 h. So benötigt ein einziges Bakterium in einer 1-Literpackung 31 Generationen, also 31 x 5 h (6,5 Tage), um eine Keimzahl von 2×10^6/ml zu erreichen, die Grenze etwa der sensorischen Haltbarkeit (TEUBER, 1983).

Verderbserscheinungen der Trinkmilch:
– Säuerung durch Streptokokken und Laktobazillen
– Lipolyse und Proteolyse durch Pseudomonaden (bitterer Geschmack durch Peptide), *Flavobacterium, Alcaligenes, Acinetobacter, Moraxella.* Je nach Keimzahlhöhe und abhängig von den Mikroorganismen, können die Geruchs- und Geschmacksabweichungen auch fruchtig, säuerlich, ranzig, faul oder „unsauber" sein (COUSIN, 1982).
– Süßgerinnung durch Proteasen der Pseudomonaden und Bazillen.

4.3   H-Milch

Bei der H(haltbaren)-Milch handelt es sich um eine Milch, die auf 135°–150 °C etwa 2–9 s erhitzt wird (TEUBER, 1983). Bei dieser Temperatur können nur einige Sporen der Bakterien überleben. Dagegen werden hitzestabile Enzyme der in der Rohmilch vorkommenden gramnegativen Bakterien nicht vollständig inaktiviert. Folgende D-Werte wurden für eine von Pseudomonas fluorescens gebildete Proteinase nachgewiesen (KROLL und KLOSTERMEYER, 1984): $D_{140\,°C} = 124$ s; $D_{150\,°C} = 54$ s.

Verderb von H-Milch:
Bildung von Peptiden (bitterer Geschmack) durch Proteasen und Ausfällung von Eiweiß (Süßgerinnung).

4.4 Kondensmilch

Natürlich konzentrierte Milch wird in der Packung sterilisiert und bietet i.d.R. keine mikrobiologischen Probleme.

4.5 Milchpulver, Molkenpulver, Caseinate

Die Trocknung erfolgt vorwiegend in Sprühtürmen. Obwohl die Einlaßtemperatur der Heißluft in den Türmen ca. 180 °C und die Austrittstemperatur der Abluft ca. 90 °C betragen, erreicht das Pulver wegen der Kühlung durch die Verdunstungskälte des verdunsteten Wassers nur eine Temperatur von etwa 70 °C. Das bedeutet, daß die gleichen Mikroorganismen wie bei der Kurzzeiterhitzung überleben können.

Häufiger werden im Milchpulver nachgewiesen: *Streptococcus salivarius ssp. thermophilus (= Sc. thermophilus), Enterococcus faecium* und *Microbacterium lacticum* (TEUBER, 1983).

4.6 Fermentierte Milchprodukte

Bei den fermentierten Milchprodukten wird durch den Einsatz von Starterkulturen die unerwünschte Mikroflora unterdrückt und durch die Vermehrung der Starterkulturen werden die charakteristischen Eigenschaften (Aroma, Aussehen, Textur usw.) erreicht. Beispiele für die wichtigsten Starter in Milchprodukten des westlich-europäischen Marktes sind in der Tabelle 41 aufgeführt.

Tab. 41 Beispiele für fermentierte Milchprodukte (TEUBER, 1983, HAMMES, 1988, KUNZ, 1988)

Milcherzeugnis	Starter	Funktion
Dickmilch	Str. lactis, Lc. mesenteroides ssp. cremoris	Säuerung Dicklegung
Joghurt	Str. salivarius ssp. thermophilus = S. thermophilus L. delbrueckii ssp. bulgaricus, teilweise auch: L. acidophilus, Bifidobacterium bifidum	Säuerung, Aroma, Dicklegung

Fortsetzung von Tab. 41 s. Seite 309

Fortsetzung von Tab. 41

Milcherzeugnis	Starter	Funktion
Sauerrahmbutter	Säurewecker enthält: Str. lactis, Lc. mesenteroides ssp. cremoris	Säuerung, Aroma
Saure Sahne	Str. lactis, Lc. mesenteroides ssp. cremoris	Säuerung
Kefir	Candida kefir, L. kefir, L. acidophilus, Sc. lactis	Säuerung, Aroma, Alkohol, Kohlendioxid
Frischkäse	Säurewecker oder Str. salivarius ssp. thermophilus, L. delbrueckii spp. bulgaricus	Säuerung, Aroma, Dicklegung
Sauermilchkäse (Harzer, Mainzer)	Str. lactis, Lc. mesenteroides ssp. cremoris, Brevibacterium linens oder Pen. camembertii oder Pen. caseicolum (auch Hefen, Mikrokokken und gramneg. Bakterien sind auf der Oberfläche; sie sind nicht zu beanstanden)	Säuerung, Aroma, Dicklegung
Weichkäse mit Schmierebildung (Romadur, Limburger)	Säurewecker, Brevibacterium linens	Säuerung, Aroma, Dicklegung, Schmiere
Camembert, Brie	Säurewecker, Penicillium camembertii bzw. caseicolum	Säuerung, Aroma, Dicklegung, weiße Oberfläche
Roquefort	Säurewecker, Penicilium roquefortii	Säuerung, Aroma, Farbe
Schnittkäse z. B. Emmentaler	Sc. thermophilus, L. helveticus Propionibacterium freuden- reichii	Säuerung, Aroma, Dicklegung, Lochbildung

Abkürzungen: Str. = Streptococcus; L = Lactobacillus; Lc = Leuconostoc; Pen. = Penicillium; ssp. = Subspecies
Anmerkung: Sc. lactis = Lactococcus lactis (SCHLEIFER et al., 1985)

Verderb fermentierter Milchprodukte:
- Joghurt, Kefir: Hefen und Schimmelpilze
- Frischkäse: Hefen (*Geotrichum candidum,* Schimmelpilze)
- Butter: Pseudomonaden (Waschwasser) und Schimmelpilze (Luft, Einwickler)
- Weichkäse: Verfärbungen (orange bis rot) durch *Brevibacterium linens* (FONT et al., 1986)
  Hartkäse: Frühblähung durch coliforme Bakterien; Spätblähung durch *Clostridium butyricum, Cl. tyrobutyricum* und *Cl. sporogenes;* Schimmelbelag

4.7 Untersuchung

4.7.1 Untersuchungskriterien

Die produktspezifischen Untersuchungskriterien, die i.d.R. für eine Beurteilung ausreichen, sind in der Tabelle 42 aufgeführt. In Erkrankungsfällen, bei besonderen Fragestellungen oder wenn mikrobiologische Kriterien existieren, sind weitere Untersuchungen erforderlich.

Tab. 42 Untersuchungen, die in der Regel für eine mikrobiologische Beurteilung von Milch und Milchprodukten ausreichen

Mikroorganismen	Produkte								
	P-M	H-M	Pu	Jo	Ke	Ra-P	Bu	Kä	Ra-6
Aerobe mesophile Koloniezahl	•	•	•			•	•	•	•
Enterobacteriaceen	•		•	•	•	•		•	
E. coli	•					•	•	•	•
Pseudomonaden							•		
Staph. aureus	•		•			•	•	•	•
Thermophile Milchsäurebakterien				•					
Typische „Kefir-Mikroorganismen"					•				
Bacillus cereus			•						
Hefen und Schimmelpilze				•	•			•a)	
Andere pathogene Mikroorganismen	○	○	○					○	

Erklärungen: **P-M** = Pasteurisierte Milch; **H-M:** H-Milch; **PU** = Milchpulver, Molkenpulver, Caseinate; **Jo** = Joghurt; **Ke** = Kefir; **RaP** = Rahm, pasteurisiert; **Bu** = Butter; **Kä** = Käse; **Ra-G** = Rahm geschlagen; **a** = bei nicht schimmelgereiftem Käse; • Empfohlene Untersuchung; ○ Untersuchung bei Bedarf

4.7.2 Untersuchungsmethoden

Probenahme und Probenvorbereitung

Die amtliche Sammlung von Untersuchungsverfahren nach §35 LMBG enthält Bestimmungen zur Probenvorbereitung und Untersuchungsmethoden, die zu beachten sind. Probenahme:

Bei Milch 10 ml, bei Milchprodukten 100 g. Verdünnungsflüssigkeit: 1/4 Ringerlösung (1 Volumenteil Ringerlösung + 3 Volumenteile Wasser)

Ringerlösung (Stammlösung): 9,0 g Natriumchlorid, 0,42 g Kaliumchlorid 0,24 g Calciumchlorid, wasserfrei, 0,20 g Natrium-hydrogencarbonat. Wasser zum Auffüllen auf 1000 ml. Die Bestandteile werden in Wasser gelöst und bei 121 °C 15 min sterilisiert. Es können auch handelsübliche Tabletten verwendet werden.

Homogenisierung: Milch wird geschüttelt, bei Milchprodukten werden nach gründlicher Durchmischung 10 g in einen Stomacherbeutel eingewogen, der warme (47 °C) sterile Ringerlösung (1/4 Ringerlösung) enthält.

Probenaufbereitung bei der Butteruntersuchung:
5 g Butter in 9 ml Verdünnungsflüssigkeit geben, ausschmelzen bei 45 °C im Wasserbad und 2 ml der wässrigen Phase (entspricht 1 g Butter) in 8 ml Verdünnungsflüssigkeit überführen (= Verdünnung 10^{-1}, Schweiz. Lebensmittelbuch, 1985).

Art der Untersuchung

a) Aerobe mesophile Koloniezahl
– Verfahren: Gußkultur
– Medium/Temperatur/Zeit: Plate Count Agar + 1 % Magermilchpulver, hemmstofffrei, 30 °C, 72 h
– Auswertung: Zählung aller Kolonien

b) Enterobacteriaceen
– Verfahren: Gußkultur mit Overlay
– Medium/Temperatur/Zeit: VRBD-Agar, 37 °C, 24–30 h
– Auswertung: Enterobacteriaceen bilden dunkelrote bis rotviolette Kolonien. Kolonien mit einem Durchmesser von weniger als 0,5 mm werden nicht mitgezählt. Zur Abgrenzung von Pseudomonas- und Aeromonas-Arten ist eine repräsentative Anzahl der ausgezählten Kolonien (mindestens 10 Kolonien) zu isolieren (CASO-Agar, 37 °C, 24 h) und zu bestätigen. Bestätigungsreaktionen: *Oxidase* und Fermentation von Glucose (OF-Test). Oxidase-negative und Glucose fermentativ abbauende Kulturen gelten als Enterobacteriaceen.

c) Escherichia coli
– Verfahren: MPN, 3 Röhrchen, Plattenkultur oder Membranfilter-Methode (siehe Markerorganismen III 3.1, S. 118ff)
– Medium/Temperatur/Zeit: MPN-Verfahren: Laurylsulfat-Bouillon mit MuG und Gärröhrchen, 30 °C, 24 h
– Auswertung: Röhrchen mit Fluoreszenz = *E. coli.*
Eine Bestätigung kann durchgeführrt werden: IMViC, Enterotube, API 20E o.a.

d) Pseudomonaden
– *Verfahren: Tropfplattenverfahren*
– *Medium/Temperatur/Zeit: Caseinpepton-Sojamehlpepton-Agar (CASO-Agar), 25 °C, 72 h*
– *Auswertung: Überfluten mit Oxidase-Reagenz oder Auflegen eines Filterpapiers und dieses mit Oxidase-Reagenz tränken. Pseudomonaden sind Oxidase-positiv.*

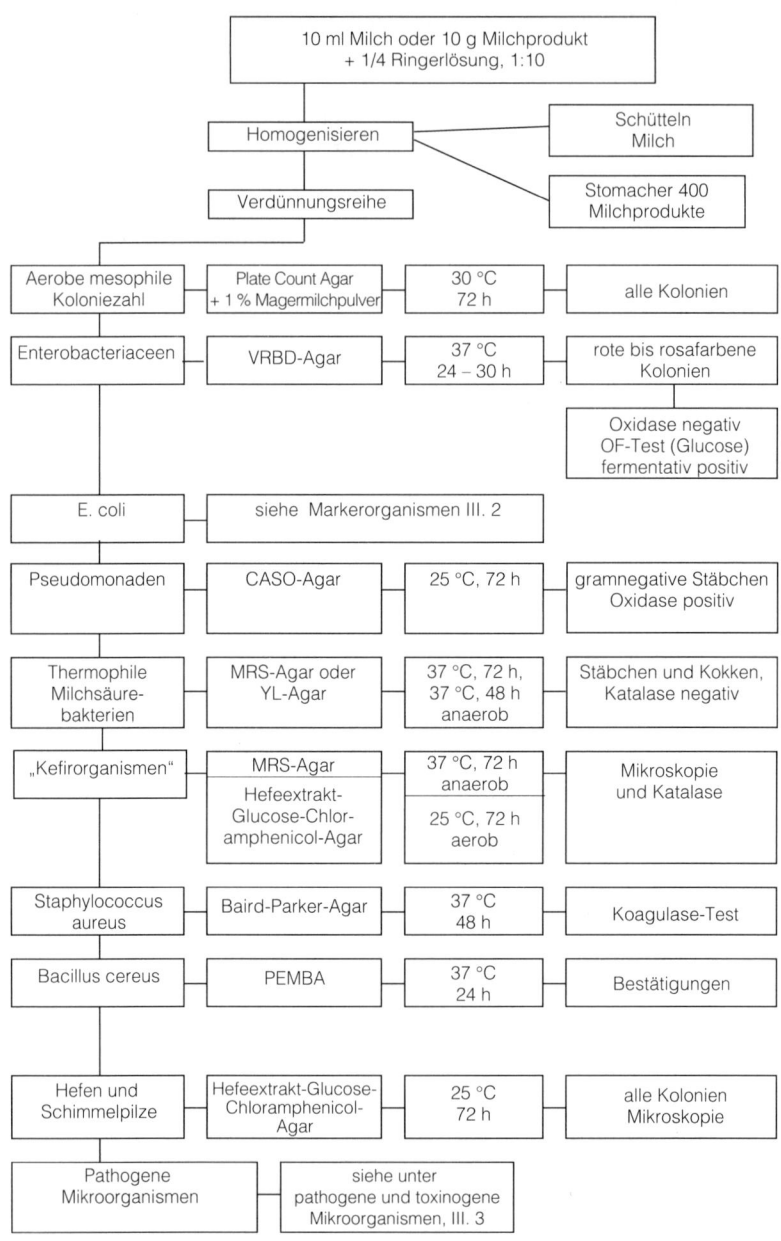

Abb. 38 Untersuchung von Milch und Milcherzeugnissen

e) Thermophile Milchsäurebakterien
- Verfahren: Tropfplattenverfahren
- Medium/Temperatur/Zeit: MRS-Agar (pH 5,6) 37 °C, 72 h, anaerob YL-Agar (Yoghurt-Lactic-Agar nach MATALON und SANDINE, 1986) 37 °C, 48 h, anaerob
- Auswertung: a) MRS-Agar, Stäbchen und Kokken, Katalase-negativ
  b) YL-Agar, *Lactobacillus delbrueckii ssp. bulgaricus* bildet große weiße Kolonien mit einem Hof, *Streptococcus salivarius ssp. thermophilus (= Str. thermophilius)* kleine weiße Kolonien ohne Hof. Bestätigung: Stäbchen und Kokken, Katalase-negativ.

f) Typische Kefirorganismen:
Die Kefirknöllchen oder die typische Kefirkultur besteht aus *Candida kefir, Lactobacillus kefir, Lactobacillus acidophilus, Streptococcus lactis.*
- Verfahren: Spatelverfahren
- Medium: MRS-Agar (pH 5,7), 37 °C, 72 h, anaerob; Hefeextrakt-Glucose-Chloramphenicol-Agar 25 °C, 72 h – 5 Tage.
- Auswertung: Mikroskopische Untersuchung der Kolonien, Katalasenachweis

g) Staphylococcus aureus
- Verfahren: Tropfplattenverfahren
- Medium/Temperatur/Zeit: Baird-Parker-Agar, 37 °C, 24–48 h
- Auswertung: Siehe unter Nachweis Koagulase-positiver Staphylokokken, III 3.2.1, S. 161

h) Bacillus cereus
- Verfahren: Spatelverfahren
- Medium/Temperatur/Zeit: Polymyxin-Eigelb-Mannit-Bromthymolblau-Agar (PEMBA), 37 °C, 24 h (+24 h Zimmertemperatur)
- Auswertung: Kolonien türkisblau, Eigelbreaktion. Bestätigung: Färbung von Lipidgranula (siehe III 3.3, S. 181).

i) Hefen und Schimmelpilze
- Verfahren: Spatelverfahren
- Medium/Temperatur/Zeit: Hefeextrakt-Glucose-Chloramphenicol-Agar, 25 °C, 72 h
- Bestätigung: Mikroskopie

j) Nachweis von Clostridien
(insbes. *C. butyricum, C. tyrobutyricum* und *C. sporogenes)* im Hartkäse
- Verfahren: MPN mit 3 Röhrchen oder Titer-Verfahren
- Medium/Temperatur/Zeit: Jeweils 9 ml BB-Lactat-Medium (SENYK et al., 1989) beimpfen, Überschichtung mit 1,5 ml 2 %igem Agar, 32 °C bis 10 Tage.

k) Pathogene Mikroorganismen:
siehe unter III. 3, S. 131–192).

4.8 Mikrobiologische Kriterien

In der Tabelle 43 sind für einige Erzeugnisse mikrobiologische Kriterien aufgeführt.

Tab. 43 Mikrobiologische Kriterien für Milch und Milcherzeugnisse

Land/Quelle	Produkt	Kriterium	Werte	Art
Schweiz VO vom 1.7.1987 i.d.F. vom 25.2.1988	Pasteurisierte Milch, Abgabe an Verbraucher	Aerobe mesophile Koloniezahl Enterobacteriaceen	100000/ml 10/ml	T T
	Sauermilch stichfest oder gerührt	Aerobe, mesophile Fremd-keime Enterobacteriaceen Hefen und Schimmelpilze (außer Kefir)	100000/g 10/g 1000/g	T T T
	Rahm, flüssig, Abgabe an Verbraucher	Aerobe, mesophile Keime Enterobacteriaceen Staph. aureus	100000/g 10/g 10/g	T T T
Bundesrepublik Deutschland VO 3.12.1987	Joghurt	Thermophile Reifungskultur (Vermehrungsoptimum 42 °C) muß überwiegen = Sc. thermophilus und L. bulgaricus (= Sc. salivarius ssp. thermophilus und L. delbrueckii ssp. bulgaricus)		G
	Kefir	Alle charakteristischen Mikroorganismen des Kefir-knöllchens müssen ent-halten sein		G
Schweiz, VO vom 1.7.1987	Milchpulver	Aerobe mesophile Keime Enterobacteriaceen Staph. aureus	50000/g 10/g 10/g	T T T
ICMSF (1986)	Milchpulver	Aerobe mesophile Keime Coliforme Bakterien	$n=5; c=2;$ $m=3 \times 10^4/g$ $M=3 \times 10^5/g$ $n=5; c=1;$ $m=10/g$ $M=100/g$	

Fortsetzung von Tab. 43 s. Seite 315

Fortsetzung von Tab. 43

Land/Quelle	Produkt	Kriterium	Werte	Art
		Salmonellen	n=5–60; (je nach Risoko) c=0; m=0	
		Staph. aureus	n=5; c=0; m=10^4/g	
EEC No. 2940/ 73	Casein; Caseinate	Aerobe Koloniezahl	M=30000/g	G
		Thermophile Mikro- organismen	M=5000/g	
Quelle: Nr. 39		Coliforme	0 in 0,1 g	
Schweiz, VO vom 1. 7. 1987 i.d.F. vom 25. 2. 1988	Hartkäse	E. coli	10/g	*
		Staph. aureus	100/g	T
		Schimmelpilze		
	Weichkäse	Enterobacteriaceen	1 Mill./g	T
		Staph. aureus	1000/g	T
	Frischkäse	Aerobe, mesophile Fremdkeime	1 Mill./g	T
		Enterobacteriaceen	1000/g	T
		Staph. aureus	100/g	T
		Schimmelpilze	1000/g	T
Canada	Käse aus pasteu- risierter Milch	E. coli	n=5, c=2, m=100/g M=2000/g	G
Quelle: Nr. 39		Staph. aureus	n=5, c=2 m=100/g M=1000/g	G
	Käse aus nicht pasteurisierter Milch	E. coli	n=5, c=2 m=500/g M=2000/g	G
		Staph. aureus	n=5, c=2, m=1000/g M=10000/g	G

Erklärungen: T = Toleranzwert; G = Grenzwert

LITERATUR

1. BECKER, H., TERPLAN, G., Bedeutung und Systematik von Enterobacteriaceae in Milch und Milchprodukten, Deutsche Molkerei-Zeitung **8**, 204–210, 1987

2. BRADSHAW, J. G., PEELER, J. T., CORWIN, J. J., HUNT, J. M., TWEDT, R. M., Thermal resistance of Listeria monocytogenes in dairy products, J. Food Protection **50**, 543–544, 1987

3. CAMERON, M. S., LEONHARD, S. J., BARRETT, E., Effect of moderately acidic pH on heat resistance of Clostridium sporoge- nes spores in phosphate buffer and in buffered pea puree, Appl. Environ. Microbiol. **39**, 943–949, 1980

4. COUSIN, M. A., Presence and activity of psychrotrophic microorganisms in milk and dairy products: A review, J. Food Protection, **45**, 172–207, 1982

5. Davies, F. L., Law, B. A., Advances in the microbiology and biochemistry of cheese and fermented milk, Elsevier Applied Science Publ. London and New York, 1984

6. De Valdez, G. F., De Giori, G. S., De ruiz Holgado, A. P., Oliver, G., An orange-reddish pigmentation in roquefort cheese, J. Food Protection **49**, 412–416, 1986

7. Engel, G., Vergleich verschiedener Nährböden zum quantitativen Nachweis von Hefen und Schimmelpilzen in Milch und Milchprodukten, Milchwiss. **37**, 727–730, 1982

8. Etoa, F.-X., Michiels, L., Heat-induced resistance of Bacillus stearothermophilus spores, Letters in appl. Microbiol. **6**, 43–45, 1988

9. Feig, S., Stersky, A. K., Characterization of a heat-resistant strain of Bacillus coagulans isolated from cream style canned corn, J. Food Sci. **46**, 135–137, 1981

10. Firstenberg-Eden, R., Rowley, D. B., Shattuck, E., Thermal inactivation and injury of Moraxella-Acinetobacter cells in ground beef, Appl. Environ. Microbiol. **39**, 159–164, 1980

11. Frevel, H.-J., Engel, G., Teuber, M., Schimmelpilze in Silage und Rohmilch, Milchwiss. **40**, 129–132, 1985

12. Hammes, W. P., Gefahren durch den Einsatz von Mikroorganismen in der Lebensmittelindustrie, Alimenta **27**, 55–59, 1988

13. Horak, F. P., Kessler, H. G., Die Abtötung meso- und thermophiler Sporen bei der Herstellung von H-Milch und H-Sahne, Chem. Mikrobiol. Technol. Lebensm. **7**, 42–50, 1981

14. Kroll, St., Klostermeyer, H., Heat inactivation of exogenous proteinases from Pseudomonas fluorescens, Z. Lebensm. Unters. Forsch. **179**, 288–295, 1984

15. Kunz, B., Grundriss der Lebensmittel-Mikrobiologie, Behr's Verlag Hamburg, 1988

16. Law, B. A., Mabbitt, L. A., New methods for controlling the spoilage of milk and milk products, in: Food Microbiology Advances and Prospects, ed. by T. A. Roberts and F. A. Skinner, Academic Press, 1983, S. 131–150

17. Lin, F. J., Morgan, J. N., Eitenmiller, R. R., Barnhart, H. M., Toledo, R. T., Maddox, F., Thermal destruction of Staphylococcus aureus in human milk, J. Food Protection **50**, 669–672, 1987

18. Martin, J. H., Symposium: Heat resistant microorganisms in Dairy food system, J. Dairy Sci. **64**, 149–156, 1981

19. Matalon, M. E., Sandine, W. E., Improved media for differentiation of rods and cocci in yoghurt, J. Dairy Sci. **69**, 2569–2576, 1986

20. Mikolajcik, E. M., Thermodestruction of Bacillus spores in milk, J. Milk Food Technol. **33**, 61–63, 1970

21. Otte, I., Tolle, A., Suhren, G., Zur Analyse der Mikroflora von Milch und Milchprodukten. 1. Zur Anzüchtung der Bakterienflora und Isolierung zu identifizierender Kolonien, Milchwiss. **34**, 85–88, 1979

22. Otte, I., Tolle, A., Hahn, G., Zur Analyse der Mikroflora von Milch und Milchprodukten. 2. Miniaturisierte Primärtests zur Bestimmung der Gattung, Milchwiss. **34**, 152–156, 1979

23. Otte, I. Tolle, A., Hahn, G., Zur Analyse der Mikroflora von Milch und Milchprodukten. 3. Zur Züchtung pathogener Bakterien und deren Identifizierung in miniaturisierten Sekundärtest-Systemen, Milchwiss. **34**, 213–217, 1979

24. Perez, B. S., Lorenzo, P. L., Garcia, M. L., Hernandez, P. E., Ordonez, J. A., Heat resistance of enterococci, Milchwiss. **34**, 724–726, 1982

25. Pitt, J. I., Hocking, A. D., Fungi and food spoilage, Academic Press, London, 1985

26. Prentice, G. A., Neaves, P., The role of micro-organisms in the dairy industry, J. appl. Bact. Symposium Supplement 1986, 43S–57S

27. Saunders, G. C., Microbiological standards for foodstuffs, Food legislation surveys No. 9, The British manufacturing industries research association, Leatherhead food, R. A., 1983

28. Schleifer, K. H., Kraus, J., Dvorak, C., Klipper-Bälz, R., Collins, M. D., Fischer, W., Transfer of Streptococcus lactis and related streptococci to the genus Lactococcus gen. nov., System. Appl. Microbiol. **6**, 183–195, 1985

29. Senyk, G. F., Scheib, J. A., Brown, J. M., Ledford, R. A., Evaluation of methods for determination of spore-formes responsible for the late gas-blowing defect in cheese, J. Dairy Sci. **72**, 360–366, 1989

30. Skinner, F. A., Hugo, W. B., Inhibition and inactivation of vegetative microbes, Academic Press, London, 1976

31. Spillmann, H., Mikrobiologisch bedingte Haltbarkeitsprobleme bei pasteurisierter Milch, Alimenta **24**, 59–68, 1985

32. Spillmann, H., Geiges, O., Identifikation von Hefen und Schimmelpilzen aus bombierten Joghurt-Packungen, Milchwiss. **38**, 129–132, 1983

33. Splittstoesser, D. F., Leasor, S. B., Swanson, K. M. J., Effect of food composition on the heat resistance of yeast ascospores, J. Food Sci. **51**, 1265–1267, 1986

34. Suhren, G., Heeschen, W., Tolle, A., Quantitative Bestimmung psychrotropher Mikroorganismen in Roh- und pasteurisierter Milch – ein Methodenvergleich Milchwiss. **37,** 594–596, 1982

35. Teuber, M., Grundriß der praktischen Mikrobiologie für das Molkereifach, Verlag Th. Mann, Gelsenkirchen-Buer, 1983

36. Westhoff, D. C., Mikrobiology of ultraligh temperature milk, J. Dairy Sci. **64,** 167–173, 1981

37. Verordnung über die hygienisch-mikrobiologischen Anforderungen an Lebensmittel, Gebrauchs- und Verbrauchsgegenstände, Schweiz, 1. 7. 87

38. Fünfte Verordnung zur Änderung der Verordnung über Milcherzeugnisse vom 3. 12. 1987, Bundesgesetzblatt, Teil I, Nr. 54, S. 2443–2454, 1987

39. Excerpts from the regulations pursuant to the food and drugs act, a statue of the government of Canada, in: An evaluation of the role of microbiological criteria for foods and food ingredients, National Academy Press, Washington D.C., 1985, S. 377-386

40. Microorganisms in foods 2 Sampling for microbiological analysis: Principles and specific applications, 2nd ed., ICMSF, University of Toronto Press, Toronto, 1986

5   Feinkosterzeugnisse

5.1   Verderbsorganismen

a) Mayonnaisen und Feinkostsalate, konserviert und unkonserviert
Hefen, Schimmelpilze, Milchsäurebakterien der Genera *Lactobacillus, Leuconostoc* und *Pediococcus*

b) Ketchup
Bacillus coagulans, Bacillus stearothermophilus. Bei Verunreinigung während der Abfüllung oder bei kalter Herstellung auch Verderb durch Hefen, Schimmelpilze, Milchsäurebakterien der Genera *Lactobacillus, Leuconostoc* und *Pediococcus,* Essigsäurebakterien.

c) Feinkostsaucen, Dressings, Würzsaucen
Verderb nur bei technologischen Fehlern und Verunreinigungen während der Abfüllung durch säuretolerante Mikroorganismen wie Hefen, Schimmelpilze, Milchsäurebakterien.

d) Pasteurisierte Feinkostsalate mit pH-Werten über 4,5
Verderb durch Clostridien und Bazillen

e) Mischsalate
Frische, verpackte Salate aus geschnittenen und gewaschenen Einzelkomponenten je nach Saison, wie Endivien, Eisbergsalat, Batavia-Salat, Frisee, Radicchio, Weißkraut, Chinakohl, Blaukraut, Karotten, Zuckermais u. a.
Verderb durch Pseudomonaden, Enterobacteriaceen, Milchsäurebakterien und Hefen.

5.2   Untersuchung

Die vorzunehmenden Untersuchungen dienen der Haltbarkeitskontrolle und in besonderen Fällen dem Nachweis von Indikatororganismen bzw. Krankheitserregern.

5.2.1 Untersuchungskriterien

Die produktspezifischen Untersuchungskriterien, die i.d.R. für eine Beurteilung ausreichen, sind in der Tabelle 44 aufgeführt. In Erkrankungsfällen, bei besonderen Fragestellungen oder beim Vorliegen mikrobiologischer Kriterien, sind weitere Untersuchungen erforderlich.

Tab. 44: Untersuchungskriterien für Feinkosterzeugnisse

Mikroorganismen	Produkte						
	May	Salate pH<4,5	Salate pH>4,5	Misch-Salate	Ketchup	Saucen Dressings	Past. Salate
Aerobe Koloniezahl			●	●	●		
Milchsäurebakterien	●	●	●	●	●[2]	●	
Hefen und Schimmelpilze	●	●	●	●	●[2]	●	
Enterobacteriaceen			●	●			
E. coli				●			
Pseudomonaden				●			
Enterokokken				○			
Essigsäurebakterien					●[2]		
Bazillen					●[1]		●
Clostridien							●
Pathogene Mikroorganismen		○	○				

Erklärungen: **May** = Mayonnaise; **Misch-S** = Mischsalate; **Past. Salate** = Pasteurisierte Salate.
● Empfohlene Untersuchung; ○ Untersuchung bei Bedarf; [1] = Pasteurisiert, [2] = Kalt hergestellt

5.2.2 Untersuchungsmethoden

Probenahme und Probenvorbereitung
Bei Großgebinden Entnahme mit sterilen Löffeln, bei Flaschen Abflammen des Halses (Flambieren mit Alkohol). Plastikschalen sind mit Alkohol (60 % Vol.) oder 2 %iger Peressig-säure (Inhalation und Kontakt mit Haut und Schleimhäuten vermeiden) zu sterilisieren und mittels steriler Schere zu öffnen.
Probenvorbereitung:
Entnommen werden mindestens 10 g, besser 50 g. Die Probe wird mit 90 ml bzw. 450 ml Verdünnungsflüssigkeit (01,% Caseinpepton, trypt., 0,85 % NaCl, pH 7,0) 1 min geschüt-telt oder im Stomacher oder mit Schneid-Misch-Geräten zerkleinert. Die Standzeit sollte 20 min nicht überschreiten. Das Anlegen der Verdünnungsreihe erfolgt in Reagenzröhrchen, bei Dressings auch Ansatz mit pH-Wert 6,0 (Probe puffern).

Art der Untersuchung

a) Aerobe Koloniezahl
– Verfahren: Tropfplattenverfahren
– Medium/Temperatur/Zeit: Standard-I-Nähragar oder CASO-Agar, 30 °C, 72 h
– Auswertung: Zählung aller Kolonien

b) Milchsäurebakterien (Keimzahlen über 10^2/g)
– Verfahren: Tropfplattenverfahren
– Medium/Temperatur/Zeit: MRS-Agar, pH 5,7; 30 °C, 72 h, anaerob
– Auswertung: Mikroskopie, Katalase-Test. Milchsäurebakterien = Grampositive Kokken oder Stäbchen, *Katalase*-negativ

c) Milchsäurebakterien, Hefen und Schimmelpilze (Keimzahlen unter 100/g)
– Verfahren: Anreicherung von 20 g Probe in 60 ml MRS-Bouillon in 150-ml-Twist-off-Gläsern
– Medium/Temperatur/Zeit: MRS-Bouillon, pH 5,7; 30 °C bis 5 Tage
– Auswertung: Kontrolle des pH-Wertes und mikroskopische Untersuchung

d) Heterofermentative (gasbildende) Milchsäurebakterien
– Verfahren: MPN-Verfahren oder Titerverfahren
– Medium/Temperatur/Zeit: MRS-Bouillon, pH 5,7, mit Durhamröhrchen, 30 °C, 72 h
– Auswertung: Mikroskopische Kontrolle der positiven Röhrchen

e) Pediokokken
Ein selektiver Nachweis von Pediococcus acidilactici und P. pentosaceus ist mit dem Membranverfahren unter Verwendung des modifizierten MRS-Agars (MRSD-Medium nach HOLLEY und MILLARD, 1988) möglich (siehe unter Nachweis von Pediokokken III 1.7).

f) Hefen und Schimmelpilze
– Verfahren: Spatelverfahren
– Medium/Temperatur/Zeit: Malzextrakt-Agar oder Hefeextrakt-Glucose-Chloramphenicol-Agar, 25 °C,
– Auswertung: Mikroskopie

g) Essigsäurebakterien (Keimzahlen unter 100/g)
– Verfahren: Anreicherung von 20 g Probe in 60 ml Malzextrakt-Bouillon + 3 ml Ethanol (96 %ig), Subkultur auf ACM-Agar oder DSM-Agar nach 10tägiger Bebrütung bei 25 °C
– Medium/Temperatur/Zeit: Malzextrakt-Bouillon + Ethanol, ACM- oder DSM-Agar, 25 °C, 10 Tage
– Auswertung: Gramnegative Stäbchen, *Katalase*-positiv (siehe auch Nachweis von Essigsäurebakterien)

h) Essigsäurebakterien (Keimzahlen über 10^2/g)
– Verfahren: Spatelverfahren
– Medium/Temperatur/Zeit: ACM- oder DSM-Agar, 25 °C, bis 10 Tage
– Auswertung: Gramnegative Stäbchen, *Katalase*-positiv, *Oxidase* schwach positiv (siehe Nachweis von Essigsäurebakterien)

i) Enterobacteriaceen
- Verfahren: Tropfplattenverfahren
- Medium/Temperatur/Zeit: VRBD-Agar, 30 °C, 48 h, anaerob
- Auswertung: Zählung aller Kolonien mit Durchmesser über 1 mm

Bei anaerober Bebrütung können sich auch Pseudomonaden vermehren (Durchmesser der Kolonie unter 1 mm).

j) Pseudomonaden
- Verfahren: Tropfplattenverfahren
- Medium/Temperatur/Zeit: CASO-Agar, 25 °C, 72 h
- Auswertung: Oxidasereaktion, Pseudomonaden sind Oxidase-positiv

k) Thermophile Bazillen
- Verfahren: Anreicherung von 20 g in 60 ml CASO-Bouillon, Subkultur auf CASO-Agar
- Medium/Temperatur/Zeit: CASO-Bouillon, 54 °C, 72 h, Subkultur (Ösenausstrich) auf CASO-Agar, 54 °C, 72 h
- Auswertung: Grampositive bis gramvariable Stäbchen, *Katalase*-positiv, Sporen

l) Mesophile Clostridien (Keimzahlen unter 100/g)
- Verfahren: MPN-Verfahren, 3 Röhrchen, 1 g, 0,1 g, 0,01 g Probe
- Medium/Temperatur/Zeit: DRCM-Bouillon, Überschichtung mit Paraffin/Vaseline, 37 °C, 3–5 Tage
- Auswertung: Entsprechend MPN-Tabelle. Schwarze Röhrchen = positiv

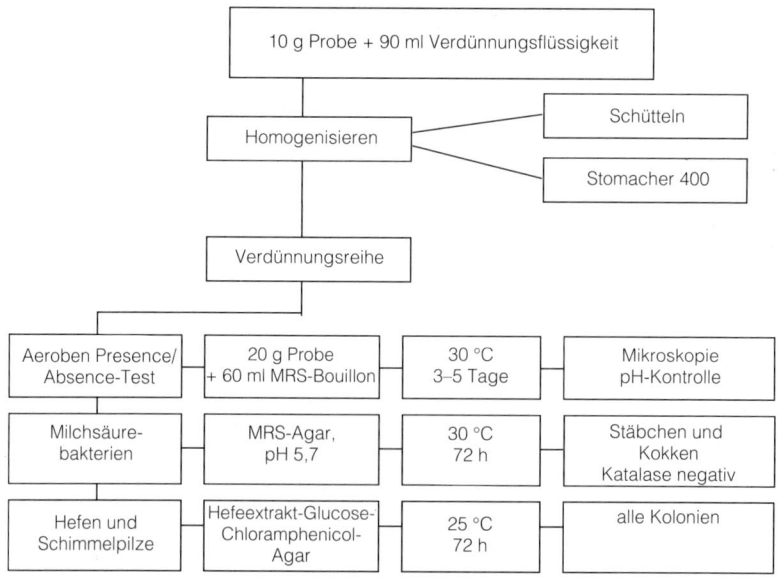

Abb. 39   Routineuntersuchung von Feinkosterzeugnissen

m) Mesophile Clostridien (Keimzahlen über 10^2/g)
– Verfahren: Gußkultur
– Medium/Temperatur/Zeit: SCA-Agar, 37 °C, 3–5 Tage, anaerob
– Auswertung: Auszählung der schwarzen Kolonien

n) Pathogene Mikroorganismen
siehe unter III. 3

5.3 Mikrobiologische Kriterien

CIMSCEE (Comitee des Industries des Mayonnaises et Sauces Condimentaires de la C.E.E.)
Mikroorganismen in Feinkostsaucen

Gesamtkeimgehalt	max.	100000/g
E. coli	unter	10/g
Staph. aureus	max.	100/g
Clostridium perfringens	max.	10/g
Salmonellen	abwesend in	25 g

Niederlande (SAUNDERS, 1983)

Salate:
Keine pathogenen Mikroorganismen und Toxine, Koagulase-positive Staphylokokken max. 500/g, Enterobacteriaceen max. 1 000/g

Mayonnaise:
Keine pathogenen Mikroorganismen und Toxine
Enterobacteriaceen neg. in 0,1 g

DGHM (Deutsche Gesellschaft für Hygiene und Mikrobiologie, 1989)

Mischsalate:
Richtwerte bei Abgabe an Verbraucher

Aerobe Koloniezahl (Bebrütungstemp. 25 °C)	5×10^7/g
E. coli	10^3/g
Salmonellen und Shigellen	negativ in 25 g

LITERATUR

1. BAUMGART, J., Verderb von Feinkostsalaten, Fleischw. **61,** 1353–1355, 1981
2. BAUMGART, J., WEBER, B., HANEKAMP, B., Mikrobiologische Stabilität von Feinkosterzeugnissen, Fleischw. **63,** 93–94, 1983
3. BAUMGART, J., HIPPE, H., WEBER, B., Verderb pasteurisierter Feinkostsalate durch Clostridien, Chem. Mikrobiol. Technol. Lebensm. **8,** 109–114, 1984
4. HILDEBRANDT, G., BENEKE, B., EROL, J., MÜLLER, A., Hygienischer Status von Rohkostsalaten verschiedener Angebotsformen, Arch. Lebensmittelhyg. **40,** 66–68, 1989
5. HOLLEY, R. A., MILLARD, G. E., Use of MRSD medium and the hydrophobic grid membrane filter technique to differ-

entiate between pedioococci and lactobacilli in fermented meat and starter cultures, Int. J. Food Microbiol. **7,** 87–102, 1988

6. SAUNDERS, G. L., Microbiological standards for foodstuffs, The British food manufacturing industries research association, food legislation surveys, No. 9, Juli 1983, Leatherhead Food R. A., ISSN 0144–2406

7. ZSCHALER, R., STECKOWSKI, U., BAUMGART, J., TÄUBRICH, F., ROEDER, I., Feinkostprodukte, in: Sammlung von Vorschriften zur mikrobiologischen Untersuchung von Lebensmitteln, herausgegeben von W. SCHMIDT-LORENZ, Verlag Chemie, Weinheim, 1980

6 Getrocknete Lebensmittel

Bei der Trocknung kommt es zu einer Senkung des a_W-Wertes unterhalb von 0,60 und so zur Verhinderung eines mikrobiellen Verderbs. Die Mikroorganismen, die in getrockneten Produkten noch nachgewiesen werden, stammen von der Rohware und aus Verunreinigungen während der Trocknung und Abfüllung. Die Anzahl der Mikroorganismen und die vorkommenden Genera und Species im Endprodukt hängen vom Keimgehalt der Rohware und der Wirksamkeit der Behandlung bis zur Trocknung ab (z. B. Waschen und Blanchieren von Gemüse).

Durch den Trocknungsprozeß werden zahlreiche Mikroorganismen abgetötet, viele überleben und zahlreiche werden geschädigt (MOSSEL und CORRY, 1977). Die geschädigten Mikroorganismen werden bei den üblichen Nachweisverfahren nicht erfaßt. Dies gilt besonders für *Escherichia coli* und die Salmonellen, aber auch für *Staphylococcus aureus,* Streptokokken u. a. Eine Regeneration (Resuscitation) der subletal geschädigten Zellen ist notwendig, wenn alle Zellen nachgewiesen werden sollen (RAY, 1979, ANDREW and RUSSEL, 1984).

6.1 Untersuchung

6.1.1 Untersuchungskriterien

Die vorzunehmenden Untersuchungen sollen besonders diejenigen Mikroorganismen erfassen, die in den zubereiteten Erzeugnissen zum Verderb oder zur Erkrankung führen können und die Hygienemängel bzw. technologische Fehler bei der Herstellung anzeigen.

a) Gewürze für Lebensmittel, die durch Hitze konserviert werden
– Aerobe Sporenzahl
– Anaerobe Sporenzahl

b) Gewürze für Milchprodukte, wie Quark und Joghurt
– Hefen und Schimmelpilze

c) Gewürze für Feinkosterzeugnisse
– Milchsäurebakterien
– Hefen und Schimmelpilze

d) Milchpulver
- Aerobe mesophile Koloniezahl
- Enterobacteriaceen
- Koagulase-positive Staphylokokken
- Hefen und Schimmelpilze
- Salmonellen bei Instantpulver

e) Trockensuppen
- Aerobe mesophile Koloniezahl
- *Escherichia coli*
- Koagulase-positive Staphylokokken

In Verdachtsfällen einer Erkrankung: Salmonellen, *Bacillus cereus, Clostridium perfringens*

f) Instantsuppen
- Aerobe mesophile Koloniezahl
- *Escherichia coli*
- Koagulase-positive Staphylokokken
- Salmonellen

g) Dickungsmittel für Mayonnaisen
- Milchsäurebakterien
- Hefen und Schimmelpilze

h) Trockengemüse, blanchiert
- Aerobe mesophile Koloniezahl
- Enterobacteriaceen
- *Bacillus cereus*
- Hefen und Schimmelpilze

Bei blanchiertem oder auf sonstige Art vor der Trocknung erhitztem Gemüse kann die Anwesenheit hoher Enterobacteriaceen-Zahlen auf eine ungenügende Blanchierung hinweisen. *Bacillus cereus* kann besonders bei Kartoffel- und Zwiebelpulver nachgewiesen werden. Bei nicht blanchierten Gemüsearten, wie Spargel, kann der Nachweis hoher Hefezahlen eine nicht sorgfältige Behandlung vor dem Trocknen anzeigen.

6.1.2 Untersuchungsmethoden

Probenahme und Probenvorbereitung
10 g Probe zu 90 ml Verdünnungsflüssigkeit (01, % Caseinpepton, trypt., 0,85 % Kochsalz), Homogenisieren der Probe, Anlegen der Verdünnungsreihe.

Art der Untersuchung

a) Aerobe mesophile Koloniezahl
- Verfahren: Tropfplattenverfahren
- Medium/Temperatur/Zeit: Plate Count Agar, 30 °C, 3 Tage
- Auswertung: Alle Kolonien

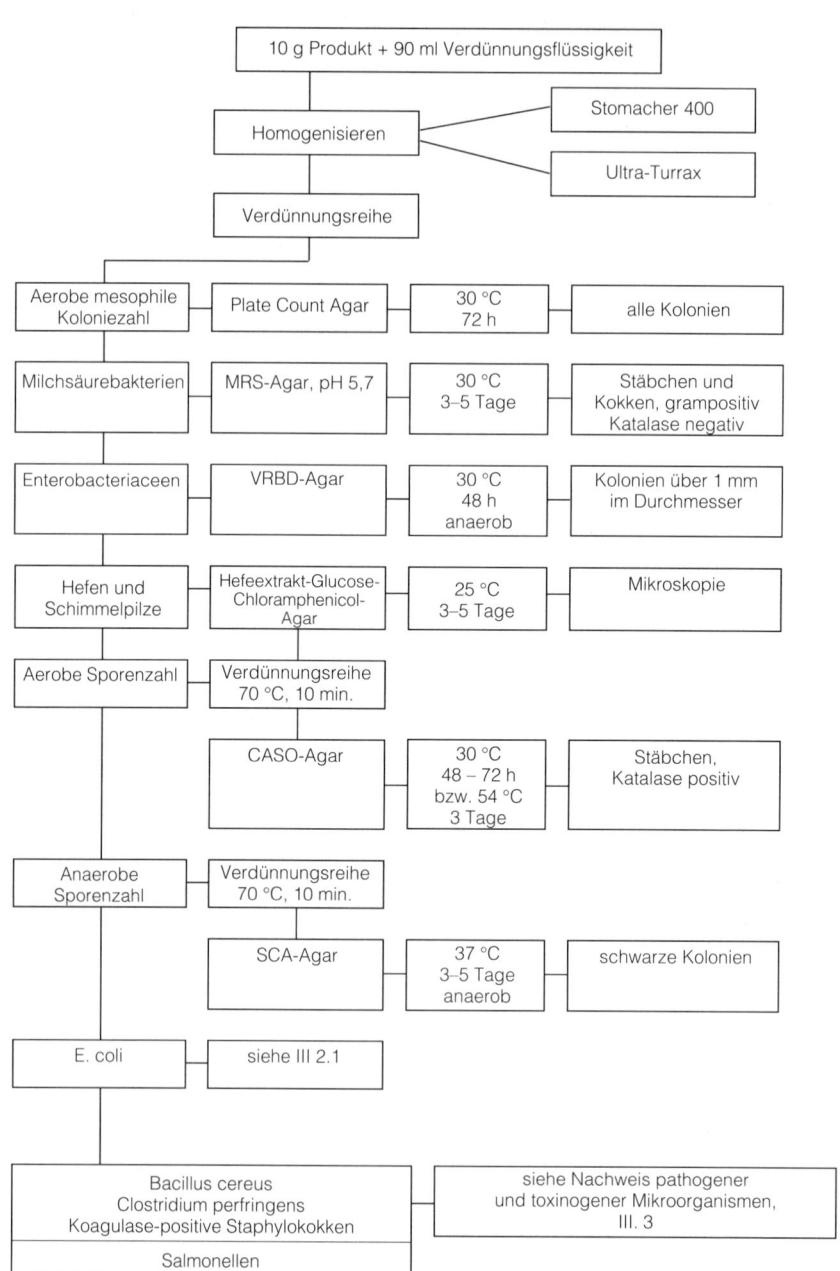

Abb. 40 Untersuchung getrockneter Lebensmittel

b) Milchsäurebakterien
– Verfahren: Tropfplattenverfahren
– Medium/Temperatur/Zeit: MRS-Agar, pH 5,7, 30 °C, 3–5 Tage, anaerob
– Auswertung: Grampositive, Katalase-negative Stäbchen und Kokken

c) Enterobacteriaceen
– Verfahren: Tropfplattenverfahren
– Medium/Temperatur/Zeit: VRBD-Agar, 30 °C, 48 h, anaerob
– Auswertung: Alle Kolonien mit einem Durchmesser über 1 mm. Bei anaerober Bebrütung
  können sich auch Pseudomonaden vermehren (Durchmesser der Kolonien unter 1 mm).

d) *Escherichia coli*
Nachweis siehe unter III 2.1

e) Hefen und Schimmelpilze
– Verfahren: Spatelverfahren
– Medium/Temperatur/Zeit: Hefeextrakt-Glucose-Chloramphenicol-Agar, 25 °C,
  3–5 Tage
– Auswertung: Mikroskopie

f) Aerobe Sporenzahl
– Verfahren: Erhitzung der Verdünnungsreihe auf 70 °C für 10 min, Spatelverfahren
– Medium/Temperatur/Zeit: CASO-Agar, 30 °C, 2–3 Tage für die mesophilen Bazillen und
  54 °C (feuchte Kammer), 72 h für thermophile Bazillen
– Auswertung: Grampositive bis gramvariable Stäbchen, *Katalase*-positiv

g) Anaerobe Sporenzahl
– Verfahren: Erhitzung der Verdünnungsreihe auf 70 °C für 10 min, Gußkultur, anaerobe
  Bebrütung
– Medium/Temperatur/Zeit: SCA-Agar, 37 °C, 3–5 Tage
– Auswertung: Schwarze Kolonien, Katalase-negative Stäbchen, Sporen

h) *Bacillus cereus, Clostridium perfringens,* Koagulase-positive Staphylokokken und Salmonellen
– Verfahren/Medium/Temperatur/Zeit: Siehe Nachweis pathogener und toxinogener Mikroorganismen, III. 3

6.2 Mikrobiologische Kriterien

Tab. 45 Mikrobiologische Kriterien für getrocknete Lebensmittel

Land/Quelle	Produkt	Kriterien
Internationale Vereinigung der Suppenindustrie (AIIBP, 1977)	Instantsuppen	Aerobe Keime max. 100 000, *E. coli* unter 10, *Staph. aureus* max. 100, *Cl. perfringens*-Sporen max. 10, Salmonellen neg. in 25 g
	Suppen, die vorher zu kochen sind	*Staph. aureus* max. 100, *Cl. perfringens*-Sporen max. 10, Salmonellen neg. in 25 g
Schweiz (VO 1987)	Suppen, nicht genußfertig (vor dem Genuß zu kochen)	*E. coli* 100, *Staph. aureus* 1 000
Bundesrepublik Deutschland (VO 1982)	Diätetische Lebensmittel, hergestellt unter Verwendung von Milch, Milcherzeugnissen oder Milchbestandteilen	Aerobe Keime unter 50 000, *E. coli* und Coliforme neg. in 0,01 g Aerobe Sporenbildner neg. in 0,1 g
Bundesrepublik Deutschland (VO 1983)	Gelatine für Behandlung von Wein	Aerobe Keime max. 10 000, Coliforme neg. in 0,1 g, *E. coli* und Clostridien neg. in 1 g
ICMSF 1986 (16)	Instantprodukte	Aerobe Koloniezahl $n=5$; $c=1$; $m=10$, $M=10^5$ Coliforme Bakterien $n=5$; $c=1$; $m=10$; $M=10^2$ Salmonellen $n=60$; $c=0$; $m=0$
	Trockenprodukte, die vor dem Verzehr erhitzt werden müssen	Aerobe Koloniezahl $n=5$; $c=3$; $m=10^5$; $M=10^6$ Coliforme Bakterien $n=5$; $c=3$; $m=10$; $M=10^2$ Salmonellen $n=15$; $c=0$; $m=0$

Fortsetzung von Tab. 45 s. Seite 327

Tab 45 Fortsetzung: Mikrobiologische Kriterien

Land/Quelle	Produkt		Richtwerte	Warnwerte
Bundesrepublik	Gewürze;			
Deutschland	Abgabe an	Staph. aureus	$1,0 \times 10^2$	$1,0 \times 10^3$
DGHM, 1988 (15)	Verbraucher	Bac. cereus	$1,0 \times 10^4$	$1,0 \times 10^5$
	oder Lebens-	E. coli	$1,0 \times 10^4$	–
	mitteln zugesetzt	Sulfitreduzierende	$1,0 \times 10^4$	$1,0 \times 10^5$
	und keinem keim-	Clostridien		
	reduzierenden	Schimmelpilze	$1,0 \times 10^5$	$1,0 \times 10^6$
	Verfahren unterworfen	Salmonellen	–	n.n. in 25 g
	Kochprodukte,	Aerobe Koloniezahl	$1,0 \times 10^7$	–
	Trockensuppen,	Staph. aureus	$1,0 \times 10^2$	$1,0 \times 10^3$
	Trockeneintöpfe,	Bac. cereus	$1,0 \times 10^4$	$1,0 \times 10^5$
	Trockensoßen	E. coli	$1,0 \times 10^3$	$1,0 \times 10^4$
		Sulfitreduzierende		
		Clostridien	$1,0 \times 10^4$	$1,0 \times 10^5$
		Schimmelpilze	$1,0 \times 10^4$	$1,0 \times 10^5$
		Salmonellen	–	n.n. in 25 g
	Instantprodukte	Aerobe Koloniezahl	$1,0 \times 10^6$	–
		Staph. aureus	$1,0 \times 10^2$	$1,0 \times 10^3$
		Bac. cereus	$1,0 \times 10^4$	$1,0 \times 10^5$
		E. coli	$1,0 \times 10^2$	$1,0 \times 10^3$
		Sulfitreduzierende		
		Clostridien	$1,0 \times 10^4$	$1,0 \times 10^5$
		Schimmelpilze	$1,0 \times 10^4$	$1,0 \times 10^5$
		Salmonellen	–	n.n. in 25 g

Anmerkungen: Keimzahlangaben pro g; n.n. = nicht nachweisbar

LITERATUR

1. ANDREW, M. H. E., RUSSEL, A. D., The revival of injured microbes, Academic Press, 1984
2. BECKERS, H. J., VAN LEUSDEN, F. M., ROBERTS, D., PIETZSCH, O., PRICE, T. H., VAN SCHOTHORST, M., TIPS, P. D., VASSILIADIS, P., KAMPELMACHER, E. H., Collaborative study on the isolation of Salmonella from artifically contaminated milk powder, J. appl. Bact. **59**, 35–40, 1985
3. ESCHMANN, K. H., Getrocknete Lebensmittel, Arch. Lebensmittelhyg. **21,** 126–131, 1970
4. KAMPELMACHER, E. H., INGRAM, M., MOSSEL, D. A. A., The Microbiology of dried foods. Proceedings of the sixth international symposium on food microbiology. Bilthoven, Niederlande, 1968, Grafische Industrie Haarlem, Niederlande, 1969
5. MOSSEL, D. A. A., CORRY, JANET, E. L., Detection and enumeration of sublethally injured pathogenic and index bacteria in foods and water processed for safety, Alimenta-Sonderausgabe 1977, S. 19–34
6. MÜLLER, H. E., Vergleichende Untersuchungen an verschiedenen Flüssigmedien zur Voranreicherung von Salmonellen in Milchpulver, Zbl. Bakt. Hyg., I. Abt. Orig. B **168,** 367–376, 1979
7. RAY, B., Methods to detect stressed microorganisms, J. Food Protection **42,** 346–355, 1979

8. Ruschke, R., Probleme der produktionshygienischen Qualitätssicherung von Lebensmitteln, insbesondere pflanzlicher Herkunft, Zbl. Bakt. Hyg., I. Abt. Orig. B **162,** 409–448, 1976

9. Ruschke, R., Probleme der produktionshygienischen Qualitätssicherung von Lebensmitteln, insbesondere pflanzlicher Herkunft, II. Mitteilung: Hygienisch-mikrobiologische Forderungen-Grenzen und Grenzwerte in der Praxis, Zbl. Bakt., I. Abt. Orig. B **170,** 143–184, 1980

10. Ruschke, R., Salmonella-Abtötung durch Wärme bei der Zubereitung von Lebensmittel-Trockenprodukten, Zbl. Bakt. Hyg., I. Abt. Orig. B **170,** 529–538, 1980

11. Zschaler, R., Nachweis von Mikroorganismen. Untersuchungsmethoden und Beurteilungskriterien bei getrockneten sowie begasten Lebensmitteln, Ernährungswirtschaft **9,** 61–67, 1979

12. Verordnung über diätetische Lebensmittel (Diätverordnung) vom 21. 1. 1982, Bundesrepublik Deutschland

13. Wein-Verordnung vom 4. 8. 1983, Bundesrepublik Deutschland

14. Microbial specifications for dry soups, Association Internationale d'Industrie des Bouillons et Potages (AIIBP), Alimenta **16,** 191–193, 1977

15. Mikrobiologische Richt- und Warnwerte zur Beurteilung von Lebensmitteln: Eine Empfehlung der Arbeitsgruppe der Kommission Lebensmittel-Mikrobiologie und -Hygiene der Deutschen Gesellschaft für Hygiene und Mikrobiologie, Bundesgesundheitsblatt 31 Nr. 3, 93–94, 1988

16. Microorganisms in foods 2, Sampling for microbiological analysis: Principles and specific applications, 2nd ed., The International Commission on Microbiological Specifications for Foods (ICMSF), University of Toronto Press, 1986

17. Verordnung über die hygienische-mikrobioloischen Anforderungen an Lebensmittel, Gebrauchs- und Verbrauchsgegenstände, Schweiz, 1. 7. 1987

7 Fertiggerichte

7.1 Definition

Es hat in der Vergangenheit nicht an Vorschlägen zur Definition des Begriffes Fertiggerichte gefehlt; eine Einigung konnte bisher nicht erzielt werden. Nach Paulus (1978) sind Fertiggerichte Lebensmittel,

– die durch entsprechende Behandlung und Verarbeitung einschließlich Konservierung alle erforderlichen Prozeßphasen der Verarbeitung durchlaufen haben und eine gewisse Haltbarkeit aufweisen,

– die direkt oder nach dem Erwärmen auf Eßtemperatur gegessen werden können und

– die entweder allein oder in Kombination mit anderen entsprechend vorbehandelten Komponenten eine komplette Mahlzeit darstellen.

7.2 Untersuchung

7.2.1 Probenahme und Probenvorbereitung

Untersucht werden alle Einzelkomponenten. Jeweils 10 g oder 40 g werden mit 90 bzw. 360 ml Verdünnungsflüssigkeit homogenisiert.

7.2.2 Art der Untersuchung

a) Aerobe mesophile Koloniezahl
- Verfahren: Tropfplattenverfahren
- Medium/Temperatur/Zeit: Plate Count Agar, 30 °C, 72 h
- Auswertung: Alle Kolonien

b) Enterobacteriaceen
- Verfahren: Tropfplattenverfahren
- Medium/Temperatur/Zeit: VRBD-Agar, 30 °C, 48 h, anaerob
- Auswertung: Alle Kolonien mit einem Durchmesser über 1 mm. Bei anaerober Bebrütung können auch Pseudomonaden wachsen (Durchmesser der Kolonie unter 1 mm). Es wird empfohlen, einen Pseudomonadenstamm als Kontrolle mitzuführen.

c) *Escherichia coli*
- Verfahren: MPN-Verfahren
- Medium/Temperatur/Zeit: Laurylsulfat-Bouillon mit MUG und Durham-Röhrchen, 30 °C, 24 h
- Auswertung: Röhrchen mit Fluorezenz und Indolbildung (siehe III. 2.1).

d) *Bacillus cereus*
- Verfahren: Spatelverfahren
- Medium/Temperatur/Zeit: PEMBA-Agar, 30 °C, 24–48 h
- Auswertung: Siehe unter Nachweis von *Bacillus cereus,* III. 3.

e) Koagulase-positive Staphylokokken
- Verfahren: Tropfplattenverfahren
- Medium/Temperatur/Zeit: Baird-Parker-Agar, 37 °C, 24–48 h
- Auswertung: Siehe unter Nachweis von Koagulase-positiven Staphylokokken, III. 3

f) *Clostridium perfringens*
- Verfahren: Gußkultur
- Medium/Temperatur/Zeit: TSC-Agar, 37 °C, 48 h, anaerob
- Auswertung: Siehe unter Nachweis von *Clostridium perfringens,* III. 3.

g) Enterokokken
- Verfahren: Tropfplattenverfahren
- Medium/Temperatur/Zeit: m-Enterococcus-Agar, CATC-Agar oder KF-Streptococcus-Agar, 37 °C, 48 h
- Auswertung: Rote Kolonien, Kokken, *Katalase*-negativ. Bestätigung: Vermehrung in Hirn-Herz-Bouillon mit 6,5 % Kochsalz und bei pH 9,6 (siehe auch unter Nachweis von Enterokokken, III. 2.)

h) Mesophile Clostridien
- Verfahren: Gußkulktur
- Medium/Temperatur/Zeit: SCA-Agar, 37 °C, 72 h, anaerob
- Auswertung: Auszählung der schwarzen Kolonien. Bestätigung: Prüfung von Reinkulturen (Stäbchen, *Katalase*-negativ, Sporen).

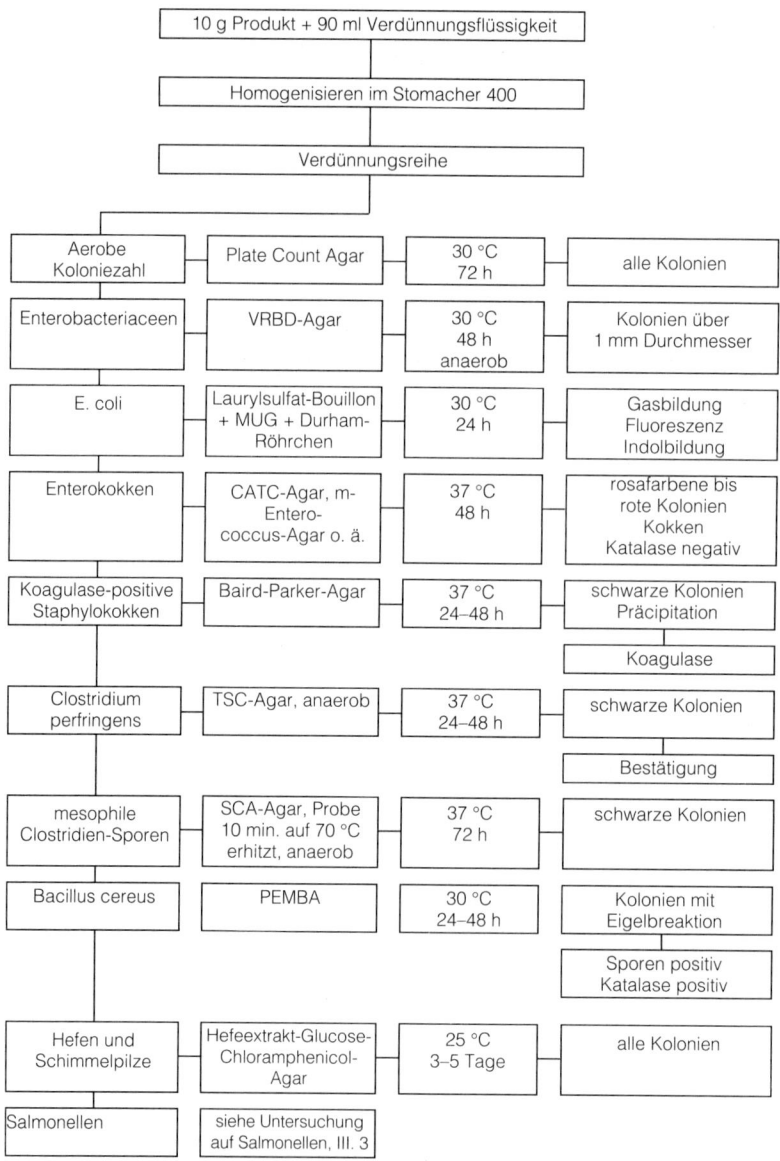

| 10 g Produkt + 90 ml Verdünnungsflüssigkeit |
| Homogenisieren im Stomacher 400 |
| Verdünnungsreihe |

Aerobe Koloniezahl	Plate Count Agar	30 °C 72 h	alle Kolonien
Enterobacteriaceen	VRBD-Agar	30 °C 48 h anaerob	Kolonien über 1 mm Durchmesser
E. coli	Laurylsulfat-Bouillon + MUG + Durham-Röhrchen	30 °C 24 h	Gasbildung Fluoreszenz Indolbildung
Enterokokken	CATC-Agar, m-Entero-coccus-Agar o. ä.	37 °C 48 h	rosafarbene bis rote Kolonien Kokken Katalase negativ
Koagulase-positive Staphylokokken	Baird-Parker-Agar	37 °C 24–48 h	schwarze Kolonien Präcipitation
			Koagulase
Clostridium perfringens	TSC-Agar, anaerob	37 °C 24–48 h	schwarze Kolonien
			Bestätigung
mesophile Clostridien-Sporen	SCA-Agar, Probe 10 min. auf 70 °C erhitzt, anaerob	37 °C 72 h	schwarze Kolonien
Bacillus cereus	PEMBA	30 °C 24–48 h	Kolonien mit Eigelbreaktion
			Sporen positiv Katalase positiv
Hefen und Schimmelpilze	Hefeextrakt-Glucose-Chloramphenicol-Agar	25 °C 3–5 Tage	alle Kolonien
Salmonellen	siehe Untersuchung auf Salmonellen, III. 3		

Abb. 41   Untersuchung von Fertiggerichten

i) Hefen und Schimmelpilze
– Verfahren: Spatelverfahren
– Medium/Temperatur/Zeit: Hefeextrakt-Glucose-Chloramphenicol-Agar, 25 °C, 3–5 Tage
– Auswertung: Auszählung aller Kolonien, mikroskopische Kontrolle.

j) Salmonellen
– Verfahren: Siehe unter Nachweis von Salmonellen, III. 3.

LITERATUR
1. Mohs, H.-J., Fertiggerichte, in: Sammlung von Vorschriften zur mikrobiologischen Untersuchung von Lebensmitteln, herausgegeben von W. Schmidt-Lorenz. Verlag Chemie, Weinheim, 4. Auslieferung, 1983
2. Schmidt-Lorenz, W., Fertig-Gerichte-Mikrobiologische Aspekte. Dtsch. Lebensmittel Rdsch. **71,** 13–19, 1975
3. Paulus, K., Analyse der Herstellungstechnologie von Fertiggerichten, Zschr. Lebensmittel-Technologie und -Verfahrenstechnik **29,** 157–162, 1978

8   Kristall- und Flüssigzucker

8.1   Vorkommende Mikroorganismen

Zucker ist in der Regel aufgrund der Herstellungstechnologie keimarm bis keimfrei. Zur Verunreinigung kommt es beim Kristallzucker i. d. R. aus der Luft beim Prozeß des Zentrifugierens, der Kühlung und Trocknung. Flüssigzucker, der durch Auflösen von kristallinem Zukker, Feinstfiltration und Erhitzung oder durch Behandlung mit Ionenaustauschern und anschließender Sterilfiltration hergestellt wird, kann beim Abfüllen in Transporttanks verunreinigt werden. Häufiger vorkommende Mikroorganismen: Bazillen, Clostridien, Hefen, Schimmelpilze, Milchsäurebakterien, gramnegative Bakterien. Besonders bedeutend sind die schleimbildenden Mikroorganismen: *Leuconostoc (Lc.) mesenteroides, Lc. dextranicum, Lactobacillus confusus, Bacillus licheniformis* und schleimbildende Hefen.

8.2   Untersuchung

Die Methoden sind besonders auf die weiterverarbeitende Industrie abgestellt. Die Zuckerindustrie selbst untersucht nach den Empfehlungen der ICUMSA (International Commission for Uniform Methods of Sugar Analysis).

8.2.1 Untersuchungskriterien

Da Zucker durch Mikroorganismen nicht verdirbt, bezweckt die Untersuchung nur den Nachweis derjenigen Mikroorganismen, die im Endprodukt zum Verderb führen können.

a) Zucker für Getränke
– Milchsäurebakterien, besonders des Genus *Leuconostoc*
– Hefen und Schimmelpilze

b) Zucker für Feinkosterzeugnisse
– Milchsäurebakterien
– Hefen und Schimmelpilze

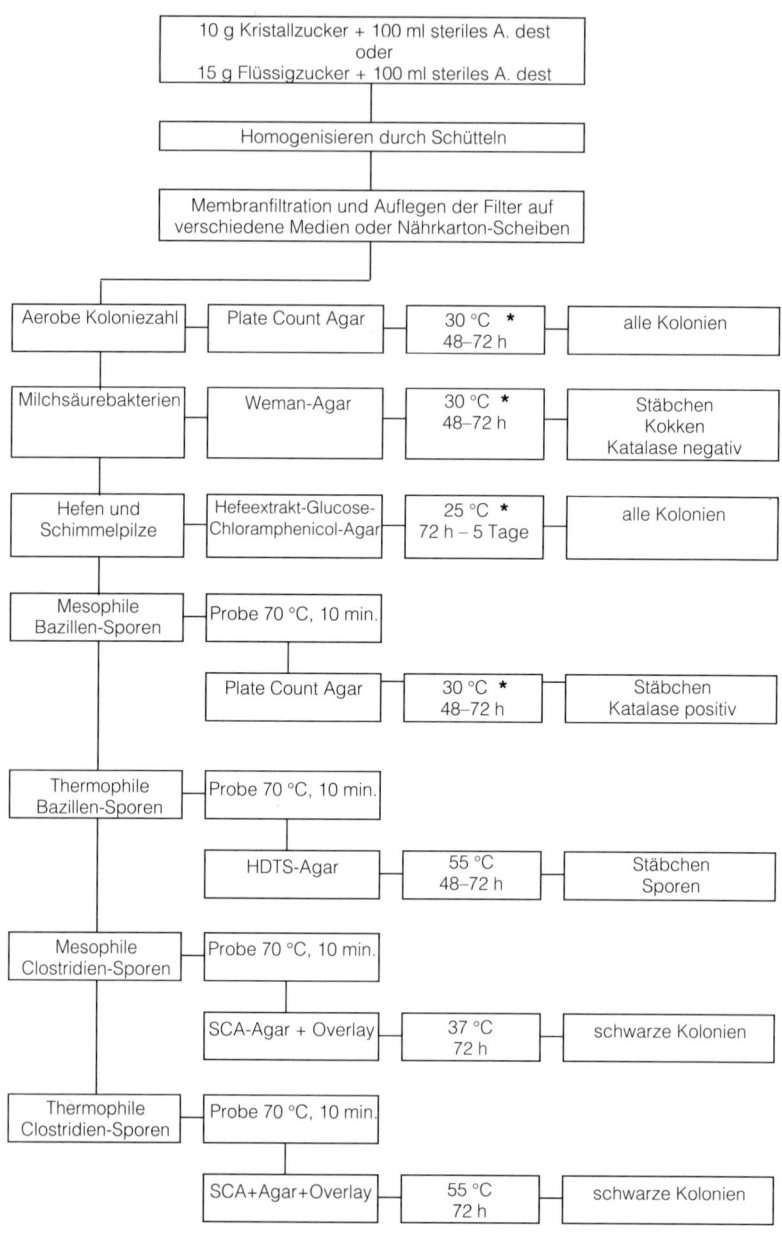

* Für Nährkartenscheiben gilt eine kürzere Bebrütungszeit

Abb. 42 Untersuchung von Kristall- und Flüssigzucker

c) Zucker für Süßwaren
– Hefen und Schimmelpilze

d) Zucker für Fruchtkonserven
– Hefen und Schimmelpilze

e) Zucker für schwachsaure Konserven (pH-Wert über 4,5)
– Mesophile Bazillen-Sporen
– Thermophile Bazillen-Sporen
– Mesophile Clostridien-Sporen
– Thermophile Clostridien-Sporen

8.2.2 Untersuchungsmethoden

Probenahme und Probenvorbereitung

10 g Kristallzucker oder 15 g Flüssigzucker (entsprechen etwa 10g Trockensubstanzgehalt) werden in einem sterilen 200 ml Erlenmeyerkolben eingewogen und mit sterilem A. dest auf 100 ml aufgefüllt. Der Zucker wird durch Schütteln kalt gelöst. Nach guter Durchmischung erfolgt eine Membranfiltration.

Art der Untersuchung

a) Aerobe Koloniezahl
– Verfahren: Membranfiltration
– Medium/Temperatur/Zeit: Plate Count Agar, 30 °C, 48–72 h
– Auswertung: Alle Kolonien

b) Milchsäurebakterien (bes. schleimbildende)
– Verfahren: Membranfiltration
– Medium/Temperatur/Zeit: Weman-Agar, 30 °C, 48–72 h
– Auswertung: Eine mikroskopische Kontrolle ist notwendig, da auch Bazillen, z. B. Bacillus licheniformis, schleimige Kolonien bilden und Hefen sich auf diesem Medium vermehren.

c) Hefen und Schimmelpilze
– Verfahren: Membranfiltration
– Medium/Temperatur/Zeit: Hefeextrakt-Glucose-Chloramphenicol-Agar, 25 °C, 3–5 Tage
– Auswertung: Alle Kolonien, mikroskopische Kontrolle

d) Mesophile Bazillen-Sporen
– Verfahren: Probe bei 70 °C für 10 min erhitzen, Membranfiltration
– Medium/Temperatur/Zeit: Plate Count Agar, 30 °C, 72 h
– Auswertung: Grampositive bis gramvariable Stäbchen, Sporen, *Katalase*-positiv

e) Thermophile Bazillen-Sporen
– Verfahren: Probe bei 70 °C für 10 min erhitzen, schnell abkühlen, Membranfiltration
– Medium/Temperatur/Zeit: Hefeextrakt-Dextrose-Trypton-Stärke-Agar   (HDTS-Agar) nach BROWN und GAZE (1988), 55 °C, 72 h

- Auswertung: Grampositive bis gramvariable Stäbchen, *Katalase*-positiv (*Bacillus stearothermophilus* kann auch Katalase-negativ sein)

f) Mesophile Clostridien-Sporen
- Verfahren: Probe auf 70 °C 10 min erhitzen, abkühlen, Membranfiltration.
- Medium/Temperatur/Zeit: SCA-Agar, Filter auflegen und überschichten mit gleichem Medium, anaerobe Bebrütung, 37 °C, 72 h
- Auswertung: Schwarze Kolonien

g) Thermophile Clostridien-Sporen
- Verfahren: Probe auf 70 °C 10 min erhitzen, abkühlen, Membranfiltration
- Medium/Temperatur/Zeit: SCA-Agar, Filter auflegen und mit gleichem Medium überschichten, anaerobe Bebrütung, 55 °C, 72 h

Anmerkung: Nährkartonscheiben können eingesetzt werden.

8.3 Mikrobiologische Kriterien

National Canners Accosiation „Canners Test"
a) Gesamtzahl thermophiler Sporenbildner
   Bei 5 untersuchten Proben dürfen maximal nicht mehr als 150 Sporenbildner enthalten sein und im Durchschnitt nicht mehr als 125 Sporenbildner in 10 g Zucker.
b) Sporen thermophiler Bazillen mit Säurebildung
   Bei 5 untersuchten Proben soll der maximale Wert unter 75/10 g liegen und im Durchschnitt sollen nicht mehr als 50 pro 10 g Zucker enthalten sein.
c) Thermophile sulfitreduzierende Clostridien-Sporen
   Von 5 Proben dürfen maximal 2 positiv sein. Der Gehalt soll unter 5/10 g liegen.

National Soft Drink Association „Bottlers Test"
a) Kristallzucker
   Aerobe mesophile Keimzahl unter 200/10 g (mesophile aerobe Keimzahl) und unter 10 Hefen und Schimmelpilze/ 10 g
b) Flüssigzucker
   Von 20 Proben im Durchschnitt unter 100/10 g (mesophile aerobe Keimzahl) und unter 10 Hefen und 10 Schimmelpilze/ 10 g Trockensubstanzgehalt entsprechend.

LITERATUR
1. BROWN, G. D., GAZE, J. E., The evaluation of the recovery capacity of media for heat-treated Bacillus stearothermophilus spore strips, Int. J. Food Microbiol. **7**, 109–114, 1988
2. HOLLAUS, F., Die Mikrobiologie bei der Rübenzuckergewinnung: Praxis der Betriebskontrolle und Maßnahmen gegen Mikroorganismen, Z. Zuckerind. **27**, 722–726, 1977
3. LORENZ, S. Membranfiltermethoden zur Keimzahlbestimmung in Weißzuckern, Zucker **14**, 404–412, 1961
4. TILBURY, R. H., Occurence and effects of lactic acid bacteria in the sugar industry, in: Lactic acid bacteria in beverages and food, ed. by J. G. Carr, C. V. Cutting, G. C. Whiting, Academic Press London, 1975, S. 177–191
5. Handbuch Alkoholfreie Erfrischungsgetränke, Teil 1, 3. überarb. Aufl., Juni 1987, Südzucker, Postfach 1240, 6370 Oberursel

9 Kakao, Schokolade, Zuckerwaren und Rohmassen

9.1 Vorkommende Mikroorganismen

a) Kakao

Hauptsächlich Bakterien des Genus *Bacillus (B. licheniformis, B. cereus, B. subtilis, B. megaterium, B. coagulans, B. stearothermophilus)* sowie Hefen und Schimmelpilze, vereinzelt auch Enterobacteriaceen.

b) Schokolade

Ein Großteil der Mikroorganismen, die in den Rohstoffen Kakao, Milchpulver, Zucker u. a. Zusätzen enthalten sein können, werden beim Conchieren (70 °–80 °C) abgetötet. Aufgrund der niedrigen Wasseraktivität der Schokoladenmasse ist die Hitzeresistenz der Mikroorganismen jedoch erhöht, so daß bei hoher Anfangskeimzahl auch Salmonellen überleben können. Erkrankungen durch Salmonellen nach Schokoladengenuß sind vorgekommen (CRAVEN et al., 1975).

c) Zuckerwaren

Zuckerwaren bestehen aus den verschiedenen Zuckerarten und zahlreichen Zusätzen, wie z. B. Milch, Sahne, Eiern, Honig, Fett, Kakao, Früchten, Gelatine, Agar-Agar, Mandeln, Nüssen, Essenzen usw.

Je nach Rohstoffbelastung, Herstellungsart und Verunreinigung nach der Herstellung können auch die Endprodukte Mikroorganismen enthalten. Nur bei geringer Wasseraktivität ist bei einzelnen Erzeugnissen ein Verderb durch osmotolerante Hefen und Schimmelpilze möglich.

Tab. 46 Wasseraktivität von Zuckerwaren (PIVNICK, 1980)

Art des Produkts	*a_w-Wert*
Fondant	0,75–0,84
Fruchtgelees	0,59–0,76
Marzipan	0,65–0,70
Türkischer Honig	0,60–0,70
Lakritze	0,53–0,66
Schokolade	0,37–0,50
Toffees	unter 0,48

d) Rohmassen

Marzipanrohmassen können durch osmotolerante Hefen (*Zygosaccharomyces rouxii, Z. bailii*) und Schimmelpilze verderben.

9.2 Untersuchung

9.2.1 Untersuchungskriterien

a) Schokolade, Schokoladenpulver und Kakaopulver
– Aerobe mesophile Koloniezahl
– Enterobacteriaceen
– *Staphylococcus aureus*
– Salmonellen
– Schimmelpilze
– Thermophile Bazillen-Sporen
b) Zuckerwaren
– Hefen und Schimmelpilze
c) Rohmassen
– Osmotolerante Hefen
– Schimmelpilze

9.2.2 Untersuchungsmethoden

Probenahme und Probenvorbereitung
10 g Probe + 90 ml Verdünnungsflüssigkeit (45 °C). Schokolade: Verdünnung 1:10 unter gelegentlichem Schütteln bis zur Lösung bei 45 °C etwa 10 min stehen lassen, danach homogenisieren.
Kakaopulver: Verdünnung 1:10 schütteln, bei 45 °C 5 min stehen lassen und danach homogenisieren.

Art der Untersuchung
a) Aerobe mesophile Koloniezahl
– Verfahren: Gußkultur
– Medium/Temperatur/Zeit: Plate Count Agar, 30 °C, 3 Tage
– Auswertung: Alle Kolonien
b) Enterobacteritaceen
– Verfahren: Gußkultur mit Overlay oder Tropfplattenverfahren mit anaerober Bebrütung
– Medium/Temperatur/Zeit: VRBD-Agar, 37 °C, 24–30 h
– Auswertung: Enterobacteriaceen bilden rote Kolonien. Kolonien mit einem Durchmesser von weniger als 0,5 mm werden nicht gezählt. Zur Abgrenzung gegenüber anderen Organismen (Pseudomonas- und Aeromonasarten) ist eine repräsentative Anzahl (mindestens 10 Kolonien) zu isolieren (Ausstrich auf CASO-Agar, 37 °C, 24 h). Überprüfung der Isolate: *Oxidase* und fermentative Spaltung von Glucose (OF-Test). Oxidase-negative, Glucose fermentativ abbauende Kulturen gelten als Enterobacteriaceen.
c) *Staphylococcus aureus*
– Verfahren: Spatelverfahren

– Medium/Temperatur/Zeit: Baird-Parker-Agar, 37 °C, 48 h
– Auswertung: Schwarze Kolonien mit Hof (Eigelbspaltung)

d) Hefen und Schimmelpilze
– Verfahren: Spatelverfahren
– Medium/Temperatur/Zeit: Hefeextrakt-Glucose-Chloramphenicol-Agar, 25 °C,
  3–5 Tage
– Auswertung: Alle Kolonien, mikroskopische Kontrolle

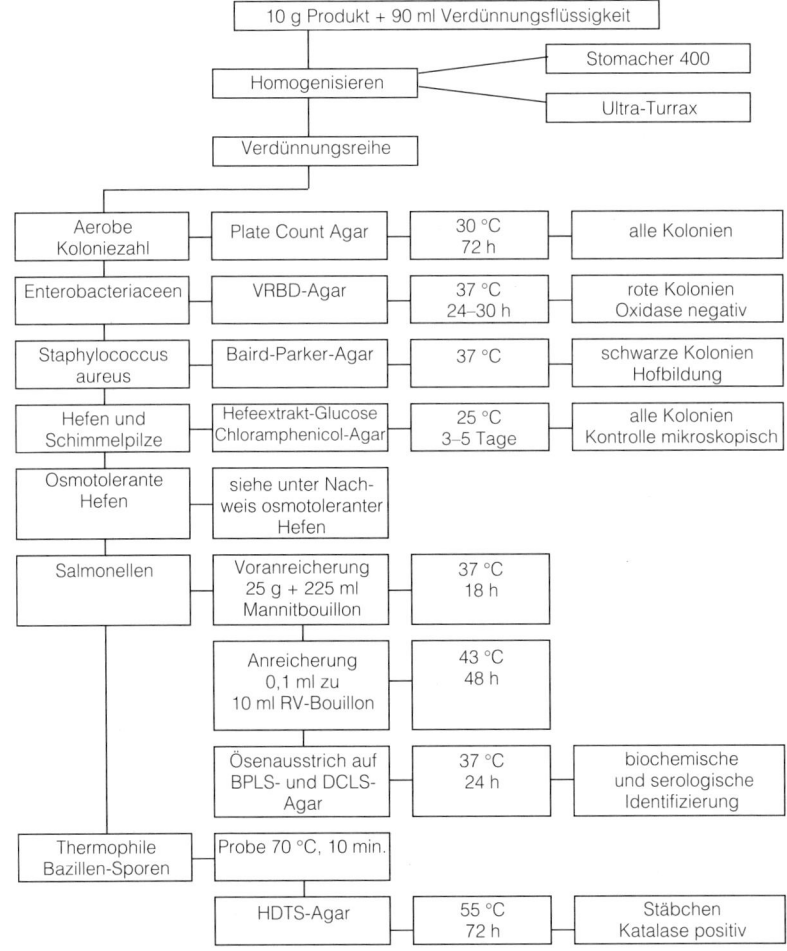

**Abb. 43 Untersuchung von Kakao, Schokolade, Zuckerwaren und
Rohmassen**

e) Osmotolerante Hefen
– Verfahren: Siehe unter Nachweis osmotoleranter Hefen
f) Salmonellen
– Verfahren: Voranreicherung von 25 g Produkt in 225 ml Mannitbouillon oder gepuffertem Peptonwasser. Nach einer Bebrütung bei 37 °C wird 0,1 ml der Voranreicherung zu 10 ml Anreicherungsbouillon pipettiert (RV-Bouillon). Die Anreicherung wird bei 43 °C 48 h bebrütet und danach mit der Öse auf ein Selktivmedium (z. B. BPLS) und auf ein weniger selektives Medium, z. B. DCLS oder MCLB ausgestrichen (siehe auch unter Nachweis von Salmonellen S. 131).
g) Thermophile Bazillen-Sporen
– Verfahren: Gußkultur, Probe vorher auf 70 °C 10 min erhitzen.
– Medium/Temperatur/Zeit: Hefeextrakt-Dextrose-Trypton-Stärke-Agar (HDTS-Agar), 55 °C, 72 h
– Auswertung: Grampositive bis gramvariable Stäbchen, Sporen, Katalase-positiv

9.3 Mikrobiologische Kriterien

Kakaopulver
(Cacaofabriek De Zaan und C. J. Van Houten & Zoon (VIEHWEG und ANDERSEN, 1981)
Aerobe Koloniezahl: max. 5000/g
Enterobacteriaceen: (De Zaan) negativ in 1 g
Escherichia coli: negativ in 1 g
Salmonellen: (De Zaan) negativ in 10 g
        (Van Houten) negativ in 50 g
Schimmelpilze und Hefen: (De Zaan) max. 50/g
        (Van Houten) unter 50/g

Schokolade ohne Füllungen, Schokoladenpulver, Kakaopulver (VO Schweiz, 1. 7. 1987)

Toleranzwerte:

Aerobe, mesophile Keime	100000/g
Enterobacteriaceen	100/g
Staph. auerus	100/g
Schimmelpilze	100/g
Hefen	1000/g

LITERATUR
1. CRAVEN, P. C., MACKEL, D. C., BAINE, W. B., BARKER, W. H., GANGAROSA, W. H., GOLDFIELD, M., ROSENFELD, H., ALTMANN, R., LACHAPELLE, G., DAVIES, J. W., SWANSON, R. C., International outbreak of Salmonella eastbourne infection traced to contaminated chocolate, Lancet **7910,** 788–793, 1975

2. Meursing, E. H., Slot, H., The microbiological condition of cocoa powder in: The microbiology of dried foods, Proceedings of the sixth international symposium on food microbiology, The Netherlands, Juni 1968, ed. by Kampelmacher, E. H., Ingram, M., Mossel, D. A. A., 1968. S. 433–442

3. Payne, W. L., Duran, A. P., Lanier, J. M., Schwab, A. H., Read, Jr., R. B., Wentz, B. A., Barnard, R. J., Microbiological quality of cocoa powder, dry instant chocolate drink mix, dry nondairy coffee creamer and frozen nondairy topping obtained at retail markets, J. Food Protection **46**, 733–736, 1983

4. Pivnick, H., Sugar, Cocoa, Chocolate and Confectioneries, in: Microbial ecology of foods, Vol. II., S. 778–821, Academic Press, London, 1980

2. Viehweg, S., Andersen, G.: Kakao, Schokolade, Zuckerwaren und Rohmassen, in: Sammlung von Vorschriften zur mikrobiologischen Untersuchung von Lebensmitteln, herausgegeben von W. Schmidt-Lorenz, Verlag Chemie, Weinheim 1981

6. Verordnung über die hygienisch-mikrobiologischen Anforderungen an Lebensmittel, Gebrauchs- und Verbrauchsgegenstände, Schweiz, 1. 7. 1987

10 Hitzekonservierte Lebensmittel in starren und halbstarren Behältnissen sowie in Weichpackungen

10.1 Vorkommende Mikroorganismen

Die vorhandene Mikroflora wird einerseits bestimmt durch die Hitzeresistenz der Mikroorganismen (D- und z-Werte) und durch die erzielten F-Werte im Produkt und andererseits durch die pH-Werte der Erzeugnisse (Tab. 47, 48).

Tab. 47 **Mikrobiologische Einteilung von Fleischprodukten** (nach Leistner, Wirth und Takács, 1970; Leistner, 1979; Stiebing, 1985)

Bezeichnung und Lagerfähigkeit	Kerntemperatur Hitzeeffekt (F_c)	durch die Erhitzung werden ausgeschaltet
1. Frischware 6 Wochen bei < 5 °C	65 °C bis 75 °C	vegetative Mikroorganismen
2. Kesselkonserven 1 Jahr bei < 10 °C	1 Stunde > 98 °C $(F_c > 0,4)$	wie 1. und psychrotrophe Sporenbildner
3. Dreiviertelkonserven 1 Jahr bei < 10 °C	$F_c = 0,6$ bis 0,8	wie 2. und Sporen mesophiler Bacillus-Arten
4. Vollkonserven 4 Jahre bei 25 °C	$F_c = 4,0$ bis 5,5	wie 3. und Sporen mesophiler Clostridium-Arten
5. Tropenkonserven 1 Jahr bei 40 °C	$F_c = 12,0$ bis 15,0	wie 4. und Sporen thermophiler Bacillus- und Clostridium-Arten

Tab. 48 D-Werte einiger für hitzekonservierte Lebensmittel wichtiger Mikroorganismen

Lebensmittelgruppen mit wichtigen Mikroorganismen	Temp °C	D-Wert in min	z-Wert °C	Medium	Literatur- quelle
1. Schwach-saure Lebensmittel (pH über 4,5), z. B. Fleisch, Fisch, Geflügel, Gemüse					
a) Thermophile Sporenbildner					
Nicht-gasbildende, säuernde („flat-sour") Bakterien (Bacillus) stearothermophilus)	121	4,5	10,77	Bouillon	12
	121	1,9–3,1	n. a.	Brühwurst (pH 5,2)	28
	120	3,61	8,04	A. dest.	12
Gasbildende, säuernde („flat-sour") Bakterien (Bac. stearothermophilus)	121	0,65	n. a.	Brechbohnen (pH 5,2)	4
Clostridium thermo- saccharolyticum (Gasbildung)	121	3–4	8,8–12,2	n. a.	46
Desulfotomaculum nigrificans (Bildung von H_2S)	121	3,3	9,1	Puffer, (pH 7.2)	11
b) Mesophile Sporenbildner					
Clostridium sporogenes	115,6	2,96	9,5–12,0	Magermilch	16
Clostridium sporogenes	121	1,0	9,2	Erbsbrei	9
Clostridium sporogenes	115	6,8	n. a.	Puffer, pH 7,2	1
Clostridium botulinum A	110	3,21	n. a.	Puffer, pH 7,2	1
Clostridium botulinum A	120	14,4	n. a.	Mineralöl	1
Cl. botulinum B, proteolytisch	112,8	1,18	10,7	Puffer, pH 7,0	41
Cl. botulinum B, nicht proteolytisch	82,2	1,5–32,3	6,5–9,7	Puffer, pH 7,0	41
Cl. botulinum E	82,2	0,33	8,7	Puffer, pH 7,0	41
Bacillus cereus	100	5,28	n. a.	Puffer, pH 7,2	1
Bacillus cereus	120	15,2	n. a.	Mineralöl	1
Bacillus cereus	121	2,35	7,9	Puffer, pH 7,0	7

Fortsetzung von Tab. 48 s. Seite 341

Tab. 48   Fortsetzung: D-Werte einiger für hitzekonservierte Lebensmittel wichtiger Mikroorganismen

Lebensmittelgruppen mit wichtigen Mikroorganismen	Temp °C	D-Wert in min	z-Wert °C	Medium	Literatur- quelle
Bacillus subtilis	105	0,58	n. a.	Puffer, pH 7,2	37
Bacillus subtilis	120	80,2	n. a.	Sojaöl (a_w 0,25)	37
Bacillus subtilis	121	0,44–0,54	6,6	Puffer, pH 7,2	11
Bac. licheniformis	100	2,0–4,5	14,9	Tomatenpüree pH 4,4	32
Bac. megaterium	100	2,35	8,4	Milch	30
Bac. pumilus	100	0,875	7,5	Milch	30
c) Nicht-sporenbildende Bakterien					
Enterococcus faecium	74	2,57	9,61	Kochschinken	29
Staph. aureus	55	4,0	n. a.	Eigelb	47
Staph. aureus	60	4,9	8,2	Fleisch	3
Staph. aureus	60	0,34	8,2	Vollei	20
Lactobacillus bulgaricus	71	30,0	n. a.	n. a.	15
Laktobazillen	65	0,5–1,0	4,4–5,5	n. a.	46
Streptococcus thermophilus	70–75	15,0	n. a.	n. a.	15
Carnobacterium divergens (Lactobacillus divergens)	60	0,76	4,7	Bückling	6
Pseudomonas aeruginosa	60	0,25	7,1	Vollei	20
Salmonella Typhimurium	60	0,24	6,2	Vollei	20
Salmonella Senftenberg	60	8,13	4,7	Vollei	20
Acinetobacter, Moraxella	70	6,6	7,3–8,1	Zerkleinertes Frischfleisch	14

2. Saure Lebensmittel

(pH 4,0–4,5), z. B. Tomaten-
erzeugnisse, Gemüsepro-
dukte, Fruchterzeugnisse

a) Thermophile Sporenbildner

Bacillus coagulans	110	0,8–1,0	n. a.	Brühwurst- emulsion, pH 4,2	28
	110	9,0	8,6	Maisextrakt, pH 6,4	13

Fortsetzung von Tab . 48 siehe Seite 342

Tab. 48 Fortsetzung: D-Werte einiger für hitzekonservierte Lebensmittel wichtiger Mikroorganismen

Lebensmittelgruppen mit wichtigen Mikroorganismen	Temp °C	D-Wert in min	z-Wert °C	Medium	Literatur-quelle
b) Mesophile Sporenbildner					
Bac. macerans,					
Bac. polymyxa	100	0,1—0,5	n. a.	n. a.	46
Clostridium pasteurianum	100	0,1–0,5	n. a.	n. a.	46

3. Stark-saure Lebensmittel (pH unter 4,0),

z. B. einige Gemüse- und Fruchtprodukte, Fruchtsäfte, Konfitüren

a) Schimmelpilze und Hefe

Ascosporen von Byssochlamys fulva	90	1,0–12,0	6,0–7,0	n. a.	34
Ascosporen von Neosartorya fischeri (=anamorphe Form von Aspergillus fischeri)	87,8	1,4	5,6	Apfelsaft pH 3,6, 11,6° Brix	42
Ascosporen von Talaromyces flavus (= anamorphe Form von Penicillium dangeardii)	90,6	2,2	5,2	Apfelsaft pH 3,6, 11,6° Brix	42
Ascosporen von Saccharomyces cerevisiae	60	6,1	3,8	Apfelsaft pH 3,6 pH 3,6 8,6° Brix	44
Zygosaccharomyces bailii (vegetative Zellen)	61	2,0	5,29	Bouillon a_w 0,858	19

b) Nicht-sporenbildende Bakterien, wie Genera Lactobacillus, Leuconostoc, Pediococcus, vegetative Hefen und Schimmelpilze

	65	0,5–1,0	4,4–5,5	n. a.	46

10.2 Untersuchung

Bei der Untersuchung hitzekonservierter Lebensmittel sind folgende Nachweise zu führen (SINELL, 1974):
- Feststellung der gesundheitlichen Bedenklichkeit durch Nachweis von pathogenen oder toxinogenen Mikroorganismen oder deren Stoffwechselprodukten,
- Feststellung des Grades und der Art der mikrobiellen Verderbnis und deren Ursache,
- Feststellung des Frischezustandes, der Haltbarkeit und der weiteren Lagerfähigkeit.

Der wesentliche Unterschied im methodischen Vorgehen bei der Feststellung der gesundheitlichen Bedenklichkeit, der Verderbnis und der Haltbarkeit besteht darin, daß bei Haltbarkeitsprüfungen eine Vorbebrütung als Belastungsprobe notwendig ist.

10.2.1 Vorbebrütung der Erzeugnisse zur Feststellung der Haltbarkeit

Erzeugnisse, die auf höhere Kerntemperaturen als 80 °C erhitzt werden, sollten 14 Tage bei 30 °C vorbebrütet werden. Tropenkonserven sind zusätzlich 5 Tage bei 55 °C zu bebrüten (FDA, 1978; BEAN, 1976). Die bebrüteten Behältnisse werden häufiger kontrolliert. Bei auftretenden Veränderungen (Trübung, Gasbildung) werden die Proben ohne weitere Bebrütung untersucht.

10.2.2 Öffnen der Behältnisse

Das Erzeugnis wird vor dem Öffnen auf Raum- bzw. Kühlschranktemperatur gebracht. Dadurch kann mikrobiell unverändertes Material wieder die normale Beschaffenheit annehmen. Äußerliche Verunreinigungen werden mit Wasser und Seife abgewaschen. Anschließend wird der Öffnungsbereich des Behältnisses desinfiziert. Das Desinfizieren geschieht durch Abflammen mit Spiritus (nicht bei Bombagen) und durch Desinfektion mit 2 %iger Peressigsäure (Einwirkungszeit 2 min). Bei einer Desinfektion mit Peressigsäure sind eine Inhalation und ein Kontakt mit Haut und Schleimhäuten zu vermeiden. Die Essigsäure wird nach der Desinfektion mit sterilem Wasser abgespült und die Oberfläche mit einem sterilen Papiertuch getrocknet.

Das Öffnen erfolgt bei halbstarren Behältern und Weichpackungen mit Schere und Pinzette (glatte Flächen, keine Riffelung), die vorher in Spiritus getaucht und abgeflammt werden. Starre Behälter sind bei nachfolgenden Dichtigkeitsprüfungen mit einem speziellen Dosenöffner (Abb. 44) zu öffnen. Das Öffnen nicht bombierter Behältnisse und die Untersuchung sollten in einer sterilen Werkbank oder zumindest im dichten Bereich des Bunsenbrenners erfolgen. Bombierte Behältnisse dürfen nicht in der sterilen Werkbank geöffnet werden. Bei Bombagen sollte durch Aufsetzen eines Trichters und Einschlagen eines sterilen Dorns zunächst vorsichtig ein Druckausgleich herbeigeführt werden. Auch empfiehlt es sich, Bombagen beim Öffnen in einen Topf oder in ein Metalltablett zu stellen, um ein Überschwemmen des Arbeitsplatzes mit Inhalt zu vermeiden und eine anschließende Sterilisation im Autoklaven zu ermöglichen.

10.2.3 Untersuchung des Inhalts

Aus dem geöffneten Behälter werden zunächst für notwendige Nachuntersuchungen oder Keimzahlbestimmungen ca. 50g Material steril entnommen und unter Kühlung aufbewahrt. Falls thermophile Mikroorganismen zu erwarten sind, wird die Rückhalteprobe nicht gekühlt. Die Entnahme erfolgt bei Flüssigkeiten mit der Pipette, bei pastösem und festem Material mit dem sterilen Korkbohrer oder mit Schere und Pinzette, die vorher in Spiritus getaucht und abgeflammt werden. Ein weiterer Teil wird steril entnommen für die Messung des pH-Wertes und für eine sensorische Beurteilung (Geruch, Aussehen, Konsistenz). Beide Untersuchungen geben einen Hinweis auf Art und Ursache des Verderbs und für die Auswahl einzusetzender Medien. Weiterhin werden folgende Untersuchungen durchgeführt, wobei die Entnahme steril aus der randnahen Partie (Deckelfalz, Seitennaht: Verdacht auf Undichtigkeit) vorgenommen wird: Mikroskopische Untersuchung und Kulturelle Untersuchung.

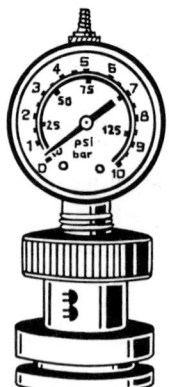

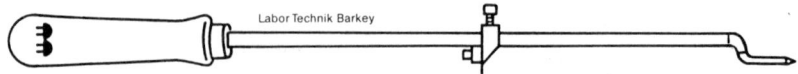

Abb. 44 Dosenöffner und Dichtigkeitsprüfgerät

Mikroskopische Untersuchung
Ausstrich bei Flüssigkeiten, Abdruck bei festem Material, Färbung mit Methylenblau.

Kulturelle Untersuchung
Beimpft werden flüssige und feste Medien im Doppelansatz. Bei **pipettierbaren Produkten** erfolgt die Beimpfung flüssiger Medien mit der Pipette, wobei jeweils 1–2 ml Impfmaterial pro Röhrchen einzusetzen sind. Die festen Medien werden mit der Öse (0,02 ml) beimpft. Bei **festen Produkten** werden flüssige Medien mit mindestens 1 g beimpft, Agarplatten dagegen mit der Öse nach Vermischung des festen Materials mit steriler Kochsalzlösung. Die Art der Medien und die Bebrütung sind abhängig vom Produkt (siehe auch Tab. 49 + 50)

Schwachsaure Lebensmittel (pH-Wert über 4,5)
A. Nachweis mesophiler Mikroorganismen
Aerobe Mikroorganismen:
– CASO-Agar oder Plate Count Agar oder Standard-I-Nähragar oder Tryptic Soy Agar
– Standard-I-Nährbouillon
   Bebrütungstemperatur: 30 °C
   Bebrütungszeit: Flüssige Medien 72 h bis 10 Tage
                  Feste Medien 72 h bis 5 Tage

Anaerobe Mikroorganismen:
– SCA-Agar oder Reinforced Clostridial Agar (RCA)
– Fleischbouillon (Cooked Meat Medium)
   Die Bouillon ist vor der Beimpfung 5 min aufzukochen und schnell ohne zu schütteln abzukühlen. Nach der Beimpfung wird die Bouillon mit Paraffin/Vaseline oder mit 3%igem Wasseragar (A. dest. + 3 % Agar) überschichtet.
   Bebrütung: Ananerob
   Bebrütungstemperatur: 30 °C
   Bebrütungszeit: Flüssige Medien 72 h bis 10 Tage
                  Feste Medien 72 h bis 5 Tage

Röhrchen und Platten werden alle 2 Tage kontrolliert. Wenn eine Vermehrung aufgetreten ist, wird die Bebrütung beendet. Röhrchen mit Trübung und/oder Bodensatz bzw. Gasbildung werden nach aerober bzw. anaerober Bebrütung auf den jeweils angegebenen festen Medien ausgestrichen. Nach der Bebrütung werden die Kolonien ggf. nach Reinzüchtung identifiziert.

B. Nachweis thermophiler Mikroorganismen
Nur wenn die normale Lagerungstemperatur 40 °C übersteigt, bei Verdacht technologischer Fehler (fehlende oder zu langsame Auskühlung nach der Erhitzung) bei gesunkenem pH-Wert, bei sensorischen Veränderungen und negativem kulturellem Befund im mesophilen Bereich erfolgt eine Untersuchung auf thermophile Mikroorganismen.

Aerobe Mikroorganismen:
- Hefeextrakt-Dextrose-Trypton-Stärke-Agar (HDTS-Agar nach BROWN und GAZE, 1988)
  oder Tryptic Soy Agar
Hefeextrakt-Dextrose-Trypton-Stärke-Bouillon (HDTS-Bouillon) Bebrütungstemperatur/-
zeit: 55 °C, 72 h bis 10 Tage

Anaerobe Mikroorganismen:
- Fleischbouillon (Cooked Meat Medium)
- Standard-I-Nähragar
  Bebrütung: Anaerob
  Bebrütungstemperatur/-zeit: 55 °C, 72 h bis 10 Tage
Röhrchen mit Trübung und/oder Bodensatz bzw. Gasbildung werden nach aerober bzw.
anaerober Bebrütung auf dem angegebenen festen Medien mit der Öse ausgestrichen.
Nach der Bebrütung werden die Kolonien ggf. nach Reinzüchtung identifiziert.

Saure Lebensmittel (pH-Wert unter 4,5)
- Orangenserum-Agar oder MRS-Agar (pH 5.7)
- Orangenserum-Bouillon oder MRS-Bouillon (pH 5.7)
  Bebrütungstemperatur/-zeit: 30 °C, 72 h bis 10 Tage
Röhrchen mit Trübung oder Bodensatz werden auf dem festen Medium ausgestrichen.
Nach der Bebrütung werden die Kolonien ggf. nach Reinzüchtung identifiziert.

**Tab. 49   Mikrobiologische Untersuchung hitzekonservierter Lebensmittel:
Nachweis mesophiler Mikroorganismen**

	Schwach-saure Lebensmittel (pH über 4,5)				Saure Lebensmittel (pH unter 4,5)	
Bebrütung aerob			**anaerob**		**aerob**	**anaerob**
Medien	flüssig Standard-I-Nährbouillon	fest Standard-I-Nähragar	flüssig Fleisch-B	fest SCA-A	flüssig OS-B	fest OS-A
Bouillon	10 ml		10 ml		10 ml	
Anzahl der						
Röhrchen bzw.						
Petrischalen	2	2	2	2	2	2
Bebrütung	30 °C	30 °C	30 °C	30 °C	30 °C	30 °C
Zeit						
in Tagen	bis 10	bis 5	bis 10	bis 5	bis 10	bis 5

Erklärungen: **B** = Bouillon; **A** = Agar; **OS** = Orangenserum

**Tab. 50 Mikrobiologische Untersuchung hitzekonservierter Lebensmittel:
Nachweis thermophiler Mikroorganismen**

Bebrütung	aerob		anaerob	
Medien	flüssig HDTS-Bouillon	fest HDTS-Agar	flüssig Fleischbouillon	fest Standard-I-Nähragar
Bouillon Anzahl der Röhrchen bzw.	10 ml		10 ml	
Petrischalen	2	2	2	2
Bebrütung in °C	55	55	55	55
Zeit in Tagen	bis 10	bis 10	bis 10	bis 10

Tab. 51 Auswertung der bebrüteten Medien

Art der Medien	Bebrütung	Ergebnis	Weitere Untersuchungen
1. Schwach-saure Lebensmittel			
a) Mesophile Mikroorganismen			
Standard-I-Nährbouillon	aerob 30 °C	Trübung	Ösenausstrich auf Standard-I-Nähragar, 30 °C, 72 h → Identifizierung
Standard-I-Nähragar	aerob 30 °C	Kolonien	Gramverhalten, Katalase, Sporennachweis → Identifizierung
Fleischbouillon	anaerob 30 °C	Trübung u./o. Gas	Ösenausstrich auf Standard-I-Nähragar, aerobe und anaerobe Bebrütung, 30 °C, 72 h → Identifizierung
SCA-Agar	anaerob 30 °C	Kolonien	Gramverhalten, Katalase, Sporennachweis → Identifizierung
b) Thermophile Mikroorganismen			
HDTS-Bouillon	aerob 55 °C	Trübung	Ösenausstrich auf HDTS-Agar, 35 °C und 55 °C, 72 h, Gramverhalten, Katalase, Sporennachweis → Identifizierung

Fortsetzung von Tab. 51 auf Seite 348

Tab. 51 Fortsetzung: Auswertung der bebrüteten Medien

Art der Medien	Bebrütung	Ergebnis	Weitere Untersuchungen
HDTS-Agar	aerob 55 °C	Kolonien	Gramverhalten, Katalase, Sporennachweis, Vermehrung bei 35 °C
Fleischbouillon	anaerob 55 °C	Trübung u./o. Gas	Ösenausstrich auf HDTS-Agar, aerobe und anaerobe Bebrütung 35 °C und 55 °C, 72 h → Identifizierung
2. Saure Lebensmittel			
Orangenserum-Bouillon	aerob 30 °C	Trübung	Ösenausstrich auf Orangen-serum-Agar, 30 °C, 72 h → Identifizierung
Orangenserum-Agar	aerob 30 °C	Kolonien	Gramverhalten, Katalase → Identifizierung

10.2.4 Auswertung der Ergebnisse

Mikroskopischer Befund

Eine negative kulturelle Untersuchung und ein positiver mikroskopischer Befund (zahlreiche Mikroorganismen/Gesichtsfeld), weisen auf stark keimhaltiges Rohmaterial oder auf die Verarbeitung bereits verdorbenen Rohmaterials hin; letzteres besonders dann, wenn sensorische Abweichungen nachgewiesen werden.

Kultureller Befund bei schwachsauren Lebensmitteln

Die alleinige Anwesenheit von Sporenbildnern ist ein Zeichen der Untererhitzung. Bei einer Mischkultur, besonders aus gramnegativen Bakterien und grampositiven Kokken und anderen Nichtsporenbildnern, ist eine Undichtigkeit wahrscheinlich.

Kultureller Befund bei sauren Lebensmitteln

Saure Lebensmittel verderben meist durch Bakterien der Genera *Lactobacillus, Leuconostoc* und *Pediococcus,* durch Hefen und Schimmelpilze (z. B. *Byssochlamys fulva, Neosartorya fischeri, Talaromyces flavus*). Zum Verderb durch *Bacillus coagulans* und *Bacillus stearothermophilus* kommt es besonders in Tomatenprodukten und Fruchterzeugnissen. Auch *Clostridium pasteurianum* und *Clostridium thermosaccharolyticum* können zum Verderb führen.

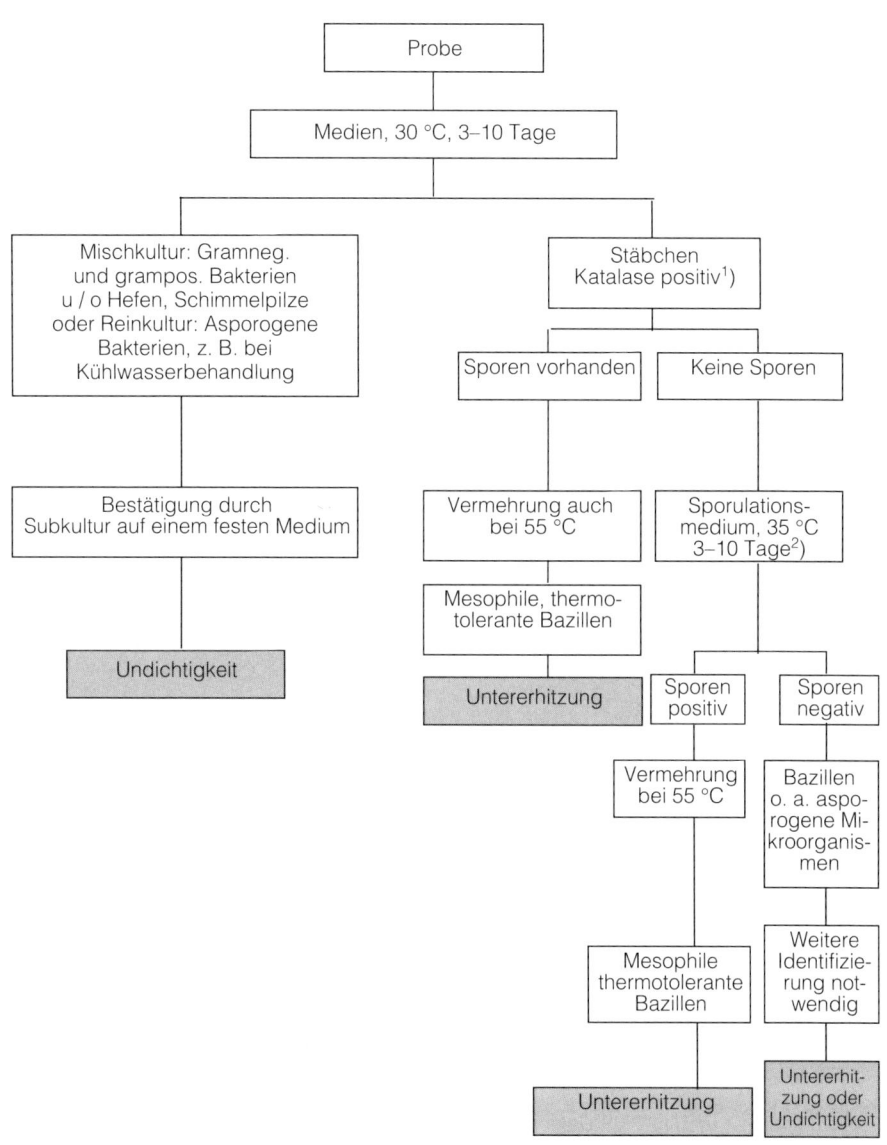

Abb. 45 Nachweis aerober mesophiler Mikroorganismen in schwachsauren
Lebensmitteln und Auswertung der Ergebnisse

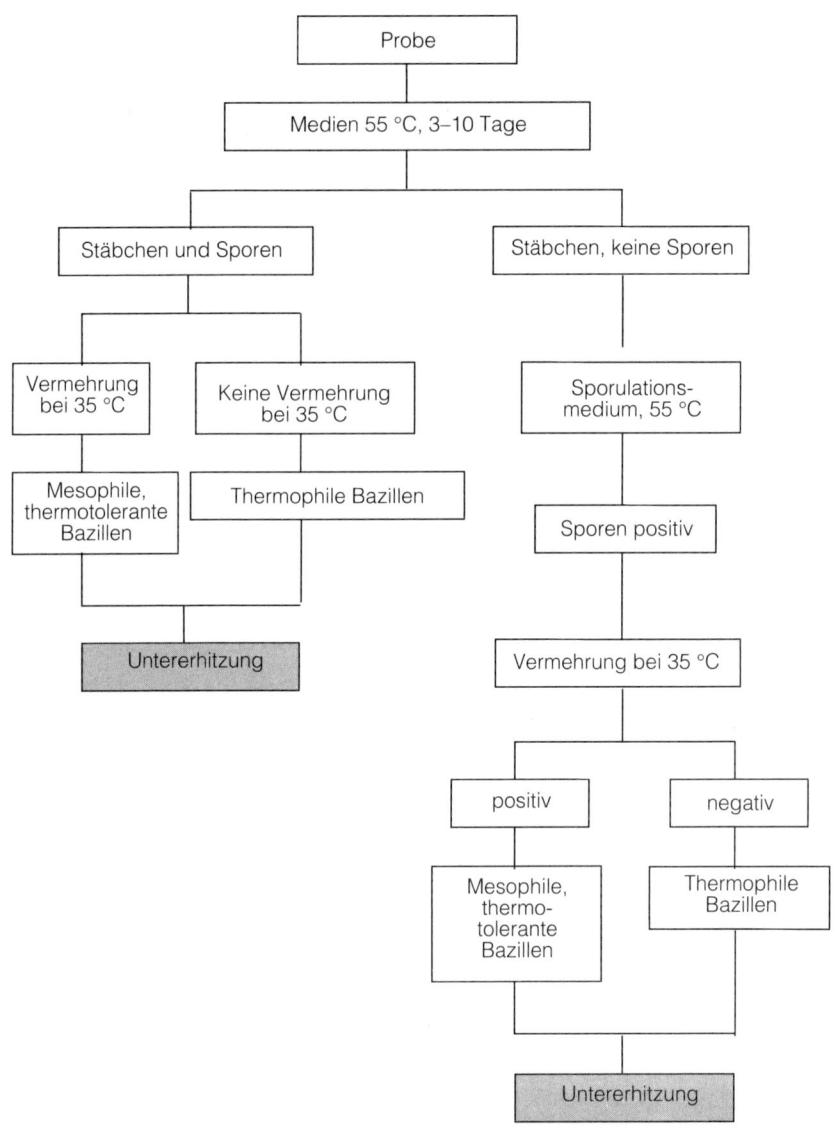

Abb. 46 Nachweis aerober thermophiler Mikroorganismen in schwachsauren Lebensmitteln und Auswertung der Ergebnisse

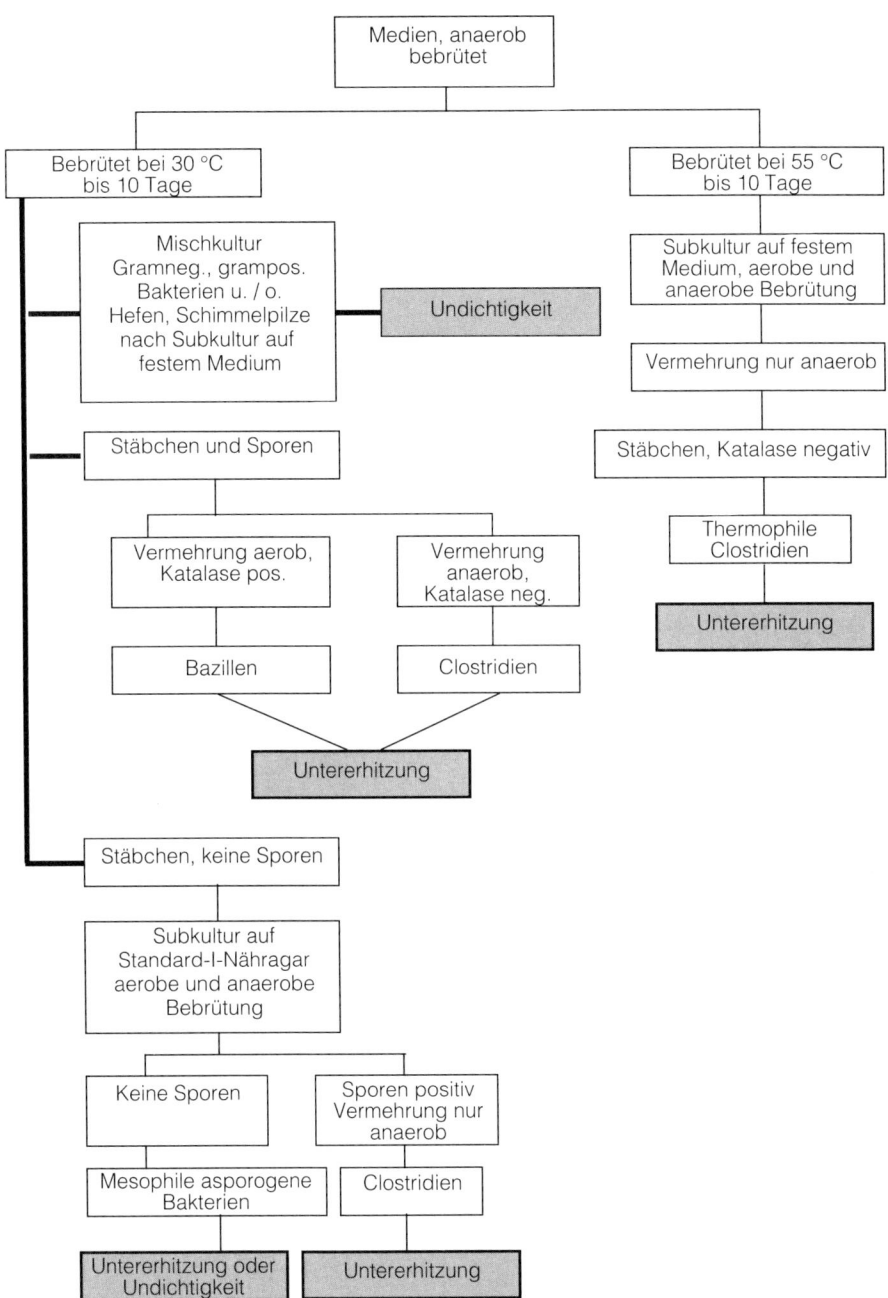

Abb. 47 Nachweis aerober Mikroorganismen in schwachsauren Konserven und Auswertung der Ergebnisse

10.2.5 Nachweis der Dichtigkeit

Voraussetzung für eine Dichtigkeitsprüfung ist eine gute Reinigung des Behältnisses: Einlegen für 4 h in 60 °C heißes Wasser unter Zusatz eines Detergens, 1 h Ultraschallbad + Detergens, 12 h trocknen bei 50 °C.

Zahlreiche Verfahren zur Überprüfung der Dichtigkeit sind möglich (LANGE, 1972; LIN et al., 1978; CERNY, 1982; RHEA et al., 1984):

– Verwendung von Kriechflüssigkeiten (alkoholische Farbstofflösungen mit niedriger Oberflächenspannung)
– Leitfähigkeitsmessungen
– Heliumtest
– Drucktest
– Vakuumtest
– Biotest bei Weichpackungen (ANEMA und MICHELS, 1976)
– Agarkochtest bei halbstarren Behältern (SCHMIDT-LORENZ, 1973)

Weiterhin sind durchzuführen: Schnittkontrollen zur Ermittlung der Falzhöhe und Falzbreite und besonders zur Überprüfung der Überlappung (REICHERT, 1985).

10.3 Mikrobiologische Kriterien

Tab. 52 **Mikrobiologische Kriterien für hitzekonservierte Lebensmittel**

Produkt	Kriterium		Quelle
In verschlossenen Packungen	Aerobe, mesophile Keime	100000/g	VO Schweiz
pasteurisierte Lebensmittel	Enterobacteriaceen	10/g	1. 7. 1987
oder pasteurisierte und	Staph. aureus	10/g	
aseptisch abgefüllte			
Lebensmittel	Schimmelpilze	100/g	
Sterilisierte Produkte			VO Schweiz
und Konserven	handelsüblich	steril[1]	1. 7. 1987
Fleischkonserven			
– Vollkonserven		$10–10^2$/g	LEISTNER, HECHELMANN
– Dreiviertelkonserven		$10–10^3$/g	und BEM, 1978;
– Halbkonserven		$10^2–10^4$/g	LEISTNER und Mitarb.,
			1981

1) Die Zunahme der Keim- bzw. Sporenzahl darf nach einer 14-21tägigen Bebrütung der verschlossenen Verpackung bei 25 ° bzw. 37 °C zwei Zehnerpotenzen nicht überschreiten. Pathogene und toxinogene Keime dürfen pro Gramm nicht nachweisbar sein.

Anmerkungen:
Der Begriff der „handelsüblichen oder kommerziellen Sterilität" wird unterschiedlich interpretiert. Nach Meinung der English Dairy Federation liegt eine kommerzielle Sterilität dann vor, wenn die Unsterilitätsrate 0,1 % nicht überschreitet (LEMKE, 1988).
Die Food and Drug Administration (FDA) definiert den Begriff der kommerziellen Sterilität folgendermaßen
(Food and Drug Administration, Code of Federal Regulations 21, § 113.3, 1977):
1. Abwesenheit lebender Keime, die sich unter Bedingungen der Lagerung und Distribution vermehren können
2. Abwesenheit pathogener Keime.

LITERATUR
1. ABABOUCH, L., DIRKA, A., BUSTA, F. F., Tailing of survivor curves of clostridial spores heated in edible oils, J. appl. Bacteriol. **62**, 503–511, 1987
2. ANEMA, P. J., MICHELS, J. M., Mikrobiologisch-hygienische Probleme bei neuen Behältertypen, Schriftenreihe der Schweiz. Ges. für Lebensmittelhyg. (SGLH), Heft 3, S. 35–40, 1976
3. ANGELOTTI, R., FOSTER, M. J., LEWIS, K. H., Time-temperature effect on salmonellae and staphylococci in foods, Appl. Microbiol. **9**, 308–315, 1961
4. BAUMGART, J., HINRICHS, M., WEBER, B., KÜPER, A., Bombagen von Bohnenkonserven durch Bacillus stearothermophilus, Chem. Mikrobiol. Technol. Lebensm. **8**, 7–10, 1983
5. BEAN, P. G., Microbiological techniques in the examination of canned foods, Laboratory Practice **25**, 303–305, 1976
6. BETTMER, H., Vorkommen und Bedeutung von Lactobacillus divergens bei vakuumverpacktem Bückling, Diplomarbeit Fachbereich Lebensmitteltechnologie, Lemgo, 1987
7. BRADSHAW, J. G., PEELER, J. T., TWEDT, R. M., Heat resistance of ileal loop reactive Bacillus cereus strains isolated from commercially canned foods, Appl. Microbiol. **30**, 943–945, 1975
8. BROWN, G. D., GAZE, J. E., The evaluation of the recovery capacity of media for heat-treated Bacillus stearothermophilus spore strips, Int. J. Food Microbiol. **7**, 109–114, 1988
9. CAMERON, M. S., LEONARD, S. J., BARRETT, E. L., Effect of moderately acid pH on heat resistance of Clostridium sporogenes spores in phosphate buffer and in buffered pea puree, Appl. Environ. Microbiol. **39**, 943–949, 1980
10. CERNY, G., Mikrobiologische Probleme bei der Lebensmittelverpackung, Lebensmitteltechnik **14**, 274–280, 1982
11. DONNELLY, L. S., BUSTA, F. F., Heat resistance of Desulfotomaculum nigrificans spores in soy protein infant formula preparations, Appl. Environ. Microbiol. **40**, 721–725, 1980
12. ETOA, F.-X., Michiels, L., Heat-induced resistance of Bacillus stearothermophilus spores, Letters in appl. Microbiol. **6**, 43–45, 1988
13. FEIG, S., STERSKY, A. K., Characterization of heat-resistant strain of Bacillus coagulans isolated from cream style canned corn, J. Food Sci. **46**, 135–137, 1981
14. FIRSTENBERG-EDEN, R., ROWLEY, D. B., SHATTUCK, E., Thermal inactivation and injury of Moraxella-Acinetobacter cells in ground beef, Appl. Environ. Microbiol. **39**, 159–164, 1980
15. FRAZIER, W. C., WESTHOFF, D. C., Food Microbiology, 4th ed., McGraw-Hill Book Comp., New York, 1988
16. GOLDONI, J. S., KOJIMA, S., LEONARD, S., HEIL, J. R., Growing spores of P. A. 3679 in formulations of beaf heart infusion broth, J. Food Sci. **45**, 67–475, 1980
17. HERSOM, A. C., HULLAND, E. D., Canned Foods-Thermal Processing and Microbiology, 7th ed., Churchill Livingstone, Edingburgh, London, New York, 1980
18. HEISS, R., EICHNER, K., Haltbarmachen von Lebensmitteln, Springer Verlag, Berlin, Heidelberg, 1984
19. JERMINI, M. F. G., SCHMIDT-LORENZ, W., Heat resistance of vegetative cells and asci of two Zygosaccharomyces yeasts in broth at different water activity values, J. Food Protection **50**, 835–841, 1987
20. JÄCKLE, M., GEIGES, O., SCHMIDT-LORENZ, W., Hitzeinaktivierung von Alpha-Amylase, Salmonella typhimurium, Salmonella senftenberg 775 W, Pseudomonas aeruginosa und Staphylococcus aureus in Vollei, Mitt. Gebiete Lebensm. Hyg. **78**, 83–105, 1987
21. LANGE, H.-J., Untersuchungsmethoden in der Konservenindustrie, Parey Verlag, Berlin, Hamburg, 1972
22. LEISTNER, L., Mikrobiologische Einteilung von Fleischkonserven, Fleischw. **59**, 1452–1455, 1979

23. LEISTNER, L., WIRTH, F., TAKÁCS, J., Einteilung der Fleischkonserven nach der Hitzebehandlung, Fleischw. **50,** 216–217, 1970

24. LEISTNER, L., HECHELMANN, H., BEM, Z., Mikrobiologische Routineuntersuchungen von Fleischerzeugnissen im Herstellerbetrieb, Fleischw. **58,** 1279–1281, 1978

25. LEISTNER, L., BEM, Z., DRESSEL, J., PROMEUSCHEL, S., Mikrobiologische Standards für Fleisch, Forschungsbericht 1981, Bundesanstalt für Fleischforschung, Kulmbach

26. LEMKE, F. W., Die mikrobiologische Kontrolle aseptisch verpackter flüssiger Lebensmittel, Journal für Pharmatechnologie, Concept **9** (3), 46–52, 1988, Vortrag anläßlich des Concept-Symposiums 1. und 2. 12. 1987, Frankfurt/M.

27. LIN, R. C., KING, P. H., JOHNSTON, M. R., Examination of metal containers integrity, In: Bacteriological Analytical Manual, 5th. ed., Food and Drug Administration, Washington, D. C., 1978

28. LYNCH, D. J., POTTER, N. N., Effects of organic acids on thermal inactivation of Bacillus stearothermophilus and Bacillus coagulans spores in frankfurter emulsion slurry, J. Food Protection **51,** 475–480, 1988

29. MAGNUS, C. A., MCCURDY, A. R., Ingledew, W. M., Further studies on the thermal resistance of Streptococcus faecium and Streptococcus faecalis in pasteurized ham, Can. Inst. Food Sci. Technol. **21,** 209–212, 1988

30. MIKOLAJCIK, E. M., Thermodestruction of Bacillus spores in milk, J. Milk Food Technol. **33,** 61–63, 1970

31. MIKOLAJCIK, E. M., RAJKOWSKI, K. T., Simple technique to determine heat resistance of Bacillus stearothermophilus spores in fluid systems, J. Food Protection **43,** 799–804, 1980

32. MONTVILLE, Th., SAPERS J., Thermal resistance of spores from pH elevating strains of Bacillus licheniformis, J. Food Sci. **46,** 1710–1712, 1715, 1981

33. ODLAUG, T. E., CAPUTO, R. A., GRAHAM, G. S., Heat resistance and population stability of lyophilized Bacillus subtilis spores, Appl. Environ. Microbiol. **41,** 1374–1377, 1981

34. PITT, J. I., HOCKING, A. D., Fungi and food spoilage, Academic Press, London, 1985

35. REICHERT, J. E., Die Wärmebehandlung von Fleischwaren, Hans Holzmann Verlag, Bad Wörrishofen, 1985

36. RHEA, U. S., GILCHRIST, J. E., PEELER, J. T., SHAH, D. B., Comparison of helium leak test and vacuum leak test using canned foods: Collaborative study, J. Assoc. Off. Anal. Chem. **67,** 942–945, 1984

37. SENHAJI, A. F., LONCIN, M., The protective effect of fat on the heat resistance of bacteria (I), J. Food Technol. **12,** 202–26, 1977

38. SENHAJI, A. F., The protective effect of fat on the heat resistance of bacteria (II), J. Food Technol. **12,** 217–230, 1977

39. SCHMIDT-LORENZ, W., Untersuchungen zur Prüfung der Bakterien-Dichtigkeit von Heißsiegelnähten halbstarrer Leichtbehälter aus Aluminium-Kunststoff-Verbunden, Verpackungs-Rdsch. **24,** 59–66, 1973

40. SCHMIDT-LORENZ, W., Fertig-Gerichte-Mikrobiologische Aspekte, Dtsch. Lebensmittel-Rdsch. **71,** 13–19, 1975

41. SCOTT, V. N., BERNARD, D. T., Heat resistance of spores of non-proteolytic type B Clostridium botulinum, J. Food Protection **45,** 909–912, 1982

42. SCOTT, V. N., BERNARD, D. T., Heat resistance of Talaromyces flavus und Neosartorya fischeri isolated from commercial fruit juices, J. Food Protection **50,** 18–20, 1987

43. SINELL, H.-J., Zur Methodik der mikrobiologischen Untersuchung von Voll- und Halbkonserven, Fleischw. **54,** 1642–1646, 1974

44. SPLITTSTOESSER, D. F., LEASOR, S. B., SWANSON, K. M. J., Effect of food composition on the heat resistance of yeast ascospores, J. Food Sci. **51,** 1265–1267, 1986

45. STIEBING, A., Erhitzen und Haltbarkeit von Brühwurst, Fleischw. **65,** 31–40, 1985

46. STUMBO, C. R., Thermobacteriology in food processing, Academic Press, London, 1973

47. VERRIPS, Th., RHEE, R., Effects of egg yolk and salt on Micrococcaceae heat resistance, Appl. Environ. Microbiol. **42,** 1–5, 1983

48. Verordnung über die hygienisch-mikrobiologischen Anforderungen an Lebensmittel, Gebrauchs- und Verbrauchsgegenstände, Schweiz 1. 7. 1987

Mikrobiologische Nährmedien

Sichern Sie Ihre Qualitätskontrollen durch den Einsatz hochwertiger Nährmedien

Als weltweit führender Hersteller von mikrobiologischen Nährmedien bieten wir ein breites Produktionssortiment für Ihre Anforderungen aus den Bereichen:

- Trockennährmedien

- Gebrauchsfertige Nährmedien in Petrischalen

- Gebrauchsfertige Nährmedien in Röhrchen

- Identifizierungssysteme

Wir beantworten gerne Ihre Fragen. Schreiben Sie uns oder rufen Sie uns einfach an. Telefon (06221) 305-151.

Becton Dickinson – Ihr Partner in der Mikrobiologie

Das Listerien-Nachweissystem

Die Problemlösung für die Listerien-Diagnostik

Listeria monocytogenes

Merck bietet die komplette Produktpalette zur Listerien-Diagnostik, bestehend aus Anreicherungsbouillons, Isolierungsmedien und Testkits zur weiterführenden Identifizierung an.

Besonders der neu entwickelte PALCAM-Listeria-Selektiv-Agar nach van Netten et al. stellt einen richtungsweisenden Schritt in der Listerien-Diagnostik dar.

- Wirkungsvolle Unterdückung der Begleitflora durch ausgewählte Selektivsubstanzen
- Doppelindikator-System zur Unterscheidung zwischen Listerien und ggf. wachsenden Begleitkeimen (Äsculinhydrolse, Mannitverwertung)
- Vorliegen von Listeria-Kolonien nach 24-48 Stunden

Diagnostica Merck – Ihr Partner in der Mikrobiologie

E. Merck
Vertrieb Diagnostica
Deutschland
Frankfurter Straße 250
D-6100 Darmstadt 1

MERCK

C Speiseeis und tiefgefrorene Lebensmittel

F. Timm

1 Speiseeis

Bei der Herstellung von Speiseeis wird der Speiseeisansatz, der sog. Mix meist pasteurisiert (für Eiskremmix ist dies sogar vorgeschrieben), zumindest müssen die zur Herstellung verwendete Milch, Sahne oder Magermilch pasteurisiert sein. Die Keimzahlen sind daher bei industriell hergestelltem Speiseeis in der Regel sehr niedrig; das gleiche gilt für Softeis aus pasteurisierfähigen Automaten. Lediglich Ingredienzen, die nach dem Pasteurisieren des Mixes zugegeben werden sowie hygienisch nicht einwandfreie Verhältnisse bei der Herstellung oder Verteilung von losem Speiseeis können zu erhöhten Keimzahlen führen.

1.1 Untersuchung

1.1.1 Untersuchungskriterien

Die mikrobiologische Untersuchung von Speiseeis soll anzeigen, ob der Mix und damit das Speiseeis hygienisch einwandfrei hergestellt und behandelt worden ist und ob etwaige Krankheitserreger zu einer möglichen Gesundheitsgefährdung nach dem Verzehr führen können. Obwohl weder der Nachweis coliformer Bakterien noch der von *E. coli* einen Hinweis auf eine fäkale Verunreinigung gibt, wird auf diese Indikatorkeime untersucht, weil einzelne Bundesländer in unterschiedlicher Weise Grenzwerte für sie festgelegt haben.

Folgende Untersuchungen werden empfohlen:
– Aerobe mesophile Koloniezahl
– Coliforme Bakterien und/oder *Escherichia coli*
– *Staphylococcus aureus*
– Salmonellen
– Hefen und Schimmelpilze (nur bei unpasteurisiertem Fruchteis).

1.1.2 Untersuchungsmethoden

Probenahme und Probenvorbereitung
Probenahme:
Bei abgepackten Einzelportionen unter 100 g wird die gesamte Probe entnommen, bei unverpackter Ware werden mindestens 100 g steril entnommen. Die Proben müssen im ungeschmolzenen Zustand (– 15 °C oder kälter) im Labor eintreffen, eine Temperatur von ± 0 °C darf keinesfalls überschritten werden.

Probenvorbereitung:
Mindestens 50 g Speiseeis werden in einem Wasserbad, dessen Temperatur ca. 30 °C (nicht über 35 °C) beträgt, aufgetaut. Die Auftauzeit darf 30 min nicht überschreiten.

10 g der geschmolzenen Probe werden mit 90 ml Verdünnungsflüssigkeit (0,1 % Pepton, 0,85 % Kochsalz) durch kräftiges Schütteln in einem geeigneten Gefäß gemischt.

Art der Untersuchung

a) Aerobe mesophile Keimzahl
- Verfahren: Gußkultur, Spatel- oder Tropfplattenverfahren
- Medium/Temperatur/Zeit: Plate Count Agar, 30 °C, 48 h
- Auswertung: Alle Kolonien

b) *Escherichia coli*
- Verfahren Membranfiltermethode (siehe unter Nachweis von *E. coli* und Amtliche Sammlung von Untersuchungsverfahren nach §35 LMB G 42.00 11, Mai 1988)
- Medium/Temperatur/Zeit: Glutaminat-Agar, 37 °C, 4 h und
    ECD-Agar + MUG*, 44 °C, 18–20 h
- Auswertung: Fluoreszierende und Indol-positive Kolonien

c) Coliforme Bakterien
- Verfahren: Titerverfahren Laurylsulfat-Bouillon + MUG mit 1,0 ml, 0,1 ml und 0,01 ml (= 1 ml der Verdünnung 10^{-3}) beimpfen.
- Medium/Temperatur/Zeit: Laurylsulfat-Bouillon + MUG mit Durham-Röhrchen 30 °C, 24 h
- Auswertung: Fluoreszierende Röhrchen mit Indolbildung

d) *Staphylococcus aureus*
- Verfahren: Spatel-, Tropfplatten- oder Titerverfahren
- Medium/Temperatur/Zeit: Baird-Parker-Agar, 37 °C oder Anreicherungsbouillon nach Baird, 37 °C, 48 h (siehe Nachweis von *Staphylococcus aureus, S.* 161).
- Auswertung: Schwarze Kolonien mit Hofbildung (Eigelbspaltung) oder schwarze Röhrchen. Bestätigung der Koagulase-Bildung siehe unter Nachweis von Koagulase-positiven Staphylokokken

e) Hefen und Schimmelpilze
- Verfahren: Spatelverfahren
- Medium/Temperatur/Zeit: Hefeextrakt-Glucose-Chloramphenicol-Agar, 25 °C, 5 Tage
- Auswertung: Alle Kolonien

f) Salmonellen
Verfahren: Siehe unter Nachweis von Salmonellen und Referenzverfahren zum Nachweis von Salmonellen in Speiseeis und Speiseeishalberzeugnissen (Amtliche Sammlung von Untersuchungsverfahren nach § 35 LMBG).

* MUG = 4-Methylumbelliferyl-ß-D-Glucuronid

1.2 Mikrobiologische Kriterien

Tab. 53 Mikrobiologische Anforderungen an Speiseeis in den Bundesländern der Bundesrepublik Deutschland

Bundesland	Höchstkeimzahl in 1 ml		
	Gesamt-Keime	Coliforme Keime	E.coli
Baden-Württemberg	keine einheitliche Regelung		
Bayern	300 000	100*)	–
Berlin	100 000	–	0,1 ml neg
Bremen	100 000	–	10
Hamburg	100 000	100	< 1
Hessen	150 000	0,01 ml neg	–
Niedersachsen	–	–	0,1 ml neg
Nordrhein-Westfalen	z. Zt. keine Regelung		
Rheinland-Pfalz	100 000	100	< 1
Saarland	100 000	0,001 ml neg	
Schleswig-Holstein	z. Zt. keine Regelung		

*) einschließlich *E. coli*

Toleranzwerte in der Schweiz (Schweiz. VO, 1987).
Aerobe mesophile Keime 100 000/g
Enterobacteriaceen 100/g
Staphylococcus aureus 100/g

Anforderungen in Österreich (Speiseeis-VO, 1973)
Aerobe Keime unter 250 000/g

Bei Speiseeis mit Joghurt oder Kefir, die als solche bezeichnet sind und deren fettfreie Trockenmasse ausschließlich aus Joghurt stammt, sind die in den Produkten eigenen Fermentationskeime nicht zu berücksichtigen.

Coliforme Keime unter 100/g
E. coli negativ in 1 g
Enterokokken unter 1000/g
Salmonellen negativ in 50 g
Pathogene Keime negativ in 1 g

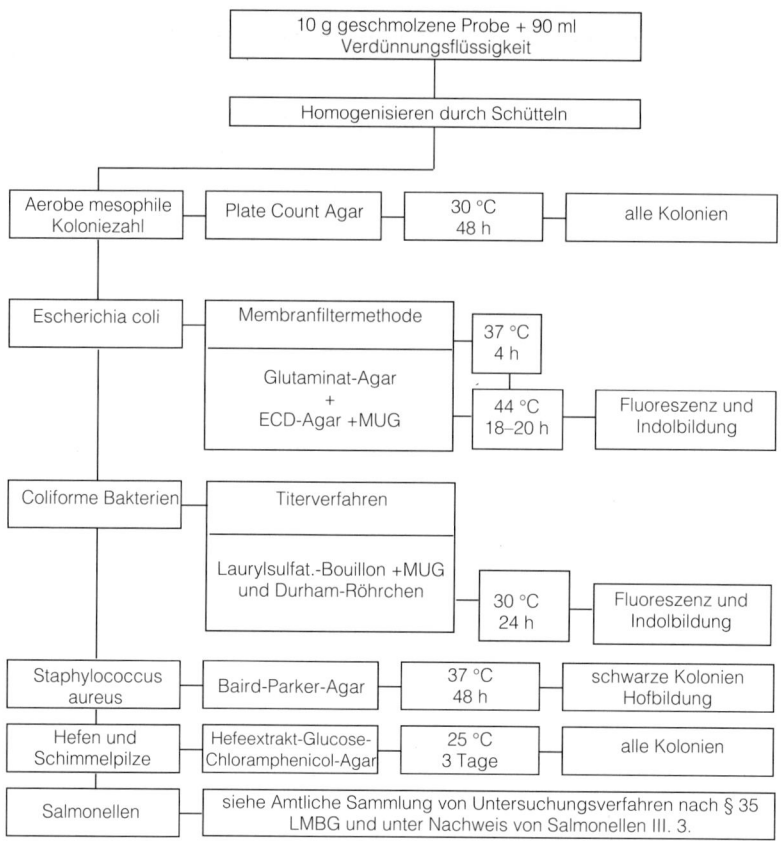

Abb. 48 Untersuchung von Speiseeis

LITERATUR

1. STENGEL, G., Ergebnisse bakteriologischer Untersuchungen von Speiseeis, Milchwiss. **42,** 631–634, 1987
2. TAMMINGA, S. K., BEUMER, R. R., KAMPELMACHER, E. H., Bacteriological examination of ice-cream in the Netherlands: Comparative studies on methods, J. appl. Bact. **49**, 239–253, 1980
3. TIMM, F., Speiseeis und Halbfertigfabrikate, in: Sammlung von Vorschriften zur mikrobiologischen Untersuchung von Lebensmitteln, herausgegeben von W. Schmidt-Lorenz, 3. Lieferung, Verlag Chemie, Weinheim, 1981
4. TIMM, F., Speiseeis, Verlag Paul Parey, Berlin und Hamburg, 1985
5. Determination of coliform bacteria in foods using pre-incubation, The Nordic Commitee on Food Analysis, Z. Lebensm. Unters. Forsch. **179**, 458–459, 1984
6. Verordnung über die hygienisch-mikrobiologischen Anforderungen an Lebensmittel, Gebrauchs- und Verbrauchsgegenstände, Schweiz, 1. 7. 1987
7. Verordnung des Bundesministers für Gesundheit und Umweltschutz vom 13. 12. 1972 über den Verkehr mit Speiseeis (Speiseeisverordnung). BGBl. für die Republik Österreich Jahrgang 1973, ausgegeben am 5. 1. 1973, S. 343ff.
8. Bundesgesundheitsamt (Hrsg.): Amtliche Sammlung von Untersuchungsverfahren nach § 35 LMBG, Band I/1 – Allgemeiner Teil 1 und 2, Gruppe 42.00. 1982–1988, Berlin, Köln: Beuth-Verlag

2   Tiefgefrorene Lebensmittel*

Eine Vermehrung von Mikroorganismen ist in gefrorenen Lebensmitteln (– 10 °C oder tiefere Temperatur) und erst recht in tiefgefrorenen Lebensmitteln nicht möglich. Im Gefrierbereich bis zu −8° bis − 10 °C ist eine Vermehrung bestimmter Mikroorganismenarten nur extrem langsam möglich. So beträgt bei – 5 °C die Anlaufphase psychrophiler Keime meist einige Wochen, teilweise Monate, und die Generationszeit liegt etwa zwischen 5 und 8 Tagen (TIMM, 1985). Die mikrobiologisch-hygienische Qualität gefrorener und tiefgefrorener Lebensmittel wird somit in erster Linie durch den Gehalt an Mikroorganismen vor dem Einfrieren bestimmt (SCHMIDT-LORENZ, 1976).

Beim Gefrieren und während der Gefrierlagerung wird ein Teil der Mikroorganismen abgetötet, ein anderer Teil wird lediglich geschädigt, so daß z. B. diese Keime gegen einige Hemmstoffe von Selektivnährböden empfindlich geworden sind (ICMSF, 1978; SPECK und RAY, 1977). Daher ist eine Wiederbelebungsstufe (Resuszitation) zur Erfassung subletal geschädigter Mikroorganismen vorgeschlagen worden (MOSSEL und CORRY, 1977; RAY, 1979).

Für Routineuntersuchungen von gefrorenen und tiefgefrorenen Lebensmitteln ist eine Wiederbelebungsstufe nicht erforderlich. Handelt es sich dagegen im Verdachtsfalle um die gezielte Suche nach pathogenen Keimen (z. B. enteropathogene *E. coli*-Stämme oder *Yersinia enterocolitica*), wird folgendes Verfahren vorgeschlagen: Die mit der 9fachen Menge an Kochsalz-Pepton-Lösung versetzte Ausgangsverdünnung bleibt 1 h bei Zimmertemperatur stehen; danach wird entsprechend der jeweiligen Methode vorgegangen. Die Voranreicherung beim Salmonellen-Nachweis stellt bereits eine Wiederbelebungsstufe dar, so daß die vorgenannte Prozedur nicht nötig ist.

2.1   Untersuchung

2.1.1 Untersuchungskriterien

a) Erzeugnisse aller Art
- Aerobe mesophile Koloniezahl
- *Enterobacteriaceen* (außer bei rohem Gemüse)
- *Escherichia coli*
- Koagulase-positive Staphylokokken

b) Vorgekochte Produkte mit Fleisch
- *Clostridium perfringens*

c) Rohes Fleisch, Wild, Geflügel, Eiprodukte
- Salmonellen

---

*Gilt auch für gefrorene Lebensmittel

d) Roh zu verzehrendes Gemüse
- Salmonellen
e) Schalen- und Weichtiere, roh und gekocht
- Salmonellen
- *Vibrio parahaemolyticus*
f) Saure Produkte, Früchte, Joghurt, Desserts
- Hefen und Schimmelpilze

2.1.2   Untersuchungsmethoden

Probenahme und Probenvorbereitung

Entnahme der Probe:

Auftauen von gefrorenen und tiefgefrorenen Lebensmittelproben bei Zimmertemperatur (maximal 2 h) oder im Kühlschrank bei etwa 4 °C bis maximal 12 h. Gemüsekräuter im Kühlschrank antauen lassen.

Die Probe kann auch aus dem noch gefrorenen Lebensmittel mittels sterilem Skalpell, Korkbohrer oder Bohrmaschine (Hohlbohrer) entnommen werden.

Homogenisierung und Verdünnungsreihe:

20 g Material werden mit 180 ml Verdünnungsflüssigkeit (0,1 % Caseinpepton, trypt., 0,85 % Kochsalz) zerkleinert (Stomacher 400 oder Ultra-Turrax oder „Ato-mix"-Gerät). Die Verdünnungsreihe wird in Reagenzröhrchen angelegt.

Art der Untersuchung

a) Aerobe mesophile Koloniezahl
- Verfahren: Spatelverfahren, Gußkultur oder Tropfplattenverfahren
- Medium/Temperatur/Zeit: Plate Count Agar, 30 °C, 48 h
- Auswertung: Alle Kolonien

b) *Enterobacteriaceen*
- Verfahren: Tropfplattenverfahren
- Medium/Temperatur/Zeit: VRBD-Agar, 30 °C, 48 h, anaerob
- Auswertung: Alle Kolonien mit einem Durchmesser über 1mm. Bei anaerober Bebrütung können sich auch Pseudomonaden vermehren (Durchmesser der Kolonien unter 1 mm). Es wird empfohlen, einen Pseudomonasstamm als Kontrolle mitzuführen.

Anmerkung: Neben dem Nachweis der aeroben Koloniezahl kann die Enterobacteriaceenzahl nützliche Informationen über die Hygiene der Prozeßlinie ergeben.

c) *Escherichia coli*
- Verfahren: Mambranfiltermethode (siehe unter Nachweis von *E.coli*, S. 118)
- Medium/Temperatur/Zeit: Glutaminat-Agar, 37 °C, mindestens 2 h, bei aufpipettierter zuckerreicher Ausgangsverdünnung 4 h; danach ECD-Agar + MUG, 44 °C 18–20 h. Auswertung: Alle fluoreszierenden Kolonien, die außerdem Indol-positiv sind.

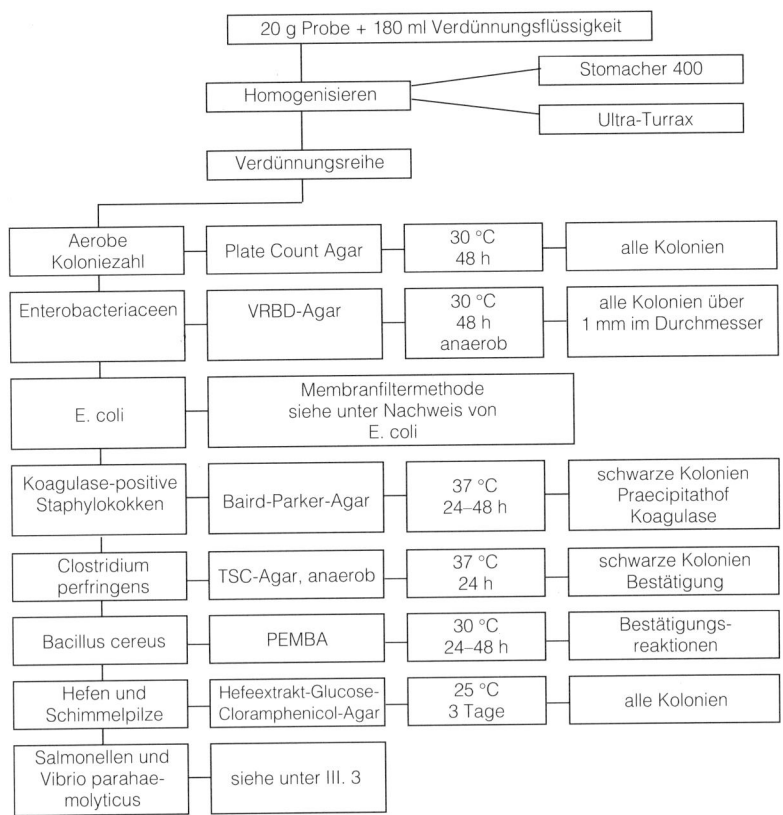

Abb. 49 Untersuchung gefrorener und tiefgefrorener Lebensmittel

d) Koagulase-positive Staphylokken
- Verfahren: Spatel- oder Tropfplattenverfahren bzw. Titerverfahren
- Medium/Temperatur/Zeit: Baird-Parker-Agar, 37 °C, 48 h bzw. Anreicherungsbouillon nach Baird, 37 °C, 48 h, die anschließend auf Baird-Parker-Agar ausgestrichen wird.
- Auswertung: Schwarze Kolonien mit Hofbildung (Eigelbspaltung); Bestätigung der Koagulasebildung (siehe unter Nachweis Koagulase-positiver Staphylokokken, S. 161).

e) *Clostridium perfringens*
- Verfahren: Gußkultur
- Medium/Temperatur/Zeit: TSC-Agar, 37 °C, 24 h
- Auswertung: Siehe unter Nachweis von *Clostridium perfringens*

f) Hefen und Schimmelpilze

- Verfahren: Spatelverfahren
- Medium/Temperatur/Zeit: Hefeextrakt-Glucose-Chloramphenicol-Agar oder Bengalrot-Chloramphenicol-Agar, 25 °C, 3–5 Tage
- Auswertung: Mikroskopie

g) *Bacillus cereus*

Ein Nachweis erfolgt nur dann, wenn bei der Bestimmung der mesophilen Koloniezahl ein hoher Anteil aerober Sporenbildner vorhanden ist.

- Verfahren: Spatelverfahren
- Medium/Temperatur/Zeit: PEMBA 30 °C, 24–48 h
- Auswertung: Siehe unter Nachweis von *Bacillus cereus*

h) Salmonellen

Siehe unter Nachweis von Salmonellen, S. 131)

i) *Vibrio parahaemolyticus*

Der Nachweis erfolgt bei Fischen, Fischerzeugnissen, Crustaceen, jedoch nur bei speziellen Fragestellungen.

- Verfahren (RAY, 1979):

50g in 450 ml Tryptic-Soy Broth homogenisieren und 2 h bei 35 °C bebrüten. Zugabe von Kochsalzlösung (20 %ig) bis zur Endkonzentration von 3 %. Bebrütung über Nacht bei 35 °C.

10 ml der Voranreicherung zu 100 ml Glucose-Salt-Teepol Broth (GSTB) und Bebrütung bei 35 °C für 6 h Ausstrich aus TCBS-Agar und Bebrütung bei 35 °C über Nacht. Identifizierung verdächtiger Kolonien (siehe auch Nachweis *Vibrio parahaemolyticus*, S. 145)

LITERATUR

1. BORGSTROM, G., Microbiological problems of frozen food products, Advances in Food Research **6**, 163–230, 1955
2. HALL, L. P., A manual of methods for the bacteriological examination of frozen foods, Chipping Campden, Gloucestershire, 1982
3. HARTMANN, P. A., Modification of conventional methods for recovery of injured coliforms and salmonellae, J. Food Protection **42**, 356–361, 1979
4. KRAFT, A. A., REY, C. R., Psychrotrophic bacteria in foods: an update, Food Technology **33**, 66–71, 1979
5. MACKEY, B. M. DERRICK, Ch, M. THOMAS, J. A., The recovery of sublethally injured Escherichia coli from frozen meat, J. appl. Bact. **48**, 315–324, 1980
6. MOSSEL, D. A. A., CORRY, JANET, E. L., Detection and enumeration of sublethally injured pathogenic and index bacteria in foods and water processed for safety, Alimenta-Sonderausgabe, S. 19–34, 1977
7. RAY, B., Methods to detect stressed microorganisms, J. Food Protection **42**, 346–355, 1979
8. ROBINSON, R. K., Microbiology of frozen foods, Elsevier Applied Science Publ. LTD, 1985
9. SCHMIDT-LORENZ, W., Über die Bedeutung der Anwesenheit von Mikroorganismen in gefrorenen und tiefgefrorenen Lebensmitteln, Lebensm.-Wiss. und -Technol. **9**, 263–273, 1976
10. SPECK, M. L., RAY, B., Effects of freezing and storage on microorganisms in frozen foods: A review, J. Food Protection **40**, 333–336, 1977

D   Alkoholfreie Erfrischungsgetränke, Fruchtsäfte und Fruchsaftkonzentrate, Gemüsesäfte, natürliches Mineralwasser, Quellwasser, Tafelwasser und Trinkwasser

J. Firnhaber

1   Mikroorganismen, die zum Verderb führen

Alkoholfreie Erfrischungsgetränke, Süßmoste, Fruchtsäfte
Lactobacillus, Pediococcus, Leuconostoc, Essigsäurebakterien, Hefen, Schimmelpilze

Fruchtsaftkonzentrate
Hefen und Schimmelpilze

Kohlensäurehaltige Getränke
Laktobazillen, Hefen

Gemüsesäfte
Thermophile Bazillen
Clostridien

2 Mikroorganismen in natürlichem Mineral-, Quell- und Tafelwasser sowie in Trinkwasser

Substrateigene oder autochthone Mikroflora: *Pseudomonas, Flavobacterium, Cytophaga* u. a.
Verunreinigungsflora: Enterobacteriaceen, *Pseudomonas aeruginosa,* Enterokokken, Clostridien u. a.

3 Untersuchung

Bei blanken, mambranfiltrierbaren Produkten werden Membranfiltration bzw. Guß- oder Tropfkultur angewandt. Bei trüben, schlecht filtrierbaren Produkten wird zuerst eine Vorfiltration durchgeführt. Danach werden 10 bis 20 ml oder 100 ml membranfiltriert. Auch die Guß- oder Tropfkultur kann eingesetzt werden.

Eine wachstumshemmende Wirkung ätherischer Öle bei Citrusprodukten wird durch Zugabe von 1 % Rinderleberinfusion zum Nährboden aufgehoben. Bei Anwendung der Membranfiltration werden die ätherischen Öle vom Filter durch nachträgliches Filtrieren von ca. 50 ml 0,1 %iger Triton-X-100 Lösung und anschließendes Filtrieren von 20 ml Verdünnungsflüssigkeit (0,85 % Kochsalz, 0,1 % Pepton) ausgewaschen.

3.1 Alkoholfreie Erfrischungsgetränke und Fruchtsäfte

Tab. 54 Nachweis von Mikroorganismen in alkoholfreien Erfrischungsgetränken und Fruchtsäften

Nachzuweisende Mikroorganismen	Medien	Verfahren
Aerobe mesophile Koloniezahl	Plate Count Agar	Gußkultur, Tropfplattenverfahren oder Membranfiltration, 30 °C, bis 5 Tage
Aerobe mesophile Verderbsorganismen	OFS-Medium oder Orangenserumagar, modifiziert	Gußkultur, Tropfplattenverfahren oder Membranfiltration, 30 °C, bis 5 Tage

Fortsetzung von Tab. 54 folgt auf Seite 367

**Tab. 54   Fortsetzung: Nachweis von Mikroorganismen in alkoholfreien
Erfrischungsgetränken und Fruchtsäften**

Nachzuweisende Mikroorganismen	Medien	Verfahren
Essigsäurebakterien	Hefeextrakt-Ethanol-Bromkresolgrün-Agar oder ACM-Agar	Spatelverfahren, Tropfplattenverfahren oder Membranfiltration, 30 °C, aerob bis 8 Tage
Milchsäurebakterien	MRS-Agar, pH 5,7	Gußkultur, Tropfplattenverfahren oder Membranfiltration, 30 °C, anaerob bis 5 Tage
Leuconostoc spp.	Saccharose-Agar	Gußkultur, Tropfplattenverfahren oder Membranfiltration, 30 °C, aerob oder anaerob bis 5 Tage*)
Hefen und Schimmelpilze	Hefeextrakt-Glucose-Chloramphenicol-Agar oder OGY-Agar	Gußkultur, Spatelverfahren oder Membranfiltration, 25 °C, bis 4 Tage
Osmotolerante Hefen	s. Nachweis osmotoleranter Hefen	

*) Auf dem Saccharose-Agar vermehren sich auch schleimbildende Bazillen (z. B. Bacillus licheniformis). Eine mikroskopische Prüfung und der Nachweis der Katalase sind deshalb erforderlich.

3.2   Fruchsaftkonzentrate

Tab. 55   Nachweis von Mikroorganismen in Fruchtsaftkonzentraten

Nachzuweisende Mikroorganismen	Medien	Verfahren
Hefen und Schimmelpilze	Hefeextrakt-Glucose-Chloramphenicol-Agar oder OGY-Agar	Gußkultur, Spatelverfahren, 25 °C, bis zu 4 Tage
Osmotolerante Hefen	s. Nachweis osmotoleranter Hefen	

3.3 Gemüsesäfte

Tab. 56 Nachweis von Mikroorganismen in Gemüsesäften

Nachzuweisende Mikroorganismen	Medien	Verfahren
Aerobe mesophile Koloniezahl	Plate Count Agar	Gußkultur, Tropfkultur, Spatelverfahren 30 °C, bis zu 5 Tage
Thermophile Bazillen 10 min 70 °C	Dextrose-Casein-Pepton-Agar	Gußkultur, Tropfkultur, Spatelverfahren 55 °C, bis 3 Tage, feuchte Kammer
Mesophile Clostridien 10 min 70 °C	DRCM-Agar	Gußkultur 37 °C, bis zu 3 Tage

3.4 Natürliches Mineralwasser, Quellwasser, Tafelwasser und Trinkwasser

Die Untersuchungen und Identifizierungen entsprechen den Angaben der „Amtlichen Sammlung von Untersuchungsverfahren nach § 35 LMBG, L 59.00 1–5, Mai 1988) und der Trinkwasser-Verordnung.

3.4.1 Natürliches Mineralwasser, Quellwasser und Tafelwasser -

Nachzuweisen sind: *Escherichia coli* und coliforme Bakterien, Faekalstreptokokken, sulfit-reduzierende, sporenbildende, Anaerobier, die aerobe Koloniezahl sowie *Pseudomonas aeruginosa* (Abb. 50–53).

Tab. 57 Identifizierungsschema für E.coli und coliforme Keime

Reaktionen	Escherichia coli	coliforme Keime
Oxidase	–	–
Lactose-Vergärung (Säure- und Gasbildung)	+	+
Glucose-Spaltung (44 °C) (Säure- und Gasbildung)	+	–
Citratverwertung	–	+ (–)[1]
Indolbildung	+	– (+)[2]

1) negative Reaktion möglich
2) positive Reaktion möglich

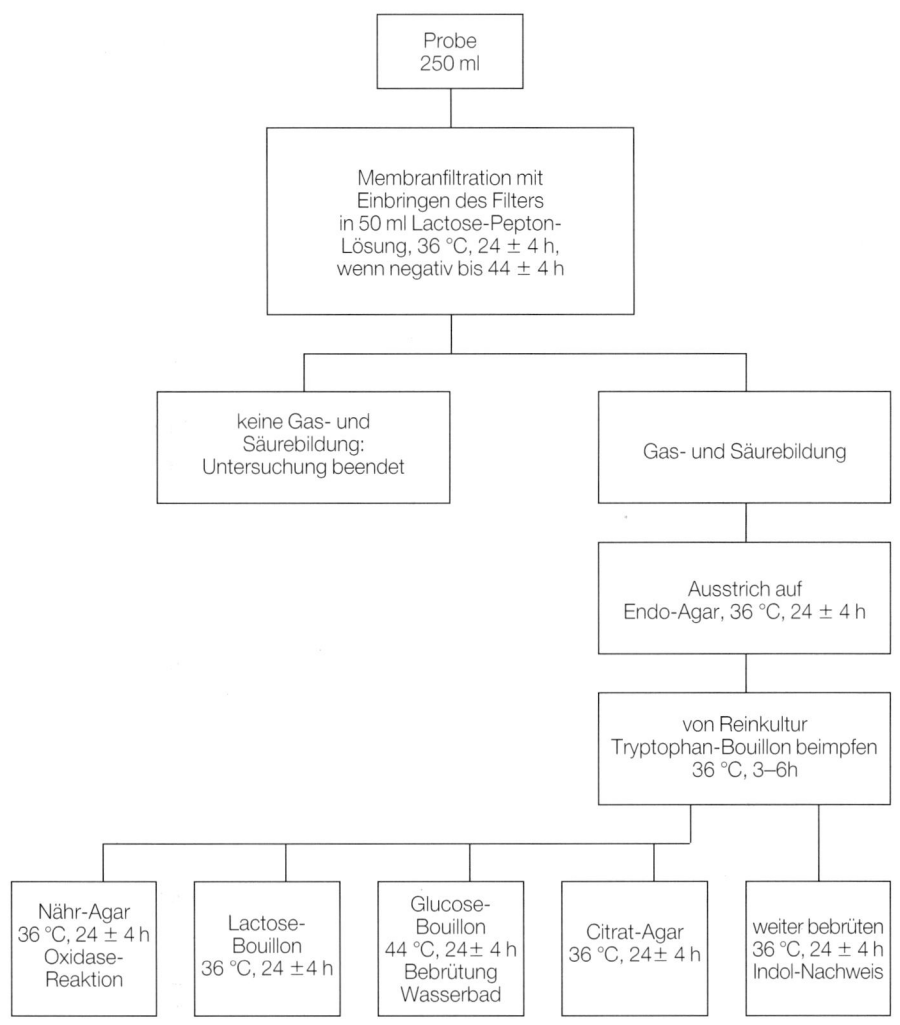

Abb. 50 Nachweis von Escherichia coli und coliformen Bakterien

Faekalstreptokokken sind bei positivem Äsculinabbau, Vermehrung in Nährbouillon pH 9,6 und Vermehrung in 6,5 % NaCl-Bouillon nachgewiesen.

Der Äsculinabbau wird durch Zugabe von frisch hergestellter 7 %iger wäßriger Lösung von Eisen(II)-chlorid zur Äsculinbouillon geprüft. Im positiven Fall entsteht eine braun-schwarze Farbe.

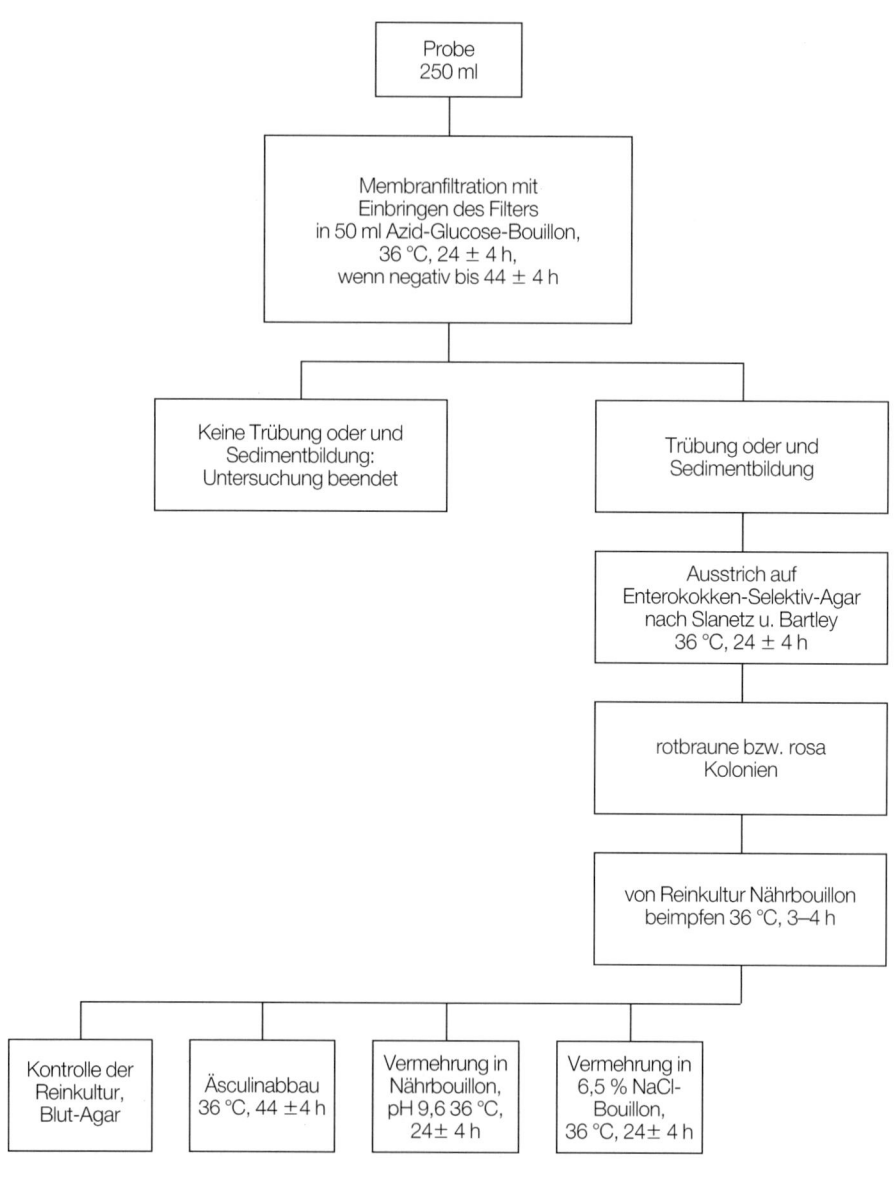

Abb. 51 Nachweis von Faekalstreptokken

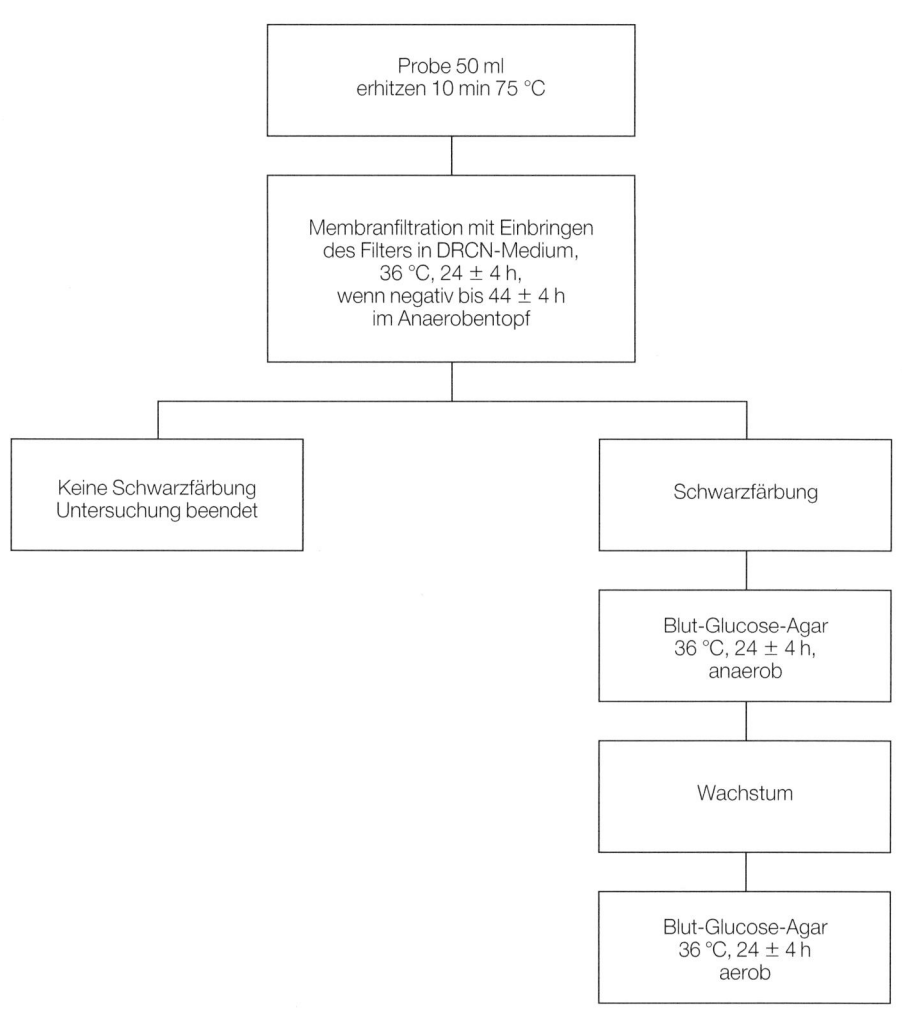

Abb. 52 Nachweis von sultitreduzierenden, sporenbildenden Anaerobiern

Sulfitreduzierende, sporenbildende Anaerobier sind nachgewiesen, wenn nach Schwarzfärbung des DRCM-Mediums ausschließlich auf der anaerob bebrüteten Subkultur mit Blut-Glucose-Agar Kolonien vorhanden sind.

Pseudomonas aeruginosa ist nachgewiesen:
Oxidase, Fluoresceinbildung und Ammoniakbildung positiv.

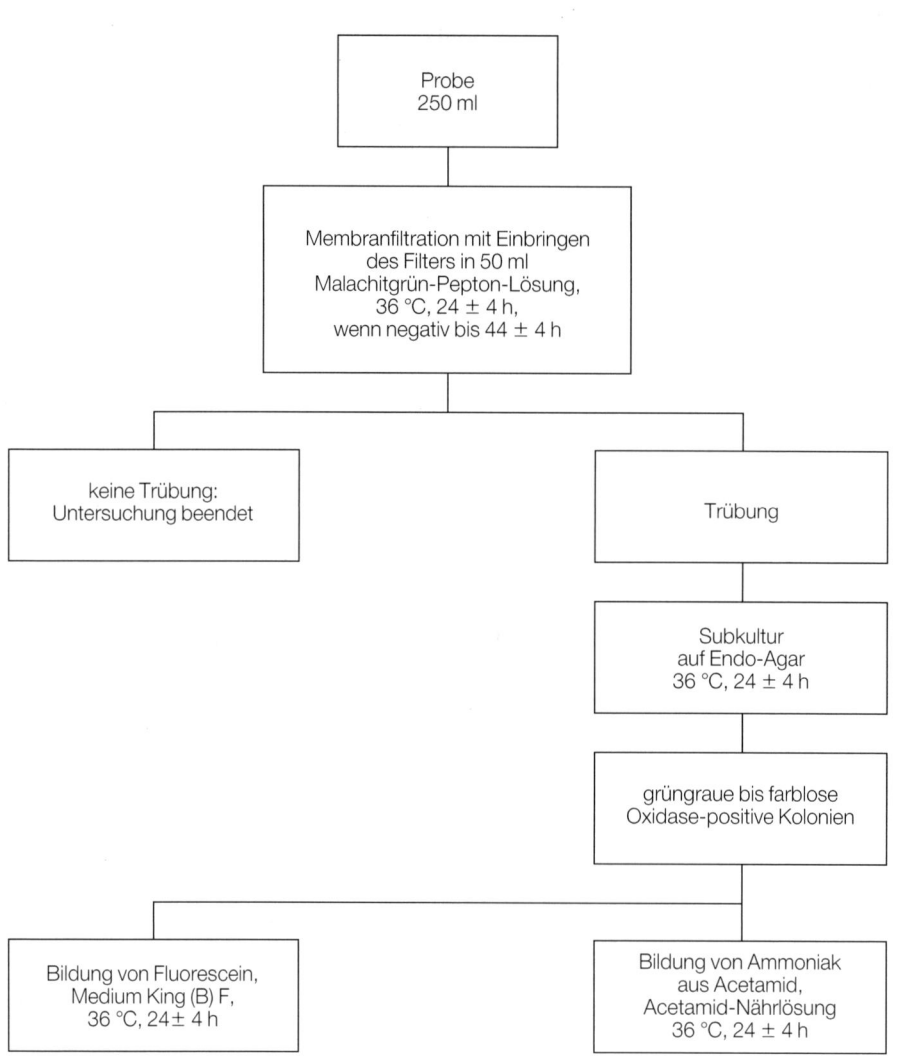

Abb. 53 Nachweis von Pseudomonas aeruginosa

Tab. 58 Nachweis der aeroben Koloniezahl

Probevolumen	Nährboden	Bebrütung	Auswertung
1 ml Gußkultur	Fleischextrakt Pepton-Agar	20 °C 44 ± 4 h 36 °C 24 ± 4 h	Koloniezahl mit 6-8facher Lupen- vergrößerung

3.4.2 Trinkwasser

Nachweis von *Escherichia coli* und coliformen Bakterien sowie der Koloniezahl nach der Trinkwasserverordnung vom 22. Mai 1986.

Die Untersuchung zum Nachweis von *Escherichia coli*, coliformen Bakterien und der Koloniezahl in natürlichem Mineralwasser, Quell- und Tafelwasser können in Anlehnung an die Methoden der „Amtlichen Sammlung von Untersuchungsverfahren nach § 35 LMBG, L 59.00 1–5, Mai 1988" durchgeführt werden. In diesen Methoden wird im Gegensatz zur Trinkwasserverordnung anstatt einer Bebrütungstemperatur von 22 ± 2 °C, 37 ±1 °C und 44 ± 0,5 °C eine Temperatur von 20 °C, 36 °C und 44 °C angegeben.

3.4.3 Trinkwasser in verschlossenen Behältnissen

Nachweis wie bei natürlichem Mineralwasser, Quellwasser und Tafelwasser.

4   Mikrobiologische Kriterien

Natürliches Mineralwasser[1])

„Natürliches Mineralwasser muß frei sein von Krankheitserregern. Dieses Erfordernis gilt als nicht erfüllt, wenn es in 250 Milliliter *Escherichia coli*, coliforme Keime, Faekalstreptokokken oder *Pseudomonas aeruginosa* sowie in 50 Milliliter sulfitreduzierende, sporenbildende Anaerobier enthält. Die Koloniezahl darf bei einer Probe, die innerhalb von 12 Stunden nach der Abfüllung entnommen und untersucht wird, den Grenzwert von 100 je Milliliter bei einer Bebrütungstemperatur von 20° ± 2°C und den Grenzwert von 20 je Milliliter bei einer Bebrütungstemperatur von 37° ±1 °C nicht überschreiten."

„Bei natürlichem Mineralwasser soll außerdem die Koloniezahl am Quellaustritt den Richtwert von 20 je Milliliter bei einer Bebrütungstemperatur von 20°± 2 °C und den Richtwert von 5 je Milliliter bei einer Bebrütungstemperatur von 37 ± 1 °C nicht überschreiten. Natürliches Mineralwasser darf nur solche vermehrungsfähigen Arten an Mikroorganismen enthalten, die keinen Hinweis auf eine Verunreinigung bei dem Gewinnen oder Abfüllen geben."

Quell- und Tafelwasser[1)]
Es gelten die Grenz- und Richtwerte wie für natürliches Mineralwasser.

1) In der Amtlichen Sammlung von Untersuchungsverfahren nach § 35 LmBG ist zum Nachweis der Koloniezahl im Gegensatz zur Verordnung über natürliches Mineralwasser, Quellwasser und Tafelwasser anstatt einer Bebrütungstemperatur von 20 ±2 °C und 37 ± 1 °C eine Temperatur von 20 °C und 36 °C aufgeführt.

Trinkwasser (Trinkwasserverordnung vom 22. Mai 1986)
(1) „Trinkwasser muß frei sein von Krankheitserregern. Dieses Erfordernis gilt als nicht erfüllt, wenn Trinkwasser in 100 ml *Escherichia coli* enthält (Grenzwert). Coliforme Keime dürfen in 100 ml nicht enthalten sein (Grenzwert); dieser Grenzwert gilt als eingehalten, wenn mindestens 40 Untersuchungen in mindestens 95 vom Hundert der Untersuchungen coliforme Keime nicht nachgewiesen werden.

(2) In Trinkwasser soll die Koloniezahl den Richtwert von 100 je ml bei einer Bebrütungstemperatur von 20 °C ± 2 °C und bei einer Bebrütungstemperatur von 36 °C ±1 °C nicht überschreiten. In desinfiziertem Trinkwasser soll außerdem die Koloniezahl nach Abschluß der Aufbereitung den Richtwert von 20 je ml bei einer Bebrütungstemperatur von 20 °C ± 2 °C nicht überschreiten.

(3) Bei Trinkwasser aus Eigen- und Einzelversorgungsanlagen, aus denen nicht mehr als 1000 m³ im Jahr entnommen werden, sowie bei Trinkwasser aus Sammel- und Vorratsbehältern und aus Wasserversorgungsanlagen an Bord von Wasserfahrzeugen, in Luftfahrzeugen oder in Landfahrzeugen soll die Koloniezahl den Richtwert von 1000 je ml bei einer Bebrütungstemperatur von 20 °C ± 2 °C und den Richtwert von 100 je ml bei einer Bebrütungstemperatur von 36 °C ±1 °C nicht überschreiten. Für Trinkwasser aus Wasserversorgungsanlagen auf Spezialfahrzeugen, die Trinkwasser transportieren und abgeben, gilt Absatz 2.“

Trinkwasser in verschlossenen Behältnissen
Es gelten die Grenz- und Richtwerte wie für natürliches Mineralwasser.

LITERATUR
1. BACK, W., Nachweis und Kultivierung von Getränkeschädlingen im AFG-Bereich, Mschr. Brauerei **33**, 236, 1980
2. BACK, W., Schädliche Mikroorganismen in Fruchtsäften, Fruchtnektaren und süßen alkoholfreien Erfrischungsgetränken, Brauwelt **121**, 43–48, 1981
3. BACK, W., Schädliche Mikroorganismen in AFG-Betrieben. Nachweis- und Kultivierungsmethoden, Brauwelt **121**, 314–318, 1981
4. FRESENIUS, R. E., MROZEK, H., SALZER, U. J., Süße alkoholfreie Erfrischungsgetränke, Süßmoste, Frucht- und Gemüsesäfte, Fruchtsaftkonzentrate und Marmeladen, in: Sammlung von Vorschriften zur mikrobiologischen Untersuchung von Lebensmitteln, herausgegeben von W. SCHMIDT-LORENZ, Verlag Chemie, Weinheim 1980
5. MROSEK, H., Mikrobiologie der alkoholfreien Erfrischungsgetränke, Das Erfrischungsgetränk **25**, 260–263, 1972
6. SAND, F. E. M. J., Zur Bakterien-Flora von Erfrischungsgetränken, Brauwelt **111**, 252–264, 1971
7. SCHMIDT-LORENZ, W., Mikrobiologie der natürlichen Mineralwässer – Eine Übersicht, Alimenta **14**, 175–184, 1975
8. Internationale Fruchtsaft-Union (IFU), Mikrobiologische Methoden, 1976

9. Verordnung zur Änderung der Trinkwasser-Verordnung und der Verordnung über Tafelwasser, Bundesgesetzblatt vom 25. 7. 1980, S. 764 ff.

10. Verordnung über natürliches Mineralwasser, Quellwasser und Tafelwasser. Bundesgesetzblatt vom 1. 8. 1984, S. 1036 ff.

11. Verordnung über Trinkwasser und über Wasser für Lebensmittelbetriebe (Trinkwasserverordnung – TrinkwV) vom 22. Mai 1986 (BGBl. I. S. 760)

12. Nachweis von Escherichia coli und coliformen Keimen in natürlichem Mineralwasser, Quell- und Tafelwasser, Referenzverfahren, Amtliche Sammlung von Untersuchungsverfahren nach § 35 LMBG, 59.00 1, Mai 1988, Beuth Verlag Berlin, Köln

13. Nachweis von Fäkalstreptokokken in natürlichem Mineralwasser, Quell- und Tafelwasser, Referenzverfahren, Amtliche Sammlung von Untersuchungsverfahren nach § 35 LMBG, 50.00 2, Mai 1988

14. Nachweis von Pseudomonas aeruginosa in natürlichem Mineralwasser, Quell- und Tafelwasser, Referenzverfahren, Amtliche Sammlung von Untersuchungsverfahren nach § 35 LMBG, 59.00 3, Mai 1988

15. Nachweis von sulfitreduzierenden, sporenbildenden Anaerobiern in natürlichem Mineralwasser, Quell- und Tafelwasser, Referenzverfahren, Amtliche Sammlung von Untersuchungsverfahren nach § 35 LMBG, 59.00 4, Mai 1988

16. Bestimmung der Koloniezahl in natürlichem Mineralwasser, Quell- und Tafelwasser, Referenzverfahren, Amtliche Sammlung von Untersuchungsverfahren nach § 35 LMBG, Mai 1988, 59.00 5

E   Bier

J. Firnhaber

Bier ist aufgrund des relativ geringen Nährstoffgehaltes, des niedrigen pH-Wertes und des niedrigen Redoxpotentials, wegen des Alkohol- und CO_2-Gehaltes und des Anteils an Hopfenbitterstoffen (Hemmwirkung gegenüber grampositiven Bakterien) in mikrobiologischer Hinsicht ein relativ stabiles Produkt.

1   Vorkommende Mikroorganismen

1.1   Bakterien

1.1.1   Obligate „Bierschädlinge"

Milchsäurebakterien der Genera *Lactobacillus* und *Pediococcus, Pectinatus cerevisiiphilus* und *Megasphaera spp.*

Im abgefüllten Bier kommt es zu Trübungen, Bodensatzbildung und aufgrund gebildeter Stoffwechselprodukte zu Geruchs- und Geschmacksabweichungen.

1.1.2   Potentielle „Bierschädlinge"

Milchsäurebakterien der Genera *Leuconostoc* und *Streptococcus, Acetobacter, Gluconobacter, Zymomonas* sowie *Obesumbacterium proteus* (früher *Hafnia protea*) *Micrococcus kristinae.*

Zum Verderb kommt es nur unter bestimmten Voraussetzungen, wie z. B. zu geringem Anteil an Bitterstoffen, zu hohem Sauerstoffgehalt, Vorhandensein leicht vergärbarer Zucker, zu hoher Lagertemperatur, zu niedrigem Alkoholgehalt. Vertreter der Gattung Zymomonas spielen in Bieren, die nach dem deutschen Reinheitsgebot gebraut sind, keine Rolle, da sie keine Maltose, sondern nur Glucose und Fructose nutzen können.

1.1.3   Latent im Bier vorkommende Bakterien, die keine „Bierschädlinge" sind

Bakterien der Genera *Bacillus, Clostridium* sowie Species der Genera *Escherichia* und *Enterobacter* („Würzebakterien").

Diese Bakterien können sich im Bier nicht vermehren, sie sterben während der Gärung zum Teil ab. Doch können Stoffwechselprodukte, die aus noch nicht gärender Würze von ihnen gebildet worden sind, das Endprodukt Bier nachteilig verändern.

Tab. 59 Bakterien, die zum Verderb von Bier führen

Gattung	Bildung von Stoffwechselprodukten	Veränderung im Bier	Häufigster Vertreter
Lactobacillus, obligat heterofermentativ	Milchsäure Ethanol, CO_2 Essigsäure	glänzende Trübung, unsauberer Geschmack	L. brevis
Lactobacillus homofermentativ	Milchsäure	starke Säuerung	L. casei
Pediococcus	Diacetyl	unsauberer Geschmack	P. damnosus
Leuconostoc	Diacetyl	unsauberer Geschmack	L. mesenteroides
Streptococcus	Diacetyl	leichte Trübung, nur bei schwach gehopftem Bier <20 EBC-Bittereinheiten*) unsauberer Geschmack	Str. lactis
Micrococcus	Diacetyl, fruchtiges Aroma	Hemmung bei pH <4,5 Hemmung bei Temp. <15 °C Hemmung bei >25 EBC-Bittereinheiten	M. kristinae
Acetobacter	Essigsäure Weiteroxidation zu $CO_2 + H_2O$	Trübung	A. pasteurianus
Gluconobacter	Essigsäure	Trübung	G. oxydans
Pectinatus	Essigsäure Propionsäure H_2S	Trübung, unsauberer Geschmack	P. cerevisiiphilus

*) EBC = European Brewery Convention

Tab. 59 Fortsetzung: Bakterien, die zum Verderb von Bier führen

Gattung	Bildung von Stoffwechsel- produkten	Veränderung im Bier	Häufigster Vertreter
Zymomonas	Ethanol, CO_2 H_2S Acetaldehyd	unsauberer Geschmack	Z. mobilis
Megasphaera	Buttersäure Valeriansäure	fauliger Geschmack, stinkendes Aroma	Megasphaera spp.
Obesumbacterium	H_2, CO_2 Ethanol 2,3-Butandiol	Hemmung bei $pH < 4,4$ Geschmacksstoffe aus Würze im Bier	Ob. proteus
Enterobacter, Escherichia	H_2, CO_2, Säuren	Geschmacksstoffe aus Würze im Bier	

1.2 Hefen

Bei den Hefen kann es sich um Saccharomyces-Kulturhefen, Saccharomyces-Fremdhefen („Wildhefen") mit brauereitechnologisch unerwünschten Eigenschaften sowie um Fremd-hefen anderer Genera handeln, wie z. B. Arten der Genera Hansenula, Pichia, Brettanomy-ces, Candida.

2 Untersuchung von Würze, Anstell-hefe, Bier, Brau- und Betriebswasser

Bei der mikrobiologischen Kontrolle der Herstellung von Bier werden untersucht: Würze, Anstellhefe, unfiltriertes und filtriertes Bier, Brau- und Betriebswasser.

2.1 Nachweis von Bakterien

Die aufgeführten Identifizierungsmerkmale erlauben nur eine Verdachtsdiagnose, die zu bestätigen ist.

2.1.1 Untersuchung von Würze auf Enterobacteriaceen

Verfahren: Membranfiltration
Probevolumen: 200–500 ml
Medium/Temperatur/Zeit: MacConkey-Agar, 30 °C, 24–72 h
Identifizierung auf MacConkey-Agar: Lactose-negative Kolonien, wie z. B. *Obesumbacterium sp.*, sind farblos, Lactose-positive Kolonien, wie z. B. *E. coli*, sind rot und haben häufig einen Hof durch ausgefallene Gallensäuren, Kolonien von *Enterobacter* sind rosa und schleimig.

2.1.2 Untersuchung von Anstellhefe auf Enterobacteriaceen

Verfahren: Tropfkultur
Medium/Temperatur/Zeit: MacConkey-Agar + 2ml Actidionlösung pro 100 ml Nährboden, 30 °C, 24–72 h Actidionlösung: 200 mg auf 100 ml Aqua dest.

2.1.3 Untersuchung von Brau- und Betriebswasser

Die Untersuchung erfolgt entsprechend den Bestimmungen der Trinkwasser-VO.

2.1.4 Nachweis bierschädlicher Bakterien, insbesondere der Genera Lactobacillus und Pediococcus, in der Hefe und im Bier

Verfahren: Spatelkultur oder Membranfiltration
Probevolumen: Reinzuchthefe, 0,1 bis 0,2 ml Hefesuspension
Anstellhefe, 0,1 bis 0,2 ml Hefesuspension
Bottichbier, Zentrifugation von 15 ml Bottichbier, Bodensatz auf Platte geben
Tankbier, 25–100 ml membranfiltrieren

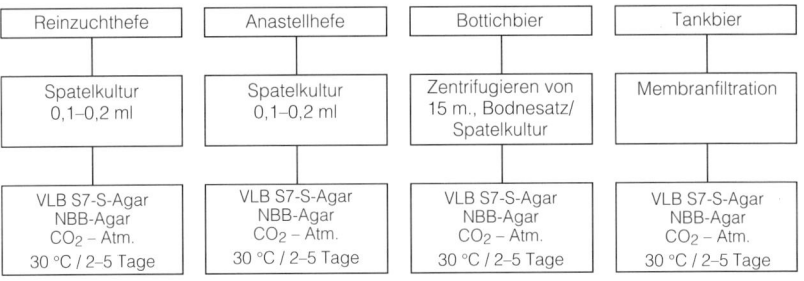

Abb. 54 Nachweis bierschädlicher Bakterien, besonders der Genera Lactobacillus und Pediococcus

Medium/Temperatur/Bebrutungsatmosphäre: VLB-S 7-S-Agar, NBB-Agar, 30 °C, anaerob, CO_2-Atmosphäre
Identifizierung:
Form (Stäbchen, Kokken, Tetradenbildung), Gramfärbung, Katalase-Test. Auf NBB gewachsene Kolonien: Vertreter aus den Gattungen *Lactobacillus, Pediococcus* und *Pectinatus* bilden weißliche bis gelbliche Kolonien. *Leuconostoc mesenteroides* und *Streptococcus lactis* bilden gelbe Kolonien. *Micrococcus kristinae, Hafnia, Megasphaera* und *Zymomonas mobilis* bilden weißlich bis rosa gefärbte Kolonien.

2.1.5 Nachweis von Essigsäurebakterien im Bier

Essigsäurebakterien können durch Verunreinigung in filtriertem Bier auftreten. Bierverderbende Bakterien, die auf Standard-Nährboden wachsen (gramnegativ, beweglich und Katalase-positiv), können auf Säurebildung und Weiteroxidation der Säuren zu CO_2 und H_2O untersucht werden.
Verfahren: Überimpfung von verdächtigen Kolonien auf Schrägagar
Medium/Temperatur/Bebrütungsatmosphäre/Zeit: Hefeextrakt-Ethanol-Bromkresolgrün-Agar, 30 °C, aerob, bis zu 8 Tagen
Auswertung: Umschlag des Indikators von blaugrün nach gelb zeigt Säurebildung an. Die Säure ist auch geruchlich feststellbar.
Identifizierung: *Gluconobacter:* Gelbfärbung bleibt bestehen.
Acetobacter: Gelbfärbung geht zurück zu blau-grün. (Essigsäure wird weiter zu CO_2 und H_2O oxidiert, dadurch Anstieg des pH-Wertes).

2.2 Nachweis von Hefen

2.2.1 Würze, filtriertes Bier, Brauwasser

Verfahren: Membranfiltration
Probevolumen: 100–500 ml
Medium/Temperatur/Zeit: Würze-Agar 25 °C, 48–72 h

2.2.2 Anstellhefe und unfiltriertes Bier

Bei unfiltriertem Bier und Anstellhefe muß zwischen Brauerei-Kulturhefen, Fremdhefen der Gattung *Saccharomyces* und Hefen, die nicht zur Gattung *Saccharomyces* gehören, unterschieden werden (Tab. 60, Abb. 55).

Hefen, die nicht zur Gattung *Saccharomyces* gehören, werden mit Lysin-Agar nachgewiesen, einem Medium, das als einzige Stickstoffquelle Lysin enthält. Auf diesem Medium wachsen weder die Brauerei-Kulturhefen noch die Fremdhefen aus der Gattung *Saccharo-*

Tab. 60 Identifizierung von Kultur- und Fremdhefen

	Würze- Agar	Lysin- Agar	Kristallviolett- Agar
Brauerei-Kulturhefen	+	–	–
Fremdhefen der Gattung Saccharomyces	+	–	+
Hefen, die nicht der Gattung Saccharomyces angehören	+	+	–

myces. Zur Differenzierung zwischen Fremdhefen aus der Gattung *Saccharomyces* und Nicht-Saccharomyces-Hefen wird Kristallviolett-Agar benutzt. Auf diesem Nährboden wachsen Fremdhefen der Gattung *Saccharomyces*.

a) Nachweis der Gesamtzahl an Hefen
<u>Verfahren:</u> Tropfkultur. Unfiltriertes Bier muß vor der Verdünnung von Kohlensäure befreit werden.
<u>Medium/Temperatur/Zeit:</u> Würze-Agar, 25 °C, 48–72 h

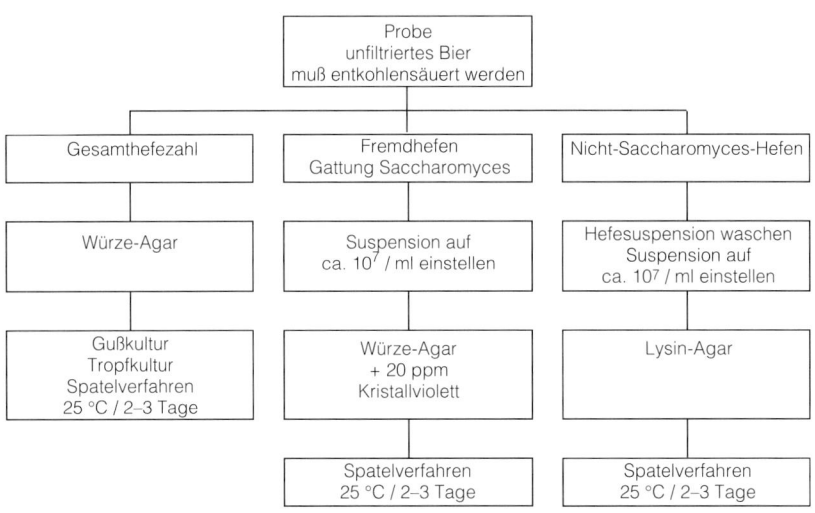

Abb. 55 Nachweis von Hefen in unfiltriertem Bier und in der Anstellhefe

b) Fremdhefen der Gattung Saccharomyces

Verfahren: Spatelverfahren

Probevolumen: 0,2 ml (unfiltriertes Bier muß vor der Verdünnung von Kohlensäure befreit werden). Suspension auf ca. 10^7 Zellen pro ml einstellen.

Medium/Temperatur/Zeit: Würze-Agar + 20 ppm Kristallviolett, 25 °C, 48–72 h. Kristallviolett in wenig ca. 95 %igem Ethanol lösen. Gegossene Platten nicht kalt aufbewahren, da Kristallviolett auskristallisiert und nicht mehr in Lösung geht.

Auswertung: Gehalt an Fremdhefen pro 10^6 Zellen der Originalprobe (siehe unter a)).

c) Nicht-Saccharomyces-Hefen

Verfahren: Spatelkultur

Probevolumen: 0,2 ml (Hefesuspension 2–3mal mit 0,85 % NaCl + 0,1 % Pepton waschen und die Suspension auf ca. 10^7 Zellen/ml einstellen).

Medium/Temperatur/Zeit: Lysin-Agar, 25 °C, 48–72 h,

Auswertung: Nachweis des Gehalts an Fremdhefen pro 10^6 Zellen der Originalprobe (siehe unter a)).

LITERATUR

1. Back, W., Dürr, P., Anthes, S., Nährboden VLB-S7 und NBB, Mschr. Brauwiss. **37,** 126–131, 1984
2. Emeis, C. C., VLB-S7-Agar zum Nachweis bierschädlicher Pediokokken, Mschr. Brauerei **22,** 8–11, 1969
3. Mäkinen, V., Tanner, R., Haikara, A., Bakterielle Kontamination im Brauprozeß, Brauwiss. **34,** 173–177, 1981
4. Niemsch, K., Über die Häufigkeit von Kontaminationen durch Fremdorganismen bei der Bierherstellung, Forum der Brauerei **38,** 108–110, 1985
5. Priest, F. G., The classification and nomenclature of brewing bacteria: A review, J. Inst. Brew. **87,** 279–281, 1981
6. Priest, F. G., Campbell, J., Brewing Microbiology, Elsevier Appl. Sci. London, 1987
7. Seidel, H., Differenzierung zwischen Brauerei-Kulturhefen und „wilden Hefen" Teil I: Erfahrungen beim Nachweis von „wilden Hefen" auf Kristallviolettagar und Lysinagar, Brauwiss. **25,** 384–389, 1972
8. Seidel, H., Löffelmann, W., Nachweis von bierschädlichen Bakterien, Mschr. Brauwiss. **37,** 196–200, 1984
9. Wackerbauer, K., Rinck, M., Über den Nachweis von bierschädlichen Milchsäurebakterien, Mschr. Brauwiss. **36,** 392–395, 1983
10. Analytica Microbiologica EBC, Brauwiss. **30,** 65–77, 1977
11. Analytica Microbiologica EBC-Teil II, Brauwiss. **34,** 239–251, 1981
12. Analytica Microbiologica EBC-Teil III, Dtsch. Lebensmittel-Rdsch. **80,** 323–333, 1984
13. Verordnung über Trinkwasser und über Wasser für Lebensmittelbetriebe (Trinkwasserverordnung – TrinkwV) vom 22. 5. 1986, BGBl I, S. 760

F Getreide, Getreideerzeugnisse, Backwaren

G. Spicher

1 Vorkommende Mikroorganismen

1.1 Getreide

Innere Mikroflora:
Die „innere Mikroflora" besiedelt den Raum zwischen der Epidermis (Exocarp) und den Querzellen (Pericarp): *Alternaria, Cephalothecium, Cladosporium, Fusarium, Helminthosporium, Mucor, Rhizopus* u. a.
Äußere Mikroflora:
– Bakterien: Auf erntefrischem Getreide insbesondere „Gelbkeime" (*Flavobacterium sp., Erwinia sp.*); auf Lagergetreide vornehmlich Vertreter der Gattungen *Pseudomonas, Xanthomonas, Acinetobacter, Alcaligenes, Escherichia, Citrobacter, Klebsiella, Enterobacter, Serratia, Hafnia, Proteus, Aeromonas, Micrococcus, Staphylococcus, Streptococcus, Leuconostoc, Sarcina, Bacillus, Clostridium, Lactobacillus, Corynebacterium, Brevibacterium, Propionibacterium, Streptomyces.*
– Hefen: *Candida, Cryptococcus, Hansenula, Pichia, Saccharomyces, Trichosporon , Torulopsis, Rhodotorula, Sporobolomyces* u. a.
– Schimmelpilze: „Feldpilze" (*Alternaria, Cladosporium, Fusarium, Helminthosporium*); „Intermediärflora" (*Cladosporium, Aureobasidium, Hyalodendron*); „Lagerpilze" (*Aspergillus, Penicillium* u. a.).

1.2 Mahlerzeugnisse

Die mikrobiologische Verunreinigung von Mehlen und Grießen ist im wesentlichen durch die Mikroflora des Getreides geprägt. Zudem wird sie durch die Reinigungs- und Vermahlungsvorgänge, wie auch die hygienischen Verhältnisse in der Mühle beeinflußt.
Hauptsächlich vorkommende Mikroorganismen: vergl. 1.1 „Getreide".

1.3 Speisekleie

– Bakterien: *Pseudomonas, Acinetobacter, Flavobacterium, Escherichia, Citrobacter, Klebsiella, Enterobacter, Erwinia, Serratia, Hafnia, Micrococcus, Streptococcus, Bacillus, Clostridium, Streptomyces.*
– Schimmelpilze: *Aspergillus, Penicillium.*

1.4 Teigwaren

– Bakterien: *Alcaligenes, Escherichia, Salmonella, Citrobacter, Klebsiella, Hafnia, Aeromonas, Micrococcus, Staphylococcus, Streptococcus, Bacillus, Clostridium.*
– Schimmelpilze: *Aspergillus, Penicillium.*

1.5 Getreidevollkornerzeugnisse

– Bakterien: Enterobacteriaceen, Staphylokokken, Enterokokken, Sporenbildner
– Schimmelpilze: *Aspergillus, Penicillium*
– Hefen (vergl. „Getreide")

1.6 Backwaren

– Schimmelpilze und Hefen
Die den Verderb von Backwaren verursachenden Schimmelpilze und Hefen ordnen sich teils den *Phycomycetes* bzw. Niederen Pilzen zu (*Mucor spp. Rhizopus spp*), teils den *Eumycetes* bzw. Höheren Pilzen (u. a. *Aspergillus ssp., Penicillium spp. Neurospora sitophila* bzw. Roter Brot- oder Bäckerschimmel, *Geotrichum candidum* bzw. Milchschimmel, Endomycopsis burtonii, *Thamnidium elegans*).
Bei dem Erreger des sog. „Grün- oder Grauschimmels" handelt es sich vornehmlich um Vertreter der Gattung *Penicillium* und *Aspergillus.*
Unter den als „Kreideschimmel" anzusprechenden Schimmelerregern kommen bis zu neun verschiedenen Arten von Hefen vor. Diese treten in unterschiedlicher Häufigkeit auf. Mehr als die Hälfte der Erreger ordnen sich den *Zygosaccharomyces bailii, Saccharomyces cerevisiae* und *Endomyces fibuliger* zu. Unter den übrigen „Kreideschimmeln" steht wiederum *Hyphopichia burtonii* und *Moniliella suaveolens* im Vordergrund.

– Sporenbildende Bakterien
Bei Hefegebäcken (Weizenbrot, ungesäuertes Weizenmischbrot, zucker- und fetthaltiges Brot, Stollen, Früchtebrot, Hefe- und Backpulverkuchen), in seltenen Fällen auch bei schwach gesäuerten Roggen- und Roggenmischbroten, tritt unter gewissen Bedingungen das sog. Fadenziehen (auch „Brotkrankheit" genannt) auf. Ursache: *Bacillus subtilis, Bacillus licheniformis, Bacillus megaterium.*

1.7 Sauerteigstarter

Milchsäurebakterien, wie *Lactobacillus (L.) brevis ssp. lindneri/L. sanfrancisco, L. plantarum, L. farciminis,* u. a.

2   Untersuchung

Soweit es den mikrobiellen Keimgehalt von Getreide, Getrerideprodukte, Brot und Backwaren sowie von Teigwaren betrifft, wird seitens der Internationalen Gesellschaft für Getreidechemie (ICC) für den Nachweis einiger Keimgruppen die Anwendung der ICC-Standard-Methoden empfohlen. Dies betrifft

- Die Keimzahl aerober, mesophiler Bakterien (Gesamtkoloniezahl): ICC-Standard Nr. 125 (Gußplattenmethode) bzw. ICC-Standard Nr. 140 (Ausstrichverfahren);
- Die Zahl der Sporen aerober, mesophiler Bakterien (mesophile Bacillus-Sporenzahl): ICC-Standard Nr. 144;
- Die Pilzkeimzahl: ICC-Standard Nr. 139 (Gußplattenmethode) bzw. 146 (Ausstrichverfahren);
- Die Zahl der Enterobacteriaceae: ICC-Standard Nr. 149

2.1   Bakterien

Mesophile Bakterien

Verfahren: Guß- oder Spatelkultur
Medium: Plate-Count-Agar oder Keimzählagar
Kulturbedingungen: 30 °C, 48–96 h

Psychrotrophe Bakterien

Verfahren: Guß- oder Spatelkultur
Medium: Plate-Count-Agar
Kulturbedingungen: 7 °C, 10 Tage

Thermophile Bakterien

Verfahren: Gußkultur
Medium: Plate-Count-Agar
Kulturbedingungen: 55 °C, 48 h

Laktobazillen

Verfahren: Gußkultur
Medium: MRS-Agar
Kulturbedingungen: 37 °C, 48–120 h

Anaerobier

<u>Verfahren:</u> Gußkultur
<u>Medium:</u> Thioglycolat-Nährboden
<u>Kulturbedingungen:</u> anaerob, 30 °C, 48–120 h

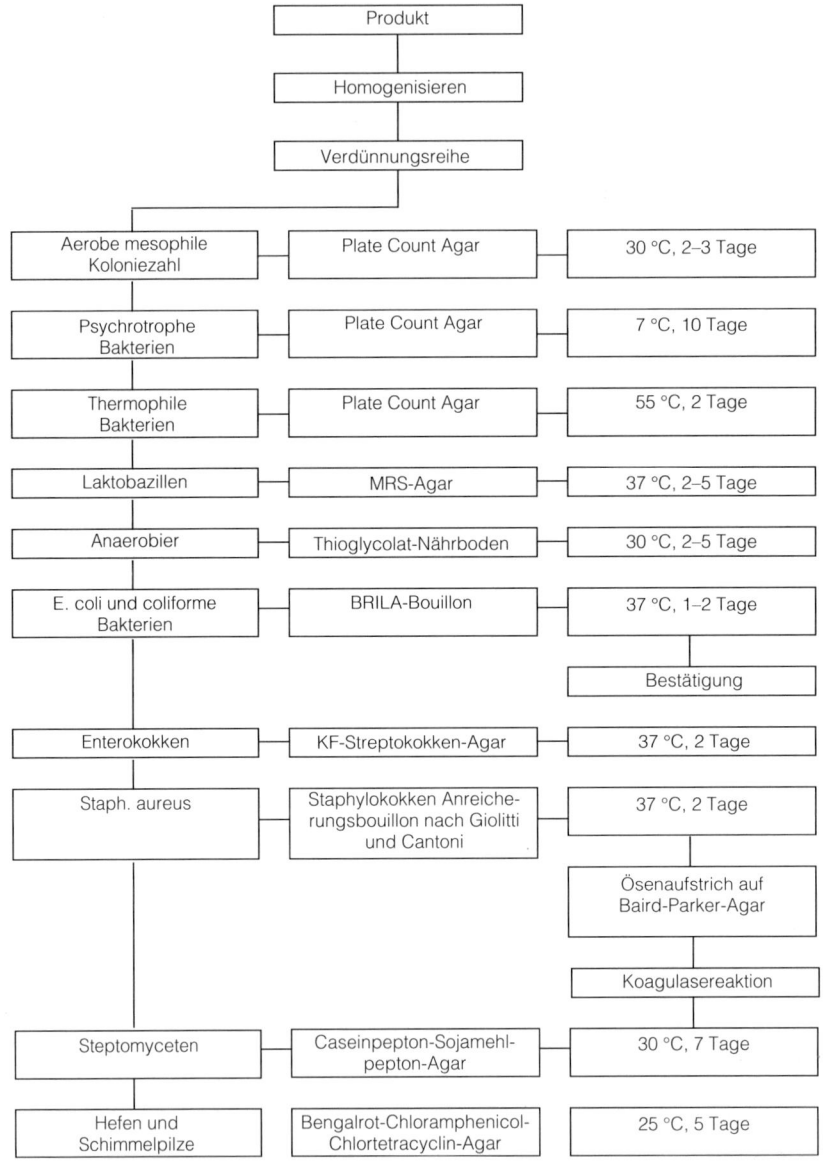

Produkt		
Homogenisieren		
Verdünnungsreihe		
Aerobe mesophile Koloniezahl	Plate Count Agar	30 °C, 2–3 Tage
Psychrotrophe Bakterien	Plate Count Agar	7 °C, 10 Tage
Thermophile Bakterien	Plate Count Agar	55 °C, 2 Tage
Laktobazillen	MRS-Agar	37 °C, 2–5 Tage
Anaerobier	Thioglycolat-Nährboden	30 °C, 2–5 Tage
E. coli und coliforme Bakterien	BRILA-Bouillon	37 °C, 1–2 Tage
		Bestätigung
Enterokokken	KF-Streptokokken-Agar	37 °C, 2 Tage
Staph. aureus	Staphylokokken Anreicherungsbouillon nach Giolitti und Cantoni	37 °C, 2 Tage
		Ösenaufstrich auf Baird-Parker-Agar
		Koagulasereaktion
Steptomyceten	Caseinpepton-Sojamehlpepton-Agar	30 °C, 7 Tage
Hefen und Schimmelpilze	Bengalrot-Chloramphenicol-Chlortetracyclin-Agar	25 °C, 5 Tage

Abb. 56 Untersuchung von Getreide, Getreideerzeugnissen und Backwaren

Sporen

- Mesophile, aerobe Sporen
  Hitzebehandlung: 80 °C/10 min bei Getreideerzeugnissen, die vor dem Verzehr nicht weiter hitzebehandelt werden
  100 °C/5 min bei Getreideerzeugnissen, die vor dem Verzehr einer längeren Hitzebehandlung (Kochen, Backen, Sterilisieren) ausgesetzt werden
  Kulturmedium: Plate-Count-Agar
  Kulturbedingungen: 30 °C, 48 h
- Thermophile Sporen
  Hitzebehandlung: 100 °C, 15 min
- Gesamtzahl aerober thermophiler Sporen
  Kulturmedium: Dextrose-Trypton-Agar
  Kulturbedingungen: 55 °C, 48–72 h
- „flat-sour"-Keime
  Kulturmedium: Dextrose-Trypton-Agar
  Kulturbedingungen: 55 °C, 48–72 h
- Thermophile, anaerobe Sporen
  Hitzebehandlung: 100 °C, 15 min
- H_2S-Bildner
  Kulturmedium: Sulfit-Eisen-Agar
  Kulturbedingungen: 50–55 °C, 24–48 h
- Gasbildner
  Kulturmedium: Leberbouillon mit 2 % Wasseragar überschichten
  Kulturbedingungen: 55 °C, 48–72 h

Hygiene-Keime

Coliforme Bakterien und *Escherichia coli*

a) Orientierende Untersuchung
   Titerbestimmung in Brillantgrün-Galle-Lactose-Bouillon mit Durham-Röhrchen, 37 °C, 24–48 h

b) Anreicherung aus positiven Röhrchen (Gasbildung) in Lactose-Pepton-Bouillon, 37 °C, 24–48 h.

c) Ausstrich der Anreicherung auf Fuchsin-Lactose-Agar (Endo-Agar, Typ C), 37 °C, 24–48 h

d) Nach Reinzüchtung biochemische Identifizierung

Enterokokken

Medium: KF-Streptokokken-Bouillon
Kulturbedingungen: 37 °C, 48 h

Staphylococcus aureus

a) Anreicherung
   Medium: Staphylokokken-Anreicherungsbouillon nach Giolotti und Cantoni (Basis)
   Kulturbedingungen: 37 °C, 24–48 h

b) Fraktionierter Ausstrich
   Medium: Baird-Parker-Agar
   Kulturbedingungen: 37 °C, 24–48 h

c) Bestätigung: Koagulase-Nachweis

Streptomyceten

Kulturmedium: Caseinpepton-Sojamehlpepton-Agar
Kulturbedingungen: 30 °C, 7 Tage

2.2   Schimmelpilze und Hefen

Medium: Bengalrot-Chloramphenicol-Chlortetracyclin-Agar
Kulturbedingungen: 25 °C, 5 Tage

3   Mikrobiologische Kriterien

Tab. 61   Mikrobiologische Kriterien für Getreide, Getreideerzeugnisse und Backwaren

Richtwerte für Weizen und Roggen (Angaben in g)

Gesamtkoloniezahl	$5,0 \times 10^6$
Sporen (mesophil)	100
Coliforme Keime	10
Escherichia coli	< 1
Enterokokken	10
Pilze	$3,0 \times 10^4$

Richtwerte für Speisegetreide und -erzeugnisse (Angaben in g)

	Getreide	Schrote
Gesamtkoloniezahl	$1,0 \times 10^6$	$1,0 \times 10^6$
Sporen (mesophil)	100	100
Coliforme Keime	10	100
Escherichia coli	< 1	< 1
Enterokokken	10	10
Pilze	$1,0 \times 10^5$	$1,0 \times 10^4$

Richtwerte für Mehle der Type 405 und 550 (Angaben in g)

Gesamtkoloniezahl	50.000
Sporen (mesophil. aerob)	20
Coliforme Bakterien	10
Escherichia coli	< 1
Enterokokken	10
Pilze	4.000

Richtwerte für Grieße und Dunste (Angaben in g)

	Grieß	Dunst
Gesamtkoloniezahl	$4,0 \times 10^4$	$1,0 \times 10^5$
Sporen (mesophil)	50	10
Coliforme Keime	75	10
Escherichia coli	< 1	< 1
Enterokokken	100	$5,0 \times 10^3$
Pilze	300	700

Tab. 61 Fortsetzung: Mikrobiologische Kriterien für Getreide, Getreideerzeugnisse und Backwaren

Richtwerte für Kleie *(Angaben in g)*

	Speisekleie	Futterkleie
Gesamtkoloniezahl	$1,0 \times 10^4$	$1,0 \times 10^7$
Sporen (mesophil)	100	1.000
Coliforme Keime	1	1.000
Escherichia coli	< 1	< 1
Enterokokken	100	1.000
Pilze	$1,0 \times 10^3$	$1,0 \times 10^5$

Richt- und Warnwerte für rohe, getrocknete Teigwaren *(STEUER, 1989)*

Mikroorganismen	Richtwert/g	Warnwert/g
Staph. aureus	10^4	10^5
Bacillus cereus	10^4	10^5
Clostridium perfringens	10^4	10^5
Escherichia coli	10^3	–
Enterokokken	10^4	–
Schimmelpilze	10^4	10^5
Salmonellen	nicht nachweisbar in 25 g	

Richt- und Warnwerte für Patisseriewaren mit nicht durchgebackener Füllung *(DGHM, 1989)*

Mikroorganismen	Richtwert/g	Warnwert/g
Staph. aureus	10^2	10^3
Bacillus aureus	10^3	10^4
Escherichia coli	10^2	10^3
Aerobe Koloniezahl	$1,0 \times 10^7$	–
Salmonellen	nicht nachweisbar in 25 g	

LITERATUR

1. SPICHER, G., Neue Gesichtspunkte bei der Klassifizierung der Bakterienflora des Getreides und der Getreideprodukte, Getreide u. Mehl **13**, 109–116, 1963
2. SPICHER, G., Studien zur Frage der Hygiene des Getreides, Zbl. f. Bakt. II. Abt. **127**, 61–81, 1972
3. SPICHER, G., Die Mikrobiologie des Getreides und der Getreideprodukte, Bodenkultur **24**, 371–389, 1973
4. SPICHER, G., Schimmelpilze und Hefen als Ursache des Verderbs von Backwaren, Schriftenreihe d. Schweizerischen Gesellschaft für Lebensmittelhygiene, Heft 6, 69–79, 1977
5. SPICHER, G., Zur Frage der mikrobiologischen Qualität von Getreidevollkornerzeugnissen, 1. Mitt.: Der mikrobielle Keimgehalt der als Ganzkorn, Schrot und Flocken gehandelten Erzeugnisse, Dtsch. Lebensm.-Rdsch. **75**, 265–273, 1979
6. SPICHER, G., Aktuelle mikrobiologische Probleme der Getreideverarbeitung, Getreide, Mehl, Brot **36** 230–237, 1982

7. SPICHER, G., Die Erreger der Schimmelbildung bei Backwaren 1. Mitt.: Die auf verpackten Schnittbroten auftretenden Schimmelpilze, Getreide, Mehl, Brot **38**, 77–80, 1984

8. SPICHER, G., Die Mikroflora des Sauerteiges, XVII. Mitt.: Weitere Untersuchungen über die Zusammensetzung und die Variabilität der Mikroflora handelsüblicher Sauerteig-Starter, Ztschr. Lebensm. Unters. Forschg. **178**, 106–109, 1984

9. SPICHER, G., Zur Frage der Hygiene von Teigwaren, 3. Mitt.: Die mikrobiologisch-hygienische Qualität der derzeit im Handel erhältlichen Teigwaren, Getreide, Mehl, Brot **39**, 212–215, 1985

10. SPICHER, G., ALONSO, M., Zur Frage der mikrobiologischen Qualität von Futterkleien und Speisekleien, Getreide, Mehl, Brot **32**, 178–181, 1978

11. SPICHER, G., MELLENTHIN, B., Zur Frage der mikrobiologischen Qualität von Getreidevollkornerzeugnissen, 3. Mitt.: Die bei Speisegetreide und Mehlen auftretenden Hefen, Dtsch. Lebensm.-Rdsch. **79**, 35–38, 1983

12. SPICHER, G., STEPHAN, H., Handbuch Sauerteig – Biologie, Biochemie, Technologie, Behr's Verlag, Hamburg, 1987

13. STEUER, W., Erfahrungen bei der Kontrolle von Lebensmittelbetrieben, Richtwerte und Warnwerte, Zbl. Bakt. Hyg. B **187**, 557–563, 1989

VIII Bedarfsgegenstände

R. Zschaler

Bedarfsgegenstände werden in § 5 Lebensmittel und Bedarfsgegenständegesetz definiert. Von den in 9 Artikeln erwähnten Produkten sollen hier nur behandelt werden:

A Gegenstände, die zur Körperpflege bestimmt sind: Kosmetika, Reinigungs- und Pflegemittel, flüssige Waschmittel

B Packmittel und

C Spielzeuge, die mit Lebensmittel in Berührung kommen.

A Gegenstände, die zur Körperpflege bestimmt sind: Kosmetika, Reinigungs- und Desinfektionsmittel, flüssige Waschmittel

1 Vorkommende Mikroorganismen

Die in einigen Kosmetika nachzuweisenden Mikroorganismen kommen über die Rohstoffe, meist jedoch über hygienische Schwachstellen bei der Fabrikation, in das Produkt. Häufiger werden nachgewiesen: Pseudomonaden, Enterobacteriaceen; seltener Staphylokokken, Mikrokokken, Sporenbildner, Hefen und Schimmelpilze.

Zu einer Vermehrung der Mikroorganismen kann es in Kosmetika und flüssigen Waschmitteln dann kommen, wenn die zugesetzten Konservierungsmittel in der Wirksamkeit versagen. Ein Austesten der Wirksamkeit des zugesetzten Konservierungsstoffes gegenüber verschiedenen Organismen (*Escherichia coli, Pseudomonas aeruginosa, Staphylococcus aureus, Aspergillus niger, Candida albicans*) ist empfehlenswert (United States Pharmacopeia, XXI, 1985).

Häufig lassen sich auch geringe Verunreinigungen nach der Abfüllung nicht erfassen, so daß von Zeit zu Zeit „Standmuster" nach 1 oder 2 Monaten zu untersuchen sind.

2 Probenahme und Probenvorbereitung

– Packung der Probe öffnungsbereit herrichten (Kartonage, Etiketten etc. entfernen);

– Bei flüssigen Proben den Behälter (zur Durchmischung des Inhalts) schütteln;

– Behälter mit Alkohol getränkten Zellstoff-Tupfern äußerlich im Öffnungsbereich abreiben; eventuell Verschlußteil der Packung in Alkohol (70 %) eintauchen;

– Bei Flaschen: Inhalt mit steriler Pipette oder sterilem Spatel entnehmen;

– Bei Tuben: Inhalt an der Basis mit Zange, steriler Schere oder sterilem Spatel entnehmen;

– Bei Tiegeln: Inhalt an verschiedenen Stellen mit sterilem Spatel entnehmen.

10 g, bei kleinen Packungen 1–5 g, werden im Verhältnis 1:10 mit Verdünnungsflüssigkeit (I-Lösung, 40 °C) homogenisiert. Häufig wird bereits durch Erwärmung der Verdünnungsflüssigkeit beim Schütteln eine gleichmäßige Dispersion erzielt. Handelt es sich um Emulsionen des Typs Wasser in Öl, so wird der Verdünnungsflüssigkeit 2 % Isopropylmyristat zugesetzt.

Bei Aerosolen werden nach der Desinfektion des Sprühkopfes 10 g (ml) des Produktes in die sterile Verdünnungsflüssigkeit gesprüht und vermischt.

Herstellen einer Verdünnungsreihe in Abhängigkeit des zu erwartenden Keimgehaltes bis 1:10.000.

3   Untersuchung

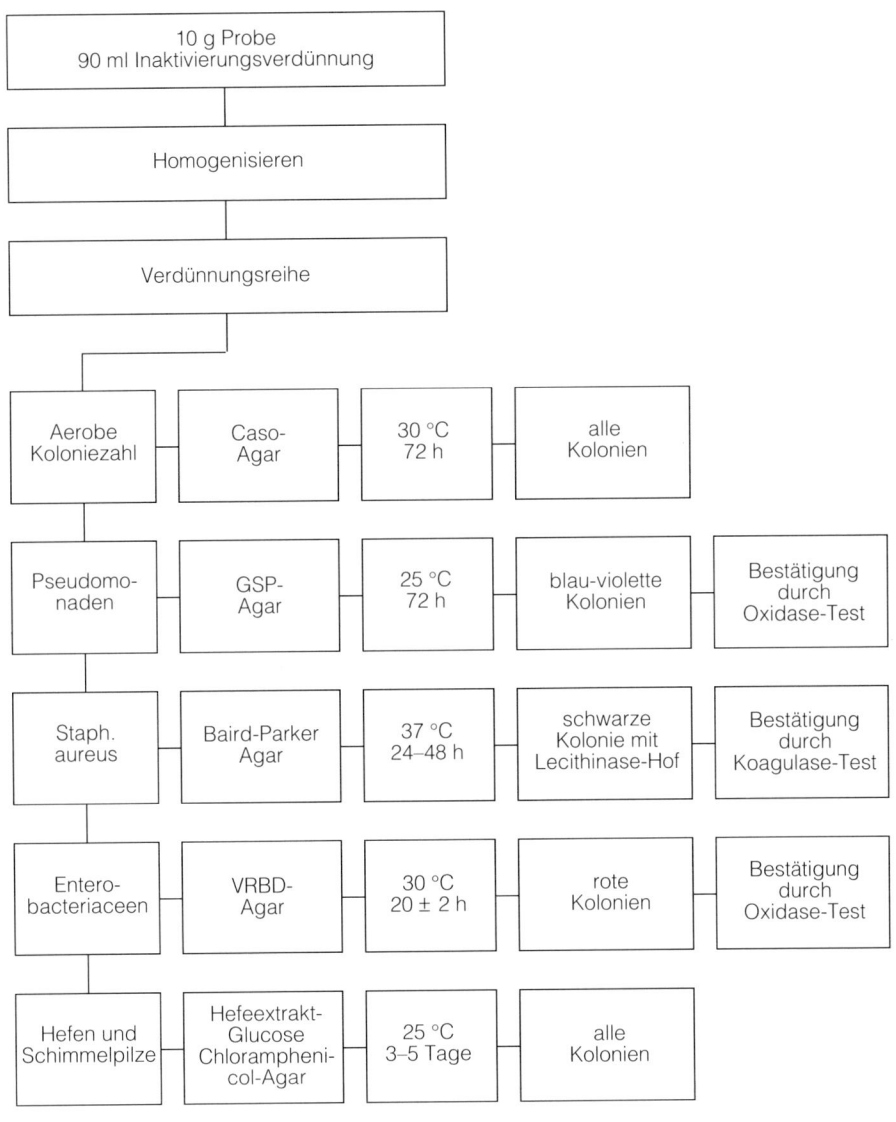

Abb. 57 Mikrobiologische Untersuchung von Kosmetika:

   Bestimmung der Keimzahl

3.1 Aerobe mesophile Koloniezahl

Verfahren: Guß-, Spatel- oder Tropfplatten-Verfahren
Medium: Trypticase-Soy-Agar oder Caso-Agar
Bebrütung: 30 °C, 3 Tage

3.2 Pseudomonaden

Verfahren: Spatel-Verfahren
Medium: Glutaminat-Stärke-Phenolrot-Agar (GSP-Agar)
Bebrütung: 3 Tage bei 25 °C
Bestätigungstest: Oxidase

3.3 Staphylococcus aureus

Verfahren: Spatel- oder Tropfplatten-Verfahren
Medium: Baird-Parker-Agar
Bebrütung: 37 °C, 24–48 h
Bestätigungsreaktionen: Koagulase-Test oder Staphyslide-Test

3.4 Enterobacteriaceen

Verfahren: Gußplatte mit Overlay (= Überschichtung)
Medium: VRBD-Agar
Bebrütung: 20 ± 2 h bei 30 °C
Bestätigungstest: Oxidase

3.5 Hefen und Schimmelpilze

Verfahren: Spatel- oder Gußverfahren
Medium: Hefeextrakt-Glucose-Chloramphenicol-Agar
Bebrütung: 25 °C, 3–5 Tage

3.6 Aeroben Presence/Absence-Test

Anreicherung im Verhältnis 1:10 in Caso-Bouillon
Bebrütung: 37 °C bis zu 7 Tage
Makroskopische und mikroskopische Untersuchung, ggf. Subkultur auf Baird-Parker-Agar, Trypton-Bile-Agar, Cetrimid-Agar und VRBD-Agar

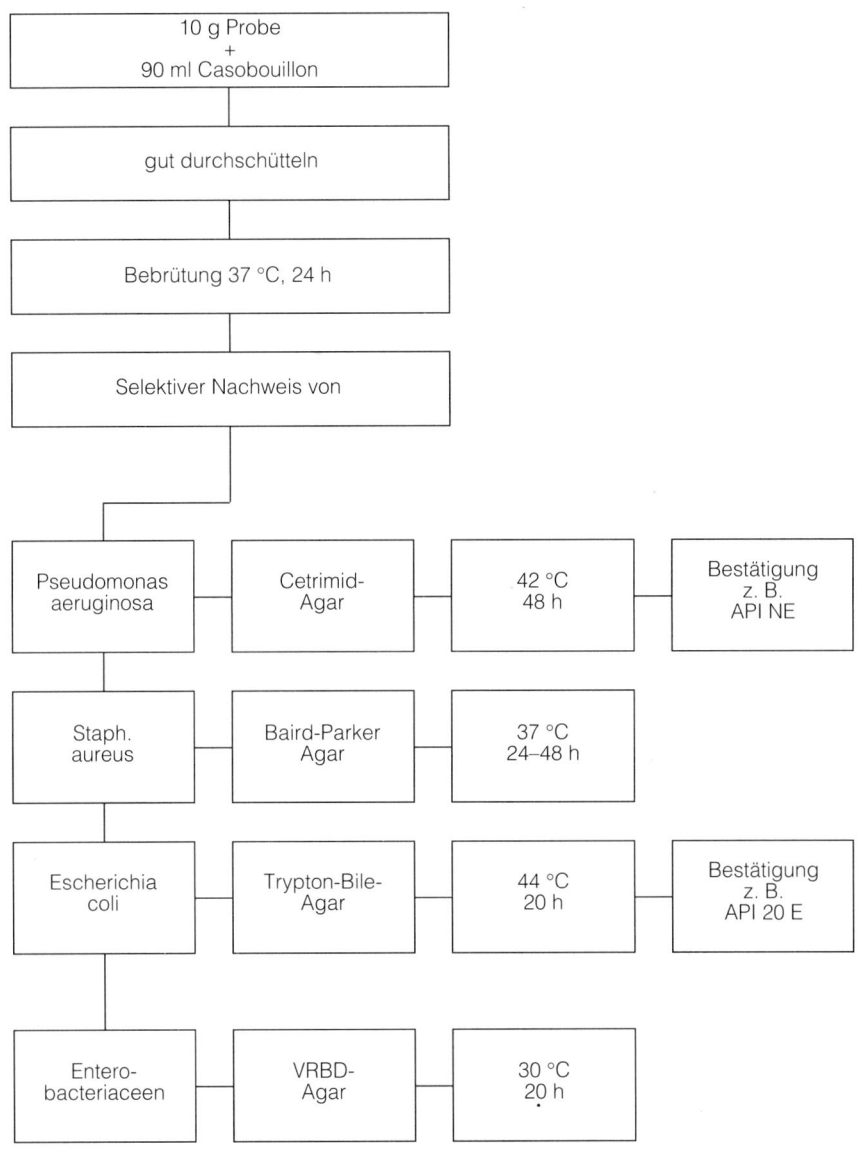

Abb. 58 Untersuchung von Kosmetika: Aeroben Presence/Absence-Test

4 Konservierungsbelastungs-Teste

4.1 Konservierungstest nach USP XXI

Teststämme:		
	Staphylococcus aureus	ATCC 6538
	Escherichia coli	ATCC 8739
	Pseudomonas aeruginosa	ATCC 9027
	Candida albicans	ATCC 10231
	Aspergillus niger	ATCC 16404
	Pseudomonas cepacia	Beispiele für Verderbs-
	Enterobacter aerogenes	organismen aus dem Betrieb
	Flavobacterium spec.	

Anzucht: Als Oberflächenkultur und Gewinnung durch Abschwemmen

Beimpfungsstärke: Für alle Test-Stämme 10^6/g Produkt.

Es sollte daher für alle Keimsuspensionen der Gehalt an Mikroorganismen bestimmt werden.

Testdurchführung: 10 g Produkt werden mit 0,1 ml Keimsuspension 1 x beimpft, Doppelansatz/Stamm mit 2 Blindkontrollen.

Testdauer: 28 Tage, wobei nach 7, 14, 21 und 28 Tagen ein mikrobiologischer Ansatz erfolgt

Resultat: Soll eine deutliche Keimzahlreduktion für alle Stämme zeigen (Mindestanforderung = 10^4)

4.2 6 Impfcyclen-Test nach DIEHL (1985)

Teststämme:		
	Staphylococcus aureus	ATCC 6538
	Escherichia coli	ATCC 8739
	Pseudomonas aerugonisa	ATCC 9027
	Candida albicans	ATCC 10231
	Aspergillus niger	ATCC 16404
	Pseudomonas cepacia	oder anderer Verderbniserreger

Anzucht: Als Oberflächenkultur

Beimpfungsstärke: 10^6/g Produkt

Testdurchführung: Je 25 g Produkt werden mit 0,1 ml einer Aufschwemmung der zu prüfenden Mikroorganismen beimpft. Das Produkt wird bei 25 °C gelagert. Nach einer Woche wird die Keimbelastung überprüft (Ösenausstrich auf CASO- und Sabouraud-1% Glucose-1% Maltose-Agar, 30 °C bzw. 25 °C, 72h). Unmittelbar nach der Überprüfung des Mikroorganismengehaltes wird die Beimpfung mit den gleichen Mikroorganismen wiederholt. Die Untersuchungen und Beimpfungen werden 6mal in Abständen von 1 Woche durchgeführt. Ein unbeimpftes Produkt wird als Kontrolle untersucht.

Beurteilung: o = kein Wachstum

+ = schwaches Wachstum

++ = mäßiges Wachstum

+++ = starkes Wachstum

Ein Produkt gilt als ausreichend konserviert, wenn nach 6 Impfcyclen das Ergebnis für alle Testorganismen o ist.

5   Mikrobiologische Kriterien

Tab. 62   FIP-Werte (Europäisches Arzneibuch, 1978 und 1983)

Produkte	*Kriterien*	*Quelle*)*
1.) Baby-Produkte	< 500 Mikroorganismen/g oder ml	CTFA
2.) Produkte für das Augenlid	< 500 Mikroorganismen/g oder ml	CTFA
3.) Alle anderen Produkte	< 1000 Mikroorganismen/g oder ml	CTFA
4.) Augenpräparate (II)	Aerobe Mikroorganismen in 1 g oder 1 ml nicht nachweisbar	FIP
5.) Präparate mit „erhöhtem Risiko" lokale Anwendung bei Hautverletzungen, Rachen, Nase, Ohr usw.) (III)	$\leq 10^2$/g oder ml, sowie Enterobakterien, Pseudomonas aeruginosa und Staphylococcus aureus nicht nachweisbar	FIP
6.) Alle anderen Präparate (IV)	$\leq 10^3-10^4$/g oder ml, sowie Enterobacteriaceen in 1 g oder 1 ml nicht nachweisbar, Staphylococcus aureus und Pseudomonas aeruginosa in 1 g oder 1 ml nicht nachweisbar Hefen und Schimmelpilze unter 10^2/g oder ml	FIP

*) CTFA = Cosmetic, Toiletry and Fragrances Association
   FIP = Fédération Internationale Pharmaceutique

Tab. 63   Verdünnungslösung für Kosmetikprodukte (Inaktivierungslösung)

Anwendung	Verdünnungsflüssigkeit für die 1. Verdünnungsstufe beim Ansatz von Kosmetikprodukten
Herkunft	EG-Richtlinie ENV/509/77-DE

Fortsetzung von Tab. 63 s. Seite 400

Tab. 63 Fortsetzung: Verdünnungslösung für Kosmetikprodukte (Inaktivierungslösung)

Rezeptur	3,0	Lecithin	
g/l	30,0 ml	Tween 80	(Merck 822187)
	5,0	Natriumthiosulfat	(Merck 6516)
	1,0	Pepton	(Merck 7214)
	1,0	L-Histidin-Chlorhydrat (Sigma)	
	Sterilisation 15 min bei 121 °C		
Anmerkung	Für Wasser in Öl-Emulsion wird zu der obigen Verdünnungsflüssigkeit 2 % Myristinsäure-iso-propylester (Merck 822102) hinzugegeben.		

LITERATUR

1. BRANNAN, D. K., DILLE, J. C., KAUFMANN, D. J., Correlation of in vitro challenge testing with consumer use testing for cosmetic products, Appl. Environ. Microbiol. **53**, 1827–1832, 1987

2. BÜNING-PFAUE, H., Kosmetische Mittel, in: Sammlung von Vorschriften zur mikrobiologischen Untersuchung von Lebensmitteln, herausgegeben von W. SCHMIDT-LORENZ, Verlag Chemie, Weinheim, 2. Lieferung, 1980

3. DIEHL, K.-H., Vergleichende Untersuchung zur antimikrobiellen Wirksamkeit von chemischen Konservierungsmitteln in kosmetischen Formulierungen, Seifen, Öle, Fette, Wachse **111**, 22–227, 1985

4. LACHAPELLE, G., GOUR, L., Improved method for enumeration of gramnegative bacteria in cosmetics, Cosmetics and Toiletries **97**, 63–66, 1982

5. LOTT, G., Mikrobiologisch-hygienische Untersuchung und Beurteilung von Kosmetika, Schweizerische Gesellschaft für Lebensmittelhygiene (SGLH), Heft 4, S. 43–45, 1876

6. UMBACH, W., Kosmetik: Entwicklung, Herstellung und Anwendung kosmetischer Mittel, Thieme Verlag Stuttgart, 1988

7. WALLHÄUSER, K. H., Praxis der Sterilisation, Desinfektion-Konservierung, Georg Thieme Verlag, Stuttgart, 4. Auflage, 1988

8. United States Pharmacopeia, Convention, Rockville (USP) XXI (1985), Microbiological Tests, S. 1151-1160

9. FIP-Komitee der offiziellen Laboratorien und Dienststellen zur Kontrolle von Medikamenten und der Sektion der Industrie-Apotheker, FIP (Fédération Internationale Pharmaceutique), 2. Gemeinsamer Bericht vom Juli 1975 „Mikrobiologische Reinheit von Arzneimitteln, die nicht steril sein müssen – Prüfmethoden", Pharm. Acta Helv. **51**, 41–49, 1976

10. CTFA-Cosmetic, Toiletry and Fragrances Association, S. Teuenbaum et al. „Microbiological limit guidelines for cosmetics and toiletries", CTFA-Cosmetic Journal **4**, 25-31, 1982

11. Europäisches Arzneibuch, Buch I und II, Wissenschaftl. Verlagsgesellschaft mbH, Stuttgart, Govi-Verlag GmbH, 1978, Kommentar 1983

B Packmittel

Aufgeführt werden die üblichen Methoden der Untersuchung von Packmitteln, vorrangig festgelegt in Merkblättern, herausgegeben vom Fraunhofer-Institut für Lebensmitteltechnologie und Verpackung.

1 Flaschen und Becher

Flaschen

Methode zur Bestimmung der Gesamtkoloniezahl von Hefen und Schimmelpilzen sowie coliformer Bakterien in Flaschen und enghalsigen Behältern (Abb. 59).

Auf 40 °C erwärmte Spülflüssigkeit (0,1 % Pepton, 0,85 % NaCl) wird steril in die Behälter gegeben (pro Entnahmeeinheit und Keimart 10 Stück). Diese werden mit Originalverschluß verschlossen und in einer Schüttelapparatur 10 min geschüttelt. Bei Verpackungen von 150–1000 ml sollte die Spülflüssigkeitsmenge 150 ml betragen.

Nach dem Schütteln werden jeweils 50 ml Spülflüssigkeit den Flaschen entnommen und über ein Filtrationsgerät durch ein steriles Membranfilter (0,45 μ) gesaugt. Nachgespült wird mit 5–10 ml steriler Spülflüssigkeit. Der Membranfilter wird mit Hilfe einer sterilen Pinzette mit der Unterseite in eine mit Nährboden beschichtete Petrischale gelegt. Dabei soll die Bildung von Luftblasen zwischen Filter und Nährboden vermieden werden.

Bebrütung und Auswertung sind abhängig vom jeweiligen Nährboden.
Angabe der KBE pro 100 ml Verpackungsinhalt, Mittelwert aus 10 Untersuchungen.

Gesamtkoloniezahl: Nähragar, 3 Tage, 25 °C
Hefen und Schimmel: Sabouraud-Agar (mod.), 3 Tage, 25 °C
Coliforme Keime: VRB-Agar, 20 ± 2 h, 37 °C

Bei besonderer Fragestellung, z. B. bei Nachweis von säuretoleranten Mikroorganismen, wird der Membranfilter auf einen Orangenserum-Agar gelegt. (Bebrütung 30 °C, 3–5 Tage).

Becher

In die zu prüfenden Becher werden etwa 5 ml steriler Verdünnungsflüssigkeit pipettiert. Die Becher werden mit steriler Aluminiumfolie verschlossen. Entweder werden die Mikroorganismen durch Schwenken des Bechers abgeschwemmt oder man verwendet ein steriles Abstrichröhrchen.

Untersuchung der Spülflüssigkeit:
Verfahren: Gußkultur in großen Platten mit 5 ml Suspension
Kulturbedingungen: je nach Füllmaterial und Fragestellung Einsatz unterschiedlicher Medien, wie z. B.
– Aerobe Koloniezahl: Plate Count Agar, 30 °C, 3 Tage
  Hefen und Schimmelpilze: Hefeextrakt-Glucose-Chloramphenicol-Agar 25 °C, 3 Tage

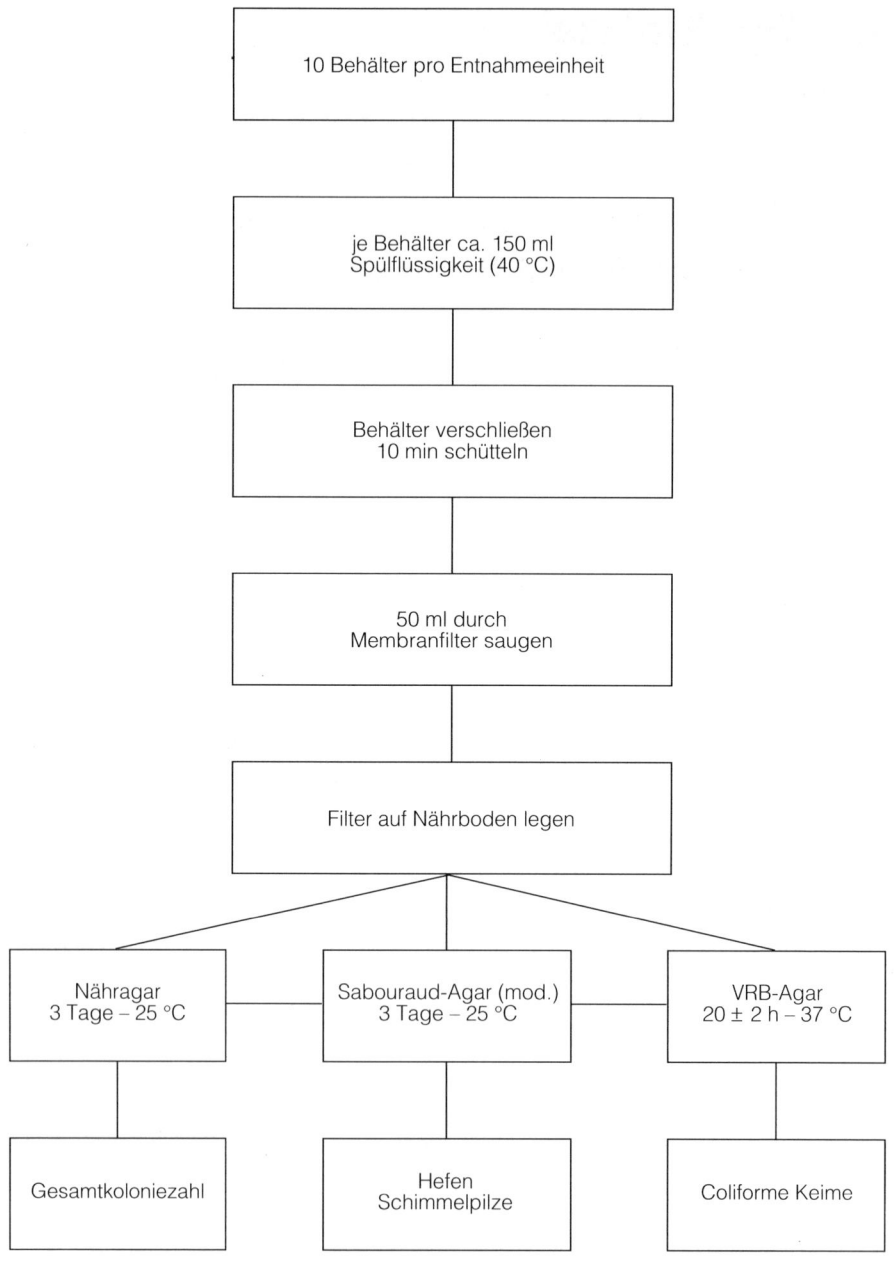

Abb. 59 Bestimmung der Gesamtkoloniezahl sowie Nachweis von Hefen, Schimmelpilzen und coliformer Keime in Flaschen und enghalsigen Behältern

– Coliforme Bakterien: VRB-Agar, 37 °C, 20 ± 2h
– Säuretolerante Bakterien: Orangenserum-Agar, 30 °C, 3 Tage
Auswertung: Bei Ansatz der gesamten 5 ml auf einem Nährboden Angabe
Keimzahl/Becher

2 Kronenkorken, Bügel- und Hebelverschlüsse

Mit einem sterilen Feuchttupfer (1 ml) aus Baumwollwatte wird die Innen-Fläche abgestrichen. Der Tupfer wird in 9 ml steriler Verdünnungsflüssigkeit ausgeschüttelt und direkt auf einem Medium ausgestrichen bzw. mit je 1 ml auf verschiedenen Nährböden angesetzt.
Medium: Orangenserum-Agar, Bebrütung: 30 °C, 3 Tage
MRS-Agar mit 2 % Kreide, Bebrütung: 30 °C, 3 Tage

3 Weinkorken

Prüfung auf Sterilität (Abb. 60)

Pro Entnahmeeinheit sind 20 Korken zu prüfen.

Die einzelnen Korken werden in eigens dafür vorgesehene, sterilisierte Glasbehälter gegeben und mit einer Drahtklammer fixiert. Jeder Korken wird unter sterilen Bedingungen mit 25 ml Orangenserum-Bouillon übergossen, der Behälter wird steril abgedeckt und in einen Exikkator gegeben. Dieser wird verschlossen und über einen Dreiwegehahn mit Hilfe einer Wasserstrahlpumpe 2×30 min evakuiert. Zwischendurch ist auf Normaldruck zu belüften. (Wattebausch oder Membranfilter!) Nach 14-tägiger Bebrütung bei 25 °C werden 0,1 ml der Orangenserum-Bouillon im Doppelansatz auf Orangenserum-Agar ausgepatelt.

Röhrchen, die innerhalb von 14 Tagen bereits Trübung bzw. Keimwachstum aufweisen, werden als „nicht steril" beurteilt und verworfen.
Bebrütung der Platten: 25 °C, 3 Tage
Auswertung: Angabe Bakterien-, Hefen- bzw. Schimmelpilze-Wachstum/Verschluß

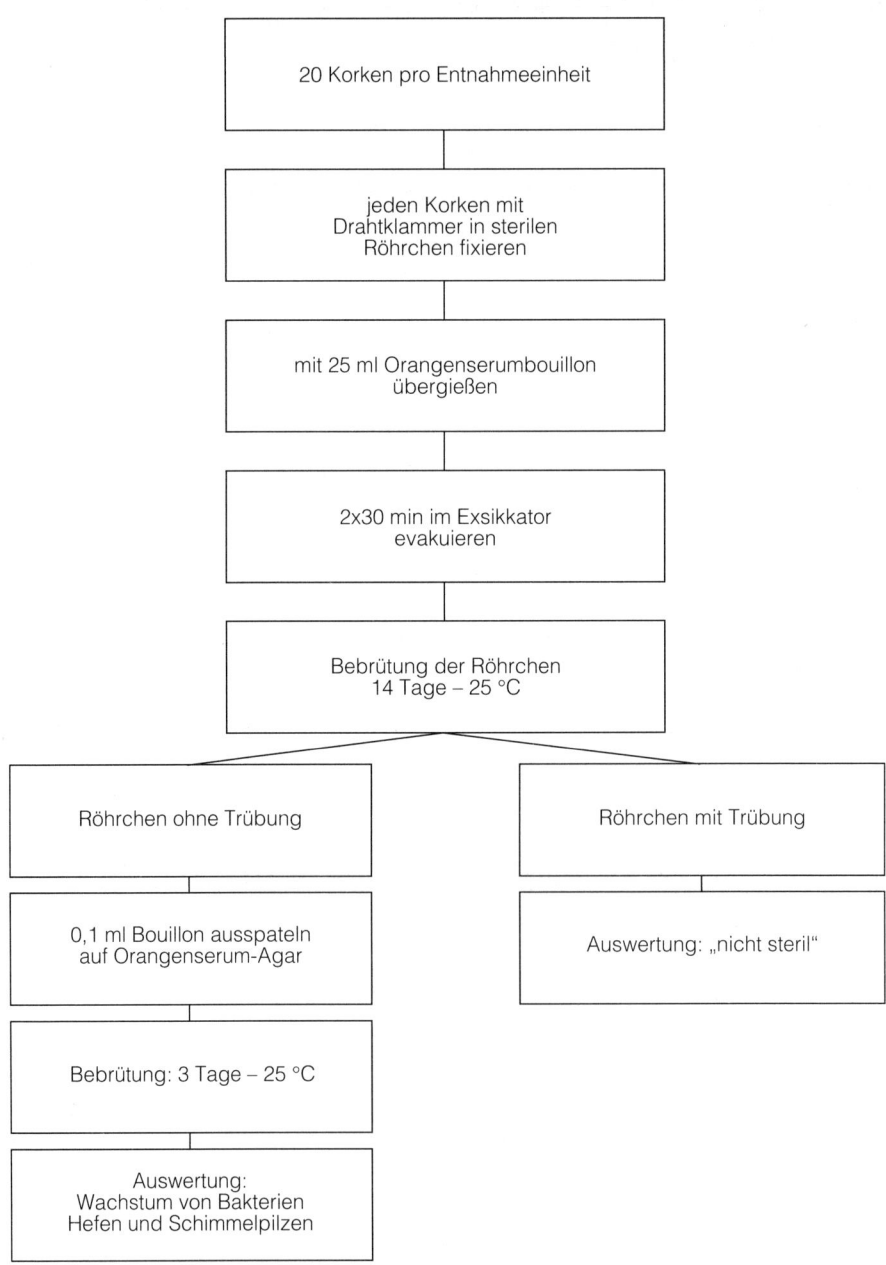

Abb. 60 Prüfung von Weinkorken auf Sterilität

4 Hilfsmittel für die Lebensmittel- industrie

Holzlöffelstiele, Eiscremelöffel, Schaschlikspieße

Bestimmung der Gesamtkoloniezahl, Nachweis von Hefen und Schimmelpilzen sowie coliformer Bakterien auf Oberflächen von Hilfsmitteln für die Lebensmittelindustrie.

Probestücke, welche größer sind als der Durchmesser einer Petrischale (9 cm), werden einzeln mit einer sterilen Pinzette in je einen Polybeutel gegeben und nach Verschließen des Beutels auf das gewünschte Maß gebrochen.

Pro Nährboden sind 10 Proben zu prüfen.

In mit Nährböden vorgegossene Petrischalen (ca. 10 ml Nährboden/Platte) werden die Versuchsstücke steril auf den festen, aber noch feuchten Nährboden gelegt und mit einer sterilen Pinzette angedrückt.

Pro Petrischale nur Einzelstücke einer Probe einlegen.

Anschließend werden die Probestücke mit 45 °C warmen Nährboden ca. 2 mm hoch überschichtet.

Bebrütung und Auswertung dem jeweiligen Nährboden entsprechend. Angabe der KBE pro Einzel-Probestück, Mittelwert aus 10 Untersuchungen, Bewuchs an Bruchflächen gesondert zählen.

Gesamtkoloniezahl: Nähragar, 3 Tage, 25 °C
Hefen und Schimmelpilze: Sabouraud-Agar (mod.), 3 Tage, 25 °C
Coliforme Keime: VRB-Agar, 20± 2 h 37 °C

5 Papier-, Kunststoff- und Aluminium- folie bzw. Karton und Pappe

5.1 Oberflächenkoloniezahl (Abb. 61)

Hierzu werden von jeder Probenahmeeinheit 10 steril ausgeschnittene Abschnitte (Schere oder Kreisschneider) von 100 cm² in sterile Petrischalen (∅ 140 mm) gelegt, welche zuvor mit einer dünnen Schicht Nährboden ausgegossen wurden. Der Abschnitt wird mit einer ca. 2 mm hohen Schicht verflüssigtem Medium (48 °C) übergossen.

Aerobe mesophile Koloniezahl: Plate Count Agar, 3 Tage, 30 °C
Hefen und Schimmelpilze: Sabouraud-Glucose-Maltose-Agar, 3 Tage, 25 °C
Coliforme Bakterien: VRB-Agar, 20 ± 2 h, 37 °C
Säuretolerante Bakterien: Orangenserum-Agar, 3 Tage, 30 °C
Angabe der OKZ pro 100 cm², (DIN-Methode 54378).

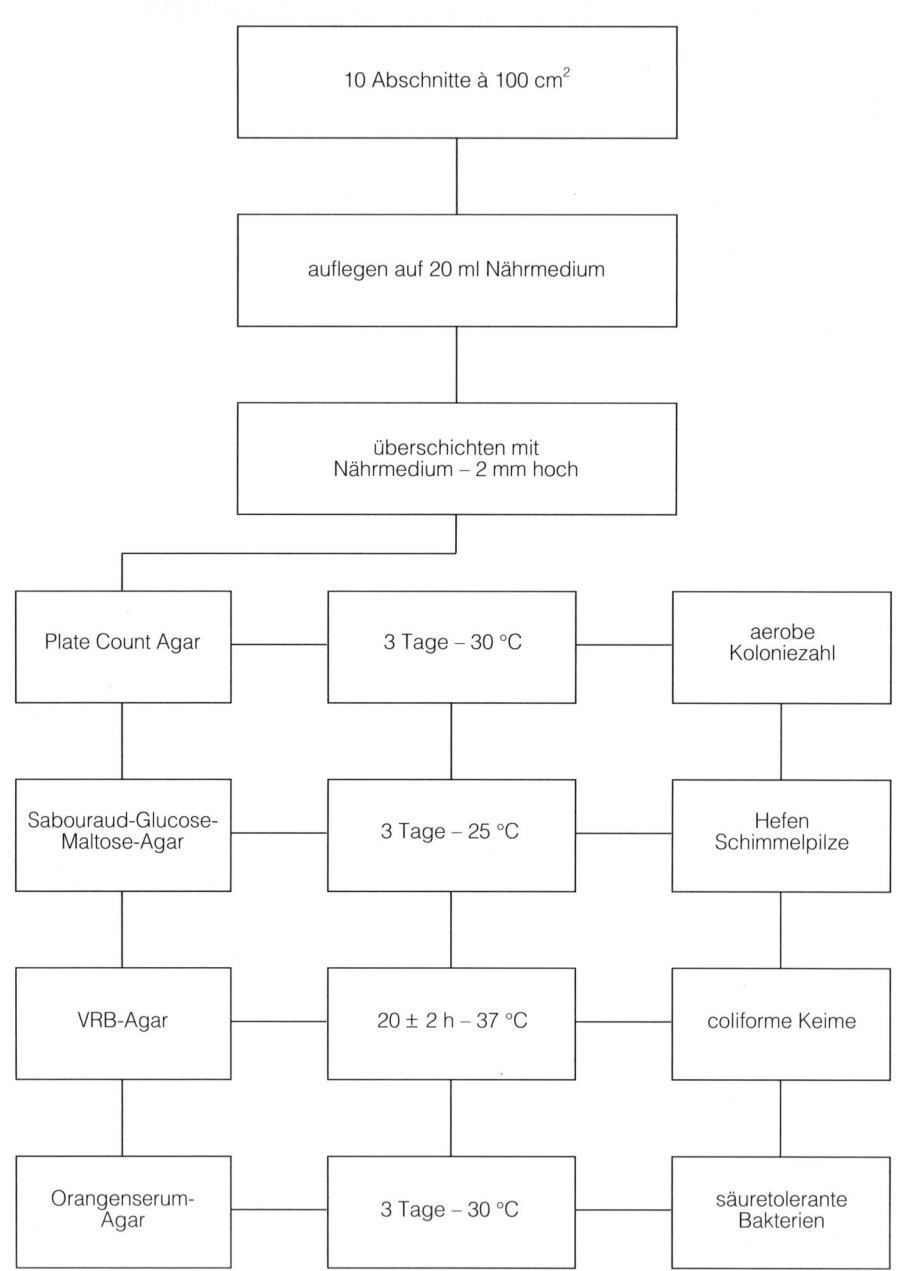

Abb. 61 Oberflächenkeimzahlbestimmung bei Papier, Karton und Pappe

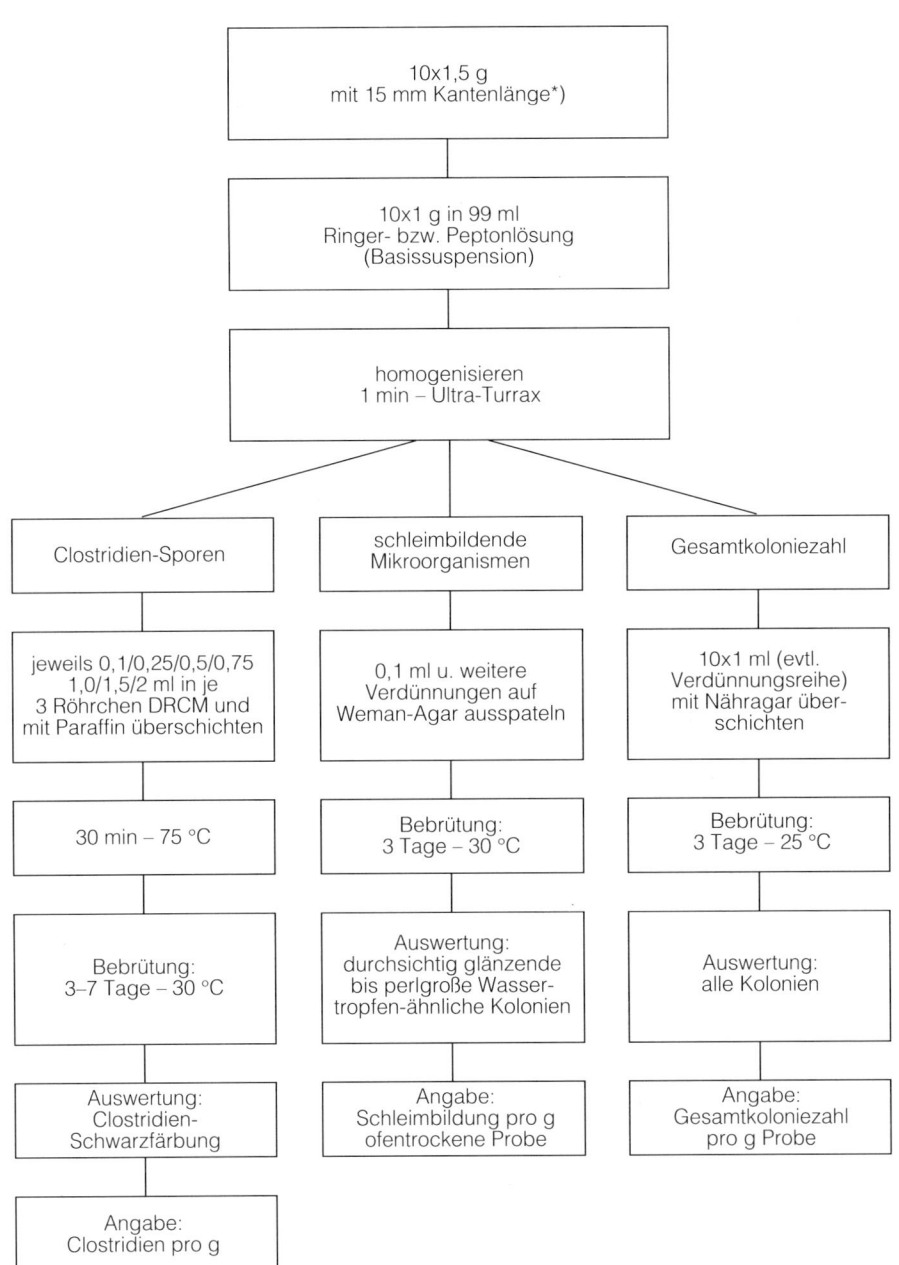

Abb. 62 Bestimmung der Gesamtkoloniezahl sowie Nachweis von Clostridiensporen und Schleimbildnern auf Papier, Karton und Vollpapier

5.2 Gesamtkoloniezahl, Clostridiensporen und Schleimbildner in Kartonmaterial (Abb. 62)

– Gesamtkoloniezahl:
Pro Entnahmeeinheit 10 Abschnitte testen und diese mit Schere oder Korkbohrer steril in Abschnitte von ca. 1,5 g ausschneiden. Je 1 g in 99 ml Ringerlösung überführen und im Ultra-Turrax zerfasern (1 min). Die so erhaltenen 10 Basissuspensionen in getrennten Verdünnungsreihen in Petrischalen pipettieren und mit Nähragar beschicken.
Bebrütung: 3 Tage, 25 °C
Angabe des Mittelwertes aus 10 Verdünnungsreihen, umgerechnet auf 1 g ofentrockene Probe (DIN-Methode 54379).

– Clostridiensporen: Aufbereitung der Proben analog der Oberflächenkoloniezahl bis zum Erhalt von jeweils 100 ml Basissuspension (Peptonlösung). Davon Verdünnungen von 0,1/0,25/0,5/0,75/1,0/1,5/2,0 ml in je 3 Röhrchen DRCM-Bouillon geben (MPN-Methode), mit Paraffin (steril) verschließen, 30 min bei 75 °C erhitzen und dann 3–7 Tage bei 30 °C bebrüten.
Auswertung: Schwarzfärbung, Berechnung auf 1 g absolut trockene Pappe (DIN-Methode 54383).

– Schleimbildende Bakterien:
Aufbereitung der Proben analog der Gesamtkoloniezahl bis zum Erhalt von jeweils 100 ml Basissuspension. Petrischalen mit Weman-Agar ausgießen, nach dem Erstarren möglichst vortrocknen, um ein Ausschwärmen von Kolonien zu vermeiden. Je 0,1 ml Basissuspension bzw. weitere Reihenverdünnungen auf den Nährboden aufbringen und mit einem Drigalski-Spatel gleichmäßig verteilen.
Bebrütung: 3 Tage, 30 °C
Auswertung: Nur Schleimbildner (stecknadelkopf- bis perlgroß, halbkugelige, durchsichtige, farblose Kolonien; geleeweich, Aussehen wie Wassertropfen). Angabe des Mittelwerts aus 10 Verdünnungsreihen, umgerechnet auf 1 g ofentrockene Probe.

5.3 Prüfung auf antimikrobielle Bestandteile in Packstoffen (Abb. 63)

Testkeime: *Aspergillus niger* ATCC 16404
                 Bacillus subtilis ATCC 6633 bzw. *Bacillus subtilis*-Sporensuspension
                 (Merck 10649)

Herstellung der Impfsuspensionen:

– *Bacillus subtilis*
Vorzugsweise Verwendung der fertigen Sporensuspension *Bac. subtilis,* (Merck), Ampullen á 2 ml.

– *Aspergillus niger*
Eine Reinkultur auf Schrägröhrchen wird mit Impföse auf eine Petrischale mit Sabouraud-Agar überimpft. Nach guter Versporung (3 Wochen, 25 °C) werden die Konidien mit einer

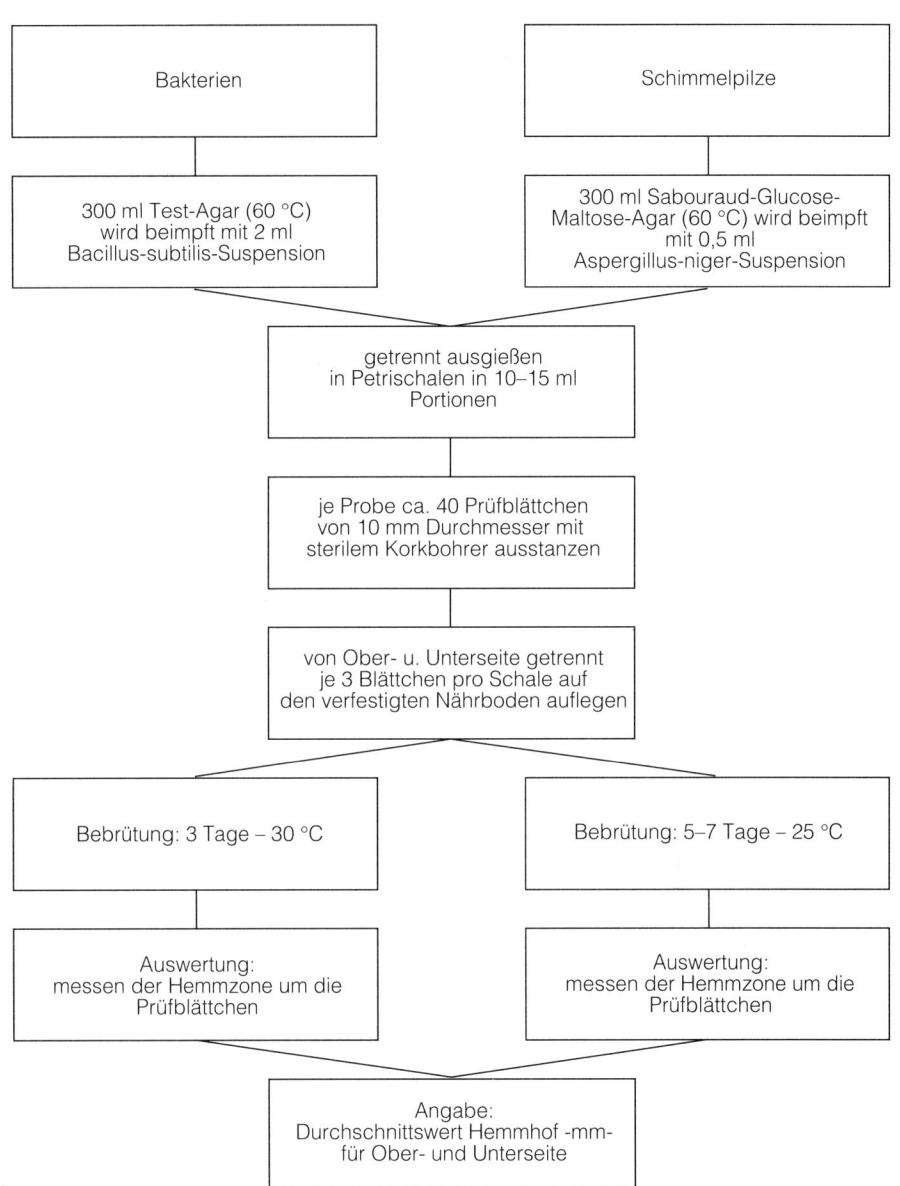

Abb. 63 Prüfung der Verpackung auf antimikrobielle Bestandteile

befeuchteten Impföse in 10 ml Kochsalzlösung + Tween 80 überführt. Lösung vor Gebrauch gut durchschütteln.

Methode:

Ausstanzen von 10 mm Prüfblättchen mit Hilfe eines sterilen Korkbohrers. Pro Testkeim mindestens 20 Versuchsblättchen. Für den Test mit Bakterien werden 300 ml verflüssigter, 60 °C warmer Test-Agar mit 2 ml *Bacillus subtilis*-Sporensuspension versetzt und nach gutem Durchmischen in Petrischalen ausgegossen (ca. 10–15 ml Nährboden/Platte). Kurz vor dem Erstarren mit steriler Pinzette je 3 Prüfblättchen auf eine Platte legen und leicht andrücken, dabei Luftpolster unter den Blättchen vermeiden. Es wird Ober- und Unterseite der Probe getestet, und zwar jeweils in 3 Petrischalen.

Bebrütung: 3 Tage, 30 °C, ggf. länger

Die Prüfung auf Fungizidie mit *Aspergillus niger* erfolgt wie bei den Bakterien, nur daß hier 300 ml Sabouraud-Glucose-Maltose-Agar mit 0,5 ml der *Aspergillus niger*-Suspension beimpft werden.

Bebrütung: 7 Tage, 25 °C, ggf. länger

Es sind Kontroll-Petrischalen mit beimpftem Medium ohne Auflegen von Prüfblättchen anzufertigen, um das Wachstum der Teststämme zu kontrollieren.

Auswertung: Angabe Durchschnittswert des Hemmhofs in mm, getrennt für Ober- und Unterseite (DIN-Methode 54380).

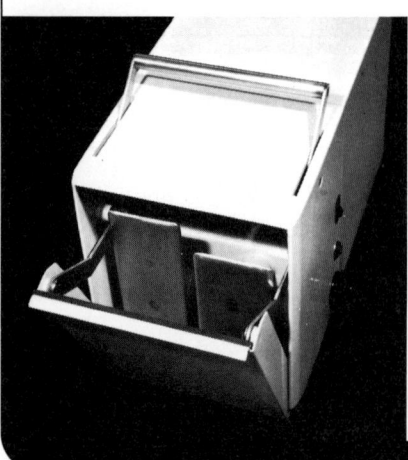

6   Mikrobiologische Kriterien

Interne Spezifikation der Abnehmer-Industrie entsprechend den vorgestellten Methoden (Tab. 64).

Tab. 64 Mikrobiologische Kriterien für antimikrobielle Bestandteile auf Packstoffen

Packstofftyp	Grenzwerte	
	Bakterien + Hefen	Schimmelpilze
1) Margarineeinwickler*) Deckblätter, Kunststoff- und Alufolien	$\leq 6/100\,cm^2$	$\leq 2/100\,cm^2$
2) Vorgefertigtes Ver- packungsmaterial bis 1-l-Becher, Schalen Flaschen	$\leq 10/100\,g\,Inhalt$	$\leq 2/100\,g\,Inhalt$
Für jedes zusätzliche kg Inhalt	$\leq 20/kg$	$\leq 5/kg$
Deckel	$\leq 6/100\,cm^2$	$\leq 2/100\,cm^2$
3) Umverpackungsmaterial Voll- und Wellpappe Faltschachteln aus Karton		$\leq 20/100\,cm^2$

*) papierhaltige Wickler (Pergamentpapier, Ersatzpergament) müssen frei von Stockflecken sein.

LITERATUR

1. PETERMANN, E., Bedarfsgegenstände: Packstoffe und Behälter, in: Sammlung von Vorschriften zur mikrobiologischen Untersuchung von Lebensmitteln, herausgegeben von W. SCHMIDT-LORENZ, Verlag Chemie, Weinheim, 1981
2. Merkblatt VIII/3/68: Bestimmung der Anzahl von Schimmelpilzen auf der Oberfläche von Karton, Vollpappe u. Wellpappenrohpapieren (Oberflächenkeimzahl, OKZ$_S$), Verein der Zellstoff- und Papier-Chemiker und -Ingenieure, März 1988
3. Merkblatt VIII/4/68: Bestimmung der Gesamtkeimzahl (GKZ) in Papier, Karton und Vollpappe, DIN 54379, August 1978
4. Merkblatt 9: Prüfung von Wellpappe – Bestimmung der Anzahl von Schimmelpilzen auf der Oberfläche von Wellpappe und auf Wellpapieren aus fertiger Wellpappe, Verp.-Rdsch. **22** (1971) Nr. 8, Techn. wiss. Beilage, S. 70–72
5. Merkblatt 15: Bestimmung der Gesamtkeimzahl, der Anzahl an Schimmelpilzen und Hefen und der Anzahl an coliformen Keimen vorgefertigter Verpackungen, Verp.-Rdsch. **23** (1972) Nr. 11, Techn.-wiss. Beilage, S. 89–92
6. Merkblatt 18: Prüfung auf antimikrobielle Bestandteile in Packstoffen, Verp.-Rdsch. **25** (1974) Nr. 1, Techn.-wiss. Beilage, S. 5–8

7. Merkblatt 19: Bestimmung der Gesamtkeimzahl, der Anzahl an Schimmelpilzen und Hefen und der Anzahl an coliformen Keimen in Flaschen und vergleichbaren enghalsigen Behältern, Verp.-Rdsch. **25** (1974) Nr. 6, S. 569–575

8. Merkblatt 28: Bestimmung von Clostridiensporen in Papier, Karton, Vollpappe und Wellpappe, Verp.-Rdsch. **27** (1976) Nr. 10, Techn.-wiss. Beilage, S. 82–84

9. Merkblatt 34: Prüfung von Weinkorken auf Sterilität, Verp.-Rdsch. **29** (1978) Nr.7, Techn.-wiss. Beilage, S. 55–56

10. Merkblatt 37: Bestimmung der Gesamtkolonienzahl, der Anzahl an Schimmelpilzen und Hefen und der Anzahl an Gesamt-Enterobakterien auf der Oberfläche vorgefertigter Hilfsmittel für die Lebensmittelindustrie, wie Holzlöffelstiele und Löffel für Eiscreme, Schaschlikspieße und dergl., Verp.-Rdsch. **30** (1979) Nr. 8, Techn.-wiss. Beilage, S. 58–59

11. Merkblatt 39: Bestimmung von Bakteriensporen in Papier, Karton, Vollpappe und Wellpappe, Verp.-Rdsch. **30** (1979) Nr. 12, Techn.-wiss. Beilage, S. 91–93

12. Merkblatt 43: Bereitstellung von Stamm- und Gebrauchskulturen von Pilzen für mikrobiologische Prüfverfahren, Verp.-Rdsch. **32** (1981) Nr. 11, Techn.-wiss. Beilage, S. 83–86

13. Merkblatt 44: Bereitstellung von Stamm- und Gebrauchskulturen von Bakterien für mikrobiologische Prüfverfahren, Verp.-Rdsch. **32** (1981) Nr. 11, Techn.-wiss. Beilage, S. 89–90

14. Merkblatt 46: Prüfung von Packstoffoberflächen auf fungistatisch wirkende Verbindungen, Verp.-Rdsch. **34** (1983) Nr. 11, Techn.-wiss. Beilage, S. 84–86

15. Merkblatt 47: Prüfung von Papier, Karton und Pappe auf schleimbildende Mikroorganismen, Verp.-Rdsch. **35**, (1984) Nr. 11, Techn.-wiss. Beilage, S. 78–79

16. Merkblatt 50: Prüfung von Lebensmittelpackungen auf Dichtigkeit gegenüber Schimmelsporen in Luft, Verp.-Rdsch. **37** (1986) Nr. 4, Techn.-wiss. Beilage, S. 31–32

C Spielzeug

Im Amtsblatt der Europäischen Gemeinschaften Nr. L 187 aus dem Jahr 1988 wird gefordert, daß in den Verkehr gebrachtes Spielzeug die Sicherheit und/oder Gesundheit von Kindern und anderen Personen nicht gefährden darf. Im Anhang zu diesem Vorschlag ist festgelegt, daß Spielzeug so zu gestalten und herzustellen ist, daß die Hygiene und Reinheitsvorschriften erfüllt werden, damit Infektions-, Krankheits- und Ansteckungsgefahren ausgeschlossen werden.

Für die Untersuchung von Spielzeugen gibt es in Deutschland bisher keine vorgeschriebenen Methoden. Die FDA hat jedoch für die USA eine Methode und Anforderungen mikrobiologischer Art festgelegt, die in Einzelfällen auch in Deutschland angewendet werden.

Das zu untersuchende Spielzeug wird in steriler Phosphat-Pufferlösung (100 ml) ausgeschüttelt. Die gleiche Pufferlösung wird verwendet, um insgesamt 10 Prüfstücke abzuspülen (möglichst unter aseptischen Bedingungen). Anschließend wird diese Lösung für folgende Bestimmungen verwendet:

– Gesamtkoloniezahl: Plate-Count-Agar, 3 Tage, 25 °C
– *Staphylococcus aureus:* Baird-Parker-Agar, 48 h, 37 °C
– *E. coli:* Trypton-Bile-Agar, 24 h, 44 °C
– *Pseudomonas aeruginosa:* Cetrimid-Agar, 48 h, 42 °C
– Salmonellen: Hier wird der Rest der gepufferten Petonlösung bei 37 °C für 18 h bebrütet und weiter nach dem üblichen Selektiv-Anreicherungsverfahren gearbeitet.

Die Anforderungen, die an die Spielzeuge gestellt werden, beziehen sich auf alle o. a. Parameter. Der Limit für den Gesamtkoloniegehalt beträgt 1.000–10.000 Keime/Spielzeug. Für alle anderen Mikroorganismen muß der Befund negativ sein.

Sind die zu testenden Spielzeuge noch von einer Kunststoffhülle oder -kapsel umgeben und werden so in ein Lebensmittel verarbeitet, so empfiehlt es sich, 10 Prüfstücke in einen sterilen Kunststoffbeutel einzubringen, mit 100 ml Spülflüssigkeit zu benetzen und die Kapseln erst in diesem Beutel zu öffnen (hiermit wird die Gefahr der sekundären Kontamination deutlich vermindert).

In einigen Laboratorien wird zusätzlich zum *E. coli*-Nachweis auch der Nachweis auf Enterobacteriaceen (VRBD-Agar 20 h, 30 °C) durchgeführt. Die Keimzahlgrenze wird dann auf 100/Spielzeug festgelegt. Außerdem kann auf Hefen und Schimmelpilze (Malzextrakt-Agar 3 Tage, 25 °C) geprüft werden. Die tolerierbare Keimzahl für Hefen und Schimmel wird ebenfalls mit 100/Spielzeug festgelegt.

LITERATUR

1. FDA Bacteriological Analytical Manual for Foods, 4th Edition, 1976.
2. EN 71 Teil 1–3, DK 688.72: 614.8:620.1, Ausgabe 3.
3. Amtsblatt der Europäischen Gemeinschaften Nr. L 187, 1–13, vom 16. 7. 88, Richtlinie des Rates vom 3. Mai 1988 zur Angleichung der Rechtsvorschriften der Mitgliedstaaten über die Sicherheit von Spielzeug (88/378/EWG).

PERI FILL

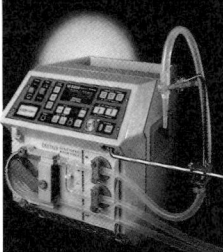

IX Methoden zur Kontrolle der Betriebshygiene

R. Zschaler

Die Betriebshygiene sollte die Kontrolle der Luft, der Desinfektionsmittel, des Nachspülwassers, der Produktionslinien inklusive Maschinen sowie die des Personals umfassen.

1 Luft

1.1 Allgemeines

Für zahlreiche Betriebe ist die Luftuntersuchung ein wichtiger Teil der Betriebshygiene. Die Mikroorganismen der Luft haften an Staubpartikeln oder an feinen Wassertröpfchen. Ihre Überlebensdauer hängt u. a. von der Luftfeuchtigkeit und der Beschaffenheit der Trägerpartikel ab.

1.2 Untersuchung

Die sicherste Erfassung der Mikroorganismen in der Luft wird durch Filtration erreicht. Dieses Verfahren ist aber zu aufwendig, so daß für die Praxis nur zwei Verfahren in Frage kommen:

Sedimentationsmethode

Es werden Petrischalen, z. B. mit Plate Count Agar oder Hefeextrakt-Glucose-Chloramphenicol-Agar für 30 min aufgestellt und danach bebrütet. Ein Nachteil der Methode besteht darin, daß je nach Luftbewegung nur ein sehr kleiner Luftraum erfaßt wird.

Impactionsverfahren

Ein bestimmtes, am Gerät einstellbares Luftvolumen (für Industriebetriebe 40 l/min), wird angesaugt, beschleunigt und auf einen festen Nährbodenstreifen geschleudert. Der Nährboden wird in einer mitgelieferten Brutkammer direkt bebrütet. Beim Einsatz der Medien ist darauf zu achten, daß diese genügend feucht sind, da sonst die Partikel und Mikroorganismen abprallen. Es empfiehlt sich, je nach Fragestellung, das Gerät entweder mit einem Nährboden für die Gesamtkeimzahl = Luftkeimindikator GKA – Tryptic-Soy-Agar oder für Hefen und Schimmelpilzbelastung = Luftkeimindikator HS = Rose-Bengal-Streptomycin-Agar zu beschicken. Das Gerät ist unter der Bezeichnung RCS von der Firma Biotest, Frankfurt, zu beziehen.

Wenn beim RCS-Gerät mit 40 l/min gearbeitet wird, so muß die auf den Streifen ermittelte Keimzahl mit 25 multipliziert werden, um eine Angabe der Keimzahl/m³ Luft angeben zu können.

2 Desinfektionsmittel und Nachspülwasser

2.1 Allgemeines

Für zahlreiche Betriebe ist der Einsatz von Desinfektionsmitteln notwendig, um die an Gegenständen und Händen haftenden Keime abzutöten. Für die Prüfung der Effizienz von Desinfektionsmitteln gibt es zahlreiche Testmethoden, die insbesondere die Abtötung pathogener Keime umfassen. Ob die empfohlene Konzentration, der eingestellte pH-Wert ausreichen, um die im Betrieb vorherrschende Keimflora (= Verderbnisflora) abzutöten, sollte jedoch in einfachen Labortesten geprüft werden, ebenso die Qualität des für das Nachspülen verwendeten Wassers.

2.2 Untersuchung von Desinfektionsmitteln

Stellvertretend für viele unterschiedliche Prüfvorschriften sei hier der quantitative European Suspensionstest (1983) beschrieben (Abb. 64).

Testkeime:

Staphylococcus aureus	ATCC 6 538
Enterococcus faecium	ATCC 6 057
Pseudomonas aeruginosa	ATCC 15 442
Proteus mirabilis	ATCC 14 153
Saccharomyces cerevisiae	ATCC 9 763

Eiweißbelastung: 0,03 % oder auch 1 % Rinderalbumin
Einwirkungszeit: 5 min bei 20 °C
Anforderung: Reduktion der Testkeime um 5 log Einheiten.

In diesem Text sind die o. a. Teststämme ohne weiteres durch Betriebs-Problem-Keime (Praxisversuche im Betriebslabor) zu ersetzen.

2.3 Untersuchung von Nachspülwasser

Nachspülwasser wird wie Trinkwasser untersucht, jedoch sollte die Untersuchungstechnik darauf abgestellt sein, die Betriebs-Problem-Keime zu erfassen. Es sollten 100 ml filtriert und der Filter auf GSP-Agar angezüchtet werden (wichtig für die Kosmetikindustrie).

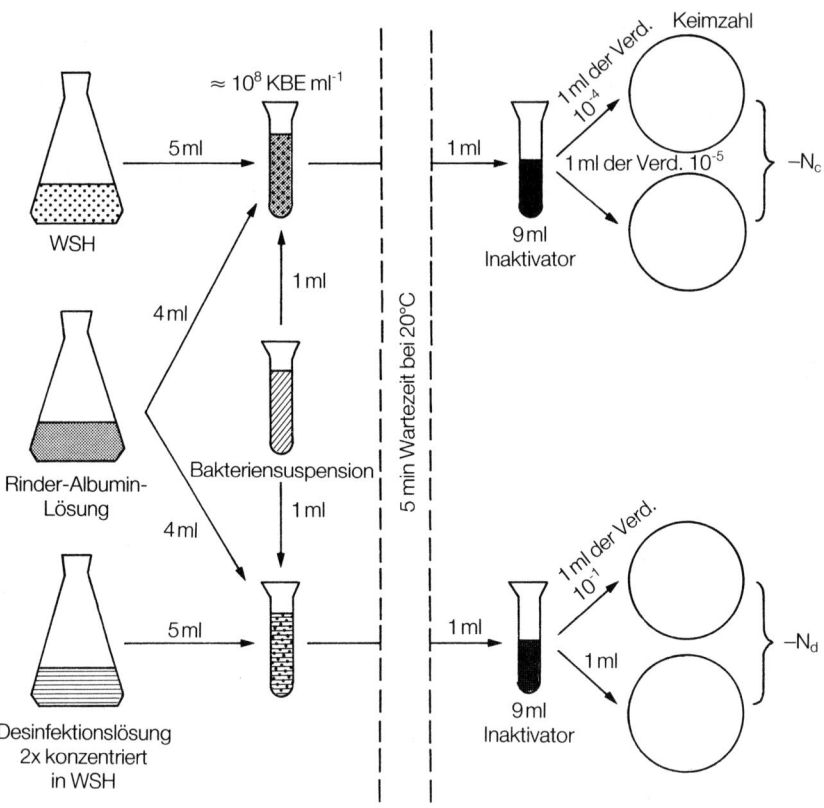

WSH = Wasserstandardisierte Härte

N_c = Zahl der koloniebildenden Einheiten der Testmischung ohne Desinfektionsmittel

N_d = Zahl der koloniebildenden Einheiten der Testmischung nach der Einwirkung des Desinfektionsmittels

Abb. 64 Europäischer Suspensionstest

3   Produktionslinie und Personal

3.1   Allgemeines

Die Sicherung der mikrobiologischen Qualität eines Produktes, die eine Verhinderung von Verderb und Erkrankung bezweckt, ist nicht allein durch eine Endproduktkontrolle, sondern nur durch konsequente betriebshygienische Maßnahmen und eine Prozeßkontrolle (Temperatur, Zeit, Wasseraktivität, Konservierungsmittel, usw.) erreichbar. Die Betriebshygiene muß u. a. das Personal, die Roh- und Zusatzstoffe, Maschinenteile, Gerätschaften, das Verpackungsmaterial, die Raumluft und das Wasser erfassen. Eine Endproduktkontrolle kann abschließend nur den Erfolg der Betriebshygiene bestätigen.

3.2   Untersuchung

Die Methodenwahl wird bestimmt durch das zu prüfende Material, den zu vertretenden Zeitaufwand, die Kosten und die erforderliche Genauigkeit für die Problemlösung. Von den zahlreich beschriebenen Verfahren (BAUMGART, 1976) sind für die Untersuchung im Betrieb zu empfehlen:

Abklatsch- oder Kontaktverfahren
Diese Verfahren z. B. mit RODAC-Platten sind bei der Überprüfung glatter Flächen mit geringen Rauhtiefen und zur Kontrolle des Personals, geeignet. Bei sehr nassen Flächen ist das Verfahren nicht geeignet. Die Auswertung der Agar-Kontaktverfahren erfolgt bei Verwendung von Plate Count Agar halbquantitativ (Abb. 65):

Wichtig ist, daß bei Prüfung einer frisch desinfizierten Anlage den Nährböden in RODAC-Platten eine Inaktivierungssubstanz eingegeben wird (z. B. 3 % Saponin oder 3 % Tween 80 oder 0,5 % Thiosulfat).

Beurteilung:
Wird eine Prüfung auf Enterobacteriaceen oder Staphylokokken mit Hilfe von RODAC-Platten nach Reinigung und Desinfektion vorgenommen, so sollten die Kontrollen negative Werte erbringen.

Abstrich- und Tupfermethode
Diese Methode ist zu bevorzugen, z. B. bei der Überprüfung von Maschinenteilen, Blindstutzen, Bögen, T-Stücken, Senkschrauben, Rohrwandungen, Dichtungen, Pumpenteilen, Kolben usw.

Mit einem sterilen Tupfer (Abb. 66) aus Baumwollwatte wird die Prüffläche unter Drehen des Tupfers abgestrichen. Bei feuchtem Prüfmaterial wird ein trockener Tupfer, bei trockenem Prüfmaterial ein feuchter Tupfer (anfeuchten mit phys. Kochsalzlösung) verwendet. Der Tupfer kann in steriler Verdünnungsflüssigkeit ausgeschüttelt oder auf einem festen Medium unter Drehen ausgestrichen werden. Der Vorteil der Wischermethode besteht darin, daß die Verdünnungsflüssigkeit mit je 1 ml bzw. auch à 5 ml angesetzt werden kann, so daß bei einer Kontrolle eine Aussage über verschiedene Keimarten gemacht werden kann.

Der Nachteil der Wischermethode ist die semi-quantitative Aussage, da sich der erhaltene Wert nur auf die abgestrichene Fläche beziehen kann.

Die Auswahl der Medien hängt von den nachzuweisenden Mikroorganismen ab. Baumwolltupfer können im Labor selbst hergestellt oder im Handel als sterile Einwegtupfer bezogen werden.

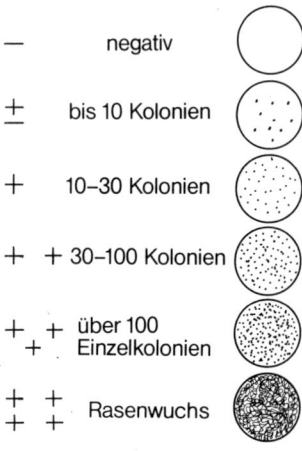

—	negativ	
±	bis 10 Kolonien	
+	10–30 Kolonien	
+ +	30–100 Kolonien	
+ + +	über 100 Einzelkolonien	
+ + + +	Rasenwuchs	

Abb. 65 Bewertungsschema für Agar-Kontaktverfahren

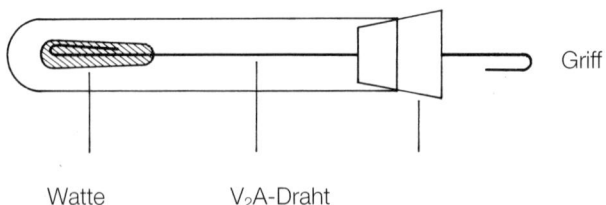

Griff

Watte   V₂A-Draht

Abb. 66 Trockenes Wischerröhrchen (Eigenanfertigung)

4 Mikrobiologische Kriterien

Einige Kriterien für die Beurteilung sind in der Tabelle 65 enthalten.

Tab. 65 Mikrobiologisches Beurteilungsschema für Kontrollen in einem Lebensmittelbetrieb

Angabe der Anzahl bestimmter Mikroorganismen auf Nährböden				
Probenbezeichnung	Plate Count Agar 3 Tage, 25 °C	Hefeextrakt-Glucose-Chloramphenicol-Agar 3 Tage, 25 °C	VRBD-Agar 20 h, 37 °C	Befund
	Keimgehalt*	Hefen*	Schimmel*	Enterobacteriaceen*
Reinigungskontrolle der apparativen Einrichtungen (Wischermethode)	1–50 51–200	0 1–30	1–10 11–30	0 0	gut ausreichend
Letztes Spülwasser von apparativen Einrichtungen nach Reinigung und Desinfektion	1–50 51–100	1–2 3–5	1–2 3–5	0 0	gut ausreichend
Desinfektionsmittellösung zum Aufbewahren best. Utensilien	0 0	0 0	0 1–10	0 0	gut ausreichend
* pro ml oder Abstrich				

Angabe der Anzahl Kolonien auf den mit Nährboden beschickten Sedimentations-Platten			
Probenbezeichnung	Plate Count Agar 3 Tage, 25 °C	Hefeextrakt-Glucose Chloramphinicol-Agar 2 Tage, 25 °C	Befund
	Keimgehalt	Hefen	Schimmel
Luftkeimgehalt der Fabrikationsräume	1–50 50–100	1–2 3–6	1–4 5–10	gut ausreichend

Anmerkungen:
Für die bakteriologische Beurteilung sämtlicher Proben gelten allgemein die Bezeichnungen sehr gut; gut; ausreichend; zu beanstanden; schlecht.
Im Beurteilungsschema sind die Bezeichnungen nicht angeführt wie „sehr gut" (für Proben mit 0 Kei-

men auf den einzelnen Nährböden), „zu beanstanden" (für Proben, die die festgelegten Keimzahlgrenzen der einzelnen Nährböden für die Beurteilung „ausreichend" überschreiten) und „schlecht" (für Proben, bei denen über 500 Hefen und Schimmel nachgewiesen wurden).

LITERATUR

1. BAUMGART, J., Empfehlenswerte mikrobiologische Methoden zur Überwachung der Betriebshygiene, Schriftenreihe Schweizerische Gesellschaft für Lebensmittelhygiene (SGLH), Heft 5, S. 13–20, 1976.
2. COLE, E. C., RUTALA, W. A., Desinfectant testing using a modified use – dilution Method: Collaborative Study, J. Assoc. Off. Anal. Chem. **71**, 1187–1194, 1988
3. LINDHOLM, I. M., Comparison of methods for quantitative determination of airbone bacteria and evalution of total viable counts, Appl. Eviron. Microbiol. **44**, 179–183, 1982.
4. SCOTT, E., BLOOMFIELD, S. F., BARLOW, C. G., A comparison of contact plate calcium alginate swab techniques for quantitative assessment of bacteriological contamination of environmental surfaces, J. appl. Bact. **56**, 317–320, 1984.
5. SNIJDERS, J. M. A., JANSSEN M. H. W., GERATS, G. E., CORSTIAENSEN, G. P., A comparative study of sampling techniques for monitoring carcass contamination, In. J. Food Microbiol. **1**, 229–236, 1984
6. ZSCHALER, R., Die Praxis der Hygiene fester Oberfläche in Industrie und Haushalt, Tenside Detergens **4**, 190–192, 1979
7. Test methods for the antimicrobiol activity of desinfectants in food hygiene, Council of Europe, Publications Section ISBN 92–871, – 01006-9, Strasbourg, 1987

Medien

Die Medien sind in alphabetischer Reihenfolge aufgeführt. Soweit keine Veränderung in der Zusammensetzung gegenüber Handelsprodukten erfolgte, werden nur die Handelsnamen aufgeführt. Auf die Angabe von Firmen wird weitgehend verzichtet. Die aufgeführten Handelsprodukte sind u. a. bei einer oder mehreren folgender Firmen erhältlich:

Fa. Merck	Fa. api bioMerieux
Fa. Oxoid	Fa. Becton Dickinson (BBL)
Fa. Difco	Fa. Gibco
Fa. Mast Diagnostica	Fa. Hoffmann-La Roche
Fa. Sartorius	Fa. Dr. Möller & Schmelz

A

ABTS-Peroxidase-Agar
Grundmedium: MRS-Agar
Zusätze: 0,5 mM ABTS (Boehringer, Mannheim)
0,3 Einheiten/ml Meerrettich-Peroxidase (Guajacol als Substrat, Boehringer, Mannheim)

Acetamid-Nährlösung (Acetamid-Standard-Minerallösung)
Lösung A: 1 g di-Kaliumhydrogenphosphat, 0,2 g Magnesiumsulfat, 0,2 g Natriumchlorid und 2 g Acetamid werden in 1000 ml bidestilliertem Wasser gelöst; die Lösung wird mit Salzsäure bzw. Natronlauge auf einen pH-Wert von 6,8 bis 7,0 eingestellt.

Lösung B: 0,5 g Natriummolybdat und 0,05 g Eisensulfat werden in 1000 ml bidestilliertem Wasser gelöst. Zu 999 ml der Lösung A wird 1 ml der Lösung B hinzugefügt. Die Lösung wird zu je 5 ml in kleine Reagenzgläser abgefüllt und bei 0,8 bar Überdruck im Autoklav für 30 min sterilisiert.

Acetat-Agar nach FOWELL
Zusammensetzung (g/l):
Natriumacetat	5,0
Agar	20,0
Aqua dest.	1 l

pH-Wert 6,5–7,0, 15 min 121 °C

ACM-Agar
Zusammensetzung (g/l):
Glucose	100,0
Hefeextrakt	6,0
$CaCO_3$	20,0
Agar	20,0

Aqua dest.   1l
pH-Wert 6,0, 15 min 121 °C

ADM = Aspergillus Differential Medium

Aeromonas-Anreicherungsbouillon
Zusammensetzung: Tryptic Soy Broth (Difco) oder Trypticase Soy Broth (BBL) oder CASO Bouillon (Merck) + 10 μg/ml Ampicillin (Sigma). Das Ampicillin wird steril filtriert und der Bouillon bei 50 °C zugesetzt.

Aeromonas-Nährboden nach RYAN (Oxoid)

AFP-Agar (Oxoid) = Aspergillus flavus/parasiticus-Agar

Äsculin-Bouillon
Zusammensetzung (g/l): Äsculin   1,0
Kochsalz   5,0
Pepton   10,0
Aqua dest.   1l
Sterilisieren bei 115 °C für 10 min

Alkalisches Peptonwasser
Zusammensetzung (g/l): Kochsalz   10,0
Trypton   10,0
A. dest.   1000ml
pH-Wert 9,0

Anreicherungsbouillon nach Rappaport-Vassiliadis
Anmerkung: Das Medium eignet sich nicht zum Nachweis von Shigellen und Salmonella typhi.

Anreicherungsmedium nach Baird = Staphylokokken-Anreicherungsbouillon nach Baird (Merck)

Anreicherungsbouillon nach Lovett =
Listeria Enrichment Broth Base + Listeria Selective Enrichment Supplement (Oxoid)
Zusammensetzung (g/l): Trypticase Soy Broth (BBL)   30,0
Hefeextrakt   6,0
A. dest.   1000,0

Das Grundmedium wird 15 min bei 121 °C sterilisiert und auf einen pH-Wert von 7,3 eingestellt.

Zusätze (sterilfiltriert): Acriflavin HCl (Sigma) 15 mg/l
Nalidixinsäure (Natriumsalz, Sigma) 40 mg/l
Cycloheximid (Sigma) 50 mg/l

Die Lösungen werden dem Grundmedium nach dem Autoklavieren, kurz vor der Verwendung zugesetzt: Nalidixinsäure und Acriflavin als 0,5%ige Lösungen in A. dest. und Cycloheximid als 1%ige Stammlösung in 40%igem Alkohol. Zusatz von 0,68 ml der Acriflavin-Stammlösung, 1,8 ml der Nalidixinlösung und 1,15 ml der Cycloheximidstammlösung zu 225ml Grundmedium.
Beachte: Cycloheximid ist sehr toxisch

APT-Agar

Argininbouillon = Ornithindecarboxylase-Arginindihydrolase-Testbouillon Basis

Aspergillus Differential Medium = ADM
Zusammensetzung (g/l):

Caseinpepton, trypt.	15,0
Hefeextrakt	10,0
Eisen(III)-citrat	0,5
Agar	15,0
Chloramphenicol	0,1

pH 6,5, 15 min. 121 °C

Aspergillus flavus/parasiticus-Agar = AFP-Agar

Azid-Glucose-Bouillon
Zusammensetzung (g/l): Pepton 15,0; Fleischextrakt 4,8; D-Glucose 7,5; Natriumazid 0,2; A. dest. 1000,0 ml

B

Bacillus cereus-Selektivager-Basis = PEMBA = Polymyxin-Eigelb-Mannit-Bromthymolblau-Agar

Bacillus-Cereus-Selektiv-Agar= Mannit-Eigelb-Polymyxin-Agar nach MOSSEL = MYP

Barnes-Agar (Enterokokken-Selektivager nach BARNES)

Baird-Parker-Agar = ETGPA-Agar

BB-Lactat-Medium
Zusammensetzung (g/l): Pepton 15,0
Fleischextrakt 10,0
Hefeextrakt 5,0
L-Cysteinhydrochlorid 0,5
Na-Acetat 5,0
Na-Lactat (60 %) 8,4 ml
Agar 2,0
A. dest. 1000,0 ml
pH-Wert 6,0, 121 °C 15 min, abfüllen zu 9 ml, vor der Verwendung 15 kochen und nach dem Abkühlen beimpfen.

Bengalrot-Chloramphenicol-Selektivagar

BHI-Agar = Hirn-Herz-Dextrose-Agar = Hirn-Herz-Agar = Brain Heart Infusion Agar

Blut-Glucose-Agar
Zusammensetzung: Blutagar + 1 % D-Glucose

BPLS-Agar = Brillantgrün-Phenolrot-Lactose-Saccharose-Agar, modifiziert

Brain Heart Broth = Hirn-Herz-Bouillon

Brain Heart Infusion Agar = BHI-Agar = Hirn-Herz-Dextrose-Agar = Hirn-Herz-Agar

BRILA-Bouillon= Brillantgrün-Galle-Lactose-Bouillon

BRILA-Bouillon mit MUG = Fluorocult® BRILA-Bouillon (Merck)

Brillantgrün-Phenolrot-Lactose-Saccharose-Agar, modifiziert = BPLS-Agar

Brucella Broth (Gibco)

BYPTA = Fleischextrakt-Hefeextrakt-Pepton-Tributyrin-Agar

C

Calcium-Caseinat-Agar nach Frazier und Rupp, modifiziert

Campy BAP Agar

Campylobacter-Selektiv-Anreicherungsbouillon (Preston)

Campylobacter-Selektiv-Agar (Preston)

Campylobacter-Selektiv-Agar nach Skirrow

Caseinpepton-Agar + Bromkresolpurpur
Zusammensetzung: Caseinpepton-Fleischextrakt-Dextrose-Agar (Oxoid) +
                        2 ml einer 1,6%igen alkoholischen Lösung von Bromkresolpur-
                        pur/l

Caseinpepton-Galle-Agar = Trypton-Galle-Agar (Oxoid)

Caseinpepton-Sojamehlpepton-Agar = CASO-AGAR

Caseinpepton-Sojamehlpepton-Bouillon = CASO-Bouillon

CASO-Agar = Caseinpepton-Sojamehlpepton-Agar

CASO-Agar mit Enthemmungsmittel, Merckoplate (Merck)

CASO-Bouillon = Caseinpepton-Sojamehlpepton-Bouillon

CATC-Agar = Citrat-Azid-Tween-Carbonat-Agar

Cellulose-Agar (STEWART und LEATHERWOOD, 1976)
Zusammensetzung (g/l):   Natriumnitrat   1,0
                         K_2HPO_4 1,0
                         KCl   0,5
                         Mg SO_4 0,5
                         Hefeextrakt   0,5
                         Cellulosepulver   1,0
                         Glucose   1,0
                         Agar   17,0
                         Nach Lösen der Bestandteile sterilisieren bei 121 °C 15 min, pH
                         7,0

Cereus-Selektiv-Agar nach Mossel **= MYP-Agar**

Cetrimid-Agar

CIN-Agar = Yersinia-Selektiv-Agar

CIN-Medium = Yersinia-Selektiv-Agar-Basis = Yersinia-Selektiv-Agar nach Schiemann-(Basis) = CIN-Agar

Citrat-Agar nach Christensen

Citrat-Agar = DEV Simmons-Citrat-Agar

Citrat-Azid-Tween-Carbonat-Agar = CATC-Agar

Clostridien-Differential-Bouillon = DRCM-Bouillon

Clostridien-Nährboden = RCM-Agar

Cooked Meat Medium = Fleisch Bouillon = Kochfleisch-Bouillon

Corn Meal Agar

CTAS-Agar nach Holzapfel **(1989)**
Zusammensetzung (g/l): Caseinpepton 10,0; Hefeextrakt 10,0; Saccharose 20,0, Tween 80 1 ml; Natriumcitrat 15,0; Mangansulfat × 4 H_2O 4,0; Di-Natriumhydrogenphosphat 2,0; Thalliumacetat 1,0; Nalidixinsäure 0,04; Cresolrot 0,004, Triphenyltetrazoliumchlorid (TTC) 0,01; Agar 15,0
Zubereitung: Alle Komponenten in 990 ml A. dest. durch Kochen lösen, abkühlen auf 55 °C und den pH-Wert mit 1 N Natronlauge auf 9,1 einstellen. Autoklavieren bei 121 °C für 10 min, abkühlen auf 55 °C und Zusatz von 10ml einer 10%igen Lösung TTC. Ausgießen in Petrischalen. Aufbewahrung der Schalen bei 2–4 °C für 1–2 Wochen möglich.

Czapek-Dox-Agar

Czapek-Dox-Agar, modifiziert

D

DCLS-Agar = Desoxycholat-Citrat-Lactose-Saccharose-Agar

Desoxycholat-Citrat-Agar

Desoxycholat-Citrat-Lactose-Saccharose-Agar = DCLS-Agar

Desoxycholat-Lactose-Agar

D.S.T. Agar (Diagnostic Sensitivity Agar)

DEV Glucose-Bouillon, = Dextrose-Bouillon

DEV Glucose-Nähragar (Merck) = Fleischextrakt-Pepton-Agar

DEV Simmons-Citrat-Agar = Citrat-Agar

Dextrose-Bouillon = DEV Glucose-Bouillon

Dextrose-Caseinpepton-Agar = Dextrose Tryptone Agar

Dextrose-Sorbit-Mannit-Agar nach CIRIGLIANO **(1982)** = DSM-Agar

Dextrose Tryptone Agar = Dextrose-Caseinpepton-Agar (Oxoid)

DHL-Agar nach Sakazaki (Merck)

Dichloran-Glycerin-(DG 18)-Agar
Zusammensetzung (g/l): Glucose 10,0; Pepton 5,0; KH_2Po_4 1.0; $MgSO_4 \times 7\ H_2O$ 0,5; Glycerin 220,0; Chloramphenicol 100 mg; Dichloran 2 mg (0,2 %, G/V in Ethanol 1,0 ml), Agar 15,0.
Zubereitung: Substanzen in ca. 800 ml A. dest. lösen, erhitzen und auffüllen auf 1 Liter. Zusatz von Glycerin (G/G) und autoklavieren bei 121 °C für 15 min (Glycerinanteil = 18 %, G/G).

Dichloran Rose-Bengal Chloramphenicol Agar

DNase-Agar

Doyle and Roman Enrichment Broth = DREB

DRBC Medium = Dichloran Rose-Bengal Chloramphenicol Agar

DREB = Doyle and Roman Enrichment Broth
Zusammensetzung:
Brucella Broth (Gibco) + 7 % Pferdeblut, lysiert (Oxoid) + 0,3 % Na-Succinat + 0,01 % Cysteinhydrochlorid + Vancomycin (15 μg/ml) + Trimethoprim (5μg/ml) + Polymyxin B (20 IE/ml) + Cycloheximid (50 μg/ml)

DRCM-Bouillon = Clostridien-Differential-Bouillon

DRCM-Agar = DRCM-Bouillon + 1,5 % Agar

Dreizucker-Eisen-Agar= TSI-Agar (Oxoid)

DSM-Agar = Dextrose-Sorbit-Mannit-Agar nach CIRIGLIANO (1982)

Zusammensetzung (g/l):	
Proteose Pepton (Difco)	10,0
Hefeextrakt	3,0
Calciumlactat	15,0
Dextrose	1,0
D-Sorbit	1,0
D-Mannit	2,0
KH_2PO_4	1,0
$MnSO_4$	0,02
Bromkresolpurpur	0,03
Cycloheximid (= Actidione)	0,004
0,1 g Natriumdesoxycholat oder 29,5 mg Brillantgrün	
Agar	15,0

Das Medium wird nur bei 100 °C 15 min erhitzt;
pH 4,8 (Einstellung mit HCl).

E

ECD-Agar + MUG = Fluorocult® ECD-Agar (Merck)

ECD-Agar = EC-Bouillon + 1,5 % Agar

EE-Broth = E. E.-Bouillon nach MOSSEL = Enterobacteriaceae-Anreicherungsmedium nach MOSSEL

Eisen-Sulfit-Agar (Merck)

Eisen-Dreizucker-Agar (Merck) = TSI-Agar (Oxoid)

Endo-Agar = Endo C-Agar (Merck) = Endo-Agar-Basis (Oxoid)

Enterobacteriaceae-Anreicherungsmedium nach MOSSEL = EE-Broth = E. E.-Bouillon nach Mossel

Enterokokken-Selektiv-Agar nach SLANETZ und BARTLEY = SBM-Agar
ETGPA = Baird-Parker-Agar

F

Fermentationsmedium = Phenolrot-Bouillon
Zusammensetzung (g/l): Proteosepepton   10,0 g
                        Fleischextrakt   1,0 g
                        Kochsalz   5,0 g
                        Phenolrot   0,018 g
                        Agar   1,0 g
                        A.dest.   1000,0 ml
Nach Sterilisation bei 121 °C für 15 min Zusatz steril filtrierter Lösungen (10%ig), so daß die Zucker in 1,0%iger Konzentration im Röhrchen enthalten sind; pH-Wert des Mediums 7,4.

Fleisch-Bouillon =Cooked Meat Medium = Kochfleisch-Bouillon

Fleischextrakt-Hefeextrakt-Pepton-Tributyrin-Agar (BYPTA) nach MOUREY und KILBERTUS (1976)
Zusammensetzung: Basismedium: Fleischextrakt 5,0 g; Pepton, pankreatisch verd. 10,0 g; Kochsalz 5,0 g; Hefeextrakt 3,0 g. Lösen der Bestandteile in 750 ml Aqua dest. und Zugabe von 10 ml Tributyrin (Glycerintributyrat) + 1 g Polyvinylalkohol. Homogenisierung bei 15000 U/min zu einer milchigen Emulsion. Dem Basismedium wird zur Verfestigung Wasseragar zugesetzt: 15 g Agar gelöst in 250 ml Aqua dest. Das Medium (pH 7,0) wird bei 121 °C 20 min sterilisiert.

Fleischextrakt-Pepton-Agar = DEV-Nähragar

Fuchsin-Lactose-Agar = Endo-Agar

G

GA 50 = Glucose-Agar (GA 50)

GB 50 = Glucose-Bouillon (GB 50)

Gepufferte Phosphatsalzlösung = PBS

Gepuffertes Peptonwasser = Pepton-Wasser (gepuffert) = PBS

Giolitti-Cantoni-Bouillon = Staphylokokken-Anreicherungsbouillon nach GIOLITTI und CANTONI

Glucose-Agar = Glucose Caseinpepton Agar

Glucose-Agar (GA 50)
Zusammensetzung: D(+)-Glucose 50 % (G/G); Hefeextrakt 0,5 % (G/G); Agar 1,5 % (G/G), pH-Wert 4,5, 121 °C 15 min

Glucose-Agar nach Windisch (1960) zum Nachweis von Hefestärke

Zusammensetzung (g/l):		
Glucose	10,0
$(NH_4)_2SO_4$	1,0
KH_2PO_4	1,0
$MgSO_4 \cdot 7H_2O$	0,5
Agar	20,0

Nach Lösen der Bestandteile sterilisieren bei 121 °C für 15 min

Glucose-Bouillon (GB 50)
Zusammensetzung: D(+)-Glucose 50 % (G/G), Hefeextrakt 0,5 % (G/G), pH-Wert 4,5, 121 °C 15 min

Glucose-Hefeextrakt-Pepton-Wasser

Zusammensetzung (g/l):	
Glucose	20,0
Pepton	10,0
Hefeextrakt	5,0
Aqua dest.	1 l

Sterilisation 121 °C 15 min

Glucose-Hefeextrakt-Pepton-Agar: Wie Glucose-Hefeextrakt-Pepton Wasser + 3 % Agar

Glucose-Salt-Teepol Broth (GSTB)

Zusammensetzung (g/l): Fleischextrakt 3,0; Pepton 10,0; NaCl 30,0; Glucose 5,0; Methyl-violett 0,002, Teepol 4,0 ml, pH 8,8, 121 °C 15 min

Glutaminat Agar

Zusammensetzung (g/l): Glutaminat-Nährlösung-

Basis (Oxoid)	17,7
NH$_4$Cl	2,5
Aqua dest.	1 l

pH-Wert 6,7, 116 °C 10 min

Glutaminat-Nährlösung-Basis (Oxoid) + 1 % Agar = MMG-Agar

Glutaminat-Stärke-Phenolrot-Agar = GSP-Agar

Gorodkowa-Agar

Zusammensetzung (g/l):

Glucose	1,0
Pepton	10,0
Kochsalz	5,0
Agar	20,0
Leitungswasser	1 l

121 °C 15 min

GSP-Agar = Glutaminat-Stärke-Phenolrot-Agar

Gramnegative Broth

H

HDTS-Agar (Hefeextrakt-Dextrose-Trypton-Stärke-Agar)

Zusammensetzung (g/l):

Pepton (Oxoid L 37)	5,0
Tryptone (Oxoid L 42)	2,5
Fleischextrakt (Oxoid L 29)	3,0
Dextrose	1,0
Lösliche Stärke	1,0
Agar	15,0

121 °C 15 min

HDTS-Bouillon

Zusammensetzung: wie HDTS-Agar, jedoch ohne Agarzusatz

Hefeextrakt-Ethanol-Bromkresolgrün-Agar

Hefeextrakt 3 %, Bromkresolgrün 0,0022 % Ethanol 2 %, Agar 0,9 %.
Zubereitung: 30 g Hefeextrakt, 9 g Agar und 1 ml Bromkresolgrün-Lösung (2,2 %, alkoholisch) werden 15 min in 1 l Aqua dest. eingeweicht, bis zur vollständigen Lösung gekocht und zu je 6,5 ml in Reagenzgläser abgefüllt. Pro Röhrchen wird zum verflüssigten, auf ca. 50 °C abgekühlten Agar, 1 ml 15 %iges Ethanol (sterilfiltriert) zugegeben. Nach guter Durchmischung werden die Röhrchen in Schräglage abgekühlt.

Hefeextrakt-Glucose-Chloramphenicol-Agar = Yeastextract Glucose Chloramphenicol Agar = YGC

Hefeextrakt-Malzextrakt-Boullion

Zusammensetzung (g/l):	Hefeextrakt	3,0
	Malzextrakt	3,0
	Pepton	5,0
	Glucose	10,0
	Aqua dest.	1 l
	pH 5–6	
	Sterilisation 15 min 121 °C	

Hefeextrakt-Malzextrakt-Agar = Hefeextrakt-Malzextrakt-Boullion + 2 % Agar

Hefeextrakt-Pepton-Dextrose-Stärke-Agar (YPTD-S Agar)

Zusammensetzung (g/l):	Pepton	3,0
	Pepton (Oxoid L 37)	5,0
	Trypton (Oxoid L 42)	2,5
	Hefeextrakt (Oxoid L 20)	1,0
	Lab Lemco (Oxoid L 29)	3,0
	Dextrose	1,0
	Stärke	1,0
	Agar	15,0
	pH	7,3

Hefeextrakt-Natriumlactat-Medium nach MALIK, REINBOLD, VEDAMUTHU (1968)

Zusammensetzung:	Pepton aus Casein trypt.	1,0 %
	Hefeextrakt	1,0 %
	Natriumlactat	1,0 %
	KH_2PO_4	0,25 %
	$MnSO_4$	0,0005 %
	pH-Wert 7,0, 121 °C 15 min, abfüllen zu 4 ml.	

Hefeextrakt-Trypton-Glucose-Agar

Zusammensetzung (g/l):

	Hefeextrakt	2,5
	Trypton	5,0
	Glucose	1,0
	Agar	15,0
	Aqua dest.	1 l

pH-Wert 7,0, 15 min 121 °C

Hektoen-Enteric-Agar = Hektoen-Entero-Agar

Hirn-Herz-Dextrose-Bouillon = Hirn-Herz-Bouillon

Hirn-Herz-Bouillon = Hirn-Herz-Dextrose-Bouillon

Hirn-Herz-Dextrose-Agar = BHI-Agar = Hirn-Herz-Agar = Brain Heart Infusion Agar

Hirn-Herz-Agar = Hirnherz-Dextrose-Agar = BHI-Agar = Brain Heart Infusion Agar

I

Inaktivator = Inaktivierungslösung

Zusammensetzung:

	Lecithin (aus Soja, reinst)	3 g
	Polysorbat 80 (Tween 80)	
	USP XX	30 ml
	Natriumthiosulfat	5 g
	L-Histidin HCl	1 g
Phosphat-Puffer 0,25 N		10 ml
	Entsalztes Wasser	1000 ml

Sterilisation 15 min 121 °C

Iron-Milk-Medium (JOHN et al., 1982)

Zusammensetzung: 10 ml pasteurisierte Trinkmilch + 0,2 g Eisenpulver, Röhrchen bei 115 °C 10 min erhitzen. Möglich ist auch die Verwendung von H-Milch unter Zusatz von Eisenpulver. In diesem Fall wird nicht autoklaviert, sondern die Röhrchen werden vor Verwendung nur aufgekocht.

K

Kanamycin-Äsculin-Azid-Agar

Kaliumtellurit-Agar
Zusammensetzung: Caso-Agar + 0,04 % Kaliumtellurit

Kartoffel-Glucose-Agar (Merck) = Kartoffelextrakt-Dextrose-Agar = Potato Dextrose Agar, Oxoid

Keimzählagar

KF-Streptokokken-Bouillon

KF-Streptokokken-Agar = KF Streptococcus Agar

King (B) F = Pseudomonas-Agar F

King (A) P = Pseudomonas-Agar P

Kochfleisch-Bouillon = Cooked Meat Medium = Fleisch Bouillon

Kochsalz-Bouillon (EL ERIAN, 1969)
Zusammensetzung (g/l): Caseinpepton trypt.   17,0
                       Pepton aus Sojamehl   3,0
                       Kochsalz   80,0
                       K_2HPO_4 2,5
                       Glucose   2,5
                       pH-Wert 7,0, 15 min 121 °C

Kohlenstoff-Auxanogramm
Zusammensetzung (g/l): $(NH_4)_2SO_4$ 5,0
                       KH_2PO_4 1,0
                       $MgSO_3 \cdot 7H_2O$ 0,5
                       Agar   20,0
                       Aqua dest.   1 l
                       121 °C 15 min

Kohle-Gelatine-Scheiben

KRANEP-Agar
Das Medium wird bei 100 °C 30 min erhitzt und nicht autoklaviert.

Kristallviolett-Neutralrot-Galle-Agar = Violet Red Bile Agar = VRB-Agar

Kristallviolett-Neutralrot-Galle-Glucose-Agar = Violet Red Bile Glucose Agar = VRBD-Agar

L

Lactobacillus-Agar nach DeMan, Rogosa und Sharpe = MRS-Agar

Lactose-Gelatine-Nährboden
Zusammensetzung (g/l): Caseinpepton trypt.   15,0
                         Hefeextrakt   10,0
                         Lactose   10,0
                         Na_2HPO_4 5,0
                         Phenolrot: 5 ml einer 1 %igen Lösung
                         Gelatine   120 g
                         Zubereitung: Lösen der Bestandteile mit Ausnahme der Gelatine
                         in 1 l Aqua dest., pH 7,5. Danach Zusatz der Gelatine und Lösen
                         unter Erhitzen, abfüllen in Röhrchen und autoklavieren bei
                         121 °C für 15 min

Lactose-Bouillon

Lactose-Pepton-Bouillon nach Eijkman

Laurylsulfat-Bouillon + MUG = Fluorocult® Laurylsulfat-Bouillon

LEB = Listeria-Anreicherungsbouillon

Leberbrühe = Leber-Bouillon

Leber-Bouillon = Leberbrühe

Listeria-Selektivagar (Oxford form.)

Listeria-Anreicherungsbouillon (LEB) = Listeria Selective Enrichment Media (UVM Formulation)

LPM-Agar = Lithiumchlorid-Phenylethanol-Moxalactam-Agar

Lysin-Agar

Lysindecarboxylase-Bouillon nach TAYLOR

M

MacConkey-Agar = MacConkey-Agar No. 3

MacConkey-Bouillon

Malachitgrün-Bouillon =Malachitgrün-Pepton-Lösung

Malachitgrün-Pepton-Lösung
a) Konzentrierte Malachitgrün-Pepton-Lösung:
   15 g Pepton und 9 g Fleischextrakt werden im Glaskolben in 1 l dest. Wasser innerhalb 1 h unter Erhitzen im Dampftopf gelöst; nach Zusatz von 4 ml Malachitgrün-Lösung wird der pH-Wert mit Natronlauge bzw. Salzsäure auf 7,3 bis 7,4 eingestellt. Die Lösung wird in Anteilen von je 50 ml in Säuglingsflaschen abgefüllt und in Anteilen zu je 5 ml in sterile Reagenzgläser mit Verschluß für 20 min (2 ×) im Autoklav bei 0,8 bar Überdruck sterilisiert.
b) Verdünnte Malachitgrün-Pepton-Lösung:
   Ein Raumteil konzentrierte Malachitgrün-Pepton-Lösung wird mit drei Raumteilen destilliertem Wasser verdünnt und zu je 10 ml in Reagenzgläser mit Verschluß abgefüllt. Die Sterilisation erfolgt wiederum für 20 min im Autoklav bei 0,8 bar Überdruck.

Malt Extract Agar = Malzextrakt-Agar, pH 4,5

Malzextrakt-Agar

Malzextrakt-Agar, pH 4,5 = Malzextrakt-Agar oder Malt Extract Agar. Dem Medium ist 1 % Hefeextrakt zuzusetzen. Der pH-Wert wird mit 10 %iger Milchsäure auf 4,5 eingestellt.

Malzextrakt-Agar, pH 3,5
Zubereitung: Nach dem Sterilisieren pH-Wert mit 20 %iger Weinsäure auf 3,5 einstellen.

Malzextrakt-Bouillon

Malzextrakt-Hefeextrakt-Glucose-Agar (MY 50 G)

Zusammensetzung:		
	Malzextrakt	10,0 g
	Hefeextrakt	2,5 g
	Glucose	500,0 g
	Agar	10,0 g
	A.dest.	1000 ml

Nach Lösung der Bestandteile 30 min bei 100 °C erhitzen.

Malzextrakt-Hefeextrakt-Glucose-Fructose-Agar (MY 70 GF)

Zusammensetzung:	Malzextrakt	6,0 g
	Hefeextrakt	1,5 g
	Agar	6,0 g
	Glucose	350 g
	Fructose	350 g
	A.dest.	1000 ml

Nach Lösen der Bestandteile erhitzen auf 100 °C für 30 min.

Mannitbouillon
(Voranreicherung von
Salmonellen)

Zusammensetzung (g/l):	Mannit	5,0
	Fleischextrakt	1,0
	Proteosepepton	10,0
	Kochsalz	5,0
	Aqua dest.	1 l
	pH 7,2 121 °C 15 min.	

Mannit-Lysin-Kristallviolett-Brillantgrün-Agar = MLCB-Agar

m-Enterococcus-Agar

McBride Agar, modifiziert = Modifizierter McBride Agar

Methylrot-Voges-Proskauer-Bouillon = MR-VP-Bouillon

Milch-Agar

Minerals-Modified Glutamate Agar (MMGA) = Glutaminat-Agar

Mineralbasis-Agar nach PALLERONI und DOUDOROFF (1972)

Zusammensetzung (g/l): Na-K-Phosphatpuffer = 0,33 M, pH 6,8
NH_4Cl 1,0
$MgSO_4 \times 7\,H_2O$ 0,5
Eisenammoniumcitrat 0,05
$CaCl_2$ 0,005

Zubereitung: Ammoniumchlorid und Magnesiumsulfat werden dem Puffer zugegeben und mit ihm sterilisiert (121 °C 15 min). Eisenammoniumcitrat und Calciumchlorid werden der Stammlösung aseptisch nach Sterilfiltration zugesetzt, wie auch Fructose (0,2%) und Glycerin (0,1%).

MLCB-Agar = Mannit-Lysin-Kristallviolett-Brillantgrün-Agar = M.L.C.B-Agar

MMG-Agar = Glutaminat-Nährlösung-Basis (Oxoid) + 1 % Agar

Modified CCDA-Preston = Campylobacter-Selektivagar (Preston)

Modifizierter McBride Agar

Zusammensetzung (g/l):

Phenylethanolagar (Difco)	35,5
Glycinanhydrid (Sigma)	10,0
Lithiumchlorid (Sigma)	0,5
A. dest.	1000,0

Das Medium wird bei 121 °C 15 min autoklaviert (pH 7,3). Vor der Verwendung wird dem Medium eine sterilfiltrierte Lösung von Cycloheximid (200,0 mg/l, Sigma) zugegeben. Die gegossenen Platten können maximal 1 Woche im Kühlschrank aufgehoben werden. Die Platten sollen nicht getrocknet werden.

MRS-Agar, pH 5,7 mit 1 n Salzsäure (Plattenkontrolle bei 30 °C)

MRS-Bouillon, pH 5,7 mit 1 n Salzsäure

MRSD-Medium

Zusammensetzung (g/l): Proteose-Pepton 10,0; Hefeextrakt 5,0; Tween 80 1,0; Ammoniumzitrat 2,0; Natriumacetat 5,0; Magnesiumsulfat 0,1; Dinatriumhydrogenphosphat 2,0; Phenolrot 0,025; Glucose 12,0; L-Argininhydrochlorid 21,07; Fast Green FCF (Sigma)0,25; Agar 15,0; Mangansulfat 3,1; A. dest. 1 l; Polymyxin-B-Sulfat (Serva) 100 IE/ml im fertigen Medium.

Zubereitung: Mit Ausnahme des Agars, Mangansulfats und Polymyxins werden die Bestandteile in A. dest gelöst. Der pH-Wert wird mit 5 M HCl auf 6,0 eingestellt. Nach Zugabe des Agars Sterilisation bei 121 °C für 15 min. Zu 94 ml des sterilen Mediums werden bei 46 °C 5 ml einer 6,2 %igen Mangansulfatlösung (sterilisiert bei 121 °C 15 min) und 1 ml einer sterilfiltrierten Lösung von Polymyxin-B-Sulfat gegeben. End-pH-Wert 5,5.

MRS-Mangandioxid-Agar

Grundmedium: MRS-Agar

Zusätze (g/l):

Mangandioxid (Pyrolusit)	7,5
Xanthan Gum (Kelco, Brüssel)	5,0

MRS-S Medium = MRS-Agar + 0,14 % Sorbinsäure

Herstellung: Dem auf 50 °C temperierten MRS-Agar (1000 ml) werden 14 ml Sorbinsäurelösung zugegeben. Bei 50 °C wird der pH-Wert mit 1n HCl auf 5,8 eingestellt, so daß bei 30 °C der pH-Wert 5,7 beträgt (Plattenkontrolle).

Herstellung der Sorbinsäurelösung: 10 g Sorbinsäure mit 80 ml sterilem Wasser unter Zusatz von 8 ml 1 n Natronlauge unter Erwärmen auf 60 °C lösen und bis zur vollständigen Lösung auf 100 ml auffüllen.

MRS-Bouillon ohne Fleischextrakt (Nachweis der obligat heterofermentativen Milchsäurebakterien)

Zusammensetzung (g/l):	Universalpepton (Merck)	10,0
	Hefeextrakt	5,0
	D(+)-Glucose	20,0
	K_2HPO_2	2,0
	Polyoxyethylensorbitanmonooleat (Merck)	1,0
	Diammoniumhydrogencitrat	2,0
	Natriumacetat	5,0
	$MgSO_4 \cdot 7 H_2O$	0,1
	$MnSO_4$	0,05
	pH-Wert 6,2, 121 °C, 15 min.	

MR-VP-Bouillon = Methylrot-Voges-Proskauer-Bouillon

MYGP-Agar (pH 4,0)

Zusammensetzung (g/l):	Hefeextrakt	3,0
	Malzextrakt	3,0
	Pepton	5,0
	Glucose	20,0
	Agar	20,0
	Aqua dest.	1 l
	pH 4,0 mit Milchsäure einstellen	
	121 °C 15 min.	

MY 50 G = Malzextrakt-Hefeextrakt-Glucose-Agar

MY 70 GF = Malzextrakt-Hefeextrakt-Glucose-Fructose-Agar

MYP-Agar = Cereus-Selektiv-Agar nach Mossel (Merck) = Bacillus-Cereus-Selektiv-Agar

M 17 Agar (Oxoid)

N

Nähragar = Nutrient Agar = Standard-I-Nähagar

Nährbouillon = Nutrient Broth = Standard-I-Nährbouillon

Nähragar + 50 mg Mangansulfat/l (Medium für Sporenbildung der Bazillen)

Natriumlactat-Agar nach HAMMER und BABEL (1957)

Zusammensetzung (g/l):

Pepton	20,0
Natriumlactat	10,0
Hefeextrakt	10,0
Agar	15,0
Aqua dest.	1 l
pH 7,0	

Abfüllen zu 10 ml in Röhrchen und autoklavieren bei 121 °C für 15 min.

NBB-Agar (Fa. Döhler)

Nitrat-Beweglichkeitsagar

Zusammensetzung: Nitrat-Bouillon + 0,8 % Agar
Abfüllen in Röhrchen, 121 °C, 15 min.

Nitrat-Bouillon

Novobiocin-Polymyxin-Kristallviolett-Bouillon = NPC-Bouillon

NPC-Bouillon = Novobiocin-Polymyxin-Kristallviolett-Bouillon
Zusammensetzung: Tryptic Soy Broth (Difco) + sterilfiltrierte Lösungen von Novobiocin (20 μg/ml), Polymyxin-B-sulfat (20 Einheiten/ml), Kristallviolett 2,5 μg/ml

Nutrient-Agar = Nähragar

Nutrient Broth = Nährbouillon

O

OGY-Agar (Basis)-Merck

OF-Medium = OF-Testnährboden + Zusatz von 1 % Glucose oder OF-Medium (Grundsubstrat) + 1 % Glucose oder OF-Basal Medium + 1 % Glucose

OFS-Medium (Fa. Döhler)

Orangenserum-Agar

Orangenserum-Agar, modifiziert
Zusammensetzung: Orangenserum-Agar
+ 3 % Glucose
+ 3 % Saccharose
+ 0,3 % Hefeextrakt

Orangenserum-Bouillon

Ornithindecarboxylase-Arginindihydrolase-Testbouillon (Basis)

P

P-A = Pepton-Agar (auch Thermoacidurans-Agar, Difco)
Zusammensetzung: Pepton-Bouillon + 1,5 % Agar

PALCAM Listeria Selektiv Agar

P-B = Pepton-Bouillon
Zusammensetzung (g/l): Pepton   5,0
Hefeextrakt   5,0
Glucose   5,0
K_2HPO_2 4,0
Nach Lösen der Bestandteile abfüllen zu 10 ml, 121 °C 15 min,
End-pH 5,0 (Einstellung mit HCl).

PBS = Phosphatgepufferte Kochsalzlösung = Peptonwasser, gepuffert

PEMBA = Polymyxin-Eigelb-Mannit-Bromthymolblau-Agar = Bacillus cereus-Selektivagar-Basis (Oxoid)

Pepton-Glucose-Agar = Peptonwasser mit Phenolrot als Indikator (Oxoid) + Zusatz von 1,2 % Agar, Abfüllen in Röhrchen, 121 °C 15 min.

Pepton-Wasser (gepuffert) = PBS

Perfringens-Enrichment-Medium (DEBEVERE, 1979)

Zusammensetzung (g/l):	Pepton aus Casein	15,0
	Hefeextrakt	5,0
	L(+)-Cystin	0,5
	Kochsalz	2,5
	Natriumthioglycolat	0,5
	D-Cycloserin (Sigma) 400 µg/ml	
	pH 7,1, 121 °C 15 min.	
	Medium frisch bereitet verwenden	

Plate-Count-Agar   = Caseinpepton-Hefeextrakt-Dextrose-Agar

Plate-Count-Monensin-KCl-Agar (PMK-Agar)
Zusammensetzung (g/l):
Grundnährboden: Plate-Count-Agar 23,5 g
Zusätze: KCl (0,1 M) 7,5 g
Gebrauchsfertiges Medium: Nach Lösen der Bestandteile in 1000 ml A. dest. wird das Medium bei 121 °C für 15 min sterilisiert. Nach Abkühlung auf 50 °C Zusatz von 38 mg Monensin (90 % rein, Fa. Sigma, gelöst in 10 ml Ethanol, 95 %). Die Trübung des Mediums stört nicht.

Plesiomonas-Agar (PL-Agar)

Zusammensetzung (g/l):	Pepton	1,0
	Kochsalz	5,0
	Hefeextrakt	2,0
	Mannit	7,5
	Arabinose	5,0
	Innosit	1,0
	Lysin	2,0
	Gallesalz No. 3	1,0
	Phenolrot	0,08
	Agar	15,0
	pH-Wert 7,4, 121 °C 15 min	

PMK-Agar = Plate-Count-Monensin-KCl-Agar

PMK-Agar + MUG = Plate-Count-Monensin-KCl-Agar + 50 mg/l MUG (Fa. Sigma)

Polymyxin-Eigelb-Mannit-Bromthylmolblau-Agar = PEMBA

Potato-Dextrose-Agar + 60 % Saccharose = Kartoffel-Glucose-Agar + 60 % (G/V) Saccharose, pH 5,2

Preston-Campylobacter-Selektivagar = Campylobacter-Selektiv-Agar (Preston)

Pril-Mannit-Agar

Pseudomonas-Agar F (Merck) = King (B) F

Pseudomonas-Agar P (Merck) = King (A) P

Phosphat-Puffer 0,25 N: KH_2PO_4 34 g
Entsalztes Wasser 500 ml
pH auf 7,2 ± 0,1 mit 1N NaOH einstellen, mit entsalztem Wasser auf 1000 ml auffüllen, 20 min autoklavieren.

R

Rappaport-Vassiliadis-Anreicherungsbouillon = RV-Bouillon

Rapid Perfringens Medium (RPM)
Zusammensetzung:
Lösung A: 140 g Magermilch-Medium (Oxoid);
1000 ml A. dest. Bei 121 °C 5 min autoklavieren und nach Abkühlung auf 50 °C Zusatz von 150 mg Neomycinsulfat und 25 mg Polymyxin-B-sulfat
Lösung B: Trioglycolat-Medium (Oxoids 415) 60 g;
              Gelatine 120 g;
              Pepton 10 g
              Glucose 10 g
              K_2HPO_4 10 g
              Hefeextrakt 6 g
              Kochsalz 3 g
              Eisensulfat 1 g
              A. dest. 1000 ml.
Vorsichtig kochen, in Röhrchen a 4,5 ml abfüllen, sterilisieren bei 121 °C für 15 min
Gebrauchsfertiges Medium:
Zu den Röhrchen mit Lösung A (4,5 ml) werden 4,5 ml der Lösung B hinzugegeben und ge-mischt. Wird die Lösung B nach der Herstellung im Kühlschrank aufbewahrt, muß sie vor-her erhitzt werden, um die Gelatine zu verflüssigen.

RCA = Reinforced Clostridial Medium

Reinforced Clostridial Medium (Difco) = Clostridien Nährboden (RCM), Merck = Clostridium Medium (Oxoid) = RCA

RCM-Agar = Clostridien-Nährboden

Rinderserumalbumin
Albumin aus Rinderserum, rein von Serva Nr. 11930, 0,75 g auf 1000 ml WSH, anschließend steril filtrieren durch Porengröße 0,45 μm

Rinderleberinfusion
Zusammensetzung (g/l):   Rinderleber (Oxoid) 10,0
                         Aqua dest. 1 l, 121 °C, 15 min.
Rogosa-Agar

Rogosa SL Broth

RPM = Rapid Perfringens Medium

RV-Bouillon= Rappaport-Vassiliadis-Anreicherungslösung = Salmonella-Anreicherungsbouillon nach Rappaport und Vassiliadis

S

Sabouraud-Agar (mod). = Sabouraud-1% Glucose-1 % Maltose-Agar

Sabouraud-Glucose-Maltose-Agar = Sabouraud-Agar (mod.)

Sabouraud-4 % Glucose-Agar mit Enthemmungsmittel (Merck)

Sabouraud-Nährmedien

Saccharose-Agar (Boatwright und Kirsop, 1976)

Zusammensetzung (g/l):		
Saccharose	50,0
Pepton	10,0
Hefeextrakt	5,0
Kochsalz	5,0
$CaCO_3$	3,0
$MgSO_4 \cdot 7 H_2O$	0,5
$MnSO_4$	0,5
Tween 80	0,1 ml
Bromkresolgrün	0,02

Agar   20,0
121 °C 15 min.

Salmonella-Shigella-Agar = SS-Agar

Salt Polymyxin B-Bouillon = SPB-Bouillon

SBM-Agar = Enterokokken-Selektivagar nach Slanetz u. Bartley

SBM-Bouillon = Selenit-Brillantgrün-Mannit-Anreicherungsbouillon = Selenitbouillon

SCA-Agar = Sulfit-Cycloserin-Azid-Agar

Selenit-Bouillon = Selenit-Anreicherungsbouillon

Selenit-Cystin-Anreicherungsbouillon

Selenit-Brillantgrün-Mannit-Anreicherungsbouillon = SBM-Bouillon (Merck) = Selenitbouillon

SFP-Agar = Sugar-Free Penicillin Agar
Zusammensetzung (g/l): Pepton aus Gelatine pankreatisch   7,5
                        Caseinpepton pankreatisch   7,5
                        Kochsalz   5,0
                        Agar   15,0
                        A. dest.   1000 ml
End-pH-Wert 7,6 ± 0,2. Lösen der Bestandteile, autoklavieren bei 121 °C 15 min. Nach dem Abkühlen auf 48 °C Zusatz von 5000 IE/l Penicillin (sterile Lösung von Penicillin G Natrium).

SIM-Nährboden = SIM Medium

Simmons'-Citrat-Agar

SIN-Agar (Streptomycinsulfat Inosit Neutralrot Agar)
Zusammensetzung (g/l): Blut-Agar, Basis (Merck)   40,0
                        Hefeextrakt   2,0
                        K_2HPO_4 1,0
                        $MgSO_4 \cdot 7 H_2O$ 0,8
                        Na_2CO_3 0,35
                        Inosit   10,0
                        Neutralrot, 0,3 %ige Lösung 10,0 ml pH 7,0

Nach dem Autoklavieren bei 121 °C für 15 min und Abkühlung auf 50 °C Zusatz von 500 mg Streptomycinsulfat pro Liter (sterilfiltriert).

Slanetz-Bartley-Medium = Enterokokken-Selektiv-Agar nach Slanetz und Bartley = Membranfilter-Enterokokken-Selektiv-Agar nach Slanetz und Bartley = SBM-Agar

Sorbit-MacConkey-Agar

SPB-Bouillon = Salt Polymyxin B-Bouillon
Zusammensetzung (g/l):

Hefeextrakt	3,0
Pepton	10,0
Kochsalz	20,0
Polymyxin B	0,25

Zubereitung: Lösen der Bestandteile mit Ausnahme des Polymyxins in 900 ml Aqua dest., erhitzen bis zum Kochen, pH 8,6. Nach Abkühlung Zugabe von 250 μg Polymyxin B, gelöst und steril filtriert in 100 ml Aqua dest. Abfüllen zu 10 ml. Verbrauch am Tag der Herstellung.

SS-Agar = Salmonella-Shigella-Agar

STA-Agar (Gardner, 1966)
Basalmedium (G/V) %):

Pepton	2,0
Hefeextrakt	0,2
Glycerin	1,5
K_2HPO_4	0,1
$MgSO_4 \cdot 7 H_2O$,	0,1
Agar	1,3

Nach Lösen der Bestandteile in Aqua dest. wird der pH-Wert auf 7,0 eingestellt, das Medium zu 100 ml abgefüllt und bei 121 °C für 15 min autoklaviert.
Zum Basalmedium werden zugesetzt: Streptomycinsulfat 500 μg/ml, Actidione 50 μg/ml, Thalliumacetat 50 μg/ml. Die Zusätze werden in Aqua dest. gelöst.

Standard-I-Nähragar

Standard-I-Nährbouillon

Staphylokokken-Anreicherungsbouillon nach Baird = Anreicherungsmedium nach Baird

Stärke-Ampicillin Agar

Zusammensetzung (g/l): Phenol Red Agar Base (Difco) 31,0
Lösliche Stärke 10,0
A. dest. 1000,0 ml

Nach dem Sterilisieren bei 121 °C für 15 min abkühlen auf 50 °C und Zusatz von Ampicillin (Sigma) 10 µg/ml.

Sulfit-Cycloserin-Azid-Agar (SCA-Agar)

Grundnährboden

(Zusammensetzung (g/l):

Tryptose	15,0
Pepton aus Sojamehl	5,0
Hefeextrakt	5,0
Fleischextrakt	5,0
Agar	15,0
Eisen-III-Citrat	0,5
Natriumsulfit	0,5
Glucose	2,0
A. dest.	1000,0 ml

Die Bestandteile werden in A. dest. gelöst und der pH-Wert so eingestellt, daß er nach dem Sterilisieren (15 min, 121 °C) bei 7,4 +/− 0,2 (gemessen bei 45 °C) liegt. Wenn der Nährboden nicht unmittelbar nach der Herstellung verwendet wird, ist er im Dunkeln und bei einer Temperatur von höchstens 7 °C nicht länger als 2 Wochen aufzubewahren.

Es wird empfohlen, Eisen-III-Citrat und Natriumsulfit getrennt von den übrigen Nährbodenbestandteilen in wässriger Lösung anzusetzen. Dazu werden 0,5 g Citrat und 0,5 g Sulfit in 100 ml A. dest. gelöst. Die Wassermenge für den Grundnährboden reduziert sich dann auf 900 ml.

Cycloserin-Azid-Lösung

Zusammensetzung: D-Cycloserin 1,5 g (Massengehalt mind. 97 %)
Natriumazid 0,25 g
A. dest. 50,0 ml

Die Substanzen werden in A. dest. gelöst und durch Filtration sterilisiert.

Gebrauchsfertiger Nährboden

Vor dem Ausgießen in Petrischalen wird 1,0 ml Cycloserin-Azid-Lösung zu jeweils 100 ml Grundnährboden (48 °C) hinzugefügt und gut vermischt.

Staphylokokken-Anreicherungsbouillon nach GIOLITTI und CANTONI = Giolitti-Cantoni-Bouillon

Stickstoff-Auxanogramm (g/l):

KH_2PO_4	1,0
$MgSO_4 \cdot 7\,H_2O$	0,5
Glucose	20,0
Agar	20,0
Aqua dest. 1 l, 121 °C, 15 min.	

Sugar-Free Penicillin Agar = SFP-Agar
Sulfit-Eisen-Agar

T

TB-Agar = Trypton-Galle-Agar

TCBS-Agar = Vibrio Selektivagar

Tellurit-Galle-Kochsalzbouillon = Monsur's Broth

Zusammensetzung (g/l):	Pepton	10,0
	Kochsalz	10,0
	Natriumtaurocholat	5,0
	Natriumcarbonat	1,0
	A. dest.	1000 ml
	pH-Wert	9,0-9,2.

Nach dem Autoklavieren bei 121 °C für 15 min Kaliumtellurit bis zur Endkonzentration 1:100000 zugeben.

Tergitol-7-Agar

Tetrathionat-Bouillon = Tetrathinat-Anreicherungsbouillon nach Müller Kauffmann

Thermoacidurans Agar (Difco) = Pepton-Agar = P-A

Thioglycolat-Nährboden (Merck)

Todd-Hewitt-Bouillon = Todd Hewitt Broth (Oxoid)

Toluidinblau-O-DNA-Agar (Fertigplatten bioMerieux)

Grundmedium:	DNA (Difco)	0,3 g
	Kochsalz	10 g
	Agar	10 g
	Tris-Puffer	1000 ml

Tris-Puffer:

Tris (Hydroxymethylaminomethan)	0,05 M
Salzsäure	0,05 M
$CaCl_2$	0,005 M
pH 9,0	
Toluidinblau-O	0,1 M
(Mol-Gew. 305,85)	

Herstellung: DNA, Kochsalz und Agar werden in Tris-Puffer suspendiert und zum Sieden erhitzt, bis DNA und Agar gelöst sind. Der Agar wird auf 45 °C abgekühlt und mit 3 ml 0,1 M Toluidinblau-O vermischt. Das Gemisch wird in kleinen Einheiten abgefüllt und bei Raumtemperatur aufbewahrt. Zum Gebrauch wird es wieder verflüssigt und in 5 ml-Mengen in Petrischalen (15 mm × 60 mm) bzw. in 3-ml-Mengen auf Objektträger pipettiert.

Trispuffer-Peptonwasser

Zusammensetzung (g/l):	Pepton	10,0
	Tris (hydroxymethyl) methylamin	12,1 g
	Kochsalz	5,0
	A. dest.	1000,0 ml

pH-Wert auf 8,0 einstellen und bei 121 °C 15 min autoklavieren.

TPGY-Bouillon

Zusammensetzung (g/l):	Trypton	50,0
	Pepton	5,0
	Hefeextrakt	20,0
	Glucose	4,0
	Natriumthioglycolat	1,0
	A. dest.	1000,0 ml
	pH-Wert	7,0
	121 °C 10 min	

TPGYB-Bouillon = TPGY-Bouillon + 1 % Fleischextrakt

TPY-Medium

Zusammensetzung (g/l):	Trypticase (BBL)	10,0
	Phytone (BBL)	5,0
	Glucose	5,0
	Hefeextrakt	2,5
	Tween 80	1 ml
	Cysteinhydrochlorid	0,5
	K_2HPO_4	2,0
	$MgCL_2 \times 6 H_2O$	0,5
	$ZnSO_4 \times 7 H_2O$	0,25
	$CaCl_2$	0,15
	$FeCl_3$ eine Spur	

Agar 15,0
pH-Wert nach dem Autoklavieren (121 °C 15 min) 6,5.

Tributyrin-Agar

Triolein-Rhodamin B Agar
Grundmedium: Nähragar oder MRS-Agar, pH 7,0 bzw. 5,7
Zusätze pro Liter bei 60 °C: 31,25 ml Triolein (Serva)
10,0 ml Rhodamin B (Sigma), 0,001 %, G/V
Homogenisieren der Zusätze mit dem Medium bei 60 °C. Nach einer Standzeit von etwa 10 min bei 60 °C wird der gebildete Schaum abgegossen und das Medium in kalte Petrischalen ausgegossen.

Tryptic Soy Agar = Trypticase-Soja-Agar

Tryptic Soy Broth = Trypticase Soy Broth

Trypton-Bile-Agar = Trypton-Galle-Agar = Caseinpepton-Galle-Agar

Trypton-Galle-Agar = Trypton-Bile-Agar = Caseinpepton-Galle-Agar

Trypton-Sulfit-Cycloserin-Agar = TSC Agar = Tryptose-Sulfit-Cycloserin-Agar = Perfringens Selective Medium, T. S. C.

Trypton-Wasser

Tryptophan-Bouillon

TSC-Agar = Trypton-Sulfit-Cycloserin-Agar

TSI-Agar oder Dreizucker-Eisen-Agar oder Eisen-Dreizucker-Agar

V

Vibro Selektivager = TCBS-Agar

Violet Red Bile Agar = VRB-Agar = Kristallviolett-Neutralrot-Galle-Agar

Violet Red Bile Dextrose Agar = Kristallviolett-Neutralrot-Galle-Glucose-Agar nach MOSSEL

VLB-S7-S-Agar

VRB-Agar = Kristallviolett-Neutralrot-Galle-Agar = Violet Red Bile Agar

VRB-Agar + MUG = Fluorocult ® VRB Agar (Merck)

VRBD-Agar = Kristallviolett-Neutralrot-Galle-Glucose-Agar nach MOSSEL = Violet Red Bile Dextrose-Agar

W

Wagatsuma-Agar
Zusammensetzung (g/l): Hefeextrakt   5,0
                       Pepton   10,0
                       Kochsalz   70,0
                       Mannit   5,0
                       Kristallviolett 1 ml (0,1 %ige Lösung, (G/V)
                       in Ethylalkohol
                       Agar   15,0
Zubereitung: Lösen der Bestandteile in 1 l Aqua dest., pH 7,5. Erhitzen bis zum Kochen, nicht autoklavieren. Abkühlen auf 50 °C und Zusatz von 100 ml einer gewaschenen 20%igen Suspension menschlicher Erythrozyten.

Wasseragar. Agar 30 %, A. dest, 1 l, 15 min 121 °C

Wemann-Agar
Zusammensetzung (g/l): Rohzucker   40,0
                       Dinatriumphosphat   2,0
                       Natriumchlorid   0,5
                       Magnesiumsulfat   0,1
                       Eisen (II)-sulfat   0,01

Calciumcarbonat	10,0
Agar	20,0

Zubereitung: Nach Lösen der Bestandteile in A. dest. bei 110°C 15 min erhitzen. Nach der Sterilisation wird der pH-Wert im noch flüssigen Medium mit HCl auf 5,0 (Nachweis von Leuconostoc spp.) bzw. 6.5 (Nachweis schleimbildender Bazillen) eingestellt.

Anmerkung: Weman-Nährkartonscheiben sind lieferbar (Fa. Sartorius, Fa. Dr. Möller & Schmelz)

Wismut-Sulfit-Agar nach Wilson-Blair

WSH-Rezeptur (Wasserstandardisierte Härte)

Zubereitung:	Lösung A: 31,74 g $MgCl_2$, wasserfrei
	73,99 g $CaCl_2$, wasserfrei
	in 1 l entsalztem Wasser lösen und 20 min autoklavieren.
	Lösung B: 56,03 g $NaHCO_3$ in 1 l entsalztem Wasser lösen und
	steril filtrieren (0,45 µm).

3 ml von Lösung A mit ca 600 ml sterilem, entsalztem Wasser mischen. 4 ml von Lösung B einzufügen und mit sterilem, entsalztem Wasser auf 1000 ml auffüllen.

X

XLD-Agar = Xylose-Lysin-Desoxycholat-Agar

Y

Yersinia-Selektiv-Agar = CIN-Agar

Yeastextract Glucose Chloramphenicol Agar = Hefeextrakt Glucose Chloramphenicol Agar = YGC

YGC-Agar = Yeastextract Glucose Chloramphenicol Agar

YL-Agar nach MATALON und SANDINE (1986)

Zusammensetzung des Basalmediums (g/l):

	Trypton	20,0
	Hefeextrakt	5,0
	Gelatine	2,0
	Glucose	5,0
	Saccharose	5,0

Lactose	5,0
Kochsalz	4,0
Natriumacetat	1,5
Ascorbinsäure	0,5
Tween 80	1,0

Zubereitung: Lösen der Bestandteile durch Erwärmen und Rühren, einstellen des pH-Wertes auf 6,8 und Zugabe von 15 g Agar, autoklavieren bei 121 °C für 15 min.

Nach Abkühlung auf 47 °C Zugabe von 15 ml steriler, auf 47 ° erwärmter Magermilch. Ausgießen in Platten und Trocknen der Petrischalen bei 30 °C für 24 h.

YPTD-S-Agar = Hefeextrakt-Pepton-Dextrose-Stärke-Agar

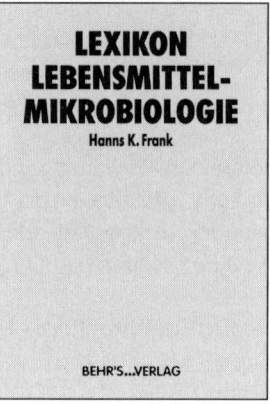

Lösungen für Färbungen

● Geißelfärbung nach MAYFIELD und I NNISS (1977)

Farblösung

Zusammensetzung: 5 ml einer gesättigten KAl(SO_4)$_2$-Lösung
2 ml Tanninlösung 30 %ig
2 ml einer gesättigten HgCl-Lösung
0,8 ml einer gesättigten alkoholischen Lösung von
basischem Fuchsin

Die Lösung muß vor der Färbung gemischt und membranfiltriert werden (0,22 μm). Die Tanninlösung sollte immer frisch angesetzt werden.

● Gramfärbung

Kristallviolett: 2,0 g Kristallviolett-Pulver (Merck) werden in ca. 20 ml Alkohol gelöst und dann mit einer 1 %igen Ammoniumoxalatlösung auf 100 ml aufgefüllt. Lösung 24 Std. stehen lassen und abfiltrieren.

Lugol-Lösung: Fertigprodukt (Merck)

Fuchsinrot: ZIEHL-NEELSENS Karbolfuchsinlsg. (Merck) wird mit Aqua dest. im Verhältnis 1:15 gemischt.

● Sporenfärbung nach BARTHOLOMEW und MITTWER

Malachitgrün, gesättigt: Malachitgrün-Oxalat (Merck) zunächst mit Alkohol anschlämmen, dann mit Aqua dest. eine gesättigte Lösung herstellen.

Safraninlösung: 0,25 g Safraninpulver (Merck) in ca. 10 ml Alkohol lösen und auf 100 ml mit Aqua dest. auffüllen.

● Übersichtsfärbung mit Methylenblau

LÖFFLERS Meythylenblaulösung (Merck)

● ZIEHL-NEELSEN-Färbung

ZIEHL-NEELSENS Karbolfuchsinlösung (Merck)

Salzsäurealkohol (Merck) oder 3 ml HCl konz. zu 97 ml Alkohol, 95 %ig

LÖFFLERS Methylenblaulösung (Merck)

Reagenzien

Actidione = Cycloheximid (Merck)
Argininmonohydrochlorid (Merck)
Alpha-Naphthol (Merck)
Brillantgrün (Merck)
Bromkresolgrün (Merck)
Bromkresolpurpur (Sigma)
Bromthymolblau (Merck)
Chlortetracyclin (Serva und Sigma)
Chloramphenicol (Serva und Sigma)
Coagulase Plasma EDTA (Difco und Becton Dickinson)
Dimethylsulfoxid = DMSO (Merck)
D-Cycloserin (Sigma)
Dimethyl-p-phenylendiamin-dihydrochlorid (Merck)
DNA (Difco)
Furoxon (Praemix)
Furazolidon (Praemix)
Griess-Ilosvay Reagenz auf Nitrit (Merck)
Indolreagenz nach VRACKO und SHERRIS
      Zusammensetzung: p-Dimethylaminobenzaldehyd (Merck) 5 g
                                  1 N HCl, 100 ml
KOVAC'S Indolreagenz (Merck)
Mangansulfat (Merck)
Monensin (Sigma)
Novobiocin (Serva und Sigma)
Polyvinylalkohol (Merck)
Polymyxin B (Serva)
Ringertabletten zur Herstellung von Ringerlösung (Merck)
Streptomycinsulfat (Serva und Sigma)
Tetramethyl-p-phenylendiamin (Merck)
Thalliumacetat (Merck)
Toluidin-O-Blau (Merck)
Tributyrin (Serva und Sigma)
Triton-X-100 (Serva und Sigma)
Ornithinmonohydrochlorid (Merck)
Zinkstaub (Merck)

Sachwortverzeichnis

Inserentenverzeichnis